氮化镓电力电子器件原理与应用

秦海鸿　荀　倩　张　英　严仰光　编著

北京航空航天大学出版社

内 容 简 介

本书介绍了氮化镓半导体电力电子器件的原理、特性和应用,概括了这一领域近十年来的主要研究进展。内容包括:多种类型氮化镓器件的原理与特性、典型氮化镓器件的驱动电路原理与设计方法、氮化镓基变换器的扩容方法、氮化镓器件在不同领域和不同变换器中的应用实例分析,以及氮化镓基变换器的性能制约因素和关键问题。

本书可作为高等院校电力电子技术、电机驱动技术以及新能源技术等专业的本科生、研究生和教师的参考书,也可供从事氮化镓半导体器件研制和测试的工程技术人员,以及应用氮化镓半导体器件研制高性能电力电子变换器的工程技术人员参考。

图书在版编目(CIP)数据

氮化镓电力电子器件原理与应用 / 秦海鸿等编著
. -- 北京 : 北京航空航天大学出版社,2020.1
ISBN 978 - 7 - 5124 - 3190 - 4

Ⅰ. ①氮… Ⅱ. ①秦… Ⅲ. ①氮化镓—电力半导体器件 Ⅳ. ①TN303

中国版本图书馆 CIP 数据核字(2019)第 276307 号

氮化镓电力电子器件原理与应用

秦海鸿　荀　倩　张　英　严仰光　编著
责任编辑　张冀青
*
北京航空航天大学出版社出版发行

北京市海淀区学院路 37 号(邮编 100191)　http://www.buaapress.com.cn
发行部电话:(010)82317024　传真:(010)82328026
读者信箱:goodtextbook@126.com　邮购电话:(010)82316936
北京九州迅驰传媒文化有限公司印装　各地书店经销
*
开本:787×1 092　1/16　印张:17.5　字数:448 千字
2020 年 3 月第 1 版　2024 年 1 月第 3 次印刷　印数:1 501~1 800 册
ISBN 978 - 7 - 5124 - 3190 - 4　定价:69.00 元

前　言

　　电力电子技术在国民经济领域中得到了广泛的应用，正成为国民经济发展中的关键支撑技术。而电力电子器件作为电力电子技术的基础与核心，其性能的提高必然会带动电力电子装置性能的改善，推动电力电子技术的发展。

　　相对于硅基半导体电力电子器件，氮化镓基半导体电力电子器件具有更低的导通电阻、更快的开关速度、更高的阻断电压和更高的最大结温。因此，采用氮化镓基半导体电力电子器件有望大大降低电力电子装置的功耗，提高电力电子装置的功率密度和耐高温能力。

　　目前，国内关于氮化镓基半导体器件应用方面的研究还处在初级阶段，与国外存在较大的差距。为了促进国内氮化镓器件及其应用方面的研究，提高国产化电力电子装置的整体性能，作者所在的研究团队结合在氮化镓器件特性和应用方面的研究，编写了本书。

　　全书共分为6章。第1章阐述了应用领域对高性能电力电子装置的需求，以及硅基半导体电力电子器件的技术瓶颈，并对新型氮化镓材料和氮化镓器件的发展现状进行了概要介绍；第2章阐述了氮化镓器件的原理与特性，包括GaN基二极管，常通型、Cascode型和增强型GaN HEMT，以及GaN GIT等器件的导通、阻断、开关和驱动特性；第3章首先阐述了氮化镓器件驱动电路设计的挑战，然后分别针对增强型GaN HEMT、常通型GaN HEMT、Cascode GaN HEMT和GaN GIT等典型氮化镓器件，介绍了驱动电路的具体要求和驱动电路的设计方法，并对氮化镓器件的短路特性及对驱动保护的要求进行了讨论；第4章阐述了氮化镓基变换器的扩容方法，包括氮化镓器件的并联，氮化镓器件与硅器件的混合并联，氮化镓基变换器的多通道并联，氮化镓器件构成的多电平变换器，以及氮化镓基变换器的组合扩容；第5章介绍了氮化镓器件在电力电子变换器中的应用，包括氮化镓器件在不同领域和不同类型变换器中的应用等；第6章进一步探讨了氮化镓基变换器性能制约因素和关键问题，涉及高速开关、PCB优化设计技术、集成驱动技术、散热设计技术以及多目标优化设计中的相关问题。

　　本书得到了国家自然科学基金面上项目(No.51677089)、国家留学基金、国家级一流本科专业建设和江苏高校品牌专业建设工程项目的资助。

　　作者衷心感谢南京航空航天大学电气工程系的老师和致力于新型氮化镓器件应用研究的研究生和本科生。感谢EPC公司、GaN Systems公司、Transphorm公司、Infineon公司、Panasonic公司、Intersil公司、忱芯科技(上海)有限公司、中国电子科技集团公司第55研究所、中国电子科技集团公司第13研究所、南京亚立高电子科技有限公司、南京奥云德电子科技有限公司、南京开关厂有限公司、傅立叶电子技术有限公司等合作企业对作者所在研究团队的器件支持和项目经费支持。

在此要特别感谢 Fred C. Lee、Leon M. Tolbert、Fred Wang、Yanfei Liu、Li He、Bulent Sarlioglu、Jin Wang、杨旭、王来利、张之梁、郑琼林、马皓、杨明、毛赛君等教授的鼓励和鞭策,本书相关内容学习和参考了这些国内外 GaN 器件应用研究方面专家学者所领导的研究团队的研究成果,有关 GaN 器件的产品技术学习和参考了各主要 GaN 半导体器件公司的网站资料。

在本书编写过程中,南京航空航天大学多电飞机电气系统工业和信息化部重点实验室陈文明、徐华娟、付大丰老师参与了部分章节的文字编排工作;南京航空航天大学宽禁带器件应用研究室研究生彭子和、汪文璐、董耀文、修强、莫玉斌、王若璇、马晨阳、吴刘澄、李镇、蒋冯、阮江辰、张少鹏、肖力伟等参与了研究工作和部分手稿的录入工作;英国诺丁汉大学电力电子与电机控制研究团队杨涛教授给予了有益的指导和帮助;中国电子科技集团公司第 55 所宽禁带半导体电力电子器件国家重点实验室柏松研究员、空军第八研究所周增福研究员、瑞典查尔姆斯理工大学柳玉敬教授、复旦大学毛赛君研究员和南京航空航天大学张方华教授审阅了本书初稿,提出了十分宝贵的修改意见;北京航空航天大学出版社赵延永、蔡喆老师为本书的出版提出了建设性的建议。作者在此一并向他们表示由衷的感谢。

由于氮化镓材料及氮化镓基电力电子器件仍在迅速发展中,为了促进国内氮化镓基电力电子器件的应用和电力电子装置的发展,作者编写了此书。书中所介绍的内容适应现阶段的氮化镓器件水平,或许随着器件的不断发展,器件的某些特性和参数会获得更大改善,因而书中有些内容就会显得有些过时,或被证明欠准确,但其对于氮化镓器件基本特性与应用的分析思路和方法对于国内同行仍具有较大的参考价值。

由于作者水平有限,书中难免存在疏忽或错误,恳请广大读者批评指正。

作　者
2019 年 11 月

目　　录

第1章　绪　论 ··· 1

1.1 高性能电力电子装置的发展要求 ·· 1

1.2 Si 基电力电子器件的限制 ·· 3

1.3 GaN 材料特性 ··· 5

1.4 GaN 基电力电子器件的现状与发展 ·· 7

　1.4.1 不同结构的 GaN 器件 ·· 8

　1.4.2 不同类型的 GaN 器件 ··· 11

参考文献 ··· 19

第2章　GaN 器件的原理与特性 ·· 22

2.1 GaN 基二极管的特性与参数 ·· 22

　2.1.1 通态特性及其参数 ··· 22

　2.1.2 阻断特性及其参数 ··· 23

　2.1.3 关断过程及其参数 ··· 24

2.2 常通型 GaN HEMT 的特性与参数 ·· 25

　2.2.1 稳态特性及其参数 ··· 25

　2.2.2 开关特性及其参数 ··· 26

　2.2.3 常通型 GaN HEMT 的电流崩塌现象 ··························· 27

2.3 Cascode GaN HEMT 的特性与参数 ······································ 30

　2.3.1 工作原理和模式 ··· 31

　2.3.2 特性及其参数 ·· 33

2.4 增强型 GaN HEMT 的特性与参数 ·· 45

　2.4.1 工作模式 ·· 46

　2.4.2 低压 eGaN HEMT 的特性及参数 ································· 47

　2.4.3 高压 eGaN HEMT 的特性及参数 ································· 54

2.5 GaN GIT 的特性与参数 ·· 61

　2.5.1 通态特性及其参数 ··· 62

　2.5.2 开关特性及其参数 ··· 64

　2.5.3 驱动特性及其参数 ··· 66

2.6 小　结 ·· 67

参考文献 ··· 68

第3章　GaN 器件驱动电路原理与设计 ···································· 69

3.1 GaN HEMT 的驱动电路设计挑战与要求 ······························· 69

　3.1.1 驱动芯片 ·· 71

　3.1.2 驱动参数 ·· 77

　　　3.1.3　布局设计 ……………………………………………………… 87
　　　3.1.4　辅助功能电路 …………………………………………………… 92
　　3.2　常通型 GaN HEMT 的驱动电路原理与设计 …………………………… 94
　　　3.2.1　常通型 GaN HEMT 的单电源驱动电路 …………………………… 94
　　　3.2.2　常通型 GaN HEMT 的谐振型驱动电路 …………………………… 97
　　3.3　Cascode GaN HEMT 的驱动电路原理与设计 …………………………… 100
　　　3.3.1　Cascode GaN HEMT 的驱动电路设计挑战 ………………………… 100
　　　3.3.2　Cascode GaN HEMT 电压振荡抑制方法 …………………………… 102
　　3.4　eGaN HEMT 的驱动电路原理与设计 …………………………………… 109
　　　3.4.1　低压 eGaN HEMT 的驱动电路 …………………………………… 109
　　　3.4.2　高压 eGaN HEMT 的驱动电路 …………………………………… 110
　　3.5　GaN GIT 的驱动电路原理与设计 ……………………………………… 111
　　　3.5.1　GaN GIT 的驱动电路要求 ………………………………………… 111
　　　3.5.2　带加速电容的单电源驱动电路 …………………………………… 112
　　　3.5.3　无容式驱动电路 …………………………………………………… 117
　　3.6　GaN 器件短路特性与保护 ……………………………………………… 119
　　　3.6.1　GaN 器件短路特性与机理分析 …………………………………… 120
　　　3.6.2　GaN 器件与 Si 和 SiC 器件短路特性对比 ………………………… 123
　　3.7　小　结 …………………………………………………………………… 130
　　参考文献 ……………………………………………………………………… 130
第4章　GaN 基变换器扩容方法 ………………………………………………… 132
　　4.1　eGaN 器件的并联 ……………………………………………………… 132
　　　4.1.1　器件参数不匹配对均流的影响 …………………………………… 132
　　　4.1.2　电路参数不匹配对均流的影响 …………………………………… 135
　　　4.1.3　并联均流控制方法 ………………………………………………… 141
　　4.2　Cascode GaN HEMT 器件的并联 ……………………………………… 143
　　　4.2.1　均流影响因素分析 ………………………………………………… 143
　　　4.2.2　电流振荡机理 ……………………………………………………… 145
　　　4.2.3　Cascode GaN HEMT 器件的并联均流方法 ………………………… 148
　　4.3　GaN/Si 可控器件混合并联 ……………………………………………… 155
　　4.4　GaN 基变换器并联 ……………………………………………………… 159
　　　4.4.1　交错并联 GaN 基变换器 …………………………………………… 159
　　　4.4.2　内置交错并联桥臂的 GaN 基变换器 ……………………………… 160
　　　4.4.3　器件并联和变换器并联优化设计 ………………………………… 160
　　4.5　GaN 基多电平变换器 …………………………………………………… 161
　　4.6　GaN 基变换器的组合扩容 ……………………………………………… 164
　　4.7　小　结 …………………………………………………………………… 164
　　参考文献 ……………………………………………………………………… 165

第 5 章　GaN 器件在电力电子变换器中的应用 ················ 167

　5.1　GaN 器件在典型领域中的应用 ···················· 167

　　5.1.1　GaN 器件在电动汽车领域的应用 ··············· 167

　　5.1.2　GaN 器件在无线电能传输领域的应用 ············ 170

　　5.1.3　GaN 器件在光伏发电领域的应用 ··············· 173

　　5.1.4　GaN 器件在照明领域的应用 ················· 176

　　5.1.5　GaN 器件在数据中心领域的应用 ··············· 179

　　5.1.6　GaN 器件在航空航天领域的应用 ··············· 184

　5.2　GaN 器件在不同种类变换器中的应用 ·············· 186

　　5.2.1　GaN 基 DC/DC 变换器 ··················· 186

　　5.2.2　GaN 基 AC/DC 变换器 ··················· 198

　　5.2.3　GaN 基 DC/AC 变换器 ··················· 200

　5.3　小　结 ··························· 212

　参考文献 ···························· 212

第 6 章　GaN 基变换器的性能制约因素与关键问题 ·········· 214

　6.1　GaN 器件高速开关限制因素 ·················· 214

　　6.1.1　寄生电感的影响 ······················ 214

　　6.1.2　寄生电容的影响 ······················ 219

　　6.1.3　驱动电路驱动能力的影响 ·················· 227

　　6.1.4　电压和电流的测试问题 ··················· 228

　　6.1.5　长电缆电压反射问题 ···················· 231

　　6.1.6　EMI 问题 ························ 236

　6.2　GaN 基电路的 PCB 优化设计技术 ··············· 246

　6.3　GaN 集成驱动技术 ······················ 250

　　6.3.1　传统分立驱动 ······················· 250

　　6.3.2　GaN 集成驱动 ······················ 253

　　6.3.3　GaN 集成驱动实例分析 ··················· 254

　6.4　GaN 器件的散热设计技术 ··················· 258

　　6.4.1　GaN 器件的典型封装形式 ················· 259

　　6.4.2　GaN 器件的热传输路径 ·················· 259

　　6.4.3　PCB 散热设计考虑 ···················· 261

　6.5　多目标优化设计 ······················· 261

　　6.5.1　变换器现有设计方法存在的不足 ·············· 262

　　6.5.2　GaN 基变换器参数优化设计思路 ·············· 265

　6.6　小　结 ··························· 268

　参考文献 ···························· 268

第1章 绪 论

　　电力电子技术是有效利用功率半导体器件,应用电路和设计理论以及分析方法工具实现对电能的高效变换和控制的一门技术。其于 20 世纪 70 年代形成,经过近 50 年的发展,已成为现代工业社会的重要支撑技术之一。应用电力电子技术构成的装置(简称"电力电子装置")已日益广泛地应用于工农业生产、交通运输、国防、航空航天、石油冶炼、核工业、能源工业及消费电子的各个领域,大到几百兆瓦的直流输电装置,小到日常生活中的家用电器,到处都可以看到它的身影。表 1.1 列出了各主要应用领域用到的关键电力电子装置或电力电子系统。

表 1.1　主要应用领域中关键电力电子装置(系统)

应用领域	关键电力电子装置(系统)
电力	高压直流输电系统、柔性交流输电系统
能源	大功率高性能 DC/DC 变流器、大功率风力发电机的励磁与控制器、永磁风力发电机并网逆变器、光伏并网逆变器等
交通运输	大功率牵引电机、变频调速装置、电力牵引供电系统电能质量控制装置和通信系统
重大、先进装备制造	大功率变流器及其控制系统;大功率高精度可程控交、直流电源系统;高精度数控机床的驱动和控制系统;快中子堆、磁约束核聚变用高精度电源等
航空航天	360~800 Hz 供电系统、270 V 高压直流供电系统、机电和电液作动机构、电动飞机电力推进器和高功率密度电源、卫星和空间站太阳能电池电源和配电系统
舰船	舰载综合电力系统(发电机静止励磁、静止电能变换、直流配电系统、电力推进系统、电磁弹射回收系统)
现代武装设备	高速鱼雷电推进器和电源;电磁炮、微波和激光武器专用电源;大功率雷达电源系统
激光	超大功率脉冲电源
环境保护前沿科学研究	高压脉冲电源及其控制系统等;特种大功率电源及其控制系统
民用领域	LED 照明;电源适配器;计算机、通信用射频功率放大器;无线电能传输

1.1　高性能电力电子装置的发展要求

　　提高电力电子装置的效率、减小装置的重量与体积(提高功率密度)一直是其重要的发展方向。在一些特殊应用场合,还需要电力电子装置能够耐受恶劣环境。

1. 高效率

　　提高效率,意味着在获得同样的输出功率,满足负载要求的情况下,损耗更小,发热更少,散热设计压力减轻。此外,从长时能量消耗角度看,电能的消耗占据人类总耗能的很大部分,但 50%~60% 的能量在电能传输与转换中浪费。因此,提高电能转换效率有利于实现可观的节能减排效果。在新能源发电(包括光伏发电和风力发电等)、数据中心、电机驱动、家用电器等领域都用到大量的电力电子装置,电力电子装置的应用提高了机电设备的节能效果和性能,电力电子装置本身不仅可以提高效率,也可实现显著的节能效果。

2. 高功率密度

提高功率密度,意味着在获得同样的输出功率情况下,装置的体积、重量更小。这对于汽车、航空航天、雷达、舰船等对空间有严格要求的领域非常关键,将电力电子装置做轻、做小,既节省空间,为民用消费、工业制造等领域提供方便,也是电力电子行业发展的重要趋势。

以充电器为例,现在智能手机的电池没有太多技术进步,续航问题依然困扰着消费者,大部分公司都是通过增加快充功能解决这一问题,但是因为快充功能增大了充电器功率,所以势必导致大部分的充电器体积增大,影响其便携性和使用方便性。因此如何在提高功率的同时尽量减少体积的增大,即如何提高充电器功率密度是快速充电器应用领域非常重要的问题。

3. 高开关频率

高频化是电力电子装置的重要发展方向。提高开关频率有利于加快系统的动态响应过程,提高电力电子变换器波形质量,减小滤波器中电抗元件的体积和重量,提高电力电子装置的功率密度。但是提高开关频率的同时也会增大开关损耗,因此高开关速度、低开关损耗的功率器件越发受到应用场合的青睐。

4. 高　温

很多重要的应用场合需要能够耐受高温环境的电力电子装置。如多电飞机、电动汽车和石油钻井等场合的工作环境很恶劣,最高工作温度会超过200 ℃。

以混合动力电动汽车(HEV)为例,其典型拓扑如图1.1所示。电动汽车中电力电子装置的功率定额一般为数十千瓦,为了保证各部分都能够可靠散热,通常有两条典型的冷却液(一般为乙二醇的水溶液)环路:用于冷却发动机的105 ℃冷却环路及用于冷却功率变换器的75 ℃冷却环路。如果这里的电力电子装置能够承受更高温度,那么将有可能省去第二条冷却

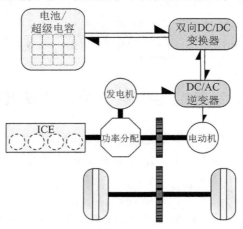

图1.1　混合动力电动汽车典型拓扑

环路,显著减轻其重量。

在这些恶劣的工作环境中,传统电力电子装置难以满足其工作要求,迫切需要研制耐高温的新型电力电子装置。

1.2　Si 基电力电子器件的限制

电力电子器件作为电力电子装置中的核心部件之一,其器件性能的优劣对电力电子装置高性能指标的实现有着重要的影响。器件技术的突破往往会推动电力电子装置性能的进一步提升。

电力电子器件的通态电阻和寄生电容分别决定了电力电子器件的导通损耗和开关损耗。而电力电子器件的损耗既是整个电力电子装置损耗的主要组成部分,很大程度上影响着电力电子装置的效率,也是电力电子装置最主要的发热源之一。不同型号的电力电子器件的特性和参数不同,应用于电力电子装置中所产生的损耗也不同,因而所能允许的最大开关频率也不尽相同。开关频率的高低决定了电力电子装置中电抗元件的体积和重量,很大程度上影响着电力电子装置的功率密度。此外,提高开关速度所引起的高 di/dt、du/dt 还会带来严峻的EMI 问题。

电力电子器件的电压、电流承受能力和散热性能等因素决定了器件的失效率,而器件的失效是电力电子装置可靠性的重要影响因素;电力电子器件的耐高温工作能力能够降低电力电子装置的散热要求,有利于减小冷却装置的体积和重量,提高电力电子装置的功率密度,从而适应恶劣的高温工作环境。

图 1.2 展示了当前市场上最主要的电力电子器件额定电压和额定电流等级。

目前,Si 基电力电子器件的导通电阻、结电容难以大幅度减小,使得其导通损耗和开关损耗难以大幅降低,因此限制了采用 Si 基功率器件制成的电力电子装置(简称"Si 基电力电子装置")效率的提升。Si 器件结电容难以大幅度减小,使得功率等级较高的变换器无法采用高开关频率。电抗元件,如磁性元件和电容器的体积、重量难以进一步减小,限制了功率密度的提高;即使采用了软开关技术,使得开关频率能获得一定程度的提高,但增加了电路的复杂性,对可靠性又会产生不利影响。除此之外,无线电能传输、通信领域对功率器件的频率要求更为苛刻,Si 基电力电子器件已经几乎无法满足应用要求。一般而言,Si 器件所能承受的最高结温为 150 ℃,即使采用最新的工艺和先进的液冷散热技术,Si 器件也很难突破 200 ℃工作温度,这远不能满足很多场合对高温电力电子装置的需求。

总的来看,Si 基电力电子器件经过 60 多年的发展,其性能水平基本上稳定在 $10^9 \sim 10^{10}$ W·Hz范围,已逼近了 Si 材料极限,通过器件结构创新和工艺改进,Si 基电力电子装置性能难以再大幅提升,如图 1.3 所示。这一限制使得 Si 基电力电子装置越来越无法满足很多应用场合提出的更高的性能指标要求。

宽禁带半导体材料是继以硅(Si)和砷化镓(GaAs)为代表的第一代、第二代半导体材料之后,迅速发展起来的第三代新型半导体材料。宽禁带半导体材料中有两种得到较为广泛的研究,一种是碳化硅(SiC),另一种是氮化镓(GaN)。从现阶段的器件发展水平来看,SiC 材料更适合制作 1 kV 以上电压等级功率器件,主要用于制作中高功率等级电力电子装置,而 GaN 材料更适合制作 1 kV 以下电压等级功率器件,主要用于制作照明、充电、雷达、通信及家用电器

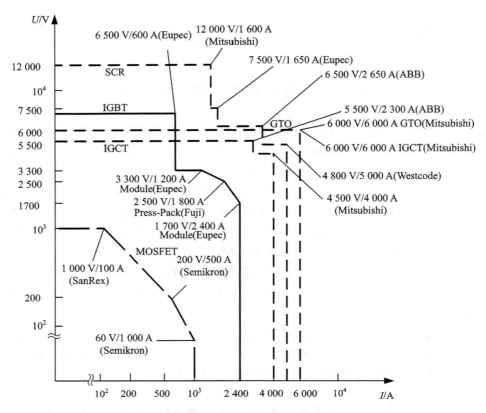

图 1.2　市场上主要电力电子器件的额定电压与额定电流示意图

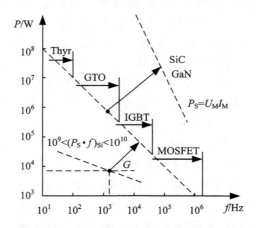

图 1.3　电力电子器件的功率频率乘积和相应半导体材料极限

等场合中的中小功率电力电子装置。本书主要对 GaN 器件的基本原理、特性和应用进行讨论。本章对 GaN 材料及由其制成的 GaN 器件进行概要介绍。

1.3　GaN 材料特性

GaN 材料是 1928 年由 Johnson 等人采用氮和镓两种元素合成的一种 III - V 族化合物半导体材料,具有非常强的硬度。在大气压力下,GaN 晶体一般呈六方纤锌矿结构,它在一个元胞中有 4 个原子,原子体积大约为 GaAs 的 1/2。GaN 化合物非常稳定,熔点高达 1 700 ℃。表 1.2 列出了三代半导体材料的主要性能参数。对比表 1.2 中不同半导体材料的性能参数可知,GaN 材料主要具有以下优点:

① GaN 材料独特的晶体结构使其具有很大的禁带宽度,是 Si 和 GaAs 材料的 2～3 倍。

② GaN 材料的击穿电场强度高达 3.3 MV/cm,约为 Si 材料的 10 倍、GaAs 材料的 8 倍;在 GaN 层上生长 AlGaN 层后,异质结形成的二维电子气(2DEG)浓度较高(2×10^{13} cm/s),可实现高电流密度的目标。

③ GaN 材料的电子饱和漂移速度高,是 Si 和 GaAs 材料的 3 倍。

④ GaN 材料的热导率高,约为 Si 材料的 1.5 倍、GaAs 材料的 4 倍。

表 1.2　三代半导体材料的主要性能参数

器　件	禁带宽度/eV	电子迁移率/ $[cm^2 \cdot (V \cdot s)]^{-1}$	击穿电场强度/ $(MV \cdot cm^{-1})$	饱和电子速率/ $(cm \cdot s^{-1})$	热导率/ $[W \cdot (cm \cdot K)]^{-1}$
Si	1.12	1 350	0.3	1.0×10^7	1.7
GaAs	1.43	6 000	0.5	1.0×10^7	0.5
SiC	3.26	980	2.2	2.0×10^7	4.9
GaN	3.42	2 000(2DEG)	3.3	2.8×10^7	2.2

由于 GaN 材料的优越特性,将其制作成功率器件会具有更为突出的性能优势,具体表现在以下几个方面:

① 耐压能力高。GaN 材料的临界击穿电场强度高,相较于 Si 基半导体器件,GaN 器件理论上具有更高的耐压能力。但是从现阶段的器件发展水平来看,GaN 材料更适合制作 1 000 V 以下电压等级的功率器件,随着技术的不断发展,相信未来会有耐压等级更高的 GaN 基功率器件出现。

② 导通电阻小。GaN 材料极高的带隙能量意味着 GaN 基功率器件具有较小的导通电阻。同时由于 GaN 材料的临界击穿电场强度较高,因此在相同阻断电压下,GaN 基功率器件具有比 Si 器件更低的导通电阻。图 1.4 为 Si、SiC、GaN 基功率器件在室温下的理论比导通电阻对比图,可见在相同的阻断电压下,GaN 基功率器件的理论比导通电阻值最小。

③ 开关速度快,开关频率高。GaN 材料的电子迁移率较高,因此在给定的电场作用下其电子漂移速度快,使得 GaN 基功率器件开关速度快,适合在高频条件下工作。同时由于 GaN 材料的饱和漂移速度高,GaN 基功率器件能够承受的极限工作频率更高,在高频应用下可使电力电子装置中的电抗元件(电感、电容)体积大大缩小,显著提高功率密度。

④ 结-壳热阻低。相对于 Si 材料来说,GaN 材料的热导率更高,因此 GaN 基功率器件的热阻更小,器件内部产生的热量更容易释放到外部,对散热装置要求较低。

⑤ 具有更高的结温。相较于 Si 基电力电子器件,GaN 基电力电子器件可承受更高的结

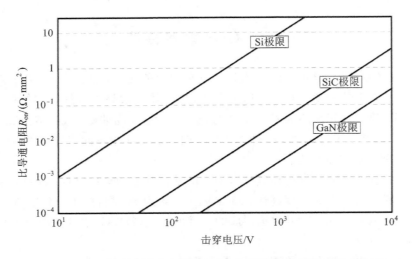

图 1.4 Si、SiC、GaN 基功率器件在室温下的理论比导通电阻对比图

温而不发生退化现象。

除了可以利用 GaN 材料制作一般器件外，还可以利用 GaN 所特有的异质结结构制作高性能器件。GaN 可以生长在 Si、SiC 及蓝宝石上，在价格低、工艺成熟、直径大的 Si 衬底上生长的 GaN 具有低成本、高性能的优势，因此受到广大研究人员和电力电子厂商的青睐。

图 1.5 是 GaN 基电力电子器件对电力电子装置的主要影响。将 GaN 基电力电子器件应用于电力电子装置上，可使装置获得更高的效率和功率密度，能够满足高频、高温以及抗辐射

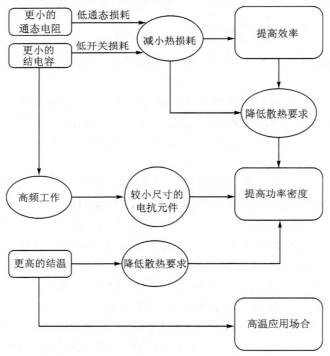

图 1.5 GaN 基电力电子器件对电力电子装置的主要影响

等应用要求,可支撑电动汽车充电、太空探测、雷达、照明、开关电源、无线电能传输以及通信等领域的发展。

1.4 GaN 基电力电子器件的现状与发展

GaN 基电力电子器件技术是一项战略性的高新技术,具有极其重要的军用和民用价值,因此得到国内外众多半导体公司和研究机构的广泛关注和深入研究。目前已证实,几乎各种类型的电力电子器件都可以用 GaN 材料来制造。美国、日本、欧洲等国家和地区都非常重视 GaN 基电力电子器件的研究与开发。

在美国,加州大学圣塔芭芭拉分校、南卡大学、康奈尔大学率先开始 GaN 器件的研究。在商用器件方面,2010 年美国国际整流器公司(IR)推出了第一款 GaN 商用集成功率级产品 iP2010 和 iP2011,采用的就是氮化镓功率器件技术平台 GaNpowIR。iP2010 和 iP2011 集成了超快速 PowIRtune 栅极驱动芯片以及一个单片多开关氮化镓功率器件。这些器件贴装在一个倒装芯片封装平台上,比硅集成功率器件具有更高的效率和 2 倍以上的开关频率。紧接着,EPC 公司也推出了 GaN 系列产品,其增强型器件最高耐压达到了 300 V,导通电阻为 150 mΩ,尺寸为(1.95×1.95) mm^2。EPC 公司独有的触点阵列封装(LGA)将器件漏极和源极交错分布,占据极小的布局空间,非常有助于提高变换器的功率密度,使系统更加小型化。随后,Transphorm 公司也推出了 GaN 基功率器件产品,其最新产品包括耐压为 600 V 的系列化 Cascode 结构 GaN 基高电子迁移率晶体管(HEMT)产品,以及集成的功率模块和演示板,可广泛应用于中小功率光伏逆变、电机驱动、功率因数校正等电力电子产品中。

在加拿大,GaN Systems 公司于 2012 年研制出基于 SiC 衬底的 1 200 V GaN 晶体管,目前其商业化产品均为 Si 基衬底增强型 GaN 器件,包括耐压 100 V 和耐压 650 V 的器件。其电流范围为 10~200 A,具有大电流、小封装等特点。

在欧洲,MicroGaN、NXP、Infineon 等公司也陆续推出了自己的产品,其中,英国的 MicroGaN 公司于 2011 年就推出了常通型 GaN HEMT 和级联型(Cascode)GaN HEMT。NXP 公司主要致力于开发 GaN 基微波功率器件。2018 年,Infineon 公司推出 600 V CoolGaN HEMT 和专用驱动 IC,其质量因数(FOM)值在当前市场上的所有 600 V GaN 器件中首屈一指。

日本在 GaN 器件方面的研究起步相对较晚,但他们对这方面的工作非常重视,投入力度大,参与的研究机构多,包括 Toshiba、Panasonic、Sharp、Fujitsu、Sanken 等公司。2012 年 Fujitsu 公司将其研制的基于 Si 衬底的 GaN 基功率器件用于服务器电源单元,并成功实现高输出功率。2013 年上半年,日本 Panasonic 和 Sharp 公司相继推出了耐压为 600 V 的 GaN 肖特基二极管产品。2013 年下半年,Fujitsu 公司与 Transphorm 公司合作,推出了耐压为 600 V 的系列化 Cascode GaN HEMT 器件;随后又推出了针对 GaN 器件的驱动芯片和开发板,包括 250 W LLC 谐振变换器、320 W 功率因数校正器和 1 kW 单相电机驱动器等产品。2016 年,Panasonic 公司推出了耐压为 600 V 的 GaN GIT 产品,并为其设计了专用的驱动芯片。表 1.3 列出了目前国际上主要的 GaN 器件生产商,图 1.6 展示了 GaN 半导体材料及器件的发展历程。

表 1.3　目前国际上主要的 GaN 器件生产商

供应商	增强型 GaN HEMT	Cascode GaN HEMT	GaN GIT	CoolGaN HEMT	常通型 GaN HEMT	GaN基 RF 晶体管	GaN 基二极管	网站
Alpha & Omega Semiconductor	√							www.aosmd.com
EPC	√						√	www.epc-co.com
Exagan	√							www.exagan.com
GaN Systems	√							www.gansystems.com
Infineon				√		√		www.infineon.com
MACOM						√		www.macom.com
MicroGaN		√			√		√	www.microgan.com
Navitas	√							www.navitassemi.com
NexGen Power Systems	√						√	nexgenpowersystems.com
NXP						√	√	www.nxp.com
ON Semiconductor		√						www.onsemi.cn
Panasonic			√				√	industrial.panasonic.com
POWDEC K. K.	√						√	www.powdec.co.jp
Qorvo						√		www.qorvo.com
Sanken Electric							√	www.sanken-ele.co.jp
TI	√	√						www.ti.com
Toshiba	√							toshiba.semicon-storage.com
Transphorm		√					√	www.transphormusa.com
VisIC		√			√			visic-tech.com

1.4.1　不同结构的 GaN 器件

根据器件结构的不同,目前国际上 GaN 基电力电子器件的研发工作主要采用两大技术路线,一是在 GaN 自支撑衬底上制作垂直导通型器件,另一是在 Si 衬底上制作平面导通型器件,图 1.7、图 1.8 分别为 GaN 基垂直和平面导通型器件的结构示意图。

对于 GaN 基电力电子器件,最理想的是在 GaN 自支撑衬底上同质外延 GaN 有源层,然后进行器件的制备。基于 GaN 自支撑衬底制备的 GaN 基垂直导通型器件,相对平面导通型器件而言,有以下优势:

① 更易于获得高击穿电压:垂直型器件由于漏极制作在栅极和源极的背面,在漏极加高

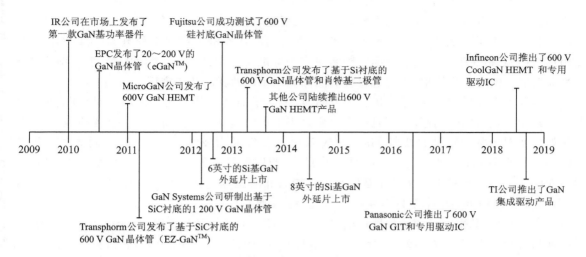

图 1.6 GaN 半导体材料及器件的发展过程示意图

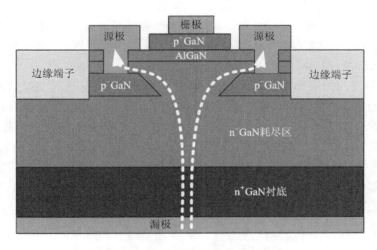

图 1.7 GaN 基垂直导通型器件

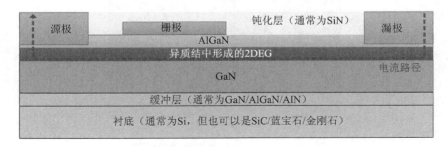

图 1.8 GaN 基平面导通型器件

电压时,电场会比较均匀地沿着垂直方向分布,而不存在平面型器件的栅极边缘尖峰电场现象,因此垂直型器件比平面型器件更利于获得高的击穿电压。

② 可以减缓表面缺陷态引起的电流崩塌效应:垂直型器件的高电场区域在材料内部,远

离表面,从而可以弱化表面态的影响,减缓电流崩塌效应。

　　③ 更利于提高晶圆利用率和功率密度:垂直型器件本身不存在尖峰电场,所以不需要使用场板结构,也无需通过增加栅漏间距实现高击穿电压。因此,从这个角度看,垂直型器件比平面型器件的工艺更简单,也更容易提高晶圆利用率以及提高功率密度。

　　尽管垂直导通型 GaN 器件优势十分明显,但与平面型器件相比其发展相对缓慢,相关研究于近十年左右才刚刚起步,而且在产业化进程上也面临着一些亟待解决的技术难点,主要包括如何实现导电大尺寸自支撑 GaN 衬底低成本化以及自支撑 GaN 衬底上同质外延厚膜 GaN 层的背景掺杂问题。此外,p 型掺杂沟道电流限制层的制备也是一直存在的技术难点。高性能 p 型掺杂有利于提高器件栅极的控制能力和耐压性能,但对于 GaN 半导体而言,提高 p 型受主杂质的电离效率是科学界亟待解决的一个难点。

　　有关 GaN 基垂直导通结构器件的研究,尤以日本丰田公司和美国 Avogy 公司为代表,还有加州大学圣塔芭芭拉分校和日本罗姆半导体公司(ROHM)等著名公司和研究机构。其中,日本丰田公司于 2013 年在 GaN 自支撑衬底上研制了耐压达 1.6 kV 的垂直导通结构的常断型 GaN 器件。美国 Avogy 公司采用 2 英寸 GaN 自支撑衬底,分别于 2014 年和 2015 年制备了耐压达 1.5 kV 的常通型 GaN HEMT 和 4 kV 的 GaN 基 pn 结二极管。与平面导通结构器件相比,GaN 基垂直导通型器件采用价格昂贵的 GaN 自支撑衬底,所以未来将主要定位于高耐压器件的高端市场,与 SiC 器件展开竞争。

　　由于 GaN 自支撑衬底昂贵的成本,能否采用其他材料的衬底进行替换是垂直导通结构的 GaN 器件研究的一项重要内容。美国麻省理工学院开发了一种使用异质外延 GaN-on-Si 结构的垂直导通型 GaN 器件,剑桥电子公司将麻省理工学院开发的 GaN 器件技术商业化,推出了额定电压分别为 200 V 和 600 V,导通电阻分别为 550 mΩ 和 290 mΩ 的 GaN FET 样品。该公司样品结构如图 1.9 所示,将漏极触点金属化放置在完全刻蚀穿过 Si 衬底和缓冲层的凹槽中以实现完全垂直的电流流通路径。该项技术将 GaN 材料的性能优势和 Si 晶圆低成本优势相结合,成为了垂直 GaN-on-GaN 器件的一种替代方案。

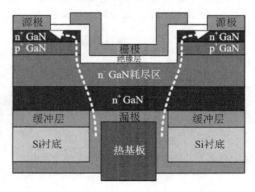

图 1.9　GaN-on-Si 结构垂直导通型器件

　　由于 GaN 同质外延的成本居高不下,因此在 GaN 基电力电子器件的商业化进程中,选择合适的衬底材料以发展基于异质外延的平面型器件是目前的主流解决方案。由图 1.8 所示的平面型器件结构图可知,该结构最重要的特征在于 AlGaN/GaN 异质结。由于 AlGaN 和 GaN 的禁带宽度不同,这两种材料构成的接触面即形成异质结,同时由于晶体极性的影响,在异质结接触面上形成了一层称为"二维电子气(2DEG)"的高迁移率电子,可以在异质结面上高速移动,从而形成导电沟道。通过控制异质结 2DEG 的浓度,可以控制器件的导通和关断。关于对衬底材料的选择,主要分为三类:Si、SiC 和蓝宝石。目前蓝宝石衬底是 GaN 异质外延生长中应用最广泛的衬底材料,并且已经在光电器件产业方面有了成熟的应用。但在功率器件领域,蓝宝石衬底却存在非常明显的缺点。首先,蓝宝石的热导率非常低,制备的功率器件散热能力不强,使得 GaN 材料本身的优势很难得到充分发挥,因而限制了蓝宝石衬底在功率器件产业应用的前景;其次,蓝宝石衬底中的氧元素在 GaN 中形成重掺杂 n 型背景载流子,严重限制了高耐压 GaN 外延材料制备;此外,SiC 衬底与 GaN 材料晶格失配小,且具有高的热导率,使其非常适合制作高温高功率工作下的电子器件。但是受制于 SiC 材料本身很难制备,且价格非常昂贵,所以限制了 SiC 衬底在商业化 GaN 基电力电子器件领域的推广。Si 衬底与 GaN 材料的晶格失配和热失配都非常大,但是相比蓝宝石材料,Si 材料热导率高、晶元尺寸大、成本低、制作工艺成熟并且能和现有 CMOS 工艺兼容,这些优点使得 Si 衬底成为实现商用 GaN 基电力电子器件产业化的最佳衬底。Si 衬底上 GaN 基平面导通型器件是目前的主流技术,在几十到几百伏的中低压应用领域中已得到一定程度的应用。

由于 AlGaN/GaN 异质结具有很强的极化效应,普通异质结接触面处存在很高浓度的 2DEG,因此 GaN 基平面导通型器件本质上来说是常通型器件,目前主要通过栅槽刻蚀(recessed gate)、P 型盖帽层(P cap layer)、能带工程(energy band engineering)和氟离子注入(fluorine ion implantation)等技术对栅极进行处理,将栅极下的 2DEG 耗尽,使导电沟道夹断,实现常断功能。目前,商用市场上的增强型 GaN 器件大部分采用了平面型结构,如 GaN Systems 公司以及 EPC 公司的 GaN 器件产品。

1.4.2 不同类型的 GaN 器件

图 1.10 为已有研究报道的 GaN 器件类型。目前已经出现的商用 GaN 器件大致可分为 GaN 基二极管、常通型 GaN HEMT、级联型 GaN HEMT、增强型 GaN HEMT(eGaN HEMT)、GaN GIT 和 GaN MOSFET。

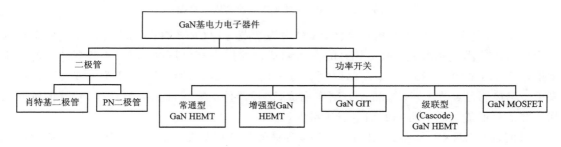

图 1.10 已有研究报道的 GaN 器件类型

1. GaN 基二极管

目前,GaN 基功率二极管主要有两种类型:GaN 肖特基二极管(Schottky Barrier Diode, SBD)和 PN 二极管。GaN 肖特基二极管主要有三种结构:水平结构、垂直结构和台面结构,如图 1.11 所示。水平结构利用 AlGaN/GaN 异质结结构,在不掺杂的情况下就可以产生电流,但水平导电结构增加了器件的面积和成本,并且器件的正向电流密度普遍偏小。垂直结构是一般电力电子器件主要采用的结构,可以产生较大的电流,有很多研究机构利用从厚的外延片上剥离下来厚的 GaN 独立薄片制作垂直导电结构的肖特基二极管,但是这样的外延片缺陷密度高,制造出来的器件虽然电流较大,但反向漏电也非常严重,导致击穿电压与 GaN 材料应达到的水平相距甚远。因此,对于垂直结构 GaN 肖特基二极管的研究主要还是停留在仿真以及改善材料特性阶段。台面结构,也称为准垂直结构,一般是在蓝宝石或者 SiC 衬底上外延生长不同掺杂的 GaN 层,低掺杂的 n⁻ 层可以提高器件的击穿电压,而高掺杂的 n⁺ 层是为了形成良好的欧姆接触。这种结构结合了水平结构和垂直结构的优点,同时也存在水平结构和垂直结构的缺点,它最大的优势在于可以与传统的工艺兼容,并且可以将尺寸做得比较大。

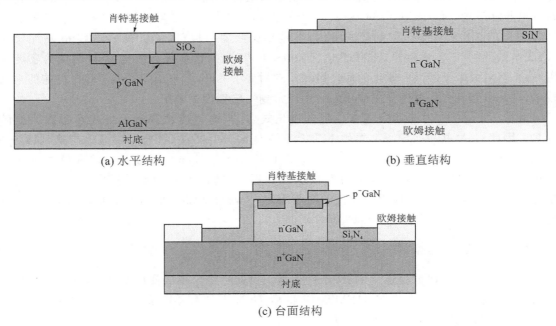

图 1.11　GaN 肖特基二极管结构示意图

图 1.12 是 PN 二极管结构示意图,其衬底为 2 英寸厚的 n⁺ 掺杂 GaN 体,同质外延层通过金属有机化学气相沉积(MOCVD)的方法制造。根据击穿电压的不同,N 型缓冲层的掺杂浓度范围是 $1 \times 10^{16} \sim 3 \times 10^{16} \mathrm{cm}^{-3}$,厚度为 $5 \sim 20 \mu\mathrm{m}$。到目前为止,耐压为 3.7 kV 的 GaN 基 PN 二极管已经在 GaN 体晶片上制作完成,这种器件具有很高的电流密度、较好的承受雪崩击穿能量的能力和非常小的漏电流等特点。

目前,EPC、NXP、NexGen、Sanken 等半导体器件公司都在研制生产耐压为 600 V 的 GaN SBD 产品,但商业化的 GaN SBD 产品种类仍然较少。在 GaN 基二极管商业化方面,NexGen 公司 NexGen 走在前列,不仅提供 600 V 的 GaN SBD 商用产品,而且 1 700 V 的 GaN 基 PN 二极管也已经上市。表 1.4 列出了 NexGen 公司商业化的 GaN 基二极管产品及其主要电气参数。

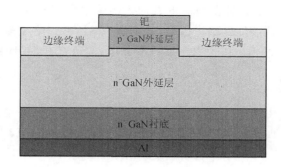

图 1.12　PN 二极管结构示意图

表 1.4　NexGen 公司的 GaN 基二极管产品及其主要电气参数

型　号	类　型	U_{RRM}/V	I_f/A	I_R/μA	Q_C/nC
AVDO2A600A	SBD	600	2	150	4
AVDO5A120A	PN	1 200	5	0.1	7
AVDO5A170A	PN	1 700	5	0.1	14

目前,商业化的 GaN SBD 的耐压最高只有 600 V,600～1 200 V 耐压范围内的商用 GaN SBD 在不久的将来也会问世。与商业化器件相比,目前 GaN 基二极管的实验室样品已达到较高的电压水平。蓝宝石衬底的 GaN 基整流管的击穿电压已高达 9.7 kV,但存在正向压降较高的问题。另一方面,GaN 基 JBS 二极管也在研究中,将其应用于 600～3 300 V 的电压领域可大大提高 GaN 基功率整流器的性能,但是 GaN 基 JBS 二极管的接触电阻问题仍需改善。

2. GaN HEMT

在 GaN 所形成的异质结中,极化电场显著调制了能带和电荷的分布。即使整个异质结没有掺杂,也能够在 GaN 界面形成密度高达 1×10^{13}～2×10^{13} cm^{-2},且具有高迁移率的 2DEG。2DEG 沟道比体电子沟道更有利于获得强大的电流驱动能力,因此 GaN 晶体管以 GaN 异质结场效应管为主,该器件结构又称为高电子迁移率晶体管(HEMT)。

根据不加驱动信号时器件的工作状态,研究工作者把 GaN HEMT 分为常通型和常断型两大类(也对应称为耗尽型和增强型)。最早出现的 GaN HEMT 器件是常通型 GaN HEMT,与常断型器件相比,常通型器件通常具有更低的导通电阻、更小的结电容,因此,在高电压等级,应用常通型器件可获得较高的效率。但由于常通型器件在电压源型变换器中不方便使用,为此,有些 GaN 器件公司通过级联(Cascode)设置使常通型 GaN HEMT 实现常断型工作,来保证电路安全。由于 Cascode 结构的出现,难以再用常通型和常断型准确区分器件的结构方案,因此把栅压为零时已处于导通状态的 GaN HEMT 称为常通型 GaN HEMT,需要加上适当栅压才能导通的 GaN HEMT 称为增强型 GaN HEMT。而常通型 GaN HEMT 与低压 Si MOSFET 级联的 GaN HEMT 称为 Cascode 结构 GaN HEMT。根据栅极结构的不同,增强型 GaN HEMT 也可以分为非绝缘栅型和绝缘栅型两大类。非绝缘栅型器件是通过在栅极下方加入 p 型掺杂层将栅源阈值电压提升为正压,实现常通型器件向常断型器件的转换。EPC 公司的 eGaN HEMT 和 Panasonic 公司的 GaN GIT 是具有代表性的两种非绝缘栅型 GaN 基功率器件。绝缘栅型器件是通过在栅极下方加入绝缘层实现常断功能。GaN Systems 公司的 eGaN HEMT 是具有代表性的绝缘栅型 GaN 基功率器件。绝缘栅型器件的特点与压控型器件类似,当栅源电压超过栅源阈值电压后器件开通,沟道打开,并且稳态导通时不需要提供栅极电流。

(1) 常通型 GaN HEMT

常规 GaN HEMT 由于材料极化特性,不加任何栅压时,沟道中就会存在高浓度的 2DEG,使得器件处于常通状态,即为耗尽型器件,其截面图如图 1.13 所示。为了实现关断功能,必须施加负栅压。

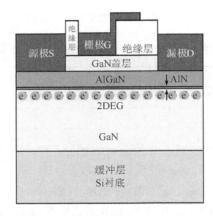

图 1.13　常通型 GaN HEMT 的截面图

由于常通型器件在电压型功率变换器中不易使用,因此研制生产常通型 GaN 器件的公司很少,目前只有 MicroGaN 和 VisIC 等少数公司有商用产品,其常通型 GaN HEMT 器件的主要电气参数如表 1.5 所列。

表 1.5　常通型 GaN HEMT 器件的主要电气参数

型　号	U_{DS}/V	$R_{DS(on)}$/mΩ (25 ℃)	I_D/A	$U_{GS(max)}$/V	$U_{GS(th)}$/V	C_{iss}/pF	C_{oss}/pF	C_{rss}/pF
MGG1T0617D	600	170	30	−14~0	−9	89	38	8
V18G65A	650	18	50	−20~0	−6.5	760	200	1.3

(2) Cascode GaN HEMT

为了实现 GaN 器件的常断工作,还可以通过级联低压 Si MOSFET 和常通型 GaN HEMT 形成 Cascode 结构。采用这种级联方式的 GaN 器件称为 Cascode GaN HEMT,其等效电路如图 1.14 所示。

目前,提供 Cascode GaN HEMT 产品的公司主要有 Transphorm 公司和 VisIC 公司,其中 Transphorm 公司采用 N 型 Si MOSFET 与常通型 GaN HEMT 进行级联,而 VisIC 公司则采用 P 型 Si MOSFET 与常通型 GaN HEMT 进行级联。Cascode GaN HEMT 商用器件的额定电压目前通常为 600 V 或 650 V,其典型产品型号及主要电气参数如表 1.6 所列。由表 1.6 可见,Transphorm 公司的 Cascode GaN HEMT 的驱动要求与传统 Si MOSFET 接近,易于驱动。但由于 Cascode GaN HEMT 器件内部存在 Si MOSFET,因此在反向导通后会存

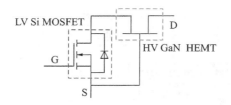

图 1.14 Cascode GaN HEMT 的等效电路

在反向恢复损耗。

表 1.6 Cascode GaN HEMT 器件型号及其主要电气参数

型 号	U_{DS}/V	$R_{DS(on)}$/mΩ (25 ℃)	I_D/A	$U_{GS(max)}$/V	$U_{GS(th)}$/V	C_{iss}/pF	C_{oss}/pF	C_{rss}/pF
TPH3002LD①	600	290	9	±18	1.8	785	26	3.5
TPH3205WS①	600	52	36	±18	2.1	2150	119	17.5
V80N65B②	650	80	20	+15	5.5	210	30	0.45

注:① Transphorm 公司采用 N 型 Si MOSFET 与常通型 GaN HEMT 级联;
　　② VisIC 公司采用 P 型 Si MOSFET 与常通型 GaN HEMT 级联。

Transphorm 公司的 Cascode GaN HEMT 有 TO - 220 和 TO - 247 两种典型直插式封装形式,相较于贴片式封装,其散热能力更强,适用于较大功率的场合。但直插式引脚会不可避免地引入寄生电感,对器件的高频工作产生负面影响,会在一定程度上限制开关频率的进一步提高。

(3) 增强型 GaN HEMT

在最为常用的电压源型功率变换器中,从安全和节能等角度考虑都要求功率开关器件为常断状态,因此现在大量研究工作致力于实现增强型 GaN HEMT 器件。增强型的 GaN HEMT 目前已有栅下注入氟离子、金属氧化物半导体(MOS)沟道 HEMT 以及 p 型 GaN 栅等实现方法。目前商用的增强型 GaN HEMT 器件主要分为低压(30～300 V)和高压(650 V)两种类型。

低压增强型 GaN HEMT 的代表性生产企业是 EPC 公司,图 1.15 给出了 EPC 公司生产的低压增强型 GaN HEMT 器件结构示意图。它在硅基上生长 GaN,大大节约了成本,并利用 AlN 隔离层解决了硅衬底与 GaN 的晶格失配问题。在 GaN 上生长一层 AlGaN 材料,靠近 AlGaN 的界面自发形成了非常密集的二维电子气,大大提高了 GaN 的电子迁移率。为了获得增强型器件,EPC 公司在栅极下加入了 p 型 GaN 基盖帽层(p - doped GaN cap),使栅极下方变为耗尽区,这样当栅源极电压为零时,栅极接触面没有二维电子气,导电沟道不存在,此时 GaN 晶体管处于关断状态;施加正栅源极电压至一定值时,二维电子气建立,导电沟道产生,此时处于导通状态。

值得说明的是,EPC 公司现有的增强型 GaN HEMT 均采用触点阵列封装(Land Grid Array,LGA),图 1.16 给出了 EPC 公司低压增强型 GaN HEMT 封装示意图。从图中可见,源极 S 和漏极 D 交错分布,占据极小的布局空间。这种封装形式大大降低了引线寄生电感,利于 GaN HEMT 的高频工作,从而达到大幅减小变换器中电抗元件体积、提高系统功率密度的目的。

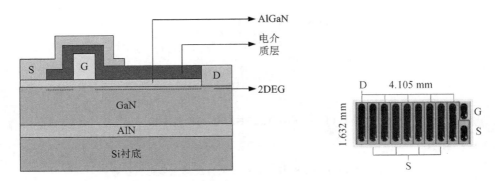

图 1.15　低压增强型 GaN HEMT 器件结构示意图　图 1.16　低压增强型 GaN HEMT 的封装示意图

　　高压增强型 GaN HEMT 的代表性生产企业为 GaN Systems 公司,图 1.17 给出了 GaN Systems 公司生产的高压增强型 GaN HEMT 器件结构示意图。与 EPC 公司器件相似的是, GaN Systems 公司推出的增强型 GaN HEMT 同样采用了 Si 衬底生长 GaN,并通过 AlGaN/ GaN 异质结形成高电子迁移率的二维电子气构成导电沟道。GaN Systems 公司的高压增强型 GaN HEMT 通过在栅极下方加入绝缘层形成绝缘栅结构,从而实现增强型器件的功能。

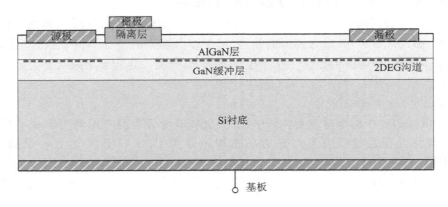

图 1.17　高压增强型 GaN HEMT 器件结构示意图

　　表 1.7 给出了增强型 GaN HEMT 器件的典型产品及其主要电气参数。由表 1.7 可见, 增强型 GaN HEMT 具有相对较宽的栅源电压范围和较低的栅极阈值电压。

表 1.7　增强型 GaN HEMT 器件典型产品及其主要电气参数

型　号	类　型	U_{DS}/V	$R_{DS(on)}/m\Omega$ (25 ℃)	I_D/A	$U_{GS(max)}/V$	$U_{GS(th)}/V$	C_{iss}/pF	C_{oss}/pF	C_{rss}/pF
EPC2014C	GaN	40	16	10	$-4\sim+6$	1.4	220	150	6.5
EPC2016C	GaN	100	12	18	$-4\sim+6$	1.4	360	210	3.2
EPC2025	GaN	300	90	6.3	$-4\sim+6$	1.4	200	46	0.1
GS66504B	GaN	650	100	15	$-10\sim+7$	1.3	130	33	1

　　从图 1.15 和图 1.17 也可见,无论是低压增强型 GaN HEMT 还是高压增强型 GaN HEMT,器件内部均没有 PN 结,因此不存在体二极管,无反向恢复问题。

（4）GaN GIT

通过在常通型 GaN 器件栅极下方注入 p 型 AlGaN 基盖帽层(p-doped AlGaN cap)提高栅极电位同样能够实现器件常断的功能,只有当栅极电压为正压时,器件才能够导通,采用这种方法的 GaN 器件称为 GaN GIT。由于电导调制效应的影响,注入的 p 型 AlGaN 基盖帽层中的空穴同样形成了相同数量的电子,使得 GaN GIT 具有大漏极电流和低导通电阻优势。值得注意的是,由于器件结构中电子的俘获现象,当 GaN 器件漏源极间施加高电压时,器件的导通电阻会变大,这一技术问题被称为电流崩塌现象。针对这一问题,如图 1.18 所示,Panasonic 公司在传统结构的基础上,通过在器件栅极和漏极同时增加 p 型 AlGaN 基盖帽层的方法,研制出新型结构的 GaN GIT 器件,有效释放了关断状态下 GaN GIT 漏极的电子,消除了 GaN GIT 的电流崩塌问题。

由于 GaN GIT 在栅极下方注入了 p 型掺杂层,在器件开通时栅极会表现出类似二极管的特性,其栅源极间二极管的阈值电压约为 3 V,而器件导通时的驱动电压往往高于 3 V,因此器件导通时的栅极电流会上升至几毫安。而 EPC 公司推出的低压增强型 GaN HEMT 虽然也在栅极下方注入了 p 型掺杂层,但是其掺杂层更厚,栅源极间二极管的偏置电压约为 5 V,由于低压增强型 GaN HEMT 器件的驱动电压大多取为 4.5~5 V,器件导通时栅源极间的等效二极管尚未导通,因此不会出现明显的栅极电流上升现象。

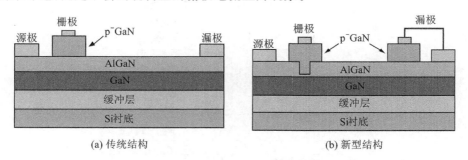

(a) 传统结构　　　　　　　　　　(b) 新型结构

图 1.18　GaN GIT 的截面图

Panasonic 公司生产的增强型 GaN GIT 器件型号及其主要电气参数如表 1.8 所列。

表 1.8　增强型 GaN GIT 器件型号及其主要电气参数

型　　号	U_{DS}/V	$R_{DS(on)}$/mΩ (25 ℃)	I_D/A	$U_{GS(max)}$/V	$U_{GS(th)}$/V	C_{iss}/pF	C_{oss}/pF	C_{rss}/pF
PGA26C09DV	600	71	15	−10~+4.5	1.2	272	199	32
PGA26E19BA	600	140	13	−10~+4.2	1.2	160	28	0.2

近来,Infineon 公司推出了 CoolGaN HEMT 产品,该器件的特性与 GaN GIT 较为相似。

3. GaN MOSFET

在高压功率开关场合,横向 GaN MOSFET 由于其常断特性以及导带偏移大等优点,不易受到热电子注入以及电流崩塌等可靠性问题的影响,成为替代 SiC MOSFET 和 GaN HEMT 的较好选择。高质量 SiO_2/GaN 界面的存在使得横向 GaN MOSFET 集成后的沟道迁移率仅为 170 cm^2/(V·s),但是其具有很高的阻断电压(2.5 kV)。由于界面态、表面粗糙度和散射现象的影响,横向 GaN MOSFET 沟道迁移率较低是限制其性能的主要问题。为了解决这个问题,AlGaN/GaN 异质结构被引入 GaN MOSFET 的 RESURF 区域(见图 1.19)。由此制造的混合型 MOS - HFET,同时具有 MOSFET 栅极控制简单和 GaN HEMT 电子迁移率高的优点,并且实现了 GaN 基功率器件常断、低导通电阻和高截止电压的特性。

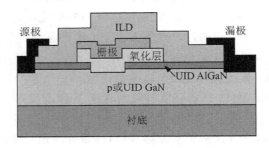

图 1.19　横向 GaN 基混合 MOS - HFET 的截面图

　　随着 GaN 器件研究的持续升温,采用双极型结概念的双向异质结 GaN 基场效应管已问世,如图 1.20 所示。该 GaN 基场效应管中的肖特基和 p - n 结栅极结构排列在蓝宝石绝缘衬底上,器件间的隔离电压大于 2 kV,正向导通电阻和反向导通电阻分别是 24 Ω · mm 和 22 Ω · mm。

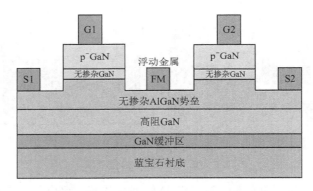

图 1.20　双向异质结 GaN 基场效应管截面图

　　以 GaN HEMT 为代表的宽禁带半导体器件具有更优的性能,其不仅可以在电动汽车、电机驱动、开关电源、光伏逆变器、LED 照明、无线电能传输和通信等民用和工业电力电子行业广泛应用,而且会显著提升军用雷达等武器系统的性能,将对未来电力电子领域的变革产生深远影响,正成为新兴战略产业。各国都非常重视宽禁带半导体器件的研究和开发工作。国外 GaN 器件发展较为迅速,很多大学、研究机构和公司通过政府牵引或行业牵引相互合作,建立了强大的研发支撑力量和产业联盟,多家公司都已推出商业化产品。

　　2002 年,美国国防先进研究计划局(DARPA)启动并实施了"宽禁带半导体技术计划(WBGSTI)",目标为实现 GaN 基高可靠性、高性能微波与毫米波器件的工程化生产,并研制 GaN 基高可靠性、高性能单芯片毫米波集成电路(MMIC)。2014 年初,美国政府宣布成立"下一代功率电子技术国家制造业创新中心",中心由北卡罗来纳州立大学领导,协同 ABB、Cree、RFMD 等超过 25 家知名公司、大学及政府机构进行全产业链合作,通过加强宽禁带半导体技术的研发和产业化,使美国占领下一代功率电子产业这个正在出现的规模最大、发展最快的新兴市场。

2010 年,欧洲启动了产学研项目"LAST POWER",由意法半导体公司牵头,协同来自意大利、德国、法国、瑞典、希腊和波兰 6 个国家的企业、大学和公共研究中心,联合攻关 SiC 和 GaN 的关键技术。2014 年,欧盟启动"面向电力电子应用的大尺寸碳化硅衬底及异质外延氮化镓材料"项目。该项目由意法半导体公司主导,再次协同德国、法国、意大利、瑞典、波兰、希腊 6 国对 SiC 和 GaN 功率电子技术进行研发,攻关突破具有高可靠性且高成本效益的技术,使欧洲成为世界高能效功率芯片研究和商业化应用的最前沿。

2002 年,日本启动全面支持 GaN 晶圆评价和分析技术研究的"氮化镓半导体低功耗高频器件开发"计划。2008 年"日本新一代节能器件技术战略与发展规划"提出,将采用 SiC、GaN 等宽禁带半导体器件进一步降低功率器件的功耗。2013 年日本建立了"下一代功率半导体封装技术开发联盟",由大阪大学牵头,协同罗姆、三菱电机、松下电器等 18 家从事 SiC 和 GaN 材料、器件以及应用技术开发及产业化的知名企业、大学和研究中心,共同开发适应 SiC 和 GaN 等下一代功率半导体特点的先进封装技术。联盟通过将 SiC 和 GaN 封装技术推广到产业,以及实现可靠性评价方法和评价标准化,来充分发挥下一代功率器件的性能,推动日本 SiC 和 GaN 器件应用的快速产业化发展。

韩国于 2000 年制订了 GaN 开发计划,政府在 2004—2008 年投入 4.72 亿美元,企业也投入 7.36 亿美元以支持韩国进行光电子产业的发展,使韩国成为亚洲最大的光电子器件生产国。

我国政府也非常重视宽禁带半导体材料(也称"第三代半导体材料")的研究与开发,从 20 世纪 90 年代开始,对第三代半导体材料科学的基础研究部署经费支持。从 2003 年开始,通过"十五"科技攻关计划、"十一五"863 计划、"十二五"重点专项对半导体产业进行了持续支持。"十二五"以来,我国开展了跨学科、跨领域的研发布局,在新材料、能源、交通、信息、自动化、国防等各相关领域分别组织国内科研院所和企业联合攻关,并成立了"中国宽禁带功率半导体产业联盟""第三代半导体产业技术创新战略联盟"等产业联盟。通过政府支持、产业联盟、多元投资等举措,推动了中国宽禁带半导体器件产业的发展。

扫描右侧二维码,可查看本章部分插图的彩色效果,规范的插图及其信息以正文中印刷为准。

第 1 章部分插图彩色效果

参考文献

[1] 袁立强,赵争鸣,宋高升,等. 电力半导体器件原理与应用[M]. 北京:机械工业出版社,2011.
[2] 曹峻松,徐儒,郭伟玲. 第三代半导体氮化镓功率器件的发展现状和展望[J]. 新材料产业,2015,17(10):31-38.
[3] 陈治明,李守智. 宽禁带半导体电力电子器件及其应用[M]. 北京:机械工业出版社,2009.
[4] 钱照明,张军明,盛况. 电力电子器件及其应用的现状及发展[J]. 中国电机工程学报,2014,34(29):5149-5161.

[5] 张雅静. 面向光伏逆变系统的氮化镓功率器件应用研究[D]. 北京:北京交通大学,2015.

[6] 孙彤. 氮化镓功率晶体管应用技术研究[D]. 南京:南京航空航天大学,2015.

[7] 崔梅婷. GaN 器件的特性及应用研究[D]. 北京:北京交通大学,2015.

[8] 何亮,刘扬. 第三代半导体 GaN 功率开关器件的发展现状及面临的挑战[J]. 电源学报,2016,14(4): 1-13.

[9] 周国强,李维庆,张一鸣. 射频氮化镓 GaN 技术及其应用[J]. 集成电路应用,2016,33(12):65-68.

[10] 金海薇,秦利,张兰. 宽禁带半导体在雷达中的应用[J]. 航天电子对抗,2015,31(6):62-64.

[11] 秦海鸿,董耀文,张英,等. GaN 功率器件及其应用现状与发展[J]. 上海电机学院学报,2016,19(4): 187-196.

[12] 董耀文,秦海鸿,付大丰,等. 宽禁带器件在电动汽车中的研究和应用[J]. 电源学报,14(4):119-127.

[13] 谢昊天,秦海鸿,董耀文,等. 耐高温变换器研究进展及综述[J]. 电源学报,14(4):128-138.

[14] 朱梓悦,秦海鸿,董耀文,等. 宽禁带半导体器件研究现状与展望[J]. 电气工程学报,2016,11(1):1-11.

[15] Weimer J A. The role of electric machines and drives in the more electric aircraft[C]. IEEE International Electric Machines and Drives Conference, Madison, USA, 2003: 11-15.

[16] Jones E A, Wang F, Ozpineci B. Application-based review of GaN HFETs[C]. IEEE Workshop on Wide Bandgap Power Devices and Applications, Knoxville, USA, 2014: 24-29.

[17] Li H, Zhang X, Zhang Z, et al. Design of a 10 kW GaN-based high power density three-phase inverter [C]. IEEE Energy Conversion Congress and Exposition, Milwaukee, USA, 2016: 1-8.

[18] Li He, Yao Chengcheng, Fu Lixing, et al. Evaluations and applications of GaN HEMTs for power electronics[C]. IEEE International Power Electronics and Motion Control Conference, Hefei, China, 2016: 563-569.

[19] Uemoto Y, Hikita M, Ueno H, et al. Gate injection transistor (GIT)—A normally-off AlGaN/GaN power transistor using conductivity modulation[J]. IEEE Transactions on Electron Devices, 2007, 54 (12): 3393-3399.

[20] Jones A E, Wang F F, Costinett D. Review of commercial GaN power devices and GaN-based converter design challenges[J]. IEEE Journal of Emerging and Selected Topics in Power Electronics, 2016, 4(3): 707-719.

[21] Chinthavali M, Tolbert L M, Zhang H, et al. High power SiC modules for HEVs and PHEVs[C]. Power Electronics Conference, Sapporo, Japan, 2010: 1842-1848.

[22] 李迪,贾利芳,何志,等. GaN 基 SBD 功率器件研究进展[J]. 微纳电子技术,2014,51(5):277-285,296.

[23] Alquier D, Cayrel F, Menard O, et al. Recent progress in GaN power rectifiers[J]. Japanese Journal of Applied Physics, 2012, 51(1): 42-45.

[24] Disney D, Nie Hui, Edwards A, et al. Vertical power diodes in bulk GaN[C]. International Symposium on Power Semiconductor Devices & IC's. Kanazawa, Japan, 2013: 59-62.

[25] Kizilyalli I C, Edwards A P, Nie Hui, et al. 3.7 kV vertical GaN pn diodes[J]. IEEE Electron Device Letters, 2014, 35(2): 247-249.

[26] Kizilyalli I C, Edwards A P, Aktas O, et al. Vertical power p-n diodes based on bulk GaN[J]. IEEE Transactions on Electron Devices, 2015, 62(2): 414-422.

[27] Millan J, Godignon P, Perpina X, et al. A survey of wide bandgap power semiconductor devices[J]. IEEE Transactions on Power Electronics, 2014, 29(5): 2155-2163.

[28] Ingo Daumiller, Mike Kunze. Normally-on HEMT switch 600 V-170 mΩ: MGG1T0617D[EB/OL]. (2012-03-01)[2016-04-20]. http://www.microgan.com/includes/products.

[29] Alex Lidow, Johan Strydom. Gallium nitride technology overview[EB/OL]. (2012-01-01)[2016-04-20].

http://epc-co. com/epc/DesignSupport/WhitePapers. aspx .

［30］ GaN Systems. GaN Systems' complete family of GaN-on-Si power switches［EB/OL］. （2016-01-20）［2016-04-21］. http://www. gansystems. com/transistors_new. php.

［31］ Wu Y, Coffie R, Fichtenbaum N, et al. Total GaN solution to electrical power conversion［C］. IEEE Annual Device Research Conference. Santa Barbara, CA, 2011: 217-218.

［32］ Semiconductor Components Industries. Power GaN cascode transistor 600 V/290 Ω［EB/OL］. （2015-05-01）［2016-04-21］. http://www. onsemi. cn/pub/Collateral.

［33］ Kizilyalli I C, Edwards A, Bour D, et al. Vertical devices in bulk GaN drive diode performance to near-theoretical limits［EB/OL］. （2013-03-01）［2016-04-22］. http://www. how2power. com/.

［34］ Alex Lidow, Johan Strydom. Efficient isolated full bridge converter using eGaN FETs［EB/OL］. （2012-01-01）［2016-04-20］. http://epc-co. com/epc/DesignSupport/WhitePapers. aspx.

［35］ Shirabe K, Swamy M M, Kang J K, et al. Efficiency comparison between Si-IGBT-based drive and GaN-based drive［J］. IEEE Transactions on Industry Applications, 2014, 50(1): 566-572.

［36］ Stubbe T, Mallwitz R, Rupp R, et al. GaN power semiconductors for PV inverter applications: opportunities and risks［C］. International Conference on Integrated Power Systems. Nuremberg, Germany, 2014: 1-6.

［37］ Acanski M, Popovic-Gerber J, Ferreira J A. Comparison of Si and GaN power devices used in PV module integrated converters［C］. Energy Conversion Congress and Exposition. Phoenix, AZ, 2011: 1217-1223.

［38］ Zhao D G, Xu S J, Xie M H, et al. Stress and its effect on optical properties of GaN epilayers grown on Si(111), 6H-SiC(0001) and c-plane sapphire［J］. Applied Physics Letters, 2003, 83(4): 677-679.

［39］ 张明兰,杨瑞霞,王晓亮,等. 高击穿电压 AlGaN/GaN HEMT 电力开关器件研究进展［J］. 半导体技术,2010,35(5):417-422.

［40］ Saito W, Takada Y, Kuraguchi M, et al. Recessed-gate structure approach toward normally off high-voltage AlGaN/GaN HEMT for power electronics applications［J］. IEEE Transactions on Electron Devices, 2006, 53(2): 356-362.

［41］ Injun Hwang, Jaejoon Oh, Hyuk Soon Choi, et al. Source-connected p-GaN gate HEMTs for increased threshold voltage［J］. IEEE Electron Device Letters, 2013, 34(5): 605-607.

［42］ Ishibashi T, Okamoto M, Hiraki E, et al. Experimental validation of normally-on GaN HEMT and its gate drive circuit［J］. IEEE Transactions on Industry Applications, 2015, 51(3): 2415 -2422.

［43］ Hasan M, Kojima T, Tokuda H, et al. Effect of sputtered SiN passivation on current collapse of AlGaN/GaN HEMTs［C］. CS MANTECH Conference, New Orleans, USA, 2013: 131-134.

［44］ Liu S C, Wong Y Y, Lin Y C, et al. Low current collapse and low leakage GaN MIS-HEMT using AlN/SiN as gate dielectric and passivation layer［J］. ECS Transactions, 2014, 61(4):211-214.

［45］ Saito W, Kakiuchi Y, Nitta T, et al. Field-plate structure dependence of current collapse phenomena in high voltage GaN-HEMTs［J］. IEEE Electron Device Letters, 2010, 31(7): 659-661.

［46］ Hasan M T, Asano T, Tokuda H, et al. Current collapse suppression by gate field-plate in AlGaN/GaN HEMTs［J］. IEEE Electron Device Letters, 2013, 34(11): 1379-1381.

［47］ Katsuno T, Kanechika M, Itoh K, et al. Improvement of current collapse by surface treatment and passivation layer in p-GaN gate GaN high-electron-mobility transistors［J］. Japanese Journal of Applied Physics, 2013, 52(04CF08): 1-5.

第2章　GaN 器件的原理与特性

GaN 与 Si 材料特性的差异,造成 GaN 器件与 Si 器件在器件特性上有较多差异,本章主要针对 GaN 基二极管、常通型 GaN HEMT、Cascode GaN HEMT、增强型 GaN HEMT 和 GaN GIT 等典型 GaN 器件,阐述其基本特性与参数。

考虑到读者已掌握 Si 器件的一般知识,为避免内容繁冗,在阐述 GaN 器件的特性与参数时,一些与 Si 器件相同的特性与参数的定义将不再赘述,主要采用与相应 Si 器件对比的方式,突出 GaN 器件与 Si 器件的不同,从而揭示 GaN 器件的基本特性与参数。

2.1　GaN 基二极管的特性与参数

GaN 器件可采用水平导电结构或垂直导电结构。垂直结构是目前 GaN 基二极管研究的主要方向。以下以 NexGen 公司的垂直沟道型 GaN 基二极管为例,对其结构和特性参数进行介绍。

图 2.1 是垂直结构的 GaN 肖特基二极管(GaN SBD)和 GaN 基 PN 二极管结构示意图。这两种二极管的衬底为 2 英寸厚的 N^+ 掺杂 GaN 体,同质外延层通过金属有机化学气相沉积(MOCVD)的方法制造。根据击穿电压的不同,N 外延层的掺杂浓度范围为 $1 \times 10^{16} \sim 3 \times 10^{16}$ cm^{-3},厚度范围为 $5 \sim 20\ \mu m$。

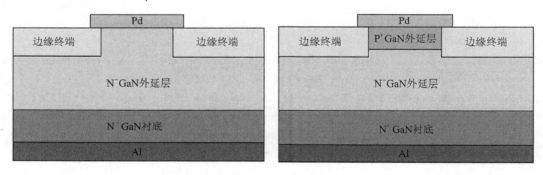

(a) GaN肖特基二极管　　　　　　　　　　　(b) GaN基PN二极管

图 2.1　垂直结构 GaN 肖特基二极管和 GaN 基 PN 二极管结构示意图

2.1.1　通态特性及其参数

图 2.2 是额定电压为 600 V 的 GaN SBD 和 1 200 V 的 GaN 基 PN 二极管通态特性曲线。由图可知,GaN SBD 的开启阈值电压为 0.9 V,GaN 基 PN 二极管的开启阈值电压为 3.0 V,与 GaN 材料的理论极限值接近。这两个器件的有效面积均小于 0.5 mm^2,但均可承受幅值为 10 A、持续时间为 300 μs 的脉冲电流。

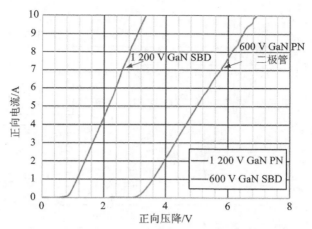

图 2.2　GaN SBD 和 GaN 基 PN 二极管的通态特性

2.1.2　阻断特性及其参数

图 2.3 是不同电压等级的 GaN 基 PN 二极管的阻断特性曲线。当器件耐压等级提高时，其反向漏电流会增大。另外，衬底材料的质量也会影响漏电流的大小。图 2.4 是 600 V GaN 基 PN 二极管在不同工作温度下的阻断特性。由图可知，漏电流具有正温度系数，随温度升高呈指数规律增大，但漏电流数值总体上仍保持在较小的范围内。击穿电压也具有正温度系数，这表明器件击穿行为是雪崩击穿。

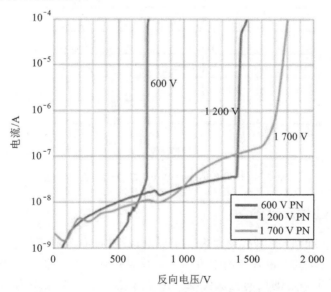

图 2.3　不同电压等级的 GaN 基 PN 二极管的阻断特性

图 2.5 是 1 700 V GaN 基 PN 二极管的阻断特性，展示了 GaN 基 PN 二极管承受雪崩击穿能量的能力。通过在 GaN 基 PN 二极管两端施加脉冲宽度为 30 ms、电流为 15 mA、反向电压为 2 000 V 的脉冲信号测试其击穿特性，脉冲信号等效的雪崩能量达到了 900 mJ。与几乎没有雪崩击穿能量承受能力的水平结构 GaN 器件相比，垂直结构的 GaN 器件表现出极其优越的性能。

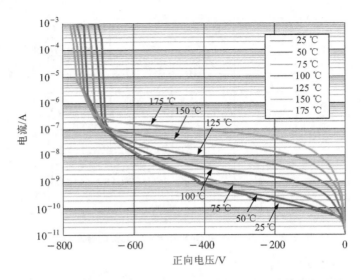

图 2.4　不同工作温度下 600 V GaN 基 PN 二极管的阻断特性

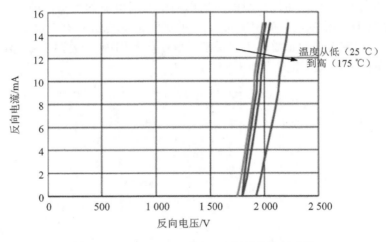

图 2.5　1 700 V GaN 基 PN 二极管的阻断特性

2.1.3　关断过程及其参数

　　GaN 基二极管是单极型器件,主要为多子导电,没有过剩载流子复合的过程,也即没有电导调制效应,因此 GaN 基二极管理论上没有反向恢复过程。实际器件由于不可避免地存在寄生电容,因此也会产生一定的反向电流尖峰。图 2.6 给出了开关频率为 100 kHz 的 Boost 变换中整流二极管的电压和电流波形,采用 Si 基超快恢复二极管和 NexGen 公司的 GaN 基 PN 二极管进行对比可见,GaN 基 PN 二极管无反向恢复问题,大大改善了电路性能。

　　由于 GaN 基二极管优越的反向恢复特性,将 GaN 基二极管应用到 PFC、逆变器等开关电路中,可以在不改变电路拓扑和工作方式的情况下,有效解决 Si 基超快恢复二极管反向恢复电流给电路带来的许多问题,大大改善了电路性能。

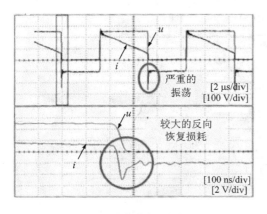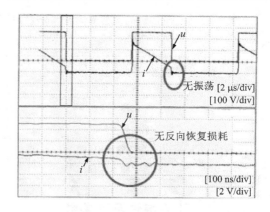

(a) Si基超快恢复二极管　　　　　　　　　　　　　(b) GaN基PN二极管

图 2.6　Boost 变换器中整流二极管的工作状态

2.2　常通型 GaN HEMT 的特性与参数

2.2.1　稳态特性及其参数

图 2.7 是常通型 GaN HEMT 的典型截面图，采用 Si 材料为衬底，GaN 层的厚度为 1 μm，$Al_{0.25}Ga_{0.75}N$ 层的厚度为 25 nm，栅漏极之间的距离为 15 μm，在 AlGaN 层和 GaN 层之间形成 2DEG，GaN HEMT 的芯片面积为（0.5×2.0）mm^2。其击穿电压为 600 V，等效输入电容 C_{iss} 约为 300 pF。

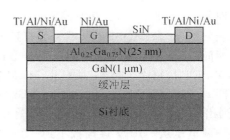

图 2.7　常通型 GaN HEMT 的剖面结构

图 2.8 是 600 V/2 A 常通型 GaN HEMT 的输出伏安特性曲线，其栅源阈值电压接近－6 V，导通电阻约为 1.6 Ω。图 2.9 是常通型 GaN HEMT 的反向关断特性，关断电压低于 600 V 时，漏电流小于 1 mA，关断承受电压超过 600 V。常通型 GaN HEMT 的主要电气特性如表 2.1 所列。

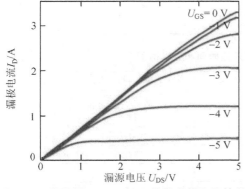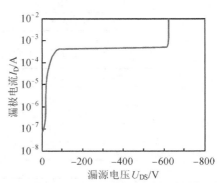

图 2.8　常通型 GaN HEMT 的输出伏安特性曲线　　**图 2.9　常通型 GaN HEMT 的反向关断特性**

表 2.1　常通型 GaN HEMT 的电气特性

参　　数	符　　号	数　　值
最大漏源电压	U_{DS}/V	600
最大漏极连续电流	I_D/A	2
漏源导通电阻	$R_{DS(on)}/\Omega$	1.6
栅极阈值电压	$U_{GS(th)}/V$	—6
最大栅极源电压	$U_{GS(max)}/V$	2
输入电容	C_{iss}/pF	300

2.2.2　开关特性及其参数

图 2.10 是常通型 GaN HEMT 开关特性测试电路。表 2.2 列出了测试电路中参数的设置。图 2.11 是栅源电压 U_{GS} 和漏源电压 U_{DS} 的波形。U_{GS} 的高、低电平值分别为 0 V 和—15 V,当 $U_{GS}=$ 0 V 时,$U_{DS}\approx 0$ V;当 $U_{GS}=-15$ V 时,$U_{DS}=25$ V。图 2.12 是开关过程中 U_{GS} 和 U_{DS} 放大后的波形,开通时间 t_{on} 为 9.6 ns,关断时间 t_{off} 为 43.2 ns。而相近规格的 Si 基 MOSFET(型号为 TK2Q60D)的开

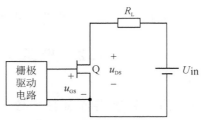

图 2.10　常通型 GaN HEMT
开关特性测试电路

通时间 t_{on} 为 50 ns,关断时间 t_{off} 为 62 ns。可见,常通型 GaN HEMT 的开关速度要比 Si 基 MOSFET 快得多。另外,从 GaN HEMT 开关时间测试结果可以看出,关断时间 t_{off} 要比开通时间 t_{on} 长很多,其原因在于常通型 GaN HEMT 关断时,GaN 表面层会阻碍电子流动。表 2.3 列出了栅源电压从—10 V 减小到—30 V 时常通型 GaN HEMT 的开通时间和关断时间。当栅源电压从—10 V 逐渐减小到—30 V 时,关断时间也随之明显缩短,但由于栅源电压绝对值增加会导致崩塌电流增大,因此,折中考虑栅源电压取—15 V 比较合适。

表 2.2　测试电路中参数的设置

参　　数	符　　号	设置值
直流输入电压	U_{in}/V	25
负载电阻	R_L/Ω	150
占空比	D	0.5
开关频率	f_{sw}/kHz	100

表 2.3　不同栅源电压下的开通时间和关断时间

栅源电压 U_{GS}/V	开通时间 t_{on}/ns	关断时间 t_{off}/ns
—10	8.8	55.6
—15	9.6	43.2
—20	9.8	34.7
—25	9.9	22.3
—30	10.0	18.4

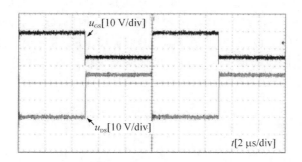

图 2.11　栅源电压和漏源电压波形

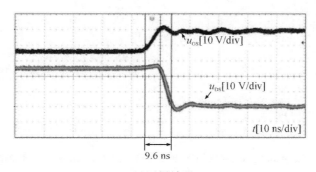

(a) 开通波形

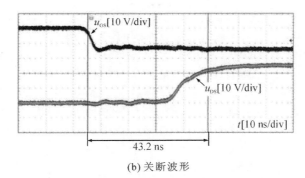

(b) 关断波形

图 2.12　开关过程中 u_{GS} 和 u_{DS} 放大后的波形

2.2.3　常通型 GaN HEMT 的电流崩塌现象

电流崩塌是 GaN 器件独特的现象,它是指当漏源电压应力增大后,漏极电流会明显减小,即当较大的电压加在 GaN 器件漏源两端后,其导通电阻会明显增大。

电流崩塌现象产生的准确机理尚不十分明确。研究人员采用图 2.10 所示实验电路对 11 只 GaN HEMT 器件样品进行了测试,评估其电流崩塌问题。取其中两只 GaN HEMT 晶体管 Q_A、Q_B 的实验结果为代表对电流崩塌现象进行分析,Q_A 的崩塌电流最大,Q_B 的崩塌电流约为所有 GaN HEMT 样品崩塌电流的平均值。实验测试中,输入电压 U_{in} 的变化范围为 $125\sim$ 200 V,开关频率 f_{sw} 取为 10 kHz 或 100 kHz,负载电阻为 3 kΩ。图 2.13 是开关频率 $f_{sw}=$

100 kHz 时导通电压的实验波形,$U_{DS(on)}$ 随着直流输入电压的增大而增大。图 2.14 是由图 2.13 实验波形中 1~5 μs 时间段计算出的导通电阻平均值,Q_A 的导通电阻平均值比 Q_B 的大。图 2.15 是 Q_B 在 $U_{in}=125\sim200$ V、f_{sw} 分别为 10 kHz 和 100 kHz 时的导通电阻平均值,频率升高后,导通电阻也会增大。实验结果证明增大输入电压和增大开关频率都会使崩塌电流增大。

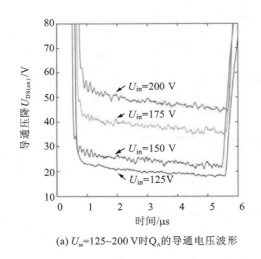

(a) $U_{in}=125\sim200$ V时Q_A的导通电压波形

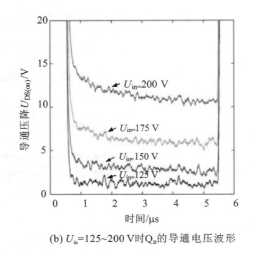

(b) $U_{in}=125\sim200$ V时Q_B的导通电压波形

图 2.13　$f_{sw}=100$ kHz、不同输入电压时常通型 GaN HEMT 的导通电压波形

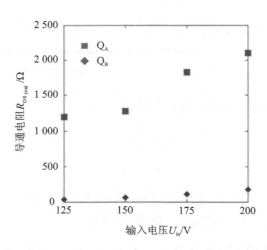

图 2.14　$f_{sw}=100$ kHz、$U_{in}=125\sim200$ V 时常通型 GaN HEMT 的导通电阻

由图 2.15 可见,当输入电压为 125 V、开关频率为 100 kHz 时,Q_B 的导通电阻超过了 30 Ω。由此可见,尽管常通型 GaN HEMT 在静态时可承受 600 V 耐压,但在高频开关时,由于电流崩塌问题,实际能够承受的电压只有 50~60 V。

为了验证常通型 GaN HEMT 在更高频率下的工作性能,如图 2.16 所示,采用 Boost 变换器电路进行测试,开关频率取为 1 MHz,主要电路参数列于表 2.4 中。图 2.17 为 Boost 变换器中 GaN HEMT 漏源电压 U_{DS} 的原理波形示意图,开关一次的总时间为 t_{on} 和 t_{off} 之和,由

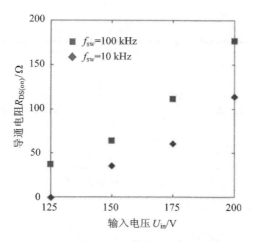

图 2.15　$f_{sw}=10$ kHz/100 kHz、$U_{in}=125\sim200$ V 时常通型 GaN HEMT 的导通电阻

图 2.12 可知为 52.8 ns。为了使 GaN HEMT 安全工作，其导通时间最小值设置为 100 ns，约为开关时间的两倍。另外，占空比最小值设为 0.1。由此可以得出开关频率最大值须满足：

$$0.1\times\frac{1}{f_{sw}}\geqslant 100\times10^{-9} \qquad\qquad (2-1)$$

由式(2-1)可得，f_{sw} 的最大值为 1 MHz。如果功率管用的是 Si MOSFET（如 TK2Q60D），在此 Boost 电路中，其最高工作频率不超过 500 kHz。由此可见，常通型 GaN HEMT 的工作频率可比 Si MOSFET 高两倍多。图 2.18 是输入电压 U_{in} 和输出电压 U_{out}、开关管栅源电压 U_{GS} 和漏源电压 U_{DS} 的波形。在输入电压 $U_{in}=25$ V，输出电压 $U_{out}=50$ V 时，常通型 GaN HEMT 的导通压降很小，接近零。这说明频率升高后，Q_B 并没有发生电流崩塌现象。

表 2.4　Boost 变换器的主要电路参数

参　数	符　号	数　值
输入电压	U_{in}/V	25
占空比	D	0.5
开关频率	f_{sw}/MHz	1

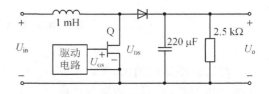

图 2.16　Boost 变换器电路图

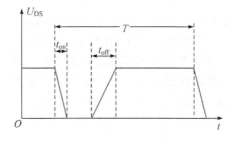

图 2.17　Boost 变换器中 GaN HEMT 的漏源电压 U_{DS} 的原理波形

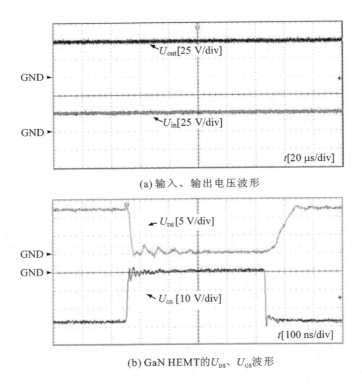

(a) 输入、输出电压波形

(b) GaN HEMT的U_{DS}、U_{GS}波形

图 2.18　GaN 基 Boost 变换器实验波形

随着设计和制造工艺水平的提高,常通型 GaN HEMT 的电流崩塌问题已大大改善,使得该类器件已具有商用化水平。

2.3　Cascode GaN HEMT 的特性与参数

与增强型器件相比,常通型(耗尽型)器件通常具有更低的导通电阻、更小的结电容,因此,在高电压等级,应用常通型器件可获得更高的效率。但在常用的电压型功率变换器中,常通型器件不便于使用,从安全可靠工作角度考虑,一般要求功率开关器件为常断状态。

第一代 600 V GaN HEMT 是常通型器件,为便于在电压源型变换器中使用,通常与低压 Si MOSFET 级联组成 Cascode GaN HEMT,其等效电路如图 2.19(a)所示。在由高压常通型 GaN HEMT 和低压 Si MOSFET 级联组成的 Cascode GaN HEMT 中,GaN HEMT 的栅极和源极分别与 Si MOSFET 的源极和漏极连接,从而既可以利用低压 Si MOSFET 的特性实现常断状态,又能利用常通型器件低导通电阻、低寄生电容的优点。Cascode GaN HEMT 的内部结构示意图和外形封装分别如图 2.19(b)和(c)所示。

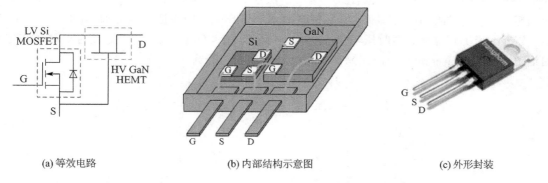

(a) 等效电路　　　　　　　(b) 内部结构示意图　　　　　　　(c) 外形封装

图 2.19　Cascode GaN HEMT 的结构及封装

2.3.1　工作原理和模态

Cascode GaN HEMT 是常断型器件,通过控制 Si MOSFET 的开关状态即可控制整个器件的通/断。根据栅源驱动电压 U_{GS} 和漏源电压 U_{DS} 的不同,Cascode GaN HEMT 的稳态工作状态可分为以下四种情况:

① 正向导通模态:$U_{GS} > U_{TH\_Si}$,$U_{DS} > 0$;

② 反向导通模态:$U_{DS} < 0$;

③ 反向恢复模态:$U_{GS} = 0$,$U_{DS} \geqslant 0$,$I_{DS} > 0$;

④ 正向阻断模态:$U_{GS} = 0$,$U_{DS} > 0$。

1.　正向导通模态

当 Cascode GaN HEMT 的栅源电压大于 Si MOSFET 的栅极阈值电压时,Si MOSFET 处于导通状态,器件的工作状况如图 2.20 所示。由于 $-U_{DS\_Si} = U_{GS\_GaN} > U_{TH\_GaN}$,所以常通型 GaN HEMT 也处于导通状态。此时,Cascode GaN HEMT 漏源极间的压降为

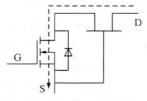

图 2.20　Cascode GaN HEM
正向导通模态

$$U_{DS} = I_D (R_{DS(on)\_Si} + R_{DS(on)\_GaN})$$

2.　反向导通模态

(1) 低压 Si MOSFET 体二极管导通($U_{GS} = 0$,$U_{DS} < 0$)

Cascode GaN HEMT 的栅源电压 U_{GS} 为零,因此低压 Si MOSFET 的沟道处于关断状态。当器件漏源两端的电压为负时,Si MOSFET 的体二极管就会导通。如图 2.21(a)所示,由于常通型 GaN HEMT 栅源两端的电压等于低压 Si MOSFET 体二极管的导通压降 U_F,即 $U_{GS\_GaN} = U_F > U_{TH\_GaN}$,因此,常通型 GaN HEMT 处于导通状态,电流 I_F 流过 Si MOSFET 的体二极管和 GaN HEMT 的沟道,Cascode GaN HEMT 器件漏源两端的压降为

$$U_{SD} = U_{SD\_Si} + I_F \times R_{SD(on)\_GaN}$$

(2) 低压 Si MOSFET 沟道导通($U_{GS} > U_{TH\_Si}$,$U_{DS} < 0$)

由于低压 Si MOSFET 体二极管导通时压降较大(典型值为 2 V 左右),导致 Cascode

GaN HEMT 的反向导通压降也较大。为了解决这个问题，可以在 Cascode GaN HEMT 栅源极间施加正向驱动电压（$U_{GS} > U_{TH\_Si}$），使低压 Si MOSFET 的沟道完全导通，如图 2.21(b) 所示。Si MOSFET 沟道导通时压降很小，沟道压降 $U_{SD\_Si} < U_F$，电流 I_D 全部流过 Si MOSFET 的沟道。此时，Cascode GaN HEMT 器件源漏两端的压降为

$$U_{SD} = I_F \times (R_{SD(on)\_GaN} + R_{SD(on)\_Si})$$

(a) 低压 Si MOSFET 体二极管导通　　　　(b) 低压 Si MOSFET 沟道导通

图 2.21　Cascode GaN HEMT 反向导通模态

3. 反向恢复模态

CascodeGaN HEMT 由于内部包含了低压 Si MOSFET，因此当低压 Si MOSFET 的体二极管与 GaN HEMT 沟道导通（反向导通）后，Cascode GaN HEMT 漏源极间加上正压后，就会出现低压 Si MOSFET 体二极管的反向恢复，整体对外表现为 Cascode GaN HEMT 的"体二极管"反向恢复。

一般而言，高压 Si MOSFET 的体二极管在导通时会储存大量的少数载流子，因此，在加正压使其关断时，会产生很大的反向恢复电流。而在 Cascode GaN HEMT 中，由于用于级联的 Si MOSFET 一般都是低压器件（30 V 左右），其体二极管导通时储存的少数载流子很少，因此，整个 Cascode GaN HEMT 器件的"体二极管"表现出来的反向恢复电流很小。

Si MOSFET 的体二极管反向恢复时，由于 Si MOSFET 两端的电压较小，GaN HEMT 沟道处于导通状态，电流流过 GaN HEMT 沟道和 Si MOSFET 体二极管，如图 2.22 所示。Si MOSFET 的体二极管反向恢复结束后，电流通过 GaN HEMT 沟道给电容 C_{DS_Si} 充电，当 $U_{DS\_Si} > -U_{TH\_GaN}$ 时，Cascode GaN HEMT 完全关断。

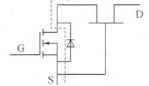

图 2.22　Cascode GaN HEMT 反向恢复模态

4. 正向阻断模态

(1) 低压 Si MOSFET 关断，高压 GaN HEMT 导通（$U_{GS}=0, 0 < U_{DS} < -U_{TH\_GaN}$）

Cascode GaN HEMT 的栅源电压为零，因此低压 Si MOSFET 处于关断状态。此时，流过 Si MOSFET 和 GaN HEMT 的电流为 0，即 $I_D=0$。由于 $-U_{GS\_GaN}=U_{DS\_Si} < -U_{TH\_GaN}$，所以高压常通型 GaN HEMT 处于导通状态。低压 Si MOSFET 漏源极间的电压等于整个器件漏源极间的电压，即 $U_{DS\_Si}=U_{DS}$。

(2) 低压 Si MOSFET 关断，高压 GaN HEMT 关断（$U_{GS}=0, 0 < -U_{TH\_GaN} < U_{DS}$）

Cascode GaN HEMT 的栅源电压为零，因此，低压 Si MOSFET 保持关断状态。随着器

件漏源极间的电压 U_{DS} 增大,当 $U_{DS\_Si}>-U_{TH\_GaN}$ 时,常通型 GaN HEMT 的驱动电压 U_{GS_GaN} 小于其栅极阈值电压 U_{TH_GaN},常通型 GaN HEMT 处于关断状态。此时,Cascode GaN HEMT 中低压 Si MOSFET 和常通型 GaN HEMT 共同承受漏源电压 U_{DS},即 $U_{DS}=U_{DS\_Si}+U_{DS\_GaN}$。

2.3.2　特性及其参数

以 ON Semiconductor 公司型号为 NTP8G202N(600 V/9 A)的 Cascode GaN HEMT 为例,并与 Infineon 公司型号为 IPP60R450E6(600 V/9.2 A)的 Si CoolMOS 进行对比,对 Cascode GaN HEMT 的特性与参数进行阐述。

1. 通态特性及其参数

(1) 输出特性

Cascode GaN HEMT 的输出特性如图 2.23 所示,可分为正向导通特性(第一象限)和反向导通特性(第三象限)。在第一象限内,当 U_{GS} 达到 6 V 时,Si CoolMOS 完全导通,Cascode GaN HEMT 也随之完全导通。在第三象限内,当不加驱动电压或驱动电压较小时,Si Cool-MOS 体二极管和 GaN HEMT 沟道导通,导通压降较大;当驱动电压逐步增加时,Si Cool-MOS 沟道打开且其导通压降逐渐降低,Cascode GaN HEMT 导通压降也逐渐降低,直至 Si CoolMOS 沟道完全导通。

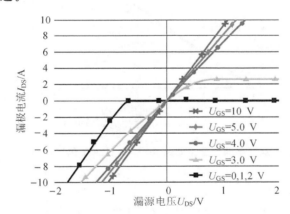

图 2.23　Cascode GaN HEMT 的输出特性

(2) 主要通态参数

图 2.24 为不同结温下 Cascode GaN HEMT 的正向输出特性,图 2.24(a)对应结温为 25 ℃,图 2.24(b)对应结温为 175 ℃。当器件的结温发生变化时,其输出特性也会相应发生变化。当器件结温升高时,相同负载电流下 Cascode GaN HEMT 的通态压降会增大。

根据所测得的 Cascode GaN HEMT 输出特性,可得出其导通电阻随结温变化的关系曲线。图 2.25 为栅源电压 $U_{GS}=8$ V 时,Cascode GaN HEMT 在不同结温下的导通电阻;图 2.26 为栅源电压 $U_{GS}=10$ V 时,Si CoolMOS 在不同结温下的导通电阻。由图可知,Cascode GaN HEMT 与 Si CoolMOS 的导通电阻均呈正温度系数,即结温上升时,导通电阻也会随之增大。表 2.5 列出了相近定额的 Cascode GaN HEMT 和 Si CoolMOS 导通电阻参数对比。

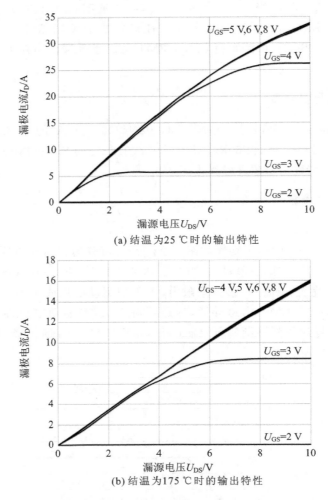

(a) 结温为25 ℃时的输出特性

(b) 结温为175 ℃时的输出特性

图 2.24　不同结温下 Cascode GaN HEMT 的正向输出特性

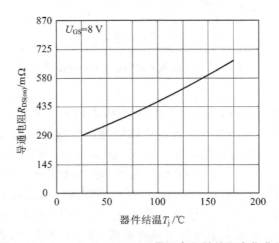

图 2.25　Cascode GaN HEMT 导通电阻随结温变化曲线

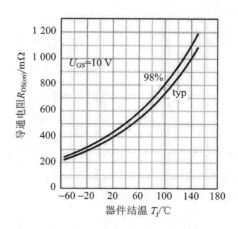

图 2.26　Si CoolMOS 导通电阻随结温变化曲线

表 2.5　Cascode GaN HEMT 和 Si CoolMOS 的导通电阻参数对比

器件类型	型　号	漏源电压 U_{DS}/V	漏极电流 I_D/A	导通电阻 $R_{DS(on)}$/mΩ	
Si CoolMOS	IPP60R450E6	600	9.2	450(T_j=25 ℃)	1 050(T_j=150 ℃)
Cascode GaN HEMT	NTP8G202N	600	9	290(T_j=25 ℃)	760((T_j=175 ℃)

图 2.27 为 Cascode GaN HEMT 的转移特性。当器件结温 T_j＝25 ℃时,栅源阈值电压 $U_{GS(th)}$ 约为 2.5 V,栅源电压 U_{GS} 达到 5 V 时,漏极电流 I_D 基本不再随栅源电压变化而变化,即导通电阻 $R_{DS(on)}$ 不随栅源电压 U_{GS} 变化而变化。图 2.28 为 Si CoolMOS 的转移特性。器件结温 T_j＝25 ℃时,栅源阈值电压 $U_{GS(th)}$ 约为 4 V,栅源电压 U_{GS} 达到 8 V 时,漏极电流 I_D 不再随栅源电压变化而变化。相同结温下,Cascode GaN HEMT 的栅源阈值电压比 Si Cool-MOS 低,且随着器件结温的升高,Cascode GaN HEMT 和 Si CoolMOS 的栅源阈值电压均会下降,呈负温度系数。

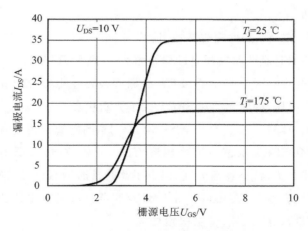

图 2.27　Cascode GaN HEMT 转移特性

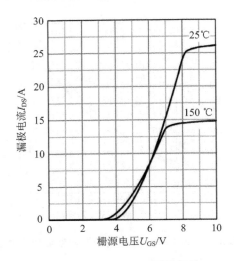

图 2.28　Si CoolMOS 转移特性

2. 阻态特性及其参数

漏源击穿电压是功率开关管重要的阻态特性参数。对于 Si 基功率 MOSFET,其通态电阻随击穿电压的增大而迅速增大,导致通态损耗显著增加,因而 Si 基功率 MOSFET 的漏源击穿电压通常在 1 kV 以下,以保持良好的器件特性。GaN 半导体材料的临界雪崩击穿电场强度比 Si 材料高 10 倍,因而能够制造出通态电阻低但耐压值更高的 GaN HEMT。尽管目前商业化的 Cascode GaN HEMT 产品的耐压值仅为 600 V,但随着技术的不断进步,拥有更高耐压值的 GaN 器件会相继问世。

3. 开关特性及其参数

(1) 开关过程分析

1) Cascode GaN HEMT 器件理想开通过程

Cascode GaN HEMT 器件理想开通过程如图 2.29 所示,可分为以下几个阶段:

① $t_0 \sim t_1$ 阶段:驱动电压给 Si MOSFET 的栅源极寄生电容充电,U_{GS_Si} 逐渐上升,由于 U_{GS_Si} 小于其栅源阈值电压,因此 Si MOSFET 处于关断状态。

② $t_1 \sim t_2$ 阶段:t_1 时刻,U_{GS_Si} 上升至 Si MOSFET 的栅源阈值电压 U_{TH_Si},Si MOSFET 的沟道逐渐打开,Si MOSFET 的漏源寄生电容 C_{DS_Si} 开始放电,漏源电压逐渐降低,常通型 GaN HEMT 的栅源电压 U_{GS_GaN} 逐渐升高,但由于此时常通型 GaN HEMT 尚未导通,因此流过整个器件的电流 I_D 仍为零。Cascode GaN HEMT 器件两端的电压仍为直流母线电压,常通型 GaN HEMT 的漏源电压 U_{DS_GaN} 会缓慢增大。

③ $t_2 \sim t_3$ 阶段:t_2 时刻,U_{GS_GaN} 达到常通型 GaN HEMT 栅极阈值电压 U_{TH_GaN},常通型 GaN HEMT 沟道开始导通,流过整个器件的电流开始增加。C_{DS_Si} 继续放电,U_{DS_Si} 继续下降,常通型 GaN HEMT 的漏源电压 U_{DS_GaN} 继续缓慢上升。t_3 时刻,U_{GS_GaN} 上升至密勒平台,

沟道电流 I_D 增大至负载电流,此后保持不变。

④ $t_3 \sim t_4$ 阶段: t_3 时刻,常通型 GaN HEMT 的栅源电压达到密勒平台电压 $U_{\text{miller\_GaN}}$。 GaN HEMT 的漏源电压 $U_{\text{DS\_GaN}}$ 迅速下降, t_4 时刻, $U_{\text{DS\_GaN}}$ 下降阶段结束,GaN HEMT 密勒平台结束。

⑤ $t_4 \sim t_5$ 阶段: t_4 时刻, $U_{\text{GS\_Si}}$ 开始出现密勒平台, $U_{\text{DS\_Si}}$ 继续下降, $U_{\text{GS\_GaN}}$ 继续上升,直至 t_5 时刻, $U_{\text{DS\_Si}}$ 降至饱和导通压降,Si MOSFET 密勒平台结束。

⑥ $t_5 \sim t_6$ 阶段: $U_{\text{GS\_Si}}$ 逐渐上升至驱动电源电压,Cascode GaN HEMT 开通过程结束。

2) Cascode GaN HEMT 器件理想关断过程

Cascode GaN HEMT 器件理想关断过程如图 2.30 所示,可分为以下几个阶段:

① $t_7 \sim t_8$ 阶段: t_7 时刻,驱动电压变为低电平,Si MOSFET 的栅源极电压 $U_{\text{GS\_Si}}$ 开始下降。

② $t_8 \sim t_9$ 阶段: t_8 时刻, $U_{\text{GS\_Si}}$ 下降至密勒平台电压 $U_{\text{miller\_Si}}$,Si MOSFET 的漏源电压 $U_{\text{DS\_Si}}$ 开始上升,常通型 GaN HEMT 的栅源电压 $U_{\text{GS\_GaN}}$ 逐渐降低。

③ $t_9 \sim t_{10}$ 阶段: t_9 时刻,Si MOSFET 密勒平台结束, $U_{\text{GS\_Si}}$ 继续下降。常通型 GaN HEMT 的栅源电压降至密勒平台电压 $U_{\text{miller\_GaN}}$,其漏源电压 $U_{\text{DS\_GaN}}$ 迅速上升, t_{10} 时刻, $U_{\text{DS\_GaN}}$ 上升阶段结束,GaN HEMT 密勒平台结束。

④ $t_{10} \sim t_{11}$ 阶段: t_{10} 时刻, $U_{\text{GS\_Si}}$ 和 $U_{\text{GS\_GaN}}$ 继续下降,沟道电流 I_D 迅速降低,常通型 GaN HEMT 沟道逐渐关闭。

⑤ $t_{11} \sim t_{12}$ 阶段: t_{11} 时刻, $U_{\text{GS\_GaN}}$ 降至常通型 GaN HEMT 栅极阈值电压 $U_{\text{TH\_GaN}}$,常通型 GaN HEMT 沟道完全关闭,电流 I_D 减小至零。 $t_{10} \sim t_{12}$ 时间段内, $U_{\text{DS\_Si}}$ 逐渐上升,由于 Cascode GaN HEMT 整个器件两端电压被钳位于直流输入电压,因此在这个过程中 $U_{\text{DS\_GaN}}$ 略有下降; t_{12} 时刻, $U_{\text{DS\_Si}}$ 升至雪崩击穿电压, $U_{\text{DS\_Si}}$ 和 $U_{\text{GS\_GaN}}$ 基本保持不变,Cascode GaN HEMT 关断过程结束。

（2）开关特性参数

Cascode GaN HEMT 的开关特性主要与非线性寄生电容有关,同时也受栅极驱动电路的影响。随着寄生电容的增大,Cascode GaN HEMT 的开关时间变长,开关损耗会增大。其中, C_{GD} 对开关过程中的 du_{DS}/dt 影响最大, C_{GS} 对开关过程中的 di_{D}/dt 影响最大, C_{DS} 在关断时的储能会在 Cascode GaN HEMT 下次开通时释放,因此在沟道中产生较大的开通电流尖峰。通常将上述电容换算成更能体现 Cascode GaN HEMT 特性的输入电容 C_{iss}、输出电容 C_{oss} 和密勒电容 C_{rss},如图 2.31 所示。

从图 2.31 中可以看出,Cascode GaN HEMT 的寄生电容值都远小于相近额定电压和额定电流的 Si 基功率 MOSFET。根据 Cascode GaN HEMT 的开关过程可知,寄生电容值越小,GaN HEMT 的开关速度越快,开关转换过程的时间越短,从而缩短开关过程中漏极电流与漏源极电压的交叠区域,即减小 GaN HEMT 的开关损耗。

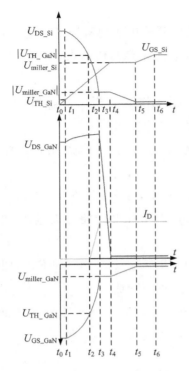

图 2.29　Cascode GaN HEMT 理想开通过程　　图 2.30　Cascode GaN HEMT 理想关断过程

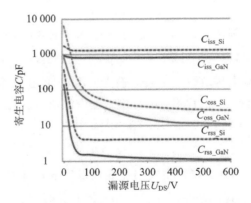

图 2.31　Cascode GaN HEMT 与 Si MOSFET 的寄生电容对比

表 2.6 是相近定额的 Cascode GaN HEMT 和 Si MOSFET 开关时间测试结果,其中,Cascode GaN HEMT 测试条件为:$U_{DC}=480$ V,$I_D=5.5$ A,$U_{GS}=10$ V,$R_G=2$ Ω;Si MOSFET 测试条件为:$U_{DC}=400$ V,$I_D=4.2$ A,$U_{GS}=13$ V,$R_G=6.8$ Ω。由表可知,Cascode GaN HEMT 的开关时间极短,开通时间仅为 10.7 ns,关断时间仅为 14.7 ns。

表 2.6　Cascode GaN HEMT 和 Si MOSFET 的开关时间对比

器件类型	型　号	漏源电压 U_{DS}/V	漏极电流 I_D/A	开通延时/ns	上升时间/ns	关断延时/ns	下降时间/ns
Si MOSFET	IPP60R450E6	600	9.2	11	9	70	10
Cascode GaN HEMT	NTP8G202N	600	9	6.2	4.5	9.7	5.0

图 2.32 为不同负载电流下 Cascode GaN HEMT 器件的开关能量损耗。由图可知,随着负载电流的增大,开通能量损耗明显增加,关断能量损耗只是略有增加,且总体上比开通能量损耗小得多。因此,在开关频率较高的应用场合采用零电压开通技术可以大大降低 Cascode GaN HEMT 的开关损耗。

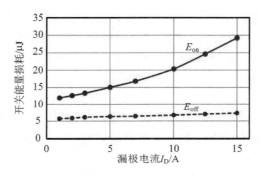

图 2.32　不同负载电流下的开关能量损耗

（3）Cascode 结构中的电容匹配性及其对开关过程的影响

1）Cascode 结构中 Si MOSFET 与 GaN HEMT 的寄生电容匹配性定义

尽管 Cascode GaN HEMT 的开关状态是通过控制低压 Si MOSFET 的开关进行的,但器件内部 Si MOSFET 与 GaN HEMT 之间的相互影响也会影响整个器件的开关特性。图 2.33 是包含寄生电容的 Cascode GaN HEMT 器件模型,其中,$C_{OSS\_Si} = C_{GD\_Si} + C_{DS\_Si}$。所谓寄生电容匹配,是指储存在寄生电容 C_{DS_GaN} 中的电荷小于储存在 C_{OSS_Si} 和 C_{GS_GaN} 中的电荷之和,而

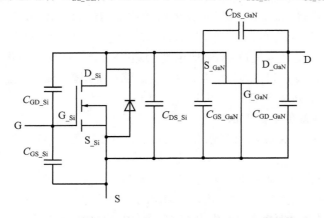

图 2.33　包含寄生电容的 Cascode GaN HEMT 器件模型

寄生电容不匹配是指储存在寄生电容 $C_{\text{DS\_GaN}}$ 中的电荷大于储存在 $C_{\text{OSS\_Si}}$ 和 $C_{\text{GS\_GaN}}$ 中的电荷之和。

2）关断过程

当加在 Si MOSFET 栅源间的信号由高电平变为低电平时，Si MOSFET 开始关断。此时，加在常通型 GaN HEMT 栅源间的负压绝对值较小，其沟道处于导通状态，因此，电流流过 GaN HEMT 沟道对电容 $C_{\text{OSS\_Si}}$ 和 $C_{\text{GS\_GaN}}$ 进行充电，如图 2.34（a）所示，此过程持续到常通型 GaN HEMT 栅源间的电压降低到其阈值电压 $U_{\text{TH\_GaN}}$。此后，常通型 GaN HEMT 沟道关断，电流继续给 $C_{\text{DS\_GaN}}$、$C_{\text{GS\_GaN}}$ 和 $C_{\text{OSS\_Si}}$ 充电，如图 2.34（b）所示。

在寄生电容匹配的 Cascode GaN HEMT 器件中，电流给寄生电容充电直到整个器件及其内部电压达到稳定状态，此时 Si MOSFET 漏源电压 $U_{\text{DS\_Si}}$ 小于其雪崩击穿电压 U_{A}。

而在寄生电容不匹配的 Cascode GaN HEMT 器件中，$C_{\text{OSS\_Si}}$ 和 $C_{\text{GS\_GaN}}$ 充电完成时，$C_{\text{DS\_GaN}}$ 充电尚未完成，即 $U_{\text{DS\_GaN}}$ 尚未达到稳定状态。$C_{\text{DS\_GaN}}$ 继续充电时，电流只能流过 Si MOSFET 体二极管，Si MOSFET 处于雪崩击穿状态，其两端的电压保持为雪崩击穿电压 U_{A}，如图 2.34（c）所示。电流流过 Si MOSFET 时会造成额外的损耗，这部分的损耗 P_{A} 可表示为

$$P_{\text{A}} = U_{\text{A}} \cdot Q_{\text{A}} \cdot f_{\text{s}} \tag{2-2}$$

式中，Q_{A} 为寄生电容 $C_{\text{DS\_GaN}}$ 中的电荷与 $C_{\text{OSS\_Si}}$ 和 $C_{\text{GS\_GaN}}$ 中电荷之和的差；f_{s} 为开关频率。

由式（2-2）可知，雪崩击穿损耗与开关频率成正比，这对于 Cascode GaN HEMT 高频应用是不利的。

3）零电压开通过程

为降低开通损耗，Cascode GaN HEMT 往往采用零电压开通技术。寄生电容不匹配不仅会影响 Cascode GaN HEMT 的关断过程，还会影响其零电压开通过程。如图 2.35 所示，在零电压开通过程中，由于栅源极间的驱动电压 $U_{\text{GS}}=0$ V，因此，Si MOSFET 的沟道处于关断状态。电流 i_{L} 给电容 $C_{\text{DS\_GaN}}$、$C_{\text{OSS\_Si}}$ 和 $C_{\text{GS\_GaN}}$ 放电，Si MOSFET 漏源极间的电压 $U_{\text{DS\_Si}}$ 降低，GaN HEMT 栅源极间的电压 $U_{\text{GS\_GaN}}$ 上升，当 $U_{\text{DS\_Si}}$ 减小到 $|U_{\text{TH\_GaN}}|$ 时，GaN HEMT 的沟道开始导通。

对于寄生电容匹配的 GaN 器件，当 GaN HEMT 的沟道导通时，$C_{\text{DS\_GaN}}$ 已经放电完成，电容 $C_{\text{OSS\_Si}}$ 和 $C_{\text{GS\_GaN}}$ 通过 GaN HEMT 的沟道继续放电，直到 Si MOSFET 体二极管导通。

对于寄生电容不匹配的 GaN 器件，由于储存在 $C_{\text{DS\_GaN}}$ 中的电荷较多，当 GaN HEMT 的沟道导通时，$C_{\text{DS\_GaN}}$ 放电尚未完成，剩余的电荷会通过 GaN HEMT 的沟道放电，造成较大的"导通损耗"。电容 $C_{\text{OSS\_Si}}$ 和 $C_{\text{GS\_GaN}}$ 通过 $C_{\text{DS\_GaN}}$ 继续放电。在 $C_{\text{DS\_GaN}}$ 放电完成后，电容 $C_{\text{OSS\_Si}}$ 和 $C_{\text{GS\_GaN}}$ 通过 GaN HEMT 的沟道继续放电。

4）寄生电容不匹配的解决办法

通过在 Si MOSFET 漏源极间额外增加电容 C_{X} 的方法可以解决寄生电容不匹配的问题，如图 2.36 所示。

由前文可知，电容不匹配主要是储存在寄生电容 $C_{\text{DS\_GaN}}$ 中的电荷大于储存在 $C_{\text{OSS\_Si}}$ 和 $C_{\text{GS\_GaN}}$ 中的电荷之和引起的。并联电容 C_{X}，相当于增大了 $C_{\text{OSS\_Si}}$ 和 $C_{\text{GS\_GaN}}$ 的容值，进而可以增加储存在其中的电荷，使储存在寄生电容 $C_{\text{DS\_GaN}}$ 中的电荷小于储存在 $C_{\text{OSS\_Si}}$ 和 $C_{\text{GS\_GaN}}$ 中的电荷之和。因此，额外增加的电容须满足：

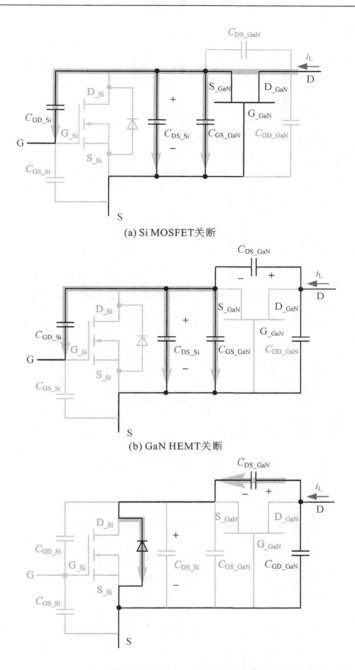

(a) Si MOSFET关断

(b) GaN HEMT关断

(c) Si MOSFET雪崩击穿，C_{DS_GaN}继续充电(寄生电容不匹配)

图 2.34　Cascode GaN HEMT 关断过程等效电路图

$$C_X \geqslant \frac{Q_A}{U_A - |U_{TH\_GaN}|} \qquad (2-3)$$

式中，Q_A 为寄生电容 C_{DS_GaN} 中的电荷与 C_{OSS_Si} 和 C_{GS_GaN} 中电荷之和的差；U_A 为低压 Si MOSFET 雪崩击穿电压；U_{TH_GaN} 为常通型 GaN HEMT 栅极阈值电压。

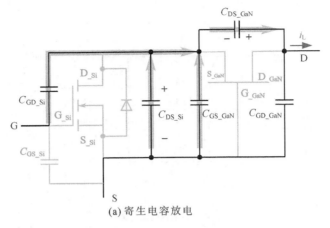

(a) 寄生电容放电

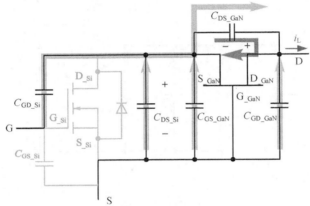

(b) C_{DS_GaN}通过GaN HEMT的沟道放电

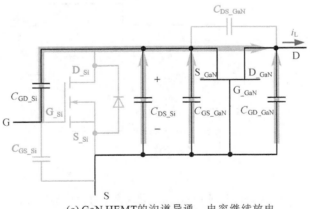

(c) GaN HEMT的沟道导通，电容继续放电

图 2.35　Cascode GaN HEMT 的零电压开通过程等效电路图

为验证以上分析,以下给出实验验证。常通型 GaN HEMT 的主要参数为:$BU_{DS\_GaN} = 600$ V,$I_{D\_GaN} = 17$ A,$U_{TH\_GaN} = -15$ V。Si MOSFET 的主要参数为:$BU_{DS\_Si} = 30$ V,$I_{D\_Si} = 11$ A,$R_{DS(on)\_Si} = 10$ mΩ,约占 Cascode GaN HEMT 器件总导通电阻的 6%。C_{DS_GaN} 两端电压由 0 V 上升至稳定值(350 V)时总充电电荷为 20.5 nC,而 C_{OSS_Si} 和 C_{GS_GaN} 两端电压从 U_{TH_GaN} 上升

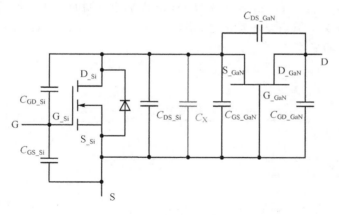

图 2.36　并联电容 C_x

至 30 V 时储存的电荷为 10 nC,因此在此级联器件中不匹配电荷值为 10.5 nC。图 2.37 为电容不匹配情况下 Cascode GaN HEMT 器件的开关波形。

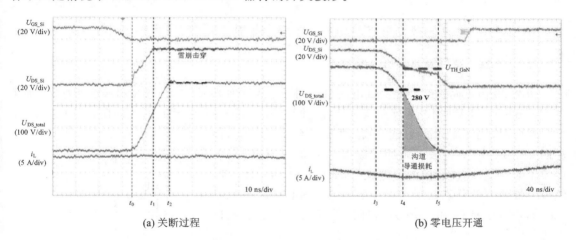

（a）关断过程　　　　　　　　　　　　　　　（b）零电压开通

图 2.37　电容不匹配情况下 Cascode GaN HEMT 器件的开关波形

　　由图 2.37(a)可知,在 t_1 时刻,Si MOSFET 达到雪崩击穿电压,而 Cascode GaN HEMT 器件两端的电压仅仅达到 170 V。t_1 时刻之后,电容 C_{DS_GaN} 继续充电,直到 t_2 时刻器件两端电压达到稳定值 380 V。t_2 时刻之后,常通型 GaN HEMT 的漏电流流过 Si MOSFET,使 Si MOSFET 维持在雪崩击穿状态。

　　零电压开通过程如图 2.37(b)所示。t_4 时刻,U_{DS_Si} 下降至 U_{TH_GaN},而 Cascode GaN HEMT 器件两端的电压仅下降至 280 V。寄生电容 C_{DS_GaN} 中剩余的电荷将通过 GaN HEMT 沟道释放,从而造成额外的开通损耗,如图中阴影部分所示。因此,由于寄生电容的不匹配性,尽管采用了零电压开通技术,但并不能实现 Cascode GaN HEMT 器件真正的 ZVS。

　　为了解决这个问题,在级联器件内部额外增加电容 C_X,增加电容后 Cascode GaN HEMT 器件的开关波形如图 2.38 所示。在图(a)所示的关断过程波形中,器件两端的电压达到稳定值时,U_{DS_Si} 仅上升到 26 V,尚未达到雪崩击穿电压。在图(b)所示的 ZVS 开通过程波形中,

当 U_{DS_Si} 下降到 $|U_{TH\_GaN}|$ 时, Cascode GaN HEMT 器件两端的电压已经接近于 0 V, 开通过程真正实现了软开关。但需要注意的是, 增加电容 C_X 后, Cascode GaN HEMT 器件的开通时间和关断时间均明显变长。

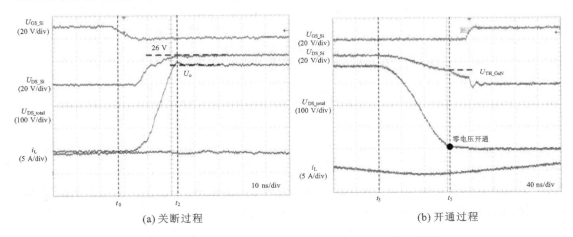

(a) 关断过程   (b) 开通过程

图 2.38   增加电容 C_X 后 Cascode GaN HEMT 器件的开关波形

4. 反向恢复特性及其参数

图 2.39 为反向恢复特性测试电路原理图。上管不加驱动信号,栅极和源极短接,从而测试 Cascode GaN HEMT 的反向恢复特性,并与 Si CoolMOS 进行对比,以便阐述其特性。

实验时,先施加脉冲使 Q_1 导通,电流流经 L_1 与 Q_1, 而反向电流 $I_F = 0$ A。去掉脉冲关断 Q_1 时,流过电感 L_1 的电流不能立刻消失,经被测器件(Device Under Test,DUT)续流。被测器件分别采用相近定额的 Si CoolMOS 和 Cascode GaN HEMT,图 2.40 为两种器件反向恢复电流测试曲线。

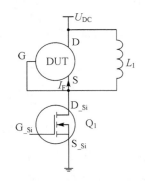

图 2.39   反向恢复特性测试电路

待测器件反向恢复特性测试条件为: $U_{DC} = 400$ V, $I_F =$ 9 A。Cascode GaN HEMT 可以在电流变化率为 450 A/μs 的情况下进行测试,且振荡很小。但 Si CoolMOS 不能承受如此高的电流变化率,因此 Si CoolMOS 仅在 100 A/μs 的电流变化率下进行测试。在 $di/dt = 100 \sim 480$ A/μs 范围变化时, Cascode GaN HEMT 的反向恢复电荷 Q_{rr} 几乎不变。

实验测试表明,在所设置的测试条件下 Cascode GaN HEMT 的反向恢复电荷 Q_{rr} 仅为 40 nC, 而 Si CoolMOS 的 Q_{rr} 高达 1 000 nC, 是 Cascode GaN HEMT 的 25 倍。

Cascode GaN HEMT 器件的反向恢复电荷主要由两部分组成:常通型 GaN HEMT 的反向充电电荷和低压 Si MOSFET 体二极管的反向恢复电荷。图 2.41(a) 和 (b) 分别为 $I_F = 0$ A 时不同 di/dt 下 DUT 的反向恢复测试波形,当 $I_F = 0$ A 时, Si MOSFET 不会出现反向恢复,这种情况下实验观察到的电流变化波形只是常通型 GaN HEMT 寄生电容电荷 Q_C 放电时的电流波形。由图可知, $I_F = 0$ A 时的 Q_C 约为 35 nC, 占 Cascode GaN HEMT 总反向恢复电荷

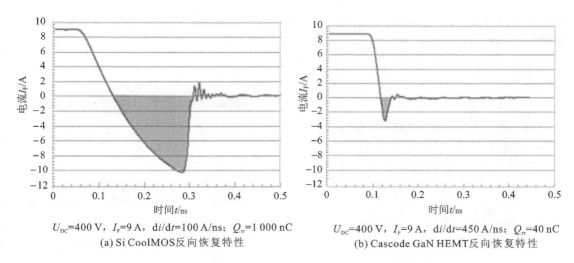

$U_{DC}=400\,V$，$I_F=9\,A$，$di/dt=100\,A/ns$；$Q_{rr}=1\,000\,nC$
(a) Si CoolMOS反向恢复特性

$U_{DC}=400\,V$，$I_F=9\,A$，$di/dt=450\,A/ns$；$Q_{rr}=40\,nC$
(b) Cascode GaN HEMT反向恢复特性

图 2.40　Si CoolMOS 和 Cascode GaN HEMT 的反向恢复特性测试曲线

Q_{rr} 的 86%，也就意味着 Cascode GaN HEM 中低压 Si MOSFET 体二极管的反向恢复电荷仅占 Q_{rr} 的 14%。

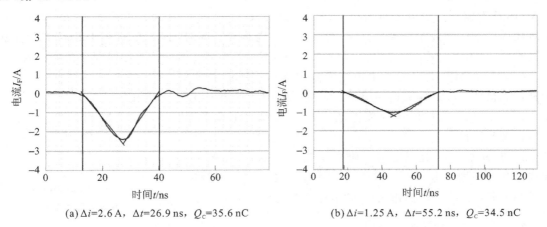

(a) $\Delta i=2.6\,A$，$\Delta t=26.9\,ns$，$Q_C=35.6\,nC$

(b) $\Delta i=1.25\,A$，$\Delta t=55.2\,ns$，$Q_C=34.5\,nC$

图 2.41　常通型 GaN HEMT 的反向恢复特性

　　Transphorm 和 ON Semiconductor 等公司均推出这种 Cascode GaN HEMT 器件，但这种结构其实是驱动其内部级联的 Si MOSFET 实现通断工作的。为了能够直接驱动 GaN HEMT，VisIC 公司提出用低压 P 型 Si MOSFET 与常通型 GaN HEMT 组合工作构成新型器件结构方案，有兴趣的读者可查阅相关资料。

2.4　增强型 GaN HEMT 的特性与参数

　　eGaN HEMT 器件典型结构如图 2.42(a)所示，其以 Si 或 SiC 半导体材料为衬底，生长出高阻性 GaN 晶体层。在 GaN 层与 Si 衬底层之间加入氮化铝绝缘层用于隔离器件和衬底。GaN 晶体层之上为 AlGaN 晶体层。GaN 与 AlGaN 半导体材料接触形成的界面区域，称为GaN/AlGaN 异质结。在 AlGaN 晶体层之上经过处理构成金属电极与半导体材料之间的欧姆接触,使得外加电压可以有效地施加到半导体材料上,形成 eGaN HEMT 的金属电极——栅极(G)、源极(S)和漏极(D)。

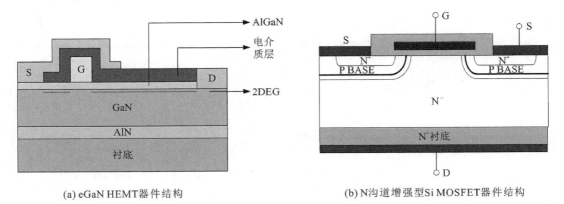

(a) eGaN HEMT 器件结构　　　　　　　　　(b) N沟道增强型 Si MOSFET器件结构

图 2.42　eGaN HEMT 器件与 N 沟道增强型 Si MOSFET 的结构对比

N 沟道增强型 Si MOSFET 的剖面结构如图 2.42(b)所示。从 eGaN HEMT 与 N 沟道增强型 Si MOSFET 的结构剖面图对比可以看出,eGaN HEMT 器件中不存在 N 沟道增强型 Si MOSFET 栅极与源极之间的 P 型寄生双极区域,即 eGaN HEMT 不是利用 PN 结反向电压对耗尽层厚度的控制来改变漏极、源极之间导电沟道宽度的,不存在 Si MOSFET 的寄生体二极管。eGaN HEMT 的工作原理与 Si MOSFET 等半导体器件的工作原理存在本质区别。

eGaN HEMT 中包含一个由宽带隙材料(AlGaN)和相对较窄带隙材料(GaN)构成的异质结。该异质结的特殊物理特性是 eGaN HEMT 器件形成的关键,它决定了 eGaN HEMT 的工作机理和器件的基本特性。AlGaN/GaN 异质结具有很强的极化效应,从而在接触区形成二维电子气(2DEG)。在栅源极间或栅漏极间加正电压都可以改变 2DEG 的浓度,控制器件的开通和关断。eGaN HEMT 的等效电路模型如图 2.43 所示。

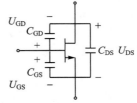

图 2.43　eGaN HEMT 等效电路模型

2.4.1　工作模态

eGaN HEMT 是常断型器件,通过改变栅源驱动电压 U_{GS} 可以控制器件的开通和关断。根据栅源驱动电压 U_{GS} 和漏源电压 U_{DS} 的不同,eGaN HEMT 的稳态工作状态可分为以下四种情况:

① 正向导通模态:$U_{GS}>U_{GS(th)}$,$U_{DS}>0$;

② 反向导通模态:$U_{GD}>U_{GS(th)}$,$U_{DS}<0$;

③ 正向阻断模态:$U_{GS}<U_{GS(th)}$,$U_{DS}>0$;

④ 反向关断模态:$U_{GD}<U_{GS(th)}$,$U_{DS}<0$。

1. 正向导通模态

当 eGaN HEMT 的栅源电压大于阈值电压($U_{GS}>U_{GS(th)}$)且漏源电压 U_{DS} 大于零时,器件导通,电流流过 eGaN HEMT 的沟道。此时 eGaN HEMT 处于正向导通状态,漏源极间压

降为 $U_{DS} = I_D R_{DS(on)}$。

2. 反向导通模态

eGaN HEMT 具有对称的传导特性,在 eGaN HEMT 漏源电压 U_{DS} 小于零的情况下,满足以下关系式时,eGaN HEMT 即可处于反向导通状态。

$$U_{GS} - U_{DS} = U_{GD} > U_{GS(th)} \qquad (2-4)$$

此时漏源极间压降为

$$U_{SD} = U_{GS(th)} - U_{GS} + |I_D| \cdot R_{SD(on)} \qquad (2-5)$$

由上述分析可见,eGaN HEMT 中虽然没有寄生体二极管,但是在 $U_{GS} < U_{GS(th)}$ 时的反向导通特性与寄生体二极管导通特性相似,因此在电路分析时,有时也会借鉴寄生体二极管的模型表示其反向导通能力,如图 2.44 所示。其反向导通特性也被称为"类体二极管"特性。但需注意的是该体二极管并不真正存在,因此实际上并无二极管反向恢复问题。

3. 正向阻断模态

当 eGaN HEMT 的栅源电压小于阈值电压($U_{GS} < U_{GS(th)}$)且漏源电压 U_{DS} 大于零时,器件处于正向阻断状态。

4. 反向关断模态

在 eGaN HEMT 的漏源电压 U_{DS} 小于零的情况下,若 $U_{GS} - U_{DS} = U_{GD} < U_{GS(th)}$,则 eGaN HEMT 处于反向关断状态。

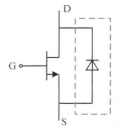

图 2.44　eGaN HEMT 反向导通时的"体二极管"等效模型

2.4.2　低压 eGaN HEMT 的特性及参数

这里以 EPC 公司型号为 EPC2016C(100 V/18 A)的低压 eGaN HEMT 为例,与 Infineon 公司型号为 BSZ440N10NS3G(100 V/18 A)的 Si MOSFET 进行对比,介绍低压 eGaN HEMT 的特性与参数。

1. 通态特性及其参数

(1) 输出特性

低压 eGaN HEMT 器件的输出特性曲线如图 2.45 所示,可分为正向导通特性(第一象限)和反向导通特性(第三象限)。

在第一象限内,当 U_{GS} 达到阈值电压(1.4 V)时,低压 eGaN HEMT 开始导通,随着 U_{GS} 的升高,漏源导通压降越来越小,当 U_{GS} 为 5 V 时,器件完全导通。

在第三象限,$U_{GS} < U_{GS(th)}$ 时的导通特性与二极管导通特性十分相似,都存在一个导通偏置电压。只有当漏源电压达到一定反向偏置时,器件才能反向导通。当 $U_{GS} = 0$ V,U_{SD} 达到 1.4 V 左右时,器件开始反向导通,随着 U_{GS} 正向电压值的上升,反向导通偏置电压逐渐降低,直到 U_{GS} 达到栅源阈值电压(1.4 V)左右时,反向导通偏置电压降为零。

图 2.46 为 Si MOSFET 的输出特性曲线,对比图 2.45、图 2.46 可见,低压 eGaN HEMT 与 Si MOSFET 的正向导通特性规律相似。在 $U_{GS} < U_{GS(th)}$ 时,两者的反向导通压降中均存在

偏置电压,低压 eGaN HEMT 的反向导通压降绝对值比 Si MOSFET 的大得多,随着反向导通电流的增大,其导通压降明显增大,因而在相同的负载电流下,低压 eGaN HEMT 的反向导通损耗比 Si MOSFET 的更大。

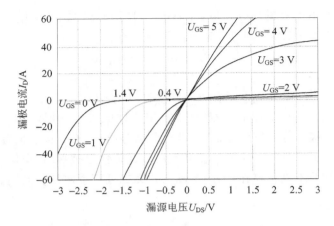

图 2.45　eGaN HEMT 的输出特性曲线

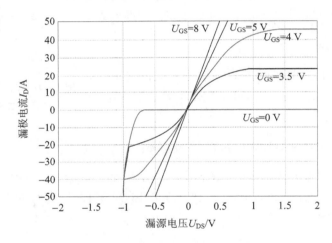

图 2.46　Si MOSFET 的输出特性曲线

（2）主要通态参数

图 2.47 和图 2.48 分别为低压 eGaN HEMT 和 Si MOSFET 在不同结温下的导通电阻,两种器件的导通电阻均呈正温度系数。当结温从 25 ℃升高到 125 ℃时,低压 eGaN HEMT 导通电阻升高为常温时的 1.6 倍左右,Si MOSFET 的导通电阻升高为常温时的 1.5 倍左右。

表 2.7 列出了相同定额的低压 eGaN HEMT 和 Si MOSFET 的导通电阻参数对比。由表可见,在器件完全导通时,低压 eGaN HEMT 的导通电阻明显小于 Si MOSFET,因此在相同的负载电流下,其导通压降和导通损耗更低。

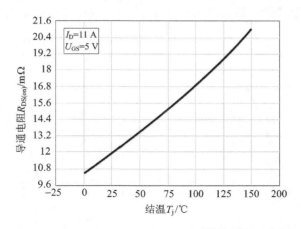

图 2.47　低压 eGaN HEMT 的导通电阻随结温变化曲线

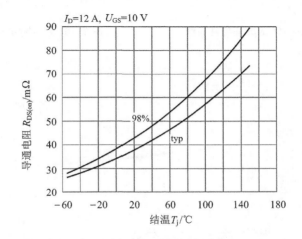

图 2.48　Si MOSFET 的导通电阻随结温变化曲线

表 2.7　低压 eGaN HEMT 和 Si MOSFET 的导通电阻参数对比

器件类型	型　号	栅源电压 U_{GS}/V	漏极电流 I_D/A	导通电阻 $R_{DS(on)}$/mΩ
低压 eGaN HEMT	EPC2016C	5	11	12(T_j=25 ℃)
Si MOSFET	BSZ440N10NS3G	10	12	38(T_j=25 ℃)

　　图 2.49 与图 2.50 分别为低压 eGaN HEMT 和 Si MOSFET 的转移特性曲线。对比图 2.49、图 2.50 可见,低压 eGaN HEMT 的跨导 g_{fs}($\mathrm{d}i_D/\mathrm{d}u_{GS}$)明显大于 Si MOSFET 的,两者均呈负温度系数,其中低压 eGaN HEMT 的跨导受温度影响较大。

　　图 2.51 与图 2.52 分别为低压 eGaN HEMT 和 Si MOSFET 的栅源阈值电压随结温变化的关系曲线。对比图 2.51、图 2.52 可知,两者均呈负温度系数,Si MOSFET 的栅源阈值电压在温度升高时下降幅度较大,而低压 eGaN HEMT 的栅源阈值电压下降幅度较小。表 2.8 列出了低压 eGaN HEMT 和 Si MOSFET 器件的栅源阈值电压、沟道完全导通时的栅源电压以及栅源最大电压对比。由表 2.8 可见,低压 eGaN HEMT 器件的栅源阈值电压、沟道完全导通时的栅源电压以及栅源最大电压都比 Si MOSFET 器件低,而且低压 eGaN HEMT 器件完

全导通时的栅源电压与其栅源最大电压只相差了 1 V,因此其对驱动电路有更高的要求。

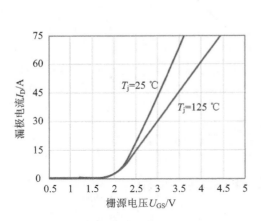

图 2.49　低压 eGaN HEMT 的转移特性曲线

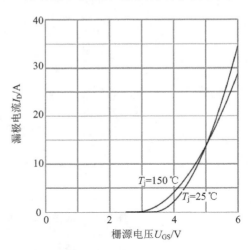

图 2.50　Si MOSFET 的转移特性曲线

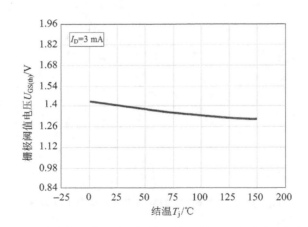

图 2.51　eGaN HEMT 的栅极阈值电压随结温变化曲线

表 2.8　eGaN HEMT 和 Si MOSFET 器件的栅源电压参数对比

器　件	型　号	$U_{GS(th)}$/V	U_{GS}/V(沟道完全导通时)	$U_{GS(max)}$/V
低压 eGaN HEMT	EPC2016C	1.4	5	+6/-4
Si MOSFET	BSZ440N10NS3G	2.7	10	+20/-20

2. 阻态特性及其参数

漏源击穿电压是功率开关重要的阻态特性参数。对于 Si 基功率 MOSFET,其通态电阻随击穿电压的增大而迅速增大,通态损耗显著增加,因而 Si 基功率 MOSFET 的漏源极击穿电压通常在 1 kV 以下,以保持良好的器件特性。GaN 半导体材料的临界雪崩击穿电场强度比 Si 材料高 10 倍,因而能够制造出通态电阻低但耐压值更高的 GaN 器件。由于 GaN 器件还处于刚刚起步的阶段,许多技术还未成熟,目前商业化的 eGaN HEMT 产品的耐压值最高仅有

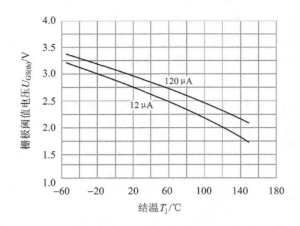

图 2.52　Si MOSFET 的栅极阈值电压随结温变化曲线

650 V，但也正因如此，GaN 器件仍有很大的发展空间。相信随着技术的不断进步，拥有更高耐压值的 eGaN HEMT 器件会相继问世。

3. 开关特性及其参数

低压 eGaN HEMT 的开关特性主要与非线性寄生电容有关，同时，栅极驱动电路的性能也对低压 eGaN HEMT 的开关过程起着关键性的作用。低压 eGaN HEMT 的寄生电容主要有 3 种，即栅源极电容 C_{GS}、栅漏极电容 C_{GD} 和漏源极电容 C_{DS}，其等效电路见图 2.43。这些电容对低压 eGaN HEMT 的开关动作瞬态过程具有明显的影响。通常将上述电容换算成更能体现低压 eGaN HEMT 特性的输入电容 $C_{iss} = C_{GS} + C_{GD}$、输出电容 $C_{oss} = C_{DS} + C_{GD}$ 和密勒电容 $C_{rss} = C_{GD}$。根据低压 eGaN HEMT 和 Si MOSFET 的开关过程可知，寄生电容值越小，开关速度越快，开关转换过程的时间越短，从而缩短了开关过程中漏极电流与漏源极电压的交叠区域，即降低了开关损耗。表 2.9 列出了低压 eGaN HEMT 和 Si MOSFET 的寄生电容容值。由表 2.9 可见，低压 eGaN HEMT 的输入电容值和密勒电容值均小于 Si MOSFET，而输出电容值处于两种型号的 Si MOSFET 中间，这是因为 BSZ440N10NS3G 是英飞凌公司推出的全新 OptiMOS 3 系列产品，其针对开关特性与开关损耗进行了改进，使得该系列的 Si MOSFET 产品性能远超普通的 Si MOSFET 产品，所以其输出电容容值较低，但相较于低压 eGaN HEMT，其输入电容值和密勒电容值仍较大。

表 2.9　低压 eGaN HEMT 和 Si MOSFET 寄生电容比较

器　件	型　号	C_{iss}/pF	C_{oss}/pF	C_{rss}/pF
eGaN HEMT	EPC2016C （100 V/18 A）	360	210	3.2
Si MOSFET	BSZ440N10NS3G （100 V/18 A）	480	87	6
Si MOSFET	IRFI540NPbF （100 V/20 A）	1 400	330	170

　　表 2.10 为不同电压电流等级下的低压 eGaN HEMT 和 Si MOSFET 的输出电容对比。由表 2.10 可见,在不同的电压电流等级下,低压 eGaN HEMT 和 Si MOSFET 的输出电容有高有低,并不存在明显的规律,因此对于输出电容的比较不可一概而论,需要具体情况具体分析。

表 2.10　不同电压电流等级下的低压 eGaN HEMT 和 Si MOSFET 的输出电容对比

电压等级/V	电流等级/A	器件型号		C_{oss}/pF	
		eGaN HEMT	Si MOSFET	eGaN HEMT	Si MOSFET
40	10	EPC1014	IRF7470	150	690
40	33	EPC1015	Si4456DY	525	621
60	6	EPC1009	Si7308DN	170	75
60	25	EPC1005	RFF70N06	500	900
100	6	EPC1007	STD6NF10	130	45
100	25	EPC1001	IRFP9150	500	850
150	3	EPC1013	HUFA75831SK8	100	275
150	12	EPC1011	IRL3215	405	140
200	3	EPC1012	FQD4N20	100	35
200	12	EPC1010	IRFP9240	415	350

　　低压 eGaN HEMT 的快速开关特性也带来了一些实际设计中需要考虑的问题,最需要注意的是漏源电压、漏极电流以及栅极电压的振荡和过冲问题。图 2.53 为考虑了寄生参数的低压 eGaN HEMT 等效电路模型,其栅极存在内部寄生电阻和寄生电感,漏极和源极也存在寄生电感,这些寄生参数会与低压 eGaN HEMT 的寄生电容相互作用,在高速开关过程中产生振荡和过冲。例如低压 eGaN HEMT 的高速开关动作使得漏极电压变化率 du_{DS}/dt 很大,而较大的漏极电压变化率会通过栅漏极寄生电容耦合至栅极,并通过栅极电阻和寄生电感连接至源极形成回路。这一过程将在栅极产生电压尖峰,干扰正常的栅极驱动电压。除此之外,低压 eGaN HEMT 的高速开关动作也使得漏极电流变化率 di_D/dt 较大。该变化的漏极电流通过漏极寄生电感 L_D、共源极寄生电感 L_S 时,会在电感两端产生感应电压,使得漏极电压产生振荡和过冲,同时共源极寄生电感 L_S 也会将感应电压引入栅极驱动回路,造成栅极驱动电压的振荡和过冲。根据表 2.8 可知,低压 eGaN HEMT 完全导通时的栅源电压与其栅源最大电压只相差了 1 V,栅源阈值电压也仅有 1.4 V,因此极易发生栅源电压过冲损坏栅极以及误导通问题。若为了抑制电压、电流变化率,人为降低低压 eGaN HEMT 的开关速度,则不利于低压 eGaN HEMT 发挥其高开关速度、高频工作的优势。在实际电路中必须妥善解决这一问题,保证电路可靠工作。

4. 栅极驱动特性及其参数

　　图 2.54 为低压 eGaN HEMT 的典型栅极充电特性曲线。由图可见,低压 eGaN HEMT 栅极充电至 +5 V 时仅需要 3.3 nC 左右的栅极电荷,因此其栅极充电速度极快。同时,由于低压 eGaN HEMT 的密勒电容 C_{rss} 较小,因此其密勒平台时间较短,仅占整个充电过程的很

小一部分。

图 2.55 为低压 eGaN HEMT 的通态电阻与驱动电压的关系曲线。

由图 2.55 可见，低压 eGaN HEMT 的通态电阻随着栅极驱动电压的升高而减小，当栅极驱动电压达到 4.5 V 左右时，通态电阻几乎不再发生变化。因此通常情况下，选择低压 eGaN HEMT 的驱动正压为 4.5～5.5 V。由于器件手册中推荐的 eGaN HEMT 栅极正压最大值为 6 V，因此实际电路设计时，需要使栅极寄生电感尽可能小，以减小栅极回路的振荡和过冲。在桥臂电路中，由于上、下管在开关动作期间存在的较强耦合关系会产生串扰问题，因此对于 Si MOSFET 来说，

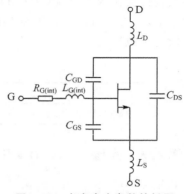

图 2.53　考虑寄生参数的低压
eGaN HEMT 等效电路模型

通常推荐使用负压关断以抑制桥臂串扰。然而，由表 2.8 可知，低压 eGaN HEMT 的极限负压仅为 −4 V，如采用负压关断，栅极电压的振荡极易导致关断时栅极负压过大，使器件损坏。因此低压 eGaN HEMT 的驱动电压设置需根据实际场合特点优化选择。

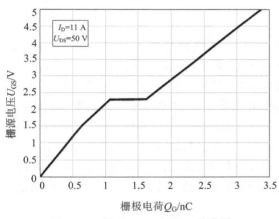

图 2.54　低压 eGaN HEMT 的典型
栅极充电特性曲线

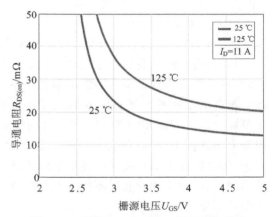

图 2.55　低压 eGaN HEMT 的通态电阻与
驱动电压的关系曲线

栅极电压摆幅 U_{Gpp} 的平方与栅极输入电容 C_{iss} 的乘积能够反映栅极驱动损耗的大小，假设低压 eGaN HEMT 采用驱动电压电平为 0 V/+5 V，Si MOSFET 采用驱动电压电平为 −4 V/+15 V，其计算结果如表 2.11 所列。可见，eGaN HEMT 的栅极驱动损耗远小于 Si MOSFET 的。

表 2.11　栅极充电能量对比

参　　数	EPC2016C	BSZ440N10NS3G
输入电容 C_{iss}/pF	360	480
栅极电压摆幅 U_{Gpp}/V	5	19
栅极驱动能量损耗/μJ	0.009	0.173 28

目前商业化低压 eGaN HEMT 的栅极内阻一般均比 Si MOSFET 的栅极电阻小,表 2.12 对比了低压 eGaN HEMT 和 Si MOSFET 的栅极寄生电阻,在设计驱动电路选择驱动电阻等参数时要加以注意。

表 2.12　栅极寄生电阻对比

参　数	EPC2016C	BSZ440N10NS3G
栅极内部电阻 $R_{G(int)}/\Omega$	0.4	1.5

2.4.3　高压 eGaN HEMT 的特性及参数

这里以 GaN Systems 公司型号为 GS66504B(650 V/15 A)的 eGaN HEMT 为例,并与 900 V/23 A SiC MOSFET(C3M0120090D)、650 V/22 A Si CoolMOS(IPW65R150CFD)进行对比,介绍高压 eGaN HEMT 的特性及参数。

1. 通态特性及其参数

与低压 eGaN HEMT 类似,高压 eGaN HEMT 既可正向导通(第一象限),也可反向导通(第三象限)。

(1) 正向导通特性

eGaN HEMT、SiC MOSFET 和 Si CoolMOS 的典型输出特性如图 2.56 所示。eGaN HEMT 的输出特性曲线存在明显的线性区和饱和区,界限比较明显,当栅源电压达到 4 V 左右时,在其额定电流范围内通态电阻几乎不再发生变化,但是线性区与饱和区的分界点仍然会随着栅源电压的增大而上升,因此为了保证器件能够充分导通,驱动电路设计时要保证栅源电压足够大。SiC MOSFET 的输出特性曲线不存在明显的线性区和饱和区,但是其导通电阻在栅源电压达到 15 V 时仍会有明显的变化,因此设计驱动电路时也要保证栅源电压足够大。Si CoolMOS 的输出特性曲线在栅源电压比较小时存在比较明显的线性区和饱和区,随着栅源电压的增大,线性区和饱和区不再有明显分界,而且在栅源电压达到 10 V 左右后导通电阻值几乎保持不变。

图 2.57 为 eGaN HEMT、SiC MOSFET 和 Si CoolMOS 器件的输出特性对比。结温为 25 ℃时,eGaN HEMT 的导通电阻比 SiC MOSFET 和 Si CoolMOS 的低,因此导通损耗更小。SiC MOSFET 和 Si CoolMOS 的导通电阻接近。3 种器件的导通电阻都会随着结温升高而增大,其中 eGaN HEMT 的导通电阻受结温的影响最大,其次是 Si CoolMOS,SiC MOSFET 最小。

(2) 主要通态参数

1) 栅源阈值电压

栅源阈值电压是指 eGaN HEMT 沟道导通所必需的最小栅源电压。随着栅源电压的上升,沟道逐渐打开,沟道电阻逐渐减小,沟道电流逐渐增大。图 2.58 为 eGaN HEMT、SiC MOSFET 和 Si CoolMOS 的转移特性曲线。eGaN HEMT 的栅源阈值电压约为 1.7 V,几乎不受结温的影响。常温下 SiC MOSFET 的阈值电压约为 3 V,其阈值电压呈负温度系数,但是温度系数比较小。常温下 Si CoolMOS 的阈值电压高于 4 V,其阈值电压呈负温度系数,系数也比较小。对比 3 种器件可以看到,eGaN HEMT 更容易在发生栅源电压振荡时出现误导通现象，其次是 SiC MOSFET，Si CoolMOS 误导通可能性相对来说最小。

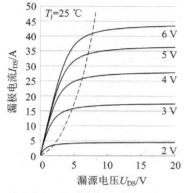

(a) GaN Systems公司的GS66504B(eGaN HEMT)

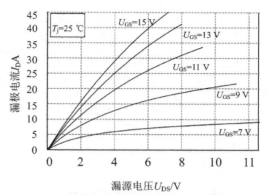

(b) Wolfspeed公司的C3M0120090D(SiC MOSFET)

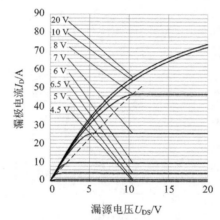

(c) Infineon公司的IPW65R150CFD(Si CoolMOS)

图 2.56　eGaN HEMT、SiC MOSFET 和 Si CoolMOS 的输出特性曲线

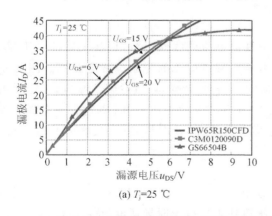

(a) T_j=25 ℃

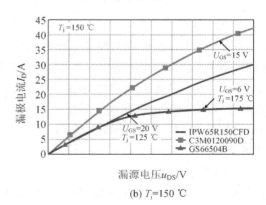

(b) T_j=150 ℃

图 2.57　额定电流相近的 eGaN HEMT、SiC MOSFET 及 Si CoolMOS 的输出特性对比

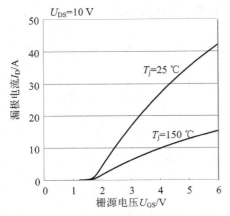

(a) GaN Systems公司的GS66504B(eGaN HEMT)

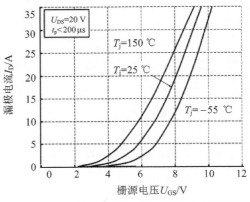

(b) Wolfspeed公司的C3M0120090D(SiC MOSFET)

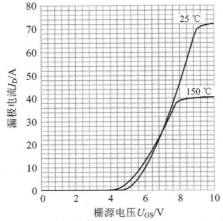

(c) Infineon公司的IPW65R150CFD(Si CoolMOS)

图 2.58　额定电流相近的 eGaN HEMT、SiC MOSFET 和 Si CoolMOS 的转移特性曲线

2）跨　导

跨导 g_{fs} 为漏极电流对栅源电压的变化率,是栅源电压的线性函数,反映了栅源电压 U_{GS} 对漏极电流 I_D 的控制灵敏度。跨导越大,栅源电压对漏极电流的控制灵敏度越高。图 2.59 对比了 eGaN HEMT、SiC MOSFET 和 Si CoolMOS 的转移特性,可以看到结温为 25 ℃时,Si CoolMOS 的跨导最高,其次是 eGaN HEMT,SiC MOSFET 的跨导最低。3 种器件的跨导都呈负温度系数,其中 eGaN HEMT 的跨导受温度影响最大,其次是 SiC MOSFET,Si Cool-MOS 最小。

3）通态电阻

如图 2.56 所示,对于 3 种器件来说,栅极驱动电压越高,导通电阻越低。如图 2.56(a)所示,在 eGaN HEMT 的额定电流范围内,栅源电压达到 4 V 以上时导通电阻的变化已经很小,因此只考虑导通电阻时,驱动电压设置为 4 V 即可,但实际应用中除了考虑导通电阻,还需要考虑开关速度,因此驱动电压应该在不超过最大栅源电压的条件下,尽可能得高。考虑一定裕量,通常将其设置为 5～6 V。图 2.56(b)中 SiC MOSFET 的栅源电压即使达到 16 V,继续增

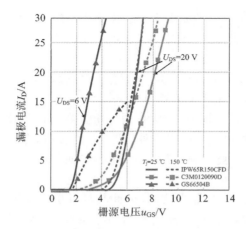

图 2.59　额定电流相近的 eGaN HEMT、SiC MOSFET 及 Si CoolMOS 的转移特性对比

大栅极驱动电压仍能显著减小导通电阻,因此在不超过栅源最大电压的情况下,应尽可能设置更高的驱动电压。图 2.56(c)中 Si CoolMOS 在栅源电压达到 10 V 以后,导通电阻就几乎不再发生变化,因此相对而言其驱动电压的可选范围更大。

图 2.60 是额定电流相近的 eGaN HEMT、SiC MOSFET 及 Si CoolMOS 单管导通电阻与结温的关系曲线。3 种器件的导通电阻均呈正温度系数,其中 Si CoolMOS 的导通电阻受结温变化的影响最大,eGaN HEMT 次之,SiC MOSFET 最小。

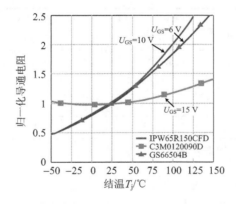

图 2.60　额定电流相近的 eGaN HEMT、SiC MOSFET 及 Si CoolMOS 单管导通电阻与结温的关系曲线

（3）反向导通特性

MOSFET 的结构中存在 pn 掺杂区域和漂移层,从而构成了其寄生体二极管,令其拥有了反向导通的能力,而 eGaN HEMT 的结构中并不存在这一结构,所以也就不存在体二极管;但是由于 eGaN HEMT 的结构具有对称性,因此其也具有双向导通的能力。这种特性被称为"自整流反向导通特性",也被称为"类二极管特性"。eGaN HEMT 的反向导通能力与 MOSEFT 体二极管相比有所不同。

1）反向导通压降

当栅源电压 U_{GS} 超过其阈值电压 $U_{GS(th)}$ 时,eGaN HEMT 可以实现正向导通,而当其栅漏电压 U_{GD} 超过阈值电压 $U_{GD(th)}$ 时,即可实现反向导通。

eGaN HEMT 反向导通时其源漏电压 U_{SD} 需要满足的条件为

$$U_{SD} > U_{GS(th)} - U_{GS} \qquad\qquad (2-6)$$

eGaN HEMT 的反向导通压降为

$$U_{SD} = U_{GS(th)} - U_{GS} + I_D \cdot R_{SD(on)} \qquad\qquad (2-7)$$

式中，$R_{SD(on)}$ 为 eGaN HEMT 的反向导通电阻。

通常情况下，在其他条件相同时，反向导通电阻要高于正向导通电阻，若 $U_{GS} < U_{GS(th)}$，那么器件工作在饱和区和线性放大区的交界处；若 U_{GS} 为负值，那么 eGaN HEMT 的饱和程度会加深，导通电阻会变大。因此在利用其反向导通能力时，不宜采用负的栅源电压。

2) 反向恢复特性

MOSFET 的体二极管是 PN 结形式的，因此其具有反向恢复特性，而且反向恢复特性比较差，而 eGaN HEMT 虽然其反向导通表现出的特性与二极管相似，但其结构并不是二极管的典型结构，因此不具有反向恢复特性，在第三象限导通过程结束时不会产生反向恢复电流，在桥臂电路中也就不会增加即将开通的功率管的开通损耗。

3) 反向导通特性对比

表 2.13 列出了 Si CoolMOS、SiC MOSFET 及 eGaN HEMT 单管"体二极管"特性对比，可以看到用于对比的 Si CoolMOS(IPW65R150CFD)的体二极管正向导通压降明显低于其他两款单管，但是其反向恢复特性较差。

表 2.13　Si CoolMOS、SiC MOSFET 及 eGaN HEMT 单管"体二极管"特性对比

型　号		IPW65R150CFD	C3M0120090D	GS66504B
"体二极管"正向导通压降 U_{SD}/V	25 ℃	0.7[①]	3.6[③]	3.8[⑤]
	150 ℃	0.6@125 ℃[①]	3.5[③]	—
反向恢复时间 t_{rr}/ns		140[②]	24[④]	0
反向恢复电荷 Q_{rr}/nC		700[②]	115[④]	0
反向恢复尖峰电流 I_{rrm}/A		8.8[②]	6.2[④]	0

注：不同产品数据表中给出的测试条件如下：

① $U_{GS} = 0$ V，$I_F = 10$ A。

② $I_F = 14$ A，$U_R = 400$ V，$di_F/dt = 100$ A/μs。

③ $U_{GS} = -4$ V，$I_F = 10$ A。

④ $U_{GS} = -4$ V，$I_F = 7.5$ A，$T_j = 150$ ℃，$U_R = 400$ V，$di_F/dt = 900$ A/μs。

⑤ $U_{GS} = 0$ V，$I_F = 10$ A。

图 2.61 是 eGaN HEMT 的反向导通特性曲线，可以看到 eGaN HEMT 反向导通时，反向导通压降会随着栅源电压 U_{GS} 的降低而增大。

图 2.62 为额定电流相近的 eGaN HEMT、SiC MOSFET 及 Si CoolMOS 单管反向导通特性对比。图(a)比较了 3 种单管的"体二极管"特性，其中虚线是采用了各自推荐关断负压时的体二极管导通特性曲线，实线是关断电压为零时体二极管的导通特性曲线，可以看到，栅源电压为零时，相同负载电流下 eGaN HEMT 的反向导通压降最大，SiC MOSFET 次之，Si CoolMOS 最小。图(b)是 3 种单管的第三象限特性对比，可以看到，漏极电流较小(< 5 A)时，相同负载电流下 3 种单管的反向导通压降相近。漏极电流较大(> 5 A)时，相同负载电流下 Si CoolMOS 的反向导通压降最小，SiC MOSFET 次之，eGaN HEMT 最大。

2. 开关特性及其参数

eGaN HEMT 的开关特性主要与非线性寄生电容有关,同时,栅极驱动电路的性能也对 eGaN HEMT 的开关过程起着关键性的作用。表 2.14 列出了 eGaN HEMT、SiC MOSFET 和 Si Cool-MOS 的寄生电容和栅极电荷对比,可以看到 eGaN HEMT 的寄生电容最小,SiC MOSFET 次之,Si CoolMOS 最大。根据电压型器件的开关过程可知,寄生电容越小,开关速度越快,开关转换过程的时间越短,从而缩短开关过程中漏源电压与漏极电流的交叠区域,降低开关损耗。对比 3 种器件的参数可见,eGaN HEMT 的栅极电荷最小,其次是 SiC MOSFET,Si CoolMOS 的栅极电荷最大,因此 eGaN HEMT 的开关速度最快。

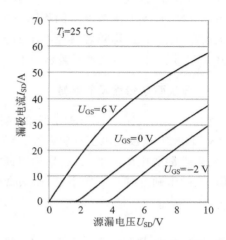

图 2.61　eGaN HEMT 反向导通特性曲线

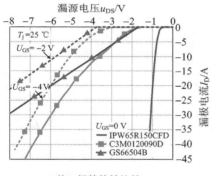

(a) 体二极管特性比较

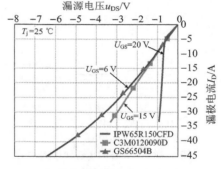

(b) 第三象限特性比较

图 2.62　额定电流相近的 eGaN HEMT、SiC MOSFET 及 Si CoolMOS 单管反向导通特性对比

表 2.14　eGaN HEMT、SiC MOSFET 和 Si CoolMOS 的寄生电容和栅极电荷对比

参　数	IPW65R150CFD	C3M0120090D	GS66504B
输入电容 C_{iss}/pF	2 340	350	130
输出电容 C_{oss}/pF	110	40	33
转移电容 C_{rss}/pF	12	3	1
栅源寄生电容 C_{GS}/pF	2 328	347	129
栅漏寄生电容 C_{GD}/pF	12	3	1
C_{GS}/C_{GD}	194	115.67	129
栅源电荷 Q_{GS}/nC	15	4.8	1.1
栅极总电荷 Q_G/nC	86	17.3	3

eGaN HEMT 的极间寄生电容是影响其开关特性的主要因素之一。随着极间电容的增大,eGaN HEMT 的开关过程会变长,开关损耗会增大。其中,C_{GD} 对开关过程中的 du_{DS}/dt

影响最大,C_{GS} 对开关过程中的 di_D/dt 影响最大,C_{DS} 在关断时的储能会在 eGaN HEMT 下次开通时释放,因此会在沟道中产生较大的开通脉冲电流。这些寄生电容还呈现非线性特性,随着 eGaN HEMT 漏源电压的不同,寄生电容值也会发生变化,如图 2.63 所示。在漏源电压增大初期,C_{rss}、C_{oss} 均随着漏源电压的增大而迅速减小,随着漏源电压的进一步增大,C_{oss} 的下降速度减缓,C_{rss} 出现增长趋势,而 C_{iss} 受漏源电压的影响不大。

3. 栅极驱动特性及其参数

图 2.64 是高压 eGaN HEMT 的典型栅极充电特性曲线。当漏源电压为 400 V 时,高压 eGaN HEMT 栅极充电至 +6 V 仅需要 2.8 nC 左右的栅极电荷,因此其栅极充电速度极快;另外,随着漏源电压的增大,达到相同栅源电压所需的栅极电荷也有所增加。由于高压 eGaN HEMT 的密勒电容 C_{rss} 较小,因此其密勒平台时间较短,仅占整个充电过程的很小一部分。

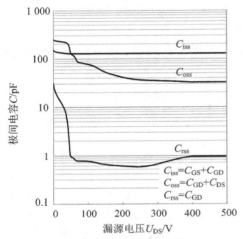

图 2.63   GS66504B 器件极间电容
与漏源电压的关系曲线

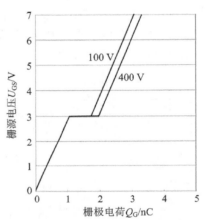

图 2.64   高压 eGaN HEMT 的典型
栅极充电特性曲线

图 2.65 为高压 eGaN HEMT 的漏极电流与导通电阻的关系曲线。可以看到,高压 eGaN HEMT 的导通电阻会随着栅极驱动电压的上升而减小。在额定漏极电流范围内,驱动电压为 +5 V 和 +6 V 时的导通电阻相差不大,因此通常情况下,高压 eGaN HEMT 的驱动正压为 5~6 V。数据手册中给出的高压 eGaN HEMT 的栅极正压最大值为 7 V,因此在实际电路设计中,需要降低栅极回路的寄生电感,以减小栅极回路中的振荡和过冲。桥臂电路应用中,由于上、下管在开关动作期间存在的较强耦合关系会产生串扰问题,因此对于 Si CoolMOS 来说,通常推荐使用负压关断以抑制桥臂串扰,但是 eGaN HEMT 的反向导通压降与栅源电压有关,关断时栅源负压的绝对值越大,反向导通压降越大,采用负压关断容易在续流期间引入较大的导通损耗,因此高压 eGaN HEMT 的驱动电压设置也需要根据实际场合特点优化选择。

栅极电压摆幅 U_{Gpp} 的平方与栅极输入电容 C_{iss} 的乘积能够反映栅极驱动损耗的大小,假设高压 eGaN HEMT 所采用的驱动电压电平为 0 V/+6 V,Si CoolMOS 所采用的驱动电压电平为 -5 V/+15 V,则其计算结果如表 2.15 所列。由表 2.15 可知,eGaN HEMT 的栅极驱动损耗远小于 Si CoolMOS。

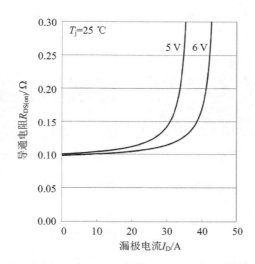

图 2.65　高压 eGaN HEMT 的漏极电流与导通电阻的关系曲线

表 2.15　栅极充电能量对比

参　数	GS66504B	IPW65R150CFD
输入电容 C_{iss}/pF	130	2 340
栅极电压摆幅 U_{Gpp}/V	6	20
栅极驱动能量损耗/μJ	0.004 68	0.936

表 2.16 对比了高压 eGaN HEMT 和 Si CoolMOS 的栅极寄生电阻。可以看到,目前商业化高压 eGaN HEMT 的栅极内阻值与 Si CoolMOS 的相似。

表 2.16　栅极寄生电阻对比

参　数	GS66504B	IPW65R150CFD
栅极内部电阻 $R_{G(int)}$/Ω	1.5	1.5

2.5　GaN GIT 的特性与参数

GaN GIT 器件的截面图如图 2.66 所示,与传统结构的 GaN GIT 器件相比,新型结构 GaN GIT 的漏极增加了 p‑GaN 层,这样可以有效地释放关断状态下 GaN GIT 漏极的电子,并且消除 GaN GIT 的电流崩塌效应。GaN GIT 的等效电路模型如图 2.67 所示,$R_{G(int)}$ 为栅极寄生电阻,D_{GS} 为栅极等效二极管,其稳态导通压降为 3.5 V 左右,C_{GS}、C_{GD}、C_{DS} 分别为器件栅源极、栅漏极和漏源极寄生电容,$R_{DS(on)}$ 为等效导通电阻,D_{DS} 为寄生体二极管。

这里以 Panasonic 公司的 PGA26E19BA(600 V/13 A)为例,对 GaN GIT 器件的特性及参数进行分析。

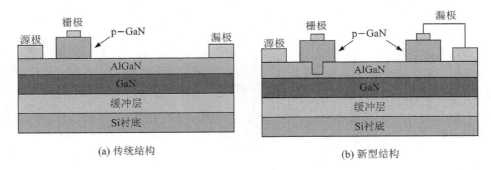

图 2.66　GaN GIT 器件的截面图

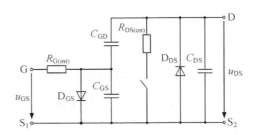

图 2.67　GaN GIT 的等效电路模型

2.5.1　通态特性及其参数

1. 正向输出特性和导通电阻

GaN GIT 在不同壳温下的输出特性如图 2.68 所示。图(a)、(b)分别对应不同壳温下,栅源电压由 1 V 变化到 4 V 时 GaN GIT 的输出特性。在同一漏源电压下,当器件壳温升高时,漏极电流会有所降低。图 2.69 为栅极电流 $I_{GS}=10$ mA、漏极电流 $I_{DS}=5$ A 时,GaN GIT 的导通电阻随结温变化的关系曲线,导通电阻呈正温度系数。

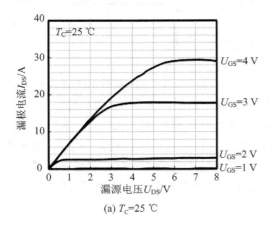

(a) $T_C=25$ ℃

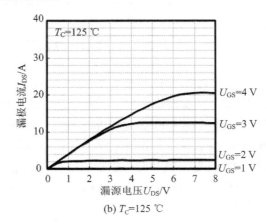

(b) $T_C=125$ ℃

图 2.68　GaN GIT 在不同壳温下的输出特性

2. 栅源极阈值电压

图 2.70 为 $I_{DS}=1$ mA 时,不同结温下 GaN GIT 器件的栅源极阈值电压。随着器件结温的升高,栅源极阈值电压略有降低。25 ℃时,$U_{GS(th)}=1.29$ V;结温上升至 150 ℃时,$U_{GS(th)}=1.23$ V。GaN GIT 栅源极阈值电压较低,在电路工作时容易误导通,设计电路时尤其要注意。

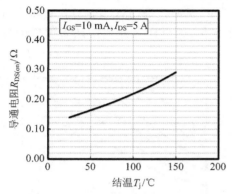

图 2.69　GaN GIT 的导通电阻随结温变化的关系曲线

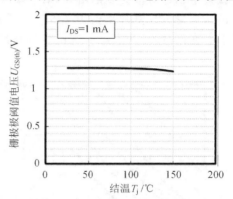

图 2.70　GaN GIT 在不同结温下的栅源极阈值电压

3. 寄生电容

GaN GIT 的寄生电容特性如图 2.71 所示。这些寄生电容均呈现非线性特性,随着 GaN GIT 漏源电压的变化,寄生电容值也会发生变化。在漏源电压增大的初期,C_{iss}、C_{oss} 和 C_{rss} 均随着电压的增大而迅速减小,随着漏源电压的进一步增大,C_{iss} 基本保持不变,C_{oss} 和 C_{rss} 下降速率减缓;当漏源电压超过 250 V 时,C_{iss}、C_{oss} 和 C_{rss} 基本保持不变。

4. 转移特性

转移特性是指 GaN GIT 器件漏极电流与栅源电压之间的关系。GaN GIT 在不同壳温下的转移特性如图 2.72 所示,在壳温相同情况下,漏极电流随着栅源电压的增大而逐渐增大;在栅源电压相同情况下,壳温越高,漏极电流越小。

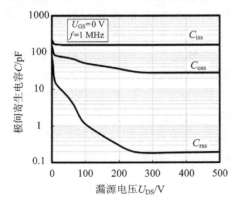

图 2.71　GaN GIT 的寄生电容特性

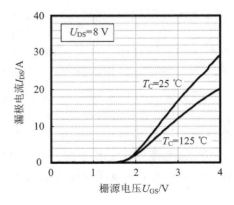

图 2.72　GaN GIT 在不同壳温下的转移特性

5. 第三象限导通特性

GaN GIT 的第三象限导通特性如图 2.73 所示。栅源电压 $U_{GS}=0$ V,壳温 $T_c=25$ ℃时,GaN GIT 的反向导通偏置电压为 1.9 V,随着 U_{GS} 负向电压绝对值的增大,GaN GIT 的反向导通偏置电压绝对值会逐渐增大,第三象限导通特性曲线左移。反向电流 $I_{SD}=5$ A 时,GaN GIT 的反向导通压降典型值为 2.6 V。同时由图可知,壳温升高时,GaN GIT 的导通偏置电压几乎不变,但同一沟道电流下的导通压降会随之变化,即反向导通电阻随着温度的升高而增大。

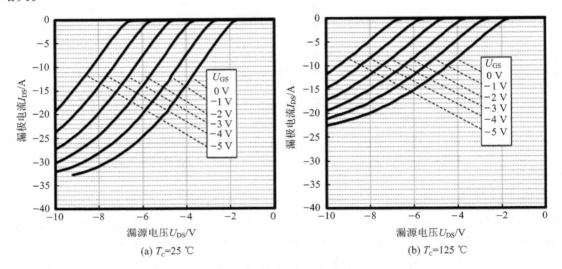

图 2.73　GaN GIT 在不同壳温下的第三象限导通特性

2.5.2　开关特性及其参数

采用双脉冲测试电路对 GaN GIT 的开关特性进行测试,测试条件设置为:直流母线电压 $U_{DC}=500$ V,负载电流 $I_L=8$ A,结温 $T_j=25$ ℃,测得的 GaN GIT 开关波形如图 2.74 所示,根据开关波形可得 GaN GIT 器件的开关时间。如图 2.75 所示,为不同结温和负载电流下 GaN GIT 的开通时间与关断时间,当负载电流增大时,GaN GIT 的开通时间会变长,而关断时间会变短。当器件结温升高时,GaN GIT 的开通时间和关断时间均略有变长。

根据开关波形可得出 GaN GIT 的开关能量损耗,如图 2.76 所示。当负载电流增大时,GaN GIT 的开通能量损耗会随之增大,关断能量损耗会略有减小。在负载电流较小时,开通能量损耗与负载电流近似呈线性关系;负载电流较大时,两者不再呈正比关系。当器件结温升高时,GaN GIT 的开通能量损耗会略有减小,而关断能量损耗会略有增大。

受器件本身和电路带来的寄生电感的影响,GaN GIT 在关断时会出现电压尖峰。如图 2.77 所示,为直流母线电压 $U_{DC}=500$ V,不同负载电流下的关断电压过冲。当负载电流增大时,GaN GIT 的关断电压过冲也会随之增大。

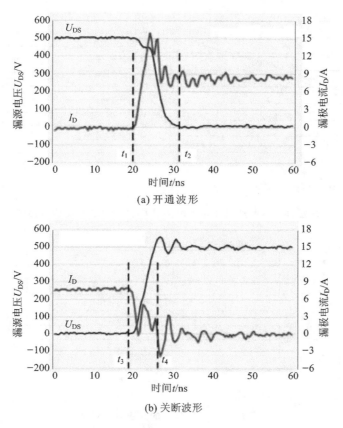

(a) 开通波形

(b) 关断波形

图 2.74　GaN GIT 的开关波形

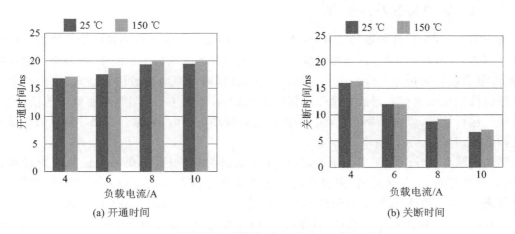

(a) 开通时间

(b) 关断时间

图 2.75　不同结温和负载电流下 GaN GIT 的开关时间

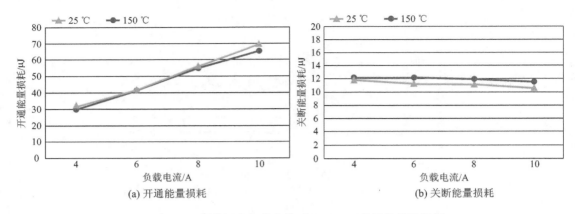

(a) 开通能量损耗　　　　　　　　　　　　(b) 关断能量损耗

图 2.76　不同结温和负载电流时 GaN GIT 的开关能量损耗

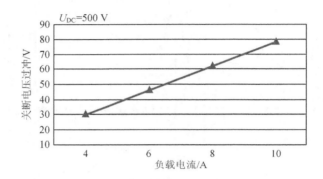

图 2.77　GaN GIT 的关断电压过冲

2.5.3　驱动特性及其参数

由于 GaN GIT 特殊的器件结构，GaN GIT 器件导通时，驱动电路需要给栅极提供持续的电流。图 2.78 为 GaN GIT 的栅极电流、导通电阻与栅源电压的关系曲线，随着栅源电压的增大，栅极电流按指数规律上升。此外，流过寄生二极管的电流向沟道注入空穴，使沟道电流增加。栅极持续电流的存在必然导致驱动损耗的增加，在满足 GaN GIT 驱动要求的情况下，栅极电流应尽可能小，以减小驱动损耗。因此在设计驱动电路时，要综合考虑导通电阻与驱动损耗选择合适的参数。

驱动电路在设计时除了要保证 GaN GIT 的稳态导通性能外，仍需保证其快速开通和关断，因此在其开通/关断的瞬间，需提供比稳态驱动电流高得多的电流脉冲以加快开关速度。综合起来，GaN GIT 栅极驱动电流典型波形如图 2.79 所示，与 SiC BJT 较为相似。

Infineon 公司推出的 CoolGaN 器件，其驱动特性与 Panasonic 公司推出的 GaN GIT 较为相似，这里不再赘述。

此外，以上介绍的 GaN 器件与其驱动电路均是分立结构，但 GaN 器件对寄生参数较为敏感，因此为缩短 GaN 器件和驱动电路之间的距离，TI 公司推出把驱动电路和 GaN 器件集成在一起的"集成驱动 GaN 器件"，有兴趣的读者可查阅相关资料作进一步了解。

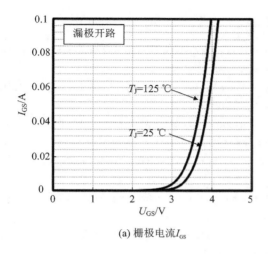

(a) 栅极电流 I_{GS}

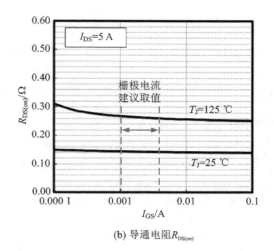

(b) 导通电阻 $R_{DS(on)}$

图 2.78　栅极电流、导通电阻与栅源电压的关系曲线

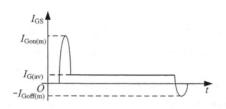

图 2.79　GaN GIT 栅极驱动电流典型波形

2.6　小　结

本章阐述了现有商用 GaN 器件的原理与特性,包括 GaN 基二极管、常通型 GaN HEMT、Cascode GaN HEMT、eGaN HEMT 及 GaN GIT 等器件的导通、开关、阻断和驱动特性。对于常通型 GaN HEMT,在阐述基本特性的基础上,对其电流崩塌问题进行了讨论。对于 Cascode GaN HEMT,先对其各种工作模式进行了阐述,然后以额定电压 600 V 的器件为例,通过与相近定额 Si 器件的对比,揭示了两者在栅极电压、导通电阻、结电容等方面的具体差异。对于 eGaN HEMT,主要阐述了低压和高压(650 V)增强型器件的特性与参数。最后对 GaN GIT 的特性与参数进行了阐述。值得说明的是,本章所论述的 GaN 器件特性与参数均基于现有商用 GaN 器件小结而成,由于 GaN 器件技术发展很快,随着器件制造工艺的发展和器件水平的提升,GaN 器件的某些特性和参数可能会获得更大改善,本章有些内容或许显得有些过时,或被证明为欠准确,但其对于 GaN 器件基本特性与参数的分析思路和方法对国内同行仍是具有一定参考价值的。

扫描右侧二维码,可查看本章部分插图的彩色效果,规范的插图及其信息以正文中印刷为准。

第 2 章部分插图彩色效果

参考文献

[1] Don Di，Hui Ni，Andrew E，et al. Vertical power diodes in bulk GaN[C]. International Symposium on Power Semiconductor Devices & IC's，Waikoloa，Hawail，USA，2014：1-3.

[2] Ishibashi T，et al. Experimental validation of normally-on GaN HEMT and its gate drive circuit[J]. IEEE Transactions on Industry Applications，2015，51(3)：2415-2422.

[3] Huang X，Liu Z，Li Q，et al. Evaluation and application of 600 V GaN HEMT in cascode structure[J]. IEEE Transactions on Power Electronics，2014，29(5)：2453-2461.

[4] Huang X，Liu Z，Lee F C，et al. Characterization and enhancement of high-voltage cascode GaN devices[J]. IEEE Transactions on Electron Devices，2015，62(2)：270-277.

[5] Recht F，Huang Z，Wu Yifeng. Characteristics of transphorm GaN power switches [EB]. Goleta：Transphorm，2013[2019-07-01]. http://www. transphormusa. com.

[6] VisIC. AN01V650 应用手册[Z]. [2019-07-01]. http://visic-tech. asia/products/AN01V650-Application Notes. pdf.

[7] Infineon. Datasheet of IPP60R450E6[EB]. München：Infineon Technologies AG，2015[2019-07-01]. http://www. infineon. com/.

[8] Peng K，Eskandari S，Santi E. Characterization and modeling of a gallium nitride power HEMT[J]. IEEE Transactions on Industry Applications，2016，52(6)：4965-4975.

[9] Efficient Power Conversion Corporation. EGaN FET EPC2016C-ehnhancement mode power transistor [Z]. [2019-07-02]. http://epc-co. com/epc/Portals/0/epc/documents/datasheets/EPC2016C_datasheet. pdf.

[10] GaN Systems. G566504B 数据手册[Z]. [2019-07-02]. https://gansystems. com/wp-content/uploads/2019/07/GS66504B-DS-Rev-190717. pdf.

[11] Texas Instruments. 用集成驱动器优化 GaN 性能[Z]. [2019-07-03]. http://www. ti. com. cn/cn/lit/wp/ zhcy066/zhcy066. pdf.

[12] Infineon. GaN-on-Si 如何帮助提高功率转换和电源管理的效率[Z]. 2018. https://www. infineon. com/dgdl/Infineon-1_WhitePaper_How_GaN_on_Si_can_help_deliver_higher_efficiencies_in_power_conversion_and_power_management-WP-v01_00-CN. pdf? fileId＝5546d46267354aa0016750b703b55fa9.

[13] Infineon. CoolGaN 的可靠性和鉴定[Z]. [2019-07-03]. https://www. infineon. com/dgdl/Infineon-2_WhitePaper_Reliability_and_qualification_of_CoolGaN-WP-v01_00-CN. pdf? fileId＝5546d46267354aa0016750b604025f93.

[14] Efficient Power Conversion WP008，Alex Lidow，Johan Strydom. EGaN FET drivers and layout considerations[Z]. [2019-07-03]. http://epc-co. com/epc/Portals/0/epc/documents/papers/eGaN FET Drivers and Layout Considerations. pdf.

第3章　GaN 器件驱动电路原理与设计

驱动电路对于功率器件的使用有着重要的作用,设计优良的驱动电路既可以保证功率器件安全工作,又可以使其发挥最好的性能。GaN 器件与 Si 器件和 SiC 器件相比,在材料、结构等方面有所不同,器件特性上存在一些差异,因此不能用现有 Si 基功率器件和 SiC 基功率器件的驱动电路来直接驱动 GaN 基功率器件,后者的驱动电路要专门设计。

3.1　GaN HEMT 的驱动电路设计挑战与要求

如图 3.1 所示,驱动电路的基本功能电路有 3 部分:信号传输电路、驱动电路供电电源和核心驱动电路。信号传输电路将来自控制电路的控制信号传递至核心驱动电路,信号传输电路主要起隔离、放大的作用。控制电路的工作电压比较低,且容易受到干扰,而驱动电路与功率管相连则往往电压、电流等级都比较高,为了防止其对控制电路产生干扰,信号传输电路需要具备隔离功能。核心驱动电路直接与功率管相连,有多种拓扑形式,不同拓扑具有不同的特点,需要根据驱动要求进行选取。驱动电路供电电源为信号传输电路和核心驱动电路供电,在主功率电路电压等级较高时也需要采用隔离式电源。

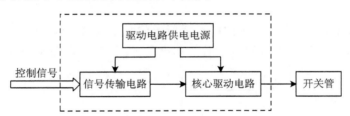

图 3.1　驱动电路基本组成

开关管的开关特性与驱动电路的性能密切相关,同样的开关管,采用不同的驱动电路会得到不同的开关特性,设计优良的驱动电路可以改善开关管的开关特性。GaN 基功率器件的结构、特性与 Si 基和 SiC 基功率器件都有所不同,GaN 基功率器件的开关速度和应用频率更高,对驱动电路的设计提出了更高的要求。

图 3.2 为目前商业化 GaN 基功率开关器件的已有类型。GaN 基功率器件根据不加驱动信号时器件的工作状态可以分为常通型和常断型两大类,其中常通型器件在电压源型变换器中不方便使用,一般应用较少。常断型器件包括级联型和增强型两种,级联型器件是通过将低压 Si MOSFET 和常通型 GaN HEMT 进行级联组合而成的。增强型 GaN HEMT 按照栅极结构不同,可以分为绝缘栅型和非绝缘栅型两种,EPC 公司推出的 eGaN HEMT 和 Panasonic 公司推出的 GaN GIT 是具有代表性的两种非绝缘栅型 GaN 基功率器件,其中 EPC 公司的 eGaN HEMT 器件定额主要集中于 300 V 以下的低压领域,Panasonic 公司的 GaN GIT 器件定额主要集中于 600 V 左右。GaN Systems 公司的 eGaN HEMT 是绝缘栅型 GaN 基功率器件的代表性器件,其定额主要集中于 650 V 左右。Panasonic 公司的 GaN GIT 器件是非绝缘

栅增强型 GaN 基功率器件,其驱动特性与双极型器件(Si BJT、SiC BJT)类似,通过控制流过栅极的电流可以控制漏极电流的大小,可视作流控型功率器件。EPC 公司 eGaN HEMT 虽然也是非绝缘栅型器件,但由于其栅极结构与 GaN GIT 不同,为压控型器件,因此其驱动要求与 GaN Systems 公司的绝缘栅型 eGaN HEMT 类似。

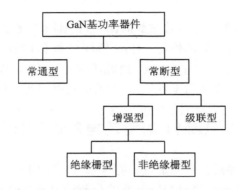

图 3.2　现有商业化 GaN 基功率器件类型

GaN HEMT 驱动电路设计要考虑驱动芯片的输出电压上升/下降时间、驱动电流能力、传输延时、瞬态共模抑制能力,驱动电压,栅极寄生电阻、栅极寄生电感,桥臂串扰,驱动电路元件的 du/dt 限制,外部驱动电阻对开关特性的影响以及 PCB 设计等因素。

这里以 GaN Systems 公司 650 V eGaN HEMT 为例,深入剖析 GaN HEMT 驱动电路的设计挑战与要求。

现有的 eGaN HEMT 大多采用如图 3.3 所示的驱动电路,这种驱动电路结构简单,驱动正压、负压的设置较为灵活,通过调整开通驱动电阻 $R_{G(on)}$ 和关断驱动电阻 $R_{G(off)}$ 可以分别调

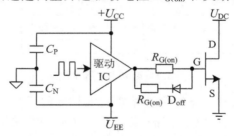

(a)不对称式驱动电路

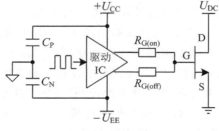

(b)对称式驱动电路

图 3.3　eGaN HEMT 常见的驱动电路

整开通和关断速度。图 3.3(a)为传统的不对称式驱动电路，eGaN HEMT 开通时，开通电流流经 $R_{\mathrm{G(on)}}$；eGaN HEMT 关断时，关断电流同时流过 $R_{\mathrm{G(on)}}$、$R_{\mathrm{G(off)}}$ 和二极管 D_{off}。可以看到关断时的等效关断驱动电阻由 $R_{\mathrm{G(on)}}$ 和 $R_{\mathrm{G(off)}}$ 共同决定，增加了关断驱动电阻的取值复杂程度，因此其逐渐被图 3.3(b)所示开通支路和关断支路分离的对称式驱动电路所取代。下面以图 3.3(b)所示的电压源式驱动电路为例从驱动芯片选择、驱动参数设计、驱动电路布局和辅助功能电路 4 个方面分析阐述 eGaN HEMT 驱动电路设计的挑战及要求。

3.1.1　驱动芯片

1. 上升时间与下降时间

图 3.4 是感性负载下 eGaN HEMT 开关过程典型波形，其中 U_{GATE} 为驱动芯片输出电压，U_{GS} 为 eGaN HEMT 的栅源电压，I_{G} 为栅极电流，I_{D} 为漏极电流，U_{DS} 为漏源电压。为便于分析，这里把关断驱动电压取为零。驱动芯片的上升时间是指其输出电压由 0 V 上升到驱动电压 U_{DRV} 的时间，即图 3.4 中的 t_{r}；下降时间是指其输出电压由驱动电压 U_{DRV} 下降到 0 V 的时间，即图 3.4 中的 t_{f}。eGaN HEMT 的开通延时时间是指驱动芯片输出电压开始上升，直到 eGaN HEMT 的栅源电压上升至阈值电压 $U_{\mathrm{GS(th)}}$ 的时间，即图 3.4 中的 $t_{\mathrm{d(on)}}$；关断延时时间是指驱动芯片输出电压开始下降，直到 eGaN HEMT 的栅源电压下降至密勒平台电压 U_{P} 的时间，即图 3.4 中的 $t_{\mathrm{d(off)}}$。开通时间 t_{on} 由漏极电流上升时间和漏源电压下降时间决定，关断时间 t_{off} 由漏极电流下降时间和漏源电压上升时间决定。

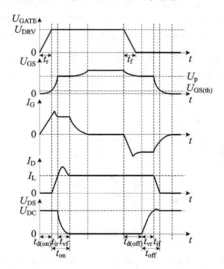

图 3.4　感性负载下 eGaN HEMT 开关过程波形

开通过程中，驱动芯片的输出电压 U_{GATE} 可表示为

$$U_{\mathrm{GATE}}(t)=\begin{cases}\dfrac{U_{\mathrm{DRV}}}{t_{\mathrm{r}}}\times t & 0<t<t_{\mathrm{r}} \\[2mm] U_{\mathrm{DRV}} & t>t_{\mathrm{r}}\end{cases}\qquad(3-1)$$

相应的，漏极电流上升过程中栅源电压 U_{GS} 可表示为

$$U_{\mathrm{GS}}(t)=\begin{cases}\dfrac{U_{\mathrm{DRV}}}{t_{\mathrm{r}}}R_{\mathrm{G}}C_{\mathrm{iss}}\times\mathrm{e}^{-\frac{t}{R_{\mathrm{G}}C_{\mathrm{iss}}}}+\dfrac{U_{\mathrm{DRV}}}{t_{\mathrm{r}}}\times(t-R_{\mathrm{G}}C_{\mathrm{iss}}) & t<t_{\mathrm{r}}\\[3mm] U_{\mathrm{DRV}}+\dfrac{U_{\mathrm{DRV}}}{t_{\mathrm{r}}}R_{\mathrm{G}}C_{\mathrm{iss}}\left(\mathrm{e}^{\frac{t_{\mathrm{r}}}{R_{\mathrm{G}}C_{\mathrm{iss}}}}-1\right)\times\mathrm{e}^{-\frac{t-t_{\mathrm{r}}}{R_{\mathrm{G}}C_{\mathrm{iss}}}} & t>t_{\mathrm{r}}\end{cases} \tag{3-2}$$

式中，R_{G} 为栅极驱动电阻，包括驱动芯片内阻、栅极外部驱动电阻和栅极内部寄生电阻；C_{iss} 为输入电容。

漏源电压上升时间与栅极电流有关，密勒平台期间栅极电流可表示为

$$I_{\mathrm{G}}=\frac{U_{\mathrm{GATE}}(t)-U_{\mathrm{P}}}{R_{\mathrm{G}}} \tag{3-3}$$

由式(3-1)～式(3-3)可知，只考虑驱动电路影响，开通时间由驱动芯片上升时间 t_{r}、驱动电压 U_{DRV} 和驱动电阻 R_{G} 决定，关断过程类似。但是三者对开关时间的影响与工作状态有关，表 3.1 列出了不同工作状态下影响开关时间的主要因素。以开通过程为例，当驱动芯片上升时间 t_{r} 小于栅源电压延时时间 $t_{\mathrm{d(on)}}$ 时，影响开关时间的主要因素是驱动电压和驱动电阻 R_{G}，而当 t_{r} 大于 $t_{\mathrm{d(on)}}$ 时，影响开关时间的主要因素是驱动芯片的上升时间 t_{r}。

表 3.1　不同工作状态下影响开关时间的主要因素

开通过程	工作条件	$t_{\mathrm{r}}<t_{\mathrm{d(on)}}$	$t_{\mathrm{d(on)}}<t_{\mathrm{r}}$
	主要因素	$U_{\mathrm{DRV}},R_{\mathrm{G}}$	t_{r}
关断过程	工作条件	$t_{\mathrm{f}}<t_{\mathrm{d(off)}}$	$t_{\mathrm{d(off)}}<t_{\mathrm{f}}$
	主要因素	$U_{\mathrm{DRV}},R_{\mathrm{G}}$	t_{f}

图 3.5 是通过仿真得到的开通时间与驱动芯片上升时间的关系曲线，其中栅源电压的延时时间约为 2 ns，可以看到驱动芯片上升时间 t_{r} 分别设置为 1 ns 和 2 ns 时，开通时间 t_{on} 几乎没有发生变化，但是当驱动芯片上升时间 t_{r} 大于 $t_{\mathrm{d(on)}}$ 时，t_{on} 会随着 t_{r} 的增大而增大。

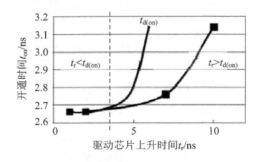

图 3.5　开通时间与驱动芯片上升时间的关系曲线

表 3.2 列出了 Si CoolMOS、SiC MOSFET 和 eGaN HEMT 的栅源电压延时时间，栅源电压延时时间主要与驱动电阻 R_{G} 和输入电容 C_{iss} 有关。R_{G} 和 C_{iss} 越大，栅源电压延时时间越长。可以看到在相同驱动电阻($R_{\mathrm{G}}=20\ \Omega$)下，使用制造商推荐的驱动电压所测得的三者的延时时间差别较大，其中 Si CoolMOS 的延时时间最长，对驱动芯片的上升、下降时间要求最低，目前市场上的驱动芯片基本都能满足 Si CoolMOS 的驱动要求；SiC MOSFET 的延时时间为 16 ns，要求其驱动芯片的上升、下降时间至少小于 20 ns，最好小于 10 ns；而 eGaN HEMT 的

延时时间只有 4 ns,对驱动芯片的上升、下降时间要求更高,需要至少小于 10 ns,最好小于 5 ns。

表 3.2　Si CoolMOS、SiC MOSFET 和 eGaN HEMT 栅源电压延时时间

公　司	Infineon	Wolfspeed	GaN Systems
器件类型	Si CoolMOS	SiC MOSFET	eGaN HEMT
型　号	IPW65R150CFD	C3M0120090D	GS66504B
定　额	700 V/22 A	900 V/23 A	650 V/15 A
栅源阈值电压/V ($T_j=25$ ℃)	4	2.1	1.3
驱动电压/V	0/+15	−4/+15	0/+6
输入电容 C_{iss}/pF	2340	350	130
延时时间/ns ($R_G=20$ Ω)	32	16	4

2. 欠压锁定值

欠压锁定是当供电电压低于驱动芯片供电开启门限电压时,驱动芯片保持关断状态的一种保护模式。通常情况下驱动芯片输入侧供电和驱动输出侧供电都有欠压锁定功能,任意一侧供电低于欠压锁定门限值,驱动输出侧都会保持低电平输出。驱动芯片输入侧的欠压锁定是为了防止由于供电不稳定造成的驱动芯片误动作,驱动输出侧供电的欠压锁定功能是为了防止驱动芯片输出的高电平不满足功率器件的驱动要求,驱动电压过低导致功率器件导通电阻和导通损耗变大。

驱动芯片欠压锁定值的选取与被驱动的功率器件的驱动电压有关,表 3.3 列出了相近定额 Si CoolMOS、SiC MOSFET 和 eGaN HEMT 的最大栅源电压和推荐驱动电压值,可以看到 Si CoolMOS 和 SiC MOSFET 的栅源驱动正压推荐值为 15 V,相应的选择驱动芯片时欠压锁定值一般选取 10 V 以上,而 eGaN HEMT 的栅源驱动电压推荐值仅为 6 V,甚至有些 eGaN HEMT 的驱动正压推荐值仅为 5 V,因此 eGaN HEMT 的驱动芯片的欠压锁定值要低于 5 V。

表 3.3　相近定额 Si CoolMOS、SiC MOSFET 和 eGaN HEMT 的最大栅源电压和推荐驱动电压值

公　司	Infineon	Wolfspeed	GaN Systems
型　号	IPW65R150CFD	C3M0120090D	GS66504B
定　额	700 V/22 A	900 V/23 A	650 V/15 A
最大栅源电压 $U_{GS(max)}$/V	−20/+20	−8/+18	−10/+7
栅源电压推荐值 $U_{GS(op)}$/V	0/+15	−4/+15	0/+6

图 3.6 为 eGaN HEMT(GS66504B,650 V/15 A)的输出特性曲线,可以看到当栅源电压高于 4 V 时,在额定电流范围内,eGaN HEMT 的导通电阻几乎不再发生变化,而当栅源电压为 3 V 时,导通电阻明显增大,因此其驱动芯片的欠压锁定值要高于 3 V。

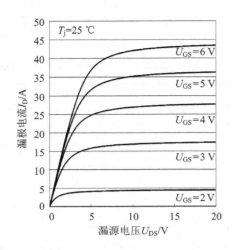

图 3.6　eGaN HEMT(GS66504B,650 V/15 A)的输出特性曲线

3. 驱动电流

驱动电流是衡量驱动芯片驱动能力的参数,包括拉电流和灌电流两个参数。拉电流是指从驱动芯片输出端口向外电路输出的电流,灌电流是指从外电路向驱动芯片输出端口输入的电流。拉电流和灌电流越大,表示驱动芯片的驱动能力越强。对于 eGaN HEMT 而言,要实现较快的开关速度,就要求驱动芯片驱动能力足够高。在 eGaN HEMT 开通过程中,栅极电流最大值 $I_{Gon(max)}$ 可表示为

$$I_{Gon(max)} = \frac{U_{DRV}}{R_G} \tag{3-4}$$

式中,R_G 为驱动电阻,包括驱动芯片内阻、开通驱动电阻和 eGaN HEMT 栅极内部寄生电阻;U_{DRV} 为驱动电压高电平值。

现有 eGaN HEMT 商用器件栅极内部寄生电阻典型值为 1~2 Ω,驱动芯片内阻典型值为 1~2 Ω,开通驱动电阻一般取 5~10 Ω,栅极驱动电压一般取 5~6 V,代入式(3-4)可知栅极驱动芯片的拉电流至少要大于 0.86 A。除了开通瞬间需要提供足够高的脉冲电流外,在密勒平台期间,密勒电容需要汲取栅极电流

$$I_{miller} = C_{GD} \frac{dU_{DS}}{dt} \tag{3-5}$$

式中,I_{miller} 为密勒电容放电时的密勒电流,C_{GD} 为栅漏寄生电容,U_{DS} 为漏源电压。

以 GaN Systems 公司的 GS66504B 型 eGaN HEMT 器件为例,其密勒电容为 1 pF,开关过程中漏源电压变化率一般为 40~100 kV/μs,最高可达 200 kV/μs,取最大值进行计算可得密勒电流为 0.2 A。综合这两方面要求,考虑寄生电感的影响,驱动芯片的拉电流至少应大于 1 A,最好大于 1.2 A。

关断过程中,关断驱动电阻一般小于 5 Ω,一些文献中甚至取 0~2 Ω,由计算可知,栅极电流峰值为 2~3 A,考虑寄生电感的影响,驱动芯片应能提供 3~4 A 的灌电流。GaN Systems 公司提供的技术手册中建议驱动芯片的灌电流应大于 4 A,以保证 eGaN HEMT 能够快速关断。Si 基和 SiC 基功率器件的驱动芯片的拉电流通常都能满足 eGaN HEMT 开通期间的驱

动要求,但是灌电流则很少能够满足 eGaN HEMT 关断期间的驱动要求。以 IXYS 公司的高速驱动芯片 IXD_609 系列芯片为例,图 3.7 为其拉电流和灌电流与驱动电压的关系曲线,驱动电压为 15 V 时,拉电流和灌电流高达 9 A,但是当驱动电压为 6 V 时,拉电流和灌电流仅为 2.5 A 左右,拉电流满足要求,但灌电流偏低。因此在为 eGaN HEMT 选择驱动芯片时不能按照商用芯片中典型值选取,因为那是以 Si 器件 15 V 左右驱动电压来定义的,而对于 eGaN HEMT 则需核查驱动电压为 6 V 左右时驱动芯片的驱动能力,对应 6 V 驱动电压时的拉电流/灌电流应大于 1.2 A/3 A。

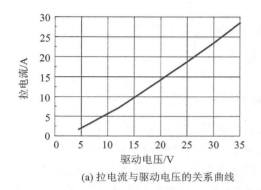 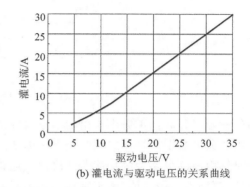

(a) 拉电流与驱动电压的关系曲线　　　　　　(b) 灌电流与驱动电压的关系曲线

图 3.7　IXYS 公司驱动芯片 IXD_609 的拉电流和灌电流与驱动电压的关系曲线

4. 传输延时

传输延时是指从 PWM 信号开始变化到驱动电压输出开始变化的时间。传输延迟时间本身不存在问题,因为设计人员在设计驱动电路时会考虑到这一点,但是传输延时的不匹配性,即最小和最大传输延时的不一致性会给驱动电路的设计带来问题。

桥臂电路是电力电子变换器中最常用的功率电路单元结构,对于电压源型变换器中的桥臂电路,需要特别注意避免桥臂直通问题,因此往往需要在桥臂电路上、下管的驱动信号之间加入死区时间,图 3.8 是桥臂电路中 PWM 控制信号波形、功率器件的栅源电压波形、漏源电压波形和漏极电流波形。一般而言,死区时间可以分为信号死区时间、驱动信号死区时间和有效死区时间,信号死区时间是指桥臂上、下管 PWM 控制信号之间的时间,即 T_{S1} 和 T_{S2};驱动信号死区时间是指桥臂上(下)管的栅源电压开始上升(下降)与桥臂下(上)管的栅源电压开始下降(上升)之间的时间,即 T_{D1} 和 T_{D2};有效死区时间是指桥臂上、下管的沟道同时关断的时间,即 T_{E1} 和 T_{E2}。

实际电路中,设计人员可以通过程序控制数字控制器的输出,直接控制信号死区时间 T_S 的大小,但驱动信号死区时间和有效死区时间不能直接被设计人员控制。它们与驱动电路组成元件和功率器件的具体参数有很大关系。驱动信号死区时间由信号死区时间和驱动电路延时共同决定,满足以下关系:

$$T_D = T_S + t_{PDH} - t_{PDL} \tag{3-6}$$

式中,t_{PDL} 为 PWM 信号开始下降到栅源电压开始下降的传输延时;t_{PDH} 为 PWM 信号开始上升到栅源电压开始上升的传输延时。

死区时间的设置需要考虑两个因素,一个是功率器件开关所需要的时间,另一个是驱动电

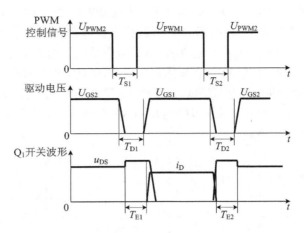

图 3.8　三类死区时间示意图

路的传输延时。数据手册中给出的功率器件的开关时间往往是器件公司在某一设定测试条件下得出的典型数据。具体应用时仍需根据实际所取的驱动参数和工况测试得到开关时间;传输延时则由驱动电路中的功能芯片决定。通常情况下功能芯片的数据表中会提供传输延时的最小值、典型值和最大值,由于制造工艺的限制,即使是同一批次的功能芯片传输延时也不尽相同,单个功能芯片的传输延时往往为最小值和最大值之间的某个值,而在实际应用中无法测量每一个功能芯片的传输延时,并且随着使用环境的变化、使用时间的增加,功能芯片的传输延时还会发生变化,因此在实际应用中多使用最小值和最大值。在选择死区时间时,为了提高可靠性,式(3 - 6)通常会进一步表示为

$$T_{D} = T_{S} + t_{PDH(max)} - t_{PDL(min)} \qquad (3-7)$$

式中,$t_{PDL(min)}$为 PWM 信号开始下降到栅源电压开始下降的最小传输延时;$t_{PDH(max)}$为 PWM 信号开始上升到栅源电压开始上升的最大传输延时。

式(3 - 7)中最大传输延时与最小传输延时之差即为传输延时的不匹配性,也可称为传输延时的公差。由式(3 - 7)可知,传输延时公差越大,则死区时间越长。

额定电压为 650 V 的 eGaN HEMT 的工作电压通常为 300~400 V,要求驱动电路具备较强的隔离功能。常见的 eGaN HEMT 的驱动电路有两种构建方式,一种是采用具备隔离功能的芯片如光耦隔离芯片、电容隔离芯片等与驱动芯片串联,即 PWM 信号先经过隔离芯片,再经过驱动芯片转化为驱动电压输出;另一种是使用具备隔离功能的驱动芯片。第一种构建方式的传输延时公差是隔离芯片和驱动芯片的传输延时公差之和,第二种构建方式的传输延时公差就是驱动芯片的传输延时公差。根据现有文献和制造商提供的数据可知,eGaN HEMT 的开关时间通常小于 20 ns,经过精心设计的驱动电路,eGaN HEMT 的开关时间甚至可以降至 10 ns 左右。为了充分发挥 eGaN HEMT 的高速开关特点,缩短死区时间,驱动电路的传输延时公差至少要与 eGaN HEMT 的开关时间保持在一个数量级以内,即至少小于100 ns,一般小于 50 ns,最好小于 20 ns,越小越好。

5. 瞬态共模抑制能力

高压 eGaN HEMT 的驱动电路中需要加入电气隔离,将低压端与高压端隔离开来,防止

高压端损坏低压端。隔离的低压侧和高压侧之间存在寄生电容,由于 eGaN HEMT 的开关速度比较快,会产生较高的 du/dt,du/dt 会通过寄生电容产生从功率端流向控制端的共模电流。如图 3.9 所示,共模电流的主要传输路径是隔离电源的寄生电容和隔离芯片的寄生电容。由于控制信号往往是低压信号,共模电流会对控制信号产生明显干扰,引起误开通现象。因此为了降低共模电流需要尽可能选择寄生电容小的隔离芯片和隔离电源。

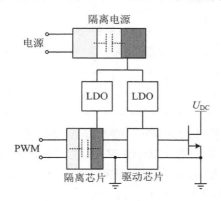

图 3.9　eGaN HEMT 驱动电路

选择隔离芯片或驱动芯片时,其瞬态共模抑制能力(Common Mode Transient Immunity,CMTI)需要高于 eGaN HEMT 开关时的 du/dt。eGaN HEMT 开关时的 du/dt 一般为 50～100 kV/μs,经过精心设计的驱动电路可以使 eGaN HEMT 开关时的 du/dt 达到 200 kV/μs,因此驱动电路的瞬态共模抑制能力非常重要。在选择隔离芯片或驱动芯片时,需要根据应用的条件对所需的共模抑制能力进行核实,最低不能低于 50 kV/μs,一般要高于 100 kV/μs。另外,由于隔离芯片或驱动芯片的瞬态共模抑制能力会随着环境、使用时长的变化而变化,而且单个芯片的 CMTI 并不一定为典型值,往往会在最小值和最大值之间浮动,选择芯片时要以最小值来衡量其瞬态共模抑制能力。需要注意的是,即使所选择的芯片瞬态共模抑制能力达到了要求,也需要对 PCB 布局进行优化。除此之外,还可以通过增加共模抑制线圈等手段提高驱动电路的瞬态共模抑制能力。

3.1.2　驱动参数

1. 驱动电压

(1) 驱动正压

eGaN HEMT 为电压控制型器件,通过控制栅源电压来控制 AlGaN 半导体材料的势垒能级,进而改变 AlGaN/GaN 异质结中 2DEG 的浓度,实现对 eGaN HEMT 器件的通/断控制,以及对沟道导通电阻的控制。驱动电压对 eGaN HEMT 的导通特性和开关特性都有影响,以下给出具体分析。

表 3.4 列出了不同类型器件的栅源驱动电压比较的情况,可以看到 SiC MOSFET、Si CoolMOS 和 Si IGBT 的最大栅源电压均在＋18 V 以上,开通驱动电压推荐值多为＋15 V 和＋18 V,相对而言安全裕量的留取空间比较大。与这几种类型器件相比,eGaN HEMT 的最大栅源电压范围比较窄,开通时驱动电压选取范围比较窄。

表 3.4　不同器件的栅源驱动电压比较情况

公　司	GaN Systems	Wolfspeed	Infineon	Infineon
器件类型	eGaN HEMT	SiC MOSFET	Si CoolMOS	Si IGBT
型　号	GS66504B	C3M0120090D	IPW65R150CFD	IKA15N65ET6
额定电压/V	650	900	650	650
额定电流/A	15	23	22	17
最大栅源电压 $U_{GS(max)}$/V	−10/+7	−8/+18	−20/+20	−20/+20
栅源电压推荐值 $U_{GS(op)}$/V	0/+6	−4/+15	0/+15	—

图 3.10 为结温对应 25 ℃时的 eGaN HEMT 的输出特性曲线。可以看到,两种不同定额的 eGaN HEMT 器件的栅源驱动电压高于 4 V 时,在其额定电流范围内继续增大栅源驱动电压几乎不会影响导通电阻的大小,而 eGaN HEMT 的最大栅源电压为+7 V,仅从导通电阻角度考虑时,栅源驱动正压可取的范围为 4~6.5 V。

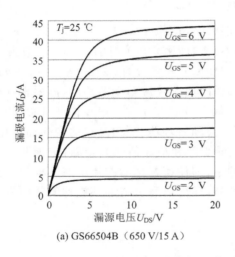
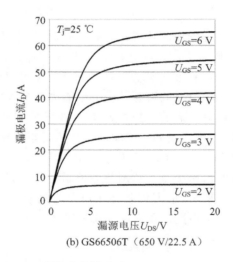

(a) GS66504B（650 V/15 A）　　　　　　　(b) GS66506T（650 V/22.5 A）

图 3.10　结温为 25 ℃时的 eGaN HEMT 的输出特性曲线

除了稳态导通特性,栅源驱动正压还会影响 eGaN HEMT 的开关特性,图 3.11 为关断驱动电压设置为 0 V,驱动正压分别设置为 4 V、5 V 和 6 V 时 eGaN HEMT 的开关特性。可以看到,开关过程中栅源电压和漏极电流的变化速率都随驱动正压的增大而上升,也即开关速度相应提高。栅源电压的振荡也会随着驱动正压的增大而加剧。

图 3.12 为不同驱动正压下的开关时间和开关能量损耗。可以看到,开通过程中,漏源电压下降时间、漏极电流上升时间和开通时间都会随着驱动正压的增大而降低,其中漏源电压下降时间的变化幅度最为明显。关断过程中,漏源电压上升时间、漏极电流下降时间和关断时间也会随着驱动电压的增大而下降,二者下降幅度相似。关断漏源电压超调量和开通漏极电流超调量都会随驱动正压的增大而增大。开通能量损耗和关断能量损耗都会随着驱动正压的升高而降低,但是驱动正压变化对开通损耗的影响更大,这是因为驱动正压对开通时漏源电压的

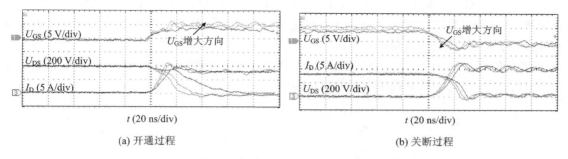

(a) 开通过程　　　　　　　　　　(b) 关断过程

GS66504B, $U_{DC}=400$ V, $I_D=8$ A, $R_{G(on)}=20$ Ω, $R_{G(off)}=15$ Ω

图 3.11　不同驱动正压下的开关特性测试结果

下降速率影响较大。

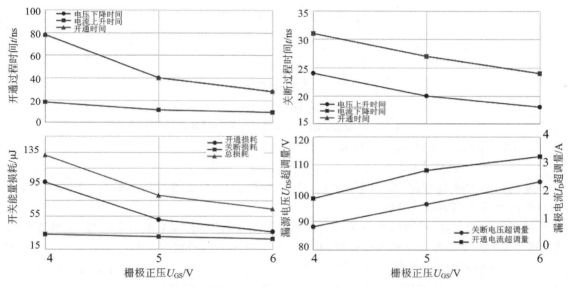

GS66504B, $U_{DC}=400$ V, $I_D=8$ A, $R_{G(on)}=20$ Ω, $R_{G(off)}=15$ Ω

图 3.12　不同驱动正压下的开关时间和开关能量损耗

由图 3.12 可知,驱动正压对 eGaN HEMT 的开关速度、开关时间和开关能量损耗的影响都比较大,在满足导通特性的要求后,驱动电压越高,eGaN HEMT 开关时间越短,开关能量损耗越小。但是当栅极驱动正压高于 5 V 后,继续增大驱动正压,开关时间和开关能量损耗降低的速率变慢,栅源电压的振荡情况加剧,因此不能一味地提高驱动正压,需要留取一定的裕量。

综合考虑驱动正压对 eGaN HEMT 的导通特性和开关特性的影响,eGaN HEMT 的驱动正压可取范围为 5～6.5 V,根据驱动电路 PCB 的布线情况,若栅极回路寄生电感较大,则驱动正压建议取为 5～6 V;若栅极回路寄生电感较小,则驱动正压建议取为 6～6.5 V;一般建议驱动电压取为 6 V。

（2）驱动负压

驱动负压同样也会影响 eGaN HEMT 的导通特性和开关特性,但驱动负压主要影响 eGaN HEMT 的反向导通特性和关断特性。

eGaN HEMT 内部不存在 PN 结,因此没有体二极管,但是由于 eGaN HEMT 结构的高度对称性,其沟道具有双向导通能力。当其栅漏电压高于栅漏阈值电压 $U_{GD(th)}$ 时,沟道也会打开,电流可以从源极流向漏极。

图 3.13 是结温为 25 ℃时 eGaN HEMT 的第三象限导通特性曲线,可以看到相同漏极电流下,反向导通压降会随着栅源电压的减小而增大。

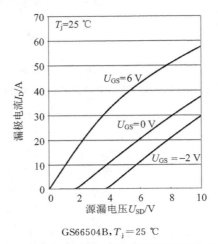

GS66504B, $T_j = 25$ ℃

图 3.13 eGaN HEMT 第三象限导通特性曲线

eGaN HEMT 反向导通压降可表示为

$$U_{SD} = U_{GS(th)} - U_{GS} + i_{SD} \cdot R_{SD(on)} \tag{3-8}$$

使用负压关断会增加 eGaN HEMT 的反向导通损耗,降低变换器的效率。因此,在设计驱动电路时负压不能取得过低。

除了影响稳态导通特性,栅源驱动负压还会影响 eGaN HEMT 的开关特性,主要影响关断特性。图 3.14 为开通驱动电压设置为 6 V,驱动负压分别设置为 0 V、-2.5 V 和-3.5 V时 eGaN HEMT 的开关特性。可以看到,驱动负压变化对 eGaN HEMT 开通过程影响比较小,主要影响 eGaN HEMT 的关断过程。关断过程中,栅极负压降低之后,漏源电压的上升速率和漏极电流的下降速率增大,栅源电压的振荡加剧。

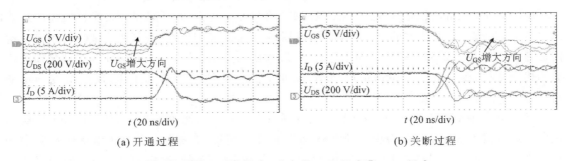

(a) 开通过程   (b) 关断过程

GS66504B, $U_{DC} = 400$ V, $I_D = 8$ A, $R_{G(on)} = 20$ Ω, $R_{G(off)} = 15$ Ω

图 3.14 不同驱动负压下的开关特性测试结果

图 3.15 为不同驱动负压下的开关特性。可以看到,开通过程中漏源电压下降,时间会随着栅源负压绝对值的降低而略有降低,漏极电流上升时间几乎不受栅源负压的影响。关断过

程中漏源电压的上升时间、漏极电流的下降时间和关断时间都会随着驱动负压绝对值的降低而增大。漏源电压超调量和漏极电流超调量都会随着驱动负压绝对值的降低而降低,其中漏源电压超调量受驱动负压的影响更大。随着驱动负压绝对值的降低,eGaN HEMT 的开关速度变慢,开关损耗也有所上升,其中关断损耗增加的幅度较大。

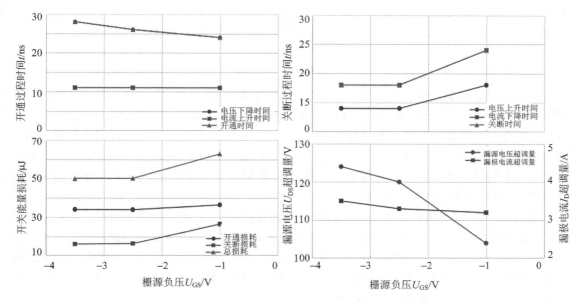

GS66504B, $U_{DC}=400$ V, $I_D=8$ A, $R_{G(on)}=20$ Ω, $R_{G(off)}=15$ Ω

图 3.15　不同驱动负压下的开关特性

桥臂电路在工作时存在桥臂串扰现象,即上、下管之间会相互干扰,栅源电压很容易受到漏源电压变化率的影响产生振荡。表 3.5 为不同器件的栅源阈值电压比较的情况。可以看到,Si CoolMOS 和 Si IGBT 的栅源阈值电压比较高,达到了 4 V 以上,而 SiC MOSFET 和 eGaN HEMT 的栅源阈值电压比较低,特别是 eGaN HEMT,仅为 1.3 V,并且 eGaN HEMT 在 4 类器件中开关速度最快。因此 eGaN HEMT 桥臂电路中的桥臂串扰问题更为严重。最简便的抑制桥臂串扰问题的方法就是采用负压关断。

表 3.5　不同器件的栅源阈值电压比较情况

公　司	GaN Systems	Wolfspeed	Infineon	Infineon
器件类型	eGaN HEMT	SiC MOSFET	Si CoolMOS	Si IGBT
型　号	GS66504B	C3M0120090D	IPW65R150CFD	IKA15N65ET6
额定电压/V	650	900	650	650
额定电流/A	15	23	22	17
栅源阈值电压 $U_{GS(th)}$/V @25 ℃	1.3	2.1	4	5

综上所述,eGaN HEMT 驱动负压的选取主要考虑三个方面的因素:反向导通损耗、开关速度和桥臂串扰影响。在使用 eGaN HEMT 反向导通的场合中,可以为 eGaN HEMT 反并 SiC SBD 降低反向导通损耗。使用负压驱动可以提高关断速度,但是驱动负压的绝对值不宜

过大。随着驱动负压绝对值的升高,eGaN HEMT 关断速度提升效果逐渐减弱,此外,还会导致 eGaN HEMT 关断时负向栅源电压尖峰增大,降低器件使用寿命,驱动负压建议范围为 $-3\sim0$ V;若不为 eGaN HEMT 反并 SiC SBD,为了降低反向导通时的导通损耗,最好使用同步整流工作模式,在需要反向导通时在栅源极间加正压使 eGaN HEMT 沟道导通电流,同时为了进一步降低死区时间内的损耗,不宜使用负压关断,应考虑在驱动电路中增加桥臂串扰抑制辅助电路。

2. 驱动电阻

驱动电阻是驱动电路中非常关键的参数,通过分析 eGaN HEMT 的开关过程可知,驱动电阻的影响贯穿于开关过程的每一个阶段,对栅源电压变化速率及其振荡超调量,漏极电流和漏源电压变化速率及其振荡超调量和由此引起的 EMI、EMC 问题,开关时间和开关能量损耗都有影响;而且在实际驱动电路设计中往往先确定驱动电路拓扑、驱动芯片、驱动电压等,最后确定驱动电阻的取值。通过驱动电阻的取值,可以获得较好的驱动效果,因此驱动电阻的选值至关重要,需要综合考虑多方面因素。

图 3.16 是驱动电阻对器件、驱动电路及变换器的影响示意图。驱动电阻的影响可分为对栅极电路的影响和对开关特性的影响。对栅极电路的影响主要体现在栅极回路中存在寄生电感,在开关管开关过程中,会导致栅源电压出现振荡,可能会由于开通过程栅源电压尖峰过高损坏器件或者关断过程中栅源电压振荡引起器件误导通。解决这个问题有两种常用手段,即优化布局设计降低寄生电感或增大驱动电阻。

驱动电阻还会影响开关管的开关特性,这里根据影响的侧重点不同,将开关管的开关特性分为开关速率、开关时间和开关损耗。开关速率主要指开关过程中漏极电流变化率和漏源电压变化率,即 di/dt 和 du/dt。di/dt 会与电路中寄生电感相互作用感应出电压,引发可靠性问题,而 du/dt 一方面会引起桥臂串扰问题,另一方面会与电路中寄生电容相互作用产生共模电流。解决这些问题主要有四种手段:增大驱动电阻、优化布局、增加滤波器和提高系统抗干扰能力。

开关时间主要影响死区和开关频率的设置,开关时间变长意味着死区时间增大以及最大开关频率下降。死区时间增加会导致死区内续流时间加长,需要选择合理的续流方式和死区控制方式降低续流损耗以及对变换器输出特性的影响。开关频率降低则会使变换器中电抗元件的体积和重量增加,降低功率密度。解决这些问题主要有四种手段:降低驱动电阻、优化死区控制方法、增加滤波器和优化整机设计。

开关损耗主要影响效率和温升,开关损耗越大器件温升越高,绝大多数开关管的导通电阻都是正温度系数,温升越高,导通电阻越大,导通损耗越大,加剧温度上升。这一正反馈效应会加剧温升问题,影响变换器的效率和功率密度,要求变换器有良好的散热和整机设计,解决方法是降低驱动电阻、优化整机设计和散热设计。

通过对这四方面影响的分析可知,为了抑制 EMI,往往需要增大驱动电阻,而为了提升整机性能指标如效率、功率密度,往往需要降低驱动电阻,因此选择驱动电阻时需要折中考虑多方面因素。当无法通过调整驱动电阻同时满足这些要求时,则需要通过增加滤波电路、优化电路布局和优化控制等其他手段满足整机要求。

表 3.6 列出了 SiC MOSFET、eGaN HEMT 和 Si CoolMOS 单管参数对比情况。由 4 种

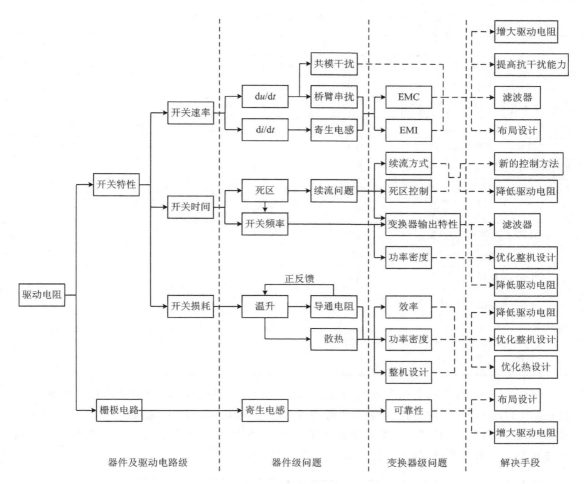

图 3.16　驱动电阻的影响

器件的最大栅源电压和栅源电压推荐值可以看到,其驱动正压的可选择范围非常小,以最大值为极限,从左到右,栅源驱动正压的变化范围分别为 5 V、3 V、1 V 和 5 V,考虑到安全性,实际可取的范围分别为 3 V、3 V、0.5 V 和 3 V;SiC MOSFET 和 Si MOSFET 的栅源驱动正压变化范围相对于推荐值为 15%～20%,而 eGaN HEMT 仅为 8%左右。由此可知很难通过改变驱动电压来调控开关管的开关特性,实际应用中更多的是通过调整驱动电阻来调控开关管的开关特性。比较 4 种器件的导通电阻温度系数可知,eGaN HEMT 和 Si CoolMOS 的导通电阻受温度影响更大,温升不宜过高,因此需要优化散热设计和降低损耗。

驱动电阻通常包括三部分:开关管栅极内部电阻 $R_{G(int)}$、外部栅极电阻 $R_{G(ext)}$ 和驱动芯片内阻。驱动芯片内部电阻典型值为 1～2 Ω,这里取为 1 Ω。以驱动电路总电阻取 20 Ω 为例,可以看到 4 种器件的外部栅极驱动电阻的可选范围,C3 系列的 SiC MOSFET 可选范围最小,其次是 C2 系列 SiC MOSFET,eGaN HEMT 和 Si CoolMOS 相同,可选范围最大。可选范围越大,意味着外部栅极电阻对开关管的调控作用越强,选择难度也越大。

表 3.6　SiC MOSFET、eGaN HEMT 及 Si CoolMOS 单管参数对比

公　司	Wolfspeed		GaN Systems	Infineon
型　号	C2M0160120D	C3M0120090D	GS66504B	IPW65R150CFD
额定电压 U_{DS}/V	1 200	900	650	700
额定电流 I_D/A @25 ℃	19	23	15	22
最大栅源电压 $U_{GS(max)}$/V	−10/+25	−8/+18	−10/+7	−20/+20
栅源电压推荐值 $U_{GS(op)}$/V	−5/+20	−4/+15	0/+6	0/+15
栅极阈值电压 $U_{GS(th)}$/V @25 ℃	2.5	2.1	1.3	4
漏源导通电阻 $R_{DS(on)}$/mΩ　25 ℃	160	120	100	135
150 ℃	290	170	258	351
导通电阻温度系数 /(mΩ·℃$^{-1}$)	1.04	0.4	1.26	1.73
输入电容 C_{iss}/pF	525	350	130	2 340
内部栅极电阻 $R_{G(int)}$/Ω	6.5	16	1.5	1.5
外部栅极电阻可选范围 $R_{G(ext)}$/Ω （栅极总电阻 $R_G=20$ Ω，驱动芯片内阻为 1 Ω）	0～12.5	0～3	0～17.5	0～17.5

图 3.17 为关断驱动电阻设置为 15 Ω，开通驱动电阻分别设置为 10 Ω、15 Ω、20 Ω 和 25 Ω 时 eGaN HEMT 的开关特性。可以看到，随着开通驱动电阻的增大，栅源电压的上升速率有所降低，振荡情况得到抑制，漏源电压的下降速率下降，漏极电流的上升速率也有所下降。由于关断驱动电阻并未改变，因此关断波形几乎没有变化。

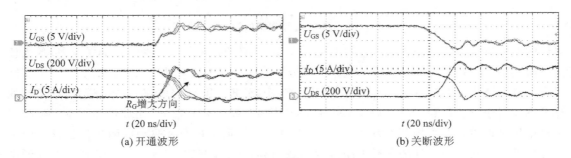

(a) 开通波形　　　　　　　　　　　　　　　(b) 关断波形

GS66504B，$U_{DC}=400$ V，$I_D=8$ A，$R_{G(off)}=15$ Ω

图 3.17　不同开通驱动电阻下的开关特性测试结果

图 3.18 为不同开通驱动电阻下的开关时间与开关能量损耗。可以看到，开通过程中电压下降时间会随着开通驱动电阻的增大而变长，开通时间与电压下降时间相同，漏极电流上升时间会随着开通驱动电阻的增大而变长，但变化幅度较小。开通过程中漏极电流的超调量会随着开通驱动电阻的增大而减小，关断过程中漏源电压的超调量受开通驱动电阻的影响很小。开通能量损耗会随着开通驱动电阻的增大而增大，开通驱动电阻从 10 Ω 增长到 25 Ω 时，开通能量损耗从 28.3 μJ 上升至 44.9 μJ，升高了约 60%。

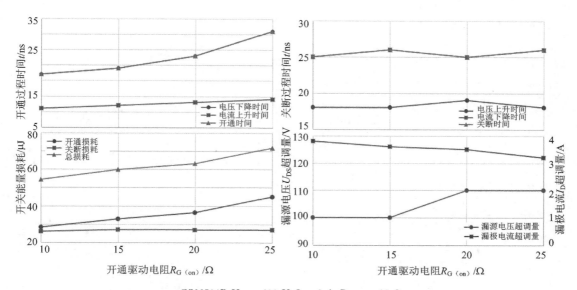

GS66504B, $U_{DC} = 400$ V, $I_D = 8$ A, $R_{G(off)} = 15$ Ω

图 3.18　不同开通驱动电阻时的开关时间与开关能量损耗

图 3.19 为开通驱动电阻设置为 20 Ω, 关断驱动电阻分别设置为 10 Ω、15 Ω、20 Ω 和 25 Ω 时 eGaN HEMT 的开关特性。可以看到, 在关断过程中栅源电压的下降速率、漏源电压的上升速率和漏极电流下降速率都会随着关断驱动电阻的增大而下降。随着关断驱动电阻的减小, 栅源电压的振荡情况加剧。

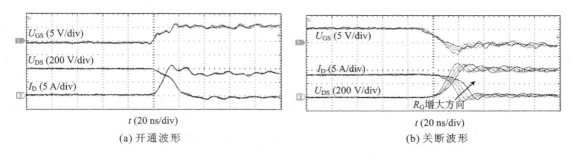

GS66504B, $U_{DC} = 400$ V, $I_D = 8$ A, $R_{G(on)} = 20$ Ω

图 3.19　不同关断驱动电阻下的开关特性测试结果

图 3.20 为不同关断驱动电阻下的开关时间与开关能量损耗。可以看到, 关断过程中, 电压、电流变化时间和关断时间都会随着关断驱动电阻的增大而变长, 变化幅度相当。随着关断驱动电阻的增大, 关断时漏源电压的超调量逐渐下降。关断损耗会随着关断驱动电阻的增大而上升, 关断驱动电阻从 10 Ω 增长到 25 Ω 时, 关断能量损耗从 22.73 μJ 上升至 39.58 μJ, 升高了约 74%。

图 3.21 为 eGaN HEMT 开通过程中驱动回路的等效电路, 将驱动电压等效为阶跃函数, 其幅值为 U_{DRV}, 可以看到开通过程中的驱动电路是包含电阻、电容和电感的二阶电路。为了简化分析, 把 eGaN HEMT 的输入电容值视为常数。

开通过程中, 驱动电源通过 R_G 给输入电容 C_{iss} 充电, 电流流过寄生电感和器件输入电容时, 电感和电容可能产生振荡, 则充电过程中满足:

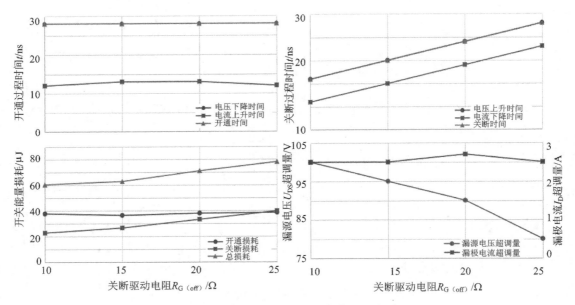

GS66504B，$U_{DC}=400$ V，$I_D=8$ A，$R_{G(on)}=20$ Ω

图 3.20　不同关断电阻时的开关时间与开关能量损耗

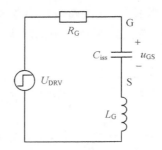

图 3.21　eGaN HEMT 开通过程中驱动回路的等效电路

$$L_G C_{iss}\frac{\mathrm{d}^2 u_{GS}}{\mathrm{d}t^2}+R_G C_{iss}\frac{\mathrm{d}u_{GS}}{\mathrm{d}t}+u_{GS}=U_{DRV} \qquad (3-9)$$

这是一个非齐次微分方程，解出的栅源电压 u_{GS} 可以是非振荡的，也可以是振荡的，甚至是恰好处于临界振荡状态。设计驱动电路时在保证足够快的开关速度的同时，希望尽量减小栅源电压的振荡，因此要求栅极驱动电阻 R_G 满足：

$$R_G > 2\sqrt{\frac{L_G}{C_{iss}}} \qquad (3-10)$$

根据 GaN Systems 公司 GS66504B 型 eGaN HEMT 器件的数据表可知，其输入电容 C_{iss} 为 130 pF。栅极寄生电感 L_G 包括器件引脚的寄生电感和栅极回路走线引起的寄生电感，GS66504B 的封装引入的寄生电感比较小，仅有 0.2 nH。通常情况下，经过精心设计的栅极回路走线引起的寄生电感能够降至 1 nH 以内，这里在计算中取 L_G 为 1～3 nH，代入式（3-10），此时栅极驱动电阻最小值为 5.5～9.6 Ω；又因 GS66504B 的栅极内阻为 1.5 Ω，驱动芯片内阻为 1 Ω，所以外部驱动电阻 $R_{G(on)}$ 应该大于 3～7.1 Ω。

　　为了保证 eGaN HEMT 快速关断,关断驱动电阻的取值要小于开通驱动电阻,制造商的推荐值为 1~5 Ω。为了防止桥臂串扰带来的误导通问题,对关断驱动电阻的上限值应作出限制。栅极电阻的上限值要满足:

$$R_{\mathrm{G}} \leqslant \frac{U_{\mathrm{GS(th)}}}{C_{\mathrm{GD}} \dfrac{\mathrm{d}u_{\mathrm{DS}}}{\mathrm{d}t}} \tag{3-11}$$

　　由 GS66504B 的数据表可知,其栅源阈值电压 $U_{\mathrm{GS(th)}}$ 典型值为 1.3 V,栅漏电容 C_{GD} 为 1 pF,取其漏源电压变化率为 80 V/ns,代入式(3-11),可得关断驱动电阻 $R_{\mathrm{G}} < 16$ Ω。

　　以上只是从避免栅源电压振荡和抑制桥臂串扰问题两个方面给出了驱动电阻的取值范围,得到的驱动电阻取值范围仍较宽,还要根据实际工作情况进一步缩小驱动电阻的取值范围;另外,是否有额外的辅助功能电路同样会影响驱动电阻的选取。

3.1.3　布局设计

　　通过以上分析可知,eGaN HEMT 驱动电路的基本设计目标是实现功率器件的高速开关以及抑制由高速开关带来的 EMI 问题。调整驱动电阻是平衡两方面要求的手段之一,当通过调整驱动电阻仍无法满足设计要求时,就需要通过改进布局、优化布局设计和增加辅助功能电路来满足设计要求。辅助功能电路是在现有的驱动电路上针对某一问题增加额外的功能电路,如桥臂串扰抑制电路。增加功能电路会增加驱动电路的尺寸、加大驱动电路设计的复杂程度,因此往往作为最后的手段使用,优先考虑通过优化布局设计来满足要求,改善驱动性能。

　　图 3.22 为双脉冲测试等效电路,其中 L_{P1} 和 L_{P2} 是母线上的寄生电感,L_{D1} 和 L_{D2} 分别是 Q_1 和 Q_2 的漏极寄生电感,包括封装引入的寄生电感和漏极走线的寄生电感。L_{CS1} 和 L_{CS2} 是共源极寄生电感,该寄生电感中既存在于功率回路又存在于栅极回路,包括封装引入的寄生电感和源极走线的寄生电感。L_{G} 是 Q_1 栅极寄生电感,包括封装引入的寄生电感和栅极回路走线的寄生电感。L_{S} 为源极电感,该寄生电感中只存在于功率回路,不存在于栅极回路。R_{G} 是栅极电阻,包括栅极电源的内阻、栅极外部驱动电阻和栅极内部驱动电阻。

　　根据位置不同可将上述寄生电感分为栅极寄生电感、共源极寄生电感和功率回路寄生电感。栅极寄生电感会影响被控器件栅源电压 u_{GS} 的上升速率和下降速率,并且在栅源电压上产生振荡。器件开通时,随着栅极寄生电感 L_{G} 的增大,u_{GS} 的上升速率变慢,振荡峰值变大,衰减速度变慢,周期变长。类似的,在器件关断时,随着栅极寄生电感 L_{G} 的增大,u_{GS} 的下降速率变慢,振荡峰值变大,衰减速度变慢,周期变长。

　　功率回路寄生电感对开关时的电流变化速率、电压变化速率和超调量均有影响。开通过程中,L_{P} 增大时,漏极电流振荡周期变长,衰减系数减小,振荡衰减速度变慢,振荡的超调量增大,下管开通时的漏极电流上升速率会随着 L_{P} 的增大而降低,开通速度变慢,开通损耗增加。下管关断时,电感电流会为下管的输出电容 C_{oss} 充电,这时 L_{P}、L_{D}、L_{CS1} 会与下管的输出电容 C_{oss} 和 R_{P} 形成 RLC 谐振,下管的漏源电压和上下管的漏极电流出现振荡。与下管开通时类似,随着 L_{P} 的增大,下管关断时振荡的峰值上升,周期变长,衰减速度变慢,下管的关断速度变慢,关断损耗增加。

　　共源极寄生电感较为特殊,因为它既存在于功率回路又存在于栅极回路,不仅作为功率回路寄生电感对功率回路产生影响,同时会作为栅极回路寄生电感的一部分对栅极回路产生影

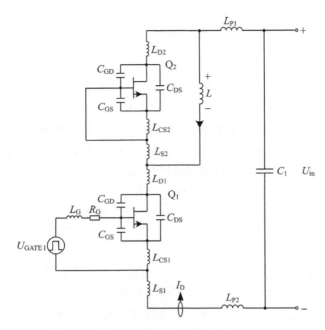

图 3.22　双脉冲测试等效电路

响。图 3.23 为当功率回路中的电流发生变化时,与共源极寄生电感相互作用所感应出的电压对栅极回路产生影响的示意图。开通过程中,漏极电流 i_D 上升会在 L_{CS1} 两端感应出上正下负的电压,降低栅源电压 u_{GS} 的上升速度,从而降低器件的开通速度。与开通过程类似,关断过程中,漏极电流 i_D 下降会在 L_{CS1} 两端感应出下正上负的电压,降低栅源电压 u_{GS} 的下降速度,从而降低器件的关断速度。

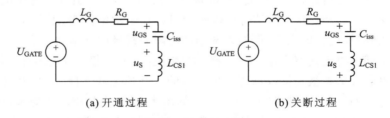

(a)开通过程　　　　　　　　　　　　(b)关断过程

图 3.23　共源极寄生电感对栅极回路的影响示意图

图 3.24 是根据式(3-10)得到的 eGaN HEMT、SiC MOSFET 和 Si CoolMOS 最小栅极驱动电阻和栅极寄生电感的关系曲线。假设最小栅极驱动电阻取为 15 Ω,可以看到,要使栅源电压波形无明显振荡,eGaN HEMT 的栅极寄生电感必须限制在 6 nH 以内,而 SiC MOSFET 的栅极寄生电感需要小于 20 nH,Si MOSFET 的栅极寄生电感只需要小于 100 nH。对比可知,eGaN HEMT 需要更小的栅极寄生电感,对驱动电路紧凑布局设计要求更高。

　　实际应用中 eGaN HEMT 的驱动电阻通常取为 10~15 Ω,如图 3.24 所示,对应的栅极寄生电感为 3~6 nH。表 3.7 列出了寄生电感与 PCB 走线的关系,可以看到长 10 mm、线宽50 mil(约 1.27 mm)的 PCB 走线,引入的寄生电感约为 6.52 nH。寄生电感与 PCB 走线长度近似呈正比,随着线宽增加,单位长度寄生电感略有减小。因此一般通过缩短布线长度降低寄

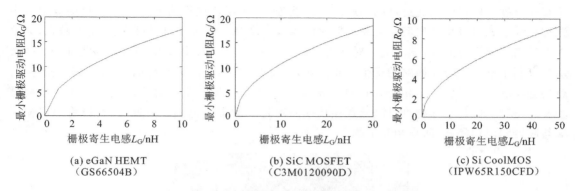

(a) eGaN HEMT
（GS66504B）

(b) SiC MOSFET
（C3M0120090D）

(c) Si CoolMOS
（IPW65R150CFD）

图 3.24　最小栅极驱动电阻和栅极寄生电感的关系曲线

生电感。另一方面,根据电磁场规律,电感与电流环路面积大小有关,降低环路面积有利于降低寄生电感。

表 3.7　PCB 寄生电感与走线关系

走线长度/mm	PCB 寄生电感/nH		
	12 mil 线宽	30 mil 线宽	50 mil 线宽
10	9.17	7.48	6.52
20	21.09	17.70	15.75
30	34.06	28.96	26.03
40	47.71	40.91	36.98

以下为 eGaN HEMT 采用的几种典型布局方式:
① 表面布线型;
② 平行布线型;
③ 改进后的平行布线-Ⅰ型;
④ 改进后的平行布线-Ⅱ型。

图 3.25 为 EPC 公司推荐使用的表面布线方式示意图,图中标示箭头的路径为功率回路,这种布线形式是现有文献中只使用单层布线时桥臂电路的最优布线形式。

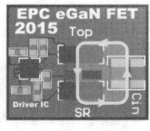

(a) 俯视图　　　　　　　(b) 正视图

图 3.25　EPC 公司推荐使用的表面布线方式示意图

图 3.26 是 GaN Systems 公司推荐使用的表面布线方式示意图,这种布线方式将桥臂上下管和输入电容紧靠在一起以缩短布线长度,同时将栅极驱动电路紧靠开关管以降低栅极回

路布线长度。桥臂中点通过过孔与底层走线相连,将底层走线作为输出端。在双层板中采用这种布线形式可以将功率回路和驱动回路的布线长度降至最短,但是还存在一定的缺点,如输入端和输出端平行放置,输入端会对输出端产生干扰。若使用 4 层板,在中间两层加入"屏蔽层",有利于进一步降低回路的寄生电感。当顶层的高频功率回路工作时,其电流变化产生的磁场会在屏蔽层上感应出相反方向的电流,屏蔽层中的电流产生的磁场与顶层电流产生的磁场反向,相互抵消,这样就可以降低顶层功率回路走线的寄生电感。另外,还可以将顶层输入端与底层输出端隔开,防止相互干扰。

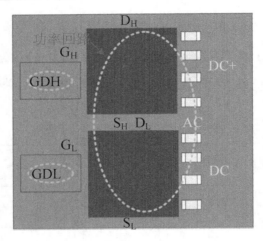

图 3.26 GaN Systems 公司推荐使用的表面布线方式示意图

表面布线的优点是栅极寄生电感和共源极寄生电感可以降至很低,功率回路寄生电感的大小只与表面布线长度和屏蔽层距表层的距离有关;缺点是屏蔽层也存在电阻,有电流流过时会产生损耗,增加了系统损耗,还会出现散热问题。

高频电路 PCB 布局优化中还可以使用平行布线方式,利用磁场抵消的方法降低寄生电感。图 3.27 是 EPC 公司推荐使用的平行布线方式示意图。这种布线方式将输入电容、桥臂上管和下管分别放置在 PCB 的正面和反面,二者通过过孔连接,电感仍然通过过孔与桥臂中点相连。与平行布线相比,这种布线方式不需要在 PCB 内部设置屏蔽层,顶层和底层的走线通常采用平行走线,由于 PCB 比较薄,平行走线的距离较近,利用顶层走线和底层走线电流方向相反可以实现磁场互相抵消,降低寄生电感,但是垂直的两个过孔布线距离过远,无法实现互消,且仍然存在输入端和输出端相互干扰的问题。

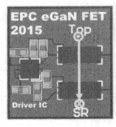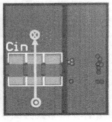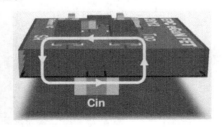

(a) 正面和背面俯视图   (b) 正视图

图 3.27 EPC 公司推荐使用的平行布线方式示意图

　　图 3.28 为改进后的平行布线-Ⅰ型的示意图,将背面的母线电容移至正面,与平行布线方式相比,直观上布线长度有所增加,但通过平行布线的磁场互消效应,可以进一步降低功率回路的寄生电感,同时缩短了过孔的长度,降低了由过孔引起的寄生电感,并且输入端和输出端垂直,避免了相互干扰。

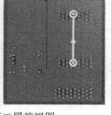

(a) 顶层和第二层俯视图　　　　　　　　　　　　　　　(b) 正视图

图 3.28　改进后的平行布线-Ⅰ型的示意图

　　图 3.29 是 3 种布线方式下功率回路寄生电感的仿真结果。可以看到,对于表面型布线,PCB 板的厚度对其高频功率回路的寄生电感影响很小,对层间距的影响较大。在 PCB 板厚度不变的情况下,寄生电感会随着层间距的增大而增大,这是因为当层间距增大时,屏蔽层的屏蔽效果会削弱。对于平行型布线,层间距对高频功率回路的寄生电感影响很小,对 PCB 板厚度的影响较大,这是因为平行型布线中布线的垂直长度只与通孔的长度,即 PCB 板的厚度有关。对于改进型走线,PCB 板的厚度对高频功率回路的寄生电感影响很小,但是对层间距的影响较大,这是因为改进型布线的寄生电感主要与顶层到第二层的距离有关。使用传统表面型布线的寄生电感最小约为 1 nH,改进后的平行布线的寄生电感可以降至 0.4 nH。

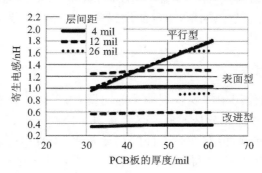

图 3.29　高频回路寄生电感仿真结果

　　采用平行布线降低寄生电感的同时还需要考虑散热问题,目前商用 eGaN HEMT 器件都是表贴型器件,散热器的安装比较复杂,并且散热效果有限,往往还是采用散热器和 PCB 散热相结合的方式进行散热。图 3.27 和图 3.28 中使用的均是低压 eGaN HEMT,实验中的工作电压/电流为 12 V/20 A,功率较低。如果应用高压 eGaN HEMT 就需要重新考虑散热问题。

　　图 3.30 是高压 eGaN HEMT 的平行布线示意图。这种布线方式是在图 3.26 的基础上,将桥臂下管放在 PCB 背面与上管保持对称,进一步降低功率回路的寄生电感,并且输入、输出、驱动电路相互呈垂直状态,互不干扰。这种布线方式还单独引出了热量传播路径,将热量传导出来,直接将外部铜皮裸露加装散热器,实现了较好的散热效果。

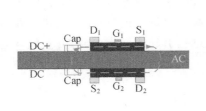　　　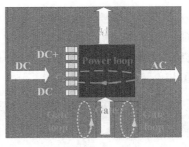

(a) 侧视图　　　　　　　　　　　　　　　　　　(b) 俯视图

图 3.30　改进后的平行布线-Ⅱ型的示意图

表 3.8 列出了表面布线和改进后的平行布线-Ⅱ的回路寄生电感比较结果。可以看到,改进后的平行布线-Ⅱ对栅极回路影响不大,但是可以大幅度降低功率回路的寄生电感。

表 3.8　回路寄生电感比较

nH

回　路	表面布线	平行布线-Ⅱ
功率回路	28.7	3.1
栅极回路	0.4	0.2

综上所述,可以归纳出 eGaN HEMT 器件相关电路布局优化设计需要遵循的原则:

① 通过合理布局尽可能缩短布线长度,增加布线宽度;

② 将栅极回路与功率回路分离,尽可能将驱动电路靠近开关管;

③ 使用 PCB 的叠层,利用平行布线缩小回路面积,降低寄生电感;

④ 紧凑布局时需要考虑散热问题,尽可能设置单独的热量传播途径,使用散热器与 PCB 散热相结合的方式进行散热。

3.1.4　辅助功能电路

直通问题是桥臂电路使用中需要特别关注的问题,为了防止桥臂直通,需要在桥臂电路上、下管的驱动控制信号中加入死区时间。尽管桥臂电路在其上、下管之间预留了必要的死区,似乎已经解决了直通问题,但在功率器件的实际开通、关断过程中,由于较高的 du/dt 与器件、电路的寄生参数相互作用,使得同一桥臂的上、下管在开关过程中产生相互影响,可能引发误导通,引起直通故障。

表 3.9 列出了不同器件的栅源阈值电压 $U_{GS(th)}$ 比较情况。可以看到,传统的 Si 基器件如 Si CoolMOS 和 Si IGBT 的阈值电压均比较高,在 4 V 以上。因此,由于桥臂串扰引起的正向电压干扰对其影响不大,而开关速度较快的 SiC 器件和 GaN 器件的阈值电压普遍比较低,一旦由于桥臂串扰引起的栅源正压超过了其栅源阈值电压,就可能会出现桥臂直通现象,带来额外的损耗,严重时甚至导致器件损坏。桥臂串扰还会引起栅极负向电压尖峰,若负向电压尖峰绝对值过高,可能会使 eGaN HEMT 器件性能退化,降低其工作寿命,导致其无法长期可靠工作。

表 3.9　不同器件的栅源阈值电压 $U_{GS(th)}$ 比较情况

公　司	Infineon	Infineon	GaN Systems	Wolfspeed	Wolfspeed	Wolfspeed
型　号	IPW65R150 CFD	IRG4PH30 KDPbF	GS66504B	CMF10120D	C2M0160120D	C3M0120090D
器件类型	Si CoolMOS	Si IGBT	eGaN HEMT	SiC MOSFET	SiC MOSFET	SiC MOSFET
定　额	650 V/22 A	1 200 V/20 A	650 V/15 A	1 200 V/24 A	1 200 V/19 A	900 V/23 A
栅源阈值电压 $U_{GS(th)}/V$	4	4.5	1.3	2.4	2.5	2.1
最大栅源电压 $U_{GS(max)}/V$	−20/+20	−20/+20	−10/+6	−5/+25	−10/+25	−8/+18

不考虑寄生电感影响时,桥臂串扰电压可表示为

$$U_{GS(max)} = R_G \cdot C_{GD} \cdot \frac{U_m}{T_m} \cdot \left\{ 1 - \exp\left[\frac{-T_m}{R_G(C_{GD}+C_{GS})} \right] \right\} \qquad (3-12)$$

由式(3-12)可知,抑制桥臂串扰电压的基本方法有降低开关速度和降低关断时栅极回路阻抗。降低开关速度会增长开关时间、增加开关能量损耗,影响变换器的性能,实际应用中多通过降低关断时栅极回路阻抗抑制桥臂串扰电压。调整关断驱动电阻可以抑制桥臂串扰问题,但是关断电阻的调整范围比较小,抑制效果可能不能满足要求,因此从可靠性角度考虑,会加入桥臂串扰抑制辅助功能电路。图 3.31(a)是针对 Si 基器件提出的传统有源密勒钳位电路。当关断驱动电阻 $R_{G(off)}$ 两端的电压达到一定值时,PNP 三极管 S_1 导通,提供低阻抗路径。这种较为简单的辅助电路存在一定问题,首先是 PNP 三极管导通时集-基极电压 U_{CB} 一般高于 2 V,栅极回路总驱动电阻还包括栅极内部电阻和驱动芯片内部电阻,因此此时栅源两端电压一定要高于 2 V,而且从桥臂串扰电压高于设定值到 PNP 三极管导通需要一定的时间。对于 Si 基器件来说,其阈值电压一般都高于 4 V。这种简易的抑制电路能够满足要求,但对于 SiC 基功率器件和 GaN 基功率器件来说,这种电路的响应速度和钳位电压不能有效地抑制桥臂串扰问题,特别是对于表 3.6 中 C3M0120090D 这样的 SiC MOSFET,其栅极内部电阻较大,当外部驱动电阻上的电压为 2 V 时,栅源电压就已经超过了阈值电压,而 eGaN HEMT 的栅源阈值电压一般为 1.3~1.5 V。这种传统的有源密勒钳位电路不能有效抑制桥臂串扰问题。因此根据传统有源密勒钳位电路的不足提出了如图 3.31(b)所示的电路,当桥臂电路中另一只开关管关断时,立即开通 S_2,就可以避免响应速度和钳位电压的问题。但这种电路的缺点是无法使用负压关断。

图 3.32 是在图 3.31(b)基础上的改进电路,是目前使用较多的桥臂串扰抑制辅助功能电路。当 S_1 关断时,C_1 和 S_1 的漏源寄生电容串联,引入的寄生电容比较小,不会影响 eGaN HEMT 的开关速度;当 S_1 开通时,由 C_1 与 C_{GS} 并联大幅增加了等效电容值,从而有效降低了栅极回路阻抗。这种辅助功能电路在 SiC MOSFET 驱动电路中广泛使用,例如 ROHM 公司已经推出了带有桥臂串扰抑制功能的 BM610X 系列芯片,但这种芯片对驱动电压有要求,不适合 eGaN HEMT 使用。目前 eGaN HEMT 的驱动电路还只能通过增加额外的控制电路来控制 S_1 的开通和关断。

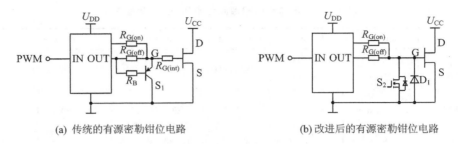

(a) 传统的有源密勒钳位电路　　　　　(b) 改进后的有源密勒钳位电路

图 3.31　桥臂串扰抑制辅助功能电路

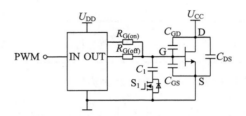

图 3.32　桥臂串扰抑制辅助功能电路

图 3.31(b)和图 3.32 所示的桥臂串扰抑制电路的思路可以应用在 eGaN HEMT 桥臂电路中,前者适用于不使用负压关断的场合,后者适用于使用负压关断的场合。

其他类型的 GaN 器件与 eGaN HEMT 类似,均具有高速开关特性,因此其对驱动电路设计的要求有很多相似之处。以下在阐述其他类型 GaN 器件驱动电路时,对于共性的设计挑战不再一一赘述,只对不同之处进行扼要阐述。

3.2　常通型 GaN HEMT 的驱动电路原理与设计

常通型 GaN HEMT 的驱动电路设计除了要考虑 GaN 器件要满足的基本驱动要求外,还要注意以下问题:

① 常通型 GaN HEMT 在不加栅极电压时处于导通状态,栅极需施加一定负压才能使开关管保持关断;

② 在桥臂电路中使用时,由于 $\mathrm{d}u/\mathrm{d}t$ 较高,易引起上、下管之间的串扰,驱动电路应能抑制串扰问题。

3.2.1　常通型 GaN HEMT 的单电源驱动电路

1. 驱动电路原理分析

常通型 GaN HEMT 在栅源极间不加电压,即 $U_{\mathrm{GS}}=0$ V 时,就处于导通状态。为使常通型 GaN HEMT 关断,U_{GS} 应取足够大的负压,一般应低于 -8 V。

图 3.33 是适用于常通型 GaN HEMT 的单电源驱动电路。图中,Q 是常通型 GaN HEMT,S_1 和 S_2 是驱动电路开关管,D 是钳位二极管,i_{G} 是驱动电源输出电流,电容 C_{C} 的容值远大于 GaN HEMT 的输入寄生电容 C_{iss},在 GaN HEMT 关断期间作为稳压源。

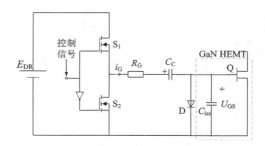

图 3.33　常通型 GaN HEMT 的单电源驱动电路

假设当驱动电路开始工作之前，电容 C_C 两端电压经驱动电源充电已经达到 E_{DR}。驱动电路各工作过程等效电路如图 3.34 所示，原理波形如图 3.35 所示。图 3.34(a) 是 Q 开通时的等效电路，开通前栅源电压 $U_{GS} = -E_{DR}$，t_0 时刻开关管 S_1 开通，S_2 截止，驱动电源 E_{DR} 给寄生电容 C_{iss} 充电，C_{iss} 两端的电压从 $-E_{DR}$ 逐渐增加到零。$t = t_1$ 时 C_{iss} 两端的电压等于零，GaN HEMT 完全导通。图 3.34(b) 是 Q 稳态导通时的等效电路。电容 C_C 两端电压等于驱动电源电压 E_{DR}，二极管两端电压钳位为零（$U_{GS} = 0$），电流 $i_G = 0$。图 3.34(c) 是 Q 关断时的等效电路，关断前 $U_{GS} = 0$，t_2 时刻开关管 S_1 关断，S_2 开通，由于 C_C 值足够大，在给 C_{iss} 反向充电的过程中相当于恒压源，其两端电压维持 E_{DR} 不变。$t = t_3$ 时 C_{iss} 反向充电完成，GaN HEMT 栅源两端电压为 $-E_{DR}$，GaN HEMT 关断。

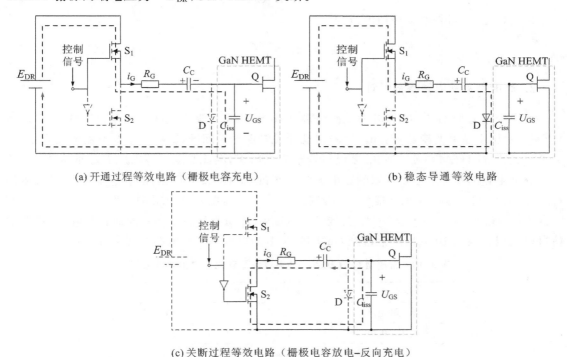

(a) 开通过程等效电路（栅极电容充电）　　　　　　　　(b) 稳态导通等效电路

(c) 关断过程等效电路（栅极电容放电-反向充电）

图 3.34　驱动电路各工作过程等效电路

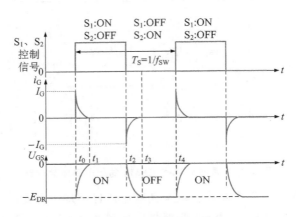

图 3.35　驱动电路原理波形

由驱动电路原理分析可得 i_G 和栅源电压 U_{GS} 为

$$i_G = \frac{E_{DR}}{R_G} \exp\left(-\frac{t}{R_G C_{iss}}\right) \qquad (3-13)$$

$$U_{GS} = \begin{cases} -E_{DR} \cdot \exp\left(-\dfrac{t}{R_G C_{iss}}\right) & t_0 \leqslant t \leqslant t_1 \\[2mm] -E_{DR}\left[1 - \exp\left(-\dfrac{t}{R_G C_{iss}}\right)\right] & t_2 \leqslant t \leqslant t_3 \end{cases} \qquad (3-14)$$

由式(3-13)可得驱动峰值电流为

$$I_{G(m)} = \frac{E_{DR}}{R_G} \qquad (3-15)$$

2. 单电源驱动电路参数设计

为了使常通型 GaN HEMT 关断,栅源两端的电压一般要低于 -8 V。当常通型 GaN HEMT 应用于功率变换器场合时,容易出现开关管误导通问题,影响功率变换器的安全工作。为了防止 GaN HEMT 误导通,关断电压调整为 -15 V,因此驱动电源电压 E_{DR} 取为 15 V。

驱动电路的开关 S_1、S_2 选取额定电流为 2 A 的 Si MOSFET,因此,在选取 R_G 时,应限制 $I_{G(m)}$ 不超过 2 A。但 R_G 也不能太大,否则会影响开关速度。这里折中选取 $R_G = 10$ Ω,时间常数 $R_G \cdot C_{iss}$ 仅为 3 ns。这一时间常数对于 GaN HEMT 开关转换时间而言足够小,说明取值可以使用。表 3.10 列出了常通型 GaN HEMT 的单电源驱动电路主要参数取值。

表 3.10　常通型 GaN HEMT 的单电源驱动电路中主要参数取值

参　数	符　号	数　值
驱动电源电压	E_{DR}/V	15
栅极串联电阻	R_G/Ω	10
电容	$C_C/\mu F$	1

GaN HEMT 通常应用于较高开关频率,当 $C_{iss} = 950$ pF,$U_{GS} = 15$ V,$f_{sw} = 1$ MHz 时,驱动电路损耗达到 2W,这对小功率变换器的效率有很大影响。为此研究人员提出谐振型驱动方案以降低驱动损耗。

3.2.2　常通型 GaN HEMT 的谐振型驱动电路

图 3.36 为用于常通型 GaN HEMT 的谐振型驱动电路。通过电感 L_r 与功率管 Q 的等效输入电容 C_{iss} 的谐振作用使 C_{iss} 中的能量返回电源,从而降低了驱动损耗。

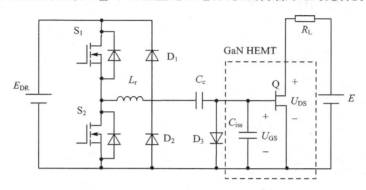

图 3.36　常通型 GaN HEMT 的谐振型驱动电路

图 3.37 为谐振型驱动电路工作模态,图 3.38 为相应的电路原理波形。为便于分析,忽略二极管压降和电路中的寄生参数(S_1 和 S_2 的通态电阻、Q 的栅极内阻和线路寄生电感),并假设功率管 Q 的等效输入电容 C_{iss} 为常数。

各工作模态分析如下。

假设当谐振驱动电路工作之前,电容 C_C 已经充电至驱动电源电压 E_{DR}。

模态 1$[t_0, t_1]$:t_0 时刻,S_1 开通,S_2 处于关断态。E_{DR} 经 S_1—L_r—C_C—D_3 给 C_{iss} 充电,i_G 和 U_{GS} 逐渐增大。t_1 时刻,Q 的栅源电压 U_{GS} 变为零。

模态 2$[t_1, t_2]$:t_1 时刻,U_{GS} 为零,由于钳位二极管 D_3 的存在,U_{GS} 保持为零,电流 i_G 沿 S_1—L_r—D_1 续流。到 t_2 时刻,S_1 关断。

模态 3$[t_2, t_3]$:S_1 关断后,电感 L_r 中储存的能量通过开关管 S_2 的体二极管、电感 L_r 和二极管 D_1 返回到电源。t_3 时刻,电感电流 i_G 降到零。

模态 4$[t_3, t_4]$:在此阶段,谐振驱动电路不工作。在 $t_1 \sim t_4$ 时间段内,Q 的栅源电压 U_{GS} 均为零,Q 处于导通状态。

模态 5$[t_4, t_5]$:t_4 时刻,S_2 开通,S_1 处于关断状态。此时,电容 C_C 充当电压源,L_r 与 C_{iss} 谐振,电流 i_G 和栅源电压 U_{GS} 开始反向增大。t_5 时刻,Q 的栅源电压 U_{GS} 达到$-E_{DR}$。

模态 6$[t_5, t_6]$:t_6 时刻,U_{GS} 为$-E_{DR}$,之后保持不变。电感电流 i_G 经 L_r—S_2—D_2 续流,直至 t_6 时刻,S_2 关断。

模态 7$[t_6, t_7]$:S_2 关断后,电感 L_r 中储存的能量通过开关管 S_1 的体二极管、电感 L_r 和二极管 D_2 返回到电源。t_7 时刻,电感电流 i_G 变为零。

从 t_7 时刻开始,直到 S_1 再次导通,谐振驱动电路中没有电流。从 t_5 时刻到 S_1 再次开通这段时间内,Q 的栅源电压保持为$-E_{DR}$,Q 处于关断状态。

由于模态 2 和模态 6 中的循环电流会消耗功率,而且这两个时段长度会影响最小占空比,所以 $t_1 \sim t_2$ 和 $t_5 \sim t_6$ 的时间间隔应尽可能短。

图 3.39 为采用单电源驱动电路和谐振型驱动电路时栅源电压上升过程对比示意图,t_{r1}

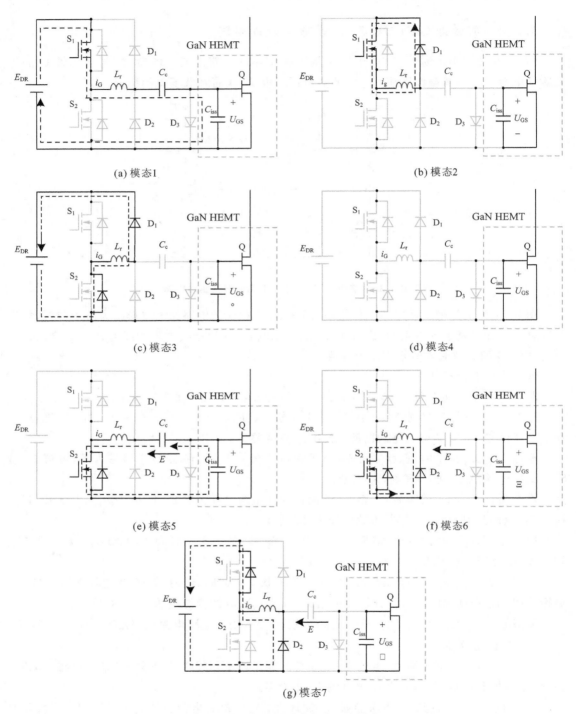

(a) 模态1　　　　　　　　　　　　　　　(b) 模态2

(c) 模态3　　　　　　　　　　　　　　　(d) 模态4

(e) 模态5　　　　　　　　　　　　　　　(f) 模态6

(g) 模态7

图 3.37　谐振型驱动电路工作模态

对应栅源电压从 $-E_{DR}$ 上升至 $-0.1E_{DR}$，t_{r2} 对应栅源电压从 $-E_{DR}$ 上升至零。由工作原理分析可知：

$$t_{r1} = R_G C_{iss} \ln 10 \tag{3-16}$$

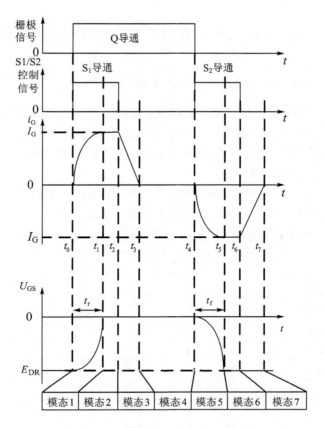

图 3.38　谐振型驱动电路原理波形

$$t_{r2} = \frac{\pi}{2} R_G C_{iss} \tag{3-17}$$

对比式(3-16)和式(3-17)可见，t_{r2} 比 t_{r1} 小得多，因此谐振型驱动电路可以使常通型 GaN HEMT 实现更快的开关速度。

由此可见，谐振型驱动电路利用电感能量回馈驱动电源，降低了常通型 GaN HEMT 的驱动损耗，同时也使其开关速度有所提升。

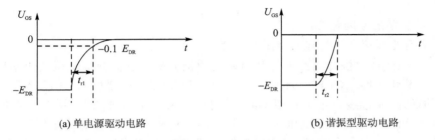

图 3.39　栅源电压上升过程对比示意图

3.3　Cascode GaN HEMT 的驱动电路原理与设计

3.3.1　Cascode GaN HEMT 的驱动电路设计挑战

Cascode GaN HEMT 是由低压 Si MOSFET 和高压常通型 GaN HEMT 级联而成的高压常断型 GaN 器件,通过控制 Si MOSFET 的开关状态来控制整个器件的通/断。Cascode GaN HEMT 的驱动电路设计除了要考虑低压 Si MOSFET 器件要满足的基本驱动要求外,还要注意高速开关应用中的电压振荡问题。

表 3.11 列出了典型 Cascode GaN HEMT 与 Si CoolMOS 的主要参数。对比可见,两者导通电阻大小相当,但开关特性和体二极管反向恢复特性相差较大。

表 3.11　Cascode GaN HEMT 与 Si CoolMOS 主要参数对比

状　态	符　号	Si CoolMOS	Cascode GaN HEMT	测试条件
通态	U_{DS}/V	600	600	—
	R_{DS}/Ω	0.14	0.15	$T_j = 25 \ ℃$
开关	C_{ISS}/pF	1 660	815	$U_{GS} = 0 \ V, U_{DS} = 100 \ V, f = 1 \ MHz$
	C_{OSS}/pF	314	71	$U_{GS} = 0 \ V, U_{DS} = 0 \sim 480 \ V$
	C_{RSS}/pF	5	2.1	$U_{GS} = 0 \ V, U_{DS} = 100 \ V, f = 1 \ MHz$
反向恢复	Q_{rr}/nC	8 200	42	Si CoolMOS: $U_{DS} = 400 \ V, I_{DS} = 11.3 \ A$, $di/dt = 100 \ A/\mu s$ Cascode GaN HEMT: $U_{DS} = 480 \ V, I_{DS} = 9 \ A, di/dt = 450 \ A/\mu s$

Cascode GaN HEMT 的漏源电压变化率 du_{DS}/dt 和漏极电流变化率 di_D/dt 均明显高于 Si CoolMOS, du_{DS}/dt 可达 150 V/ns,是 Si CoolMOS 的 3 倍; di_D/dt 达到 10 A/ns,也数倍于 Si CoolMOS。虽然高速开关有利于降低开关损耗,但却会引起电路的波形振荡,在一定条件下可能发生持续振荡现象;此外,还会引发共模电流问题,导致控制电路不能正常工作。

对于高速开关工作的桥臂电路,在下管开通过程中,上管栅源电压波形可能发生持续振荡;反之亦然。

波形持续振荡的原因包括:

(1) 高漏源电压变化率引起的栅压 U_{GS} 变化

如图 3.40 所示,以桥臂电路下管开通瞬间为例分析上管高漏源电压变化率导致的栅压 U_{GS} 变化。为简化图形,这里的 Cascode GaN HEMT 未采用常通型 GaN HEMT 与 Si MOS-FET 级联的形式,而直接采用了一般 GaN 器件的符号。下管开通时,桥臂中点电压迅速从 U_{DC} 下降到 0,相应的上管两端电压从 0 上升至 U_{DC},其速率为 du_{DS}/dt。上管高 du_{DS}/dt 与其密勒电容 C_{GD} 作用产生位移电流,给上管栅极电容充电,使得本应关断的上管的栅源电压有明显上升,很可能接近或超过栅极阈值电压。

(2) 大漏极电流变化率引起的栅压 U_{GS} 变化

如图 3.41 所示,以下管开通瞬间为例分析大漏极电流变化率引起的上管栅压 U_{GS} 变化。

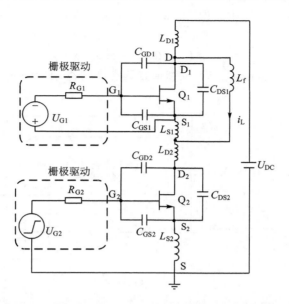

图 3.40　桥臂电路下管开通瞬间上管电压变化率导致的栅源电压变化

下管开通时,上管漏极电流下降,其速率为 $\mathrm{d}i_D/\mathrm{d}t$。$\mathrm{d}i_D/\mathrm{d}t$ 与 PCB 布局中的杂散电感 L_s 作用,产生感应电压 U_{LS},这会降低 Cascode GaN HEMT 的栅极关断电压裕量。

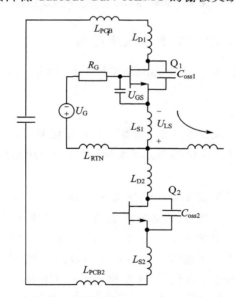

图 3.41　下管开通时上管杂散电感和较高的 $\mathrm{d}i_D/\mathrm{d}t$ 引起的上管 U_{GS} 变化示意图

上面两种原因对 u_{GS} 的影响可表示为

$$U_{GS} = U_{G(off)} + F \times U_{DS} + U_{LS} = U_{G(off)} + F \times U_{DS} + (-L_s \times \mathrm{d}i_D/\mathrm{d}t) \qquad (3-18)$$

式中,F 是 U_{DS} 对 U_{GS} 影响的反馈因子。

(3) 外部寄生电容引起的振荡

以 Transphorm 公司的 Cascode GaN HEMT 器件为例,由于 Cascode GaN HEMT 器件的 C_{GD} 比 C_{GS} 小得多,因此密勒效应的影响可以降至最低。如果 U_{GS} 不接近栅极阈值电压

$U_{GS(th)}$，则振荡不会持续发生。但是，如果栅源电压达到 $U_{GS(th)}$，那么器件将工作在线性区，满足：

$$I_D = (U_{GS} - U_{GS(th)}) \times g_m \tag{3-19}$$

考虑外部寄生电容 $C_{GD(ext)}$ 后，反馈回路具有高增益，加上 u_{GS} 和 u_{DS} 的 180°相移，很可能会引起持续振荡。

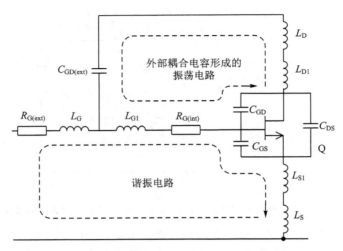

图 3.42　包括外部电容 C_{GD} 的反馈回路

3.3.2　Cascode GaN HEMT 电压振荡抑制方法

为了抑制栅极电压振荡，保证 Cascode GaN HEMT 可靠工作，可采取以下措施。

1. 优化 PCB 布局

Cascode GaN HETM 开关速度很快，漏源极电压变化率可达 100 V/ns 甚至更高，因此电路布局要求比 Si 器件高得多。这里以 Boost 变换器为例，给出布局分析。

（1）功率回路布局

图 3.43 为标示出寄生参数的 Boost 变换器主电路。尽管理想 Boost 变换器拓扑并未出现寄生参数，但由于布线会引入寄生电感和寄生电容，这些寄生元件在一起形成高频谐振网络，对变换器正常工作产生不利影响。由于 Cascode GaN HEMT 器件的上升和下降时间很短，典型值可小于 10 ns，使得寄生参数的影响更为明显。因此在设计 GaN 基功率电路时要特别注意减小 PCB 布线引入的寄生参数，防止电路出现严重振荡。

图 3.44 为 Transphorm 公司给出的 Boost 变换器主电路功率布局实例，布局的主要要求如下：

① GaN 器件 Q_1 源极接地要采用大面积平面，以降低寄生电感；

② GaN 器件漏极和二极管阳极相连的开关节点电压快速变化，因此节点面积应尽可能小，以减小寄生电容，防止节点电压快速变化对电路正常工作产生影响；

③ 功率器件（GaN 开关器件 Q_1 和二极管 D_3）、电感（L_1）和去耦电容（C_{18}）应尽可能靠近开关位置放置，以尽量减小寄生电感；

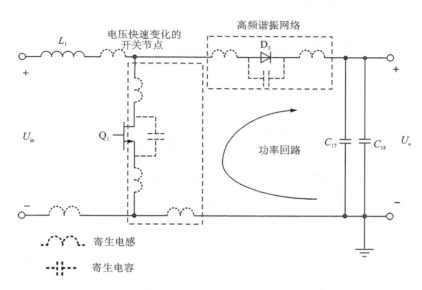

图 3.43　标示寄生参数的 Boost 变换器主电路

④ 输出正压端(DC+)采用大面积布线,同时用作升压二极管(D_3)的散热;

⑤ 去耦输出电容(C_{17})以最短的引线连接在输出正压端(DC+)布线平面和接地平面之间;

⑥ 将高频去耦电容(C_{18})放置在升压二极管的阴极和 GaN 开关器件的源极之间,以吸收由于输出走线寄生电感引起的噪声。

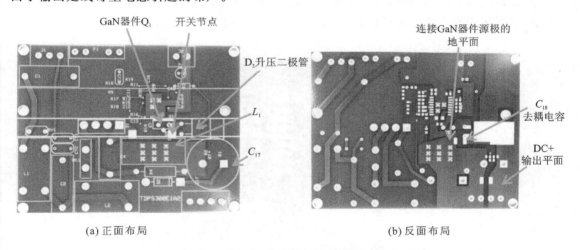

　　　　　(a) 正面布局　　　　　　　　　　　　　　　　　(b) 反面布局

图 3.44　Transphorm 公司 Boost 变换器主电路布局实例

(2) 驱动回路布局

图 3.45 为标示出寄生参数的栅极驱动回路。在所有的寄生电感中,共源极电感 L_1 因同时存在于驱动回路和功率回路中,所以最为关键。开通、关断期间功率器件的电流快速变化,与寄生电感 L_1 相互作用产生感应电压 U_L,改变真正施加在栅源极间的电压 U_{GS}。如果 L_1 太大,很可能导致功率开关管不能正常开通或关断。因此,需要尽可能减小源极电感 L_1。在布线时,宜将驱动芯片的地端直接连接到 Cascode GaN HEMT 的源极引脚上,而不要引入额外

的布线。

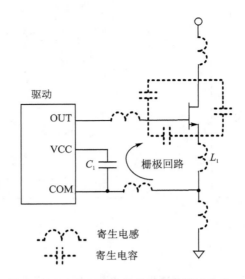

图 3.45　标示寄生参数的栅极驱动电路

图 3.46 为 Transphorm 公司给出的栅极驱动电路布局实例,布局要注意以下几点:

① 驱动芯片的地端(COM)直接连接到 GaN 器件的源极引脚,采用宽布线,并与功率回路分开;

② 驱动芯片的输出端(OUT)采用短粗线直接连接到 GaN 器件的栅极引脚(节点 2)上;

③ 去耦电容 C_1 以最短引线连接在驱动芯片的 VCC 和 COM 引脚之间;

④ 大面积铺地直接连接到驱动芯片的地端(COM),有效降低地线阻抗。

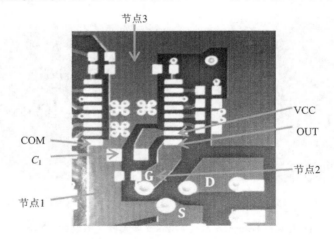

图 3.46　栅极驱动电路布局示例

2. 栅极采用磁珠

磁珠有利于抑制振荡和降低电压尖峰,但磁珠阻抗过大,会导致开关时间变长,增大开关损耗。图 3.47 是以 Transphorm 公司型号为 TPH3206PS 的 Cascode GaN HEMT 为被测器件,采用不同磁珠测试得到的波形对比。直流母线电压设置为 400 V,负载电流为 15 A。不加磁珠时漏源电压和漏极电流的交截时间为 10 ns。随着磁珠阻值的增大,漏源电压和漏极电流的交截时间从 12 ns 增加到 28 ns。综合考虑振荡衰减效果和电压电流交截时间,采用 120 Ω 的 TDK 磁珠 MMZ2012D121B 最为合适。

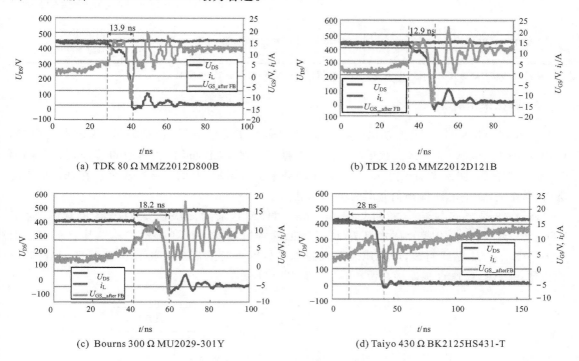

(a) TDK 80 Ω MMZ2012D800B　　(b) TDK 120 Ω MMZ2012D121B

(c) Bourns 300 Ω MU2029-301Y　　(d) Taiyo 430 Ω BK2125HS431-T

图 3.47　使用不同磁珠时的交截时间

表 3.12 列出了针对不同型号 Cascode GaN HEMT 器件,Transphorm 公司所推荐的铁氧体磁珠型号。栅极磁珠必须尽可能靠近 GaN 器件的栅极引脚安装。

表 3.12　Transphorm 公司推荐的磁珠类型

器 件	封 装	栅极铁氧体磁珠	漏极铁氧体磁珠
TPH3202PD/PS	TO-220	60 Ω (MMZ1608Y600B)×1	不需要
TPH3202LD/LS	PQFN88		
TPH3206PD/PS/PSB	TO-220	120 Ω(MMZ1608Q121BTA00)×1	
TPH3206LD/LDG/LDB/LDGB/LS/LSB	PQFN88	220 Ω (MPZ1608S221ATA00)×1 330 Ω (MPZ1608S331ATA00)×1	8.5 A (BLM21SN300SN1D)×1
TPH3208PS	TO-220	330 Ω (MPZ1608S331ATA00)×1	8.5 A (BLM21SN300SN1D)×2
TPH3208LD/LDG/LS	PQFN88		
TPH3212PS	TO-220	180 Ω (MMZ1608S181ATA00)×1	8.5 A (BLM21SN300SN1D)×3 12 A (BLM31SN500SZ1L)×2

续表 3.12

器 件	封 装	栅极铁氧体磁珠	漏极铁氧体磁珠
TPH3205WSB/WSBQA *	TO-247	内部和外部 FB（40～60 Ω）可选	8.5 A（BLM21SN300SN1D）×3 12 A（BLM31SN500SZ1L）×2
TPH3207WS *	TO-247	内部和外部 FB（40～60 Ω）可选	8.5 A（BLM21SN300SN1D）×4 12 A（BLM31SN500SZ1L）×4

* 推荐的漏极磁珠直流阻值小于 4 mΩ，交流阻值在 100 MHz 时小于 15～30 Ω。

3. 漏极采用磁珠

Cascode GaN HEMT 的输出电容 C_{oss} 与功率回路寄生电感（包括漏极、源极寄生电感，PCB 布局寄生电感）会形成高频谐振电路。根据不同的 PCB 布局，其典型的谐振频率范围为 50～200 MHz。在漏极加入磁珠，相当于在高频下引入阻尼，有助于衰减振荡。在选择漏极磁珠时，100 MHz 下的磁珠阻值是其重要考核指标。

图 3.48 是不同封装形式的 Cascode GaN HEMT 采用漏极磁珠的电路示意图，对于 TO-220 或 TO-247 等直插式封装，可采用磁珠穿过漏极引脚或表贴式磁珠接在漏极。对于 PQFN88 等表贴式封装，可采用表贴式磁珠。桥臂下管的磁珠直接连接在漏极，而桥臂上管为便于散热，磁珠直接连接在源极，如图 3.48(b)所示。

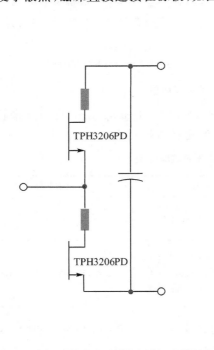

(a) TO-220 或 TO-247 器件中插入磁珠示意图

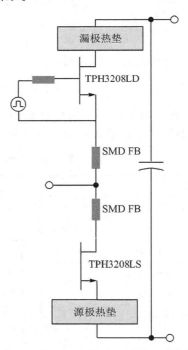

(b) PQFN88 器件中插入磁珠示意图

图 3.48　不同封装形式的 Cascode GaN HEMT 采用漏极磁珠的电路示意图

图 3.49 为采用漏极磁珠前后的多脉冲测试波形对比，采用漏极磁珠后，GaN 器件关断时的漏源电压振荡得到了明显抑制。对于不同的 Cascode GaN HEMT 器件，Transphorm 公司

在表 3.12 中列出了推荐采用的漏极磁珠。

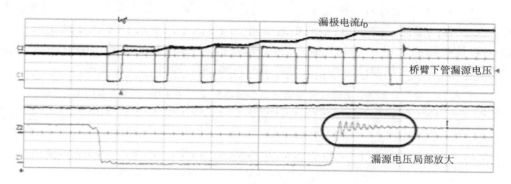

(a) 未采用漏极磁珠

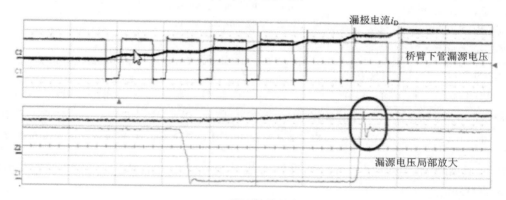

(b) 采用漏极磁珠

图 3.49　采用漏极磁珠前后的波形对比

除了以上方法,还可以考虑采用以下辅助方法抑制 Cascode GaN HEMT 的电压振荡问题。

① 驱动电路采用负压关断,$U_{\mathrm{G\_OFF}}$ 一般取 $-5\sim-2$ V。图 3.50 为交流耦合负压驱动电路示例,合理选择稳压管 Z_1、Z_2 和电容 C_1 的数值,可保证 GaN 器件可靠负压关断。

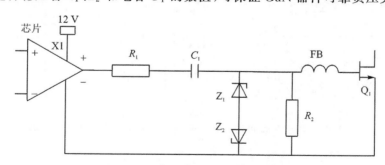

图 3.50　负压驱动电路示例

② 降低开通 $\mathrm{d}u/\mathrm{d}t$。在桥臂电路中可通过降低功率开关管的 $\mathrm{d}u/\mathrm{d}t$,防止桥臂另一只开关管误导通。可采用适当降低驱动电压,选择驱动电流能力相对低些的驱动芯片,或增大驱动电阻等方法来具体实现。

③ 增加 RC 电路。漏极磁珠可以在不影响电路效率的情况下有效防止振荡,但同时也会产生一些电压过冲,因此在有些情况下漏极磁珠并不适合采用。这时可以考虑采用吸收电路,例如,在 GaN 器件漏源极间加 RC 吸收电路可防止持续振荡。表 3.13 列出了使用外部 RC 电路代替漏极铁氧体磁珠时,Transphorm 公司推荐使用的 RC 吸收电路参数。由表 3.12 和表 3.13 可知,无论是采用漏极磁珠还是 RC 吸收电路,栅极磁珠都必须使用。

表 3.13　使用外部 RC 电路代替漏极铁氧体磁珠时 Transphorm 公司推荐的 RC 参数

器　件	封　装	栅极铁氧体磁珠	RC 吸收电路
TPH3202PD/PS	TO – 220	60 Ω（MMZ1608Y600B）	不需要
TPH3202LD/LS	PQFN88		
TPH3206PD/PS/PSB	TO – 220	120 Ω（MMZ1608Q121BTA00）	不需要
TPH3206LD/LDG/LDB/ LDGB/LS/LSB	PQFN88	220 Ω（MPZ1608S221ATA00） 330 Ω（MPZ1608S331ATA00）	
TPH3208PS	TO – 220	330 Ω（MPZ1608S331ATA00）	电容:47 pF;电阻:7.5 Ω
TPH3208LD/LDG/LS	PQFN88		
TPH3212PS	TO – 220	180 Ω（MMZ1608S181ATA00）	电容:47 pF;电阻:7.5 Ω
TPH3205WSB/WSBQA	TO – 247	内部和外部 FB（40～60 Ω）可选	电容:47 pF/100 pF;电阻:7.5 Ω
TPH3207WS	TO – 247	内部和外部 FB（40～60 Ω）可选	电容:100 pF;电阻:10 Ω

图 3.51 给出了 Transphorm 公司推荐的基于 Si8230 芯片构成的 Cascode GaN HEMT 桥臂驱动电路。

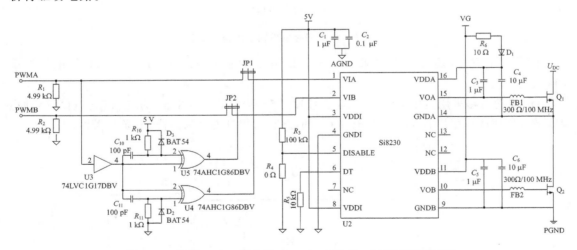

图 3.51　基于 Si8230 芯片的 Cascode GaN HEMT 桥臂驱动电路

3.4　eGaN HEMT 的驱动电路原理与设计

3.4.1　低压 eGaN HEMT 的驱动电路

低压 eGaN HEMT 的驱动电路需要满足以下要求：

① 驱动电路要能够提供较大的峰值电流，以满足低压 eGaN HEMT 的高开关速度。

② 低压 eGaN HEMT 的栅源电压大于+4 V 时，在其额定电流范围内，导通电阻几乎不发生改变，而该器件最大栅源电压仅为+6 V，因此驱动电压可设置的范围为+4～+5.5 V。

③ 低压 eGaN HEMT 的栅源阈值电压较低，在常温下仅为 1.4 V 左右，因此需要考虑误导通问题。由于低压 eGaN HEMT 的最大栅源负压为−4 V 左右，若采用负压关断，在栅源电压振荡或是桥臂串扰情况下，栅源电压很可能会超出该负压值，因此需谨慎使用负压关断。

常用的驱动电路包括图腾柱型驱动电路、三电平型驱动电路和谐振型驱动电路。

1. 图腾柱型驱动电路

低压 eGaN HEMT 最常用的驱动电路为图腾柱式驱动电路，其电路结构如图 3.52 所示。由于低压 eGaN HEMT 不宜采用负压驱动，因此驱动芯片只采用正压 U_{CC} 供电。$R_{G(on)}$ 和 $R_{G(off)}$ 分别为开通驱动电阻和关断驱动电阻。开通速度由 U_{CC} 和 $R_{G(on)}$ 决定，关断速度由 $R_{G(off)}$ 决定。该电路结构简单，可以分别设定开通速度和关断速度，但是由于不能引入负压关断，桥臂应用中可能会受到桥臂串扰的影响，引发误导通问题。

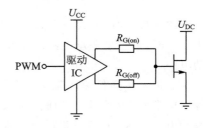

图 3.52　图腾柱型驱动电路

2. 三电平型驱动电路

eGaN HEMT 反向导通时的导通压降与关断时的栅源电压有关，可表示为

$$U_{SD} = U_{GS(th)} - U_{GS} + I_D \cdot R_{SD(on)} \qquad (3-20)$$

为了降低反向导通时的导通损耗，研究人员提出了如图 3.53 所示的三电平型驱动电路，eGaN HEMT 开通时的栅源电压为 U_{CC}，eGaN HEMT 关断时其栅源电压设置为略低于栅源阈值电压 $U_{GS(th)}$。由式（3-20）可知，此时反向导通压降仅与漏极电流和沟道电阻有关，可以起到降低反向导通损耗的作用。该驱动电路可以降低 eGaN HEMT 反向导通时的导通损耗，适合应用于同步整流电路中，但是会引入额外的电源，增加了成本和控制的复杂程度。

3. 谐振型驱动电路

eGaN HEMT 的开关速度较快，往往应用于开关频率较高的场合。传统的图腾柱式驱动电路的驱动损耗与开关频率成正比，随着开关频率的增大，驱动损耗也会上升。为了降低高频开关时的驱动损耗，研究人员提出了如图 3.54 所示的谐振型驱动电路。PWM 输入高电平时，谐振电感 L_f 与输入电容 C_{iss} 谐振，为 C_{iss} 充电。当 eGaN HEMT 栅源电压高于 U_{CC} 时，D_1 导通，将 U_{GS} 钳位至 U_{CC}，谐振电流通过 D_1 流回 U_{CC} 中，实现能量回馈。

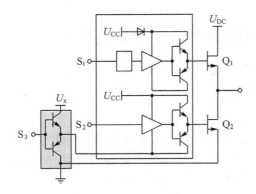

图 3.53　三电平型驱动电路

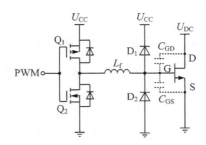

图 3.54　谐振型驱动电路

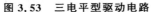

忽略 Q_1、Q_2 损耗和 D_1、D_2 的导通损耗，谐振型驱动电路的驱动损耗可以表示为

$$P_{DR} = \frac{2U_{CC}^2 R_G C_{iss} f_{SW}}{Z_0}\left(\frac{\pi}{4}+\frac{1}{3}\right) \approx \left(2.24\frac{R_G}{Z_0}\right)U_{CC}^2 C_{iss} f_{SW} \tag{3-21}$$

式中，f_{SW} 为开关频率，Z_0 为驱动电路阻抗。

图腾柱式驱动电路的驱动损耗可表示为

$$P_{DR} = U_{CC}^2 C_{iss} f_{SW} \tag{3-22}$$

对比式(3-21)和式(3-22)可知，当式(3-21)中的系数小于 1 时，谐振型驱动电路的驱动损耗将小于图腾柱式驱动电路。

为了进一步降低驱动损耗，可将图 3.54 中的二极管 D_1 和 D_2 换成 MOSFET，构成如图 3.55 所示的改进型谐振驱动电路。因 MOSFET 的导通损耗低于二极管的导通损耗，所以改进型谐振驱动电路可靠性高、损耗小，适合应用于高频场合中；但是这种驱动电路需要 4 个 MOSFET 以及 4 个不同的驱动信号，增加了栅极驱动电路的复杂程度。

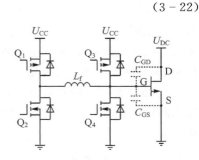

图 3.55　改进后的谐振型驱动电路

3.4.2　高压 eGaN HEMT 的驱动电路

高压 eGaN HEMT 的驱动电路应满足以下要求：

① 驱动电路要能够提供较大的峰值电流，以满足高压 eGaN HEMT 的高开关速度。

② 由高压 eGaN HEMT 的典型输出特性可知，当驱动电压高于 5 V 后，在其额定电流范围内继续增大栅源驱动电压几乎不会影响导通电阻的大小，而高压 eGaN HEMT 的最大栅源电压仅有 +7 V，因此其栅源驱动电压可取的范围为 +5～+6.5 V。

③ 高压 eGaN HEMT 的栅源阈值电压 $U_{GS(th)}$ 较低，常温下典型值为 1.3 V 左右，且基本不受温度变化的影响，需采用相关方法防止关断误导通。在单管驱动电路中可采用负压关断方法，在桥臂电路中需要考虑负压关断会影响 eGaN HEMT 的第三象限导通特性。

图 3.56 是使用 Si8271GB-IS 芯片构成的高压 eGaN HEMT 单管驱动电路典型接线示意图。Si8271GB-IS 是 Silicon Labs 公司一款隔离单通道驱动芯片，最大输出电流为 4 A，采

用内置电容隔离技术,瞬态共模抑制能力达到 150 kV/μs 以上,耐压可达 2.5 kV,满足高压 eGaN HEMT 高速开关对驱动芯片的要求。如图 3.56 所示,驱动开通支路和驱动关断支路分开,经磁珠连接 eGaN HEMT 的栅极。Q_1 开通时,VO+端通过 $R_{(on)}$ 和磁珠 FB 为 Q_1 的输入电容充电;Q_1 关断时,VO-端通过 $R_{G(off)}$ 和磁珠 FB 为输入电容放电。

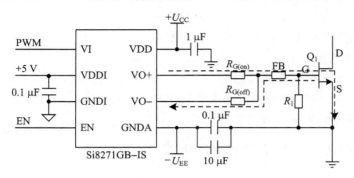

图 3.56　由 Si8271GB‐IS 构成的高压 eGaN HEMT 单管驱动电路典型接线示意图

栅极驱动电阻 $R_{G(on)}$ 和 $R_{G(off)}$ 不仅可以抑制漏源电压 U_{DS} 的峰值,还可以抑制由于寄生电感和寄生电容造成的栅极电压振荡,同时也会降低开关过程中的 du/dt、di/dt。此外,驱动电阻还会影响 eGaN HEMT 的开关损耗,进而影响变换器的效率。因此需合理选择驱动电阻。

在 eGaN HEMT 桥臂电路中,为了抑制桥臂串扰影响,在图 3.56 的基础上,加入了桥臂串扰抑制电路。图 3.57 为加入了桥臂串扰抑制电路的核心驱动电路原理示意图。

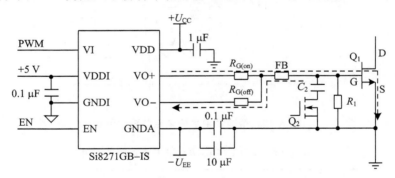

图 3.57　加入桥臂串扰抑制电路的核心驱动电路原理示意图

桥臂串扰抑制电路在桥臂串扰现象发生时,通过控制 Q_2 导通,使 C_2 并联至 eGaN HEMT 的栅源极间,为栅极回路中的电流提供低阻抗路径,因此电容 C_2 的取值非常关键,需要考虑在最恶劣情况下还能够保证栅源干扰电压不超过阈值电压进行初步取值,并在实际电路调试中进行适当调整。

3.5　GaN GIT 的驱动电路原理与设计

3.5.1　GaN GIT 的驱动电路要求

GaN GIT 的栅极驱动电路要满足以下要求:

① 在 GaN GIT 开通和关断时,驱动电路需要提供足够高的峰值电流使其输入电容快速充、放电,保证 GaN GIT 快速开关,降低开关损耗;

② 在 GaN GIT 稳态导通时,栅极驱动电路应能提供一定的稳态栅极电流,降低 GaN GIT 的稳态导通损耗。

③ 驱动电路的线路形式和参数选择会影响 GaN GIT 的开关性能和驱动损耗,因此需合理选择线路形式和优化参数设计。

GaN GIT 栅极驱动电流典型波形如图 3.58 所示。目前用于 GaN GIT 的驱动电路主要有带加速电容的单电源驱动电路和无容式驱动电路。

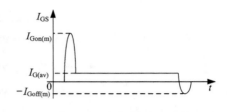

图 3.58　GaN GIT 栅极驱动电流典型波形

3.5.2　带加速电容的单电源驱动电路

1. 工作原理分析

带加速电容的单电源驱动电路如图 3.59 所示,表 3.14 为驱动电路主要元件的作用。驱动电路的工作过程可分为四个阶段:开通过程、导通期间、关断过程和关断期间。

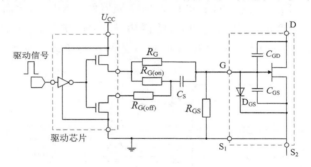

图 3.59　带加速电容的单电源驱动电路

表 3.14　GaN GIT 驱动电路主要元件的作用

主要元件	作　用
驱动芯片	用于驱动 GaN GIT,建议选择 TI 公司的 UCC27511
$R_{G(on)}$	用于调节 GaN GIT 开通过程的栅极峰值电流
R_G	用于调节 GaN GIT 处于导通状态时的栅极电流
C_S	开通与关断过程中的加速电容
$R_{G(off)}$	用于调节关断速度
R_{GS}	栅源并联电阻

（1）GaN GIT 开通过程

GaN GIT 开通过程中电流在驱动电路中的流通路径如图 3.60 所示,开通过程驱动电路可细分为以下 5 个工作模态,各模态的栅极电流流通路径的变化过程如图 3.61 所示。对应的电压、电流波形如图 3.62 所示。

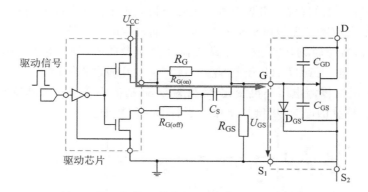

图 3.60　GaN GIT 开通过程中的驱动电流流通路径

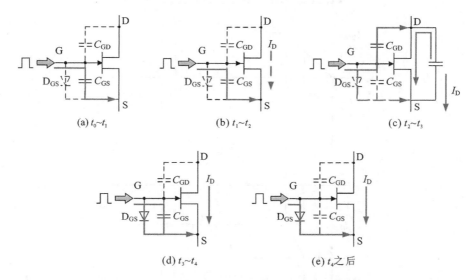

(a) $t_0 \sim t_1$　　　　　　(b) $t_1 \sim t_2$　　　　　　(c) $t_2 \sim t_3$

(d) $t_3 \sim t_4$　　　　　　(e) t_4 之后

图 3.61　开通过程中栅极电流流通路径变化过程示意图

开通过程中各模态工作情况如下：

模态 $1(t_0 \sim t_1)$：当驱动信号由低电平变为高电平时，驱动电流通过加速电容 C_S 给栅源极寄生电容 C_{GS} 充电，栅源极电压 U_{GS} 逐渐上升，由于 $U_{GS} < U_{GS(th)}$，所以 GaN GIT 仍处于关断状态。

模态 $2(t_1 \sim t_2)$：栅极电压超过阈值电压 $U_{GS(th)}$，GaN GIT 的沟道开始导通，漏极电流逐渐增加。t_2 时刻，栅极电压上升至密勒平台电压 $U_{plateau}$，漏极电流达到负载电流。此阶段栅源电压上升速度由输入电容 C_{ISS} 决定。

模态 $3(t_2 \sim t_3)$：t_2 时刻，漏极电流达到负载电流，漏源电压 U_{DS} 开始下降，栅极电流出现电流尖峰 $I_{Gon(m)}$：

$$I_{Gon(m)} \approx U_{CC}/R_{Gon(m)} \tag{3-23}$$

式中，U_{CC} 为驱动电源电压；$R_{Gon(m)}$ 为栅极驱动峰值电流调节电阻，$R_{Gon(m)} = \dfrac{1}{1/R_{G(on)} + 1/R_G}$。

式（3-23）为近似表达式，$I_{Gon(m)}$ 的实际值要比此式的计算值略低；此外，还应注意 $I_{Gon(m)}$ 的实际值还受到驱动芯片所能提供的峰值电流的限制。

　　由于寄生电容 C_{GD} 的存在,栅漏极电压也在下降,栅极电流大部分流过 C_{GD},使栅源电压基本不变。同时,会有部分栅极电流流过栅源极之间寄生的二极管 D_{GS}。

　　模态 $4(t_3 \sim t_4)$:t_3 时刻,C_{DS} 放电完成,U_{DS} 下降到最低值,栅源电压密勒平台结束。驱动电压继续给 C_{GS} 充电,直到 U_{GS} 上升至 U_{GSF},GaN GIT 开通过程结束。

　　模态 $5(t_4$ 之后):栅源电压不再变化,保持为 U_{GSF} 基本不变。为了维持 GaN GIT 的导通状态,栅极需要有持续的电流,以维持寄生二极管 D_{GS} 的导通。

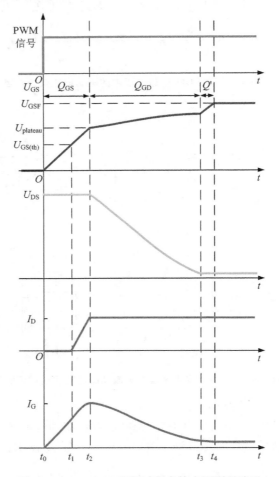

图 3.62　GaN GIT 开通过程中的主要原理波形

　　(2) GaN GIT 导通期间

　　GaN GIT 导通期间,电流在驱动电路中的流通路径如图 3.63 所示,栅极电流 I_{GS} 和栅源电压 U_{GS} 的波形如图 3.62 中 t_4 之后阶段所示。

　　GaN GIT 导通期间,栅极电流为

$$I_G = (U_{CC} - U_{GSF})/R_G \qquad (3-24)$$

　　(3) GaN GIT 关断过程

　　当驱动信号由高电平变为低电平时,GaN GIT 开始关断。GaN GIT 关断过程中,电流在驱动电路中的流通路径如图 3.64 所示,栅源极寄生电容 C_{GS} 开始放电,电流流经加速电容 C_S

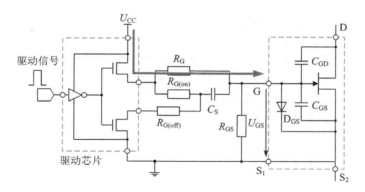

图 3.63　GaN GIT 导通期间的驱动电流流通路径

与关断电阻 $R_{G(off)}$，GaN GIT 栅源极电压 U_{GS} 迅速降低。栅极电流 I_{GS} 和栅源电压 U_{GS} 的波形如图 3.65 中 A 阶段所示。当 U_{GS} 降至零时，由于 C_S 上仍存有大量电荷，C_S 继续给 C_{GS} 反向充电，使 U_{GS} 反向增大，栅源极之间呈现负压。负压峰值为

$$U_{neg1} = -\left(U_{CC} \times \frac{C_S}{C_S + C_{GS}} - U_{GSF} \right) \qquad (3-25)$$

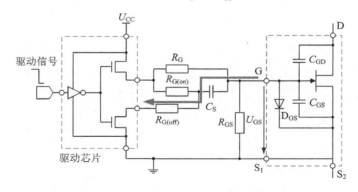

图 3.64　GaN GIT 关断过程中的驱动电流流通路径

（4）GaN GIT 关断期间

GaN GIT 关断期间，电流在驱动电路中的流通路径如图 3.66 所示，栅极电流 I_{GS} 和栅源电压 U_{GS} 的波形如图 3.65 中 B 阶段所示。

电容 C_S 通过电阻 R_G、$R_{G(on)}$ 放电，电容 C_{GS} 通过 $R_{G(off)}$ 放电，U_{GS} 逐渐降低至 0 V。GaN GIT 关断期间，栅源电压为

$$U_{GS}(T_{off}) = U_{neg1} \times e^{-T_{off}/\tau} \qquad (3-26)$$

式中，T_{off} 为单个开关周期 GaN GIT 关断时间，$\tau = (R_{G(on)} + R_G) \times (C_S + C_{GS})$。

如果关断期间 C_S 上仍存在电压，当 GaN GIT 再次开通时，流过 C_S 的加速电流就会减小，导致开通时间变长，开通损耗增加。因此，一周期中 GaN GIT 导通时间不宜过长，要保证 T_{off} 时段至少为 5 倍的 $R_G C_S$，这样才不会影响 GaN GIT 的下次开通过程。

2. 驱动电路关键参数选择

带加速电容的单电源驱动电路关键参数包括驱动电源电压 U_{CC}、加速电容 C_S、开通驱动

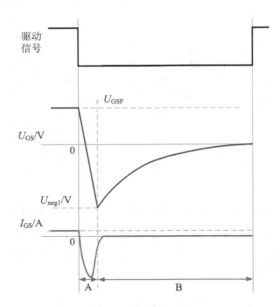

图 3.65　GaN GIT 关断过程的 U_{GS}、I_{GS} 波形

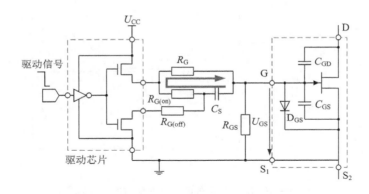

图 3.66　GaN GIT 关断期间的驱动电流流通路径

电阻 $R_{G(on)}$、导通电阻 R_G、关断驱动电阻 $R_{G(off)}$ 和栅源并联电阻 R_{GS} 等,各参数的选择依据分析如下。

（1）驱动电源电压 U_{CC}

U_{CC} 是驱动芯片供电电源,同时也是驱动正压。选择较高的驱动电压值有利于加快 GaN GIT 的开通过程,但 U_{CC} 要小于 GaN GIT 栅源极间的极限电压 $U_{GS(max)}$。

（2）加速电容 C_S

加速电容 C_S 用于加速 GaN GIT 的开通过程。另外,在关断过程中,C_S 可使 GaN GIT 栅源电压为负值,以保证其不会误导通。C_S 大小应满足:C_S 中电荷量要大于 $Q_{GD}+Q_{GS}$,即

$$Q_{C_S}=C_S \times (U_{CC}-U_{GSF}) > Q_{GD}+Q_{GS} \tag{3-27}$$

另外,C_S 的取值也不能过大,根据 GaN GIT 关断期间驱动电路的工作状态,C_S 值要满足在关断期间 U_{GS} 能下降到零。

（3）开通驱动电阻 $R_{G(on)}$

开通驱动电阻 $R_{G(on)}$ 是 GaN GIT 开通过程中的限流电阻,用于调节 GaN GIT 开通时的栅极电流峰值。由 GaN GIT 的开通过程可知,栅极电流峰值 $I_{Gon(m)}$ 由式(3-23)决定。

另外,开通时间 $t_r \approx Q_G / I_{Gon(m)}$, $\mathrm{d}u/\mathrm{d}t \approx U_{DC}/t_r$,在选择 $R_{G(on)}$ 时,要考虑其对开关时间和漏源电压变化率的影响。

（4）导通驱动电阻 R_G

导通驱动电阻 R_G 用于调节 GaN GIT 导通期间的栅极电流。为维持 GaN GIT 的导通状态,保证 GaN GIT 完全导通,栅极持续电流需要满足:

$$I_{G(av)} = (U_{CC} - U_{GSF})/R_G \geqslant I_{G(crit)} \tag{3-28}$$

式中, $I_{GS(crit)}$ 是为了保证 GaN GIT 完全导通的最小栅极电流。

在选择 R_G 取值时,除了保证 GaN GIT 完全导通外,还应考虑尽量减小驱动电路损耗,因此在满足 GaN GIT 完全导通的情况下, I_{GS} 应尽可能小。

（5）关断驱动电阻 $R_{G(off)}$

关断驱动电阻 $R_{G(off)}$ 用于抑制关断过程中的栅极电压尖峰。在电路设计时, $R_{G(off)}$ 可与 $R_{G(on)}$ 先取相同值,再根据实际工作情况进行适当调整。

（6）栅源并联电阻 R_{GS}

为防止静电荷导致的栅源电压超过正常工作范围,需并联栅源电阻 R_{GS} 及时泄放静电荷。栅源电阻 R_{GS} 不宜过大,例如当未加驱动电源时,栅漏极的漏电流有可能导致栅极电压升高。因此, R_{GS} 的取值应满足

$$I_{leak} R_{GS} \ll U_{GS(th)} \tag{3-29}$$

以型号 PGA26E19BA 的 GaN GIT 器件(600 V/13 A)为例,表 3.15 列出根据以上设计原则计算所得的驱动电路参数典型值。

表 3.15　驱动电路参数所取的典型值

驱动电路参数	典型值
U_{CC}/V	12
C_S/pF	680
$R_{G(on)}$/Ω	15
R_G/Ω	1 500
$R_{G(off)}$/Ω	4.7
R_{GS}/kΩ	10

3.5.3　无容式驱动电路

为了进一步降低驱动损耗,研究人员提出了如图 3.67 所示的无容式驱动电路。S_1 输入低电平时,Q_p 开通,Q_{n2} 关断,由于 R_2 的存在,Q_{n1} 延时关断,U_{CC} 通过 Q_p 和 Q_{n1} 的沟道为 GaN GIT 开通提供幅值较高的电流脉冲,令其快速开通;Q_{n1} 延时关断之后,U_{CC} 通过 Q_p 和 R_1 为 GaN GIT 提供稳态导通所需的栅极电流。S_1 输入高电平时,Q_p 关断,Q_{n2} 开通,Q_{n1} 延时开通,GaN GIT 的输入电容通过 Q_{n2} 的沟道释放能量。

无容式驱动电路的优点是:不需要加速电容即可实现 GaN GIT 的快速开关,因此不必为

加速电容提供额外的路径,降低了驱动损耗。缺点是:需要在驱动电路中额外增加 3 只 MOS-FET,并且其中 Q_p 和 Q_{n1} 为额定电流较大的 MOSFET,会明显增加驱动电路的尺寸和复杂程度。

图 3.68 是改进后的无容式驱动电路,只需要 1 只大电流的 MOSFET,简化了电路。S_1 为低电平时,U_{CC} 为 C_{p1} 和 C_{p2} 充电,为 Q_{n2} 的输入电容放电,C_{p2} 的充电电压可表示为

$$U_{Cp2} = \frac{C_{p1}}{C_{p1} + C_{p2}} U_{CC} \tag{3-30}$$

C_{p1} 和 C_{p2} 的选取非常重要,必须使 C_{p2} 的电压 U_{Cp2} 足够让 Q_{p2} 开通。Q_{p2} 开通之后,U_{CC} 通过 Q_{p2} 的沟道为 GaN GIT 的输入电容充电。之后 C_{p2} 开始通过 R_2 放电,Q_{p2} 仍保持开通状态,继续充电,直到 GaN GIT 开通,之后 Q_{p2} 关断,Q_{p1} 开通,为 GaN GIT 提供稳态导通所需的栅极电流。S_1 为高电平时,C_{p1} 开通放电,Q_{n2} 的输入电容开始充电,Q_{p1} 关断,Q_{n2} 开通,GaN GIT 输入电容通过 Q_{n2} 的沟道开始放电,放电完毕后,GaN GIT 关断。可以看到改进后的驱动电路中仅需要一只大电流的 MOSFET,有利于驱动电路集成化。

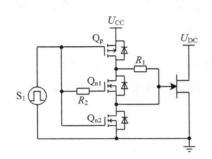

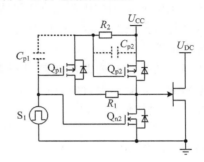

图 3.67   无容式驱动电路   图 3.68   改进后的无容式驱动电路

上述无容式驱动电路是通过增加额外的外围电路,满足驱动要求,控制电路相对简单,但外围电路比较复杂。图 3.69 是两级式无容驱动电路,该驱动电路带有死区时间产生电路,可以防止 Q_{p1}、Q_{p2} 和 Q_{n1} 同时导通而出现直通现象。提供两条供电支路,一条提供 GaN GIT 开通所需的电流尖峰,另一条为 GaN GIT 提供稳态导通所需的较小的栅极电流。S_1 为高电平时,LO 和 HI 输出低电平,Q_{n1} 关断,Q_{p1} 和 Q_{p2} 开通,Q_{p1} 为大电流支路,Q_{p2} 为小电流支路,GaN GIT 的输入电容开始充电。待 GaN GIT 开通过程完成之后,Q_{p1} 关断,Q_{p2} 继续保持导通状态。单脉冲触发器提供的脉冲需要能够保证 GaN GIT 完全开通。S_1 为低电平时,HI 和 LO 输出高电平,Q_{p2} 关断,Q_{n1} 开通,为 GaN GIT 的输入电容提供放电路径。

这种驱动电路的外围电路比较简单,但控制电路比较复杂。由于驱动回路中不可避免地存在寄生电感,当栅极回路中出现较大的电流尖峰时,寄生电感会抑制电流的增加,同时还会导致栅源电压振荡,可能会损坏器件。

为了抑制栅源电压的振荡,提出了如图 3.70 所示的两级两相式无容驱动电路。为了避免大电流支路的电流上升速度过快,电流尖峰过高,将图 3.69 中的大电流直流支路一分为二,将 Q_{p1} 分为 Q_{p1A} 和 Q_{p1B}。在 GaN GIT 开通过程中 Q_{p1A} 和 Q_{p2} 首先导通,为 GaN GIT 的输入电容充电,经过较短的延时后 Q_{p1B} 导通,加速 GaN GIT 的开通过程,待 GaN GIT 完全导通后,Q_{p1A} 先关断,经过一段延时后 Q_{p1B} 关断,Q_{p2} 保持开通状态,提供栅极驱动电流。

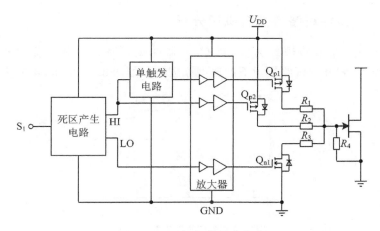

图 3.69　两级无容驱动电路

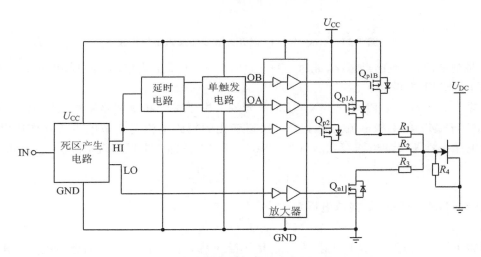

图 3.70　两级两相式无容驱动电路

两级两相式无容驱动电路与两级无容驱动电路相比,通过控制 Q_{p1A} 和 Q_{p1B} 依次导通和关断,实现栅极电流的阶梯上升或下降,有助于抑制栅源电压的振荡和尖峰,而且几乎不影响 GaN GIT 的开关速度。

3.6　GaN 器件短路特性与保护

电力电子装置除了必须在正常工作情况下可靠工作、具有一定过载能力外,仍需在短路故障下及时动作实施保护,保证可靠工作。功率器件作为电力电子装置的关键部件,相应的必须经受正常工作电流、过载和短路等典型工作模式。

本节针对 GaN 器件短路特性与机理,讨论了其短路特性内在影响因素,并对 GaN 器件、SiC MOSFET 和 Si CoolMOS 的短路特性进行了对比研究,给出了保护电路设计要求。

3.6.1　GaN 器件短路特性与机理分析

这里以硬开关短路故障模式为例,对 GaN 器件短路特性及其工作过程进行分析。以 eGaN HEMT 为例,硬开关短路故障下的典型原理波形如图 3.71 所示,可分为 4 个工作模态。

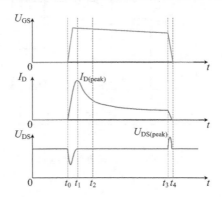

图 3.71　eGaN HEMT 硬开关故障典型短路特性波形

t_0 时刻之前,负载已经短路,此时 eGaN HEMT 处于截止状态,直流母线电压 U_{DC} 直接加在 eGaN HEMT 两端。

阶段 1($t_0 \sim t_1$):t_0 时刻,eGaN HEMT 开通。由于整个功率回路寄生电感很小,阻抗很低,eGaN HEMT 的漏极电流迅速上升。快速变化的短路电流与杂散电感相互作用,感应出与母线电压极性相反的电压 U_{Lstray},导致 eGaN HEMT 的漏源电压出现下降。U_{Lstray} 可表示为

$$U_{Lstray} = L_{stray} \times \frac{di_D}{dt} \qquad (3-31)$$

此时 eGaN HEMT 的漏源电压 U_{DS} 为

$$U_{DS} = U_{DC} - U_{Lstray} \qquad (3-32)$$

短路电流上升过程中,上升速率 di_D/dt 不断下降,寄生电感 L_{stray} 的感应电压逐渐降低,漏源电压 U_{DS} 逐渐回升,当短路电流达到峰值,即漏极电流处于饱和值时,漏源电压达到稳定值。

阶段 2($t_1 \sim t_2$):t_1 时刻短路电流达到最大值,在此之后短路电流迅速下降,t_2 时刻约下降至峰值电流的一半处。由于短路电流峰值较高,此阶段内 eGaN HEMT 的结温迅速上升。eGaN HEMT 沟道的电子迁移率与结温呈较强的负相关关系,由于开关管结温的升高,电子迁移率降低,导通电阻迅速上升,短路电流快速下降。同时随着短路时间的增加,栅源电压出现明显的下降,表明栅极电流 I_G 有所上升,这是因为随着结温的上升,穿过栅源极间绝缘介质层的电场逐渐加强。

阶段 3($t_2 \sim t_3$):此阶段内由于结温仍在升高,导通电阻继续上升,短路电流持续下降,但是由于此时短路电流已经下降至较低值,因此结温上升速率变缓,导通电阻和短路电流的变化速率也减慢,栅源电压 U_{GS} 仍在继续下降。

阶段 4($t_3 \sim t_4$):t_3 时刻,eGaN HEMT 关断,短路电流下降,di_D/dt 为负值,与功率回路中的寄生电感 L_{strap} 相互作用感应出与直流母线电压极性相同的电压,令 eGaN HEMT 漏源电压出现尖峰。t_4 时刻后,eGaN HEMT 完全关断,短路过程结束。

$t_0 \sim t_4$ 时间内，eGaN HEMT 的导通产生的能量损耗即为短路能量 E_C，可表示为

$$E_C = \int_{t_0}^{t_4} u_{DS} \cdot i_D \mathrm{d}t \qquad (3-33)$$

在 eGaN HEMT 短路过程中，结温是起决定性作用的参数，为了充分探究 eGaN HEMT 的短路特性，还需关注其短路过程中的结温变化情况。短路过程中的结温变化很难通过外部的仪器进行探测，往往是通过对器件进行建模，构建热网络模型，将短路过程中芯片上的耗散功率施加在对应的热网络模型中，获取不同条件下的结温。

图 3.72 为制造商提供的 eGaN HEMT 热网络模型及其对应器件结构。eGaN HEMT 的热网络模型分为四层，分别为 GaN 层、Si 衬底、连接层和铜基底。表 3.16 列出了每一层的热容 C_θ、热阻 R_θ 及对应的时间常数 τ，可见 GaN 层热阻和热容最小，对应时间常数仅有 0.636 μs，Si 衬底和连接层热阻容时间常数达到了毫秒级别，而 eGaN HEMT 的短路耐受时间一般为几十纳秒。这意味着短路过程中产生的热量扩散到外界前，短路过程已经结束，因此可以认为短路测试中管芯与外部环境保持绝热状态，短路过程中产生的热量完全在芯片上。

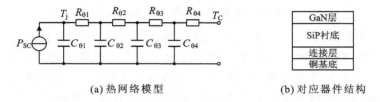

(a) 热网络模型　　　　　　　　　(b) 对应器件结构

图 3.72　制造商提供的 eGaN HEMT 热网络模型及其对应器件结构

表 3.16　eGaN HEMT 热网络模型参数

分　层	热阻 R_θ/(℃·W^{-1})	热容 C_θ/[(W·s)·℃$^{-1}$]	时间常数 τ/ms
GaN 层	0.03	2.12×10^{-5}	6.36×10^{-4}
Si 衬底	0.487	1.48×10^{-3}	0.72
连接层	0.441	3.33×10^{-4}	0.147
铜基底	0.042	5.04×10^{-4}	0.021

图 3.73 是利用 LTSpice 软件对 eGaN HEMT 短路过程仿真的波形，其中母线电压设置为 300 V，驱动电阻为 20 Ω，驱动电压为 6 V。可以看到漏极电流的变化趋势与实验结果相同，短路故障发生时，漏极电流迅速上升，峰值约为 60 A，达到饱和峰值后，短路电流迅速下降，短路过程发生 1 μs 后，短路电流下降趋势放缓。图中还给出了短路过程中结温 T_j 和环境温度 T_c 的变化曲线，可以看到短路故障发生后，漏极电流迅速上升，很快达到峰值，对应仿真所得结温 T_j 为 26 ℃，此时所测得的漏极电流可认为是常温下 eGaN HEMT 漏极电流的饱和值。此后结温 T_j 迅速上升，对应短路电流迅速下降。当结温 T_j 下降速度放缓，进入相对平稳的阶段时，短路电流也进入相对平稳的阶段，此时结温约为 167 ℃。另外，可以看到 eGaN HEMT 的环境温度 T_c 始终维持在 25 ℃，表明短路过程中热量几乎都集中在管芯上，与对热网络的分析相符。

短路电流是短路特性中较为重要的参数，也是功率器件在短路过程中漏极电流的饱和值。对于 eGaN HEMT，漏极电流饱和值与沟道载流子迁移率 μ_0、速度饱和度 v_{sat} 和栅源阈值电

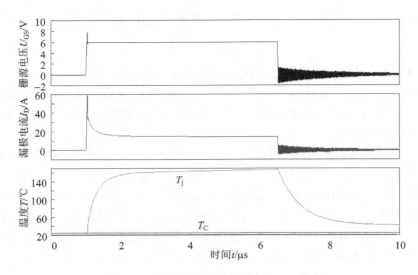

图 3.73　短路过程仿真波形(T_C＝25 ℃)

压 $U_{GS(th)}$ 有关。速度饱和度 v_{sat} 主要与功率器件的极间电压有关,实验中极间电压没有发生变化,因此速度饱和度 v_{sat} 可认为不变,栅源阈值电压 $U_{GS(th)}$ 几乎不受结温的影响,也可认为不变,而沟道载流子迁移率受结温影响较大,因此 eGaN HEMT 漏极电流饱和值主要受结温的影响,即其短路过程中漏极电流的变化主要与结温变化有关。短路过程中 eGaN HEMT 的漏极电流与结温的关系为

$$I_{Dmax}(T) = I_{Dmax}(T_0)\left(\frac{T_0}{T}\right)^k \tag{3-34}$$

式中,k 为温度系数,大多数文献中取 1.3～1.5。但是当 k 取为 1.5 时,由式(3-34)可知,电流饱和值下降 70% 时对应的结温为 425 ℃,与仿真结果不符。根据仿真结果计算,电流饱和值下降 70% 时,对应的 k 值约为 3。这表明 eGaN HEMT 的温度系数 k 会随着结温的上升而上升。有文献提出,这是因为 AlGaN/GaN 形成的二维电子气(2DEG)中的有效电子质量会随着结温的上升而上升,从而引发了 k 值的上升。

图 3.74 为初始环境温度为 100 ℃时的短路仿真波形。可以看到,随着初始环境温度的升高,整体的温度也较 25 ℃环境温度条件下的更高,稳定时结温约为 210 ℃。T_C 为 25 ℃,结温达到 160 ℃所需时间为 2 μs,T_C 为 100 ℃时,结温达到 160 ℃所需时间为 1.3 μs,缩短了 53%,而且仿真得到的结温是管芯的平均结温,实际使用中管芯的温度分布并不平衡,短路现象发生时热量甚至只会集中在芯片中一小部分,这表明工作环境温度升高时,eGaN HEMT 的短路耐受能力会出现较为明显的下降。另外,eGaN HEMT 短路时的饱和峰值电流会随着环境温度的上升而下降,仿真结果表明,环境温度为 100 ℃时,短路电流峰值仅有 30 A,是 25 ℃时测量值的一半。因此在为 eGaN HEMT 设计短路保护电路时,若采用检测短路电流的手段判断短路故障,则需要考虑环境温度的影响。

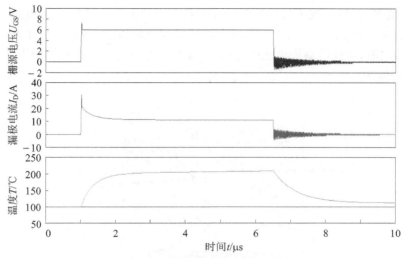

图 3.74　短路过程仿真波形($T_C = 100\ ℃$)

3.6.2　GaN 器件与 Si 和 SiC 器件短路特性对比

为了说明 GaN 器件的短路特性,这里对电压、电流定额相近的 eGaN HEMT、Cascode GaN HEMT、SiC MOSFET 以及 Si CoolMOS 进行短路能力测试对比。测试中采用的器件型号及主要电气参数如表 3.17 所列。

表 3.17　短路能力测试采用的器件型号及主要电气参数

器件类型	型　　号	U_{DS}/I_D	$R_{DS(on)}/m\Omega$	Q/nC	质量因数 $R_{DS(on)}Q/(\Omega \cdot nC)$	封　　装
eGaN HEMT	样品	600 V/16 A	65	15	1.0	AO-190
Cascode GaN HEMT	TPH3006PD	600 V/18 A	150	5	8.1	TO-220
SiC MOSFET	SCT2120 AF	650 V/20 A	130	61	7.9	TO-220
Si CoolMOS C7	IPP25R125C7	600 V/17A	125	35	4.3	TO-220

1. eGaN HEMT 器件短路特性

首先在栅源驱动电压设置为 $-3/+5$ V,直流母线电压设置为 150 V 的条件下进行短路测试,实验波形如图 3.75 所示。由图 3.75 可知,t_1 时刻器件开通,开始进入短路状态,此时漏极电流快速上升至短路峰值电流 72 A,这一数值小于器件数据手册中给出的饱和电流值($I_{D,sat} = 88$ A,$T = 25\ ℃$,$U_{GS} = +5$ V),这一现象主要是由于短路时器件结温升高,导通电阻增大,从而导致短路电流峰值小于常温下饱和电流值。测试中提供的驱动脉冲宽度为 6 μs,但是在短路后经过 4.5 μs 时,器件已经开始出现短路损坏现象,此时的短路损坏临界能量 E_C 为 45.6 mJ。在器件短路损坏后,直流母线电容放电,该放电电流 $I_{DC\text{-}discharge}$ 注入器件漏极,造成漏极电流快速上升,峰值可达 225 A。在短路损坏发生后的 $t_2 \sim t_3$ 时间段,器件的栅源电压从 5 V 增大到了 10 V,同时器件的漏极电流 $I_{D\text{-}SC}$ 从 50 A 增大到了 110 A。栅源电压的增大导致了漏极电流的上升,这一现象可以解释为在栅源电压增大后,有额外的漏电流从漏极注入了栅极,从而使得漏极电流上升,表明发生短路损坏后,器件的栅漏区域受到了破坏。在短路损坏发生后的 t_3 时刻,器件的漏源电压保持稳定,漏极电流在温度升高的影响下有所降低,在 t_4 时刻,器件彻底损坏。

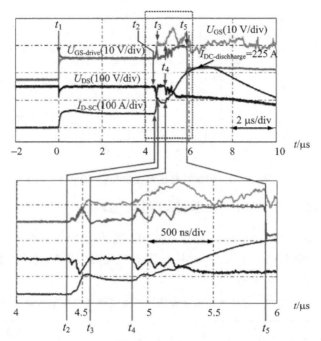

图 3.75　$U_{GS}=-3\ V/+5\ V,U_{DC}=150\ V$ 条件下短路特性测试波形

图 3.76 为不同栅源驱动电压和直流母线电压下的短路特性测试波形。

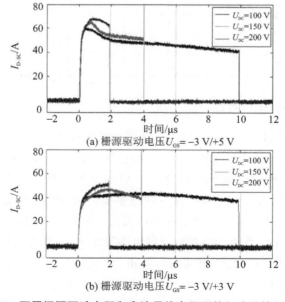

图 3.76　不同栅源驱动电压和直流母线电压下的短路特性测试波形

　　由图 3.76 可见,随着直流母线电压和栅源驱动电压的升高,短路峰值电流增大。对比可知,在栅源驱动电压分别设置为 −3 V/+5 V 和 −3 V/+3 V 时,已发生短路损坏的器件的短路电流峰值相较于正常的器件减小了约 40%。图 3.77 为在不同直流母线电压下对已经发生短路损坏的器件再次进行短路测试的波形,可以发现已发生短路损坏的器件的栅源电压无法超过 +3 V,并且其栅极漏电流超过了 350 mA。这些现象表明,在发生了短路损坏后,由于栅极绝缘受到了破坏,器件出现了明显退化。

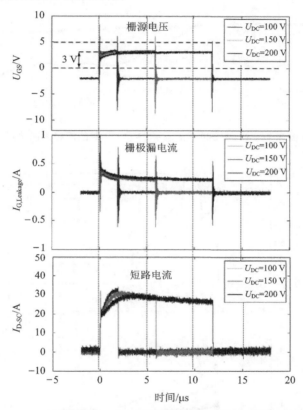

图 3.77　不同直流母线电压下已发生短路损坏器件的短路特性测试波形

2. Cascode GaN HEMT 器件短路特性

　　图 3.78 为直流母线电压设置为 300 V,栅源驱动电压设置为 0 V/+10 V 时,Cascode GaN HEMT 器件的短路测试波形。由图 3.78 可知,在直流母线电压为 300 V 时,器件能够承受的短路时间仅有 1.8 μs。图 3.79 为不同直流母线电压下 Cascode GaN HEMT 器件的短路测试波形,器件的短路峰值电流 $I_{D\text{-SC-MAX}}$ 与直流母线电压值几乎无关。当短路时间设置为 10 μs,直流母线电压为 100 V 时,器件未发生短路损坏,而当直流母线电压升高为 200 V、300 V 时,器件在 5 μs 以内便发生了短路损坏。即使在直流母线电压为 100 V 的情况下,当把短路时间延长至 16 μs 时,被测器件也发生了短路损坏现象。

表 3.18 列出了不同直流母线电压下 Cascode GaN HEMT 器件的短路峰值电流 $I_{\text{D-SC-MAX}}$、短路承受时间 T_{SC} 以及短路能量 E_{C} 的测试值。

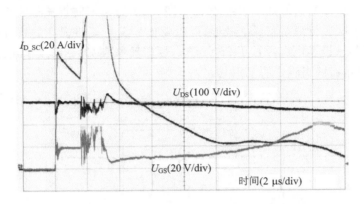

图 3.78 $U_{\text{DC}} = 300 \text{ V}, U_{\text{GS}} = 0 \text{ V}/10 \text{ V}$ 时的短路测试波形

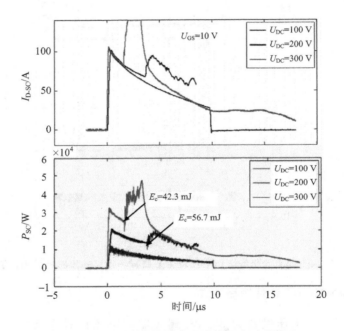

图 3.79 不同直流母线电压下的短路测试波形

表 3.18 不同直流母线电压下的短路测试值

U_{DC}/V	$I_{\text{D-SC-MAX}}$/A	T_{SC}/μs	E_{C}/mJ
100	103	14	71.3
200	106	4	56.7
300	107	1.8	42.3

3. SiC MOSFET 器件短路特性

图 3.80(a)为直流母线电压从 100 V 变化至 400 V,结温为 25 ℃,短路时间设置为 10 μs,栅源驱动电压分别设置为－5 V/+20 V 和－5 V/+15 V 时 SiC MOSFET 器件的短路测试波形。图 3.80(b)为栅源驱动电压设置为－5 V/+20 V,不同结温下的 SiC MOSFET 器件的短路测试波形。图 3.81 为栅源驱动电压设置为－5 V/+20 V,直流母线电压设置为 400 V,结温为 25 ℃,不同短路时间下 SiC MOSFET 器件的短路测试波形。由图 3.81 可知,当短路时间设置不超过 12 μs 时,测试中和测试后的器件状态均较为稳定,表明器件并未出现短路损坏以及退化现象。短路时间每增加 1 μs,漏极拖尾电流就增加 2 A。当短路时间设置为 13 μs 时,虽然器件成功关断,漏极电流降为零,但是在 15.3 μs 处,器件的栅源电压突然升高,栅极出现了损坏现象。发生这一现象之后,在继续进行的实验中,当短路时间分别设置为 14 μs、15 μs、16 μs 时,器件的栅源电压值降低到了 10 V。这是由于在短路时间设置为 13 μs 时,器件沟道中的能量已经接近于短路临界能量,器件内部发生了热击穿,导致器件关断后,栅源区域受到了损坏。

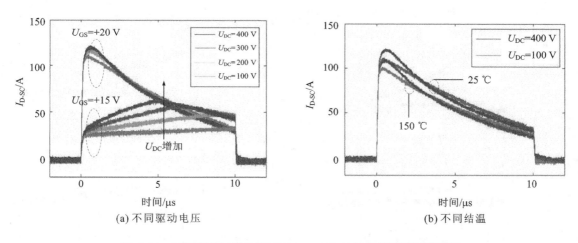

(a) 不同驱动电压　　　　　　　　　　(b) 不同结温

图 3.80　不同直流母线电压下 SiC MOSFET 器件的短路测试波形

4. 几种器件短路特性对比

图 3.82 和图 3.83 分别为几种器件在不同直流母线电压下的短路承受时间 T_{SC} 和短路临界能量 E_c 的对比图。由图 3.82 可知,Si CoolMOS 的短路承受能力最好,当直流母线电压在器件额定电压的 70% 以内时,Si CoolMOS 的短路承受时间较长,但是当直流母线电压大于 480 V 以后,其短路承受时间稍低于 10 μs;SiC MOSFET 的短路承受能力虽然相较于 Si CoolMOS 稍差,但是当直流母线电压为 400 V 时,其短路承受时间仍能达到 13 μs;对于 Cascode GaN HEMT 来说,其短路承受能力相较于 Si CoolMOS 和 SiC MOSFET 差距较大,当直流母线电压为器件额定电压的一半,即 300 V 时,其短路承受时间仅为 1.8 μs;短路能力最差的是 eGaN HEMT,当直流母线电压为 200 V 时,其短路承受时间仅为 2.1 μs。降低直流母线电压虽然能够增大 eGaN HEMT 的短路时间,但是在相同直流母线电压下,其短路承受时间相较于其他功率器件均是最短的。由图 3.83 可知,Si CoolMOS 的短路临界能量最大,SiC

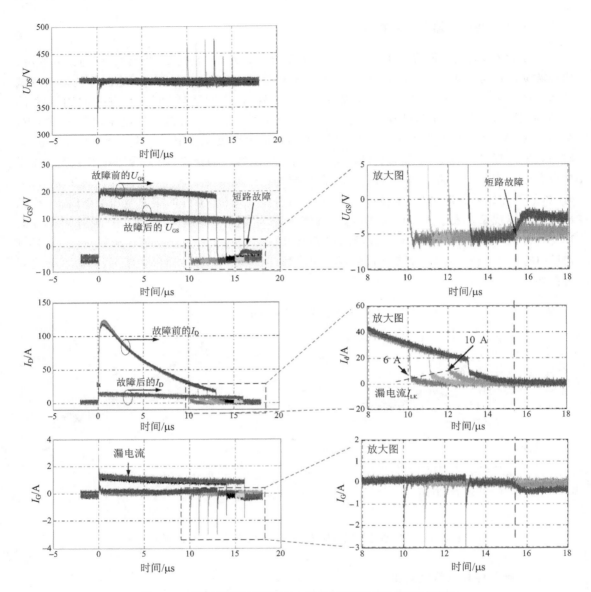

图 3.81 不同短路时间下 SiC MOSFET 器件的短路测试波形

MOSFET 略低于 Si CoolMOS,eGaN HEMT 的短路临界能量略低于 Cascode GaN HEMT,两种类型 GaN 器件的短路临界能量均明显低于 Si CoolMOS 和 SiC MOSFET。从图 3.82 和图 3.83 可以看出,对于这四种器件来说,短路承受时间和短路临界能量均与直流母线电压 U_{DC} 有关,U_{DC} 越高,短路承受时间越短,造成器件热损坏所需的短路临界能量越低,这表明器件的电场应力对其短路损坏和短路退化影响较为严重。

由上述测试结果可见:

① 电压、电流定额相近的四种器件的短路能力强弱顺序为:

Si CoolMOS>SiC MOSFET>Cascode GaN HEMT>eGaN HEMT

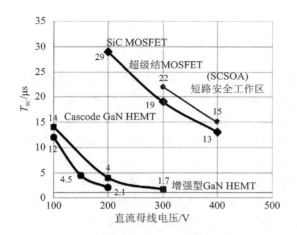

图 3.82　不同漏源电压下的短路承受时间 T_{SC} 对比

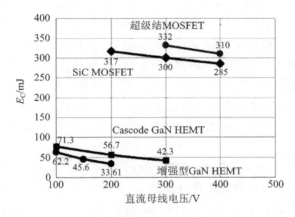

图 3.83　不同漏源电压下的短路临界能量 E_C 对比

　　② 在三种典型宽禁带器件中,650 V SiC MOSFET 短路特性较为优越,在直流母线电压为 400 V 时,其短路承受时间可达 13 μs,但其在短路时存在关断电流拖尾现象。

　　③ eGaN HEMT 的短路能力最差,在实验中,其短路损坏最先发生在栅漏区域,但该现象是否具有一般性仍需进一步研究验证。

　　④ eGaN HEMT 和 SiC MOSFET 在发生短路损坏后,栅极均遭到了破坏。

　　由于 GaN 器件短路承受能力相对较弱,因此发生短路时保护电路应尽可能快地切除短路故障,以避免器件损坏。在驱动电路设计时应同时考虑 GaN 器件的快速保护电路设计。研究人员提出集成驱动 GaN 器件设计思路,不仅大大缩短了驱动电路和 GaN 器件之间的连线长度,降低了寄生电感,而且可以在内部集成过流保护功能。已有器件公司根据这一设计思路推出内部集成过流和过温保护功能的集成驱动 GaN 器件初步商用产品,使其更加智能化,从而有利于 GaN 基变换器整机设计和可靠工作。

3.7 小 结

GaN 器件特性与 Si 器件特性有较大不同,这使其对驱动电路的要求也有所不同。GaN 器件的驱动电路设计要从线路选择、驱动电压设置、驱动电路元件的 du/dt 限制、驱动电阻选择和桥臂串扰抑制等方面综合考虑。

对于常通型 GaN HEMT、Cascode GaN HEMT 和 eGaN HEMT,一般采用电压型驱动;对于 GaN GIT,驱动电路除了在开关器件开通/关断期间要提供足够大的电流保证其快速开关外,在器件导通期间也需要提供一定的稳态驱动电流。

自 GaN 基功率器件出现以来,研究人员已经提出了多种驱动电路设计方案。然而随着 GaN 器件应用场合的不断拓展,对更快速度、更高功率等级、更恶劣环境耐受能力和更高可靠性的需求不断出现,GaN 器件驱动电路仍面临很大的设计挑战:

① GaN 基功率器件的开关速度较快,基于 GaN 器件的高频变换器要求驱动电路具有较强的抗 EMI 干扰能力。GaN 器件开关过程中的 di/dt 和 du/dt 都比较高,较高的 di/dt 和电路中的寄生电感相互作用容易引起较大的电压振荡,大多数 GaN 器件的栅源最大耐压值比较低,很容易造成器件损坏,开关过程中较高的 du/dt 会通过电路中的寄生电容产生共模电流干扰,因此提高驱动电路的抗 EMI 干扰能力是驱动电路和整机可靠工作的重要保障。

② 为了充分发挥 GaN 基功率器件的高速开关能力,要求驱动电路具有较强的驱动能力,能够在较低的驱动电压下提供较高的驱动电流,驱动电压的上升、下降时间要尽可能短,传输延时尽可能短。

③ 驱动电路除了驱动开关管实现正常开通、关断功能外,还需要结合实际应用,集成过流/短路保护、过温保护和抑制桥臂串扰等功能,确保功率器件和整机安全可靠工作。为了满足高功率密度和高速开关的要求,GaN 器件的电路布局也有待进一步研究,通过优化布局,减小电路寄生参数,提高抗 EMI 干扰能力,加强散热能力。

扫描右侧二维码,可查看本章部分插图的彩色效果,规范的插图及其信息以正文中印刷为准。

第 3 章部分插图彩色效果

参考文献

[1] Jones E A, Wang F, Ozpineci B. Application-based review of GaN HFETs[C]. IEEE Workshop on Wide Bandgap Power Devices and Applications, Knoxville, USA, 2014: 24-29.

[2] Jones E A, Wang F F, Costinett D. Review of commercial GaN power devices and GaN-based converter design challenges[J]. IEEE Journal of Emerging and Selected Topics in Power Electronics, 2016, 4(3): 707-719.

[3] Roberts J, Lafontaine H, McKnight-MacNeil C. Advanced SPICE models applied to high power GaN devices and integrated GaN drive circuits[C]. IEEE Applied Power Electronics Conference and Exposition,

Fort Worth，USA，2014：493-496.

[4] Jones E A，Wang F，Costinett D. et al. Characterization of an enhancement-mode 650 V GaN HFET[C]. IEEE Energy Conversion Congress and Exposition，Montreal，Canada，2015：400-407.

[5] Zhang X，Shen Z，Haryani N,et al. Ultra-low inductance vertical phase leg design with EMI noise propagation control for enhancement mode GaN transistors[C]. IEEE Applied Power Electronics Conference and Exposition，Long Beach，CA，2016：1561-1568.

[6] Reusch D，Strydom J. Understanding the effect of PCB layout on circuit performance in a high-frequency gallium-nitride-based point of load converter[J]. IEEE Transactions on Power Electronics，2014，29(4)：2008-2015.

[7] Ishibashi T,et al. Experimental validation of normally-on GaN HEMT and its gate drive circuit[J]. IEEE Transactions on Industry Applications，2015，51(3)：2415-2422.

[8] Okamoto M，Ishibashi T，Yamada H，et al. Resonant gate driver for a normally on GaN HEMT[J]. IEEE Journal of Emerging and Selected Topics in Power Electronics，2016，4(3)：926-934.

[9] Transphorm Inc. AN0004. Designing hard-switched bridges with GaN[Z/OL]. https://industrial. panasonic. cn/content/data/SC/ds/ds4/AN34092B_E. pdf.

[10] Transphorm Inc. AN0009. Recommended external circuitry for transphorm GaN FETs[Z/OL]. https://www. transphormchina. com/en/document/recommended-external-circuitry-transphorm-gan-fets/.

[11] Panasonic Corporation datasheet. AN34092B-single-channel GaN-Tr high-speed gate driver[Z/OL]. https://industrial. panasonic. cn/content/data/SC/ds/ds4/AN34092B_E. pdf

[12] Cai A，Herreria A C，How S B，et al. 2-Phase 2-stage capacitor-less gate driver for gallium nitride gate injection transistor for reduced gate ringing[J]. IEEE Workshop on Wide Bandgap Power Devices and Applications，Blacksburg，VA，2015：129-134.

[13] Sun J，Xu H，Wu X，et al. Short circuit capability and high temperature channel mobility of SiC MOSFETs[C]. IEEE International Symposium on Power Semiconductor Devices and IC's (ISPSD)，Sapporo，Japan，2017：399-402.

[14] 秦海鸿，徐克峰，王丹，等. SiC MOSFET 短路特性[J]. 南京航空航天大学学报，2018，50(3)：348-354.

[15] Huang，Lee D Y，Bondarenko V，et al. Experimental study of 650 V AlGaN/GaN HEMT short- circuit safe operating area (SCSOA)[C]. EEE International Symposium on Power Semiconductor Devices & IC's (ISPSD)，Waikoloa,USA，2014：273-276.

[16] Badawi N，Awwad A E，Dieckerhoff S. Robustness in short-circuit mode：Benchmarking of 600 V GaN HEMTs with power Si and SiC MOSFETs[C]. IEEE Energy Conversion Congress and Exposition，Milwaukee，USA，2016：1-7.

第 4 章　GaN 基变换器扩容方法

尽管 GaN 基功率器件已取得快速发展，但因受到 GaN 晶圆生长和制造工艺的限制，现有商用 GaN 器件的电压、电流定额仍相对较低，不能满足较大容量系统的需求。当单个 GaN 器件的电压、电流额定值不能满足应用要求时，可通过并联或者串联的方式来扩大工作电流或工作电压。

在半导体器件的并联使用中，核心问题是在通态、阻态、开通、关断等各种状态下并联的器件是否都能够平均承担全部电流而不存在部分器件过电流的情况。在半导体器件的串联使用中，核心问题是在各种状态下串联的器件是否都能够平均承担全部的外加电压而不存在部分器件过电压的情况。

除了器件并联和串联外，还可以采用变换器并联和串联，也可同时采取器件并联和变换器并联，优化选择并联数目，在达到容量增大的同时获得最优性能。

4.1　eGaN 器件的并联

GaN 器件并联有助于提高电流处理能力，扩大变换器容量。但导通过程中流过开关管的稳态电流和开关过程中流过开关管的瞬态电流均有可能出现不均衡现象，电流不均衡会导致开关管导通损耗和开关损耗分配不均衡，使部分器件过热；另外，瞬态电流不均衡会使得器件电流尖峰过大，很可能超出器件的安全工作区。并联器件电流不均衡的主要原因在于器件参数之间的不完全匹配和电路布局不对称等方面，下面分别加以论述。

4.1.1　器件参数不匹配对均流的影响

在 eGaN HEMT 并联工作时，对电流均衡影响最大的器件参数为导通电阻 $R_{\text{DS(on)}}$ 和栅源阈值电压 $U_{\text{GS(th)}}$。以 GaN Systems 公司型号为 GS66504B、定额为 650 V/15 A 的 eGaN HEMT 为例，图 4.1 为其导通电阻受结温影响的关系曲线。导通电阻随着结温的升高而升高，具有正温度系数，有利于稳态均流，便于 eGaN HEMT 器件并联使用。

图 4.2 为 GS66504B 的栅源阈值电压与结温的关系曲线。阈值电压受结温影响小，当结温上升到一定值后，阈值电压基本保持不变。因此该类 eGaN HEMT 器件动态均流效果受结温差异影响较小。

由于目前的制造工艺还不够成熟，因此 eGaN HEMT 的导通电阻和阈值电压不能保证较好的一致性。从同一批次 GS66504B 中随机选取 9 只开关管样品 $Q_1 \sim Q_9$，测试其导通电阻和阈值电压，测试结果如图 4.3 所示，这些开关管的参数分散性较为明显。

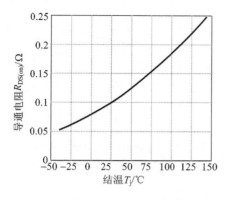

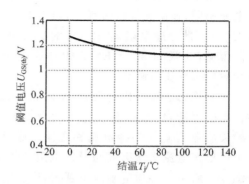

图 4.1　GS66504B 的导通电阻与结温的关系曲线　　**图 4.2　GS66504B 的栅源阈值电压与结温的关系曲线**

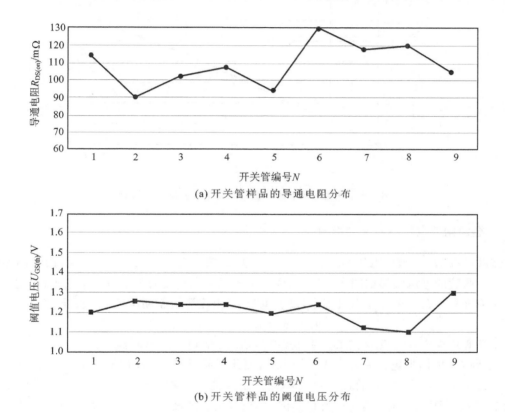

(a) 开关管样品的导通电阻分布

(b) 开关管样品的阈值电压分布

图 4.3　GS66504B 的器件参数测试结果

　　为了说明器件参数不匹配对并联均流的影响,这里以 GaN Systems 公司的 eGaN HEMT 为例,基于型号为 GS66504B 的 eGaN HEMT 器件数据手册,主要采用仿真手段进行研究分析。

1. 导通电阻不匹配的影响

　　仿真设置 Q_1 的导通电阻 $R_{DS(on)1} = 130$ mΩ, Q_2 的导通电阻 $R_{DS(on)2} = 100$ mΩ,两只开关

管的电流波形如图 4.4 所示。在开关过程中,两管的电流相同,在稳态导通过程中,由于 Q_1 的导通电阻大于 Q_2 的导通电阻,所以 Q_1 的稳态电流比 Q_2 小。可见,并联 eGaN HEMT 的导通电阻不匹配只会对稳态均流有影响。

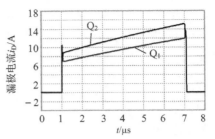

图 4.4　eGaN HEMT 导通电阻差异对均流影响的仿真结果

定义稳态电流不均衡度 κ_1 是两管稳态电流差与稳态电流和之比,动态电流不均衡度 κ_2 是两管开通尖峰电流差与尖峰电流和之比。通过仿真研究可得稳态电流不均衡度与导通电阻差值的关系,如图 4.5 所示。导通电阻差值越大,稳态电流不均衡度越大。

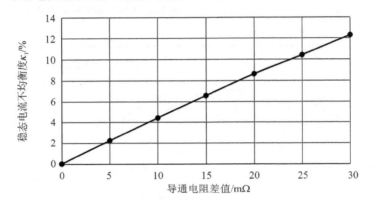

图 4.5　导通电阻差值对稳态电流不均衡度 κ_1 的影响

2. 栅源阈值电压不匹配的影响

仿真设置 Q_1 的阈值电压 $U_{GS(th)1}=1.2$ V,Q_2 的阈值电压 $U_{GS(th)2}=1.1$ V,两管的导通电阻相同。两管的电流波形如图 4.6 所示,阈值电压对稳态均流的影响可以忽略不计,主要影响的是开关过程。在开关的动态过程中,漏极电流 i_D 由栅源极驱动电压 u_{GS} 决定,有

$$i_D = g_m(u_{GS} - U_{GS(th)}) \tag{4-1}$$

在开通过程中,u_{GS} 先达到 Q_2 的门槛电压值,因此 Q_2 先开通,i_{D2} 开始上升;当 u_{GS} 继续上升,达到 Q_1 的门槛电压后,i_{D1} 才开始上升,因此开通时 Q_2 的漏极电流比 Q_1 上升快,Q_2 承受更大的电流。但是,关断的过程有所不同。定义能维持漏极电流不变的最小栅源电压为 U_P,在关断过程中 u_{GS} 逐渐减小,当 U_{GS} 仍大于 U_P 时,漏极电流不变。如果 u_{GS} 继续下降到低于 U_P,eGaN HEMT 将开始工作在饱和区,漏极电流由 u_{GS} 决定。当 u_{GS} 下降到低于 U_{P-Q1},开关管 Q_1 不能维持漏极电流,漏极电流 i_{D1} 开始下降。当 u_{GS} 继续下降到 U_{P-Q2},Q_2 也不能维持其漏极电流,i_{D2} 也开始下降。

两管关断前漏极电流 $i_{D1}=i_{D2}$,且跨导 $g_{m1}=g_{m2}$,当 i_{D1} 开始减小时,由于电感电流 i_L 不变,二极管还未导通,所以 Q_2 要承担更大的电流。因此,在关断时 i_{D2} 首先出现小幅的增大,然后再逐渐减小。

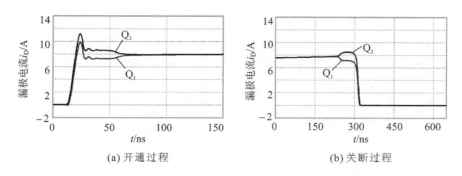

(a) 开通过程　　　　　　　　　　(b) 关断过程

图 4.6　eGaN HEMT 栅源阈值电压差异对均流影响的仿真结果

4.1.2　电路参数不匹配对均流的影响

电路参数中引起电流不均衡的主要因素有驱动回路栅极寄生电感、功率回路漏极寄生电感和共源极寄生电感,如图 4.7 所示,分别用 L_{G1}、L_{G2}、L_{D1}、L_{D2} 和 L_{S1}、L_{S2} 表示。C_J 为二极管的结电容和电感寄生电容之和,C_{DS1} 和 C_{DS2} 分别为开关管 Q_1 和 Q_2 的漏源极寄生电容。驱动回路栅极寄生电感是驱动线路引入的寄生电感,功率回路漏极寄生电感 L_D 包括直流母线电容的等效串联电感 ESL、PCB 走线电感和功率管的寄生电感,共源极寄生电感 L_S 主要包括功率管的寄生电感和 PCB 走线寄生电感,这部分寄生电感既在栅极驱动回路中又在功率回路中。开关管的并联数目越多,寄生电感的对称性越难保证。

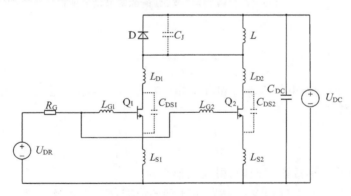

图 4.7　双脉冲测试电路原理图

1. 栅极寄生电感不匹配的影响

将 Q_1 的栅极电感 L_{G1} 分别设置为 30 nH 和 60 nH,Q_2 的栅极电感 L_{G2} 设置为 1 nH,在不同栅极电感差值下开关过程中的电流波形如图 4.8、图 4.9 所示。

栅极寄生电感的差异体现为动态过程中的时间延迟和开关速度差异,不影响稳态过程。栅极寄生电感小的器件先开通,栅极寄生电感大的器件开通尖峰电流较大。

2. 漏极寄生电感不匹配的影响

如图 4.7 所示,在 eGaN HEMT 开通过程中,L_D 和 C_J 形成谐振电路,引起波形振荡,谐

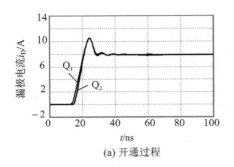 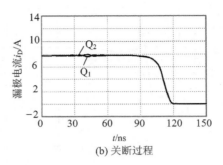

(a) 开通过程　　　　　　　　　　　　　(b) 关断过程

图 4.8　$L_{G1}-L_{G2}=29$ nH 时的漏极电流波形

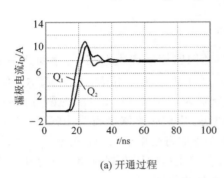 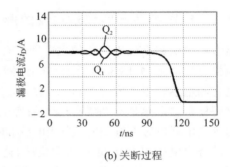

(a) 开通过程　　　　　　　　　　　　　(b) 关断过程

图 4.9　$L_{G1}-L_{G2}=59$ nH 时的漏极电流波形

振频率 f 为

$$f=\frac{1}{2\pi\sqrt{L_D C_J}} \qquad (4-2)$$

eGaN HEMT 的导通电阻 $R_{DS(on)}$ 和直流侧电容器的等效串联电阻 R_C 作为阻尼对该振荡进行衰减,阻尼系数 ξ 为

$$\xi=\frac{R_{DS(on)}+R_C}{2}\sqrt{\frac{C_J}{L_D}} \qquad (4-3)$$

关断时 L_D 和 C_{DS} 形成谐振回路,引起波形振荡。

将 Q_1 的漏极电感 L_{D1} 分别设置为 30 nH 和 60 nH,Q_2 的漏极电感 L_{D2} 设置为 1 nH,在不同漏极电感差值下开关过程中的电流波形如图 4.10、图 4.11 所示。L_D 会在 eGaN HEMT 开通关断过程中使电流波形产生振荡,L_D 较大所对应的的开关管的振荡频率和阻尼系数较低,而开通电流尖峰和关断电流振荡幅度较大。

进一步仿真研究可得开通过程中动态电流不均衡度 κ_2 随漏极电感差值 L_D 不匹配变化情况如图 4.12 所示。

除了对开通、关断过程中的电流均衡情况有影响外,L_D 不匹配对稳态均流也会有影响。在 eGaN HEMT 导通过程中,电路中流过感性负载电流,等效电路如图 4.13 所示。

并联 eGaN HEMT 的漏极电流 i_{D1} 和 i_{D2},与电感电流 i_L 满足

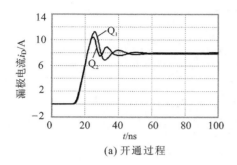
(a) 开通过程

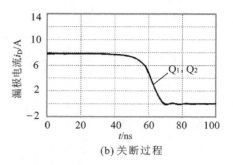
(b) 关断过程

图 4.10 $L_{D1} - L_{D2} = 29$ nH 时的漏极电流波形

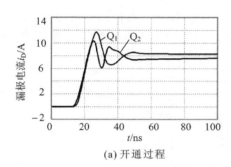
(a) 开通过程

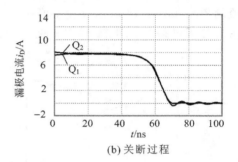
(b) 关断过程

图 4.11 $L_{D1} - L_{D2} = 59$ nH 时的漏极电流波形

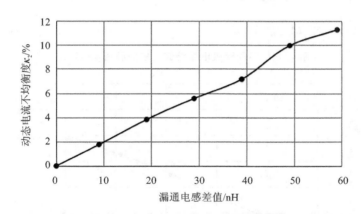

图 4.12 开通过程中动态电流不均衡度 κ_2 随漏极电感差值 L_D 不匹配变化关系曲线

$$\left.\begin{aligned}
i_{D1} + i_{D2} &= i_L \\
L\frac{\mathrm{d}i_L}{\mathrm{d}t} + u_{ao} &= U_{DC} \\
L_{D1}\frac{\mathrm{d}i_{D1}}{\mathrm{d}t} + R_{DS(on)1} \cdot i_{D1} &= L_{D2}\frac{\mathrm{d}i_{D2}}{\mathrm{d}t} + R_{DS(on)2} \cdot i_{D2}
\end{aligned}\right\} \tag{4-4}$$

在 $R_{DS(on)1} = R_{DS(on)2}$ 且 $\mathrm{d}i_{D1}/\mathrm{d}t = \mathrm{d}i_{D2}/\mathrm{d}t$ 的稳态情况下,电流差可表示为

$$\Delta i_D = i_{D1} - i_{D2} \approx \frac{L_{D2} - L_{D1}}{2R_{DS(on)}}\frac{U_{DC}}{L} \tag{4-5}$$

对于并联 eGaN HEMT,L_D 不同也会造成 eGaN HEMT 导通电流差异。L_D 不匹配对稳

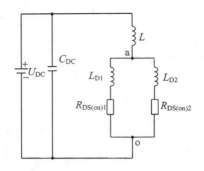

图 4.13　两管并联导通时等效电路图

态均流的影响如图 4.14 所示，L_D 差值越大，并联 eGaN HEMT 器件的稳态电流差越大。进一步仿真分析可得稳态电流不均衡度 κ_1 随漏极电感差值 L_D 不匹配变化情况如图 4.15 所示。

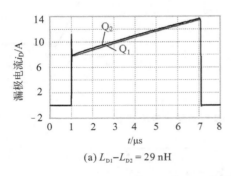

(a) $L_{D1}-L_{D2} = 29\ nH$

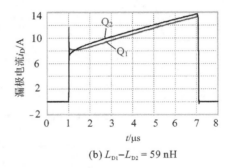

(b) $L_{D1}-L_{D2} = 59\ nH$

图 4.14　不同漏极电感差值对应的导通电流波形

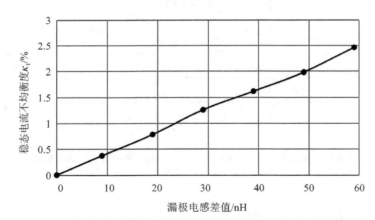

图 4.15　稳态电流不均衡度 κ_1 随漏极电感差值 L_D 不匹配变化关系曲线

3. 共源极寄生电感不匹配的影响

将 Q_1 的共源极寄生电感 L_{S1} 分别设置为 10 nH 和 30 nH，Q_2 的共源极寄生电感 L_{S2} 设置为 1 nH，在不同共源极寄生电感差值下开关过程中的电流波形如图 4.16、图 4.17 所示。

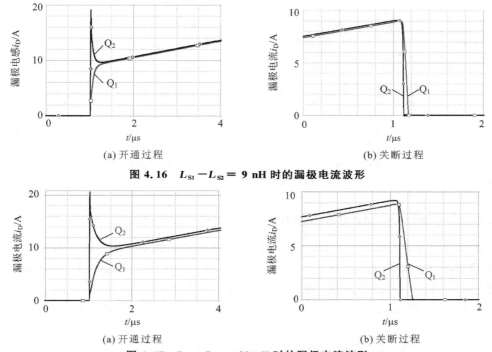

(a) 开通过程　　　　　　　　　　　(b) 关断过程

图 4.16　$L_{S1}-L_{S2}=9$ nH 时的漏极电流波形

(a) 开通过程　　　　　　　　　　　(b) 关断过程

图 4.17　$L_{S1}-L_{S2}=29$ nH 时的漏极电流波形

开关过程中,共源极寄生电感对驱动回路的影响可表示为

$$u_{GS}=U_{DR}-i_G R_G-L_s\frac{di_D}{dt} \tag{4-6}$$

驱动电流 $i_G \ll i_D$,因此有

$$\Delta i_D=i_{D1}-i_{D2}=g_m(L_{s2}-L_{s1})\frac{di_L}{dt} \tag{4-7}$$

可见,在开通瞬间,共源极寄生电感 L_S 越大,所对应的开通过程越慢,会比共源极寄生电感小的 eGaN HEMT 承担更少的负载电流;关断瞬间,共源极寄生电感 L_S 越大,关断越慢,会比共源极寄生电感小的 eGaN HEMT 承担更多的负载电流。

进一步仿真分析可得共源极寄生电感不匹配对稳态电流不均衡度和动态电流不均衡度的影响分别如图 4.18、图 4.19 所示。

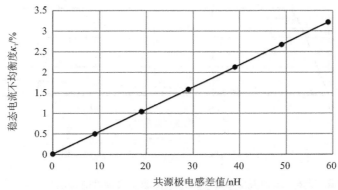

图 4.18　稳态电流不均衡度 κ_1 随共源极电感差值变化关系曲线

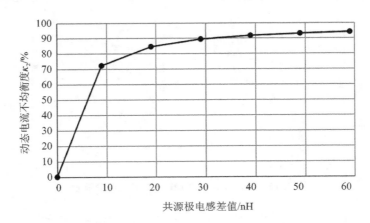

图 4.19 动态电流不均衡度 κ_2 随共源极寄生电感差值变化关系曲线

归纳以上分析,如图 4.20 所示,给出三种寄生电感对电流不均衡度的影响程度对比。由图可得共源极寄生电感的不均衡对并联 eGaN HEMT 器件的均流影响最大,这是因为共源极寄生电感既处在功率回路中又在驱动回路中,而驱动回路电压等级较低,因此即使较小的共源极寄生电感差异也会由于功率回路较大的电流变化而感应出较大的栅极电压变化,从而影响

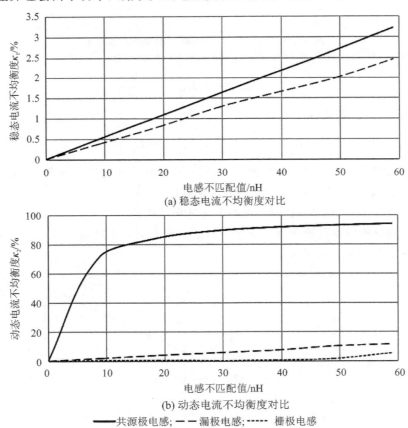

图 4.20 三种寄生电感不匹配对电流不均衡度的影响程度对比

开关时间,使得并联器件出现电流不均衡。漏极寄生电感对稳态均流和动态均流有一定影响,但均在可控范围之内。栅极寄生电感不匹配的影响很小,主要的影响是与输入电容形成谐振电路,引发振荡。

4.1.3　并联均流控制方法

1. 器件选型

通过测量器件的 $R_{\mathrm{DS(on)}}$ 和 $U_{\mathrm{GS(th)}}$,筛选器件参数匹配程度最高的 eGaN HEMT 进行并联,减小由于器件参数分散带来的电流不均衡问题。

2. 布局对称性设计

设计驱动电路时,首先要注意元器件应均匀紧凑地排列在 PCB 上,尽量减少和缩短各元器件之间引线和连接,减小栅极回路寄生电感;其次栅极引线长短也要一致,保证各并联器件栅极驱动信号同步。

对于并联 eGaN HEMT 器件,功率回路应尽可能对称的布局布线,缩小并联器件的源极寄生电感差异和漏极寄生电感差异,避免发生严重的不均流情况,导致局部过热,甚至器件损坏。

3. 耦合电感法

上述从器件筛选和电路对称设计角度保证电流均衡的做法实际上是一种"被动均流方法",在此基础之上还可以采用主动均流方法,如耦合电感法。耦合电感法是在并联 eGaN HEMT 的漏极串入反向耦合电感,原理图如图 4.21 所示。

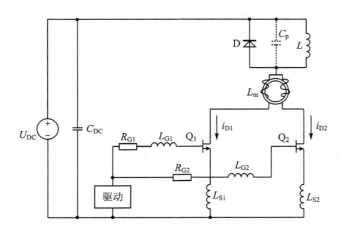

图 4.21　耦合电感法均流原理图

当并联开关管漏极流入电流时,耦合于公共磁芯的两个匝数相同的线圈会在磁路中产生方向相反的磁通。在器件参数完全一致,功率回路完全对称的理想情况下,两个开关管的漏极电流相等,二者产生的磁通方向相反,大小相等,合成磁通为零,对电流不起作用。在实际应用中,由于器件参数和回路寄生参数不一致,会使得两个并联支路的电流不相等,电流差在磁芯中产生磁通,并在线圈上产生感应电动势。由法拉第电磁感应定律可知,该电动势会阻碍电流差的变化,驱使不平衡电流趋近为零,故而能够实现两支路的并联均流。

串入耦合电感后,由基尔霍夫电压定律可得

$$L_{\sigma}\frac{\mathrm{d}i_{\mathrm{D1}}}{\mathrm{d}t}+L_{\mathrm{m}}\frac{\mathrm{d}\Delta i_{\mathrm{D}}}{\mathrm{d}t}+R_{\mathrm{DS(on)1}}\cdot i_{\mathrm{D1}}=L_{\sigma}\frac{\mathrm{d}i_{\mathrm{D2}}}{\mathrm{d}t}-L_{\mathrm{m}}\frac{\mathrm{d}\Delta i_{\mathrm{D}}}{\mathrm{d}t}+R_{\mathrm{DS(on)2}}\cdot i_{\mathrm{D2}} \qquad (4-8)$$

若并联 eGaN HEMT 的导通电阻有差异,假设 $R_{\mathrm{DS(on)1}}=R_{\mathrm{DS(on)2}}+\Delta R_{\mathrm{DS(on)}}$,则有

$$(L_{\sigma}+2L_{\mathrm{m}})\frac{\mathrm{d}\Delta i_{\mathrm{D}}}{\mathrm{d}t}+R_{\mathrm{DS(on)2}}\Delta i_{\mathrm{D}}+\Delta R_{\mathrm{DS(on)}}i_{\mathrm{D1}}=0 \qquad (4-9)$$

稳态导通时,$\dfrac{\mathrm{d}\Delta i_{\mathrm{D}}}{\mathrm{d}t}=0$,可得 $\Delta i_{\mathrm{D}}=-\dfrac{\Delta R_{\mathrm{DS(on)}}}{R_{\mathrm{DS(on)2}}}\dfrac{U_{\mathrm{DC}}}{2L}t$。因为 $\Delta R_{\mathrm{DS(on)}}\ll R_{\mathrm{DS(on)}}$,所以稳态不均流现象可以得到很好的抑制。此外,在 Δt 时刻,有 $\dfrac{\Delta i_{\mathrm{D}}(\Delta t)}{i_{\mathrm{D1}}(\Delta t)}=-\dfrac{\Delta R_{\mathrm{DS(on)}}}{R_{\mathrm{DS(on)2}}}$,随着脉冲宽度的增加,$i_{\mathrm{D1}}(\Delta t)$ 逐渐增大,电流不均衡度逐渐降低。

图 4.22 给出无主动均流措施及采用耦合电感主动均流措施时并联器件电流波形仿真结果。由波形可见,采用耦合电感,能有效抑制两并联器件之间的稳态电流不均衡问题。但耦合电感中漏感的存在也会增加器件关断时漏源电压的过冲,影响开关过程,因此仍需进一步进行研究。

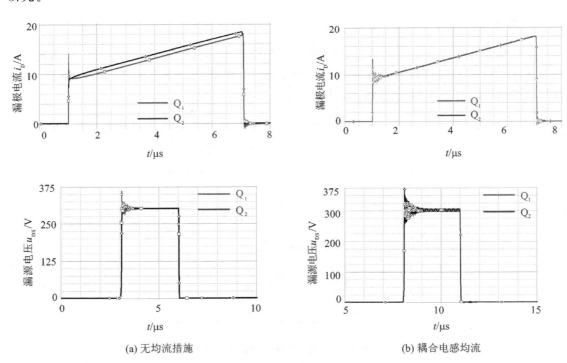

(a) 无均流措施　　　　　　　　　　　　　　(b) 耦合电感均流

图 4.22　耦合电感均流效果

4.2　Cascode GaN HEMT 器件的并联

4.2.1　均流影响因素分析

由于 Cascode GaN HEMT 器件内部包括 Si MOSFET 和常通型 GaN HEMT,内部连接部分均会产生寄生电感,加上器件自身的寄生电感和引脚寄生电感,使其寄生参数网络较为复杂。当并联 Cascode GaN HEMT 器件之间出现电流不均衡时,极易引起电流振荡,导致级联结构内部的半导体器件出现过电压和过电流现象,很可能造成器件损坏。并联 Cascode GaN HEMT 器件电流不均衡的主要影响因素包括器件参数的不完全匹配、PCB 布局的不完全对称和驱动信号的不完全一致等。下面分别加以论述。

1. 器件参数不匹配对均流的影响

Cascode GaN HEMT 器件的导通电阻 $R_{DS(on)}$ 会影响稳态均流,栅极阈值电压 $U_{GS(th)}$ 会影响瞬态均流。以定额为 600 V/17 A 的 Cascode GaN HEMT 器件为例,图 4.23 给出了其导通电阻和栅极阈值电压随温度变化的关系曲线。与 eGaN HEMT 类似,Cascode GaN HEMT 器件的导通电阻 $R_{DS(on)}$ 呈正温度系数,有利于稳态均流。与 eGaN HEMT 有所不同的是,Cascode GaN HEMT 器件的栅极阈值电压 $U_{GS(th)}$ 呈负温度系数。这意味着并联时,具有较高结温的 Cascode GaN HEMT 器件将先开通,分担更大的瞬态电流,具有更大的开通损耗。

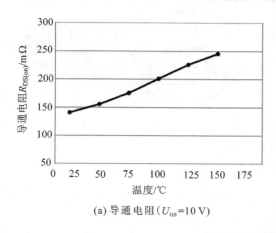

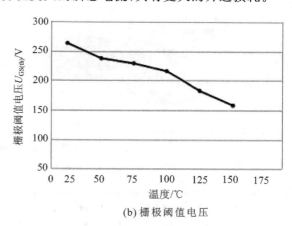

(a) 导通电阻(U_{GS}=10 V)　　　　　　　(b) 栅极阈值电压

图 4.23　Cascode GaN HEMT 器件的导通电阻和栅极阈值电压与结温的关系曲线

表 4.1 列出了 SiC MOSFET、Cascode GaN HEMT、GaN GIT 和 eGaN HEMT 四种器件的导通电阻和栅极阈值电压的温度系数对比。从表中可见,Cascode GaN HEMT 的器件参数随温度变化较为明显。

从同一批次 Cascode GaN HEMT 器件中随机选取 20 只器件,经测试表明,导通电阻差异性小于 4%,栅极阈值电压差异性小于 3%。若选取的器件并非同一批次的,导通电阻和栅极阈值电压的差异性会略超过 10%。因此在并联使用时,应尽量选用同一批次的器件。总的

表 4.1　四种不同器件 $R_{DS(on)}$ 和 $U_{GS(th)}$ 的温度系数对比

器件类型	$U_{GS(th)}$ 的温度系数/ $(mV \cdot ℃^{-1})$	25 ℃下的 $R_{DS(on)}$/mΩ	$R_{DS(on)}$ 的温度系数/ $(mΩ \cdot ℃^{-1})$	$R_{DS(on)}$ 标幺值的 温度系数/℃$^{-1}$
650 V SiC MOSFET	-5.49	120	0.42	3.5×10^{-3}
600 V GaN GIT	$-0.34 \sim -0.65$	71	0.63	8.9×10^{-3}
650 V eGaN HEMT	≈ 0	100	1.26	12.6×10^{-3}
650 V Cascode GaN HEMT	-5.50	150	1.52	10.1×10^{-3}

来说,随着器件加工工艺的发展,器件参数差异性会越来越小,不会成为影响 Cascode GaN HEMT 器件并联均流应用的主要原因。

2. PCB 布局不完全对称的影响

Cascode GaN HEMT 器件受内部 Si MOSFET 和 GaN HEMT 器件的级联影响,其封装形式目前只有三种:TO-220、TO-247 和 PQFN。由于 Cascode GaN HEMT 器件开关速度很快,因此寄生电感对开关过程有较大影响。若布局未精心设计,则很可能造成布局不对称,使得并联器件无法瞬态均流。图 4.24 以 TO-220 封装的 Cascode GaN HEMT 器件为例,给出一个桥臂的常见布局方案。图(a)为采用单管时的桥臂布局方案,图(b)为每个开关位置采用两个 Cascode GaN HEMT 器件并联时的桥臂布局方案。采用 Q3D 软件对布线进行参数提取后得到各部分寄生电感列于表 4.2 中。

(a) 单个Cascode GaN HEMT器件　　　　　　(b) 并联Cascode GaN HEMT器件

图 4.24　桥臂布局方案

表 4.2　两种布局方案的寄生电感值对比

nH

PCB 寄生电感	单个 Cascode GaN HEMT 器件	并联 Cascode GaN HEMT 器件 (左/右)
直流母线正端到上管	0.06	3.13/0.80
开关节点	1.97	2.09/1.77
下管到直流母线负端	2.03	3.26/2.00
总换流回路	4.60	8.48/4.56

对比单管和双管并联的桥臂电路布局可见,与单个 Cascode GaN HEMT 器件相比,两个 Cascode GaN HEMT 器件并联时的 PCB 回路寄生电感值会明显增大。图 4.24(b)中的布局方式不仅会造成功率电路布局不对称,而且会使驱动电路布局也不对称。PCB 布局的不对称

会导致并联器件出现瞬态电流不平衡,使得两个器件所承受的峰值电流、峰值电压和功率损耗不同。

3. 栅极驱动信号不一致

栅极驱动信号的不一致可能会引起并联 Cascode GaN HEMT 器件瞬态电流分配不均衡。如果并联器件数目少,共用相同驱动芯片,那么信号不一致通常是由栅极驱动电路阻抗引起的。栅极驱动回路内的元件,包括栅极电阻、铁氧体磁珠、二极管和 PCB 走线的寄生电感都需要仔细确认以保证尽可能对称。当并联器件数目较多时,可能需要采用多个驱动芯片,此时需要根据实际情况对各并联器件的驱动信号进行调整以保证尽可能同步。

4.2.2　电流振荡机理

当并联 Cascode GaN HEMT 器件之间出现电流不均衡时,极易引起电流振荡,使器件内部出现过电压和过电流现象,严重时可能会损坏器件。

第 2 章在阐述 Cascode GaN HEMT 器件基本特性与参数时,并未完全考虑所有的寄生参数。这里首先给出考虑极间电容,引脚和内部连线寄生电感的 Cascode GaN HEMT 器件等效电路,以便进行振荡电流分析。

Cascode GaN HEMT 器件的等效电路如图 4.25 所示,由低压 Si MOSFET 和高压常通型 GaN HEMT 级联构成,C_{GD_Si}、C_{GS_Si}、C_{DS_Si} 分别为低压 Si MOSFET 的栅漏寄生电容、栅源寄生电容和漏源寄生电容,C_{GD_GaN}、C_{GS_GaN}、C_{DS_GaN} 分别为高压常通型 GaN HEMT 的栅漏寄生电容、栅源寄生电容和漏源寄生电容,L_S、L_G、L_D 分别为 Cascode GaN HEMT 器件的源极寄生电容、栅极寄生电容和漏极寄生电感,L_{int1}、L_{int2}、L_{int3} 分别为低压 Si MOSFET 和高压常通型 GaN HEMT 级联产生的寄生电感。

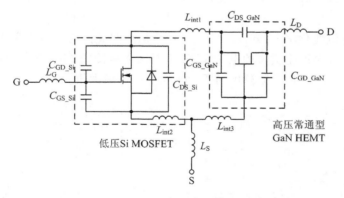

图 4.25　Cascode GaN HEMT 器件的等效电路示意图

为简化分析,这里以双管并联为对象,以栅极信号不匹配为例来阐述电流不均衡造成电流振荡的机理。

在开通过程中,可分为两个阶段。在第一阶段,由于并联 Cascode GaN HEMT 器件的驱动信号不一致,使得开通时间不同,造成开通电流的不均衡。其等效电路如图 4.26 所示。

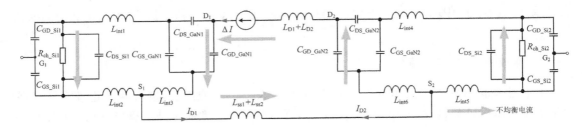

图 4.26　不均衡电流产生阶段

器件的漏极电流可以表示为

$$I_{Dx} = g_{m\_GaNx} \cdot (U_{GS\_GaNx} - U_{GS(th)\_GaNx}) + C_{DS\_GaNx} \frac{dU_{DS\_GaNx}}{dt} -$$

$$C_{GD\_GaNx} \frac{d(U_{GS\_GaNx} - U_{DS\_GaNx})}{dt} \tag{4-10}$$

式中，x 代表 1,2。

并联器件之间的不均衡环流 ΔI 可以表示为

$$\Delta I = I_{D1} - I_{D2} \tag{4-11}$$

在第二阶段，在每个 Cascode GaN HEMT 器件的开通期间会产生电压振荡。常通型 GaN HEMT 处于开通过程中，其等效电路如图 4.27 所示。由于栅极回路的阻抗较低，级联结构内部引线的寄生电感和常通型 GaN HEMT 输入电容形成 LC 谐振回路，在不平衡的瞬态电流激励下使常通型 GaN HEMT 的栅源电压（U_{GS_GaN}）产生振荡。

理想情况下，U_{GS_GaN} 随着 Si MOSFET 的漏源电压变化而变化，其绝对值不会超过 Si MOSFET 的击穿电压 $U_{DS(BK)}$。然而，由于器件内部连接部分存在寄生电感，关断时的等效电路如图 4.28 所示，故 GaN HEMT 的栅源电压为

$$-U_{GS\_GaN1} = U_{DS\_Si1} + U_{Lint1} + U_{Lint2} + U_{Lint3} \tag{4-12}$$

若功率回路电流变化率 di/dt 较大，U_{GS_GaN} 会出现明显振荡。当并联器件电流不均衡时，瞬态电流较大的器件会产生更大的电压振荡，这不仅会延长 Si MOSFET 的雪崩时间，而且可能会超过常通型 GaN HEMT 栅源极间所能承受负压的最大值。

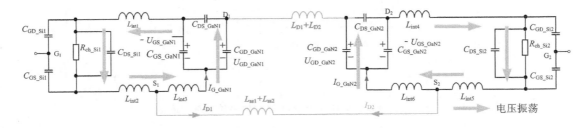

图 4.27　级联结构内部产生电压振荡阶段

采用 Spice 软件对由 Cascode GaN HEMT 器件并联构成的双脉冲测试电路进行仿真。功率开关管由 600 V/17 A 的 Cascode GaN HEMT 并联构成，续流二极管由 SiC 肖特基二极管 C3D04060 A 并联构成。当直流母线电压设置为 500 V、负载电流为 12 A 时，无栅极驱动信号延迟时的开关瞬态波形如图 4.29 所示。当栅极驱动信号延迟为 4 ns 时，开关瞬态波形

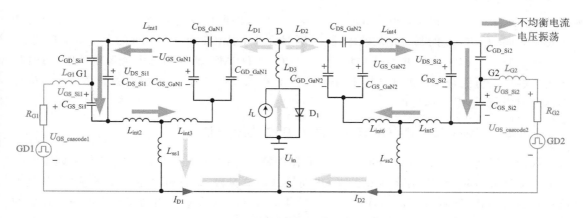

图 4.28　关断时的等效电路示意图

如图 4.30 所示。

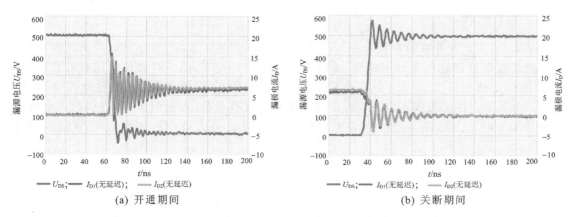

(a) 开通期间

(b) 关断期间

图 4.29　无栅极驱动信号延迟时的开关瞬态电流波形图

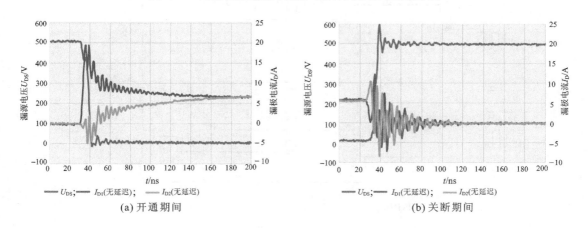

(a) 开通期间

(b) 关断期间

图 4.30　栅极驱动信号延迟 4 ns 时的开关瞬态波形图

　　对比无栅极驱动信号延迟和栅极驱动信号延迟 4 ns 两种情况下的开关瞬态电流波形可以看出,当无栅极驱动信号延迟时,并联 Cascode GaN HEMT 器件的电流波形基本一致,此

时 I_D 峰值为 15.6 A，U_{DS} 峰值为 580 V。当存在 4 ns 的栅极驱动信号不匹配时，开通时会产生持续时间为 130 ns 的瞬态不均衡电流，关断时会产生持续时间为 50 ns 的严重电流振荡。

栅极驱动信号不匹配并不是并联 Cascode GaN HEMT 器件内部电流振荡的唯一原因。振荡原因也有可能是器件内部结构不对称和 PCB 布局设计不对称，分析方法与栅极驱动信号不匹配时类似，这里不再赘述。

4.2.3 Cascode GaN HEMT 器件的并联均流方法

如前文所述，由于 Cascode GaN HEMT 器件特性、PCB 布局和栅极驱动信号不匹配等因素会使器件并联时产生电流不均衡问题，进而导致电流振荡，对器件造成较大的损害，甚至无法正常运行。在 Cascode GaN HEMT 并联使用时要注意采取适当的均流措施保证较好的均流效果，有效抑制振荡。双管并联时，一般不希望使用过于复杂的均流方法，可综合考虑驱动电路设计、优化电路布局与合理使用磁珠或/和吸收电路等手段。

1. 双管并联

图 4.31 为双管并联的桥臂电路原理图。为了防止误导通，驱动电路可考虑设置负压关断。为了保证并联器件布局对称性，桥臂上下管采用并排布局，并联器件采用背靠背布局方式。图 4.32 所示为 TO - 220 封装的 Cascode GaN HEMT 器件并联组成桥臂电路的 PCB 布局图。开关节点周围布线不应与电源正端引线和地线有重叠，以免引入寄生电容，产生振荡，额外增加损耗。Cascode GaN HEMT 器件的栅极可以加入合适的磁珠以抑制振荡，促进均流。

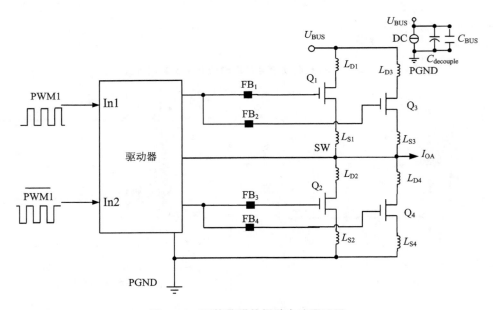

图 4.31　双管并联的桥臂电路原理图

TO - 247 封装比 TO - 220 封装更大些，因此这种封装的 Cascode GaN HEMT 器件并联使用时，引入的寄生电感会更大些。为了防止并联时出现较大的振荡，可在功率管两端并入

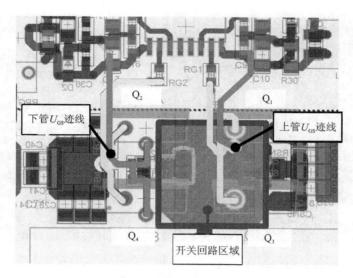

图 4.32　双管并联时的 PCB 布局图

RC 吸收电路,但加入 RC 吸收电路会使整机效率有所降低,为此,可考虑在每个功率管的漏极加入合适的磁珠。其等效电路如图 4.33 所示。

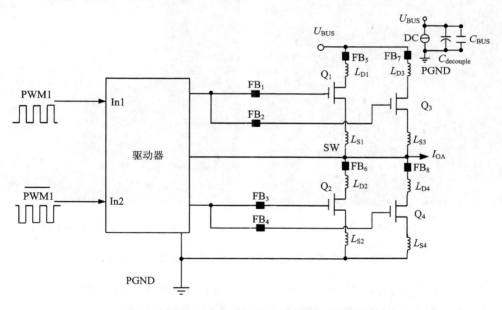

图 4.33　漏极加入磁珠的双管并联桥臂电路原理图

磁珠既可以采用通孔形式,也可以采用贴片形式。图 4.34 为采用通孔式磁珠的布局方案,图 4.35 为采用贴片式磁珠的布局方案。

2. 多管并联

对于多管($2N$,$N>1$)并联,若直接并联,要保证并联器件的功率回路和驱动回路都能对称布局,则很可能会牺牲电路布局紧凑度,明显增大功率回路寄生电感和驱动回路寄生电感,

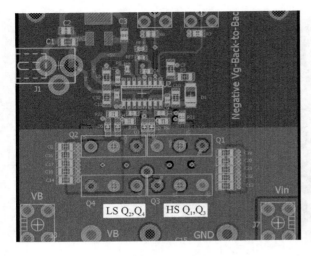

(a) 采用通孔式磁珠的PCB布局示意图　　　　　　　(b) 装配好元器件的PCB实物图

图 4.34　采用通孔式磁珠的 PCB 布局示意图和实物图

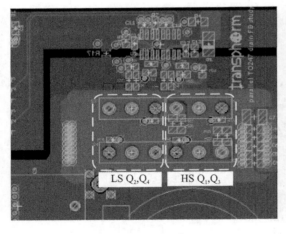

(a) 采用贴片式磁珠的PCB布局示意图　　　　　　　(b) 装配好元器件的PCB实物图

图 4.35　采用贴片式磁珠的 PCB 布局示意图和实物图

不利于充分发挥 GaN 器件的高速开关性能。若采用多通道变换器的交错并联技术实现多管等效并联,虽可以在扩大容量的同时降低电压和电流纹波,但会使系统变得较为复杂。这里介绍一种基于耦合电感的主动均流方法。如图 4.36 所示,以双管并联桥臂电路作为基本单元,通过反向耦合电感使基本单元并联连接。

图 4.36 中两个半桥基本单元输入相同的 PWM 信号,输出功率能力加倍。对于反向耦合电感,若取自感 $L_A = L_B = L_0$,L_A 和 L_B 的耦合系数 k 为 -1,则开关节点 A 和 B 之间的环路电感为

$$L_{loop} = L_A + L_B + 2L_M = 4L_0 \qquad (4-13)$$

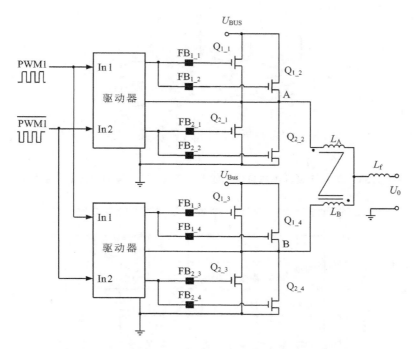

图 4.36　通过反向耦合电感连接的双管并联半桥电路

由式(4-13)可知，环路电感使耦合电感单个线圈的自感大大增加，因此在设计时可取较小自感的耦合电感。图 4.37 所示为反向耦合电感和输出电感连接示意图。

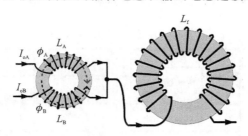

图 4.37　反向耦合电感和输出电感连接示意图

使用反向耦合电感可以很容易将多个双管并联桥臂电路并联，在不受封装和 PCB 布局限制的情况下，使等效并联器件数目扩展为 $2N(N > 1)$。此时的耦合电感可采用如图 4.38 所示的结构，铁芯有 N 个柱，各个柱上均开有一定的气隙。耦合系数 k_{ij} 变为 $1/(n-1)$，电感 L_i 和 L_j 之间的环路电感为

$$L_{\text{loop\_}ij} = L_i + L_j + 2L_{\text{M\_}ij} = \frac{2n}{n-1}L_0 \qquad (4-14)$$

可见环路电感仍大于 $2L_0$。

图 4.39 为 $I_L = 40$ A 时通过反向耦合电感连接的半桥电路的开关时间差异曲线图。由图可见，两个支路的时间差为 1.5 ns，根据前文分析，如果多个 Cascode GaN HEMT 器件直接并联，此时将会产生很大的振荡电流。

图 4.40 为桥臂 B 开通与关断切换时的输出电流波形。可以看出，当桥臂 B 开通瞬间，L_A

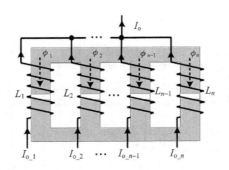

图 4.38　有 N 个柱的铁芯且各个柱上均开有一定气隙的耦合电感示意图

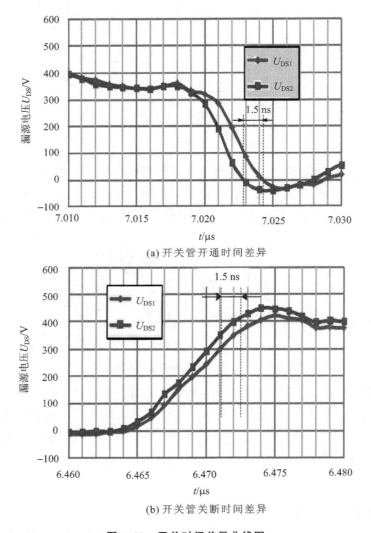

(a) 开关管开通时间差异

(b) 开关管关断时间差异

图 4.39　开关时间差异曲线图

和 L_B 上的电流在非常短的时间内就能达到平衡。桥臂 B 在关断期间会因 Cascode GaN HEMT 的输出电容充/放电产生较小的电流纹波。在大电流关断时,为防止出现较高电压尖峰,可在 Cascode GaN HEMT 器件两端并联合适的 RC 吸收电路,但这一举措会引入额外损耗。

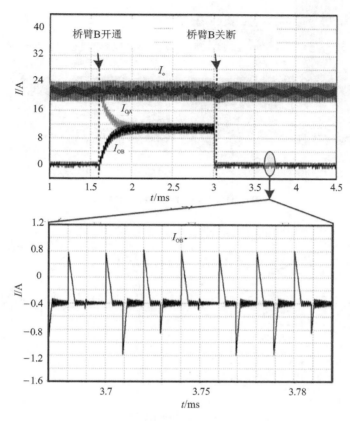

图 4.40　桥臂 B 开通与关断切换时的输出电流波形

　　多个基本单元通过耦合电感并联,可增大输出功率能力,但也会使轻载效率有所下降,在高开关频率时尤为明显。为此,可考虑采用动态功率管理,在轻载时适当减少实际投入工作的基本单元,优化系统效率。

　　图 4.41 为根据图 4.36 原理图设计的 5 kW 并联 Boost 变换器,功率器件采用型号为 THP3006PS 的 Cascode GaN HEMT,半桥功率电路输入电压设为 200 V,输出电压设为 400 V,占空比取为 0.5,死区时间设为 100 ns,主输出电感的电感值为 360 μH,反向耦合电感的自感值为 7 μH。

　　先采用由双管并联构成的桥臂电路基本单元进行了损耗和效率测试,再采用反向耦合电感把两组基本单元并联起来,相当于等效四管并联,进行了损耗和效率测试。测试结果如图 4.42 所示。

　　双管并联时,开关频率取为 50 kHz,当输出功率为 1.05 kW 时,获得该开关频率下的最高效率 99.15%;开关频率取为 100 kHz,当输出功率为 1.05 kW 左右时,获得该开关频率下的最高效率 98.8%。四管并联时,开关频率取为 50 kHz,最高效率为 99.11%;开关频率取为 100 kHz,最高效率为 98.79%。四管并联时因引入了耦合电感损耗,最高效率值比两管并联时稍低些。当输出功率较低时,只让一个两管并联的桥臂基本单元工作,可以明显降低轻载损

(a) 实物图

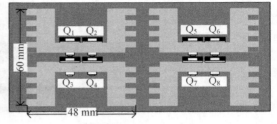

(b) Cascode GaN HEMT器件在散热器上的安装示意图

图 4.41　5 kW 并联 Boost 变换器

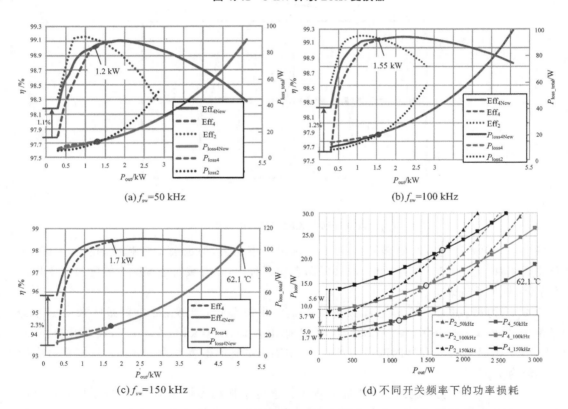

(a) f_{sw} = 50 kHz

(b) f_{sw} = 100 kHz

(c) f_{sw} = 150 kHz

(d) 不同开关频率下的功率损耗

图 4.42　不同开关频率下变换器的效率与损耗和输出功率的关系曲线图

耗,提高效率。输出功率为 300 W,开关频率取为 50 kHz、100 kHz 和 150 kHz 时的效率比通过耦合电感让两个基本单元并联工作时的效率分别提升了 1.1%、1.2% 和 2.3%。开关频率越高,采用动态管理可使效率提升得越明显。

4.3　GaN/Si 可控器件混合并联

采用 GaN 器件并联虽可扩大容量,但因现有 GaN 器件在导通电阻、导通压降上与相近定额的 Si MOSFET 相比并无明显优势,从系统角度考虑,采用全 GaN 器件并联并不能发挥现有器件相互组合的优势,且全 GaN 器件并联会使整机成本过高。若能同时结合大额定电流 Si MOSFET 导通损耗低的优势以及 GaN HEMT 开关损耗低的优势,形成 GaN/Si 混合并联开关器件,则可充分利用器件特性,使功率损耗尽可能降低。

图 4.43 为 GaN Systems 公司的 eGaN HEMT GS66516T(650 V/60 A)和 IXYS 公司的 Si MOSFET IXFB150N65X2(650 V/150 A)输出特性对比,可见 GaN 器件的导通压降明显高于 Si MOSFET。在全负载范围内,GaN 器件的开通、关断能量损耗均低于 Si MOSFET。

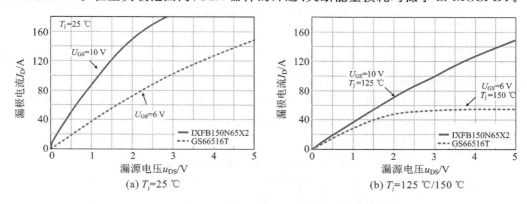

图 4.43　eGaN HEMT 及 Si MOSFET 输出特性对比

如图 4.44 所示,采用上述定额的两个 eGaN HEMT 与一个 Si MOSFET 进行混合并联,可望处理近 300 A 工作电流。为充分利用两类器件各自优势,从原理分析角度看,并联器件硬开关工作时通常会在 eGaN HEMT 和 Si MOSFET 的 PWM 工作时序之间引入适当延时,从而让 eGaN HEMT 提前开通并滞后关断,而在导通期间由电流能力强、导通电阻小的 Si MOSFET 承受较大比例的负载电流。但对于 eGaN HEMT 和 Si MOSFET 混合并联情况,由于两种器件的封装存在较大差异,以及 Si MOSFET 体二极管反向恢复问题,这种常用时序需要相应调整,以下给出具体分析。

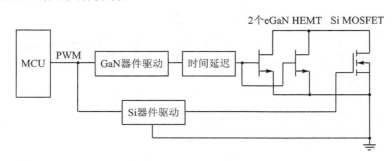

图 4.44　GaN/Si 混合并联模块

图 4.45(a)为 eGaN HEMT 和 Si MOSFET 的封装外形照片,图(b)为两个 eGaN HEMT

与一个 Si MOSFET 并联等效电路,为便于分析,下文用一个 eGaN HEMT 来代替并联的 GaN 器件,等效电路如图(c)所示。

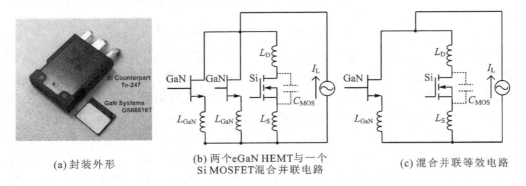

(a) 封装外形　　(b) 两个eGaN HEMT与一个 Si MOSFET混合并联电路　　(c) 混合并联等效电路

图 4.45　GaN/Si 混合并联示意图

1. Si MOSFET 关断

当 Si MOSFET 关断时,其杂散电感为 $L_{MOS}=L_D+L_S$,该杂散电感会与输出电容 C_{MOS} 形成谐振电路,引发振荡。在此期间,eGaN HEMT 仍处于导通状态,谐振能量将影响 eGaN HEMT 的工作状况。所采用的 eGaN HEMT 和 TO-247 封装 Si MOSFET 的寄生参数如表 4.3 所列。

表 4.3　eGaN HEMT 和 Si MOSFET 的寄生参数

参　量	数　值	参　量	数　值
L_{MOS}/nH	12	C_{MOS}/nF	53
L_{GaN}/nH	约1	R_{GaN}/mΩ	25

通过仿真分析可得,当 Si MOSFET 关断时,eGaN HEMT 的电流会出现明显过冲和振荡,如图 4.46 所示。进一步研究表明,eGaN HEMT 导通电流过冲与 Si MOSFET 的寄生电感和负载电流均有关系。如图 4.47 所示,在 Si MOSFET 寄生电感保持不变时,eGaN HEMT 导通电流过冲随负载电流的增大而增大;在负载电流不变时,eGaN HEMT 导通电流过冲先随 L_{MOS} 的增大缓慢增加,当 L_{MOS} 增大到 12 nH 左右后,电流过冲随 L_{MOS} 继续增加而快速增大。

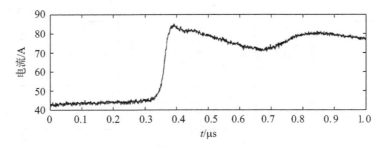

图 4.46　Si MOSFET 关断时 eGaN HEMT 电流波形(I_L=80 A)

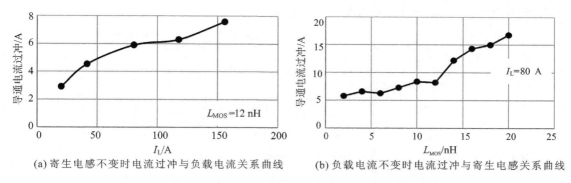

(a) 寄生电感不变时电流过冲与负载电流关系曲线　　　(b) 负载电流不变时电流过冲与寄生电感关系曲线

图 4.47　eGaN HEMT 导通电流过冲与 Si MOSFET 寄生电感和负载电流的关系曲线

2. eGaN HEMT 关断

如图 4.48 所示,在桥臂电路中,当上端的 eGaN HEMT 关断时,下端开关管的体二极管续流导通。Si MOSFET 体二极管的导通压降为 1 V 左右,但 eGaN HEMT 反向导通压降 $U_{SD} = U_{GD(th)} - U_{GS(off)} + R_{SD(on)} \cdot i_D$。由于 eGaN HEMT 栅源阈值电压较低(1～2 V),若为了防止误导通而设置关断负压(如 -3 V),则 eGaN HEMT 反向导通压降将达 4～5 V。理论上,下管续流时,电流应从压降低的 Si MOSFET 体二极管流过,但因 Si MOSFET 引脚寄生电感的存在,会阻碍电流流动,因此仍会有较少的电流从 eGaN HEMT 流过,造成死区时间内下管续流导通压降增大,增加续流损耗。

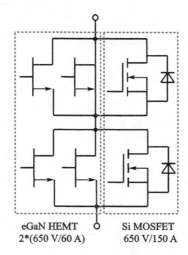

eGaN HEMT　　　　　　Si MOSFET
2*(650 V/60 A)　　　　650 V/150 A

图 4.48　eGaN HEMT 和 Si MOSFET 混合并联桥臂电路

在硬开关模式下,当上管再次开通时,下端 Si MOSFET 体二极管反向恢复,致使上管开通时出现较大的电流尖峰,增大开关损耗。因此对于 eGaN HEMT 和 Si MOSFET 混合并联的情况,为减小开通损耗,在桥臂电路中宜采用零电压开通技术。GaN 器件开通驱动信号比 Si MOSFET 适当延时,如图 4.49 所示。

基于 GaN/Si 混合并联思想,GaN Systems 公司研制出由 eGaN HEMT 与 Si MOSFET 混合并联构成的 6.6 kW 电动汽车用充电模块单元,并利用输入串联、输出并联技术扩展为如

图 4.50 所示的功率电路结构,形成大功率充电站。

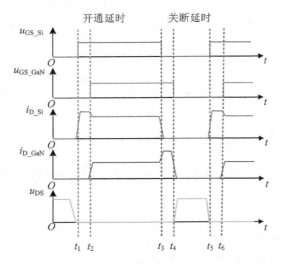

图 4.49　eGaN HEMT 和 Si MOSFET 混合并联桥臂电路驱动时序关系及主要波形

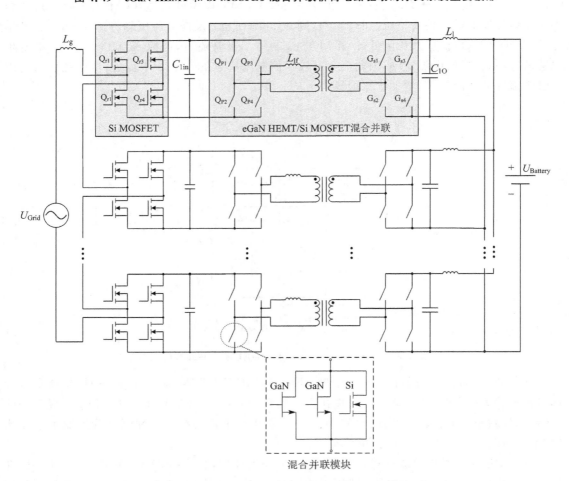

图 4.50　用于电动汽车的大功率充电器功率电路拓扑结构

4.4　GaN 基变换器并联

除了采用功率器件并联来扩大变换器的容量外,还可以采用变换器并联来扩大容量。每个变换器采用模块化设计,多个功率变换器并联可以灵活地组成模块化电源系统,各个变换器模块可以单独控制也可以集中控制。并联的各个功率变换器模块分担负载功率和功率损耗,可以降低半导体器件的电应力和热应力,易于实现冗余,大大提高了系统的可靠性。

4.4.1　交错并联 GaN 基变换器

变换器并联时,各个变换器之间可以不考虑相位关系,也可按照一定相位关系交错并联,从而构成交错并联变换器,在扩大系统功率输出能力的同时,获得降低电流纹波、提高等效开关频率、利于滤波元件减小体积重量等额外优势。

这里以三通道交错并联 Boost 变换器为例,给出主电路拓扑主要原理波形分析。图 4.51(a)为三通道交错并联 Boost 变换器主电路拓扑结构,图(b)为其主要原理波形。可见输入电流的纹波大小降为单通道的 1/3,且其纹波电流频率提升为单通道输入电流纹波频率的 3 倍。

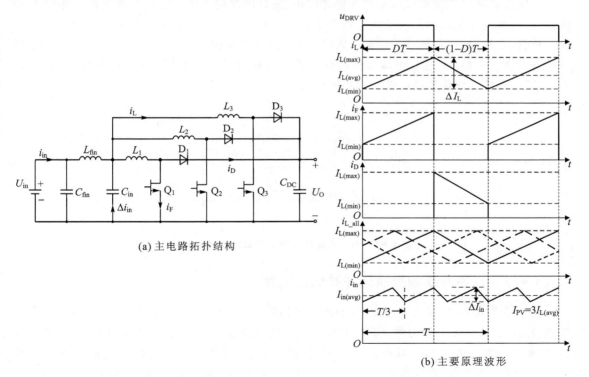

(a) 主电路拓扑结构

(b) 主要原理波形

图 4.51　三通道交错并联 Boost 变换器的主电路拓扑结构及主要原理波形

在不同的应用场合,并联通道数目可根据需要灵活选择,图 4.52 为输入电流纹波与交错并联通道数目之间的关系,交错并联通道数目越多,输入电流纹波越小。

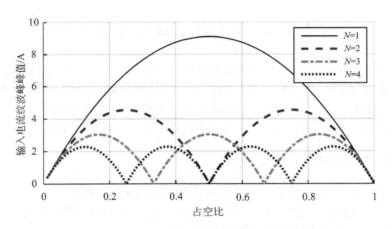

图 4.52　输入电流纹波与并联通道数目的关系

4.4.2　内置交错并联桥臂的 GaN 基变换器

交错并联技术不仅可以用于变换器并联中,而且可以用于桥臂交错并联工作。如图 4.53 所示,为内置交错并联桥臂的单相全桥逆变器。桥臂 B_1 中,Q_{H1} 和 Q_{L1} 以 50 Hz 低频互补工作。桥臂 B_2 和 B_3 中的开关管高频 PWM 工作,同时两桥臂开关信号错开 180°。B_2 和 B_3 桥臂中点经耦合电感 L_C 连接至输出滤波电容器。内置交错并联桥臂的 GaN 基变换器可比常规 GaN 基变换器获得更高的效率和功率密度。

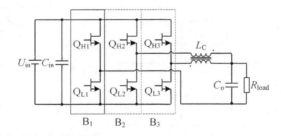

图 4.53　内置交错并联桥臂的单相全桥逆变器

4.4.3　器件并联和变换器并联优化设计

在交错并联 GaN 基变换器中,各通道变换器的功率器件并联数目(N_{SW})和变换器通道并联数目(N_{module})可综合考虑整机效率和成本进行优选调整。以图 4.54 所示的 DC/DC 变换器为例,可基于实验测试和计算给出功率器件和变换器通道采用不同并联数目时的效率曲线 $\eta = f_1(N_{SW}, N_{module})$ 和成本曲线 $C = f_2(N_{SW}, N_{module})$。根据所得关系曲线可以综合优选器件和变换器并联数目。

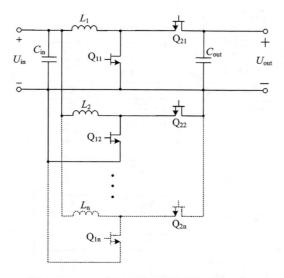

图 4.54　GaN 基 DC/DC 变换器结构与拓扑

4.5　GaN 基多电平变换器

目前,GaN 器件的耐压值仍较低,商业化生产的 GaN 器件额定电压最高只有 650 V,为了适应较高电压应用场合需要,就需要采用适当的串联技术来拓展 GaN 器件的应用范围。直接串联 GaN 器件虽可提高电压承受能力,但对系统性能无较大改善。为此,电力电子研究人员往往利用多电平技术对 GaN 器件进行等效串联,在提高电压处理能力的同时,提高等效开关频率、减小谐波。如图 4.55 所示,为采用 eGaN 器件构成的模块化多电平(MMC)变换器主电路拓扑,每个单臂由 14 个子模块串联而成($n=14$),子模块中的功率器件采用 EPC 公司型号为 EPC2014C(40 V/10 A)的 eGaN HEMT。整机的技术指标如表 4.4 所列。

表 4.4　GaN 基模块化多电平变换器技术指标

参　量	数　值
输入电压(DC)/V	225
输出电压(AC)/V	240×(1±5%)
输出功率/kVA	2
效率/%	>95
总谐波失真/%	<5

单个桥臂的实物图和带散热器设计的全 MMC 逆变器布局示意图分别如图 4.56、图 4.57 所示。

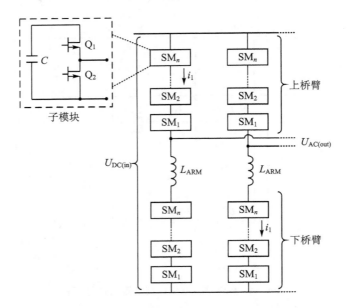

图 4.55　GaN 基模块化多电平变换器主电路拓扑

图 4.56　模块化多电平变换器单桥臂实物图

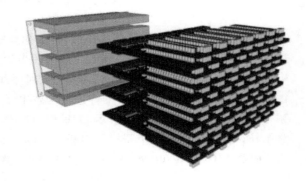

图 4.57　全 MMC 逆变器布局示意图

　　图 4.58 所示为双通道交错并联的飞跨电容多电平逆变器主电路拓扑,其技术指标要求列于表 4.5 中。

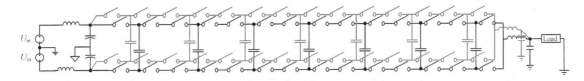

图 4.58　双通道交错并联的飞跨电容多电平逆变器主电路拓扑

表 4.5　飞跨电容多电平逆变器技术指标

参　　量	数　　值
输入电压(DC)/V	1 000
输出电压(有效值)(AC)/V	353
最高效率/%	98.60
输出功率/kW	9.7
体积/cm³	275
质量功率密度/(kW · kg⁻¹)	17.3
体积功率密度/(kW · L⁻¹)	35.3
功率管开关频率/kHz	120
电感纹波电流频率/kHz	960

该逆变器每个通道实现九电平,并由双通道交错并联构成。开关器件采用 EPC 公司型号为 EPC2034(200 V/48 A) 的 eGaN HEMT,整机基于 FPGA 数字控制平台构成,布局如图 4.59(a) 所示,采用扁平化设计,在上下两侧安装如图 4.59(b) 所示的高热导率铝壳散热器实现双面散热。整机外形如图 4.59(c) 所示,尺寸为 200 mm×100 mm×16mm。在 1 kV 输入电压和 9.7 kW 输出功率下,可获得 98.6% 的最大效率,整机质量功率密度为 17.3 kW/kg,体积功率密度为 35.3 kW/L。

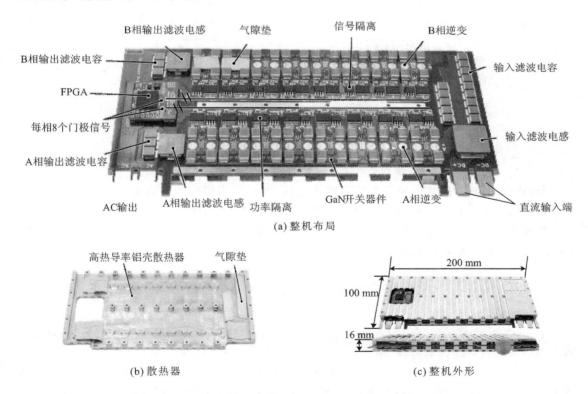

(a) 整机布局

(b) 散热器　　　　　　　(c) 整机外形

图 4.59　双通道交错并联飞跨电容多电平逆变器样机结构

4.6　GaN 基变换器的组合扩容

除了采用功率器件并联、串联,变换器并联、串联外,为了满足大功率应用场合的需要,还可以对基本拓扑进行串并联组合扩容。图 4.60 给出了几种典型的串并联组合扩容方式,包括输入串联输出并联(Input Series Output Parallel,ISOP,见图 4.60(a))、输入并联输出 并联(Input Parallel Output Parallel,IPOP,见图 4.60(b))、输入串联输出串联(Input Series Output Series,ISOS,见图 4.60(c))以及输入并联输出串联(Input Parallel Output Series,IPOS,见图 4.60(d))。其中 GaN 基变换器可以采用单级、两级或多级拓扑结构。

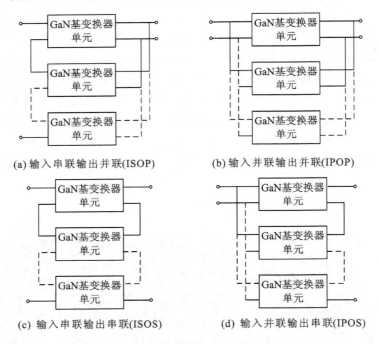

(a) 输入串联输出并联(ISOP)　　　　(b) 输入并联输出并联(IPOP)

(c) 输入串联输出串联(ISOS)　　　　(d) 输入并联输出串联(IPOS)

图 4.60　几种典型的串并联组合扩容方式

ISOP 通过输入模块的串联可接高输入电压,通过输出模块的并联提高了输出电流的能力,这种组合方案适用于高压大功率的应用场合;IPOP 适用于输入电压和输出电压均相对较小,而输入电流和输出电流均较大的场合;ISOS 适用于输入电压和输出电压均较高的场合;IPOS 适用于输入电流较大、输出电压较高的场合。

4.7　小　　结

目前 GaN 器件的电压电流定额仍相对较低,为制作较大容量 GaN 基变换器,需要通过器件并联、串联或者变换器并联、串联等方式来扩大等效工作电流或工作电压。

在 GaN 器件的并联使用中,器件参数不匹配和电路参数不匹配均会对均流有影响,因此在 GaN 器件并联扩容时,需要采取合适的均流措施保证并联器件之间的电流均衡。除了筛选参数一致性较好的器件进行并联以及尽可能保证并联器件对称布局设计外,还可以采用诸如耦合电感法的主动均流方法。

除了常规的同类器件并联扩容外,还可利用不同类型器件各自的优势,进行混合并联。如大额定电流 Si MOSFET 具有导通压降比 eGaN HEMT 低的优势,而 eGaN HEMT 具有开关速度比 Si MOSFET 快,开关损耗比 Si MOSFET 低的优势,把 Si MOSFET 与 eGaN HEMT 混合并联,则可利用两类器件各自特性优势,使整机在不同负载下的功率损耗都尽可能降低。

变换器并联扩容时,各个变换器之间可以不考虑相位关系直接并联,也可按照一定相位关系交错并联,从而在扩大系统功率输出能力的同时,获得降低电流纹波、提高等效开关频率、利于滤波元件减小体积重量等额外优势。交错并联技术不仅可以用于变换器并联中,而且可以用于桥臂交错并联中。在变换器并联工作时,各通道变换器的功率器件并联数目和变换器通道并联数目可综合考虑整机效率和成本进行优选调整。

为适应较高电压应用场合的要求,可以采用低压 GaN 器件进行串联提高电压处理能力。直接串联 GaN 器件虽可提高电压承受能力,但对系统性能无较大改善。因此可考虑采用诸如多电平技术对 GaN 器件进行等效串联,在提高电压处理能力的同时,获得提高等效开关频率、减小谐波的有益效果。

除了采用功率器件并联、串联和变换器并联、串联外,为了满足大功率应用场合的需要,还可以对基本拓扑进行串并联组合扩容,包括输入串联输出并联、输入并联输出并联、输入串联输出串联和输入并联输出串联等方式。

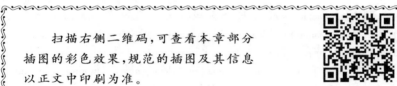

扫描右侧二维码,可查看本章部分插图的彩色效果,规范的插图及其信息以正文中印刷为准。

第 4 章部分插图彩色效果

参考文献

[1] Lu J, Chen D. Paralleling GaN E-HEMTs in 10 kW—100 kW systems[C]. IEEE Applied Power Electronics Conference and Exposition, Tampa, USA, 2017: 3049-3056.

[2] 王路. 高压大功率 GaN 器件开关过程振荡问题分析及应用设计研究[D]. 北京:北京交通大学,2017.

[3] Lu J, Hou R, Chen D. Loss distribution among paralleled GaN HEMTs[C]. IEEE Energy Conversion Congress and Exposition, Portland, USA, 2018: 1914-1919.

[4] 曾正,邵伟华,胡博容,等. 基于耦合电感的 SiC MOSFET 并联主动均流[J]. 中国电机工程学报,2017,37(7):2068-2081.

[5] Wang Z, Wu Y, Honea J, et al. Paralleling GaN HEMTs for diode-free bridge power converters[C]. IEEE Applied Power Electronics Conference and Exposition, Charlotte, USA, 2015: 752-758.

[6] Li He, Zhang Xuan, Wen Lucheng, et al. Paralleled operation of high-voltage cascode GaN HEMTs[J]. IEEE Journal of Emerging and Selected Topics in Power Electronics, 2016, 4(3): 815-823.

[7] Zhang W, Xu Z, Zhang Z, et al. Evaluation of 600 V cascode GaN HEMT in device characterization and all-GaN-based LLC resonant converter[C]. IEEE Energy Conversion Congress and Exposition, Denver, USA, 2013: 3571-3578.

[8] Lu J, Zhu L, Liu G, et al. Device and system-level transient analysis in a modular designed sub-MW EV

fast charging station using hybrid GaN HEMTs＋Si MOSFETs[J]. IEEE Journal of Emerging and Selected Topics in Power Electronics, 2019, 7(1): 143-156.

[9] Deshpande A, Luo F. Design of a silicon-WBG hybrid switch[C]. IEEE Workshop on Wide Bandgap Power Devices and Applications, Blacksburg, USA, 2015: 296-299.

[10] Liu G, Bai K H, McAmmond M, et al. Critical short-timescale transient processes of a GaN＋Si hybrid switching module used in zero-voltage-switching applications[C]. IEEE Workshop on Wide Bandgap Power Devices and Applications, Albuquerque, USA, 2017: 93-97.

[11] Zhu L, Bai H K, Brown A, et al. Switching transients in gate drive loops of hybrid GaN HEMTs and SiC MOSFET[C]. IEEE Workshop on Wide Bandgap Power Devices and Applications, Atlanta, USA, 2018: 149-153.

[12] Bhattacharya S. WBG devices enabled MV power converters for utility applications—opportunities and challenges[C]. IEEE Workshop on Wide Bandgap Power Devices and Applications, Knoxville, USA, 2014: 1-125.

[13] Kozak J P, Barchowsky A, Grainger B, et al. Design and manufacturability of a high power density M2C Inverter[C]. IEEE International Symposium on 3D Power Electronics Integration and Manufacturing, Raleigh, USA, 2016: 1-15.

[14] Huang X, Lee F C, Li Q, et al. High-frequency high-efficiency GaN-based interleaved CRM bidirectional Buck/Boost converter with inverse coupled inductor[J]. IEEE Transactions on Power Electronics, 2016, 31(6): 4343-4352.

[15] Siebke K, Schobre T, Langmaack N, et al. High power density GaN interleaved bidirectional Boost converter with extended cooling capability[C]. IEEE International Exhibition and Conference for Power Electronics, Nuremberg, Germany, 2017: 1-7.

[16] Pallo N, Foulkes T, Modeer T, et al. Power-dense multilevel inverter module using interleaved GaN-based phases for electric aircraft propulsion[C]. IEEE Applied Power Electronics Conference and Exposition, San Antonio, USA, 2018: 1656-1661.

[17] Moradpour M, Gatto G. A new SiC-GaN-based two-phase interleaved bidirectional DC-DC converter for plug-in electric vehicles[C]. IEEE International Symposium on Power Electronics, Electrical Drives, Automation and Motion, Amalfi, Italy, 2018: 587-592.

[18] 庄凯,阮新波. 输入串联输出并联变换器的输入均压稳定性分析[J]. 中国电机工程学报,2009,29(6): 15-20.

第5章 GaN器件在电力电子变换器中的应用

目前,低压 eGaN HEMT、Cascode GaN HEMT、高压 eGaN HEMT 和 GaN GIT 器件陆续商业化生产。研究人员对 GaN 器件在各种电力电子变换器中的应用研究也纷纷展开。由于电力电子变换器的应用领域较多,变换器类型也有多种,为较为全面的地评估阐述应用 GaN 器件后的整机性能改善情况和行业前景,本章按典型应用领域和功率变换器类型分别加以论述。

5.1 GaN器件在典型领域中的应用

5.1.1 GaN器件在电动汽车领域的应用

电力驱动系统是影响电动汽车动力性能、可靠性和成本的关键环节。图 5.1 为电动汽车电力驱动系统架构图,包括了 AC/DC 充电器、升压 DC/DC 变换器、DC/AC 逆变器以及给车载电子产品供电的降压 DC/DC 变换器。目前,电动汽车电力驱动系统中的功率变换器主要由 Si 基功率器件制成。受材料限制,Si 基功率器件导通压降、开关速度等性能已接近 Si 材料可达到的能力极限,在高频和高功率领域更显示出其局限性。因此国内外很多厂商都对新一代宽禁带半导体器件(SiC/GaN)寄予了厚望,希望通过应用 SiC/GaN 功率器件实现电动汽车中 DC/DC 变换器和 DC/AC 逆变器的小型轻量化和节能化。

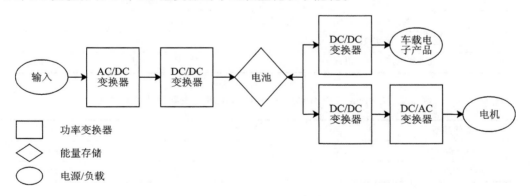

图 5.1 电动汽车电力驱动系统

研究人员已经对 SiC 器件在电机驱动逆变器中的应用进行了评估,本节以 Nissan leaf 型电动汽车中的双向 DC/DC 变换器为例,对 GaN 器件进行评估。Nissan leaf 型电动汽车配置了 80 kW 交流同步电动机,以及容量和额定电压为 30 kW·h/360 V 的锂离子(Li-ion)电池,负载额定转矩为 200 N·m。电动汽车驱动器既能电动工作,又能再生制动工作,可实现能量双向流动。图 5.2 给出了用 PSIM 软件建立的电动汽车电力驱动系统模型示意图。图 5.3 为电力驱动系统中连接电池和电机驱动逆变器的双向 DC/DC 变换器。

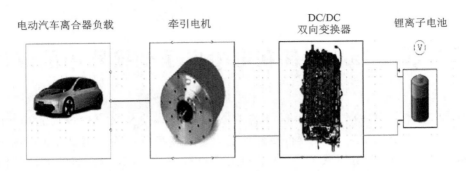

图 5.2　采用 PSIM 软件建立的电动汽车电力驱动系统模型示意图

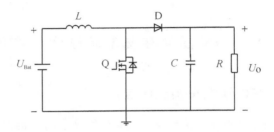

图 5.3　双向 DC/DC 变换器电路拓扑

表 5.1 为该双向 DC/DC 变换器的电压和功率额定值。表 5.2 列出了用于对比的 Cascode GaN HEMT 和 Si CoolMOS 的主要器件参数。

表 5.1　双向 DC/DC 变换器电压和功率额定值

参　数	数　值
功率/kW	80
电池电压 U_{Bat}(输入)/ V	360
直流母线电压 U_o(输出)/V	500

表 5.2　Cascode GaN HEMT 和 Si CoolMOS 的主要器件参数对比

器件类型	U_{DS}/V	I_D/A	$R_{DS(on)}$/mΩ	Q_{rr}/nC
Si CoolMOS	650	60	48	3 600
Cascode GaN HEMT	600	70	34	304

两种器件均采用两只功率管并联构成功率开关,用于性能对比评估。在评估中,采用 Si CoolMOS 管时开关频率取为 50 kHz,采用 Cascode GaN HEMT 器件时开关频率取为 50 kHz 和 300 kHz。在低结温和高结温下对 Si 基和 GaN 基 DC/DC 变换器的损耗和效率进行了对比。

1. 低结温

低结温设定为 25 ℃。超过此温度,功率器件必须降额使用。

（1）功率开关损耗

表 5.3 列出了低结温下 Si 器件与 GaN 器件的开关损耗、导通损耗和总损耗对比。与 Si CoolMOS 相比，Cascode GaN HEMT 的损耗明显降低。

表 5.3　低结温下 Si 器件与 GaN 器件的损耗对比

损　耗	Si CoolMOS @50 kHz	Cascode GaN HEMT @50 kHz	Cascode GaN HEMT @300 kHz
开关损耗/W	147.93	18.77	111.1
导通损耗/W	10.93	7.64	6.5
总损耗/W	158.86	26.41	117.6

（2）二极管损耗

这里的二极管指的是 Si CoolMOS、Cascode GaN HEMT 的体二极管。

表 5.4 列出了低结温下二极管的开关损耗、导通损耗和总损耗对比。对比可见，Si CoolMOS 的体二极管具有最低的导通损耗，以及最低的二极管总损耗。

表 5.4　低结温下二极管功率损耗

损　耗	Si CoolMOS @50 kHz	Cascode GaN HEMT @50 kHz	Cascode GaN HEMT @300 kHz
开关损耗/W	11.57	2.77	16.94
导通损耗/W	15.40	32.72	34
总损耗/W	26.97	35.49	50.94

表 5.5 列出了 Si 基和 GaN 基 DC/DC 变换器功率单元总损耗和效率对比。GaN 基变换器的总损耗比 Si 基变换器大大减小。即使在开关频率取为 300 kHz 时，GaN 基 DC/DC 变换器的总损耗也比 50 kHz 的 Si 基 DC/DC 变换器低。

表 5.5　Si 基和 GaN 基 DC/DC 变换器功率单元总损耗和效率对比

损耗与效率	Si CoolMOS @50 kHz	Cascode GaN HEMT @50 kHz	Cascode GaN HEMT @300 kHz
损耗/W	185.32	61.91	168.54
效率/%	98.96	99.65	99.06

2. 高结温

高结温设定为 150 ℃。

（1）功率开关管损耗

表 5.6 列出了高结温下 Si 器件与 GaN 器件的开关损耗、导通损耗和总损耗对比。在高结温下，GaN 器件的功率损耗仍比 Si 器件低得多，优势明显。

表 5.6　高结温下 Si 器件与 GaN 器件的损耗对比

损　耗	Si CoolMOS @50 kHz	Cascode GaN HEMT @50 kHz	Cascode GaN HEMT @300 kHz
开关损耗/W	148.89	18.75	133.26
导通损耗/W	28.56	15.82	15.30
总损耗/W	174.45	34.57	148.56

（2）二极管损耗

表 5.7 列出了高结温下二极管的开关损耗、导通损耗和总损耗对比。Si CoolMOS 的体二极管具有较低的导通损耗和总损耗。

表 5.7　高结温下体二极管功率损耗

损　耗	Si CoolMOS @50 kHz	Cascode GaN HEMT @50 kHz	Cascode GaN HEMT @300 kHz
开关损耗/W	11.57	2.77	16.94
导通损耗/W	15.40	32.72	34
总损耗/W	26.97	35.49	50.94

表 5.8 列出了高结温下 Si 基与 GaN 基 DC/DC 变换器功率单元总损耗和效率对比。GaN 基变换器的总损耗仍比 Si 基变换器明显降低。

表 5.8　高结温下 Si 基与 GaN 基 DC/DC 变换器功率单元总损耗和效率对比

损耗与效率	Si CoolMOS @50 kHz	Cascode GaN HEMT @50 kHz	Cascode GaN HEMT @300 kHz
损耗/W	213.61	85.83	191.1
效率/%	98.8	99.52	98.92

根据上述研究，在电动汽车电力驱动系统的双向 DC/DC 变换器中使用 GaN 器件，在低结温下比采用 Si CoolMOS 效率提高了 0.7% 左右。在更高的结温下，GaN 器件依然有明显优势。若结温为 150 ℃，开关频率为 50 kHz，GaN 基 DC/DC 变换器效率比采用 Si CoolMOS 制作的变换器提高 0.7% 左右。即使开关频率提升为 300 kHz，GaN 基 DC/DC 变换器的效率仍然要比 50 kHz 的 Si 基变换器高 0.12%。而且开关频率提高至 300 kHz，可以使用更小的滤波电感和滤波电容，明显降低了 DC/DC 变换器的尺寸和重量，从而有利于减轻整车系统的重量。

5.1.2　GaN 器件在无线电能传输领域的应用

近年来，随着电动汽车、便携式电器的迅速发展，这些典型应用场合均需要电池供电和给电缆充电。传统接触式充电需要电源电线频繁的插拔，既不安全也不美观可靠，且容易磨损。在这种情况下，无线电能传输技术应运而生，该项技术的广泛应用需要突破效率瓶颈。为评估 GaN 器件在无线电能传输领域的应用前景，这里以 GaN GIT 器件为例，对其在 2 kW 感应式无线充电系统中的应用进行了研究。

电动汽车无线充电系统如图 5.4 所示,交流输入电压经高功率因数整流器后变换为直流电压,高频逆变器将直流电压转换为交流电压,并利用感应式耦合线圈无线传输至输出侧,再经整流单元整流为直流电压。

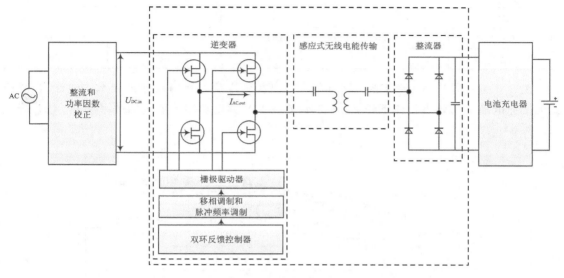

图 5.4　电动汽车无线充电系统原理框图

感应式无线充电系统中感应线圈是一个关键部件,其设计目标是高效率、高功率传输和较轻的重量。感应线圈采用电容串联补偿方案。表 5.9 给出开关频率分别为 100 kHz 和 250 kHz 时谐振线圈设计参数和串联补偿电容取值。表 5.10 是不同半导体器件的主要电气参数对比。

表 5.9　谐振线圈参数和补偿电容取值

技术参数	数　值	
开关频率/kHz	100	250
内径/mm	75	75
外径/mm	150	150
导线类型	210/33 AWG	210/33 AWG
匝数	28	21
补偿类型	串联补偿	串联补偿
原边与副边电感/μH	234	120
原边与副边电容/nF	11	3.29

表 5.10　不同半导体器件的主要电气参数对比

器件类型	GaN GIT	Si CoolMOS	SiC MOSFET	SiC MOSFET
额定电压/V	600	700	650	1 200
额定电流/A	15	18	29	40

器件类型	GaN GIT	Si CoolMOS	SiC MOSFET	SiC MOSFET
$R_{DS(on)}/m\Omega$	71	125	120	80
Q_G/nC	8	35	61	106
$R_{DS(on)} \cdot Q_G/(n\Omega \cdot C)$	0.568	4.38	7.32	8.48
$Q_{rr}(Q_{DS})/nC$	53	7 000	53	60

图 5.5 是不同开关频率下的效率曲线。当开关频率从 100 kHz 增加到 250 kHz 时,感应式无线充电系统的效率整体下降 2%～3%,在 2 kW 额定功率下系统的效率从 95.13% 降至 91.7%。

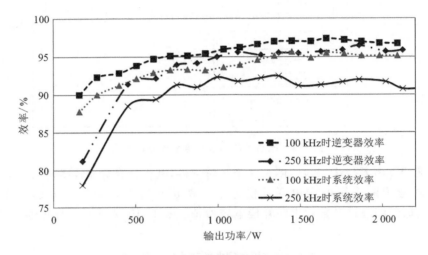

图 5.5　不同开关频率下的效率曲线

图 5.6 是 GaN 基与 SiC 基无线充电系统效率对比,得益于 GaN 器件更低的导通电阻和

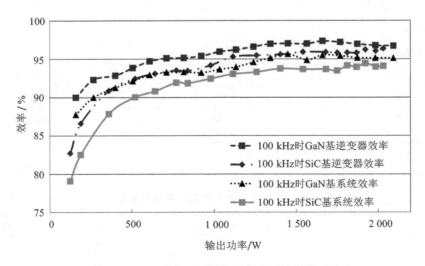

图 5.6　GaN 基与 SiC 基无线充电系统效率对比

极间电容,GaN 基无线充电系统的效率比 SiC 基系统高 1%左右。

5.1.3　GaN 器件在光伏发电领域的应用

近年来,为了节约能源、保护环境,光伏发电系统备受人们关注。2009 年,SiC 功率管首次应用于单相光伏逆变器,将效率最高值提升到了 99%左右。若要进一步提升系统效率,开发成本会显著增加,为此光伏逆变器的研究重点从高效率转向小型化和轻量化,从而降低系统成本。为实现这一研究目标,可提升变换器的开关频率。目前商用住宅光伏发电系统(<5 kW)开关频率范围一般为 16~32 kHz,若开关频率提升为 250 kHz,由分析预测可明显减小系统的重量和体积。为此,本节对 GaN 器件在光伏发电领域的应用进行评估。

目前,SiC 商用器件额定电压以 1 200 V、1 700 V 的居多,一般用于三相光伏发电系统。GaN 商用器件额定电压最高为 650 V,适用于如图 5.7 所示的单相光伏发电系统。

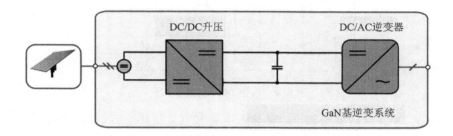

图 5.7　单相光伏发电系统框图

这里以 2 kW 单相光伏发电系统为例,对 GaN 器件进行应用评估。系统的主要技术规格和参数列于表 5.11 中。

表 5.11　单相光伏发电系统主要技术规格和参数

参　数	符　号	数　值
额定输入电压(DC)	U_{PV}/V	150~400
额定直流母线电压(DC)	U_{DC_link}/V	350~400
额定输出电压(AC)	U_G/V	230
开关频率	f_s/kHz	250
额定输出功率	P_O/kW	2.0
直流母线电容	$C_{DC\_link}/\mu F$	470
逆变器侧滤波电感	$L_H/\mu H$	76
滤波电容	$C_{F,LCL}/\mu F$	3
电网侧滤波电感	$L_N/\mu H$	16

光伏发电系统采用两级功率变换,前级 DC/DC 升压变换器如图 5.8 所示,后级 DC/AC 逆变器如图 5.9 所示。

因为采用串联方式构成的 2 kW 传统光伏组件对应最大功率点的电压约为 200 V,因此需要采用 DC/DC 升压变换。要通过逆变得到有效值为 230 V 左右的交流电压,直流母线电压

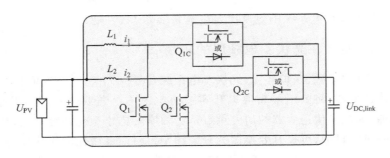

图 5.8　前级 DC/DC 升压拓扑

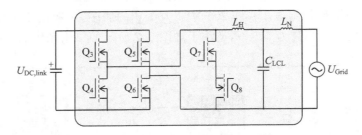

图 5.9　后级 DC/AC 逆变拓扑

最低需为 350 V DC。升压变换器可以使输入电容和直流母线电容解耦,从而可以允许更大的纹波,采用较小的直流母线电容。为便于 GaN 器件散热,前后两级电路均采用模块化设计,电路板直接贴到隔离铝板上,在上表面进行安装。图 5.10 所示为后级 DC/AC 逆变器实物图。

图 5.10　后级 DC/AC 功率模块

　　光伏发电系统整机如图 5.11 所示,与开关频率有关的滤波器的尺寸要比同功率但开关频率较低的同类商用产品小很多,而 EMC 滤波器、直流母线电容和检测电路等其他部分的尺寸与开关频率关系不大。

　　采用 YOKOGAWA WT3000 精密功率分析仪对前级、后级及整机的效率进行了测试,测试过程中考虑了辅助电源损耗以及无源滤波器和 EMC 滤波器中的损耗。

图 5.11　光伏发电系统整机实物图(200 mm×150 mm×80 mm)

图 5.12 给出前级升压变换器和后级逆变器的效率曲线。在输出功率低于 1 kW 时,前级升压变换器采用单通道 Boost 电路时的效率(图中红色实线所示)更高。输出功率等于 1 kW 时,前级升压变换器效率达到最高,之后单通道 Boost 电路不足以提供更高输出功率;图中输出功率大于 1 kW 时,效率曲线对应的是双通道交错并联 Boost 电路工作情况。前级和后级的最高效率均为 98% 左右。

图 5.13 给出包含前级和后级的整机效率曲线,当输入直流电压 $U_{PV}=200$ V 时,整机效率最高值约为 96.2%。如果输入直流电压 U_{PV} 为 350 V 甚至更高,则可把前级短接,此时整机其实只有后级逆变器在工作。在输入直流电压 $U_{PV}=350$ V 时,可获得 98% 的最高效率。光伏发电系统整机尺寸为 200 mm×150 mm×80 mm,功率密度为 1.2 kW/kg(功率质量比)和 0.85 kW/L(功率体积比)。与现有 Si 基光伏发电系统整机相比,采用 GaN 器件可使开关频率提升近 10 倍,从而使得在整机效率水平基本保持不变的情况下,整机体积减小 1/5 左右。

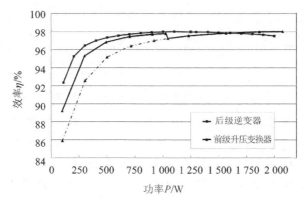

$U_{PV}=200$ V (DC)$,U_{DC,link}=350$ V (DC)$,U_G=230$ V (AC)$,f_S=250$ kHz

图 5.12　直流升压变换器效率(红)和后级逆变器级效率(蓝)

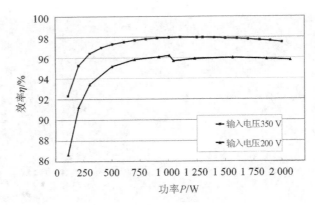

$$U_{DC,link} = 350\ V\,(DC)\,,U_G = 230\ V\,(AC)\,,f_S = 250\ kHz$$

图 5.13 $U_{PV} = 200$ V DC(红)和 $U_{PV} = 350$ V DC(蓝)时的整机效率

5.1.4   GaN 器件在照明领域的应用

LED 照明产品是高效节能的新一代绿色照明光源,代表着照明行业未来发展的最新方向。LED 照明的性能有赖于合适的驱动电源,目前驱动电源普遍采用 Si 基功率器件制成。这里以 LED 照明驱动电源为例,对 GaN 器件在照明领域的应用进行评估。

LED 照明驱动电源可采用单级或多级拓扑。单级拓扑元件数目少、成本低,但效率和输入电压范围等均受限;多级拓扑的输入功率因数、谐波、输出电流纹波等性能指标均优于单级拓扑,但电路相对复杂,成本增加。集成拓扑结合了单级拓扑和多级拓扑的优点,更加适合作为 LED 照明驱动电源拓扑。

图 5.14 所示为一个集成式双 Buck – Boost 变换器,它的两级 Buck – Boost 单元均按断续导通模式(DCM)工作。

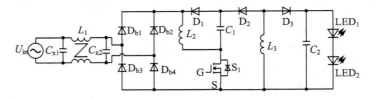

图 5.14   集成式双 Buck – Boost 变换器

变换器的主要技术参数列于表 5.12 中。选取了三个典型开关频率(50 kHz、100 kHz、150 kHz)进行研究。表 5.13 所列是三种不同开关器件主要电气参数的对比。两款是 Si 基 CoolMOS(英飞凌公司的 SPA04N60C3 和国际整流器公司的 FCP11N60),一款是 Cascode GaN HEMT(安森美半导体公司的 NTP8G202N)。对比可见,GaN 器件具有最低的导通电阻和输出电容。

表 5.12   集成式双 Buck – Boost 变换器主要技术参数

参　数	数　值
输入电压(AC)$U_{in(RMS)}$/V	220
线路频率 f_{ac}/Hz	60

续表 5.12

参　数	数　值
输出电压(DC)U_o/V	58.4
输出电流 I_o/A	1.285
输出功率 P_o/W	75
开关频率范围 f_{sw}/kHz	50~150
LED 低频电流纹波 I_{LED_LF} 标幺值/%	20
标准占空比 D	0.216
LED 正向电压 U_{th}/V	26.753
LED 正向电阻 R_{th}/Ω	1.9

表 5.13　三种开关器件主要电气参数对比

类　型	型　号	U_{DS}/V	I_D/A	$R_{DS(on)}$/mΩ	C_{ISS}/pF	C_{OSS}/pF
Si CoolMOS	SPA04N60C3	650	4.5	0.95	490	160
Si CoolMOS	FCP11N60	650	11	0.32	1 148	671
Cascode GaN HEMT	NTP8G202N	600	9	0.29	760	26

　　为便于充分对比,按三个开关频率(50 kHz、100 kHz、150 kHz)设计了变换器。表 5.14 列出了变换器中的主要元器件参数,包括不随开关频率变化的元器件参数,以及随开关频率变化的电感器和电容器的参数。

表 5.14　变换器中主要元器件参数

开关频率	元　件	值
所有频率	C_{X1}, C_{X2}	220 nF/330V
	C_1	94 μF/250 V
	D_{b1}, D_{b4}	MUR160
	D_1	IDH04SG60C
	D_2, D_3	IDH03SG60C
50 kHz	C_2	22 μF/100 V
	L_1	2×27 mH
	L_2	300 μH/IP12/N30.15
	L_3	225 μH/IP12/N30.15
100 kHz	C_2	33 μF/100 V
	L_1	2×15 mH
	L_2	150 μH/IP12/N28.10
	L_3	112.5 μH/IP12/N28.10

续表 5.14

开关频率	元　件	值
150 kHz	C_2	47 μF/100 V
	L_1	2×10 mH
	L_2	100 μH/IP12/N28.10
	L_3	75 μH/IP12/N28.10

　　图 5.15 为对应三种开关频率的变换器原理样机。三种频率下印刷电路板的尺寸和布局尽量相似,以尽可能减小布局引起的寄生参数差异,保证性能比较的前提条件一致。

(a) f_{sw}=50 kHz

(b) f_{sw}=100 kHz

(c) f_{sw}=150 kHz

图 5.15　对应三种不同开关频率的变换器原理样机

　　表 5.15 给出变换器满载实验测试结果,包括变换器的效率、功率因数、THD,以及功率器件和电感的温升。从表 5.15 可见,功率开关管和输出二极管的温升高于其他器件。不同开关

频率下分别采用了 3 种功率器件,其效率柱状图如图 5.16 所示。可见,采用每种功率器件制作的变换器效率均随开关频率的升高而下降。在相同的开关频率下,采用 GaN 器件制作的变换器效率最高。当开关频率为 150 kHz 时,GaN 基变换器的满载效率比 Si 基变换器高 4.7%～5.5%。图 5.17 为不同变换器的损耗分布情况。

表 5.15　变换器满载实验测试结果

测量值器件类型	SPA04N60C3(Si)			FCP11N60(Si)			NTP8G202N(GaN)		
f / kHz	50	100	150	50	100	150	50	100	150
η /%	78.9	73.9	68.1	80.3	75.8	69.8	82.4	78.6	73.5
THD/%	0.85	1.04	1.26	0.76	1.15	1.32	0.80	1.09	1.09
PF/%	98.3	99.3	98.6	98.3	99.3	98.6	98.2	99.3	98.7
T_{S1} / ℃	29.7	47.2	60.2	24.1	37.3	55.1	16.8	31.8	45.6
T_{D1} / ℃	17.5	19.7	18.7	16.7	16.3	20.2	15.7	20.0	22.1
T_{D2} / ℃	16.9	16.5	14.3	15.2	12.2	16.4	13.7	15.5	14.6
T_{D3} / ℃	35.7	31.7	28.6	34.1	29.7	32.3	30.2	29.8	29.7
T_{Db} / ℃	29.6	27.2	28.2	27.0	25.8	29.7	27.2	26.3	28.8
T_{L2} / ℃	33.4	37.0	28.5	32.4	34.3	29.9	34.6	37.3	32.7
T_{L3} / ℃	18.6	20.0	14.3	17.1	18.3	15.6	17.1	19.4	17.3

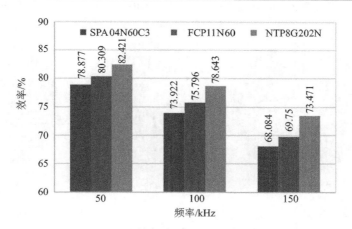

图 5.16　不同开关频率下的效率柱状图

5.1.5　GaN 器件在数据中心领域的应用

随着互联网行业的高速发展,构建绿色数据中心已经成为国家战略、企业发展乃至人们生活不可或缺的重要组成部分。数据中心供电系统在满足供电可靠性的前提下,正向高能效、小占地、智能化和系统化方向发展。数据中心供电系统效率提升对国家节能减排及其自身散热压力的缓解都有重要意义。

高压直流数据中心供电系统典型结构如图 5.18 所示。交流输入电压经 AC/DC 整流变换后得到 400 V 高压直流,再经由 DC/DC 变换器降压,输出额定电压为 54 V(38～60 V)的低压直流,给服务器板级负载供电。

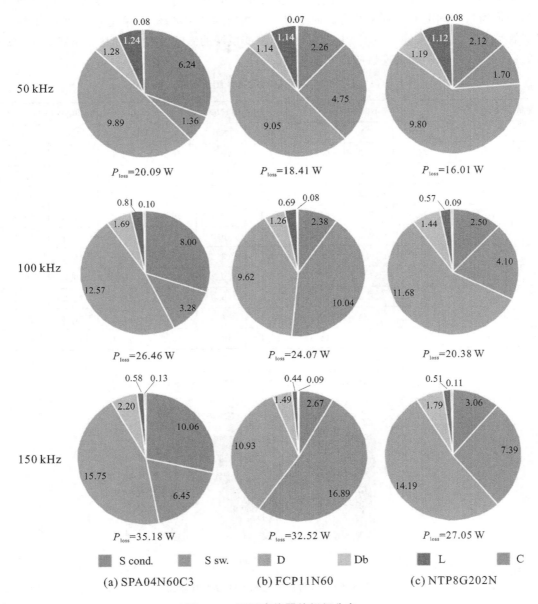

图 5.17　不同变换器的损耗分布

这里以服务器板级 DC/DC 变换器为例,评估 GaN 器件的应用情况。

如图 5.19 所示,为基于半桥电路的谐振开关电容变换器拓扑,包括整流侧的 5 个共地半桥和输入侧的 3 个浮地半桥,其电压变换比为 6∶1。表 5.16 为该谐振开关电容变换器的主要技术参数。

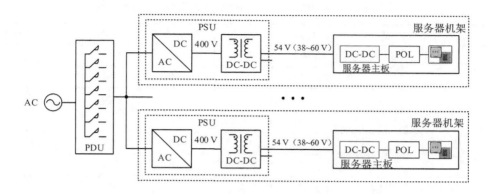

图 5.18　数据中心供电系统典型结构图

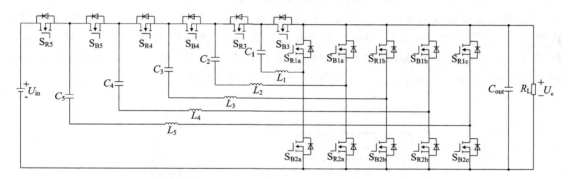

图 5.19　谐振开关电容变换器电路拓扑

表 5.16　谐振开关电容变换器的主要技术参数

参　　数	符　　号	数　　值
输入电压（额定值/最大值）	U_{in}/V	54/60
输出电压（额定值/最大值）	U_o/V	9/10
输出功率（额定值/最大值）	P_o/W	450/600
谐振电容	$C_r/\mu F$	2.58
非谐振电容	$C_{nr}/\mu F$	120
谐振电感	L_r/nH	70
负载电阻	R_L/Ω	0.167
谐振频率	f_r/kHz	375.4
开关频率	f_s/kHz	387
死区时间	t_d/ns	40

对于谐振开关电容变换器，S_{B5}、S_{R4}、S_{B4}、S_{R3} 的电压应力为 20 V，其余器件的电压应力均为 10 V，因此选用 EPC 公司额定电压为 30 V 的 eGaN HEMT 器件与 Infineon 公司额定电压为 25 V 和 30 V 的 Si MOSFET 器件进行对比。器件的主要电气参数如表 5.17 所列。

表 5.17　eGaN HEMT 与 Si MOSFET 的主要电气参数对比

类　型	型　号	U_{GS}/V	Q_G/nC	$R_{DS(on)}/m\Omega$	f_s/kHz	C_{oss}/nF @10 V
Si 器件	BSC0500NSI	4.5	11.4	2	390	0.79
		10	24	1.5	390	0.79
	BSC0501NSI	4.5	18	1.4	390	1.3
		10	39	1.1	390	1.3
	BSZ017NE2LS5I	4.5	10.5	1.9	390	0.85
		10	22	1.45	390	0.85
GaN 器件	EPC2023	5	20	1	390	1.55

　　如图 5.20 所示,为不同开关器件的功率损耗对比。对于 Si MOSFET 而言,在低功率输出范围,栅极驱动电压取 4.5 V 比取 10 V 可以获得更低的总损耗。输出功率增大后,驱动电压取 10 V 更为有利。eGaN HEMT 驱动电压取为 5 V,当输出功率小于 250 W 时,eGaN HEMT 的功率损耗比 Si MOSFET 稍高些;当输出功率高于 250 W 时,eGaN HEMT 的功耗比 Si MOSFET 低,且随着输出功率的增大,功耗降低得越明显。

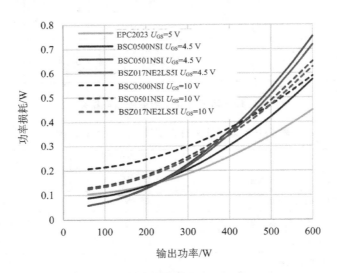

图 5.20　开关器件的功率损耗

　　为了详细分析两种器件的损耗差异,可将功率损耗分为输出电容损耗、栅极驱动损耗和导通损耗。图 5.21 为不同输出功率下的 GaN 器件(EPC2023)与 Si MOSFET 器件(BSC0500NSI)的功率损耗对比。由于两种器件的栅极电荷 Q_G 相近,因此栅极驱动损耗几乎没有差异。GaN 器件的输出电容 C_{oss} 较大,对应的输出电容相关损耗也较大。在重载时导通损耗绝对数值明显增加,占总损耗比例增加,GaN 器件由于导通电阻低使得 GaN 基变换器具有更高的效率。

　　根据表 5.16 技术参数所研制的样机实物如图 5.22 所示。图 5.23 为不同谐振频率下的效率曲线。在谐振频率为 253 kHz 时,效率最高值可达 98.55%。样机额定输出功率为 450 W,功率密度为 45 W/cm³。

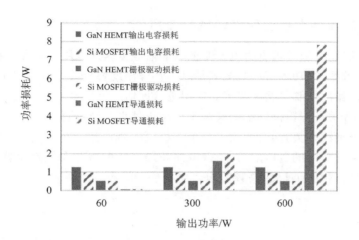

图 5.21　GaN HEMT 和 Si MOSFET 的损耗分布对比

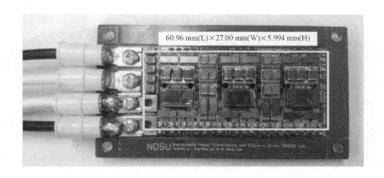

图 5.22　样机实物图

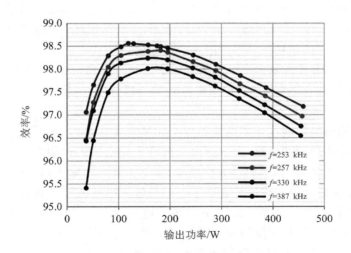

图 5.23　不同谐振频率下变换器的效率曲线

5.1.6 GaN 器件在航空航天领域的应用

在航空航天领域，一般要求电力电子变换器能适应宽输入电压范围和负载变化，具备电气隔离功能，具有高效率、高功率密度且能满足恶劣环境温度要求等特点。本小节以小功率模块电源为例，对 GaN 器件在航空航天领域的应用进行评估。

图 5.24 为三开关有源钳位反激变换器主功率电路图。该拓扑结构在传统有源钳位反激电路中增加了一个辅助开关，同时增加了一个二极管实现电压钳位并完成放电。由于辅助开关管分担了原边主开关管的电压应力，使得电路布局引入的寄生参数对电路性能的影响程度减弱，更有利于变换器在 MHz 级高频工作。

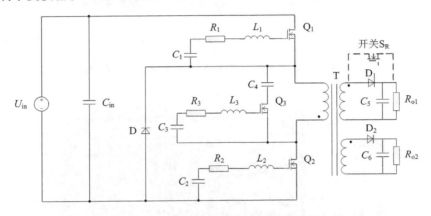

图 5.24 三开关有源钳位反激变换器电路原理图

为了考察开关器件选型对功率损耗的影响，进行了两组对比实验：A 组的开关管均选择导通电阻相对较小但输出电容相对较大的 eGaN HEMT 器件，如 EPC2001C 或 EPC2010C；B 组的开关管选择导通电阻相对较大但输出电容相对较小的 EPC2016C 和 EPC2019C 作为开关管。图 5.25 为两组开关管的总损耗计算值随输入电压的变化曲线。从曲线可以看出，B 组总开关损耗要比 A 组低，并且随着输入电压的增加，B 组总损耗增加幅度明显低于 A 组。这表明在这类变换器中开关损耗在总损耗中占主导地位。

采用 eGaN HEMT 器件制作了一台额定功率为 30 W，10~80 V 输入，双路 15 V 直流输出，1 MHz 开关频率的三开关有源钳位反激变换器，对其进行了相关实验验证。图 5.26 为电路板实物图。

图 5.27 为实验测得的满载效率曲线和理论计算曲线对比。可以看出，不加缓冲电路时变换器效率更高；但若不加缓冲电路，由于副边二极管承受电压尖峰的能力有限，变换器的最高输入电压只能加到 60 V 左右，不能再继续增高，限制了变换器输入电压的范围。采用了缓冲电路的变换器效率测试结果和理论计算结果在中高输入电压范围内较接近，满载最高效率可达 92.4%，功率密度可达 2.44 W/cm³。在低输入电压范围，实测效率值与理论计算值相差较大，其主要原因是器件的损耗建模和变压器的损耗建模仍不够精确。

除满载测试外，还进行了 60% 额定负载的测试，如图 5.28 所示。与图 5.27 对比可见，因 60% 额定负载下并不能在整个输入电压范围内均实现软开关，因此其效率不如满载效率高。

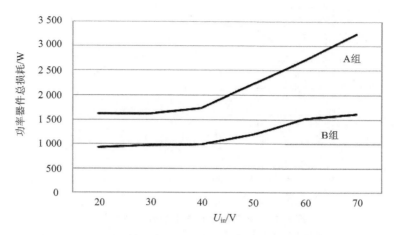

图 5.25　满载下不同器件组合的功率损耗比较

图 5.26　GaN 基三开关有源钳位反激变换器电路板

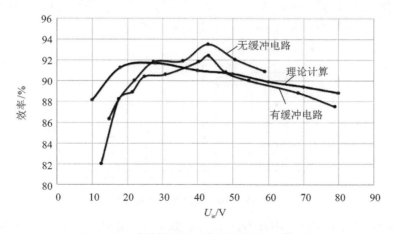

图 5.27　满载效率测试曲线和理论计算曲线

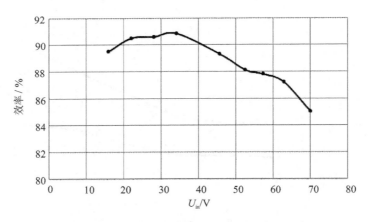

图 5.28 60% 额定负载下的效率测试曲线

5.2 GaN 器件在不同种类变换器中的应用

与 Si 基功率器件相比,由 GaN 基功率器件制作的电力电子变换器将会获得整机性能的提升。这里以典型变换器为例,介绍 GaN 基变换器的性能提升情况。

5.2.1 GaN 基 DC/DC 变换器

DC/DC 变换器有多种类型,这里以 Buck、Buck - Boost、正激、反激、半桥 LLC、双有源桥 (DAB)变换器为例,对 GaN 器件在 DC/DC 变换器中的应用进行评估。

1. GaN 器件在 Buck 变换器中的应用

Buck 变换器是最基本的非隔离式 DC/DC 变换器之一,其主电路拓扑如图 5.29 所示。变换器输入输出技术规格为 $U_{in}=48$ V,$U_o=1.2$ V,$I_{load}=10$ A。分别采用 Si MOSFET 和低压 eGaN HEMT 作为功率器件,制作 Buck 变换器进行了性能对比。

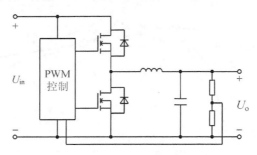

图 5.29 Buck 变换器主电路拓扑

表 5.18 为 GaN 器件和 Si MOSFET 器件参数对比。由表 5.18 可知,Si MOSFET 控制管的栅极电荷为 18 nC,而低压 eGaN HEMT 控制管的栅极电荷仅为 2.7 nC,这就使得低压 eGaN HEMT 的开关损耗远小于 Si MOSFET。低压 eGaN HEMT 同步整流管的栅极电荷也远小于 Si MOSFET 同步整流管,因此前者的开关损耗也远小于后者。但由于 48 V/1.2 V

Buck 变换器稳态工作时的占空比很小,同步整流管几乎全周期导通工作,其总损耗主要取决于器件的导通损耗。此外,低压 eGaN HEMT 的尺寸远小于 Si MOSFET。Si MOSFET 所占的 PCB 面积为 61.5 mm²,而低压 eGaN HEMT 所占的 PCB 面积只需 8.5 mm²,这使得低压 eGaN HEMT 在需要多路输出的板级电压调节器中可以节省大量的空间。

表 5.18　用于制作 Buck 变换器的 GaN 器件和 Si MOSFET 器件参数对比

器件类型	型　号	U_{DS}/V	I_D/A	$R_{DS(on)}$/ mΩ	Q_G/nC	Q_{GD}/nC	整流 品质因数/ (mΩ·nC)	开关 品质因数/ (mΩ·nC)	封装形式	PCB 面积/ mm²
Si MOSFET 控制管	Si7850	60	8.7	25	18	5.3	—	132	PowerPAK SO-8	31.7
Si MOSFET 同步管	RJK0652	60	35	6.5	29	8.8	189	—	LFPAK	29.8
eGaN HEMT 控制管	EPC1007	100	6	24	2.7	1	—	24	LGA	1.8
eGaN HEMT 同步管	EPC1001	100	25	5.6	10.5	3.3	59	—	LGA	6.7

图 5.30、图 5.31 分别为不同开关频率下使用低压 eGaN HEMT 和 Si MOSFET 的 Buck 变换器效率和损耗对比。当开关频率为 500 kHz 时,GaN 基 Buck 变换器效率比 Si 基 Buck 变换器效率高 5%～10%。在满载情况下,输出额定功率为 12 W 时,GaN 基 Buck 变换器的功率损耗比 Si 基 Buck 变换器低 1 W 左右。即使当 GaN 基 Buck 变换器的开关频率取为 500 kHz,Si 基 Buck 变换器的开关频率取为 300 kHz 时,GaN 基 Buck 变换器的效率仍比 Si 基 Buck 变换器高 1%～4%。

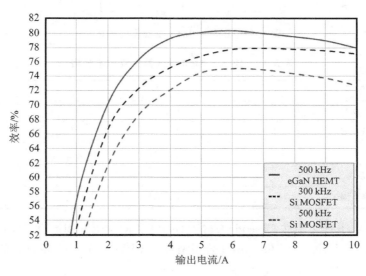

图 5.30　不同开关频率下 GaN 基和 Si 基 Buck 变换器的效率对比

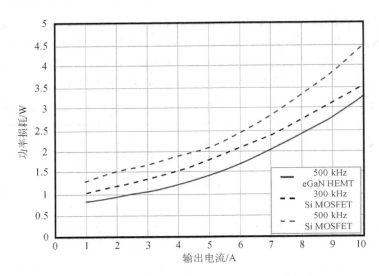

图 5.31 不同开关频率下 GaN 基和 Si 基 Buck 变换器的损耗对比

2. GaN 器件在 Buck - Boost 变换器中的应用

Buck - Boost 变换器的输出电压可以比输入电压低,也可以比输入电压高。本节对 GaN 器件在 Buck - Boost 变换器中的应用进行评估。

图 5.32 所示为 Buck - Boost 变换器电路拓扑。表 5.19 列出了变换器的主要技术规格。

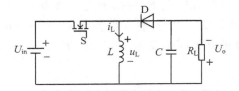

图 5.32 Buck - Boost 变换器电路拓扑

表 5.19 Buck - Boost 变换器主要技术规格

参 数	符 号	数 值
输入电压范围	U_{in}/V	100~200
输出电压范围	U_o/V	33.3~600
额定功率	P_o/kW	1
占空比范围	D	0.25~0.75
开关频率范围	f_{sw}/kHz	20~100

用于对比的功率开关器件 Cascode GaN HEMT、SiC JFET 和 Si IGBT,其主要技术参数如表 5.20 所列。二极管采用 Wolfspeed 公司型号为 CPW5 - 1200 - Z050B 的 SiC SBD。

表 5.20　用于对比的功率器件主要技术参数

技术规格	Cascode GaN HEMT	常通型 SiC JFET	Si IGBT
生产厂家	Transphorm	USCi	Infineon
型　号	TPH3207WS	UJN1205Z	IKW25N120H3
击穿电压/V	650	1 200	1 200
额定电流(T_j=25 ℃)/A	50	38	50
典型导通电阻/mΩ	35	35	N/A
集电极/发射极饱和电压/V	N/A	N/A	2.05
最大结温/℃	175	175	175

图 5.33 和图 5.34 分别为三种器件开通、关断过程中电压和电流波形对比。测试条件为：电源电压 U_{DC}=200 V，负载电流 I_L=10 A，驱动电阻 R_G=5 Ω，结温 T_j= 25 ℃。

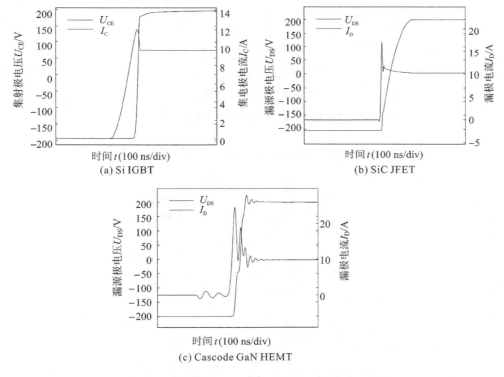

(a) Si IGBT

(b) SiC JFET

(c) Cascode GaN HEMT

图 5.33　三种功率器件开通过程中电压和电流波形对比

图 5.35 为三种功率器件开通和关断能量损耗随结温变化的关系曲线，每种器件的开关能量损耗均随着结温的增加而增加。Si IGBT 的开通能量损耗最大，SiC JFET 的开通能量损耗最小；Si IGBT 的关断能量损耗最大，Cascode GaN HEMT 的关断能量损耗最小。Si IGBT 的总开关能量损耗最大，Cascode GaN HEMT 的总开关能量损耗最小。

图 5.36 是结温为 25 ℃和 150 ℃下，当开关频率从 20 kHz 增加到 100 kHz 时分别采用三

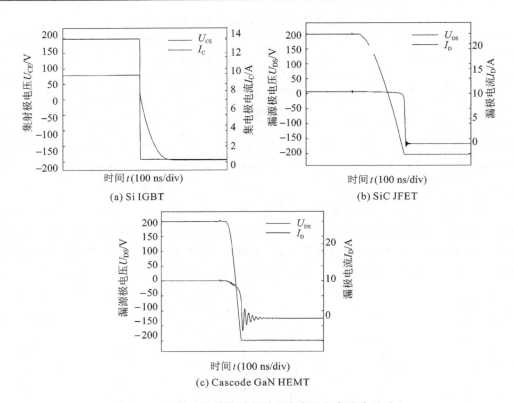

图 5.34　三种功率器件关断过程中电压和电流波形对比

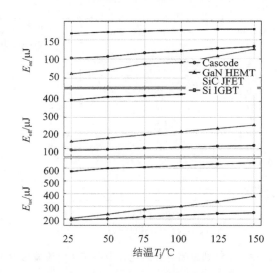

图 5.35　三种功率器件的开关能量损耗与结温的关系曲线

种功率器件制作的变换器的总损耗。随着开关频率的增加,采用 Cascode GaN HEMT 制作的变换器的总功率损耗只是略有的增加,而用 SiC JFET 和 Si IGBT 制作的变换器的功耗显著增加。

图 5.37 为常温下采用三种功率器件制作的变换器的效率–开关频率曲线。随着开关频率

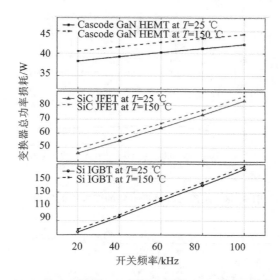

图 5.36　采用三种功率器件制作的变换器总损耗与开关频率的关系曲线

的升高,GaN 基变换器的效率略有下降,在 20~100 kHz 范围内效率保持在 96.2%~95.8% 之间;SiC 基和 Si 基变换器的效率随开关频率的升高而有较大幅度的降低。SiC 基变换器的效率处于 95.5%~92.7% 之间,Si 基变换器的效率处于 92.5%~84.17% 之间。

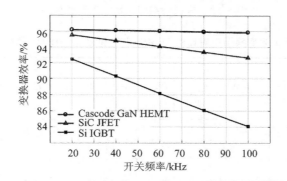

图 5.37　结温为 25 ℃时不同开关频率下的变换器效率

图 5.38 为采用三种功率器件的变换器效率曲线。GaN 基和 SiC 基变换器的效率均随输出功率的增加而增加,而采用 Si IGBT 制作的变换器的效率先随着输出功率的增加而增加,当输出功率到达 400 W 之后效率随输出功率的增加有较小幅度的下降。

3. GaN 器件在正激变换器中的应用

在正激变换器中对低压 eGaN HEMT 和 Si MOSFET 进行了对比研究。正激变换器主要技术规格为:直流输入电压 U_{in}=48 V,输出电压 U_o=5 V,额定输出功率 P_o=26 W。

如图 5.39 所示,正激变换器采用第三个绕组去磁方案,副边采用同步整流。

用于对比的功率器件如表 5.21 所列。

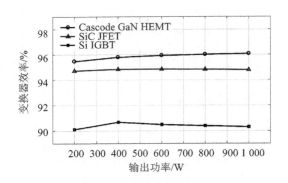

图 5.38　采用三种功率器件的变换器效率曲线

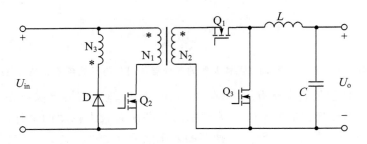

图 5.39　去磁绕组同步整流正激变换器

表 5.21　用于正激变换器中对比的 Si MOSFET 和 eGaN HEMT 器件主要电气参数

变换器	器件型号	U_{DS}/V	I_D/A	$R_{DS(on)}$/ mΩ	Q_G/nC	Q_{GD}/nC	整流品质因数/ (m$\Omega \cdot$ nC)	开关品质因数/ (m$\Omega \cdot$ nC)
原边 MOSFET	FDS2582	150	4.1	66	19	4.4	1254	290
原边 eGaNHEMT	EPC1012	200	3	100	1.9	0.9	190	90
副边 MOSFET	SIR464	40	50	4.2	28.2	9	118	38
副边 eGaNHEMT	EPC1015	40	33	4	11.5	2.2	46	9

　　图 5.40 给出了开关频率为 300 kHz 和 500 kHz 时，分别应用 eGaN HEMT 和 Si MOS-FET 的正激变换器的效率对比，可见：

　　① 开关频率为 300 kHz 时，与 Si MOSFET 相比，采用 eGaN HEMT 制作的正激变换器在轻载时效率略有升高，在满载时效率有明显提升。

　　② 开关频率越高，用 eGaN HEMT 制作的正激变换器效率优势更为明显。与开关频率为 300 kHz 相比，开关频率为 500 kHz 时，满载效率优势增加 2%，轻载效率优势增加 5%。

4. GaN 器件在反激变换器中的应用

　　在反激变换器中对 Si MOSFET 和低压 eGaN HEMT 进行了对比研究。反激变换器的

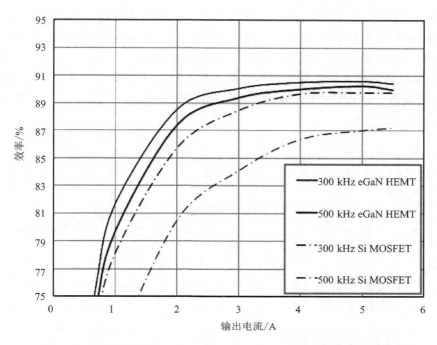

图 5.40　分别采用 Si MOSFET 和 eGaN HEMT 的正激变换器效率比较

主要技术规格为：直流输入电压 $U_{in} = 48$ V，输出电压 $U_o = 3.3$ V，额定输出功率 $P_o = 13$ W。反激变换器如图 5.41 所示。

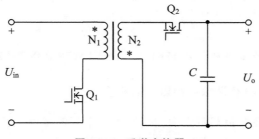

图 5.41　反激变换器

用于对比的功率器件如表 5.22 所列。

表 5.22　用于反激变换器中对比的 Si MOSFET 和 eGaN HEMT 主要电气参数

变换器	器件型号	U_{DS}/V	I_D/A	$R_{DS(on)}$/ $m\Omega$	Q_G/nC	Q_{GD}/nC	整流品质因数/($m\Omega \cdot$ nC)	开关品质因数/($m\Omega \cdot$ nC)
原边 MOSFET	FDS2582	150	4.1	66	19	4.4	1 254	290
原边 eGaN HEMT	EPC1012	200	3	100	1.9	0.9	190	90
副边 MOSFET	SIR464	40	50	4.2	28.2	9	118	38
副边 eGaN HEMT	EPC1015	40	33	4	11.5	2.2	46	9

图 5.42 给出了开关频率为 300 kHz 和 500 kHz 时,分别应用 Si MOSFET 和 eGaN HEMT 时的反激变换器效率对比。这里用于对比的 Si MOSFET 的通态电阻比 eGaN HEMT 小 40% 左右,而 eGaN HEMT 的开关损耗比 Si MOSFET 小。当开关频率为 300 kHz 时,采用两种不同功率器件的反激变换器效率相近。当开关频率提高到 500 kHz 时,GaN 基反激变换器的效率比开关频率为 300 kHz 时平均降低了 0.5% 左右,而 Si 基反激变换器的效率平均降低幅度高达 2%。

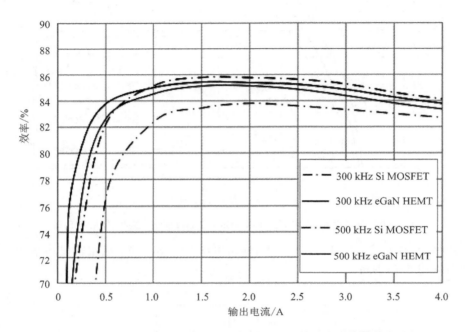

图 5.42 分别采用 Si MOSFET 和 eGaN HEMT 的反激变换器效率对比

5. GaN 器件在半桥 LLC 谐振变换器中的应用

LLC 谐振变换器可在全负载范围内实现原边功率管的零电压开通,并在谐振点以下实现副边同步整流管的零电流开通,广泛应用于高频高效率场合。GaN 器件由于具有小的结电容、无反向恢复电荷等优点,非常适用于高频 LLC 谐振变换器。

图 5.43 为半桥 LLC 谐振变换器拓扑结构。其中 Q_1 和 Q_2 为原边开关管,互补导通工作;副边采用导通电阻更小的开关管 Q_3 和 Q_4 代替整流二极管,实现同步整流工作模式,从而降低了整流管的导通损耗。

表 5.23 为半桥 LLC 谐振变换器的主要技术规格。

表 5.23 半桥 LLC 谐振变换器的主要技术规格

参 数	数 值	参 数	数 值
额定功率/W	300	输出电压(DC)/V	12
输入电压(DC)/V	400	开关频率/MHz	1

用于对比的 GaN 器件和 Si MOSFET 器件的参数列于表 5.24 和表 5.25 中。

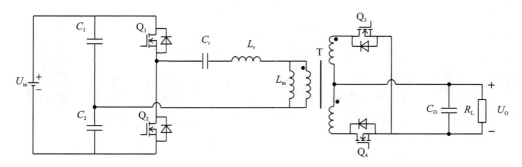

图 5.43 半桥 LLC 谐振变换器拓扑

表 5.24 原边器件参数

原边功率器件	额定电压/V	$R_{DS(on)}$/mΩ @25 °C/50 °C	输出电容/pF	栅极电荷/nC
IPP60R199CP(Si)	600	188/225 @10 V	327 @400 V	33 @10 V
TPH3006PS(GaN)	600	150/178 @8 V	115 @8 V	11 @8 V

表 5.25 副边器件参数

副边功率器件	额定电压/V	$R_{DS(on)}$/mΩ @25 °C/50 °C	输出电容/pF	栅极电荷/nC
BSC027N04LS(Si)	40	2.9/3.2 @5 V	1745 @25 V	3.5 @5 V
EPC2015(GaN)	40	3.2/3.6 @5 V	933 @25 V	10.5 @5 V

图 5.44 为分别采用 GaN 器件和 Si MOSFET 的 LLC 谐振变换器的器件损耗比较图。原边器件损耗包括导通损耗、关断损耗和驱动损耗;副边器件损耗包括导通损耗和驱动损耗。原、副边的 GaN 器件损耗均低于 Si MOSFET,前者约为后者的 50%。

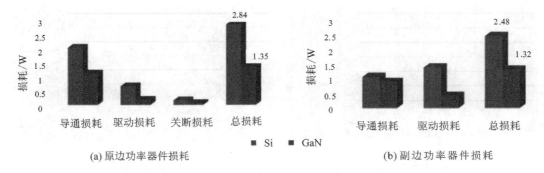

图 5.44 Si 基与 GaN 基 LLC 谐振变换器的功率器件损耗比较图

原边功率器件并联时会导致等效输出电容增加,从而对器件的总损耗产生影响。图 5.45 为原边开关管采用两个功率器件并联时的原边和副边的功率器件损耗比较图。与图 5.44 相比,Si 器件的导通损耗下降很小,而驱动损耗却增加了 0.5 W 左右,从而导致了总损耗的增加。而 GaN 器件的总损耗下降了 0.2 W,比采用 Si 器件有优势。

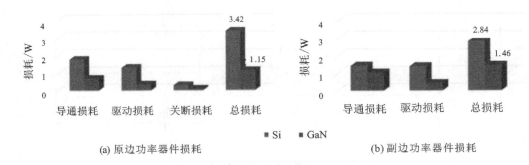

(a) 原边功率器件损耗　　　　　　　(b) 副边功率器件损耗

图 5.45　原边开关管采用两个器件并联时的原副边功率器件损耗比较图

原边采用多个功率器件并联时的原边器件总损耗如图 5.46 所示。Si 器件的总损耗随着并联器件数目的增加而增加,而 GaN 器件的总损耗在并联器件数目为 2 时最低,进一步增加并联数目时,总损耗反而会增大。

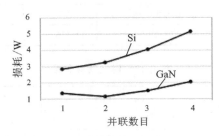

图 5.46　原边功率器件总损耗与并联数目的关系

分别采用 Si 器件和 GaN 器件的 300 W LLC 谐振变换器样机如图 5.47 所示。其损耗分布对比如图 5.48 所示。与 Si 基变换器相比,GaN 基变换器的原边和副边功率器件损耗约降低 50%,变压器损耗降低 18%,电容器 ESR 损耗降低 30%,变换器总损耗约降低 32%。

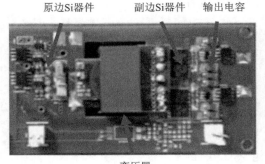
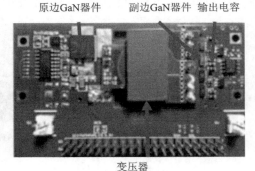

(a) Si基变换器　　　　　　　　　(b) GaN基变换器

图 5.47　LLC 谐振变换器样机

图 5.49 为 GaN 基和 Si 基变换器的效率曲线对比。GaN 基变换器的效率最大值为 96.8%,满载效率为 96.6%,比 Si 基变换器约高 1%。

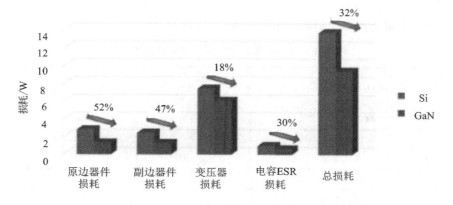

图 5.48　Si 基和 GaN 基变换器的损耗分布对比

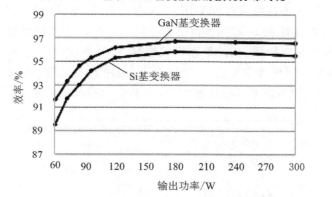

图 5.49　不同负载条件下 GaN 基和 Si 基变换器的效率对比

6. GaN 器件在双有源桥式全桥变换器中的应用

隔离式全桥变换器广泛应用于电信、数据中心、电动汽车和可再生能源等许多场合中。这类变换器的重要设计目标之一是如何实现高效率。本节在双有源桥式全桥变换器中,对 GaN 器件的应用进行了评估。

图 5.50 为双有源桥式全桥变换器的电路原理图。与普通全桥变换器相比,双有源桥式全桥变换器的副边整流桥全部采用可控器件,从而能够在不改变电路结构的情况下,实现能量双

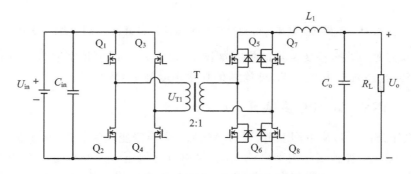

图 5.50　双有源桥全桥式变换器电路原理图

向流动。

　　双有源桥式全桥变换器主要技术参数如表 5.26 所列。

表 5.26　双有源桥式全桥变换器主要技术参数

参　　数	符　　号	数　　值
输出功率	P_o/kW	2.4
输入电压(DC)	U_{in}/V	130
输出电压(DC)	U_o/V	50
开关频率	f_{sw}/kHz	50
变压器匝比	n	2∶1
滤波电感	$L/\mu H$	10.2

　　图 5.51 给出不同开关频率下分别采用 GaN 器件和 Si 器件的变换器效率曲线。在相同开关频率下,GaN 基变换器和 Si 基变换器的效率均随着输出功率的增加而增加,GaN 基变换器的效率明显高于 Si 基变换器,尤其是在轻载情况下,效率优势更为明显。在开关频率等于50 kHz 时,GaN 基变换器的效率始终在 98% 以上,而随着开关频率的增加,轻载下的效率明显降低,但仍能维持在 90% 以上。相比较而言,Si 基变换器轻载效率下降幅度较大。

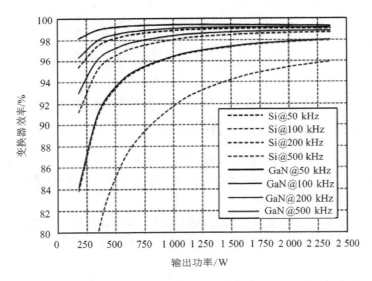

图 5.51　不同开关频率下分别采用 GaN 器件和 Si 器件的变换器效率曲线

　　GaN 基双有源桥式全桥变换器的样机如图 5.52 所示。开关频率取为 50 kHz 时的满载效率为 98.5%,最高效率为 98.8%,变换器的功率密度为 7 kW/L。

5.2.2　GaN 基 AC/DC 变换器

　　消费类电子产品一般从电网取电,通过 AC/DC 变换器变换为直流电,供给内部芯片和电路,或先通过 AC/DC 变换器给内部电池充电,再由电池给电子产品供电。这些 AC/DC 变换器不仅要求有高效率和高功率密度,而且要满足相应的谐波和功率因数要求。以笔记本电脑的电源适配器为例,其结构框图如图 5.53 所示,前级 PFC 电路调节交流输入电流以符合电流

图 5.52　2.4 kW GaN 基双有源桥式全桥变换器的样机

谐波要求,例如 IEC61000 - 3 - 2 标准。隔离式 DC/DC 级用于变换直流电压,并提供隔离以保证用户安全。

图 5.53　电源适配器的结构框图

　　这里采用 TI 公司的 Buck - PFC 电路平台,通过对比 GaN 基 PFC 电路和 Si 基 PFC 电路的性能,对 GaN 器件进行应用评估。

　　Buck - PFC 电路原理图如图 5.54 所示。输出电压设置在 85 V 左右,低于交流输入最低峰值电压。控制电路采用双环实现闭环控制。

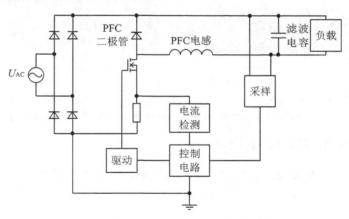

图 5.54　Buck - PFC 电路原理图

　　Buck - PFC 电路平台所采用的控制器为 UCC29910A,开关频率固定为 100 kHz,输入电压设为 115 V AC。用于对比的功率器件为 Cascode GaN HEMT(TPH3006PD)和 Si CoolMOS(IPB60R199CP),用于对比的 PFC 二极管为 SiC SBD(C4D20120A)和 Si FRD(RHRD660S)。图 5.55 为 GaN 基 PFC 电路和 Si 基 PFC 电路的效率曲线对比。对比可见,GaN 基 PFC 电路的满载效率比 Si 基 PFC 电路提高 1%～2%。

　　图 5.56 为采用不同功率器件的 Buck - PFC 电路满载工作 10 min 后的温度图谱。对比

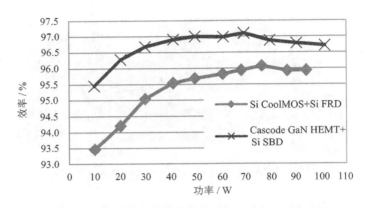

图 5.55 Si 基和 GaN 基 Buck – PFC 电路的效率曲线对比

可见,GaN 基 PFC 电路温升较低。对比研究中所采用的 100 kHz 开关频率仍不足以充分显示 Cascode GaN HEMT 和 SiC SBD 的优势,若采用更高的开关频率,GaN 基 PFC 电路在保持较高效率水平的同时,功率密度还可得到进一步提升。

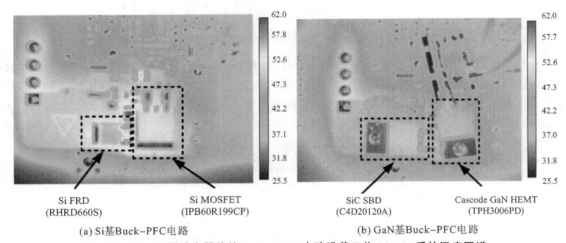

(a) Si基Buck-PFC电路   (b) GaN基Buck-PFC电路

图 5.56 采用不同功率器件的 Buck – PFC 电路满载工作 10 min 后的温度图谱

5.2.3 GaN 基 DC/AC 变换器

DC/AC 变换器的种类很多,这里以并网逆变器、电机驱动器和多电平逆变器为例,对 GaN 器件在 DC/AC 变换器中的应用进行评估。

1. GaN 器件在并网逆变器中的应用

在风电和光伏发电等新能源发电领域,并网逆变器作为连接电网的重要功率单元,希望其具有高效率。

与带工频变压器的并网逆变器相比,无工频变压器的并网逆变器具有更高的效率和更低的成本。本小节基于由无工频变压器 H5 逆变器拓扑改进后的新型拓扑结构(简称"H5 改进拓扑"),对 GaN 基功率器件和 Si 基功率器件进行应用对比。

H5 逆变器拓扑如图 5.57 所示,在其基础上作如下改动可得 H5 改进型逆变器拓扑:S_5

与 S_1 断开,连接到端子 A;在直流输入正端和端子 B 之间额外增加一个开关管 S_6。H5 改进型逆变器拓扑如图 5.58 所示,S_2、S_4、S_5 和 S_6 按高频开关工作,S_1 和 S_3 按工频开关工作。与 H5 逆变器拓扑结构相比,H5 改进型逆变器拓扑可进一步降低导通损耗。

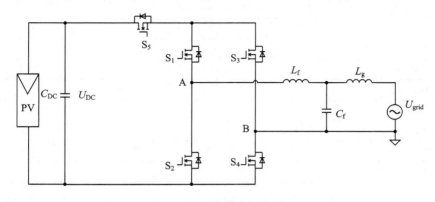

图 5.57　H5 逆变器拓扑

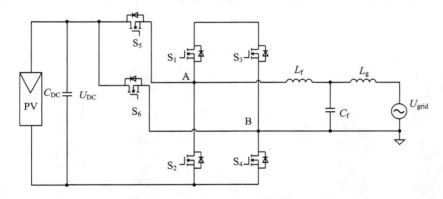

图 5.58　H5 改进型逆变器拓扑

表 5.27 为变换器主要技术规格。表 5.28 为用于对比的功率器件(Si IGBT 和 eGaN HEMT)的主要电气参数。

表 5.27　变换器主要技术规格

参　数	数　值
额定功率/kW	2
输入电压(DC)/V	380
电网电压(AC)/V	120
电网频率/Hz	60
开关频率/kHz	20,100
输入电容 C_{DC}/mF	1
滤波电感值(L_f,L_g)/mH	1,0.6
滤波电容值 C_f/μF	6.8

表 5.28　开关器件的主要电气参数对比

器件类型	Si IGBT	eGaN HEMT
型　号	IXGH 40N60C2	GS66516T
U_{CE},U_{DS}/V	600	650
$R_{DS(on)}$/mΩ	—	25
Q_{G}/nC	95	12.1
$Q_{GE/GS}$/nC	14	4.4
$Q_{GC/GD}$/nC	36	3.4
$C_{ies/iss}$/pF	2 500	520
$C_{oes/oss}$/pF	180	130
$C_{res/rss}$/pF	54	4

　　图 5.59 给出了在 20 kHz 开关频率下,不同输出功率时 Si 基与 GaN 基逆变器的功率损耗对比。GaN 基 H5 改进型逆变器的功率损耗比 Si 基 H5 逆变器和 Si 基 H5 改进型逆变器大幅降低。

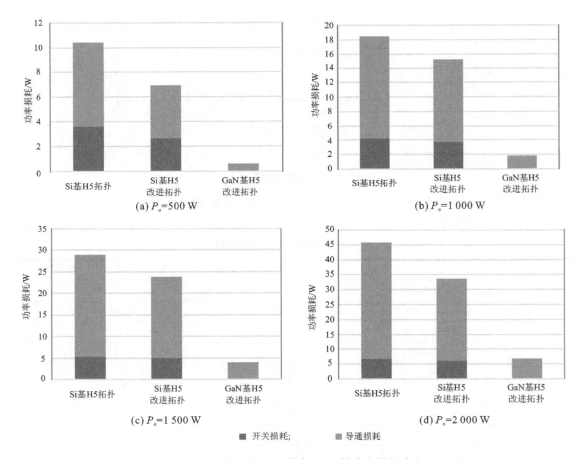

图 5.59　20 kHz 开关频率下 Si 基与 GaN 基逆变器的功率损耗对比

图 5.60 给出不同开关频率下 Si 基和 GaN 基 H5 改进型逆变器效率曲线对比。从图 5.60 可以看出,在满载和 100 kHz 开关频率下,GaN 基逆变器的效率为 99.64%,Si 基逆变器的效率为 94.4%。与 Si 基逆变器相比,GaN 基逆变器的效率提高超过 5%,具有更低的功率损耗。

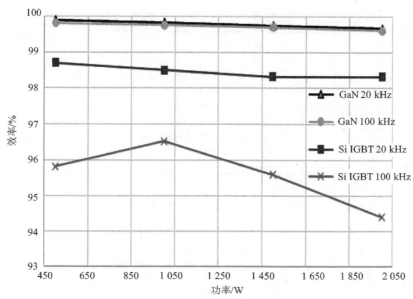

图 5.60　不同开关频率下 Si 基和 GaN 基 H5 改进型逆变器效率对比

2. GaN 器件在电机驱动器中的应用

Si IGBT 是电机驱动器常用的功率器件,但其存在电流拖尾问题,开关频率受到限制。Cascode GaN HEMT 可以工作在更高的开关频率,这里以异步电机驱动系统作为研究对象,对采用 Cascode GaN HEMT 模块和 Si IGBT 模块制作的电机驱动系统进行了对比研究。

图 5.61 为三相异步电机驱动系统示意图,三相桥分别采用 Cascode GaN HEMT 六合一模块(见图 5.62(a))和 Si IGBT 六合一模块(见图 5.62(b))。

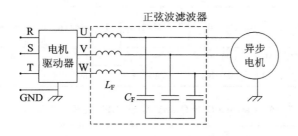

图 5.61　三相异步电机驱动系统示意图

表 5.29 和表 5.30 分别为 Cascode GaN HEMT 与 Si IGBT 开通和关断过程的参数对比。Cascode GaN HEMT 由高压常通型 GaN HEMT 和低压 Si MOSFET 级联而成,其中 GaN HEMT 没有寄生体二极管,低压 Si MOSFET 有寄生体二极管,但因其是低压器件,反向恢复

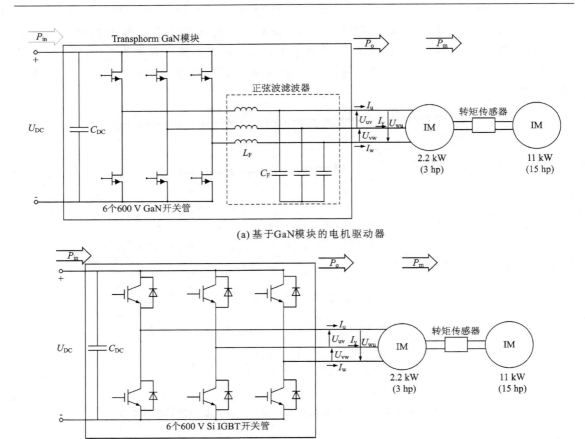

(a) 基于GaN模块的电机驱动器

(b) 基于Si IGBT模块的电机驱动器

图 5.62 采用不同功率模块的电机驱动系统

电荷 Q_{rr} 较小,典型值只有 40 nC 左右,反向恢复时间典型值为 14 ns。而与 Cascode GaN HEMT 相同电压电流定额的 Si IGBT 的反并二极管的反向恢复电荷接近 900 nC,反向恢复时间典型值为 700 ns。

表 5.29 Cascode GaN HEMT 与 Si IGBT 开通过程的参数对比

器 件	型 号	公 司	开通延时/ns	上升时间/ns	栅极电荷/nC	$\dfrac{\mathrm{d}u}{\mathrm{d}t}\Big/(\mathrm{kV\cdot\mu s^{-1}})$
Cascode GaN HEMT	TPT3044M	Transphorm	4	3.5	4.8	103
Si IGBT	CP30TD-12	Mitsubishi	80	50	98	—

表 5.30 Cascode GaN HEMT 与 Si IGBT 关断过程的参数对比

器 件	型 号	公 司	关断时间/ns	下降时间/ns	$\dfrac{\mathrm{d}u}{\mathrm{d}t}\Big/(\mathrm{kV\cdot\mu s^{-1}})$
CascodeGaN HEMT	TPT3044M	Transphorm	15	7	53
Si IGBT	CP30TD1-12	Mitsubishi	300	—	—

与 Si IGBT 电机驱动系统相比,Cascode GaN HEMT 电机驱动系统增加了正弦波滤波器,以衰减进入电机绕组中的谐波电流分量,减小电机损耗。正弦波滤波器如图 5.61(a)中虚线框所示,由于 Cascode GaN HEMT 的开关频率可以取得较高(这里取 100 kHz),从而可以采用较小尺寸的正弦滤波器(这里取其转折频率为 34 kHz),表 5.31 和表 5.32 分别为采用 Cascode GaN HEMT 模块和 Si IGBT 模块的异步电机驱动系统效率测试数据。

表 5.31　采用 Cascode GaN HEMT 功率模块的异步电机驱动系统效率

输出功率设定/kW	输入		输出		功率			效率		
	输入电压 U_{DC}/V	输入电流 I_{DC}/A	输出电压 U_O/V	输出电流 I_O/A	输入功率 P_{in}/kW	驱动器输出功率 P_O/kW	电机输出功率 P_m/kW	驱动器效率/%	电机效率/%	驱动系统效率/%
0	325.6	0.915	228.61	4.038	0.298	0.279	0.104	93.64	37.43	35.05
0.4	323.7	1.349	226.98	4.087	0.437	0.417	0.269	95.58	64.36	61.51
0.6	321.2	1.901	224.74	4.208	0.611	0.591	0.403	96.73	68.19	65.95
0.8	319.2	2.572	222.92	4.441	0.821	0.800	0.612	97.34	76.51	74.47
1.0	318.0	3.246	221.71	4.750	1.033	1.009	0.791	97.71	78.36	76.57
1.2	316.7	3.908	220.44	5.102	1.239	1.212	0.970	97.87	80.01	78.30
1.4	315.9	4.497	219.46	5.451	1.421	1.392	1.134	97.92	81.47	79.77
1.6	314.5	5.202	218.01	5.893	1.637	1.603	1.343	97.96	83.75	82.04
1.8	314.5	5.830	217.56	6.328	1.834	1.797	1.507	97.98	83.88	82.19
2.0	312.8	6.529	212.98	6.851	2.043	2.000	1.686	97.91	84.30	82.54

表 5.32　采用 Si IGBT 功率模块的异步电机驱动系统效率

输出功率设定/kW	输入		输出		功率			效率		
	输入电压 U_{DC}/V	输入电流 I_{DC}/A	输出电压 U_O/V	输出电流 I_O/A	输入功率 P_{in}/kW	驱动器输出功率 P_O/kW	电机输出功率 P_m/kW	驱动器效率/%	电机效率/%	驱动系统效率/%
0	325.3	1.221	228.09	4.071	0.397	0.363	0.119	93.67	32.90	30.82
0.4	324.8	1.426	227.72	4.106	0.463	0.429	0.194	94.51	45.25	42.77
0.6	322.0	1.998	225.23	4.220	0.644	0.608	0.358	95.96	58.88	56.50
0.8	321.9	2.574	224.49	4.433	0.829	0.792	0.537	96.69	67.83	65.58
1.0	320.7	3.301	222.47	4.759	1.059	1.020	0.761	97.22	74.61	72.54
1.2	319.0	3.950	220.41	5.105	1.261	1.220	0.940	97.51	77.06	75.14
1.4	318.2	4.691	219.06	5.564	1.493	1.449	1.134	97.06	78.28	76.47
1.6	317.4	5.250	218.23	5.946	1.666	1.621	1.283	97.86	79.15	77.45
1.8	316.3	5.912	217.18	6.403	1.870	1.822	1.477	97.95	81.07	79.40
2.0	314.7	6.588	215.88	6.884	2.074	2.022	1.656	97.98	81.89	80.24

　　图5.63和图5.64分别为采用不同功率模块的电机驱动器效率和整个驱动系统效率对比曲线。由图可见,采用Cascode GaN HEMT的电机驱动器和整个驱动系统的效率均比采用Si IGBT的更高,且GaN基电机驱动器效率测试包括了正弦滤波器,而正弦滤波器相当于把因PWM开关波形中高次谐波对电机的影响转移至滤波器,以较小尺寸的滤波元件、较小的损耗替代了高次谐波对电机产生的额外损耗和影响。另外,在大多数变频调速领域,如风机、水泵类负载,电机在大部分时间内往往工作在50%～70%额定负载下。由图5.63和图5.64可见,在轻载和中载情况下,GaN基电机驱动系统比Si基电机驱动系统的效率优势更为明显。

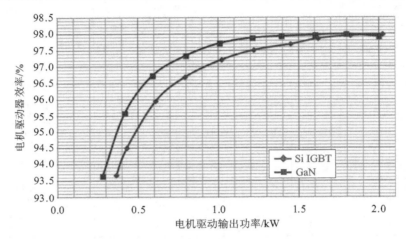

图5.63　电机驱动器效率对比

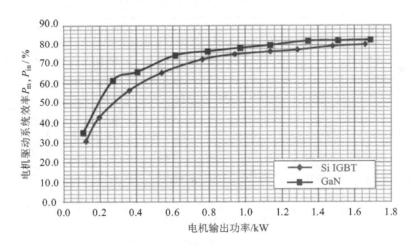

图5.64　电机驱动系统效率对比

3. GaN器件在模块化多电平逆变器中的应用

　　模块化多电平(MMC)拓扑具有模块化、易扩展和冗余工作等特点,在中高压场合很有优势。这里以MMC拓扑为例,对GaN和Si CoolMOS器件在其中的应用进行对比,评估GaN器件在MMC逆变器中的应用优势。

　　图5.65所示为三相MMC中压电机驱动器主电路拓扑。其中,每个开关单元由2个功率

器件和 1 个电容器组成,如图 5.66 所示。表 5.33 为 MMC 逆变器的技术规格。

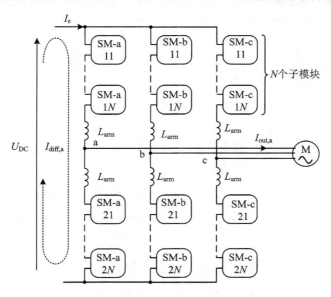

图 5.65　三相 MMC 中压电机驱动器主电路拓扑

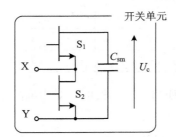

图 5.66　基于 GaN 器件的 MMC 开关单元

表 5.33　MMC 逆变器技术规格

参　数	符　号	数　值
直流输入电压	U_{DC}/V	700
输出相电压有效值	U_{AC}/V	230
输出频率	f_1/Hz	50～1 000
开关频率	f_s/kHz	10～200
输出功率	P_o/kW	10
功率单元电容电压	U_c/V	350
每个臂的功率单元数	N	2

表 5.34 列出相近额定电压、额定电流的 GaN 和 Si CoolMOS 器件的主要特性参数。这两种器件的导通电阻 $R_{DS(on)}$ 和输出电容 C_{oss} 数值均接近,但栅极总电荷 Q_G 和反向恢复电荷 Q_{rr} 有明显区别。

表 5.34　相近额定电压、额定电流的 GaN HEMT 和 Si CoolMOS 器件的主要特性参数

参　数	符　号	数　值	
		Si CoolMOS	GaN HEMT
漏源电压	U_{DS}/V	650	650
漏极电流	I_{DS}/A	29	30
导通电阻(T_j＝150 ℃)	$R_{DS(on)}/m\Omega$	125	130
栅极内部电阻	$R_{G(int)}/\Omega$	0.8	1.1
栅极总电荷	Q_G/nC	68	5.8
输出电容	C_{oss}/pF	54	65
反向恢复电荷	$Q_{rr}/\mu C$	6	0
开通驱动电阻	$R_{G(on)}/\Omega$	10	10
关断驱动电阻	$R_{G(off)}/\Omega$	0	0
开通驱动电压	$U_{GS(on)}/V$	10	6.5
关断驱动电压	$U_{GS(off)}/V$	0	0
密勒平台电压	$U_{plateau}/V$	5	3
上升时间	t_r/ns	5	3.7
下降时间	t_f/ns	3.5	5.2
热阻	$R_{th(jc)}/(K \cdot W^{-1})$	0.5	0.5

与 Si CoolMOS 相比，GaN HEMT 的栅极电压变化范围较窄，栅极总电荷更小，其栅极驱动能量降为 Si CoolMOS 的 1/18 左右。

图 5.67 为直流输入电压 U_{DC}＝400 V，结温 T_j＝150 ℃条件下 GaN HEMT 和 Si Cool-MOS 器件的特性比较。图 5.67(a)为两种器件正向和反向导通特性对比，Si CoolMOS 比 GaN HEMT 具有更好的导通特性。图 5.67(b)为两种器件关断能量损耗对比，Si CoolMOS 比 GaN HEMT 具有更低的关断能量损耗 E_{off}。图 5.67(c)为两种器件的开通能量损耗对比，GaN 器件的开通能量损耗 E_{on} 很小，可忽略不计，而 Si CoolMOS 的开通能量损耗却很大，在绝对数值上比其关断能量损耗高得多。

图 5.68 所示是采用 LT - SPICE 软件仿真得到的 GaN HEMT 和 Si CoolMOS 开关特性对比结果。仿真工作条件设置为：U_{in}＝350 V，I_o＝5 A，T_j＝150 ℃。与 Si CoolMOS 相比，GaN HEMT 具有更低的开通能量损耗，而关断特性相近。

表 5.35 给出了 GaN 基和 Si 基 MMC 逆变器中功率器件的驱动损耗计算结果。由于 GaN HEMT 具有较低的 Q_G 和较窄的驱动电压范围，因此其驱动损耗比 Si 器件低得多。

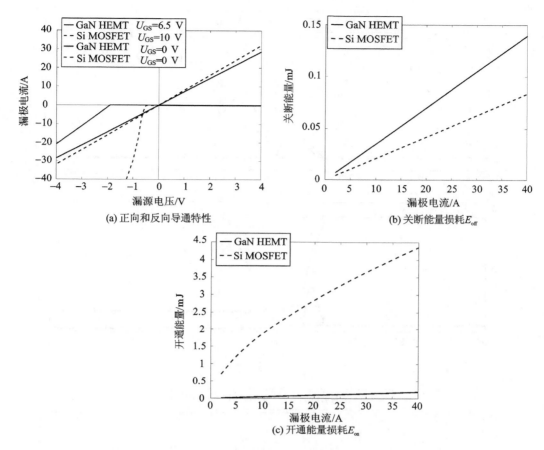

(a) 正向和反向导通特性

(b) 关断能量损耗 E_{off}

(c) 开通能量损耗 E_{on}

图 5.67　GaN HEMT 和 Si CoolMOS 器件特性比较 ($U_{DC}=400$ V, $T_j=150$ ℃)

表 5.35　GaN 基和 Si 基 MMC 逆变器中功率器件的驱动损耗计算结果

| 功率器件 | 不同开关频率下的驱动损耗/mW | | | | | |
| | $f_{sw}=10$ kHz | | | $f_{sw}=200$ kHz | | |
	每个开关	每个功率单元	整个逆变器	每个开关	每个功率单元	整个逆变器
Si MOSFET	6.8	13.6	163.20	136	272	3 264
GaN HEMT	0.38	0.76	9.12	7.54	15.08	180.96

　　图 5.69 为 GaN 基和 Si 基 MMC 逆变器在不同基波频率和开关频率下功率器件损耗分布对比。从图 5.69(a)可见，对于低频工作的 MMC 逆变器，导通损耗占损耗的主要部分。随着开关频率的升高，导通损耗所占比例越来越小，开关损耗所占比例越来越大。当开关频率为 200 kHz 时，GaN 基 MMC 逆变器功率单元损耗比 Si 基功率单元小得多，且不受基波频率影响。

　　图 5.70 为实验测试的功率单元损耗情况。尽管实验结果与理论分析计算并不完全匹配，但 GaN 器件的功率损耗变化规律与理论分析基本一致。导致实测与分析不同的主要原因包括结温差别、PCB 杂散电感和测量精度等。图 5.71 为 GaN 基 MMC 逆变器中的典型功率单元实物。

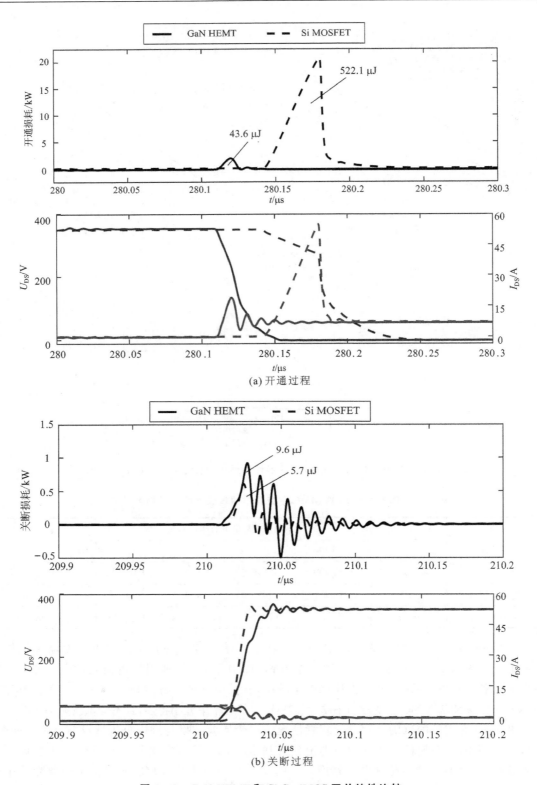

图 5.68   GaN HEMT 和 Si CoolMOS 开关特性比较

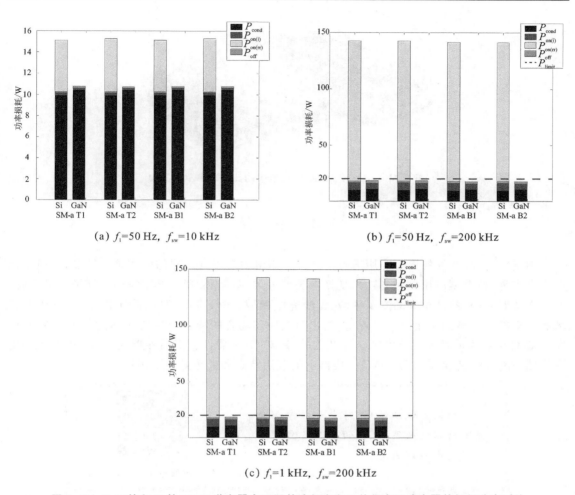

(a) $f_i=50\ \text{Hz}$, $f_{sw}=10\ \text{kHz}$　　　　　(b) $f_i=50\ \text{Hz}$, $f_{sw}=200\ \text{kHz}$

(c) $f_i=1\ \text{kHz}$, $f_{sw}=200\ \text{kHz}$

图 5.69　GaN 基和 Si 基 MMC 逆变器在不同基波频率和开关频率下功率器件损耗分布对比

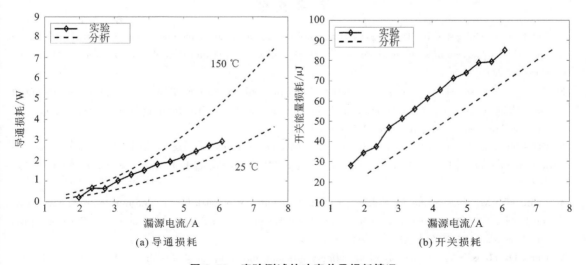

(a) 导通损耗　　　　　　　　　　　　(b) 开关损耗

图 5.70　实验测试的功率单元损耗情况

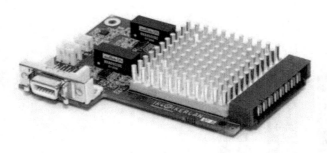

图 5.71　GaN 基 MMC 逆变器中的典型功率单元实物

5.3　小　结

本章对 GaN 器件的典型应用进行了介绍。因电力电子变换器的应用领域较多,变换器类型也有多种,按典型应用领域和功率变换器类型分类,对 GaN 器件典型应用分别进行了论述。

本章对 GaN 器件在电动汽车领域、无线充电领域、光伏发电领域、照明领域、数据中心领域和航空航天领域的应用进行了评价,指出每类应用场合的特点,并用实例阐述了应用现阶段 GaN 器件可获得的性能提升空间。除此之外,还对 GaN 器件在不同种类变换器,包括 DC/DC 变换器、AC/DC 变换器和 DC/AC 变换器中的应用特点和优势进行了阐述。

扫描右侧二维码,可查看本章部分插图的彩色效果,规范的插图及其信息以正文中印刷为准。

第 5 章部分插图彩色效果

参考文献

[1] Letellier A, Dubois M R, Trovao J P, et al. Gallium nitride semiconductors in power electronics for electric vehicles: advantages and challenges[C]. IEEE Vehicle Power and Propulsion Conference, Montreal, Canada, 2015: 1-6.

[2] Attia Y, Youssef M. GaN on silicon e-HEMT and pure silicon MOSFET in high frequency switching of EV DC/DC converter: A comparative study in a nissan leaf[C]. IEEE International Telecommunications Energy Conference, Austin, USA, 2016: 1-6.

[3] Cai A Q, Siek L. A 2 kW, 95% efficiency inductive power transfer system using gallium nitride gate injection transistors[J]. IEEE Journal of Emerging and Selected Topics in Power Electronics, 2017, 5(1): 458-468.

[4] Hamanaka M, Matsuyama T, Yukita K, et al. Development of buck-boost maximum power point tracking for a solar cell using GaN semiconductor[C]. IEEE International Conference on Power Electronics and Drive Systems. Honolulu, USA, 2017: 118-124.

[5] Derix D, Hensel A, Freiche R, et al. Highly efficient and compact single phase PV inverter with GaN transistors at 250 kHz switching frequency[C]. IEEE International Conference on Power Electronics and

Applications，Warsaw，Poland，2017：1-7.

[6] Duarte R R，Ferreira G F，Dalla Costa M. A，et al. Performance investigation of silicon and gallium nitride transistors in an integrated double buck-boost LED driver[C]. IEEE Industry Applications Society Annual Meeting，Cincinnati，USA，2017：1-5.

[7] Li Y，Lyu X，Cao D，et al. A high efficiency resonant switched-capacitor converter for data center[C]. IEEE Energy Conversion Congress and Exposition，Cincinnati，USA，2017：4460-4466.

[8] Liu X，Burgos R，Sun B，et al. Wide-input-voltage-range dual-output GaN-based isolated DC-DC converter for aerospace applications[C]. IEEE Applied Power Electronics Conference and Exposition，Tampa，USA，2017：279-286.

[9] Lidow A，Strydom J. Benchmark DC-DCconversion efficiency with eGaN FET-based buck converters[J/OL]. Efficient Power Conversion Corporation WP002，2012. [2019-07-04] http：//epc-co. com/epc/Portals/0/epc/documents/papers/Benchmark DC-DC Conversion Efficiency with eGaN FET-Based Buck Converters. pdf.

[10] Alharbi S S，Al-bayati A M S. Design and performance evaluation of a DC-DC buck-boost converter with cascode GaN FET，SiC JFET，and Si IGBT power devices[C]. North American Power Symposium，Morgantown，USA，2017：1-6.

[11] Lidow A，Strydom J. Improve DC-DC forward converter efficiency with eGaN FETs[J/OL]. Efficient Power Conversion Corporation WP004，2012. [2019-07-04]http：//epc-co. com/epc/Portals/0/epc/documents/papers/WP004 Improve DC-DC Forward Converter. pdf.

[12] Lidow A，Strydom J. Improve DC-DC flyback converter efficiency using eGaN FETs[J/OL]. Efficient Power Conversion Corporation WP003，2012. [2019-07-04]http：//epc-co. com/epc/Portals/0/epc/documents/papers/ Improve DC-DC Flyback Converter Efficiency Using eGaN FETs.

[13] Zhang W，Wang F，Costinett D J，et al. Investigation of gallium nitride devices in high-frequency LLC resonant converters[J]. IEEE Transactions on Power Electronics，2017，32(1)：571-583.

[14] Ramachandran R，Nymand M. Experimental demonstration of a 98. 8% efficient isolated DC-DC GaN converter[J]. IEEE Transactions on Industrial Electronics，2017，64(11)：9104-9113.

[15] Zhang X，Yao Chengcheng，Lu Xintong，et al. A GaN transistor based 90 W AC/DC adapter with a buck-PFC stage and an isolated quasi-switched-capacitor DC/DC stage[C]. IEEE Applied Power Electronics Conference and Exposition，Fort Worth，USA，2014：109-116.

[16] McLamara J W，Huang A Q. GaN HEMT based 250 W CCM photovoltaic micro- inverter[C]. IEEE Applied Power Electronics Conference and Exposition，Charlotte，NC，2015：246-253.

[17] Alatawi K S，Almasoudi F M，Matin M A. Highly efficient GaN-based single-phase transformer-less PV grid-tied inverter[C]. North American Power Symposium，Morgantown，USA，2017：1-6.

[18] Shirabe K，Swamy M M，Jun-Koo Kang，et al. Efficiency comparison between Si-IGBT-based drive and GaN-based drive[J]. IEEE Transactions on Industry Applications，2014，50(1)：566-572.

[19] Avila A，Garcia-Bediaga A，Oñederra O，et al. Comparative analysis of GaN HEMT vs. Si CoolMOS for a high-frequency MMC topology[C]. European Conference on Power Electronics and Applications，Warsaw，Poland，2017：1-9.

第 6 章　　GaN 基变换器的性能制约因素与关键问题

在器件特性上,GaN 器件比 Si 器件有明显的优势,采用 GaN 器件制作功率变换器,希望获得比 Si 基变换器更高的效率、功率密度、电磁兼容性和可靠性。然而要达到 GaN 基变换器的高性能指标,仍需克服相关制约因素和解决关键问题,主要包括:高速开关限制因素、热设计相关问题以及多目标优化设计问题等。在整机设计中,必须细致分析高速开关瞬态过程对整机各部分功能电路的影响,从振荡尖峰、EMI 和可靠性等性能方面考虑,凝练各功能电路的"精细化设计"要求。对于 GaN 基功率器件,需要紧凑布局,尽可能缩短驱动电路和功率器件的距离,或采用集成驱动的 GaN 器件,并优化处理热设计的问题。与此同时,GaN 基变换器是典型的"多变量-多目标"系统,要获得最优参数设计,需要采用合适的多目标优化设计方法,最大程度地提升 GaN 基变换器整机性能。

只有妥善解决了以上这些问题,才能真正发挥 GaN 器件的优势,使得 GaN 基变换器实现高效率、高功率密度和高可靠性,耐受恶劣工作环境。

6.1　GaN 器件高速开关限制因素

尽管从器件特性上看,GaN 器件可比 Si 器件具有更快的开关速度,可在更高开关频率下工作,从而获得高频化带来的整机尺寸、重量的减小,以及功率密度的提高等性能优势。然而在实际应用中,GaN 器件高速开关却受到一些因素的制约。

从器件安全工作角度看,GaN 器件在开关转换期间,栅极不宜出现较大的振荡和电压过冲,漏极不宜出现较大的电压尖峰,开通时的漏极电流不宜出现过大的电流过冲,器件关断时不宜出现误导通问题;且在桥臂电路中,上下管之间不能因相互影响造成直通问题。从整机电磁兼容性角度看,GaN 基变换器要满足相应的 EMC 标准要求。

因此,为保证 GaN 器件充分发挥其性能优势,必须对这些限制因素加以分析研究,寻求好的解决办法。这些限制因素主要包括:①寄生电感;②寄生电容;③驱动能力;④电压、电流测试;⑤长电缆电压反射问题;⑥EMI 问题。

6.1.1　寄生电感的影响

为了研究 eGaN HEMT 的开关特性受栅极寄生电感 L_G、漏极寄生电感 L_D 和源极寄生电感 L_S 的影响关系,考虑 eGaN HEMT 极间电容和回路的寄生电感,建立了如图 6.1 所示的桥臂双脉冲电路模型。其中 L_{G1} 和 L_{G2} 为栅极寄生电感,L_{P1} 和 L_{P2} 为母线寄生电感,L_{D1} 和 L_{D2} 为漏极寄生电感,L_{CS1} 和 L_{CS2} 是共源极寄生电感,L_S 为源极寄生电感,R_G 是栅极电阻。根据 Q_1 所在的闭合回路和对其开关特性的影响,将影响 Q_1 的寄生参数进行归类简化,分为栅极寄生电感 L_G,共源极寄生电感 L_{CS1} 和漏极寄生电感 L_D。其中,栅极寄生电感和共源极寄生电感未发生变化,漏极寄生电感 L_D 包括 L_{P1}、L_{P2} 和 L_{D1}。上管寄生电容 C_p 包括上管 Q_2 的输出电容 C_{oss} 和功率电感 L 的寄生电容。

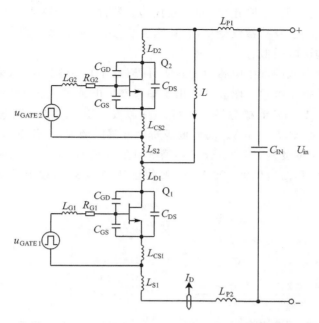

图 6.1　考虑 eGaN HEMT 极间电容和回路寄生电感的桥臂双脉冲电路模型

1. 栅极寄生电感 L_G 的影响

栅极寄生电感 L_G 会与 eGaN HEMT 的输入电容 C_{iss}（＝$C_{GS}+C_{GD}$）谐振，引起栅源极电压 U_{GS} 波形振荡。开通时 R_G、L_G、L_{CS1} 和 C_{iss} 构成了 RLC 串联谐振电路，对应的二阶微分方程为

$$(L_G+L_{CS1})C_{iss}\frac{\mathrm{d}^2U_{GS}}{\mathrm{d}t^2}+R_GC_{iss}\frac{\mathrm{d}U_{GS}}{\mathrm{d}t}+U_{GS}=U_{DRV} \tag{6-1}$$

式中，U_{DRV} 为驱动电压。

U_{GS} 可表示为

$$U_{GS}=U_{DRV}\left[1-\frac{1}{p_2-p_1}\left(p_2\mathrm{e}^{p_1t}-p_1\mathrm{e}^{p_2t}\right)\right] \tag{6-2}$$

式中，

$$p_1=-\frac{R_G}{2L}+\sqrt{\left(\frac{R_G}{2L}\right)^2-\frac{1}{LC_{iss}}}=-\delta+\sqrt{\delta^2-\omega_0^2} \tag{6-3}$$

$$p_2=-\frac{R_G}{2L}-\sqrt{\left(\frac{R_G}{2L}\right)^2-\frac{1}{LC_{iss}}}=-\delta-\sqrt{\delta^2-\omega_0^2} \tag{6-4}$$

衰减常数 δ、谐振角频率 ω_0、自由振荡角频率 ω 分别为

$$\delta=\frac{R_G}{2(L_G+L_{CS1})}=\frac{R_G}{2L} \tag{6-5}$$

$$\omega_0=\frac{1}{\sqrt{(L_G+L_{CS1})C_{iss}}}=\frac{1}{\sqrt{LC_{iss}}} \tag{6-6}$$

$$\omega=\sqrt{\omega_0^2-\delta^2} \tag{6-7}$$

L_G 会影响 U_GS 的上升、下降速率,并引起振荡。器件开通时随着 L_G 的增大,U_GS 的上升速率变慢,振荡峰值变大,衰减常数变小,衰减速度变慢,谐振角频率降低,谐振周期变长。关断时栅极寄生电感的影响类似。

为便于分析布线引入的寄生电感对 eGaN HEMT 开关特性的影响,采用外加小电感的方式在回路中模拟布线寄生电感。图 6.2 给出了栅极寄生电感 L_G 分别设置为 0 nH(不加入外部寄生电感)、10 nH、15 nH 时栅源极电压 U_GS、漏源极电压 U_DS 和漏极电流 i_D 的波形。测试条件设置为:$U_\text{DC} = 400$ V,$I_\text{L} = 8$ A。随着栅极寄生电感的增大,栅源电压变化速率降低,振荡逐渐加剧,振荡衰减速度变慢,周期变长。当栅极寄生电感为 25 nH 时,eGaN HEMT 栅源电压的振荡已十分严重,母线电压为 200 V 时,峰值已达到了 8 V,超出了安全工作的栅源电压范围。

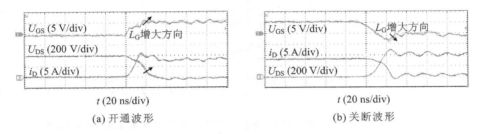

图 6.2　不同栅极寄生电感 L_G 下的开关波形

图 6.3 是不同栅极寄生电感 L_G 下的开关特性。栅极寄生电感对开关特性影响很小,减小 L_G 主要是为了抑制开关过程中栅源电压尖峰和振荡,提高驱动电路的可靠性。而且在实际驱动电路设计中必须保证栅极寄生电感很小,因此其对开关过程的影响很小。在实际电路制作时,驱动电路与功率器件之间的距离应尽可能短,构成的栅极回路面积应尽可能小。

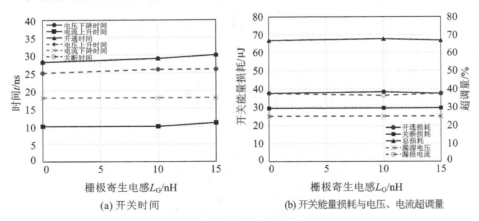

图 6.3　不同栅极寄生电感 L_G 下的开关特性

2. 漏极寄生电感 L_D 的影响

下管开通过程中,漏极电流上升会在 L_P 和 L_CS1 两端产生感应电压,导致下管的漏源电压 U_DS 出现下降。

$$U_{DS} = U_{DC} - (L_P + L_{CS1}) \frac{di_D}{dt} \tag{6-8}$$

当下管漏极电流上升到电感电流，上管不再反向导通，失去钳位作用，上管寄生电容 C_P 开始充电，L_P、L_{CS1}、C_P 和 R_P 构成 RLC 谐振电路，上、下管的漏源电压和下管的漏极电流上出现振荡，振荡角频率 ω、振荡周期 T、衰减系数 δ、阻尼比 ξ、超调量 σ 分别为

$$\omega = \frac{1}{\sqrt{(L_P + L_{CS1}) \cdot C_P}} \tag{6-9}$$

$$T = 2\pi \sqrt{(L_P + L_{CS1}) \cdot C_P} \tag{6-10}$$

$$\delta = \frac{R_P}{2(L_P + L_{CS1})} \tag{6-11}$$

$$\xi = \frac{R_P}{2} \sqrt{\frac{C_P}{L_P + L_{CS1}}} \tag{6-12}$$

$$\sigma\% = e^{-\pi\xi / \sqrt{1-\xi^2}} \tag{6-13}$$

漏极寄生电感 L_P 增大，振荡周期变长，衰减系数减小，振荡衰减速度变慢，振荡的超调量升高，下管漏极电流上升速率降低，开通速度变慢，开通损耗增加。

下管关断时，电感电流为下管输出电容 C_{oss} 充电，L_P、L_{CS1}、R_P 和下管 C_{oss} 形成 RLC 谐振，下管漏源电压和上、下管漏极电流上出现振荡。随着 L_P 的增大，振荡的峰值增大，周期变长，衰减速度变慢，关断速度变慢，关断损耗增加。

图 6.4 给出了漏极寄生电感 L_D 分别设置为 0 nH（不加入外部寄生电感）、15 nH、25 nH、40 nH 和 60 nH 时，栅源极电压 U_{GS}、漏源极电压 U_{DS} 和漏极电流 i_D 的波形。随着 L_D 的增大，漏极电流和漏源电压的变化速率变慢，振荡加剧，周期变长，同时也会加剧栅源电压的振荡。

图 6.5 为不同漏极寄生电感 L_D 下的开关特性。开通时间和关断时间都会随着 L_D 的增大而增大，相应的开关能量损耗也与 L_D 呈正相关关系。关断电压的超调量也会随着 L_D 的增大而增大，但 L_D 对 i_D 的超调量几乎没有影响。

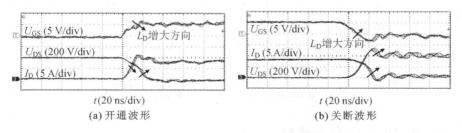

图 6.4　不同漏极寄生电感 L_D 下的开关波形

为降低电压尖峰，避免损坏 eGaN HEMT，可以减小功率回路寄生电感，或者减慢开关速度，使得 di/dt 降低。但降低 di/dt 这种被动解决方法牺牲了 GaN 器件的快速开关能力，会延长开关时间，导致开关损耗增加。因此一般应从减小寄生电感角度考虑，尽可能缩小功率回路的面积。

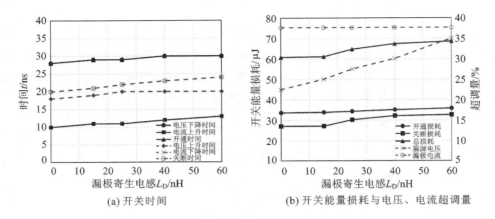

(a) 开关时间　　　　　　　　　　　(b) 开关能量损耗与电压、电流超调量

图 6.5　不同漏极寄生电感 L_D 下的开关特性

3. 共源极寄生电感 L_S 的影响

共源极寄生电感 L_{CS1} 既在栅极回路又在功率回路之中,在栅极回路中作为栅极寄生电感的一部分对栅极回路产生影响,在功率回路中作为功率回路寄生电感对功率回路产生影响。除此之外,如图 6.6 所示,漏极电流变化时,与 L_{CS1} 相互作用产生感应电压,降低栅源电压的变化速率,减慢开关速度,增加开关损耗。共源极寄生电感会将功率回路中电流的振荡耦合到栅极回路中造成栅源电压的振荡,影响 eGaN HEMT 安全工作。此外,关断过程中,在 L_{CS1} 上感应的电压使得功率管源极电位变为负,从功率回路看,功率管漏源电压应力略有增加,从驱动回路看,功率管栅源电压有所抬高;但是如果超过其栅源阈值电压,则会发生误导通问题。因此,在驱动电路设计中必须将共源极寄生电感降至最低。现有商用高压 eGaN HEMT 的封装引入的寄生电感低于 0.2 nH,且大多采用开尔文结构,实际电路中共源极寄生电感一般低于 0.4 nH。

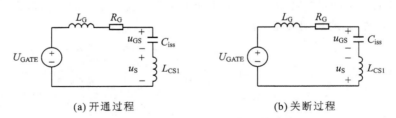

(a) 开通过程　　　　　　　　　　　(b) 关断过程

图 6.6　共源极电感对栅极回路的影响分析示意图

4. 寄生电感对软开关电路的影响

对于谐振变换器而言,软开关的应用改善了开关管的工作状况,降低了开关损耗。相较于传统 Si 器件而言,GaN 器件的开关频率更高,可达 MHz 级别,将其应用在谐振变换器中,可以显著减小磁性元件的体积和重量,提高功率密度。同时由于软开关的存在,也能够在很大程度上避免高开关频率带来的高开关损耗问题。但是需要注意的是,高开关频率也使得寄生电感的影响更加凸显。

图 6.7 为 LLC 谐振变换器拓扑。其中 L_w 为变压器原边漏感,L_m 为变压器励磁电感,L_{lk}

为变压器副边漏感。理想情况下,若无寄生电感 L_w 的存在,则谐振电感即为变压器副边漏感 L_{lk},但若是考虑原边寄生电感的存在,则谐振电感可表示为

$$L_r = L_{lk} + n^2 L_w \qquad (6-14)$$

式中,n 为变压器副边与原边的匝比。

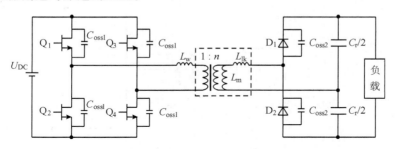

图 6.7　LLC 谐振变换器拓扑

当开关频率较低时,谐振频率也较低,因此在设计变换器时,谐振电感取值相对较大,寄生电感对谐振电感的影响较小;然而当开关频率达到 MHz 以上级别时,谐振频率较高,此时的谐振电感取值较小,因此当原边寄生电感折算到副边时,会对谐振电感造成较大的影响,从而使得变换器偏离初始设计的谐振点,影响变换器的正常工作。表 6.1 给出不同开关频率下的谐振变换器参数,可见当开关频率为 1 MHz 时,受到寄生电感的影响,实际谐振频率与预设谐振频率相差近 500 kHz,严重影响变换器的正常工作。因此,在这类变换器中,必须仔细校核寄生电感的影响,并使其影响降至最低。

表 6.1　不同开关频率下谐振变换器参数

开关频率 f_{sw}/kHz	140	1 000
变压器匝比 n	4∶22	2∶10
励磁电感 L_m/μH	660	60
预设谐振电感 L_r/μH	37.5	0.46
谐振电容 C_r/nF	34	20
变压器原边寄生电感 L_w/nH	15.6	15.6
预设谐振频率 f_r/kHz	141	736
实际谐振频率 f_r^l/kHz	140	1 220

6.1.2　寄生电容的影响

GaN 器件开关速度快,使得寄生电容的影响凸显。在 Si 基变换器中可以忽略的一些寄生电容在 GaN 基变换器中不能再忽略。具体分析如下。

1. 控制侧与功率侧耦合电容的影响

桥臂电路中的上下管在开关过程中,桥臂中点电位会在正母线电压和负母线电压之间摆动,由于 GaN 器件开关速度快,将在桥臂中点形成极高的 du/dt。du/dt 作用在控制侧与功率侧之间的耦合电容上,将会产生干扰电流流入控制侧,引起瞬态共模噪声问题。图 6.8 为控制

侧与功率侧之间的耦合电容示意图。

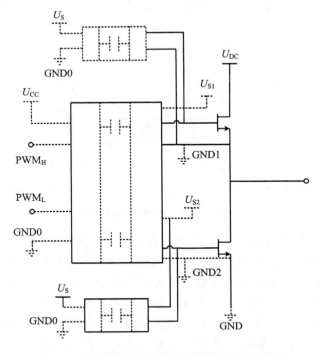

图 6.8　控制侧与功率侧之间的耦合电容示意图

　　瞬态共模噪声对控制侧弱电电路均有影响。对于驱动电路,可能会造成驱动信号出现振荡和尖峰,进而导致开关管误动作;对于控制电路,可能会造成复位问题;对于采样电路,将增大采样噪声,影响采样结果。因此,GaN 基桥臂电路设计必须解决瞬态共模噪声问题,否则电路难以正常运行。

　　针对瞬态工作噪声问题,主要有以下几种解决方法:

　　(1) 优化驱动电路供电电源设计,减小隔离电容

　　GaN 器件驱动电路所用供电电源(简称"驱动电源")一般采用隔离式变压器,隔离变压器绕组间存在寄生电容,需降低该寄生电容容值。为此,可以改变变压器绕组的绕制方式,如图 6.9 所示,原副边绕组分开绕制可降低隔离电容。如果采用商用模块电源作为 GaN 器件的隔离驱动电源,则可以选用隔离变压器具有低寄生电容值的专用驱动电源或由厂家定制。

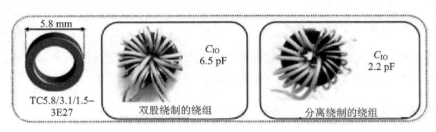

图 6.9　双股绕制绕组和分离绕制绕组

（2）在驱动芯片与供电电源之间加入共模电感

共模电感结构如图 6.10 所示。当两线圈中流过差模电流时,产生两个相互抵消的磁场 H_1 和 H_2,差模信号可以无衰减地通过,而当流过共模电流时,磁环中的磁通相互叠加,从而具有更大的等效电感量,产生很强的阻流效果,达到对共模电流的抑制作用。因此共模电感在平衡线路中能有效地抑制共模干扰信号,而对线路正常传输的差模信号无影响。

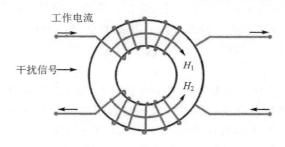

图 6.10　共模电感结构

（3）选择具有高共模瞬态抑制比的隔离芯片或驱动芯片

随着高开关速度的 GaN 基半导体器件的推广,共模瞬态抑制比(CMTI)已经成为隔离芯片或驱动芯片的一个重要选型指标。选择隔离芯片或驱动芯片时,其瞬态共模抑制能力(CMTI)需要高于 GaN 器件开关时的 du/dt,GaN 器件开关时的 du/dt 一般为 50～100 kV/μs,经过精心设计的驱动电路可以使 GaN 器件开关时的 du/dt 达到 200 kV/μs。因此驱动电路的瞬态共模抑制能力非常重要,在选择隔离芯片或驱动芯片时需要根据应用的条件对所需的共模抑制能力进行选取,最低不能低于 50 kV/μs,一般要高于 100 kV/μs。另外,由于隔离芯片或驱动芯片的瞬态共模抑制能力会随着环境、使用时长的变化而变化,而且单个芯片的 CMTI 并不一定为典型值,往往会在最小值和最大值之间浮动,选择芯片时要以最小值来衡量其瞬态共模抑制能力。为应对 GaN 器件带来的瞬态共模电压问题的挑战,各隔离芯片厂商推出了具有高 CMTI 的芯片。目前容性隔离技术和磁耦隔离技术均可以达到 CMTI 大于 100 kV/μs 的水平,而传统的光耦隔离只能达到 35 kV/μs。因此在用于 GaN 器件驱动和控制电路时,应针对应用场合需求选用具有合适 CMTI 值的隔离芯片。

（4）PCB 合理布局和布线

以驱动芯片的 PCB 设计为例,低压侧和高压侧的走线及敷铜间不可避免地存在耦合电容。在绘制 PCB 时,应避免低压侧和高压侧在 PCB 的不同层间存在重叠。另外,芯片下方区域不宜走线,应保持隔离单元两侧具有最大的隔离范围。在需要时,对芯片下方的 PCB 进行开槽处理,进一步降低耦合电容。

2. 密勒电容影响

（1）密勒电容引入的串扰问题

由于栅漏电容 C_{GD} 会引起密勒平台现象,栅漏极结电容又被称作密勒电容。对于高速开关桥臂,桥臂电路中的某一开关管在快速开关瞬间引发的 du/dt 会干扰与其处于同一桥臂的互补开关管,引起桥臂串扰。尽管该现象在 Si MOSFET 和 Si IGBT 的应用中已有出现,但并不明显。而在 GaN 器件的应用中,一方面由于开关速度很快,串扰现象较为明显;另一方面,

eGaN HEMT 的栅极阈值电压比一般类型的 Si MOSFET 低很多,通常仅为 1.3 V 左右,栅极正向电压尖峰极易达到阈值电压,致使开关管误导通,进而造成桥臂直通。如果负向串扰电压超过开关管的栅极负压承受范围,也会造成开关管损坏。

(2) 串扰问题抑制方法

由于密勒电容是 GaN 器件自身结构决定的固有寄生电容,所以无法通过减小密勒电容来解决问题,只能通过外部电路对串扰问题进行抑制。根据在驱动电路中是否加入有源器件,抑制的方法分为无源抑制方法和有源抑制方法。其基本思路均为在 GaN 器件关断时造就低阻抗回路,尽可能降低串扰电压幅值。

无源抑制方法主要有:

① 减小关断电阻。在驱动关断支路减小驱动电阻,使得发生串扰时驱动关断回路阻抗和压降尽可能小,低于栅极阈值电压。但该电阻同时起到抑制关断回路振荡的阻尼作用,因此也不宜过小,需折中选取。很多时候较难选到合适的阻值能同时兼顾串扰电压抑制和阻尼振荡。

② 负压关断。驱动关断时将低电平设置为负压,在正向串扰发生时,使串扰电压峰值限制在栅极阈值电压以下,以避免误导通。但关断负压值也应保持在一定范围内,防止负向电压尖峰损坏栅极。

③ 在栅源极间并联电容。在栅源极间并联电容虽然会降低栅极关断回路的等效阻抗,但也会降低 GaN 器件的开关速度,增加开关损耗,从而限制了 GaN 器件性能优势的发挥,不推荐使用。

有源抑制方法即指增加有源器件,构成有源钳位电路,在开关管关断时辅助开关管打开,提供一条低阻抗回路,将栅源极电压钳位在合适的电压值。对于详细分析,有兴趣的读者可查阅相关技术文献。

3. 感性元件/负载的寄生电容影响

GaN 基变换器接感性元件/负载时,需要特别注意。感性元件/负载由于存在寄生电容,在 GaN 器件高速开关期间,由于频率较高,其寄生电容的影响凸显,使其阻抗特性与感性元件/负载发生偏离。

以双脉冲测试电路为例,如图 6.11(a)所示,负载电感与上管并联,下管作为待测器件。在开关过程中,上管不加驱动信号保持关断状态。在下管关断时,电感电流从上管"类体二极管"续流,因此在下管开关换流时上管可等效为二极管,在下管开关电压变化时上管可等效为输出电容。从而双脉冲电路可以等效为图 6.11(b)所示电路,图中 Z_L 代表感性负载的阻抗。如果开关过程中,Z_L 总是远大于上管的等效阻抗,则感性负载对开关特性的影响可以忽略。否则,必须考虑 Z_L 的影响。

实际的电感器存在寄生参数。如图 6.11(c)所示,为电感器的常用等效模型,典型寄生参数包括并联寄生电容 C_P 和串联寄生电阻 R_S,其中寄生电容 C_P 在高频时对电感元件的阻抗特性存在着较大的影响。具体表现为当电感器的工作频率低于某一谐振频率时,表现为电感特性;当工作频率高于谐振频率时,由于线圈之间存在耦合电容,电感器表现出来的阻抗随着频率升高而降低,电感器表现为电容特性。

(1) 电感器寄生电容对 GaN 器件高速开关的影响

无论是表贴式电感器还是嵌入式电感器,其寄生电阻均是由电感器的金属绕组线圈内阻

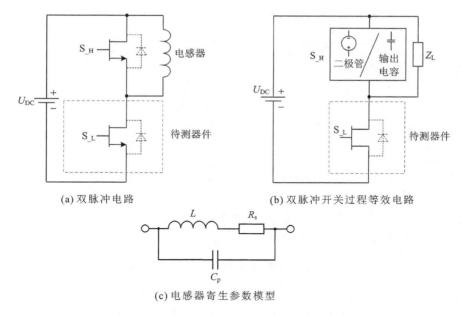

(a) 双脉冲电路　　　　　　　　　(b) 双脉冲开关过程等效电路

(c) 电感器寄生参数模型

图 6.11　双脉冲电路及其开关过程等效电

产生的,因此在高频时需要考虑绕组导线的集肤效应。电感器的寄生电容,存在于从线圈到任何附近的接地板以及线圈之间。对于嵌入式电感器来说,线圈之间产生的寄生电容包括金属间跨接产生的平行板电容以及平面螺线中相邻线圈之间的匝间电容。

由图 6.11(c) 中的电感器三元件模型可得其阻抗幅值为

$$Z_{\text{ind}} = \cfrac{1}{\sqrt{\left[\cfrac{R_s}{R_s^2 + (2\pi f L)^2}\right]^2 + \left[2\pi f C_p - \cfrac{2\pi f L}{R_s^2 + (2\pi f L)^2}\right]^2}} \tag{6-15}$$

该模型的自谐振频率 f_r(对应阻抗幅值拐点)也可由式(6-15)求出。图 6.12 以某典型平面螺线电感为例,给出其阻抗幅值-频率曲线,该电感器是 9 圈 8 mil(每圈约为 0.2 mm)的导体,总外直径是 8 mm,$L = 354.3$ nH,$C_p = 1.26$ pF,$R_s = 6.79$ Ω。当电感器的频率等于自谐振频率 f_r 时,电感器的容性电抗等于感性电抗,表现为纯电阻;小于自谐振频率 f_r 时,该电感器呈感性;大于自谐振频率 f_r 时,该电感器呈容性。

在双脉冲测试电路中,若电感器寄生电容较大,则会在 GaN 器件开通时额外引入该寄生电容的充电电流,使得实测开通电流值偏大,影响测试结果。因此,电感器不宜采用多层绕组结构,一般采用单层绕组结构,以尽可能减小寄生电容。当电感量要求较大时,一般采用经过特殊设计的低寄生电容电感器结构。如图 6.13 所示,为双层电感器结构,内层绕线紧密绕在铁芯上,通过铁芯柱的四个角的直角型垫片(如 PVC 材料,ε_r 典型值为 3 左右)与内层隔开 3 mm 的距离,而在铁芯柱的四个面,没有垫片,层间只有空气绝缘。这样,一方面增加了间距 d,另一方面减小了相对介电常数 ε_r,从两个方面有效减小了层间电容。

图 6.14 为低寄生电容电感器具体结构示意图。铁芯固定在骨架中,骨架上密绕有绕组,其内部套有铁芯,每层绕组之间在骨架的四个折角处用垫片隔开一定距离,铁芯柱外的骨架四面没有垫片,层间只有空气绝缘。

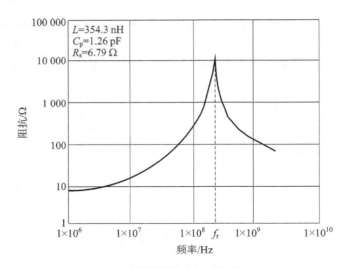

图 6.12　实际电感器阻抗幅值-频率曲线

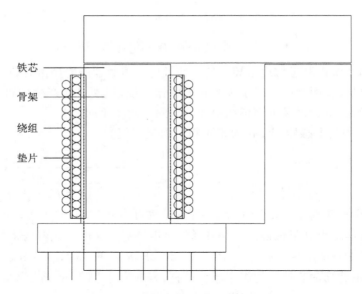

图 6.13　低寄生电容电感器绕线示意图

　　由于经过减小寄生电容的优化设计,使得电感器阻抗远大于上管的等效阻抗,从而使得电感器对双脉冲电路开关特性的影响可以忽略。

　　但对于电机类负载来说,其寄生参数不易通过上述的电感器优化设计方法减小。因此,电机负载的寄生电容会影响 GaN 基电机驱动器中功率器件的高速开关性能。

　　(2) 电机寄生电容对 GaN 器件高速开关的影响

　　电机的阻抗模型中除了寄生电阻、寄生电感外,仍含有寄生电容,当频率高于一定值时,其阻抗特性会发生变化。在很多工业应用中,PWM 逆变器与电机不在同一安装位置,通过较长电缆把逆变器和电机连接起来。传输电缆存在寄生电感和耦合电容,其高频特性也比较复杂。因电机和传输电缆的寄生电容不像电感器那样相对易于控制,因而其高频阻抗往往不能用电

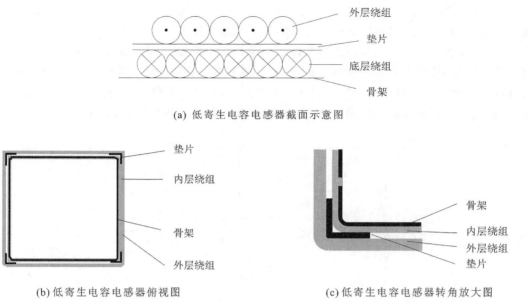

(a) 低寄生电容电感器截面示意图

(b) 低寄生电容电感器俯视图　　　(c) 低寄生电容电感器转角放大图

图 6.14　低寄生电容电感器具体结构示意图

感器来模拟,因此通过传输电缆给电机供电的逆变器,其功率管开关特性往往与双脉冲测试电路的测试结果有较大出入。也就是说,为优化 eGaN 在电机驱动场合中的开关特性,往往要采取额外的措施抑制传输电缆和电机的寄生电容的影响。

在 eGaN HEMT 实际应用中,不可直接把双脉冲电路测试所得的开关特性结果用于分析带电机负载时的情况。对于更高额定功率、更长电缆的感应电机或其他类型电机,其高频阻抗将会变得更低,对功率变换器开关管的开关特性影响会更大,需要特别注意。

4. 散热器寄生电容对 GaN 器件高速开关的影响

散热器的安装方式也会对 GaN 器件高速开关有影响,以图 6.15 所示的桥臂电路为例,上管 S_H 和下管 S_L 安装在同一块散热器上,GaN 器件与散热器之间通常通过一层较薄的绝缘材料进行电气隔离。然而,这层薄绝缘材料使得上管的漏极和散热器之间产生了寄生电容

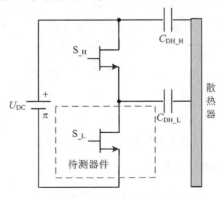

图 6.15　SiC 器件与散热器间的寄生电容示意图

$C_{\mathrm{DH\_H}}$，下管的漏极和散热器之间产生了寄生电容 $C_{\mathrm{DH\_L}}$。寄生电容与器件并联，增加了 GaN 器件的等效输出电容，对实际运行所允许的开关速度产生影响。

图 6.16 进一步给出三相桥式逆变器功率单元与散热器之间的寄生电容示意图。由图中可以看出，三相桥臂上下管的漏极与散热基板之间存在寄生电容。同时，直流母线正极、负极与散热器之间也会形成寄生电容。当逆变器采用高频 GaN 器件时，较高的开关频率使得寄生电容阻抗更小，形成低阻抗共模回路，产生共模 EMI 电流，影响逆变器的性能。

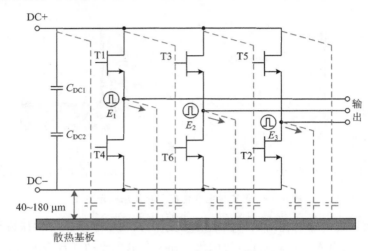

图 6.16　三相逆变器与散热器间寄生电容

因此，在 GaN 基变换器设计时，要考虑到功率器件和散热器之间寄生电容的影响，采取相关措施，避免其致使变换器的噪声水平超标。

5. 寄生电容对软开关电路的影响

图 6.17 为 LLC 谐振变换器拓扑。其中，C_{oss1} 为 eGaN HEMT 的输出电容；C_{w} 为变压器副边等效寄生电容，该寄生电容折合到原边使得 eGaN HEMT 输出电容增加，使实际死区时间与预设值产生较大偏差，影响变换器的正常工作。

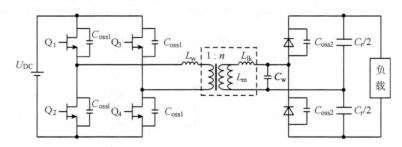

图 6.17　LLC 谐振变换器拓扑

为保证谐振工作，死区时间可表示为

$$t_{\mathrm{d}} \geqslant \frac{8 f_{\mathrm{s}} C_{\mathrm{oss1}} L_{\mathrm{m}}}{n^2} \qquad (6-16)$$

表 6.2 给出了理想情况下和考虑副边寄生电容时的死区时间计算结果，可见实际电路中

的寄生电容使得死区时间相较于预设值增大了 32％左右。

表 6.2　理想情况和考虑副边寄生电容时的死区时间计算结果

参　数	理想值	实际值
$C_{oss} = 2C_{oss1}$	4.8 nF	—
$C'_{oss} = 2C_{oss1} + n^2 C_w$	—	630 nF
t_d	＞92 ns	＞121 ns

6.1.3　驱动电路驱动能力的影响

驱动电路的组成元件主要包括驱动芯片、信号隔离电路、驱动供电电源和相关无源元件。

驱动芯片直接与功率器件引脚相连,是决定其开关性能的主要元件,因此驱动芯片必须具有一定的驱动能力,满足特定功率器件的驱动要求。

GaN 器件的开通时间由驱动芯片上升时间 t_r、驱动电压 U_{DRV} 和驱动电阻 R_G 决定,关断过程类似。但是三者对开关时间的影响与工作状态有关,表 6.3 列出了不同工作状态下影响开关时间的主要因素,以开通过程为例,当驱动芯片上升时间 t_r 小于栅源电压延时时间 $t_{d(on)}$ 时,影响开关时间的主要因素是驱动电压和驱动电阻 R_G,而当 t_r 大于 $t_{d(on)}$ 时,影响开关时间的主要因素是驱动芯片的上升时间 t_r。

表 6.3　不同工作状态下影响开关时间的主要因素

开通过程	工作条件	$t_r < t_{d(on)}$	$t_{d(on)} < t_r$
	主要因素	U_{DRV}, R_G	t_r
关断过程	工作条件	$t_f < t_{d(off)}$	$t_{d(off)} < t_f$
	主要因素	U_{DRV}, R_G	t_f

图 6.18 是通过仿真得到的开通时间与驱动芯片上升时间的关系曲线,其中栅源电压的延时时间约为 2 ns,可以看到驱动芯片上升时间 t_r 设置为 1 ns 和 2 ns 时,开通时间 t_{on} 几乎没有发生变化,但是当驱动芯片上升时间 t_r 大于 $t_{d(on)}$ 时,t_{on} 会随着 t_r 的增大而增大。

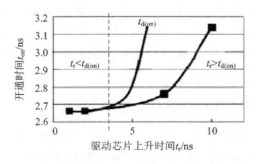

图 6.18　开通时间与驱动芯片上升时间的关系曲线

GaN 器件栅源电压延时时间主要与驱动电阻 R_G 和输入电容 C_{iss} 有关,由于 GaN 器件 C_{iss} 较小,因此其栅源电压延时时间较短,只有 2～4 ns,从而使得 GaN 器件对驱动芯片的上升时间、下降时间要求更高,至少要小于 10 ns,最好能小于 5 ns。

驱动电流也是衡量驱动芯片驱动能力的重要参数,拉电流和灌电流越大,说明驱动芯片驱动能力越强。

以 GaN Systems 公司型号为 GS66504B 的 eGaN HEMT 器件为例,其密勒电容为 1 pF,开关过程中漏源电压变化率一般为 40～100 kV/μs,最高可达 200 kV/μs。考虑寄生电感的影响,驱动芯片的拉电流至少应高于 1 A,灌电流应高于 4 A,以保证 eGaN HEMT 能够快速关断。由于市面上常用驱动芯片均是以 +15 V 作为拉电流/灌电流额定值进行标定的,但对于 GaN 器件,其驱动电压比 +15 V 小得多,因此,要校核对应 GaN 器件所取驱动电压下驱动芯片的实际输出电流能力。以 IXYS 公司的高速驱动芯片 IXD_609 系列芯片为例,图 6.19 为其拉电流和灌电流与驱动电压的关系曲线。驱动电压为 15 V 时,拉电流和灌电流高达 9 A,但是当驱动电压为 6 V 时,拉电流和灌电流仅为 2.5 A 左右,拉电流值满足 eGaN HEMT 驱动要求,但灌电流值偏低。因此在为 eGaN HEMT 选择驱动芯片时需要考察驱动芯片的驱动能力。

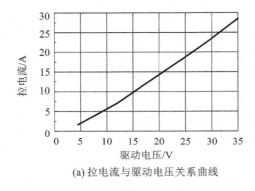
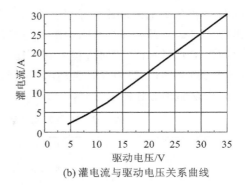

(a) 拉电流与驱动电压关系曲线　　　　　　　(b) 灌电流与驱动电压关系曲线

图 6.19　IXYS 公司驱动芯片 IXD_609 的拉电流和灌电流与驱动电压的关系曲线

除以上限制因素外,信号隔离电路和隔离驱动电源的寄生电容也会对 GaN 器件的驱动性能产生较大的影响。由于 GaN 器件开关时的 du/dt 一般为 50～100 kV/μs,经过精心设计的驱动电路可以使 GaN 器件开关时的 du/dt 达到 200 kV/μs,极高的 du/dt 值极易与信号隔离电路和隔离驱动电源的寄生电容耦合,产生耦合电压,干扰正常驱动信号,从而影响 GaN 器件的正常开关时序。因此有必要采取相关措施优化信号隔离电路和隔离驱动电源设计,尽可能减小其寄生电容值,或者采用具有高瞬态共模抑制能力的驱动芯片或隔离芯片。在选择隔离芯片或驱动芯片时需要根据应用的条件对所需的共模抑制能力进行选取,最低不能低于 50 kV/μs,一般要高于 100 kV/μs。

6.1.4　电压和电流的测试问题

在对 GaN 器件特性进行测试的过程中,由于 GaN 器件开关速度快,电压变化率和电流变化率高,电压、电流波形中所包含的高频成分多,常规的电流探头和差分电压探头由于其带宽较低,无法准确测量波形中的高频成分,难以满足精确测量的要求,因而需要采用具有更高带宽的电压和电流检测手段进行测量。

测量仪器的带宽要求 f_{BM} 与脉冲上升时间 t_r 的关系可表示为

$$f_{BM} \approx \frac{0.35}{t_r} \qquad\qquad (6-17)$$

可见,脉冲上升时间越小,测量仪器的带宽要求越高。

1. 电压测量

GaN 器件开关速度非常快,其电压上升、下降时间通常小于 20 ns,对于 EPC 公司低压 GaN 器件而言,其电压上升、下降时间甚至能够小于 1 ns,因此其所需要的测试仪器的带宽至少应高于 350 MHz,最好高于 1 GHz。除此之外,GaN 器件开关过程中的 du/dt 也非常高,对于测量 GaN 器件的电压探头来说,其能承受的值也应尽量高于 200 V/ns。

目前市场上常用于电压测量的高带宽电压探头主要有三种:有源电压探头、高阻抗无源电压探头及低阻抗无源电压探头。

(1) 有源电压探头

大部分制造商均能够提供高速、单端、高带宽的有源电压探头,能够满足 GaN 器件的电压测量带宽要求,但是这些有源电压探头通常有两个限制。

第一是其最大动态输入范围较小,通常为 4~10 V。10 V 动态输入范围可满足 EPC 公司低压 GaN 器件的测量需求,尽管在电压过冲和输入电压范围测量时存在些许误差。有源电压探头对电压过冲较为敏感,并且成本较高,因此测量存在一定的风险性。

第二是其能够承受的 du/dt 较低。大多数有源电压探头能够承受的最大 du/dt 值仅为 15 V/ns,并不能完全满足低压 GaN 器件的电压测量要求。

(2) 高阻抗无源电压探头

由于高阻抗无源电压探头的带宽通常均小于 1 GHz,因此其并不适用于 GaN 器件的电压测量。

(3) 低阻抗无源电压探头

低阻抗无源电压探头通常具有较高的带宽,并且产品型号丰富,可选择的范围较广。这些探头通常能够提供 10∶1 的衰减倍数,具有极低的输入电容,带宽可超过 6 GHz,但是其阻抗通常仅为 500 Ω。

表 6.4 给出了常用低阻抗无源探头型号及参数,可见这类无源探头的最大输入电压通常低于 20 V_{rms},但是其上升时间很短,带宽很高,因此适用于低压 GaN 器件的电压测量以及允许测量探头阻抗较低的电路。

表 6.4　常用低阻抗无源探头型号及参数

型　　号	制造商	耐压 U_{rms}/V	T_r/ps	衰减倍数	阻抗/Ω
RTZZ80	Rohde&Schwarz	20	60	10∶1	500
54006A	Keysight	20	58	10∶1/20∶1	500/1 000
PP066	Teledyne Lecroy	15	47	10∶1/20∶1	500/1 000
P6150	Tektronix	12.5	39	10∶1	500

对于电压高于 20 V_{rms} 的 GaN 器件而言,则需要高压无源探头进行电压测量。表 6.5 给出了两种高压无源探头的型号和参数,可见虽然其耐压较高,但是相较于低压无源探头,其带宽较低,仅为几百 MHz,因此使用时需要注意带宽问题。

表 6.5　高压无源探头型号及参数

型　号	制造商	耐压 U_{rms}/kV	T_r/ps	衰减倍数	输入阻抗/电容
TPP0850	Tektronix	1	525	100∶1	40 MΩ/1.8 pF
PHV1000C	PMK	1	875	100∶1	50 MΩ/7.5 pF

2. 电流测量

传统电流测量通常采用直流霍尔效应探头,然而对于低压 GaN 器件而言,小于 1 ns 的电流上升、下降时间所需要的带宽远远大于传统直流霍尔效应探头、交流无源探头(电流互感器)以及罗氏线圈所能提供的带宽。

对于高压 GaN 器件而言,100 MHz 的带宽即可满足其 10 ns 左右的电流上升、下降时间。虽然大部分的制造商均可提供 100 MHz 带宽的电流探头,但这些探头固有的一些不可避免的缺陷仍然限制了其在 GaN 器件电流测量中的应用:

① 电流探头体积较大,不能够满足 GaN 基变换器高功率密度的要求。

② 一些 GaN 器件的额定电流高于大多数霍尔效应电流探头的最大电流测量值,并且电流等级越高的探头,其带宽越小,因此对于大电流 GaN 器件而言,霍尔效应电流探头不能满足测量要求。

③ 与待测量电路相比,电流探头的插入阻抗很高,并且会引入额外的寄生电感,因此容易对测量结果造成较大的影响。

综上所述,传统电流探头在 GaN 器件电流测量应用中存在较多的限制,因此需要采用其他的测量方法。

(1) 同轴分流器

同轴分流器的原理是通过测量内部电阻上的电压信号来获取电流信号。这种测量方式的高频测量精确度通常会受到两个因素的影响:由于集肤效应和邻近效应,电阻阻值会随着频率的升高而增大;由于等效串联电感的存在,电阻的总阻抗会随着频率的升高而增大。但是同轴分流器却能很好地避免这两个问题。图 6.20 为同轴分流器的实物图和剖面图。可见,同轴分流器采用了高电阻率和非常细的导体来缓解邻近效应和集肤效应,使其电阻值即使在高频条件下仍能基本保持不变。此外,同轴分流器独有的结构使其导体内部产生了一个无磁场的空间,有效地减小了电阻的等效串联电感。

同轴分流器的带宽通常较高,可达 1 GHz,甚至更高,基本能够满足 GaN 器件的测量要求。但是其体积较大,并且会给待测电路带来几 nH 的寄生电感,不仅降低了 GaN 基变换器的功率密度,也会对电路的工作性能产生一定的影响。

(2) 精密采样电阻

为了减小寄生电感对待测电路的影响,通过并联多个精密采样电阻能够有效减小引入的寄生电感值,但是由于邻近效应和集肤效应的影响,高频时阻值的变化也会导致测量出现较大误差。图 6.21 为精密采样电阻的实物图。

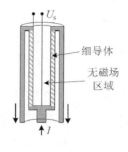

(a) 实物图　　　　　　　(b) 剖面图

图 6.20　同轴分流器

图 6.21　精密采样电阻实物图

表 6.6 给出了不同电流测量方式的优劣对比。

表 6.6　不同电流测量方式的对比

测量方式	价　格	带　宽	寄生电感	体　积
精密采样电阻	低	高	极低	中等
同轴分流器	中	高	低	大
电流探头	高	低	高	大

6.1.5　长电缆电压反射问题

在很多工业应用中,PWM 逆变器与电机不在同一安装位置,因此需要较长的电缆线把 PWM 逆变器输出的脉冲信号传输到电机接线端。由于长线电缆的分布特性,即存在杂散电感和耦合电容,PWM 逆变器的输出脉冲经过长线电缆传至电机时会产生电压反射现象,从而导致在电机端产生过电压、高频阻尼振荡,加剧电机绕组的绝缘压力,缩短电机寿命。尤其在由超快 Si CoolMOS 器件和宽禁带半导体器件构成的电机驱动系统中,由于功率器件的开关速度比一般的 Si 器件快,因此电压反射问题较为严重。

1. 电压反射机理分析

在长线缆运用环境下,PWM 脉冲的高频分量在逆变器输出端和电机之间电缆上的传输可看作是传输线上的行波在传播,PWM 脉冲波(可看作入射波)到达电机端后,在电动机端反射产生反向行波(反射波)传向逆变器,传至逆变器输出端后的反射波又产生第 2 个入射波再次由逆变器端传向电机端,如图 6.22 所示。电机阻抗在高频下经过长线缆之后呈现出开路状态,PWM 脉冲波在电机端形成的反射波幅值大小取决于电缆与电机特性阻抗之间的不匹配程度。

PWM 逆变器在传输线起端的等效电路如图 6.22(a) 所示。由于高频时电机阻抗很大,可认为开路。当开关器件接通后入射波电压向右传输,如图 6.22(b) 所示。当入射波到达传输线终端后将产生反射,如图 6.22(c) 所示。入射电压会形成一个正电压的反射波,向左传输去起端(虚线所示)。反射波与入射波相加,使电机端电压加倍(实线所示)。在反射波到达起端之前,传输线的电压为 $2U$。但在起端逆变器的输出电压为 U,则应有一个电压为 U 的负反射

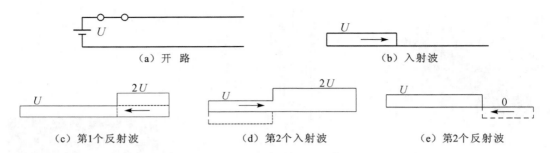

（a）开　路　　　　　　　　　　　　　　（b）入射波

（c）第1个反射波　　　　　　（d）第2个入射波　　　　　　（e）第2个反射波

图 6.22　电机驱动系统电压反射过程分析

波,由逆变器向电机传输,如图 6.22(d)所示。这个负反射波作为第 2 个入射波很快到达终端,如图 6.22(e)所示,并且也被反射。第 3 个入射波的情况与第 1 个入射波相同,不再赘述。

反射机理可看成是一面镜子对正向行波 u^+ 反射产生一个反射波 u^-,u^- 作为 u 的镜像,等于 u^+ 乘以电压反射系数。终端(负载)反射系数 N_2 为

$$N_2 = (Z_L - Z_c)/(Z_L + Z_c) \qquad (6-18)$$

式中,Z_L 为负载(电机)阻抗;Z_c 为电缆特性阻抗(或波阻抗),可表示为

$$Z_c = \sqrt{L_0/C_0} \qquad (6-19)$$

式中,L_0 为电缆单位长度电感;C_0 为电缆单位长度电容。

而起端电压反射系数 N_1 为

$$N_1 = (Z_S - Z_c)/(Z_S + Z_c) \qquad (6-20)$$

式中,Z_S 为起端阻抗,一般 $Z_S \approx 0$,$N_1 \approx 1$。

在逆变器端,反射后得到的正向行波与传输来的反向行波波形相同,但幅值减小为反向行波的 N_1 倍。而入射波被反射后得到的反射波传向逆变器,反射波的值等于其值乘以负载反射系数 N_2,由于电机的绕组电感很大,其阻抗 Z_L 比电缆特性阻抗 Z_c 大很多,即 $Z_L \gg Z_c$,由式(6-18)可知,$N_2 \approx 1$,发生全反射,入射波与反射波叠加使电机端电压近似加倍。

根据行波传输理论以及对电压反射现象的分析,可以得到电机端的线电压峰值。逆变器的输出脉冲由逆变器传输到电机所需要的时间 t_t 为

$$t_t = l/v \qquad (6-21)$$

式中,t_t 为脉冲在电缆上传输一次所需时间,l 为电缆长度,v 为脉冲传输速度,可表示为

$$v = 1/\sqrt{L_0 C_0} \qquad (6-22)$$

经过时间 t_t 后,正向传输的逆变器输出脉冲在电机端被反射,结果产生反向行波,向逆变器运动。当 $t_t < t_r$ 时,其幅值为

$$U_t(t_t) = t \cdot U_{DC} \cdot N_2/t_r \qquad (6-23)$$

当 $t_t \geqslant t_r$ 时,其幅值为

$$U_t(t_t) = U_{DC} \cdot N_2 \qquad (6-24)$$

式中,U_{DC} 为直流母线电压,t_r 为逆变器输出脉冲上升时间。

由式(6-24)可知,当 $t_t \geqslant t_r$ 时,上升时间不再与反射电压有关。若脉冲上升时间过长,当经过脉冲走过 3 次电缆长度的时间后,脉冲仍在上升,由于逆变器端反射波的存在,电机端电压值会降低。因此,电压反射现象临界电缆长度为

$$l_c = v \cdot \frac{t_r}{3} \tag{6-25}$$

当传输电缆长度较短时,器件的开关时间 t_r 可能低于电缆传输时间 t_t,此时的电机端电压上升速度可表示为

$$\frac{\mathrm{d}U_t}{\mathrm{d}t} = 2t_r \tag{6-26}$$

反射波的振荡频率 f_{rw} 为

$$f_{rw} = \frac{1}{4t_t} \tag{6-27}$$

2. 电压反射验证分析

在 Pspice 仿真软件中搭建了如图 6.23 所示的仿真模型。用于分析不同高速器件以及不同类型电缆对电压反射问题的影响。其中,被测器件(DUT)分别取为 GaN 器件、SiC 器件以及 Si CoolMOS 器件,长电缆模型放置于二极管和负载电感之间,使用阻抗分析仪提取电缆的分布参数并应用在仿真模型中。

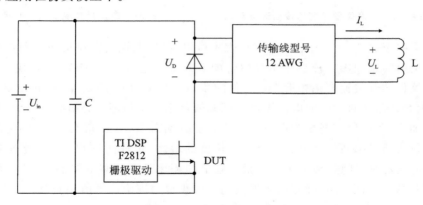

图 6.23　Pspice 仿真模型框图

仿真分析了电缆屏蔽与否对电压反射的影响,传输电缆均由线规为 12AWG 的导线组成,区别在于对一种线缆进行屏蔽,另一种不屏蔽。使用阻抗分析仪提取出每根电缆单位长度上的分布电阻值(R_0)、分布电感值(L_0)、分布电容值(C_0)以及分布电导值(G_0),频率测量范围为 10 kHz～10 MHz。通过公式(6-22),可以计算出每种类型电缆的脉冲传输速度,如图 6.24 所示。其中,屏蔽电缆因分布电感值相对较小,其脉冲传输速度快于非屏蔽电缆的脉冲传输速度。

表 6.7 给出了 1 MHz 频率条件下不同类型电缆对应的传输时间 t_t 的理论值。从表中可以看出,采用屏蔽电缆比非屏蔽电缆的电压反射问题更为严重。

表 6.7　不同类型电缆传输延时理论值

电缆类型	阻抗 Z_0/Ω	传播速度/($m \cdot s^{-1}$)	传输延时/ns	
			1.37 m 电缆	4.12 m 电缆
屏蔽电缆	102.3	1.69×10^8	8.1	24.4
非屏蔽电缆	121.8	1.55×10^8	8.9	26.6

美国俄亥俄州立大学 Jin Wang 教授研究团队建立了如图 6.25 所示的实验平台,其中,直流母线电压设为 100 V,三种待测器件分别取为 600 V GaN HEMT,600 V Si CoolMOS 以及 650 V SiC MOSFET;导线设置为四种规格:1.37 m 长的屏蔽电缆、4.12 m 长的屏蔽电缆、1.37 m 长的非屏蔽电缆、4.12 m 长的非屏蔽电缆。测量方式也分为两种,一种是将电缆线放置在桌面上进行测量,另一种是将电缆线直接放置在地面上进行测量。

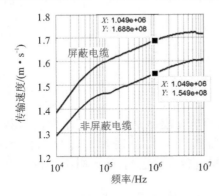

图 6.24　不同类型电缆的传输速度对比　　　　图 6.25　电压反射测试实验平台

实验结果列于表 6.8～表 6.13 中。由表中可以看出,电缆放置在桌面上和直接放置在地面上对电压反射问题的影响较小。GaN 器件的上升时间比 Si CoolMOS 器件快了 20% 左右,并且这两种器件的开关速度都接近 SiC 器件的 4 倍。当采用 GaN 器件时,电机端过电压幅值最大,而采用 SiC 器件时对应的电机端过电压幅值最小。这与理论分析结果一致,随着器件开关速度的增加,电压反射问题更为严重。对比长度分别为 1.37 m 和 4.12 m 的传输电缆条件下的电压反射实验结果可以看出,随着电缆长度的增大,传输时间也变长,当电缆长度达到 4.12 m 时,传输延时时间远超过 20 ns,且屏蔽电缆相比于非屏蔽电缆而言,传输延时时间略有减小。实验结果验证了仿真结论,延迟时间的大小也与理论计算值相契合。

表 6.8　GaN 器件在 1.37 m 电缆条件下的测试结果

参　数	非屏蔽电缆 (桌面)	屏蔽电缆 (桌面)	非屏蔽电缆 (地面)	屏蔽电缆 (地面)
U_{D_Peak}/V	122.8	122	122	122.8
U_{L_Peak}/V	255.6	233.2	255.6	228.4
t_{Delay}/ns	9.4	7.4	9.4	8
$t_{r\_U_D}/ns$	3.4	3.4	3.6	3.6
$t_{r\_U_L}/ns$	3.6	3.6	3.4	3.6

表 6.9　Si 器件在 1.37 m 电缆条件下的测试结果

参　数	非屏蔽电缆 (桌面)	屏蔽电缆 (桌面)	非屏蔽电缆 (地面)	屏蔽电缆 (地面)
U_{D_Peak}/V	102.2	103.2	96.4	94.8

参　数	非屏蔽电缆 （桌面）	屏蔽电缆 （桌面）	非屏蔽电缆 （地面）	屏蔽电缆 （地面）
$U_{\text{L\_Peak}}/\text{V}$	179.2	174.8	178	176.4
$t_{\text{Delay}}/\text{ns}$	10.6	8.7	12	11.4
$t_{r\_U_{\text{D}}}/\text{ns}$	14.2	15.4	15.8	13
$t_{r\_U_{\text{L}}}/\text{ns}$	7.2	7.4	7.2	7.2

表 6.10　SiC 器件在 1.37 m 电缆条件下的测试结果

参　数	非屏蔽电缆 （桌面）	屏蔽电缆 （桌面）	非屏蔽电缆 （地面）	屏蔽电缆 （地面）
$U_{\text{D\_Peak}}/\text{V}$	102.2	103.2	96.4	94.8
$U_{\text{L\_Peak}}/\text{V}$	179.2	174.8	178	176.4
$t_{\text{Delay}}/\text{ns}$	10.6	8.7	12	11.4
$t_{r\_U_{\text{D}}}/\text{ns}$	14.2	15.4	15.8	13
$t_{r\_U_{\text{L}}}/\text{ns}$	7.2	7.4	7.2	7.2

表 6.11　GaN 器件在 4.12 m 电缆条件下的测试结果

参　数	非屏蔽电缆 （桌面）	屏蔽电缆 （桌面）	非屏蔽电缆 （地面）	屏蔽电缆 （地面）
$U_{\text{D\_Peak}}/\text{V}$	121.6	120	120.8	120.8
$U_{\text{L\_Peak}}/\text{V}$	231.6	239.6	231.6	241.2
$t_{\text{Delay}}/\text{ns}$	29.6	23	27.2	22.6
$t_{r\_U_{\text{D}}}/\text{ns}$	3.6	3.6	3.6	3.4
$t_{r\_U_{\text{L}}}/\text{ns}$	3.4	2.8	3.6	3.0

表 6.12　Si 器件在 4.12 m 电缆条件下的测试结果

参　数	非屏蔽电缆 （桌面）	屏蔽电缆 （桌面）	非屏蔽电缆 （地面）	屏蔽电缆 （地面）
$U_{\text{D\_Peak}}/\text{V}$	103.6	106	103.6	106.8
$U_{\text{L\_Peak}}/\text{V}$	191.6	194.8	191.6	194.8
$t_{\text{Delay}}/\text{ns}$	27.8	22	28.2	22.6
$t_{r\_U_{\text{D}}}/\text{ns}$	4.4	4.6	4.4	5.0
$t_{r\_U_{\text{L}}}/\text{ns}$	4.4	4.4	4.4	4.0

表 6.13　SiC 器件在 4.12 m 电缆条件下的测试结果

参　数	非屏蔽电缆 (桌面)	屏蔽电缆 (桌面)	非屏蔽电缆 (地面)	屏蔽电缆 (地面)
$U_{\text{D\_Peak}}/\text{V}$	101.2	106.8	110.4	114
$U_{\text{L\_Peak}}/\text{V}$	189.6	189.2	187.6	189.2
$t_{\text{Delay}}/\text{ns}$	27.4	23.8	29.6	24.4
$t_{\text{r\_}U_{\text{D}}}/\text{ns}$	18.4	16.2	15	14.2
$t_{\text{r\_}U_{\text{L}}}/\text{ns}$	7.4	7.4	7.2	7.4

图 6.26 所示为不同器件和不同类型电缆条件下的负载端电压峰值对比。由图中可以看出,采用 GaN 器件时对应的负载端电压峰值最大。但当电缆长度由 1.37 m 增大到 4.12 m 时,其负载端电压峰值反而降低,原因在于电缆长度越长,所引入的电缆阻抗越大,降低了其负载端电压过冲峰值。此外,SiC MOSFET 在电缆长度为 1.37 m 时对应的负载电压峰值为 175 V,与 Si CoolMOS 器件的差异较大。而在长线电缆(4.12 m)情况下,Si CoolMOS 器件和 SiC 器件的过冲电压差异较小,由此可得,GaN 器件和 Si CoolMOS 器件的临界电缆长度均小于 1.37 m,而对于 SiC 器件而言,其临界电缆长度应在 1.37～4.12 m 之间。

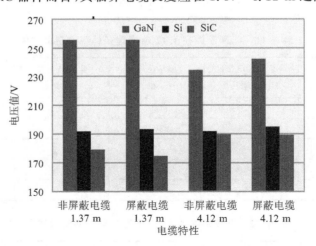

图 6.26　不同器件和不同类型电缆条件下负载端电压峰值对比

由此可见,这里所选取的 Si CoolMOS、GaN HEMT 和 SiC MOSFET 器件均具有较小的结电容,开关速度均很快,产生严重电压反射的临界电缆长度均较短。因此在这些高速器件用于电机驱动系统时,一方面可以让逆变器和电机的安装位置尽量靠近,缩短电缆长度;另一方面在安装位置已确定无法缩短时,可考虑加入适当的滤波器,改善电压反射造成的影响。

6.1.6　EMI 问题

随着各种电磁兼容标准规范的强制实行,电力电子装置的电磁兼容性能是其能否"生存"的必要条件之一,而如何采取措施将电力电子装置的电磁干扰削弱至标准范围内也成了不可避免的重要研究问题。

1. EMC 三要素

EMC 三要素包括电磁干扰源、干扰传播通道以及被扰体。电磁干扰源指的是自然界雷击静电、人造的各种电气/电子设备、非线性器件，比如功率开关器件 Si IGBT、Si MOSFET、GaN HEMT 以及 SiC MOSFET 等；电磁传播通道指的是导线、近场感应以及远场辐射，比如线缆、PCB 走线、耦合电容、散热器以及机壳等；被扰体则包括敏感设备、数字/模拟芯片以及生物体，比如 LISN。以电机驱动器为例，如图 6.27 所示，在电机驱动器中，EMI 干扰源主要为逆变器中的功率开关，传导路径主要为线缆、直流侧导线、散热器和大地等，被扰体为LISN。针对 EMC 三要素，可以总结出实现电磁兼容的三种方式：抑制干扰源、切断干扰路径以及改善敏感体。需要注意的是，电磁兼容并不等于消除电磁干扰，而是将电磁干扰降低到可以接受的范围内。

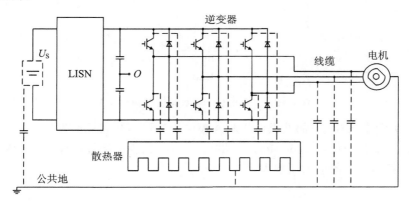

图 6.27　电机驱动器原理图

（1）电磁干扰源

图 6.28 为功率器件在开关时形成的 PWM 信号波形及其频谱。由图 6.28 可见，随着PWM 信号幅值 A 的增加，其频谱包络线整体上移；d 减小，包络线整体下移，高频频谱幅值增大；随着信号上升/下降沿上升/下降时间 t_r/t_f 的增加，40 dB/dec 包络线左移，高频频谱衰减变快。当 $t_r \neq t_f$ 时，取较小值。由此可见，PWM 波边沿越缓，幅值越低，高频频谱衰减越快，越利于电磁兼容。由于 GaN 器件在更短的时间内开通关断，电压和电流的变化速度非常快，PWM 信号上升下降时间极短，因此其高频频谱衰减缓慢，EMI 相关问题更为突出。

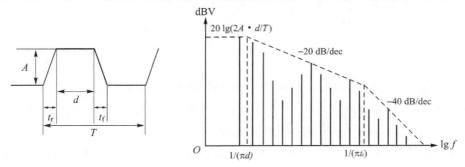

图 6.28　功率器件开关 PWM 波形及其频谱

图 6.29 为三相逆变器共模电压和共模电流波形。在共模电压发生跃变的瞬态过程中,均会在对地耦合电容中感应出共模电流,并伴随着明显振荡。共模电流主要受功率器件开关瞬态过程中的 du/dt 以及开关频率的影响,du/dt 越大,开关频率越高,共模噪声越严重。

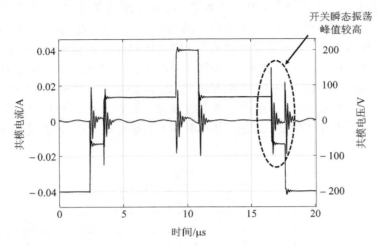

图 6.29　共模电压和共模电流的典型波形

图 6.30 为不同 du/dt 下的共模电压和共模电流波形。当 du/dt 为 66 V/μs 时,共模电流峰值可达 0.3 A 左右,而当 du/dt 降为 13.32 V/μs 时,共模电流峰值仅为 0.1 A 左右,即共模电流峰值会随着 du/dt 的增大而增大。

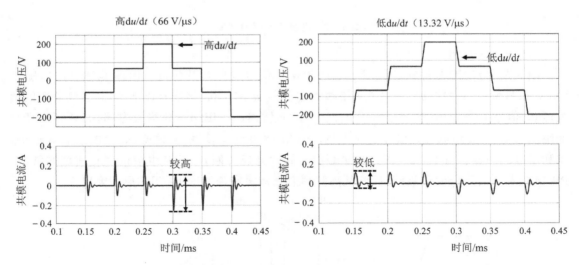

图 6.30　不同 du/dt 下的共模电压和共模电流波形

图 6.31 为不同开关频率下的共模电压和共模电流波形。当开关频率升高时,由于 du/dt 瞬态变化次数增加,共模电流产生频率变快,造成更严重的共模噪声问题。

因此,相比于 Si 基变换器,GaN 基变换器中更高的 du/dt 和开关频率导致其 EMI 问题更为严重。

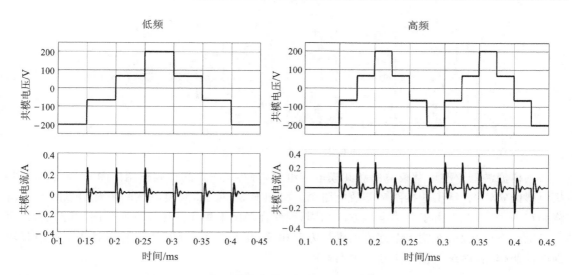

图 6.31　不同开关频率下的共模电压和共模电流波形

（2）电磁传播通道

图 6.32 和图 6.33 分别为三相逆变器共模 EMI 和差模 EMI 传导路径。由图 6.32 可见，共模干扰主要在两个输电线上以相同的方向流动并通过地线返回，其主要是因为功率开关器件高 du/dt 与对地耦合寄生电容作用而产生的高频振荡造成。共模干扰流通路径为：相线→对地（散热器）寄生电容→地，形成回路。由图 6.33 可见，差模干扰主要在两个输电线上以相反的方向流动，不经过地线，其主要是因为功率开关器件高 di/dt 脉动电流与杂散电感作用而产生的。差模干扰流通路径为：相线→电源，形成回路。

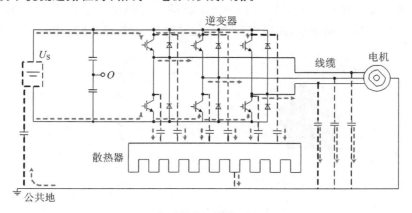

图 6.32　共模 EMI 传导路径

2. EMI 抑制方法

目前针对 EMI 问题存在几种典型的抑制方法，包括采用 EMI 滤波器、采用改进 PWM 调制方式以及采用栅极主动控制技术等。

（1）EMI 滤波器

EMI 滤波器包括共模滤波器和差模滤波器两个部分。

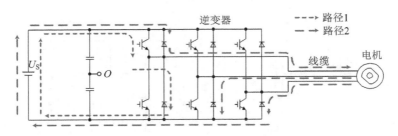

图 6.33　差模 EMI 传导路径

　　共模滤波器主要由共模电感和共模电容组成,对共模噪声起抑制作用。图 6.34 给出了共模电感的实物图、绕组连接图和等效电路图。由图 6.34 可见,共模电感两个绕组以相反方向绕制在一个铁芯上,由于共模电流方向相同,因此在绕组上感应的磁场方向相同,感抗增大,而差模电流方向相反,在绕组上感应的磁场方向相反,相互抵消,所以共模电感对共模噪声起较强的抑制作用,而对差模噪声几乎没有影响。

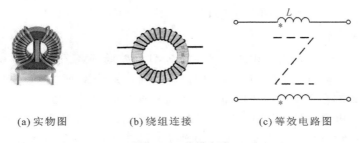

(a) 实物图　　　　　(b) 绕组连接　　　　　(c) 等效电路图

图 6.34　共模电感

　　图 6.35 给出了共模电容的实物图和等效电路图。共模电容也称为 Y 电容,一般成对出现,分别与正负母线以及地相连,高频共模电流通过两个 Y 电容旁路,从而减小对其他电子器件的干扰。

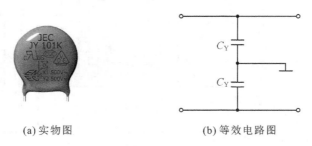

(a) 实物图　　　　　　　　(b) 等效电路图

图 6.35　共模电容

　　差模滤波器主要由差模电感与差模电容构成,对差模噪声起抑制作用。图 6.36 给出了差模电感的实物图和等效电路图。由图 6.36 可见,与共模电感不同的是,差模电感只有一个绕组,该绕组按某一固定方向绕制在一个铁芯上,差模电流流过差模电感产生很大阻抗抑制噪声。差模电感一般成对出现,若其值比较小,则可以采用共模电感的漏感制作以减小成本和尺寸。

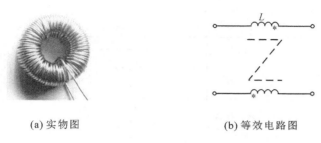

(a) 实物图　　　　　　　　　　　　　(b) 等效电路图

图 6.36　差模电感

图 6.37 给出了差模电容的实物图和等效电路图。差模电容也称为 X 电容,其连接在正负母线之间。高频差模电流通过 X 电容旁路,可以减小对其他电子器件的干扰。

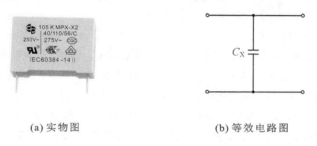

(a) 实物图　　　　　　　　　　　　　(b) 等效电路图

图 6.37　差模电容

EMI 滤波器在设计过程中需要注意插入损耗的选取。插入损耗是指 EMI 滤波器对噪声信号的衰减程度,插入损耗越大,噪声衰减越多,滤波效果越好,但是 EMI 滤波器的体积也越大。因此,需要合理设计插入损耗的值,在满足滤波要求的基础上,尽量减小滤波器的体积以获得更高的功率密度。

除此之外,EMI 滤波器在选择拓扑时还需要遵循阻抗失配原则,若源(负载)阻抗较大(小),则距离其最近的滤波器无源元件阻抗应较小(大),如图 6.38 所示。

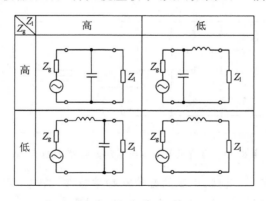

图 6.38　阻抗失配表

EMI 滤波器的设计步骤主要包括:①测量噪声频谱值,包括差模和共模各自的频谱值;②根据噪声源阻抗和负载阻抗,并遵循阻抗失配原则,选择合适的滤波器拓扑;③将实际差共模频谱与 EMC 标准频谱对比,确定所需插入损耗大小;④根据插入损耗大小选择合适的滤波器参数。图 6.39 给出了典型 EMI 滤波器示意图。

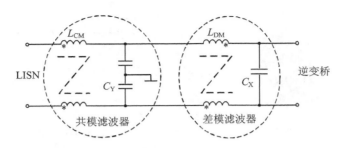

图 6.39　典型 EMI 滤波器示意图

　　由于电感、电容在高频时的阻抗特性会发生较大的变化,因此 EMI 滤波器在高频下的滤波效果往往较差,常常不能满足滤波要求。此时需要建立滤波器高频模型,尽可能准确地模拟滤波器的高频特性,从而为滤波器设计提供指导作用。

　　(2) 先进 PWM 调制方式

　　在理想的线性电路中,共模噪声的问题并不存在,因为理想线性电路中的各相电压平衡,从而使同一传导方向下电压和为零。比如三相平衡电路中,交流三相电压源时刻保持总和为零,因此共模电压也为零。同时,理想电路中也不存在共模电流可以流通的回路。然而与传统线性交流电压源不同的是,电力电子变换器通过 PWM 调制形成的各相脉冲电压序列,虽然在一个基波周期内总的平均值为零,但是在每个开关周期内却存在高频的共模电压序列。因此,PWM 调制方式决定了共模电压源的存在。

　　图 6.40 给出了直流供电下电机驱动器的共模 EMI 示意图。直流母线中点 O_1 接地,与电机绕组中点 O_2 通过杂散电容 C_S 接地一起构成了共模回路。假设直流母线电压 U_{DC} 保持恒定,逆变器的输出端 a、b、c 相对于直流母线中点 O_1 的电压都是由 PWM 决定的在正负母线电压之间切换的脉冲电压序列。共模电压可表示为

$$U_{cm} = \frac{1}{3}(U_{aO1} + U_{bO1} + U_{cO1}) \tag{6-28}$$

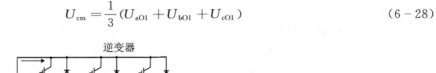

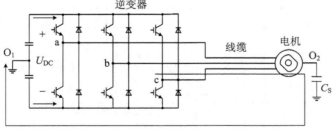

图 6.40　直流供电下电机驱动器共模 EMI 示意图

由于 PWM 调制方式决定了共模噪声源的幅值和频率特性,通过 PWM 方式的改进,可以从源头上抑制共模电流和共模噪声,进一步减小对共模滤波器的要求。由于共模电压是由所有相的开关共同得到的,因此 PWM 的改进也是针对所有相共同实现的。

　　为了设计能够改善共模电压的先进 PWM 策略,首先要分析普通 PWM 对共模电压的影响。以图 6.40 为例,通过载波比较的 PWM 模型,可以表示出最通用的空间矢量 PWM(SVPWM)和不连续调制 PWM(DPWM)方式下一个载波周期的开关函数和对应的共模电压,如

图 6.41 所示。对于 SVPWM 而言,由于三相开关函数中间对称,所以两侧 $T_0/4$ 时间对应 000 矢量,中间 $T_0/2$ 时间对应 111 矢量。而由式(6 - 28)可知,000 矢量代表各相电压均为 $-U_{DC}/2$,因此共模电压为 $-U_{DC}/2$;111 矢量代表各相电压均为 $U_{DC}/2$,因此共模电压为 $U_{DC}/2$。中间 100 和 110 矢量对应的共模电压为 $-U_{DC}/6$ 和 $U_{DC}/6$。因此一个开关周期内的共模电压呈现四个不同值的对称阶梯状,幅值为 $U_{DC}/2$,在零矢量时达到。图 6.41(b)、(c)分别为最大值钳位和最小值钳位下的 DPWM 的开关函数与共模电压。与 SVPWM 类似,共模电压最大值 $U_{DC}/2$ 与最小值 $-U_{DC}/2$ 都在零矢量时达到,不同的是一个开关周期内,最大值钳位 DPWM 只有 111 矢量对应 $U_{DC}/2$ 而最小值钳位 PWM 只有 000 矢量对应 $-U_{DC}/2$。可以看出,零矢量带来的共模电压是逆变器共模电压中幅值最大的,降低共模电压的主要思路就是如何避免使用零矢量。

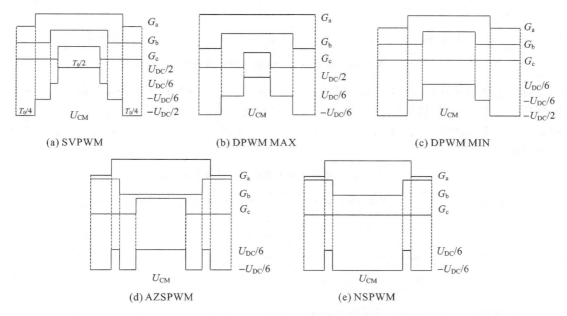

图 6.41　不同 PWM 下一个开关周期内的三相开关函数和对应共模电压

在图 6.41(a)、(b)、(c)中,零矢量出现的主要原因就是三相 PWM 采用统一对齐的方式,如果将占空比居中的那一相由中间对齐移相 180°变为两侧对齐,就可以在两侧将 000 矢量变为 010 矢量,中间将 111 矢量变为 101 矢量,从而在整个开关周期内避开 000 和 111 这两个矢量,将共模电压幅值由 $U_{DC}/2$ 减为 $U_{DC}/6$。对于 SVPWM,这样的改变如图 6.41(d)所示,称为动态零状态 PWM(AZSPWM);对于最小值钳位 DPWM,这样的改变如图 6.41(e)所示,称为相邻状态 PWM(NSPWM)。图 6.42 给出了两种先进 PWM 调制方式的空间矢量解释。对于 AZSPWM 而言,如图 6.42(a)所示,在矢量 V_{ref} 的合成中,不采用 000 和 111 这两个零矢量,而是采用相反方向两个矢量作用同样长时间来实现等效的动态零矢量,即采用 V_3(010)和 V_6(101)两个相反矢量来实现零矢量的效果。对于 DPWM 而言,如图 6.42(b)所示,在矢量 V_{ref} 的合成中,不仅通过所在扇区的两个相邻矢量(V_1 和 V_2)合成,而且引入相邻扇区的第三个矢量(V_3)来参与合成。这样在不依赖零矢量的基础上,也能求解得到唯一的三组作用时间,实现零矢量合成,从而避免了零矢量的使用。

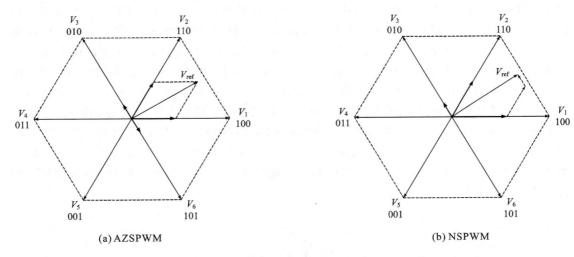

(a) AZSPWM　　　　　　　　　　　　　　　　　(b) NSPWM

图 6.42　改进型 PWM 的空间矢量分析

需要注意的是,通过改进型的 PWM 抑制共模电压,并不一定代表共模电流的下降。共模电流是共模电压和共模回路共同作用的结果。设计改进型的 PWM 需要综合考虑共模阻抗特性和开关频率才能实现对共模电流的抑制。表 6.14 给出了几种不同 PWM 调制方式共模电压的对比。

表 6.14　几种不同 PWM 调制方式共模电压对比

方　式	共模电压 U_{CM}/V	共模电压峰值 U_{CM_peak}/V	一周期开关次数
SVPWM	$-U_{DC}/2 \leftrightarrow -U_{DC}/6 \leftrightarrow U_{DC}/6 \leftrightarrow U_{DC}/2$	$\pm U_{DC}/2$	6
DPWM	$-U_{DC}/2 \leftrightarrow -U_{DC}/6 \leftrightarrow U_{DC}/6$	$\pm U_{DC}/2$	4
	$-U_{DC}/6 \leftrightarrow U_{DC}/6 \leftrightarrow U_{DC}/2$		
AZSPWM	$-U_{DC}/6 \leftrightarrow U_{DC}/6$	$\pm U_{DC}/6$	6
NSPWM	$-U_{DC}/6 \leftrightarrow U_{DC}/6$	$\pm U_{DC}/6$	4

（3）主动栅极驱动控制技术

对于 GaN 器件而言,由于其开关速度非常快,开关过程中的电压、电流上升速度和下降速度非常快,容易造成较大的尖峰和振荡以及更为严重的 EMI 问题。主动栅极驱动控制技术是从驱动电路出发,通过检测电压、电流波形,反馈给驱动电路,通过驱动电路主动控制减缓电压、电流的上升速度和下降速度,从而在一定程度上缓解 EMI 问题。

图 6.43 为 GaN 器件的双脉冲测试电路及其典型开关波形。$t_1 \sim t_2$ 阶段是漏极电流上升时期,$t_7 \sim t_8$ 阶段是漏极电流下降时期。由功率器件固有特性可知,漏极电流的上升、下降速度与栅源电压的上升、下降速度以及跨导有关,具体可表示为

$$\frac{\mathrm{d}i_{D\_on}}{\mathrm{d}t} = g_{fs} \frac{\mathrm{d}u_{GS\_on}}{\mathrm{d}t} \tag{6-29}$$

$$\frac{\mathrm{d}i_{D\_off}}{\mathrm{d}t} = g_{fs} \frac{\mathrm{d}u_{GS\_off}}{\mathrm{d}t} \tag{6-30}$$

式中，i_{D_on}、i_{D_off} 分别为 GaN 器件开通、关断时的漏极电流，u_{GS_on}、u_{GS_off} 分别为 GaN 器件开通、关断时的栅源电压。由此可见，通过降低 GaN 器件开通、关断时的栅源电压上升、下降速度可以相应降低其漏极电流的上升、下降速度，从而进一步减小开通时漏极电流的过冲和振荡幅值以及关断时漏源电压的过冲和振荡幅值。

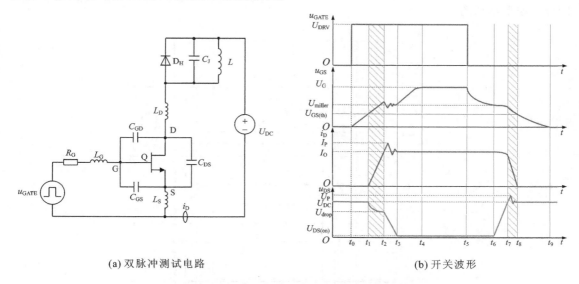

(a) 双脉冲测试电路　　　　　　　　　　　(b) 开关波形

图 6.43　GaN 器件的双脉冲测试电路及其典型开关波形

图 6.44 给出了一种主动栅极控制技术的原理图。其主要由窗口比较器、上拉和下拉电路组成。窗口比较器 1 和上拉电路主要用于降低关断时栅源电压的下降速率，其中 U_{1low} 设置为栅源阈值电压 $U_{GS(th)}$，U_{1high} 设置为密勒平台电压 U_{miller}，当窗口比较器 1 的输入电压处于 $U_{1low} \sim U_{1high}$ 之间时，输出高电平，从而使 M_2 和 M_3 导通，VCC 通过 M_3、R_3、D_2 接入功率管栅极，为输入电容充电，从而抬高功率管的栅源电压，减小其栅源电压的下降速率。窗口比较器 2

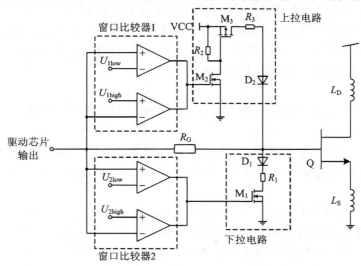

图 6.44　一种主动栅极控制技术原理图

和下拉电路主要用于降低开通时栅源电压的上升速率,其中 U_{2low} 设置为栅源阈值电压 $U_{GS(th)}$,U_{2high} 设置为密勒平台电压 U_{miller}。当窗口比较器 2 的输入电压处于 $U_{2low} \sim U_{2high}$ 之间时,输出高电平,从而使 M_1 导通,部分充电电荷通过 D_1、R_1 和 M_1 流入地端,从而减小流入功率管栅极的电荷,减小其栅源电压的上升速率。图 6.45 给出了加入主动栅极驱动控制技术后的开关波形示意图。

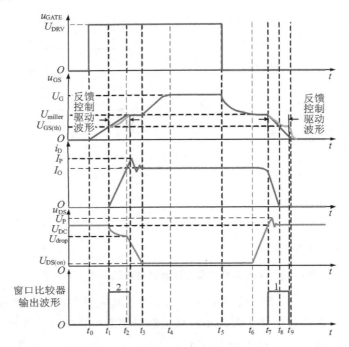

图 6.45　加入主动栅极驱动控制技术后的开关波形示意图

除了通过降低栅源电压的上升/下降速率外,还可以通过增大驱动电阻等方法降低电压、电流的上升/下降速率以及振荡和过冲,因此主动栅极驱动控制技术方法较多。但是,需要注意的是,采用主动栅极驱动控制技术本质上是通过降低电压、电流上升/下降速率来实现的,因此在一定程度上牺牲了 GaN 器件的高速开关优势,同时也增大了驱动电路的体积,降低了整机的功率密度,所以在使用时要视具体情况而定。

6.2　GaN 基电路的 PCB 优化设计技术

如前文所述,对于 GaN 器件而言,由于其开关速度非常快,实际电路中的寄生电感会对 GaN 器件的开关性能造成较大的影响,所以优化 PCB 布局布线以减小寄生电感显得尤为重要。

降低寄生电感一般通过缩短布线长度来实现,在布线长度无法缩短时,可利用磁场互消理论使得回路的进线和出线平行布置,并让其中的电流以相反方向流动从而削弱磁场,降低寄生电感。目前,GaN 器件的典型布局方式有两大类:表面布线型和平行布线型。

表面布线是将功率器件以及功率回路走线放在同一面的一种布线方式,典型布局如图 6.46 所示。表面布线将桥臂上、下管和输入电容紧靠在一起以缩短布线长度,同时将栅极驱动电路紧靠开关管以缩短栅极回路布线长度,是现有文献中只使用单层布线时桥臂电路的最优布线形式。若使用 4 层板,在中间两层加入"屏蔽层",有利于进一步降低回路的寄生电感。

　　表面布线的优点是栅极寄生电感和共源极寄生电感可以降至很低,功率回路寄生电感的大小只与表面布线长度和屏蔽层距表层的距离有关;缺点是屏蔽层也存在电阻,有电流流过时会产生损耗,增加系统的损耗,还会出现散热问题。

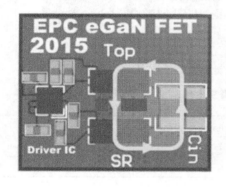
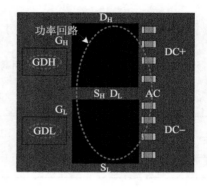

(a) EPC公司低压eGaN HEMT　　　　　　　(b) GaN Systems公司高压eGaN HEMT

图 6.46　GaN 器件典型表面布线示意图

　　平行布线是利用磁场互消方法降低寄生电感的一种布线形式,其功率回路进线和出线一般平行放置在不同面以获得方向相反的电流实现磁场互消。EPC 公司和 GaN Systems 公司典型布局方式分别如图 6.47、图 6.48 所示。

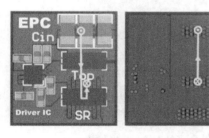

(a) 顶层和第二层俯视图　　　　　　　　　　　(b) 正视图

图 6.47　EPC 公司低压 eGaN HEMT 典型平行布线示意图

　　采用平行布线降低寄生电感的同时还需要考虑散热问题,目前商用 eGaN HEMT 器件都是表贴型器件,散热器的安装比较复杂,并且散热效果有限,往往还是采用散热器和 PCB 散热相结合的方式进行散热。低压 eGaN HEMT 的工作电压、电流额定值一般较小,功率较低,但如果应用在高压 eGaN HEMT 中就需要重新考虑散热问题。

　　表 6.15 列出了表面布线和平行布线的回路寄生电感比较结果。可以看到,平行布线方式对栅极回路影响不大,但是可以大幅度降低功率回路的寄生电感。

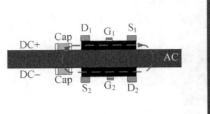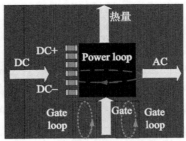

(a) 侧视图　　　　　　　　　(b) 俯视图

图 6.48　GaN Systems 公司高压 eGaN HEMT 典型平行布线示意图

表 6.15　回路寄生电感比较

nH

回　路	表面布线	平行布线
功率回路	28.7	3.1
栅极回路	0.4	0.2

图 6.49 给出了 GaN Systems 公司典型驱动电路原理图和 PCB 图。可以看到,在 PCB 布局时,驱动回路非常紧凑,离功率器件很近。除此之外,应用开尔文结构也极大地减小了共源极寄生电感。

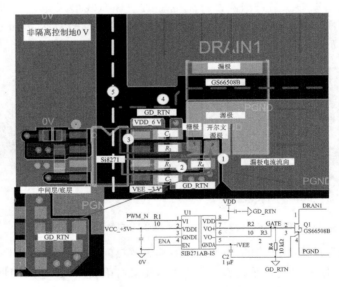

图 6.49　GaN Systems 公司典型驱动电路原理图和 PCB 图

综上所述,可以归纳出 GaN 器件布局优化设计需要遵循的原则:

① 通过合理布局尽可能缩短布线长度,增加布线宽度;

② 尽可能将驱动电路靠近开关管,采用开尔文连接方式,将栅极回路与功率回路分离以减小共源极寄生电感;

③ 使用 PCB 的叠层,利用平行布线,降低寄生电感;

④ 紧凑布局时需要考虑散热问题,尽可能设置单独的热量传播途径,使用散热器与 PCB 散热相结合的方式进行散热。

在 GaN 器件的并联应用中,动态均流问题是影响 GaN 器件并联效果的重要因素,而并联器件寄生电感的差异是导致动态均流问题的主要原因,因此优化设计 GaN 器件并联布局结构,尽可能实现动态均流对 GaN 器件并联应用具有重要意义。

以四管并联 Buck 变换器为例,对 GaN 器件不同并联布局方案进行对比分析。Buck 变换器的直流输入电压为 48 V,直流输出电压为 12 V,开关频率设为 300 kHz,功率器件采用 EPC 公司型号为 EPC2001 的 eGaN HEMT 器件,驱动器采用 TI 公司的 LM5113,同时给四个并联的控制管($T_1 \sim T_4$)和四个并联的同步整流管($SR_1 \sim SR_4$)提供驱动信号。

两种典型 GaN 器件并联布局方案如图 6.50 所示。方案一为 4 只控制管和 4 只同步整流管分别并排放置,由于并联的 GaN 器件与驱动芯片的距离不同,因此每个器件的驱动电路寄生电感均不等,此外并联器件与左侧输入滤波电容的距离不等,也导致了每个器件的高频环路寄生电感不同,在 1.7～2.6 nH 范围内变化,从而造成并联器件之间的动态电流不均衡以及关断时漏源电压之间的延时差异。相较于 SR_1,SR_4 的关断漏源电压波形延迟了 2 ns 左右,相当于总关断时间的 25%。图 6.50(b)为方案二布局方式,其以驱动器为中心,同步整流管和控制管分别围绕驱动器对称放置。由于并联的 GaN 器件与驱动芯片的距离相同,与输入滤波电容的距离也相同,因此每个器件的驱动电路寄生电感和高频环路寄生电感($L_{Loop} = 0.4$ nH)均分别相同,从而保证了动态均流效果。从图 6.50(a)、(b)所示的同步整流管关断电压波形对比也可看出,方案一对应的功率回路寄生电感较大,电压尖峰较高,而方案二对应的功率回路寄生电感较小,几乎无电压过冲。

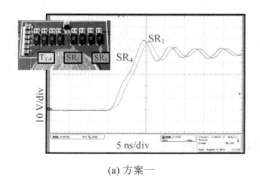

(a) 方案一

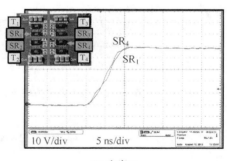

(b) 方案二

图 6.50　两种典型 GaN 器件并联布局方案

两种布局方案下的功率器件温度测试结果如图 6.51 所示。由图 6.51(a)可见,采用布局方案一时,最靠近输入滤波电容的控制管 T_1 的最高温度比最远离输入电容的控制管 T_4 高 10 ℃以上;由图 6.51(b)可见,采用布局方案二时,各并联器件之间的温差很小,具有良好的热平衡性。

图 6.52 为两种布局方案下效率和最高温度的对比测试结果。在输出电流为 40 A 时,采用布局方案二,变换器的效率比布局方案一高 0.2%左右;并且在较宽的负载范围内采用布局方案二时器件的最高温度均比采用布局方案一时低 10 ℃左右。

由此可见,布局设计对 GaN 基电路工作性能有较大影响,GaN 基变换器相关研究开发人员应尽可能优化设计 GaN 基电路布局和布线。

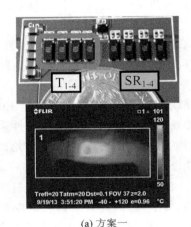

(a) 方案一　　　　　　　　　　　　　　　(b) 方案二

图 6.51　两种布局方案下功率器件的温度测试结果

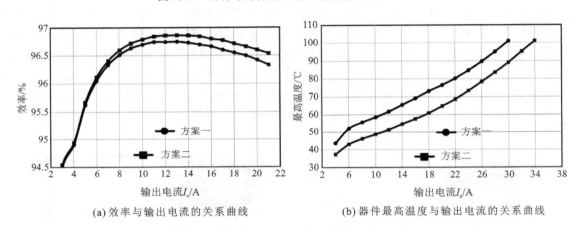

(a) 效率与输出电流的关系曲线　　　　　　(b) 器件最高温度与输出电流的关系曲线

图 6.52　两种布局方案下的效率及器件最高温度对比测试结果

6.3　GaN 集成驱动技术

　　近年来,为了减小 GaN 器件封装和驱动回路的寄生电感,将 GaN 器件和驱动电路集成在同一个封装内的集成驱动技术应运而生,有望进一步发挥 GaN 器件高速开关的性能优势。

6.3.1　传统分立驱动

　　采用独立封装形式的 GaN 器件需要通过外部的驱动芯片进行驱动,这种传统分立驱动及其等效电路如图 6.53 所示。GaN 器件和驱动芯片封装中的键合线和引脚均会引入寄生电感,同时 GaN 器件和驱动芯片之间的连线也会引入寄生电感。当 GaN 器件高速开关工作时,这些寄生电感会导致开关损耗明显增大、电压电流振荡加剧,影响电路可靠工作。在紧凑布局无法再降低寄生电感时,为保证可靠工作,往往不得不限制 GaN 器件的开关速度。

　　图 6.54 为 GaN 器件单管的双脉冲测试电路原理图,栅极回路寄生电感 L_G 和共源极寄生电感 L_S 均会直接影响驱动电路的工作,进而影响 GaN 器件的工作特性。

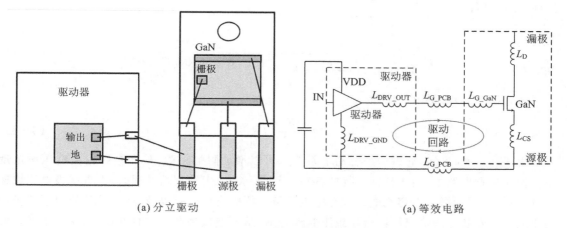

图 6.53　分立驱动及其等效电路

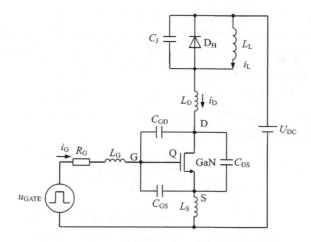

图 6.54　GaN 器件单管双脉冲测试电路原理图

1. 栅极环路寄生电感的影响

栅极环路寄生电感 L_G 主要包括栅极寄生电感和驱动器接地寄生电感。栅极寄生电感是指驱动器输出端和功率管栅极之间的寄生电感,驱动器接地寄生电感是指驱动器接地引脚引入的寄生电感。当功率管开关工作时,栅极环路寄生电感阻碍栅极电流变化,增加栅源电压上升下降时间,从而增加了功率管开关时间和开关损耗。此外,栅极环路寄生电感和驱动电阻、功率管输入电容组成了 RLC 电路,导致栅源电压产生振荡。在开通过程中,由于 GaN 器件驱动电压往往与栅源极限电压较为接近,典型值仅相差 $1\sim2$ V,因此栅源电压振荡峰值极易超过栅源极限电压,使器件性能退化,缩短使用寿命,甚至永久损坏器件;而在关断过程中,由于 GaN 器件的栅源阈值电压仅为 $1\sim2$ V,因此栅源电压振荡也极易导致误导通现象的产生。

如图 6.54 所示,可列写出栅极驱动回路二阶方程:

$$L_G C_{ISS} \frac{d^2 u_{GS}}{dt^2} + R_G C_{ISS} \frac{d u_{GS}}{dt} + u_{GS} = U_{DRV} \qquad (6-31)$$

式中,C_{ISS}、R_G、u_{GS}、U_{DRV} 分别为功率管输入电容、驱动电阻、功率管栅源电压、驱动电压。由

式(6-31)可得

$$\frac{u_{\mathrm{GS}}}{U_{\mathrm{DRV}}}=\frac{\dfrac{1}{sC_{\mathrm{ISS}}}}{sL_{\mathrm{G}}+\dfrac{1}{sC_{\mathrm{ISS}}}+R_{\mathrm{G}}}=\frac{1}{s^2L_{\mathrm{G}}C_{\mathrm{ISS}}+sR_{\mathrm{G}}C_{\mathrm{ISS}}+1} \tag{6-32}$$

由式(6-32)可得阻尼比为

$$\xi=\frac{R_{\mathrm{G}}}{2}\sqrt{\frac{C_{\mathrm{ISS}}}{L_{\mathrm{G}}}} \tag{6-33}$$

由式(6-33)可知,通过增加驱动电阻 R_{G} ,可以增加阻尼系数,从而缓解栅极电压振荡现象。但在桥臂电路中,由于桥臂串扰的存在,当下管关断、上管突然开通时,下管漏极电压快速上升,下管栅漏和栅源电容充电。该充电电流流过栅极寄生电感以及驱动电阻,使得下管栅源电压上升。若超过阈值电压则会导致下管误导通,从而造成桥臂短时直通现象,明显增加桥臂电路的损耗,严重时甚至会直接导致器件损坏。因此增加驱动电阻 R_{G} 虽然能够缓解栅源电压振荡现象,但亦会加剧桥臂串扰影响。通过采用负压关断,可在一定程度上缓解桥臂串扰问题,但这增加了关断时 GaN 器件的栅源负压应力,由于 GaN 器件的栅源极限负压绝对值较小,因此当栅源电压产生振荡时,关断时的栅源振荡负压峰值易低于栅源极限负压,从而影响器件正常使用。与此同时,死区内的导通损耗也会明显增加。图 6.55 归纳小结了栅极回路寄生电感的影响。当栅极回路寄生电感较大时,就不得不在栅极电压应力、器件误导通导致桥臂直通以及开关损耗之间折中考虑,在选择电路参数时往往很难同时兼顾这些问题,因此为了使电路可靠工作,不得不牺牲某方面性能。

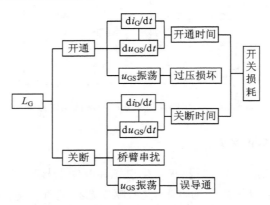

图 6.55 栅极回路寄生电感影响示意图

由图 6.53 可见,在分立式驱动中,驱动器和 GaN 器件单独封装,栅极寄生电感主要包括驱动器输出键合线电感 $L_{\mathrm{DRV\_OUT}}$ 、GaN 器件栅极键合线电感 $L_{\mathrm{G\_GaN}}$ 以及 PCB 走线电感 $L_{\mathrm{G\_PCB}}$ 。根据封装尺寸的不同,栅极寄生电感也会存在较大变化,对于表面贴装式封装来说,栅极寄生电感一般为几 nH,而对于引脚式封装来说,例如 TO-220 封装,栅极寄生电感可达到 10 nH 甚至更高。对于 GaN 器件而言,由于其寄生电容极小,开关速度很快,因此这些栅极寄生电感对驱动电路工作和开关过程影响较大,很难优化选择参数。

2. 共源极寄生电感的影响

共源极寄生电感是影响功率器件高速开关性能的重要因素之一，由于其同时存在于功率回路与驱动回路中，因此对功率回路与驱动回路的稳定工作均有较大影响。如图 6.54 所示，当功率管开通时，漏极电流 i_D 增大，在 L_s 上感应出上正下负的电压，阻碍了 i_D 的上升，限制了电流上升率 di/dt，增加了电流上升时间，同时该电压也降低了功率管栅源电压的上升速度，并通过跨导进一步影响了 i_D 的上升速率，从而使得开通速度变慢，开通损耗增加。此外，共源极寄生电感与杂散电阻、寄生电容组成 RLC 电路，加剧了漏极电流和栅源电压的振荡，进一步增大了开通损耗。当功率管关断时，漏极 i_D 电流减小，在 L_s 上感应出上负下正的电压，与开通过程类似，漏极电流下降时间增加，漏极电流和栅源电压的振荡加剧，进一步增大了关断损耗。此外，在 L_s 上感应的电压使得功率管源极电位变为负，从功率回路考虑，功率管漏源电压应力略有增加；从驱动回路考虑，功率管栅源电压抬高，若超过其栅源阈值电压，易发生误导通现象。图 6.56 为共源极寄生电感的影响示意图。

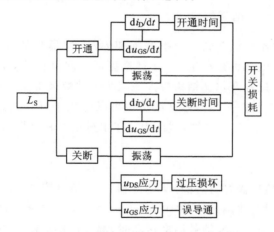

图 6.56　共源极寄生电感的影响示意图

对于采用 TO-220 封装的 GaN 器件来说，源极通过键合线和引脚与外部电路连接，两者引入的寄生电感可超过 10 nH，会对开关速度有较大影响，进而影响整机效率。

6.3.2　GaN 集成驱动

分立驱动不可避免地存在寄生电感，限制了 GaN 器件性能的充分发挥，因此 GaN 集成驱动技术应运而生。GaN 集成驱动是指将 GaN 器件与驱动器集成在同一个封装内，从而减小寄生电感，更好地发挥 GaN 器件的优越性能。集成驱动及其等效电路如图 6.57 所示，集成驱动将 GaN 器件与驱动器集成在同一个封装内，消除了驱动器与 GaN 器件的封装寄生电感以及连接驱动器输出与 GaN 器件栅极的连线寄生电感。寄生电感的减小有效抑制了 GaN 器件开关工作时的电压电流振荡问题，确保 GaN 器件可以高速开关，缩短开关时间，降低开关损耗，对优化 GaN 器件开关性能具有重要意义。同时集成封装也减小了电路尺寸，提高了整机功率密度。

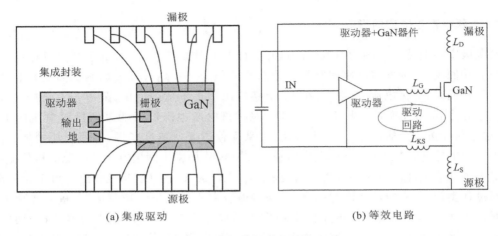

图 6.57　集成驱动及其等效电路

1. 集成驱动对减小寄生电感的作用

将 GaN 器件和驱动器集成在同一个引线框架内,GaN 器件的栅极直接与驱动器输出端键合,因此栅极环路寄生电感可减小至 1 nH 甚至更低。同时驱动器的接地端直接与 GaN 器件的源极引线键合连接,这种开尔文结构极大地减小了共源极寄生电感,封装集成同样能够有效减小驱动器接地寄生电感。虽然开尔文结构也可以应用于分立式封装中,但增加的开尔文源极引脚必须通过 PCB 走线与驱动器连接,引入了额外的栅极环路寄生电感。

2. GaN 器件保护

由于引线框架的导热性极好,因此将驱动器和 GaN 器件安装在同一个引线框架中可使两者的温度基本接近。此时若将温度检测和过温保护功能集成在驱动器中,则可以实现对 GaN 器件的温度检测和保护。在 GaN 器件温度过高时,温度保护动作,关断功率管实施保护。

对于分立驱动来说,由于驱动器和 GaN 器件独立封装,两者的连接引入了较大的寄生电感,导致电流振荡较为严重,因此往往需要一段较长的消隐时间来防止过流保护误动作。而集成驱动可以显著降低电流检测电路和 GaN 器件之间的连接寄生电感,从而使得过流保护迅速动作以实现 GaN 器件的快速保护。

6.3.3　GaN 集成驱动实例分析

增强型 GaN 器件和级联型 GaN 器件是目前 GaN 器件中较为常用的两种类型。由于两种类型器件的工作原理不同,因此驱动方式也有所区别。下面分别以 TI 公司推出的 LMG3410 和 LMG5200 集成驱动芯片为例,对 GaN 集成驱动技术进行具体分析。

1. LMG3410 单管集成驱动

LMG3410 为 TI 公司推出的 600 V/12 A GaN 单管集成驱动芯片,其内部主要集成了 600 V/70 mΩ 常通型 GaN 功率管及其驱动器,此外,在 GaN 功率管源极还串联了一个低压 Si MOSFET 以实现常断的功能。LMG3410 采用 8 mm×8 mm QFN 封装,便于芯片的布局和

PCB 设计,同时也极大地减小了封装寄生电感,其工作频率可达 1 MHz,典型延迟时间仅为 20 ns。传统级联型 GaN 器件的驱动方式是通过控制低压 Si MOSFET 的开关以间接控制整个级联型 GaN 器件的开关状态,而 LMG3410 采用了 TI 公司独有的直接驱动方式,通过直接驱动常通型 GaN 功率管以实现对整个器件的开通和关断控制。下面对两种驱动方式的原理进行分析,并对直接驱动方式的优势进行阐述。

图 6.58 为两种驱动方式的原理图。由图 6.58 可知,在级联型 GaN 器件中,内部的常通型 GaN 功率管的栅极与低压 Si MOSFET 的源极连接,常通型 GaN 功率管的源极与 Si MOSFET 的漏极连接。当驱动器控制 Si MOSFET 开通时,常通型 GaN 功率管的源栅电压等于 Si MOSFET 的导通压降。由于 Si MOSFET 的导通压降较小,因此常通型 GaN 功率管的栅源负压值高于阈值电压,即 $-U_{\mathrm{DS\_Si}} = U_{\mathrm{GS\_GaN}} > U_{\mathrm{TH\_GaN}}$。常通型 GaN 功率管导通,从而使得整个器件导通。当驱动器控制 Si MOSFET 关断时,整个 GaN 器件的状态与工况有关。若此时加在整个 GaN 器件漏源两端的电压较低,满足 $-U_{\mathrm{GS\_GaN}} = U_{\mathrm{DS\_Si}} < U_{\mathrm{DS}} < -U_{\mathrm{TH\_GaN}}$,则 GaN 功率管仍处于导通状态,Si MOSFET 的漏源电压等于整个器件的漏源电压;若加在整个 GaN 器件漏源两端的电压较高,满足 $U_{\mathrm{DS}} > -U_{\mathrm{TH\_GaN}}$,即 GaN 功率管的栅源电压低于其阈值电压,则 GaN 功率管处于截止状态,整个器件的漏源电压由 Si MOSFET 和内部常通型 GaN 功率管共同承受。而在 TI 公司提出的直接驱动方式中,Si MOSFET 一直处于导通状态,驱动器与内部的常通型 GaN 功率管栅极连接,当驱动器提供的负压低于常通型 GaN 功率管的栅源阈值电压时,常通型 GaN 功率管截止,从而使整个器件处于截止状态;当驱动器提供的负压高于常通型 GaN 功率管的栅源阈值电压时,常通型 GaN 功率管导通,整个器件导通。

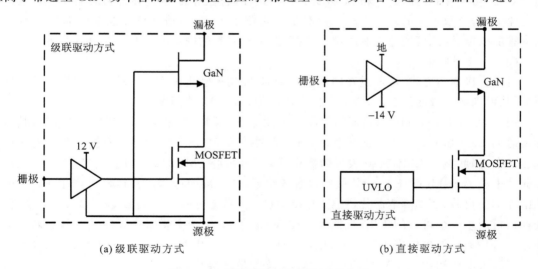

(a) 级联驱动方式　　　　　　　　　　　　　　(b) 直接驱动方式

图 6.58　常通型 GaN 的两种驱动方式

对比两种驱动方式,直接驱动方式存在以下优势:

(1) 驱动损耗低

对于级联驱动方式,在整个器件关断过程中,Si MOSFET 的输出电容与内部常通型 GaN 功率管的栅源电容充电,当内部常通型 GaN 功率管的栅源电压低于阈值电压时,整个器件才可以完全关断,因此充电损耗包含 Si MOSFET 的输出电容充电损耗和内部常通型 GaN 功率管的栅源电容充电损耗。而对于直接驱动方式,由于 Si MOSFET 一直处于导通状态,因此不存在输出电容损耗。在整个器件关断时,仅存在内部常通型 GaN 功率管的栅源电容充电损耗,而且相较于级联驱动方式,采用直接驱动方式时,内部常通型 GaN 功率管的栅源偏置电压较低,驱动损耗更低。在高频工作时,这一损耗优势会更加明显。

(2) 无反向恢复损耗

对于级联驱动方式,当整个器件反向导通时,由于 Si MOSFET 栅极电压为低电平,因此沟道关断,体二极管导通。当反向导通结束时,二极管会产生反向恢复损耗。而对于直接驱动方式,由于 Si MOSFET 沟道一直处于导通状态,在整个器件反向导通时,体二极管中不会流过电流,因此没有反向恢复损耗。

(3) 无雪崩击穿

对于级联驱动方式,当器件内部 Si MOSFET 与常通型 GaN 功率管均处于截止状态时,整个器件的漏源电压由 Si MOSFET 和内部常通型 GaN 功率管的漏源电容共同承受。由于常通型 GaN 功率管的漏源电容较大,因此 Si MOSFET 的漏源电容可能会分压过高,造成雪崩击穿。为了防止该现象发生,通常可在 Si MOSFET 漏源极间额外并联电容以减小分压,但这种方法在硬开关应用中会带来较高的功率损耗,因此仅适用于软开关应用。而采用直接驱动方式时,Si MOSFET 一直导通,因此不会出现雪崩击穿。

(4) $\mathrm{d}u/\mathrm{d}t$ 易调节

对于级联驱动方式,由于内部常通型 GaN 功率管的栅极和 Si MOSFET 的源极相连,因此无法控制整个器件开关过程中的 $\mathrm{d}u/\mathrm{d}t$。由于低压 Si MOSFET 的等效输出电容由内部常通型 GaN 功率管的栅源电容和 Si MOSFET 的输出电容组成,因此在开通时会产生较大的漏极电流尖峰,导致更大的开通损耗。而对于直接驱动方式,驱动器直接控制内部常通型 GaN 功率管的栅极,因此可通过控制内部常通型 GaN 功率管的栅极电流实现对 $\mathrm{d}u/\mathrm{d}t$ 的调节。

(5) 易控制振荡

对于直接驱动方式,可通过在内部常通型 GaN 功率管栅极添加驱动电阻以增加栅极回路阻尼,从而削弱栅极回路振荡,降低器件电压应力,缓解 EMI 问题。

图 6.59 为 LMG3410 的内部结构图。由图 6.59 可知,在未给 LMG3410 供电时,其内部的常通型 GaN 功率管处于导通状态,而与之串联的 Si MOSFET 由于没有提供驱动电压处于截止状态,因此整个 LMG3410 表现为截止状态;而在给 LMG3410 上电后,VDD 输入电压直接驱动串联的 Si MOSFET,使其保持常通的状态,其内部的低压降稳压器可产生 +5 V 的电压给外部的负载,例如隔离芯片供电。LMG3410 内部还集成了一个 Buck - Boost 变换器,该变换器可产生一个可调的负压(最低为 -12 V)加在 GaN 功率管栅极以使其有效关断。欠压锁定(UVLO)功能确保当 VDD 输入电压低于 9.5 V 时,串联的 Si MOSFET 有效关断,同时只有当输入电压超过 9.5 V 时,Buck - Boost 变换器才会启动工作。

LMG3410 内部还集成了过流保护和过温保护功能。过流检测电路通过检测流过与 GaN 功率管串联的 Si MOSFET 的电流来判断 GaN 功率管漏极电流是否超过预先设置的最大值。若超过,则关断 GaN 功率管直至重启电源或者输入 PWM 信号保持低电平超过 350 μs。由于驱动器和 GaN 功率管封装在同一个基板上,因此驱动器基板上的引线框架能够检测到 GaN 功率管的温度,因此过温保护电路通过检测驱动器基板的温度来判断 GaN 功率管的温度是否超过预先设置的最高温度(典型值为 165 ℃)。若判断已过温,则关断 GaN 功率管,直至温度低于 150 ℃时,GaN 功率管才正常工作。除此之外,LMG3410 还具有驱动能力调节功能,即

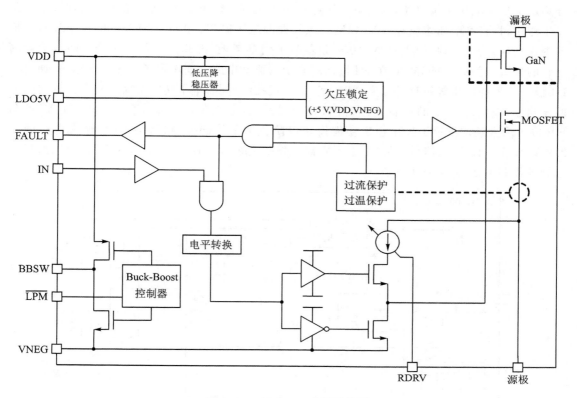

图 6.59　LMG3410 内部结构图

能够调节开关过程中的 du/dt。LMG3410 通过改变与 RDRV 引脚连接的电阻值即可改变内部电流源的实际输出电流值,从而改变 GaN 功率管的开关速度,使其可在 25～100 V/ns 之间变化。

2. LMG5200 桥臂集成驱动

LMG5200 为 TI 公司推出的 80 V/10 A GaN 桥臂集成驱动芯片,其内部主要集成了两个 80 V/15 mΩ 的增强型 GaN 功率管以及一个高频双通道自举式驱动器用以驱动这两个 GaN 功率管。LMG5200 采用 6 mm×8 mm×2 mm 无铅 QFM 封装,易于安装在 PCB 板上。内部集成的所有器件均安装在一个无键合线的封装平台上,大大减小了封装寄生参数,优化了开关性能。LMG5200 的工作频率可达 10 MHz,典型延迟时间仅为 29.5 ns。

图 6.60 为 LMG5200 的内部结构图。由图 6.60 可见,HI 和 LI 分别为上下管的控制信号输入端,独立控制上下管的开通、关断,因此可以灵活控制下管反向导通时间以及桥臂死区时间以尽可能减小功率损耗。由于采用自举式桥臂驱动方式,因此当下管导通时,桥臂中点电位为 0,这时 VCC 通过自举二极管给自举电容充电,从而给上管提供开通所需的栅极电荷。由于 GaN 功率管的反向导通压降通常比二极管导通压降高,因此在桥臂应用中,若不采用二极管续流,而是直接利用 eGaN HEMT 自身反向导通特性续流,则当下管反向导通,处于续流状态时,会导致 HS 引脚变为负压。考虑到漏、源极寄生电感的影响,该负压瞬时值可能会较大,从而使自举电压过高,在上管开通时导致其栅源过压损坏。针对这一问题,LMG5200 内

部集成了自举电压钳位电路,当自举电压超过预先设置的钳位电压(典型值为 5 V)时,该电路发生作用,将自举电压钳位在 5 V,以防止上管栅源过压损坏。由于 LMG5200 上管以 HS(桥臂中点)引脚为参考地,而上管驱动信号以信号地为参考地,因此上管驱动信号不能直接控制上管的开关。为此 LMG5200 在 HI 输入端和上管驱动电路之间设置了电平转换电路,通过将HI 输入信号的电压等级抬升以实现对上管的直接控制,同时电平转换电路还具有良好的延迟匹配功能,提供了 2 ns 的内置死区时间以防止桥臂直通现象的发生。LMG5200 在 VCC 和HB 电源输入端均设置了欠压锁定功能模块以防止上下管部分导通,当 VCC 输入电压低于3.8 V 时,HI、LI 输入信号均失效,上下管都被强制关断,当 HB 输入电压低于 3.2 V 时,只有上管被强制关断,而下管不受影响。

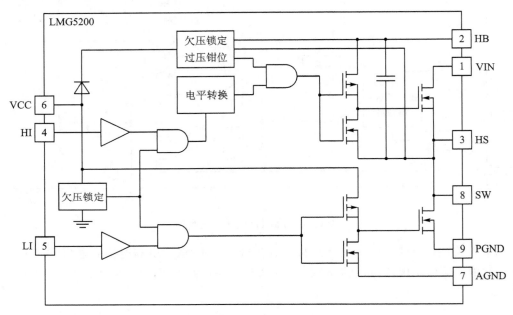

图 6.60　LMG5200 内部结构图

综上所述,GaN 集成驱动技术将 GaN 器件和驱动器集成在同一个封装内,相较于传统分立驱动极大地减小了共源极寄生电感和栅极环路电感,削弱了开关过程中的振荡,缩短了开关时间,降低了开关损耗,有利于提高开关频率和增加功率密度,充分发挥 GaN 器件的优越性能。随着 GaN 集成驱动技术的不断发展,从单管集成驱动到桥臂集成驱动,集成化程度越来越高,功能越来越强大,极大地推动了电力电子变换器的高频化和高功率密度化,使得电力电子工业进入了快速发展变化的新时期。

6.4　GaN 器件的散热设计技术

由于 GaN 器件通常为贴片式封装,并且其功率密度较大,因此需要特别考虑其散热设计,防止器件过热损坏。本节以 GaN Systems 公司的 eGaN HEMT 为例介绍贴片式封装 GaN 器件的散热设计技术。

6.4.1　GaN 器件的典型封装形式

图 6.61 为 GaN Systems 公司 eGaN HEMT 的封装示意图。GaN Systems 公司运用了层压结构,采用电镀工艺取代了传统引线键合的封装技术,通过印刷电路板电镀形成源极和漏极母线,显著增加了传统金属衬底的载流能力。这种新型的封装结构大大降低了封装寄生电感,提高了开关速度和载流能力,实现了低导通电阻、高开关速度、低寄生电感和高功率密度等优越性能。

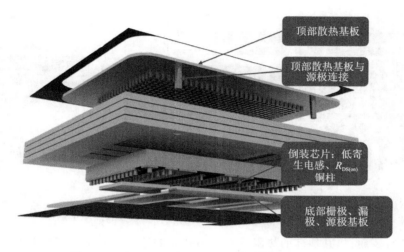

顶部散热基板

顶部散热基板与源极连接

倒装芯片:低寄生电感、$R_{DS(on)}$ 铜柱

底部栅极、漏极、源极基板

图 6.61　GaN Systems 公司 eGaN HEMT 封装示意图

GaN Systems 公司的 eGaN HEMT 具有两种封装形式,分别为 P 型封装(如 GS66508B)和 T 型封装(如 GS66508T),如图 6.62 所示。

(a) P 型封装　　　　　　　　　　　(b) T 型封装

图 6.62　GaN Systems 公司 eGaN HEMT 封装实物图

P 型封装的散热基板与栅、漏、源极基板均处于器件的底面,直接与 PCB 相连接;而 T 型封装的散热基板处于器件的顶部,直接与空气相接触。由图 6.61 可见,散热基板通过高密度微型覆铜过孔与器件内部衬底相连,从而提供低热阻散热路径。

需要注意的是,散热基板必须始终与源极相连接,如图 6.63 所示。与其他引脚相连或者悬空均会影响器件的性能。

图 6.63　散热基板连接图

6.4.2　GaN 器件的热传输路径

图 6.64 给出了 P 型封装和 T 型封装的热传输路径和热阻示意图。由图 6.64(a)可见,对

于 P 型封装的器件而言,GaN 衬底产生的热量通过散热基板传输到 PCB 板上。一部分热量通过 PCB 板的覆铜表面散发到空气中,另一部分热量通过 PCB 板内部的低热阻热孔传输至 PCB 板底部。散热器通过导热材料(TIM)与 PCB 底部连接,并将热量传输到空气中。由图 6.64(b)可见,对于 T 型封装的器件而言,GaN 衬底产生的热量直接通过其顶部传输至导热材料中,并通过安装在导热材料上的散热器散发至空气中。对比两种封装形式的 GaN 器件可见,相较于 P 型封装,T 型封装的热传输路径中并没有通过 PCB 板传输,因此也不存在 PCB 板的热阻,从而减小了整个结到环境的热阻,提高了散热性能。

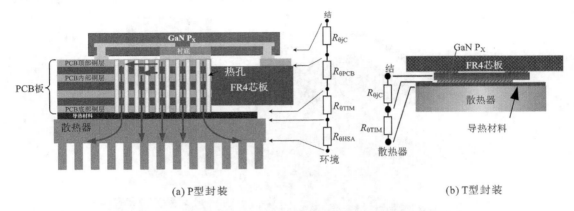

(a) P 型封装　　　　　　　　　　　　　　　　(b) T 型封装

图 6.64　两种封装形式 GaN 器件的热传输路径和热阻示意图

对于 P 型封装而言,其顶部的热阻通常是结到壳的热阻的几倍,尽管如此,在损耗较大的情况下,仍然可以在器件顶部安装散热器,形成双面冷却方式以提高散热效率,散热示意图如图 6.65 所示。P 型封装器件的顶部覆上了一层铜和阻焊剂,由于该层表面凹凸不平,并且不具备耐高压以及绝缘能力,因此需要在该层上方添加一层导热材料以确保其安全工作,最后将散热器安装在导热材料上。

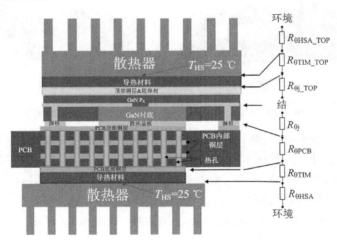

图 6.65　双面冷却示意图

图 6.66 给出了双面冷却和单面冷却的热仿真对比结果。由于双面冷却有两条散热路径,其顶部和底部的热阻相当于并联,因此总热阻小于单面冷却总热阻。由仿真结果可见,双面冷

却方式相较于单面冷却方式,其结温下降了约 35%。

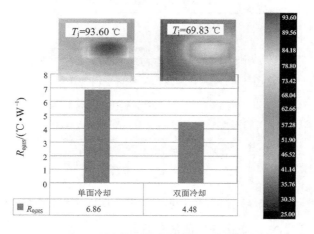

图 6.66　双面冷却和单面冷却热仿真结果对比

6.4.3　PCB 散热设计考虑

对于贴片式封装的器件来说,PCB 板是热传输的重要通道,因此如何合理设计 PCB 板,减小 PCB 热阻,提高其散热能力是 GaN 器件散热设计需要重点考虑的内容。影响 PCB 散热性能的因素主要有两个:热扩散铜板和热孔。

在 GaN 器件工作时,产生的热量由 GaN 器件的小面积散热基板传输到 PCB 顶部的大面积铜层上,并通过铜层发散到空气中,因此 PCB 顶部铜层需要有足够的厚度来确保有效散热,通常需要 2 盎司或者更厚。PCB 底部的铜层主要和导热材料或者散热器连接,因此需要有足够的面积确保覆盖导热材料和散热器的表面。

由于 FR-4 材料 PCB 板的导热性能较差,因此器件产生的热量不能有效地从 PCB 板顶部传到底部,而通过在 PCB 板内部添加热孔能够减小 PCB 板的热阻,提高导热性能,增强散热能力。在设计热孔时,需要考虑焊料芯吸问题:向焊盘添加开放式热孔时,在回流过程中,焊锡会浸入到通孔中,并在焊盘上产生焊料空隙。为了解决这一问题,通过减小热孔直径能够有效减少浸入通孔的焊锡量;除此之外,在通孔中添加导热材料也能够限制焊锡的浸入并且提高导热性能,但是会增加工艺成本。

图 6.67 给出了 GaN Systems 公司推荐采用的 PCB 设计实例。其 PCB 覆铜面积为 $(10 \times 5) \text{mm}^2$,完全覆盖 GaN 器件封装的散热基板,并且在 PCB 内部添加了约 120 个热孔以提高 PCB 板传热效果,每个热孔的直径为 0.3 mm。采用该种 PCB 设计方法得到的各部分热阻值分别为 $R_{\theta \text{PCB}} = 5.13 \text{ ℃/W}$、$R_{\theta \text{TIM}} = 1.95 \text{ ℃/W}$、$R_{\theta \text{jHS}} = 7.58 \text{ ℃/W}$。

6.5　多目标优化设计

与 Si 器件相比,GaN 器件具有更低的导通电阻、更低的结-壳热阻、更高的击穿电压和更高的结温工作能力。用 GaN 器件去替代现有变换器中的 Si 器件,沿用现有 Si 基变换器的设计方法,虽然有可能会使变换器的性能得到一定程度的提升,但很难最大程度地发挥 GaN 器

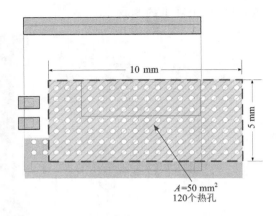

图 6.67　GaN Systems 公司推荐的 PCB 设计实例

件的优势和潜力,实现 GaN 基变换器性能的最优化。

6.5.1　变换器现有设计方法存在的不足

变换器现有设计通常是依据对系统效率、体积、重量、纹波/谐波等方面的要求,根据设计者对变换器及其应用场合的熟悉程度做一些假定和简化,然后进行参数选取和设计,最后进行实验验证、修改,使设计结果达到指标要求。尽管经验丰富的设计者凭借积累的经验和专业水平通过不断调整参数,最终能够获得一组较好的设计参数,但其设计结果很可能在所要求的工况下并不是最优的,适当改变某些设计参数后,可能会进一步提高变换器的性能。

变换器现有设计流程如图 6.68 所示,其主要特征如下:

① 变换器设计的起点是变换器的技术规格,如输入电压、输出电压、输出功率、电压纹波、电流谐波、效率、体积重量及 EMC 标准等规格要求。

② 根据输入、输出电压的大小及性质,如是否需要升降压、是否需要隔离,选择合适的变换器拓扑结构和调制策略。

③ 根据电路结构及工作模式,建立电路的电气模型,通过设计变量的初始值计算得到主要工作点的电压、电流波形,对功率器件和磁性元件等进行选择和设计。

④ 计算变换器的效率、功率密度等性能指标,理论计算结果如果不满足要求,根据设计者经验改变某些参数,重新进行变换器参数设计。

⑤ 对设计结果进行实验验证,如果不满足要求,则再次修改设计参数,重新进行验证。

功率变换器的设计涉及到电、热、磁等多个方面。除了电气性能要满足一定要求外,热管理和 EMC 也要符合一定的标准和要求,变换器才能正常工作。随着功率变换器功率密度的逐渐提高,变换器的热设计已成为影响可靠性的关键因素之一。功率变换器中器件的损耗会造成器件自身及周围环境温度的升高,从而影响变换器的寿命和可靠性。大量的研究数据表明,高温已成为电子产品故障的主要原因,器件结温与寿命之间关系的统计结果如图 6.69 所示,产品故障主要原因的统计结果如图 6.70 所示。

传统的热设计通常是根据工程师的经验和应用有限的换热公式对温度预先进行估计,然后利用红外测温、热电偶等热控手段进行保护,这种方法的缺点如下:

① 无法明确不同器件之间温度的互相影响程度及变换器内部的整体温度分布情况,可能

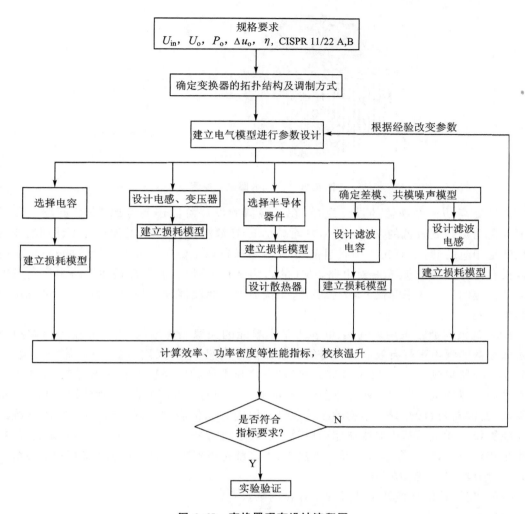

图 6.68　变换器现有设计流程图

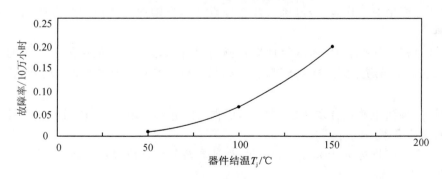

图 6.69　器件结温与寿命关系

存在局部过热的故障隐患,没有考虑器件布局的优化;

② 无法明确不同形状和尺寸的散热器的散热效果,无法进行有效的散热器优化设计;

③ 产品的设计周期较长,生产成本较高。

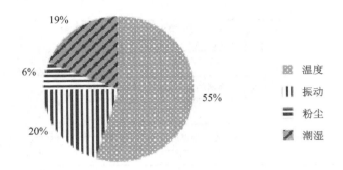

图 6.70　产品故障主要原因

为了提高功率变换器的设计质量,在变换器的设计阶段还要考虑 EMC 问题。良好的 PCB 布局可以得到较低的 EMI 水平,从而减小 EMI 滤波器的体积,甚至可能不使用滤波器就可以满足相应的 EMC 标准。但是目前的 PCB 布局布线主要还是依据设计者的经验,在设计阶段没有针对 PCB 布局布线对电路 EMI 的影响做具体研究,通常都是在电路制作完成以后再设计相应的滤波器来降低 EMI 水平,这样就加大了滤波器设计的难度和代价,没有从根本上解决问题。

EMI 滤波器通常采用以电感、电容为基本单元的无源元件结构,采用一定的电路组合对通过滤波器的噪声进行有效衰减。传统滤波器由于电感、电容采用分立元件,体积较大,不符合功率变换器集成化、小型化的发展趋势,进一步压缩体积同时更加有效地降低 EMI 水平成为新型滤波器的重要发展方向。目前,主要的研究方向有柔性滤波器、平面滤波器和母线型滤波器,在滤波器材料的选择、结构的改善及设计原则方面仍需进行深入研究。此外,传统的无源滤波器设计通常是基于对滤波原理以及系统要求进行分析,然后根据工程经验来选择参数,较少采用优化设计,且在已有的设计方法中,大多都是根据单一的技术或经济指标对参数进行分别设计,没有进行整体优化。

分析可见,传统变换器设计过程中存在的缺点有:

(1) 电气方面

① 设计过程中对工作频率、电流纹波率等设计参数的简化和假定没有明确依据,具有较大的任意性。

② 设计过程中效率、功率密度等性能指标与设计参数之间的量化关系不明确,只是在设计完成之后去校核系统性能,如果不满足要求,只是根据经验改变参数,重新进行设计,设计周期较长。

③ 设计的参数虽然符合系统性能要求,但很可能并不是最佳的,适当改变设计参数,可能会进一步提高系统性能。

④ 对多项性能指标进行多目标设计时,设计参数的变化范围不明确。

(2) 热管理方面

传统的变换器设计中,对半导体器件的散热设计主要根据经验公式进行估算,然后加以热控手段进行保护,变换器内部的热分布情况不明确,器件之间温度的相互影响不清楚,可能存在局部过热的故障隐患,且不同尺寸参数下散热器的散热效果不确定,没有对散热器进行优化设计。

（3）EMC 方面

在功率变换器的设计阶段没有详细分析 PCB 布局布线对电路 EMI 的影响，加大了滤波器设计的难度和代价，且传统 EMI 滤波器较多采用分立元件，在整机中占据的体积较大，同时在滤波器的优化设计方面还有所欠缺，需要综合考虑不同的指标要求，对滤波器的参数进行整体优化设计。

6.5.2 GaN 基变换器参数优化设计思路

在航空、航天、电动汽车等应用环境较为严苛的场合中，对电力电子变换器的要求越来越高，如图 6.71 所示，应用场合的需求促使变换器不断向高功率密度、高效率和高可靠性等方向发展，在特定场合可能需要同时满足多项性能指标的要求，这对功率变换器的设计提出了较大的挑战。

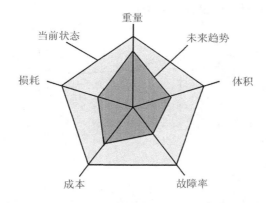

图 6.71 应用场合对变换器性能要求的发展趋势

变换器中的性能指标是相互影响的，比如实现高功率密度通常需要提高开关频率，从而减小电抗元件的体积；但开关频率的提高会使开关损耗增大，导致变换器效率降低，同时还会使功率器件所需的散热器体积增大。在传统的变换器设计中这种影响都是根据工程师的经验确定的，没有明确的设计依据。

随着新型 GaN 器件的推广使用，因其损耗、开关速度、温度承受能力都与 Si 器件有较大变化，因此在 GaN 基变换器中，功率器件与磁性元件的损耗比例、EMI 水平及滤波器设计要求均会发生变化，结温可作为设计变量之一由设计人员灵活掌握。因此，对于"多变量-多目标"的 GaN 基变换器，若仍采用本质上为"试凑设计"的现有变换器设计方法，则难以充分发挥GaN 器件的优势，难以实现 GaN 基变换器的最优设计。

这种缺陷可以通过对变换器系统进行数学建模和优化设计弥补，通过计算得到系统性能与设计参数之间的定量关系，从而明确设计变量与性能指标之间的相互影响情况。变换器优化设计示意图如图 6.72 所示，具体过程如下：

（1）定义设计空间

将优化设计中的设计变量放在数组 x 中，即令 $x=(x_1, x_2, \cdots, x_n)$，将磁性材料的磁导率、饱和磁通密度等设计常量放在数组 k 中，即令 $k=(k_1, k_2, \cdots, k_l)$，每一组设计变量和常量的取值都会对应设计空间中的一个点，从而确定完整的设计空间。

（2）定义目标函数

对变换器系统的性能指标（效率、功率密度等）进行数学描述，根据设计变量与性能指标之间的关系建立目标函数，即令 $p_i = f(x, k)$，这样一个设计空间就可以根据目标函数转换成相应的性能空间了。

（3）定义约束条件

将输入电压、输出电压和输出功率等规格要求放在数组 r 中，即令 $r = (r_1, r_2, \cdots, r_m)$，根据设计变量之间的相互影响情况建立需要满足的等式及不等式约束关系，即令等式约束条件为 $g_k = (x, k, r) = 0$，令不等式约束条件为 $h_j = (x, k, r) \geqslant 0$。

（4）最优化求解

根据目标函数的性质选择合适的优化算法。如果需要对多个性能指标同时进行优化，则需要确定每个性能指标的权重（w）并进行加权处理。通过优化算法进行最优化求解，得到帕累托前沿曲线，即设计空间对应的最优性能指标。

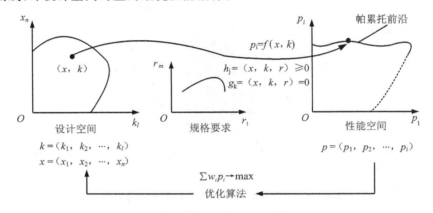

图 6.72　变换器优化设计示意图

以数学规划为基础的功率变换器优化设计技术，根据不同场合的性能要求，可以得到相应目标下最优的设计参数。这种优化设计方法与传统的设计方法相比，既可以提高功率变换器的设计质量，又可以大大缩短设计周期，具有明显的优越性。功率变换器优化设计的流程图如图 6.73 所示。具体流程为如下：

① 优化过程的起点是关于变换器技术规格的一些参数，如输入电压、输出电压、输出功率、效率和电压纹波等；

② 根据输入、输出电压的大小及性质，如是否需要升降压、是否需要隔离，选择合适的变换器拓扑结构和调制策略；

③ 对开关管、二极管等离散器件进行预先选择；

④ 确定设计变量的初始值，根据电路结构及工作方式，建立电路的电气模型，通过设计变量的初始值计算得到主要工作点的电压、电流波形，进行元器件参数设计；

⑤ 计算变换器损耗，并建立相应的热模型，根据温度计算结果对损耗模型进行修正，同时对散热器进行优化；

⑥ 计算变换器的效率、功率密度等性能指标，然后在设计变量取值范围内改变其数值，重新进行循环计算；

⑦ 性能指标最高的一组设计参数即为相应目标下的最优化参数,最后进行实验验证。

与传统变换器设计方法相比,变换器优化设计方法的改进之处主要体现在:

① 考虑了温度对器件损耗的影响,增加了损耗修正过程;

② 通过建立热模型,对半导体器件的散热器进行了优化设计,有利于提高变换器的功率密度;

③ 在设计变量取值范围内,通过计算机对所有取值情况进行计算,找出一组最佳参数,使系统性能在相应目标下达到最优。

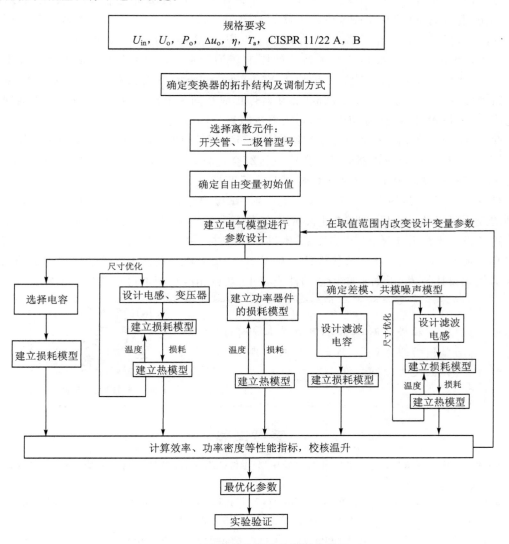

图 6.73　功率变换器优化设计流程图

对于 GaN 基变换器,设计变量比 Si 基变换器有所增多,参数设计复杂性加大,而采用优化设计方法有利于充分发挥 GaN 器件的优势,获得应用场合技术规格要求下的最优设计结果。在这个方面,瑞士苏黎世联邦理工学院的 J. W. Kolar 教授领导的研究团队做了深入研究工作,国内不少同行的研究工作也参考了 Kolar 教授的研究方法,读者想做进一步的了解和深入研究可查阅 Kolar 教授的相关技术文献资料。

6.6　小　结

GaN 器件的特性虽然优于 Si 器件,但在使用 GaN 器件制作功率变换器时,会受到一些实际因素的制约。

首先是 GaN 器件开关速度会受到以下因素的制约,包括:①寄生电感;②寄生电容;③驱动能力;④电压电流检测;⑤长电缆电压反射问题;⑥EMI 问题。必须采取有效方法克服以上因素的制约,保证整机安全可靠工作,才能真正发挥 GaN 器件的快开关速度的优势。

由于寄生电感对 GaN 器件开关特性的影响较为严重,因此除了减小器件封装寄生电感外,还需要优化驱动电路以及功率回路的 PCB 布局,缩小回路面积和缩短布线长度,紧凑布局。新型集成驱动方法将驱动电路和 GaN 器件集成在同一个封装中,大大减小了驱动回路寄生电感,但该技术目前处于起步阶段,还需要进行大量的研究工作。

此外,GaN 器件由于体积小、功率密度大,贴片式封装使其散热设计存在较大挑战。从封装结构、PCB 设计以及散热器设计等角度进行综合优化,减小热阻,提高散热能力,对 GaN 器件的可靠工作和在高温工作环境下的应用具有重要意义。

现有 Si 基变换器的设计方法本质上是一种"试凑设计",一些关键设计参数往往是根据工程师的经验确定的,而且所取参数并不是取值范围中的最优值,而是满足基本条件的某个可行值。这种设计方法并不适用于"多变量-多目标"的 GaN 基变换器,难以充分发挥 GaN 器件的优势和实现 GaN 基变换器的最优设计。对于 GaN 基变换器宜采用以数学规划为基础的功率变换器优化设计技术,根据不同场合的性能要求,获得相应目标下最优的设计参数。

扫描右侧二维码,可查看本章部分
插图的彩色效果,规范的插图及其信息
以正文中印刷为准。

第 6 章部分插图彩色效果

参考文献

[1] 彭子和,秦海鸿,修强,等. 寄生电感对低压增强型 GaN HEMT 开关行为的影响[J]. 半导体技术,2019,44(4):257-264.

[2] Lautner J, Piepenbreier B. Analysis of GaN HEMT switching behavior[C]. International Conference on Power Electronics and ECCE Asia, Seoul, Korea, 2015:567-574.

[3] Haryani N, Zhang X, Burgos R, et al. Static and dynamic characterization of GaN HEMT with low inductance vertical phase leg design for high frequency high power applications[C]. IEEE Applied Power Electronics Conference and Exposition, Long Beach, USA, 2016:1024-1031.

[4] Zhang Z, Zhang W, Wang F, et al. Analysis of the switching speed limitation of wide band-gap devices in a phase-leg configuration[C]. IEEE Energy Conversion Congress and Exposition, Raleigh, USA, 2012:3950-3955.

[5] Zhang X, Shen Z, Haryani N, et al. Ultra-low inductance vertical phase leg design with EMI noise propa-

gation control for enhancement mode GaN transistors[C]. IEEE Applied Power Electronics Conference and Exposition, Long Beach, USA, 2016: 1561-1568.

[6] Zhang Wen, Zhang Zhenyu, Wang Fred, et al. Common source inductance introduced self-turn-on in MOSFET turn-off transient[C]. IEEE Applied Power Electronics Conference and Exposition, Tampa, USA, 2017: 837-842.

[7] Ebli M, Pfost M. An analysis of the switching behavior of GaN-HEMTs[C]. International Symposium on Signals, Circuits and Systems, Iasi, Romania, 2017: 1-4.

[8] Zhang Z, Wang F, Tolbert L M, et al. Understanding the limitations and impact factors of wide bandgap devices' high switching-speed capability in a voltage source converter[C]. IEEE Workshop on Wide Bandgap Power Devices and Applications, Knoxville, USA, 2014: 7-12.

[9] 李根,杨丽雯,黄文新. SiC MOSFET 基电机驱动器功率级寄生参数问题及解决方法[C]. 第十三届中国高校电力电子与电力传动学术年会,中国西安,2019.

[10] Zdanowski M, Kostov K, Rabkowski J, et al. Design and evaluation of reduced self-capacitance inductor in DC/DC converters with fast-switching SiC transistors[J]. IEEE Transactions on Power Electronics, 2014, 29(5): 2492-2499.

[11] Wen H, Gong J, Yeh C, et al. An investigation on fully zero-voltage-switching condition for high-frequency GaN based LLC converter in solid-state-transformer application[C]. IEEE Applied Power Electronics Conference and Exposition, Anaheim, USA, 2019: 797-801.

[12] Zhang Z, Wang F, Tolbert L M, et al. Active gate driver for crosstalk suppression of SiC devices in a phase-leg configuration[J]. IEEE Transactions on Power Electronics, 2014, 29(4): 1986-1997.

[13] Zhang Z, Dix J, Wang F F, et al. Intelligent gate drive for fast switching and crosstalk suppression of SiC devices[J]. IEEE Transactions on Power Electronics, 2017, 32(12): 9319-9332.

[14] 秦海鸿,朱梓悦,王丹,等. 一种适用于 SiC 基变换器的桥臂串扰抑制方法[J]. 南京航空航天大学学报, 2017,49(6):872-882.

[15] Jones E A, Wang F, Ozpineci B. Application-based review of GaN HFETs[C]. IEEE Workshop on Wide Bandgap Power Devices and Applications, Knoxville, TN, USA, 2014: 24-29.

[16] Jones E A, Wang F F, Costinett D. Review of commercial GaN power devices and GaN-based converter design challenges[J]. IEEE Journal of Emerging and Selected Topics in Power Electronics, 2016, 4(3): 707-719.

[17] Wang K, Yang X, Li H, et al. A high-bandwidth integrated current measurement for detecting switching current of fast GaN devices[J]. IEEE Transactions on Power Electronics, 2018, 33(7): 6199-6210.

[18] Sandler S. Faster-switching GaN: Presenting a number of interesting measurement challenges[J]. IEEE Power Electronics Magazine, 2015, 2(2): 24-31.

[19] Scott M J, Brockman J, Hu B, et al. Reflected wave phenomenon in motor drive systems using wide bandgap devices[C]. IEEE Workshop on Wide Bandgap Power Devices and Applications, Knoxville, USA, 2014: 164-168.

[20] Scott M J, Fu Lixing, Yao Chengcheng, et al. Design considerations for wide bandgap based motor drive systems[C]. IEEE International Electric Vehicle Conference, Florence, Italy, 2014: 1-6.

[21] 刘喆. 电动汽车电机驱动系统的传导干扰建模与抑制方法研究[D]. 重庆:重庆大学,2015.

[22] 蒋栋. 电力电子变换器的先进脉宽调制技术[M]. 北京:机械工业出版社,2018.

[23] Jiang Y, Feng C, Yang Z, et al. A new active gate driver for MOSFET to suppress turn-off spike and oscillation[J]. Chinese Journal of Electrical Engineering, 2018, 4(2): 43-49.

[24] Camacho A P, Sala V, Ghorbani H, et al. A novel active gate driver for improving SiC MOSFET switc-

hing trajectory[J]. IEEE Transactions on Industrial Electronics，2017，64(11)：9032-9042.

[25] Reusch D，Strydom J. Understanding the effect of PCB layout on circuit performance in a high-frequency gallium-nitride-based point of load converter[J]. IEEE Transactions on Power Electronics，2014，29(4)：2008-2015.

[26] TEXAS INSTRUMENTS. LMG5200 数据手册[Z/OL]. [2019-07-05]. http://www. ti. com. cn/product/cn/LMG5200？keyMatch＝LMG5200&tisearch＝Search-CN-everything&usecase＝part-number.

[27] TEXAS INSTRUMENTS. LMG3410 数据手册[Z/OL]. [2017-07-05]. http://www. ti. com. cn/product/cn/LMG3410R070/toolssoftware？keyMatch＝LNG3410&tisearch＝Search-CN-Everything.

[28] Xie Yong，Brohlin Paul. Optimizing GaN performance with an integrated driver[Z/OL]. TEXAS INSTRUMENTS，2016. [2019-07-05]. http://www. ti. com/power-management/gallium-nitride/technical-documents. html.

[29] GaN Systems Inc. Application guide-design with GaN enhancement mode HEMT[Z/OL]. [2019-07-05]. https://gansystems. com/design-center/application-notes/.

[30] GaN Systems Inc. PCB thermal design guide for GaN enhancement mode power transistors[Z/OL]. [2019-07-05]. https://gansystems. com/design-center/application-notes/.

[31] Kolar J W，Biela J，Minibock J. Exploring the pareto front of multi-objective single-phase PFC rectifier design optimization - 99. 2% efficiency vs. 7 kW/dm^3 power density[C]. IEEE International Power Electronics and Motion Control Conference，Wuhan，China，2009：1-21.

普 通 高 等 教 育
创新型人才培养教材

PLC 应用技术项目教程

——基于西门子 S7 - 200

许宜贺　赵建忠　张铁英　宋 超　编

北京航空航天大学出版社

内 容 简 介

本书以岗位需求为标准，以职业技能培养为主线，为培养可编程控制器领域高等技术技能型人才而编写。从注重对高职学生进行高素质和高技能培养的实用角度出发，基于"任务引领型课程"开发方法，本书选择西门子 S7-200 PLC 为主要机型，以实践操作的素质能力培养为主线，以项目为载体，以工作过程为导向，遵循"从完成简单工作任务到完成复杂工作任务"的能力形成规律，提炼为 4 个知识模块、14 个教学项目。每个项目均从工程实践中选题，采用任务驱动的模式，凸显工学结合、学用一致、"教、学、做"一体化的现代教学特色，使学员逐步掌握 S7-200 PLC 的基础知识、基本应用、功能应用，强化职业素养，培养 PLC 实际动手能力和实践创新能力。

本书可作为高职高专院校机电一体化专业、机械设计制造及自动化专业、电气自动化专业及其他相关专业的教材，亦可供工程技术人员参考或作为培训教材使用。

图书在版编目(CIP)数据

PLC 应用技术项目教程：基于西门子 S7-200 / 许宜贺等编. -- 北京：北京航空航天大学出版社，2023.8

ISBN 978-7-5124-3997-9

Ⅰ.①P… Ⅱ.①许… Ⅲ.①PLC 技术—教材 Ⅳ.①TM571.61

中国国家版本馆 CIP 数据核字(2023)第 012130 号

PLC 应用技术项目教程
——基于西门子 S7-200

许宜贺　赵建忠　张铁英　宋超　编
策划编辑　董瑞　责任编辑　刘晓明

*

北京航空航天大学出版社出版发行

北京市海淀区学院路 37 号(邮编 100191)　http://www.buaapress.com.cn
发行部电话:(010)82317024　传真:(010)82328026
读者信箱:goodtextbook@126.com　邮购电话:(010)82316936
北京富资园科技发展有限公司印装　各地书店经销

*

开本:787×1 092　1/16　印张:18.25　字数:479 千字
2023 年 8 月第 1 版　2023 年 8 月第 1 次印刷　印数:1 000 册
ISBN 978-7-5124-3997-9　定价:66.00 元

前　　言

　　PLC 是一种新型的具有极高可靠性的通用工业自动化控制装置。它以微处理器为核心,有机地将计算机技术、微电子技术、自动化控制技术及通信技术融为一体。它可以取代传统的"继电器-接触器"控制系统实现逻辑控制、顺序控制、定时、计数等各种功能,大型高档 PLC 还能像微型计算机(PC)那样进行数字运算、数据处理、模拟地址调节以及联网通信等。它具有可靠性高、灵活通用、编程简单、使用方便、控制能力强、易于扩展等优点,是当今工业控制的主要手段和重要的自动化控制设备,已广泛应用于机械制造、机床、冶金、采矿、建材、石油、化工、汽车、电力、造纸、纺织、装卸、环境保护等各行各业,并在全球形成了强大的产业市场,分别超过 DCS、智能控制仪表、IPC 等工控设备的市场份额。可以说,到目前为止,无论从可靠性上,还是从应用领域的广度和深度上,还没有任何一种控制设备能够与 PLC 相媲美。在工业控制领域,PLC 技术与数控技术、CAD/CAM 以及机器人技术是现代工业生产自动化的四大支柱并跃居榜首;尤其在机电一体化产品中的应用越来越广泛,已成为改造和研发机电一体化产品最理想的首选控制器;其应用的深度和广度也代表了一个国家工业现代化的先进程度。随着中国经济的快速发展,各类加工基地的兴建,以及生产线、加工设备和加工中心的启用,PLC 工程控制系统的应用还将进一步扩大。因此,学习 PLC 系统的意义十分重大,用好 PLC 的意义更为深远;学用 PLC 技术来实现对现代工程设备的稳定可靠控制、提升产品的竞争力,已成为目前推动这一技术发展的主要驱动力。PLC 技术也是当今机电类专业学生必须掌握的一项岗位技能。

　　本书以岗位技能需求为牵引,贯彻理论知识"以实用为主、服务于实践"的教学原则,以实践操作的素质能力培养为主线,从注重对高职学生进行高素质和高技能培养的实用角度出发,基于"任务引领型课程"开发方法,以西门子 S7-200 PLC 为背景机型,以项目为载体,以实践操作的素质能力培养为主线,提炼为 4 个知识模块,14 个教学项目,构造模块→项目→任务知识体系。其中,模块一为 PLC 技术基础,包括认识 PLC、S7-200 PLC 模块选型与安装、PLC 编程软件的使用;模块二为 PLC 基本指令的运用,包括位逻辑指令的运用、定时器指令的运用、计数器指令的运用;模块三为 PLC 功能指令的运用,包括比较指令的运用、传送指令的运用、数学运算指令的运用和程序控制指令的运用;模块四为 PLC 综合运用,包括 PLC 在步进电动机控制系统中的运用、PLC 之间的 PPI 网络通信系统、PLC 在交流桥式起重机控制中的运用、PLC 在消防恒压供水控制系统中的运用。

　　模块设计上,遵循"从完成简单工作任务到完成复杂工作任务"的能力形成规律,以工作过程为导向,使学员逐步掌握 S7-200 PLC 的基础知识、基本应用、功能应用、工程应用。项目的设计均从工程实践中选题,采用任务驱动的模式,让技能和知识"骨肉相连",真正实现"知行合一"。

本书的编写充分体现了职业教育的特点和理实一体化课程的内涵,巧妙地将知识点和技能训练融于各个项目中,凸显工学结合、学用一致、"教、学、做"一体化的现代教学特色。本书可作为高职高专院校机电一体化专业、机械设计制造及自动化专业、电气自动化专业及其他相关专业的教材,亦可供工程技术人员参考或作为培训教材使用。

本书由许宜贺、赵建忠、张铁英、宋超主编,参加编写的还有吕晓峰、邓力、路翠华、张振等,全书由李海军教授审定。本书在撰写过程中,参考或引用了大量文献资料。在此向本书的审定者和参考文献的作者表示衷心的感谢。

限于编者的理论与实践水平,加之时间仓促,书中遗漏和错误之处在所难免,我们真诚地希望专家、同行和广大读者批评指正。

编 者

2023 年 2 月

目　　录

模块一　PLC 技术基础

项目 1　认识 PLC ……………………………………………………………… 1

1.1　项目描述 …………………………………………………………………… 1

1.2　项目目标 …………………………………………………………………… 1

1.3　相关知识 …………………………………………………………………… 1

  1.3.1　PLC 概述 …………………………………………………………… 1

  1.3.2　PLC 的结构组成 …………………………………………………… 9

  1.3.3　PLC 的工作原理 …………………………………………………… 17

  1.3.4　PLC 的选型方法 …………………………………………………… 21

  1.3.5　PLC 与继电器控制系统的区别 …………………………………… 24

1.4　工作任务 …………………………………………………………………… 25

  任务 1　理论知识授课 ………………………………………………………… 25

  任务 2　记录实训室的 PLC …………………………………………………… 25

1.5　知识扩展 …………………………………………………………………… 26

  1.5.1　PLC 的应用领域 …………………………………………………… 26

  1.5.2　PLC 技术的学习方法 ……………………………………………… 26

1.6　巩固与提高 ………………………………………………………………… 27

项目 2　S7 – 200 PLC 模块选型与安装 …………………………………… 28

2.1　项目描述 …………………………………………………………………… 28

2.2　项目目标 …………………………………………………………………… 28

2.3　相关知识 …………………………………………………………………… 28

  2.3.1　SIMATIC S7 系列家族 …………………………………………… 28

  2.3.2　S7 – 200 PLC 的硬件系统 ……………………………………… 31

  2.3.3　S7 – 200 PLC 的软件系统 ……………………………………… 40

  2.3.4　S7 – 200 PLC 的 I/O 地址分配及接线 ………………………… 46

2.4　工作任务 …………………………………………………………………… 48

  任务 1　S7 – 200 系列 PLC 模块安装和拆卸 ……………………………… 48

  任务 2　S7 – 200 系列 PLC 模块端子接线 ………………………………… 50

2.5　知识扩展 …………………………………………………………………… 51

  2.5.1　PLC 模块接线注意事项 …………………………………………… 51

  2.5.2　拆卸和安装端子排 ………………………………………………… 52

2.6　巩固与提高 ………………………………………………………………… 52

项目 3　PLC 编程软件的使用 ························· 53
 3.1　项目描述 ·· 53
 3.2　项目目标 ·· 53
 3.3　相关知识 ·· 53
  3.3.1　STEP7 - Micro/WIN32 编程软件的基本功能 ······· 53
  3.3.2　STEP7 - Micro/WIN32 编程软件的安装 ············· 53
  3.3.3　STEP7 - Micro/WIN32 编程软件的主要功能介绍 ····· 54
  3.3.4　计算机与 PLC 之间的通信硬件连接 ··············· 56
  3.3.5　STEP7 - Micro/WIN32 编程软件的基本设置 ········· 58
  3.3.6　建立项目 ·· 60
  3.3.7　编辑项目 ·· 60
  3.3.8　程序的调试与监控 ·· 64
  3.3.9　项目管理 ·· 66
 3.4　工作任务 ·· 66
  任务　利用 STEP7 - Micro/WIN32 编辑和运行用户程序 ······· 66
 3.5　知识扩展 ·· 71
  3.5.1　密码的作用 ·· 71
  3.5.2　密码的设置 ·· 72
  3.5.3　忘记密码的处理 ·· 72
 3.6　巩固与提高 ·· 72

模块二　PLC 基本指令的运用

项目 4　位逻辑指令的运用 ···························· 73
 4.1　项目描述 ·· 73
 4.2　项目目标 ·· 73
 4.3　相关知识 ·· 73
  4.3.1　应用指令的表示方法 ······································ 73
  4.3.2　S7 - 200 系列 PLC 的编程元件 ······················ 75
  4.3.3　位逻辑指令 ·· 76
  4.3.4　辅助继电器 M ·· 94
  4.3.5　PLC 程序的继电器电路转换法 ······················· 94
  4.3.6　程序设计的经验设计法 ···································· 95
 4.4　工作任务 ·· 96
  任务 1　三相异步电动机的点动与长动控制 ··············· 96
  任务 2　三相异步电动机的正反转控制 ···················· 99
 4.5　知识拓展 ··· 102
  4.5.1　三相电动机接法 ··· 102
  4.5.2　常用基本控制电路编程 ··································· 102
  4.5.3　梯形图编程注意事项 ····································· 102

4.6　巩固与提高 ･･ 107

项目 5　定时器指令的运用 ･･･ 108

5.1　项目描述 ･･･ 108

5.2　项目目标 ･･･ 108

5.3　相关知识 ･･･ 108

5.3.1　定时器指令 ･･･ 108

5.3.2　时间控制典型应用程序 ････････････････････････････････ 111

5.4　工作任务 ･･･ 114

任务 1　异步电动机的 Y/△降压启动控制 ･･･････････････････ 114

任务 2　两台电动机的顺序启动逆序停止控制 ･･･････････････ 116

任务 3　异步电动机的延时正反转控制 ･･･････････････････････ 118

5.5　知识拓展 ･･･ 121

5.6　巩固与提高 ･･ 122

项目 6　计数器指令的运用 ･･･ 123

6.1　项目描述 ･･･ 123

6.2　项目目标 ･･･ 123

6.3　相关知识 ･･･ 123

6.3.1　计数器指令 ･･･ 123

6.3.2　计数器编程控制 ･･･････････････････････････････････････ 126

6.4　工作任务 ･･･ 127

任务 1　利用定时器和计数器组成长延时的控制 ･･･････････････ 127

任务 2　利用计数器实现单按钮控制信号灯的通断 ･･･････････ 129

任务 3　利用计数器实现单开关控制不同的负载 ･･･････････････ 130

任务 4　自动往返小车控制 ･･･････････････････････････････････ 132

6.5　巩固与提高 ･･ 135

模块三　PLC 功能指令的运用

项目 7　比较指令的运用 ･･･ 137

7.1　项目描述 ･･･ 137

7.2　项目目标 ･･･ 137

7.3　相关知识 ･･･ 137

7.4　工作任务 ･･･ 139

任务 1　利用比较指令实现顺序控制 ･････････････････････････ 139

任务 2　利用比较指令来监视定时器当前值的控制 ･･･････････ 140

7.5　巩固与提高 ･･ 142

项目 8　传送指令的运用 ･･･ 144

8.1　项目描述 ･･･ 144

8.2　项目目标 ･･･ 144

8.3　相关知识 ･･･ 144

　　　8.3.1　字节、字、双字或者实数传送指令 ································ 144

　　　8.3.2　字节立即传送读和写 ································ 145

　　　8.3.3　块传送指令 ································ 146

　　8.4　工作任务 ································ 146

　　　任务 1　改变定时器 TIM 设定值的应用程序 ································ 146

　　　任务 2　采用传送指令实现三相异步电动机 Y/△降压启动控制 ································ 148

　　8.5　巩固与提高 ································ 151

项目 9　数学运算指令的运用 ································ 152

　　9.1　项目描述 ································ 152

　　9.2　项目目标 ································ 152

　　9.3　相关知识 ································ 152

　　　9.3.1　数学运算指令 ································ 152

　　　9.3.2　逻辑运算指令 ································ 158

　　9.4　工作任务 ································ 160

　　　任务 1　三角函数的算术运算的编程 ································ 160

　　　任务 2　实现算数平均值滤波 ································ 162

　　　任务 3　跑马灯控制 ································ 162

　　　任务 4　艺术灯光控制 ································ 165

　　9.5　巩固与提高 ································ 168

项目 10　程序控制指令的运用 ································ 169

　　10.1　项目描述 ································ 169

　　10.2　项目目标 ································ 169

　　10.3　相关知识 ································ 169

　　　10.3.1　跳转指令 ································ 169

　　　10.3.2　子程序调用与子程序返回指令 ································ 170

　　　10.3.3　与中断有关的指令 ································ 172

　　　10.3.4　有关跳转的其他指令 ································ 174

　　　10.3.5　看门狗复位指令 ································ 174

　　　10.3.6　For - Next 循环指令 ································ 175

　　10.4　工作任务 ································ 176

　　　任务 1　多台电动机启动方式的控制 ································ 176

　　　任务 2　利用外部中断控制电动机的启停 ································ 179

　　　任务 3　利用定时器中断产生方波信号 ································ 181

　　　任务 4　利用定时中断读取模拟量的数据 ································ 182

　　　任务 5　温度的标度变换的编程 ································ 183

　　10.5　巩固与提高 ································ 187

模块四　PLC 综合运用

项目 11　PLC 在步进电动机控制系统中的运用 ································ 189

11.1　项目描述 ·· 189
11.2　项目目标 ·· 189
11.3　相关知识 ·· 189
　　11.3.1　步进电动机的工作原理 ·· 189
　　11.3.2　高速脉冲输出指令 ·· 190
11.4　工作任务 ·· 198
　　任务1　用 PLC 直接控制步进电动机 ··· 198
　　任务2　用 PLC 与步进电动机驱动器控制步进电动机 ······························· 200
11.5　知识拓展 ·· 203
　　11.5.1　步进电动机的分类 ·· 203
　　11.5.2　步进电动机的正反转控制 ·· 203
　　11.5.3　与脉冲输出指令相关的特殊存储器 ··· 204
　　11.5.4　利用中断指令扩展系统的功能 ·· 205
11.6　巩固与提高 ·· 205

项目 12　PLC 之间的 PPI 网络通信系统 ··· 206
12.1　项目描述 ·· 206
12.2　项目目标 ·· 206
12.3　相关知识 ·· 206
　　12.3.1　PLC 的通信方式和接口 ·· 206
　　12.3.2　S7 - 200 PLC 的 PPI 通信 ·· 209
12.4　工作任务 ·· 219
　　任务1　S7 - 200 系列 PLC 之间的 PPI 通信系统 ······································ 219
　　任务2　采用 PPI 通信实现主站监控从站 ··· 220
　　任务3　三台 S7 - 200 PLC 的 PPI 通信 ·· 226
12.5　知识拓展 ·· 228
　　12.5.1　SIMATIC 通信网络结构 ·· 228
　　12.5.2　S7 系列 PLC 的通信协议 ··· 229
12.6　巩固与提高 ·· 230

项目 13　PLC 在交流桥式起重机控制中的运用 ··· 231
13.1　项目描述 ·· 231
13.2　项目目标 ·· 231
13.3　相关知识 ·· 231
　　13.3.1　桥式起重机控制需求 ·· 231
　　13.3.2　桥式起重机的控制要求及继电接触器控制电路 ······························· 232
　　13.3.3　变频器的使用 ·· 239
13.4　工作任务 ·· 244
　　任务1　采用 PLC 实现凸轮控制器控制逻辑的桥式起重机控制电路 ················· 244
　　任务2　采用 PLC 及变频器的桥式起重机控制电路 ·································· 247
13.5　巩固与提高 ·· 252

项目 14　PLC 在消防恒压供水控制系统中的运用 ……………………………………………… 253

14.1　项目描述 ………………………………………………………………………………… 253

14.2　项目目标 ………………………………………………………………………………… 253

14.3　相关知识 ………………………………………………………………………………… 253

　　14.3.1　模拟量输入、输出 …………………………………………………………………… 253

　　14.3.2　PID 控制 ……………………………………………………………………………… 256

14.4　工作任务 ………………………………………………………………………………… 260

　　任务 1　用 PLC 模拟量模块控制三相异步电动机的转速 ………………………………… 260

　　任务 2　恒压供水控制系统的整体设计 …………………………………………………… 265

14.5　知识拓展 ………………………………………………………………………………… 274

　　14.5.1　库及其应用 …………………………………………………………………………… 274

　　14.5.2　添加和删除库 ………………………………………………………………………… 274

　　14.5.3　新建库与库调用 ……………………………………………………………………… 275

　　14.5.4　注意事项 ……………………………………………………………………………… 278

14.6　巩固与提高 ……………………………………………………………………………… 278

参考文献 …………………………………………………………………………………………… 280

模块一 PLC 技术基础

PLC 具有结构简单、编程方便、性能优越、灵活通用、使用方便、可靠性高、抗干扰能力强等一系列优点,和数控技术、工业机器人、CAD/CAM 并称现代自动化工业的四大顶梁柱。西门子 S7 - 200 PLC 作为小型 PLC 系统中的佼佼者,在各种工程中得到了广泛应用。本模块的任务是熟悉 PLC 的工作原理、掌握 PLC 的选型、模块安装、输入/输出接线技能、S7 - 200 系列的软硬件基础及相关编程软件的使用,实现初学者的入门。

项目 1 认识 PLC

1.1 项目描述

PLC(Programmable Logic Controller,可编程逻辑控制器)是在继电器控制技术和计算机技术的基础上发展起来的一种新型的工业自动控制设备,它以微处理器为核心,集自动化技术、计算机技术、控制技术、通信技术于一体,广泛应用于工业自动化的各个领域。对于现代工控系统的从业人员,设计和维护一个 PLC 自动控制系统,首先要掌握的是其核心装置 PLC。在学习 PLC 之初,可通过了解 PLC 的定义、产生、发展及 PLC 的分类、特点与应用,对 PLC 建立一个初步的认识。

1.2 项目目标

通过本项目的学习,理解 PLC 的工作原理及常用编程语言的特点,了解 PLC 的软、硬件组成,熟悉 PLC 控制系统与继电器-接触器控制系统的区别,掌握 PLC 的选型方法。

1.3 相关知识

与本项目相关的知识有:PLC 的产生与发展、PLC 的定义、PLC 的特点、PLC 的主要技术指标及分类、PLC 的结构组成与工作原理、PLC 的选型方法、PLC 控制系统与继电器-接触器控制系统的区别。

1.3.1 PLC 概述

1. PLC 的产生

电气控制包括电路的通断、电动阀门的开关、单台或多台电动机的启动与调速等。传统的继电器-接触器控制系统具有结构简单、价格低廉、操作容易、技术难度较小等优点,被长期广泛地应用在工业控制的各领域中。

20 世纪 60 年代,计算机技术已开始应用于工业控制。但由于计算机技术本身的复杂性、编程难度高、难以适应恶劣的工业环境以及价格昂贵等原因,未能在工业控制中广泛应用。当时的工业控制主要还是以继电器-接触器组成控制系统。

但是,这种系统存在着以下缺点:需采用大量的连接导线,控制功能单一,更改困难;设备体积庞大,不宜搬运;设备故障率高,排除故障困难;系统的动作速度较慢。因此继电器-接触器控制系统越来越不能满足现代化生产的控制要求,特别当产品更新换代时,生产加工工艺改变,就需要对旧的继电器-接触器控制系统进行改造,改造成本高,耗时长,效率低。

20 世纪 60 年代末期,美国汽车制造工业竞争十分激烈,市场从少品种大批量生产向多品种小批量生产转变。1968 年,美国最大的汽车制造商——通用汽车制造公司(GM),为适应汽车型号的不断翻新,试图寻找一种新型的工业控制器,以尽可能减少重新设计和更换继电器控制系统的硬件及接线,节约时间,降低成本。于是设想把计算机的功能完备、灵活及通用等优点和继电器控制系统的简单易懂、操作方便、价格便宜等优点结合起来,制成一种适合于工业环境的通用控制装置,并把计算机的编程方法和程序输入方式加以简化,用"面向控制过程,面向对象"的"自然语言"进行编程,使不熟悉计算机的人也能方便地使用,即具有最省的硬件和灵活简单的软件。针对上述设想,通用汽车公司提出这种新型控制器所必须具备的十大条件:

① 程序编制、修改简单,采用工程技术语言;

② 系统组成简单,维护方便;

③ 可靠性高于继电器-接触器控制系统;

④ 与继电器-接触器控制系统相比,体积小、能耗低;

⑤ 能与中央数据收集处理系统进行数据交换,以便监测系统运行状态及运行情况;

⑥ 在成本上可与继电器控制柜竞争;

⑦ 采用市电输入(美国标准系列电压值:AC 115 V),可接收现场的按钮、行程开关信号;

⑧ 采用市电输出(美国标准系列电压值:AC 115 V),具有驱动电磁阀、交流接触器、小功率电动机的能力;

⑨ 能以最小的变动、在最短的停机时间内,将系统的最小配置扩展到系统的最大配置;

⑩ 程序可存储,存储器容量至少能扩展到 4 KB。

这就是著名的 GM 十条。

1969 年美国数字设备公司(DEC)根据上述要求,首先研制出了世界上第一台可编程的控制器 PDP-14,用于通用汽车公司的生产线,取得了满意的效果。由于这种新型工业控制装置可以通过编程改变控制方案,且专门用于逻辑控制,所以人们称这种新的工业控制装置为可编程逻辑控制器(Programmable Logical Controller,PLC),简称为可编程控制器。可编程控制器自此诞生。

接着,美国 MODICON 公司也开发出了 PLC 控制器。

1971 年,日本从美国引进了这项新技术,很快研制出了日本第一台 PLC 控制器 DSC-8。1973 年,西欧的一些国家也各自研制出了 PLC 控制器。我国从 1974 年开始研制,1977 年成功研制了以一位微处理器 MC1450 为核心的 PLC。早期的可编程控制器仅有逻辑运算、定时、计数等顺序控制功能,只是用来取代传统的继电器控制,通常称为可编程逻辑控制器。

随着微电子技术和计算机技术的发展,20 世纪 70 年代中期微处理器技术应用到 PLC 中,使 PLC 不仅具有逻辑控制功能,还增加了算术运算、数据传送和数据处理等功能。这种控制器就不再局限于当初的逻辑运算了,因而可编程逻辑控制器(PLC)这一名称已不能描述其多功能的特点。1980 年,NEMA(National Electrical Manufactures Association,美国电气制造商协会)为它取了一个新的名称 Programmable Controller,简称为 PC。然而,PC 这一简写名称在国内早已成为个人计算机(Personal Computer)的代名词,为了避免造成名词术语混乱,因此,仍沿用早期的简称 PLC 表示"可编程控制器",但此 PLC 并不意味只具有逻辑功能。

20 世纪 80 年代以后,随着大规模、超大规模集成电路等微电子技术的迅速发展,16 位和 32 位微处理器应用于 PLC 中,使 PLC 得到迅速发展。PLC 不仅控制功能增强,同时可靠性提高,功耗、体积减小,成本降低,编程和故障检测更加灵活方便,而且具有通信和联网、数据处理和图像显示等功能,使 PLC 真正成为具有逻辑控制、过程控制、运动控制、数据处理、联网通信等功能的名副其实的多功能控制器,成为实现工业生产自动化的一大支柱。

2. PLC 的定义

PLC 的历史只有 40 多年,但其发展极为迅速。为了确定它的性质,国际电工委员会(International Electrical Committee,IEC)曾于 1982 年 11 月颁发了可编程序控制器标准草案第一稿,1985 年 1 月颁发了第二稿,1987 年 2 月又颁发了第三稿。草案中对可编程控制器的定义是:"可编程控制器是一种数字运算操作的电子系统,专为在工业环境下应用而设计。它采用可编程序的存储器,用来在其内部存储执行逻辑运算,顺序控制、定时、计数和算术操作等面向用户的指令,并通过数字式或模拟式的输出/输入,控制各种类型的机械或生产过程。可编程控制器及其有关外围设备,都按易于工业系统联成一个整体,且易于扩充其功能的原则设计。"

3. PLC 的特点

从近年的统计数据看,在世界范围内 PLC 产品的产量、销量、用量高居控制装置榜首,而且市场需求量一直以每年 15% 的比率上升。PLC 已成为工业自动化控制领域中占主导地位的通用工业控制装置。PLC 技术之所以高速发展,除了工业自动化的客观需要外,主要是因为它具有许多独特的优点,并较好地解决了工业领域中人们普遍关心的可靠、安全、灵活、方便、经济等问题,主要有以下特点。

(1)可靠性高、抗干扰能力强

可靠性高、抗干扰能力强是 PLC 最重要的特点之一。PLC 的平均无故障时间可达几十万个小时,之所以有这么高的可靠性,是由于它采用了一系列的硬件和软件的抗干扰措施。

硬件方面:I/O 通道采用光电隔离,有效地抑制了外部干扰源对 PLC 的影响;对供电电源及线路采用多种形式的滤波,从而消除或抑制了高频干扰;对 CPU 等重要部件采用良好的导电、导磁材料进行屏蔽,以减少空间电磁干扰;对有些模块设置了连锁保护、自诊断电路等。

软件方面:PLC 采用扫描工作方式,减少了由于外界环境干扰引起的故障;在 PLC 系统程序中设有故障检测和自诊断程序,能对系统硬件电路等故障实现检测和判断;当由外界干扰引起故障时,能立即将当前重要信息加以封存,禁止任何不稳定的读/写操作,一旦外界环境正常后,便可恢复到故障发生前的状态,继续原来的工作。

(2)编程简单、使用方便

目前,大多数 PLC 采用的编程语言是梯形图语言,它是一种面向生产、面向用户的编程语言。梯形图与电器控制线路图相似,形象、直观,不需要掌握计算机知识,很容易让广大工程技术人员掌握。当生产流程需要改变时,可以现场改变程序,使用方便、灵活。同时,PLC 编程器的操作和使用也很简单,这也是 PLC 获得普及和推广的主要原因之一。

许多 PLC 还针对具体问题,设计了各种专用编程指令及编程方法,进一步简化了编程。

（3）功能完善、通用性强

现代 PLC 不仅具有逻辑运算、定时、计数、顺序控制等功能,而且还具有 A/D 和 D/A 转换、数值运算、数据处理、PID 控制、通信联网等许多功能。同时,由于 PLC 产品的系列化、模块化,有品种齐全的各种硬件装置供用户选用,可以组成满足各种要求的控制系统。

（4）设计安装简单、维护方便

由于 PLC 用软件代替了传统电气控制系统的硬件,所以控制柜的设计、安装接线的工作量大为减少。PLC 的用户程序大部分可在实验室进行模拟调试,缩短了应用设计和调试周期。在维修方面,由于 PLC 的故障率极低,故维修工作量很小;而且 PLC 具有很强的自诊断功能,如果出现故障,可根据 PLC 上指示或编程器上提供的故障信息,迅速查明原因,维修极为方便。

（5）体积小、重量轻、能耗低

由于 PLC 采用了集成电路,其结构紧凑、体积小、能耗低,因而是实现机电一体化的理想控制设备。

4. PLC 的主要技术指标

通过了解 PLC 的技术指标,可根据具体控制工程的要求,在众多 PLC 中选择合适的 PLC。

（1）输入/输出点数（I/O 点数）

输入/输出点数是指 PLC 外部的输入/输出端子的个数,通常用输入点数和输出点数的总和来表示。PLC 的 I/O 点数包括主机集成的 I/O 点数和能扩展的最多点数。主机集成的 I/O 点数往往数量不多,一般要通过扩展 I/O 模块来增加 I/O 点数。不同型号的 PLC,其 I/O 点数的扩展能力是不同的,最大扩展 I/O 点数主要受主机 CPU 的 I/O 寻址能力的限制。例如,西门子 S7 - 200 系列 PLC,对于 CPU221 型主机,就没有扩展能力,其 I/O 点数只有主机集成的 I/O 点（输入 6 点,输出 4 点）。对于 CPU224 型主机,主机集成的 I/O 点数为 24 点（输入 14 点,输出 10 点）,能扩展 7 个模块,可增加的最多数字量 I/O 点数为 144 点（输入 80 点,输出 64 点）,因此,最多数字量 I/O 点数为 168 点。如果要扩展模拟量 I/O 点数,则能扩展的数字量 I/O 点数自然要减少。

I/O 点数是 PLC 最重要的技术指标之一,因为在选用 PLC 时,要根据控制对象的被检测信号输入的个数和控制量输出的个数来确定机型。

（2）存储容量

存储容量是指用户程序存储器的容量,不包括系统程序存储器。存储容量决定了 PLC 可以容纳的用户程序的长度,一般以"字节（B）"为单位来计算。1 024 字节为 1 KB。从微型 PLC 到大型 PLC,存储容量的范围为 1 KB～2 MB。

（3）扫描速度

扫描速度是指 PLC 执行程序的速度,是衡量 PLC 性能的重要指标。扫描速度有两种表示方法,一种是用执行 1 KB 用户程序所用的时间来衡量扫描速度,另一种是用执行一条布尔指令所用的时间来衡量扫描速度。例如,西门子 S7 - 200 系列 PLC 执行一条布尔指令所用的时间为 0.22 μs。这在小型机中速度是属于较快的。

（4）编程指令的种类和条数

PLC 的编程指令的种类和条数越多,说明它的软件功能越强,即处理能力和控制能力越强。例如,西门子 S7-200 系列 PLC 有 16 大类指令,合计约 160 条指令,其中包括了 PID 运算指令、高速脉冲输出指令和通信指令等。

(5) 扩展能力和功能模块种类

PLC 的扩展能力取决于主机 CPU 的寻址能力和电源容量。要完成复杂的控制功能,除了主机外,还需要配接各种功能模块。主机可实现基本控制功能,一些特殊的专门功能需要配置各种功能模块来实现。因此,功能模块种类的多少也反映了 PLC 功能的强弱,是衡量 PLC 产品档次高低的一个重要标志。

不同型号的 PLC 所配置的功能模块的种类是完全不同的,通常有如下一些类别的功能模块:模拟量与数字量转换模块、高速计数模块、位置控制模块、速度控制模块、轴定位模块、温度控制模块、通信模块、高级语言编辑模块等。目前,许多产品已经将模拟量与数字量转换、高速计数等功能集成在主机里了,因此,也就不需要再配置相应的模块。例如,西门子 S7-200 系列 PLC 本身就具有高速计数器以及模拟量与数字量的转换功能,它的扩展模块主要有 4 种:数字量 I/O 模块、模拟量 I/O 模块、通信模块和特殊功能模块。

5. PLC 的分类

PLC 有多种分类方式,了解这些分类方式有助于 PLC 的选型及应用。PLC 一般可从其 I/O 点数、结构形式和功能三方面进行分类。

(1) 按 I/O 点数分类

按数字量 I/O 点数的多少,可将 PLC 分成小型、中型和大型。

小型 PLC 的数字量 I/O 点数一般在 256 点以内,用户程序存储器容量为 4 KB 左右,以开关量控制功能为主,具有体积小、价格低的优点,可用于开关量控制、定时/计数控制、顺序控制及少量模拟量控制等场合。

中型 PLC 的数字量 I/O 点数为 256~2 048 点,用户程序存储器容量达到 8 KB 左右。其功能比较丰富,除了具有逻辑运算功能外,还增加了模拟量输入/输出(AI/AO)、算术运算、数据传送、数据通信等功能,可完成既有开关量又有模拟机械的复杂控制,如闭环过程控制等。

大型 PLC 的数字量 I/O 点数在 2 048 点以上,用户程序存储器容量达到 16 KB 以上,功能更加完善,具有数据运算、模拟调节、联网通信、监视记录和打印等功能,用于大规模过程控制、集散式控制和工厂自动化网络。

实际上,以上的划分并没有一个十分严格的界限,随着 PLC 技术的飞速发展,某些小型 PLC 也具有中型或大型 PLC 的功能,这是 PLC 的发展趋势。

(2) 按结构形式分类

PLC 可分为整体式结构和模块式结构两大类。

① 整体式 PLC:将电源、CPU、存储器、I/O 接口、通信接口、扩展接口等各个功能集成在一个机壳内,形成一个整体,常称之为 PLC 主机、本机或基本单元。其特点是结构紧凑、体积小、价格低。小型 PLC 多采用这种结构,如西门子 S7-200、S7-200smart、S7-1200 PLC。整体式 PLC 一般还配有许多扩展模块,如数字量 I/O 模块、模拟量 I/O 模块、通信模块等,常称之为 PLC 扩展单元。

② 模块式 PLC:将电源模块、CPU 模块、I/O 模块、通信模块、各种智能模块等作为单独的模块,通过总线连接,安装在机架或导轨上。其特点是配置灵活、装配维护方便,一般大中型 PLC 多采用这种结构,如西门子 S7-300、S7-400、S7-1500。

（3）按功能分类

按功能的强弱，PLC 可分为低档机、中档机、高档机三类。

① 低档 PLC：具有逻辑运算、定时、计数、移位，以及自诊断、算术运算、数据传送和比较、通信功能，主要用于逻辑控制、顺序控制或少量模拟控制的单机系统。

② 中档 PLC：除具有低档 PLC 功能外，还具有较强的模拟量输入/输出、算术运算、数据传送和比较、数制转换、远程 I/O、子程序调用、通信联网等功能，有些还增设中断、PID 控制等功能。

③ 高档 PLC：除具有中档机功能外，还增加带符号算术运算、矩阵运算、位逻辑运算、平方根运算及其他特殊功能函数运算、制表及表格传送等。高档 PLC 机具有更强的通信联网功能，可用于大规模过程控制或构成分布式网络控制系统，构成分布式生产过程综合控制管理系统，实现工厂自动化。

目前，一些小型（甚至微型）PLC 都已经具备了高档机所具备的功能。例如，西门子 S7－200 系列 PLC 虽然属于小型机的范畴，但是，它具备了中断控制、PID 控制、通信联网等高级功能。近年来有单机支持 300 回路和 65 000 点 I/O 的大型系统对应中型以上的 PLC，均采用 16－32 位 CPU，微型、小型 PLC 原来采用 8 位 CPU，现在根据通信等方面的要求，有的也改用 16 位或 32 位 CPU。

（4）按输出形式分类

继电器输出为有触点输出方式，适用于低频大功率直流或交流负载；

晶体管输出为无触点输出方式，适用于高频小功率直流负载；

晶闸管输出为无触点输出方式，适用于高速大功率交流负载。

6. PLC 主流产品

世界上 PLC 产品可按地域分成三大流派：美国流派产品、欧洲流派产品、日本流派产品。日本的主推产品定位在小型 PLC 上，而美国和欧洲以大中型 PLC 而闻名。

第一个流派是美国的产品，美国有 100 多家 PLC 厂商，著名的有 AB 公司、GE 公司、Mod icon 公司、TI 公司、西屋公司等。其中具有代表性的是美国 AB 公司的 PLC－5 系列 PLC 控制器，只使用梯形图编程，而不采用其他流派所用的语句表；同时，其梯形图在形式、含义、功能及用法上也与其他流派相距甚远。图 1-1 所示为 AB 公司主推的大中型可编程控制器产品 PLC－5 系列 PLC。

第二个流派是欧洲的产品，欧洲技术是在与美国技术相隔离的情况下，独自研究出来的，与美国的 PLC 产品存在着明显的差异，主要代表有德国的西门子公司、法国施耐德公司旗下的 TE 公司，均有多种编程语言。

图 1-1 AB 公司的 PLC-5 系列 PLC

德国西门子公司是世界上生产 PLC 的主要厂商之一，其生产的电子产品以性能精良而久负盛名，其产品涵盖了微型、小型、中型和大型等各种类型。目前流行的主要有 SIMATIC S7－200/200 CN、S7－200smart、S7－1200、S7－300、S7－400 和 S7－1500 等六大系列 PLC

产品,如图 1－2 所示。

图 1－2　西门子 PLC 系列产品

　　第三个流派是日本的产品,日本的技术是从美国引进的,相对美国产品,存在着一定的"继承"性。日本在继承的同时,更多的是发展,且青出于蓝而胜于蓝,主要代表有 OMRON 公司、三菱公司、松下公司、富士公司等。图 1－3 为三菱公司 PLC 系列产品。

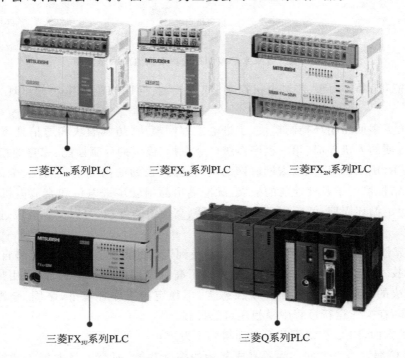

三菱 FX_{1N} 系列PLC　　　三菱 FX_{1S} 系列PLC　　　三菱 FX_{2N} 系列PLC

三菱 FX_{3U} 系列PLC　　　　　三菱Q系列PLC

图 1－3　三菱公司 PLC 系列产品

7. PLC 的发展趋势

　　现代 PLC 的发展有两个主要趋势:

　　其一是向体积更小、速度更快、功能更强和价格更低的微小型方面发展,即现今开始发展的嵌入式 PLC 控制方式;

　　其二是向大型网络化、高可靠性、好的兼容性和多功能方面发展。

① 大型网络化:主要是朝 DCS 方向发展,使其具有 DCS 系统的一些功能。网络化和通信能力强是 PLC 发展的一个重要方面,向下可将多个 PLC、I/O 框架相连;向上与工业计算机、以太网、MAP 网等相连构成整个工厂的自动化控制系统,如图 1-4 所示。

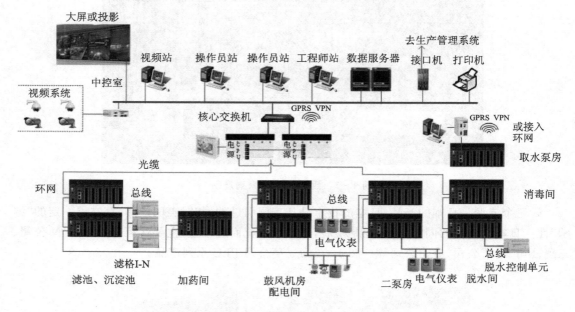

图 1-4　自来水厂控制系统典型网络结构示意图

② 多功能:随着自调整、步进电机控制、位置控制、伺服控制等模块的出现,使 PLC 控制领域更加宽广。

如研制出了多回路闭环控制模块、步进电机控制模块、仿真模块和通信处理模块等,并为用户提供了方便的人机界面、用户程序多级口令保护、极强的计算性能、完善的指令集,通过工业现场总线 PROFIBUS 以及以太网联网的网络能力、强劲的内部集成功能、全面的故障诊断功能,模块式结构可用于各处性能的扩展、脉冲输出晶闸管步进电机和直流电机;快速的指令处理大大缩短了循环周期,并采用了高速计数器、高速中断处理,可以分别响应过程事件,大幅度降低了成本。

③ 高可靠性:由于控制系统的可靠性日益受到人们的重视,一些公司已将自诊断技术、冗余技术、容错技术广泛应用到现有产品中,推出了高可靠性的冗余系统,并采用热备用或并行工作、多数表决的工作方式。PLC 即使在恶劣、不稳定的工作环境下,坚固、全密封的模板依然可正常工作,在操作运行过程中模板还可热插拔。

具体技术方面,PLC 在以下几个方面得到了发展:

① 在 PLC 编程语言方面。为了完成复杂的控制功能,研究人员发展了功能块流程图语言、与计算机兼容的高级语言、专用 PLC 语言等多种语言。现在,大多数 PLC 公司已开发了图形化编程组态软件。该软件提供了简洁、直观的图形符号及注释信息,使得用户控制逻辑的表示更加直观明了,操作和使用也更加方便。

② I/O 模块智能化和专用化。各模块本身具有 CPU,能独立工作,可与 PLC 主机并行操作,在可靠性、适应性、扫描速度和控制精度等方面都对 PLC 做了补充。

③ 网络通信功能标准化。由于可用 PLC 构成网络,因此,各种 PLC、图形工作站、小型机

等都可以作为 PLC 的监控主机和工作站,能够提供屏幕显示、数据采集、记录保存及信息打印功能。

④ 控制技术冗余化。采用双处理器或多处理器,由操作系统控制转换,增加了控制系统的可靠性。

⑤ 机电一体化。可靠性高、功能强、体积小、重量轻、结构紧凑,容易实现机电一体化,这是 PLC 发展的重要方向。

⑥ 控制与管理功能一体化。随着 VLSI 技术和计算机技术的发展,在一台控制器上可同时实现控制功能、信息处理功能及网络通信功能。采用分布式系统,可实现广泛意义上的控管一体化。

1.3.2 PLC 的结构组成

它们都以微处理器为核心,通过硬件和软件的共同作用来实现其功能。

1. PLC 的硬件组成

PLC 系统的硬件由主机、I/O 扩展机(单元)及外部设备组成。主机和扩展机采用微型计算机的结构形式,其内部由运算器、控制器、存储器、输入单元、输出单元及接口等部分组成,其组成框图如图 1-5 所示。

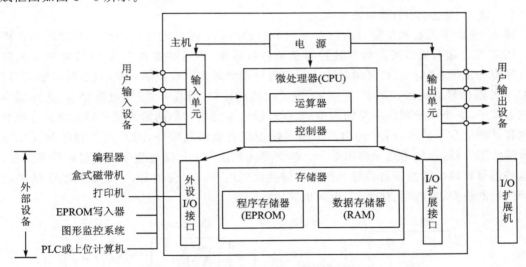

图 1-5 PLC 系统硬件组成框图

(1) CPU

CPU 是中央处理器(Central Processing Unit)的英文缩写。它是 PLC 的核心和控制指挥中心,主要由控制器、运算器和寄存器组成,并集成在一块芯片上。CPU 通过地址总线、数据总线和控制总线与存储器、输入/输出接口电路相连接,完成信息传递、转换等功能。

CPU 的主要功能有:接收输入信号并存入存储器,读出指令、执行指令并将结果输出,处理中断请求,准备下一条指令等。

(2) 存储器

存储器主要有两种:一种是可读/写操作的随机存储器 RAM,另一种是只读存储器 ROM、PROM、EPROM 和 EEPROM。在 PLC 中,存储器主要用于存放系统程序、用户程序及工作数据。

系统程序是对整个 PLC 系统进行调度、管理、监视及服务的程序,它控制和完成 PLC 各种功能。这些程序由 PLC 制造厂家设计提供,固化在 ROM 中,用户不能直接存取、修改。系统程序存储器容量的大小决定系统程序的大小和复杂程度,也决定 PLC 的功能。

用户程序是随 PLC 的控制对象而定的,是由用户根据对象生产工艺的控制要求而编制的应用程序。为了便于读出、检查和修改,用户程序一般存于 CMOS 静态 RAM 中,用锂电池作为后备电源,以保证掉电时不会丢失信息。为了防止干扰对 RAM 中程序的破坏,当用户程序正常运行并且不需要改变时,可将其固化在只读存储器 EPROM 中。现在有许多 PLC 直接用 EPROM 作为用户存储器。

工作数据是 PLC 运行过程中经常变化、经常存取的一些数据,存放在 RAM 中,以适应随机存取的要求。在 PLC 的工作数据存储器中,设有存放输入/输出继电器、辅助继电器、定时器/计数器等逻辑器件的存储区,这些器件的状态都是由用户程序的初始设置和运行情况而确定的。根据需要,部分数据在掉电时用后备电池维持其现有的状态,这部分在掉电时可保存数据的存储区域称为保持数据区。

由于系统程序及工作数据与用户无直接联系,所以在 PLC 产品样本或使用手册中所列存储器的形式及容量是指用户程序存储器。若 PLC 提供的用户存储器容量不够用,许多 PLC 还提供有存储器扩展功能。

（3）输入/输出(I/O)接口电路

输入/输出单元通常也称为 I/O 单元或 I/O 模块,是 PLC 与工业生产现场之间的连接部件。PLC 通过输入接口可以检测被控对象的各种数据,以这些数据作为 PLC 对被控制对象进行控制的依据;同时 PLC 又通过输出接口将处理结果送给被控制对象,以实现控制的目的。PLC 与外部信号的关系如图 1 - 6 所示,现场的控制按钮、行程开关、继电器触点、传感器等接至输入端子,一个端子对应一个输入信号,通过输入单元把它们的输入信号转换成微处理器能接收和处理的数字信号,PLC 的用户根据具体控制要求编制程序,PLC 运行程序时读取输入信号的状态,将运算结果送至输出单元。输出单元则接收经过微处理器处理过的数字信号,并把这些信号转换成被控设备或显示设备能够接收的电压或电流信号,经过输出端子的输出以驱动接触器线圈、电磁阀、信号灯、电动机等执行装置。

图 1 - 6　PLC 与外部信号的关系

由于外部输入设备和输出设备所需的信号电平是多种多样的,而 PLC 内部 CPU 处理的信息只能是标准电平,所以 I/O 接口要实现这种转换。I/O 接口一般都具有光电隔离和滤波功能,以提高 PLC 的抗干扰能力。另外,I/O 接口上通常还有状态指示,工作状况直观,便于维护。

PLC 提供了多种操作电平和驱动能力的 I/O 接口,有各种各样功能的 I/O 接口供用户选用。I/O 接口的主要类型有:数字量(开关量)输入、数字量(开关量)输出、模拟量输入、模拟量输出等。

PLC 的 I/O 接口所能接收的输入信号个数和输出信号个数称为 PLC 输入/输出(I/O)点数。I/O 点数是选择 PLC 的重要依据之一。当系统的 I/O 点数不够时,可通过 PLC 的 I/O

扩展接口对系统进行扩展。对于整体式 PLC,一般都含有一定数量的数字量 I/O 点数,个别产品还有少量的模拟量 I/O 点数。

PLC 之所以能在恶劣的工业环境中可靠地工作,I/O 接口技术起着关键的作用。I/O 模块的种类很多,这里仅介绍开关量 I/O 接口模块的基本电路及其工作原理。

1) 数字量输入接口电路

输入信号的电源既可由用户提供直流电源,也可由 PLC 自身提供。数字量输入接口电路主要包括光电隔离器和输入控制电路,如图 1-7 所示。光电隔离器有效地隔离了外输入电路与 PLC 间的电的联系,具有较强的抗干扰能力。

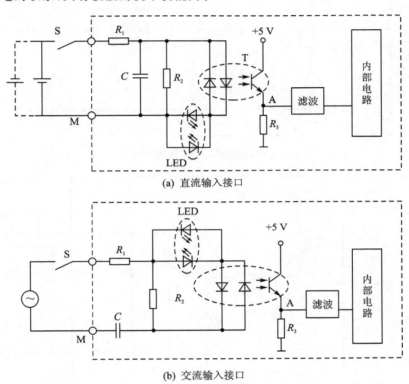

(a) 直流输入接口

(b) 交流输入接口

图 1-7 数字量输入接口

各种有触点和无触点的开关输入信号经光电隔离器转换成控制器(由 CPU 等组成)能够接收的电平信号,输入到输入映像区(输入状态寄存器)中。

一般 8 路输入共用一个公共端,现场的输入提供一对开关信号:"0"或"1"(有无触点均可)。每路输入信号均经过光电隔离、滤波,然后送入输入缓冲器等待 CPU 采样,每路输入信号均有 LED 显示,以指明信号是否到达 PLC 端子。如图 1-7 所示,按下开关(S),常开触点闭合(为 1),光电隔离器的发光二极管发光,光敏三极管受光照而饱和导通(为 1),这样输入电路把开关信号的 1 转换为电信号的 1,经 CPU 存入输入映像区中的对应位(I0.0);反之,松开开关(S),常开触点断开(为 0),同理输入映像区的对应位变为 0。这里可把输入电路看作输入继电器,当按下开关(S),常开触点闭合(为 1),则输入继电器对应位(I0.0)的输入为 1,其线圈有电,常开触点闭合;松开开关(S),常开触点断开(为 0),则对应位(I0.0)的输入为 0。

2）数字量输出接口电路

数字量输出接口电路按照 PLC 的类型不同，一般分为继电器输出型、晶体管输出型和晶闸管输出型三类，以满足各种用户的需要。其中，继电器输出型如图 1 - 8(a) 所示，是有触点的输出方式，可用于直流或低频交流负载，但其响应时间长，动作频率低；晶体管输出型如图 1 - 8(b) 所示，它和晶闸管输出型（见图 1 - 8(c)）都是无触点输出方式，前者适用于高速小功率直流负载，后者适用于高速大功率交流负载。

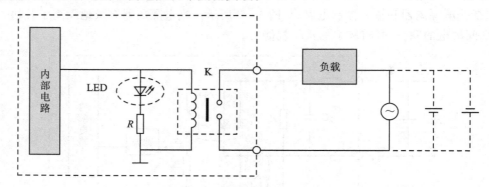

(a) 交/直流输出接口(继电器输出型)

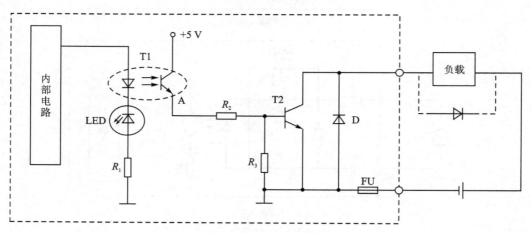

(b) 直流输出接口(晶体管输出型)

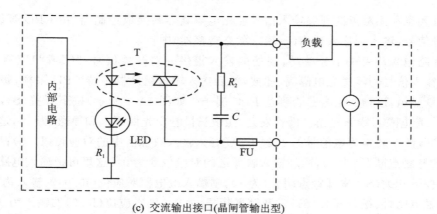

(c) 交流输出接口(晶闸管输出型)

图 1 - 8 数字量输出接口电路

数字量输出接口电路的特点如下：

① 各路输出均有电气隔离措施。

② 各路输出均有 LED 灯显示。只要有驱动信号，输出指示 LED 灯亮，即是为观察 PLC 的工作状况或故障分析提供标志。

③ 输出电源一般均由用户提供。

每个数字量输出接口电路不管是不是继电器输出型，我们都把它理解为是一个继电器：PLC 内部的 CPU 通过给继电器的线圈通断电，进而继电器的常开触点动作，达到控制负载的目的。每个数字量输入接口电路可理解为是一个继电器。

3）模拟量输入接口

模拟量输入接口的作用是把现场连续变化的模拟量标准信号转换成适合 PLC 内部处理的由若干位二进制数字表示的信号，从输入接口接收标准模拟电压信号和电流信号。由于在工业现场中模拟量信号的变化范围一般是不标准的，所以在送入模拟量接口时一般都需经转换器处理后才能使用。模拟量输入接口的内部电路框图如图 1-9 所示。模拟量信号输入后一般经运算放大器放大后进行 A/D 转换，再经光耦合后为 PLC 提供一定位数的数字性信号。

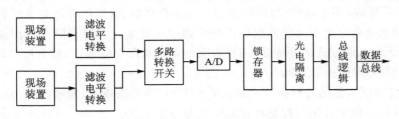

图 1-9　模拟量输入接口的内部电路框图

4）模拟量输出接口

模拟量输出接口的作用是将 PLC 运算处理后的若干位数字量信号转换为相应的模拟量信号输出，以满足生产过程现场连续控制信号的需求。模拟量输出接口一般由光电隔离、D/A 转换、转换开关等环节组成，其内部电路框图如图 1-10 所示。

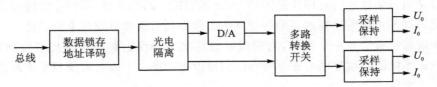

图 1-10　模拟量输出接口的内部电路框图

（4）外部设备接口

外部设备接口是在主机外壳上与外部设备配接的插座，通过电缆线可配接编程器、计算机、打印机、EPROM 写入器、触摸屏等。编程器有简易编程器和智能图形编程器两种，用于编程、对系统做一些设定及监控 PLC 和 PLC 所控制系统的工作状况等。编程器是 PLC 开发应用、监测运行、检查维护不可缺少的器件，但它不直接参与现场控制运行。

（5）I/O 扩展接口

I/O 扩展接口是用来扩展输入、输出点数的。当用户输入、输出点数超过主机的范围时，可通过 I/O 扩展接口与 I/O 扩展单元相接，以扩充 I/O 点数。A/D 和 D/A 单元及连接单元一般也通过该接口与主机连接。

（6）电　源

PLC 一般采用 AC 220 V 电源，经整流、滤波、稳压后可变换成供 PLC 的 CPU、存储器等电路工作所需的直流电压，有的 PLC 也采用 DC 24 V 电源供电。为保证 PLC 工作可靠，大都采用开关型稳压电源。有的 PLC 还向外部提供 24 V 直流电源。

2. PLC 的软件组成

PLC 的软件由系统（监控）程序和用户程序组成。

（1）系统（监控）程序

系统（监控）程序是由 PLC 的制造者采用汇编语言编写的，固化于 ROM 型系统程序存储器中，用于控制 PLC 本身的运行，用户不能更改。系统（监控）程序分为系统管理程序、用户指令解释程序、标准程序模块和系统调用程序。

1）系统管理程序

系统管理程序是系统（监控）程序中最重要的部分，整个可编程控制器的运行都由它主管。

① 系统运行管理，即控制可编程序控制器何时输入、何时输出、何时运算、何时自检、何时通信等，进行时间上的分配管理。

② 存储空间管理，即生成用户环境，由它规定各种参数、程序的存放地址。将用户使用的数据参数、存储地址转化为实际的数据格式和物理存放地址。它将有限的资源变为用户可直接使用的诸多元件。通过这部分程序，用户看到的不是实际存储地址，而是按照用户数据结构排列的元件空间和程序存储空间。

③ 系统自检程序，包括各种系统出错检验、用户程序语法检验、警戒时钟运行等。在系统管理程序的控制下，整个可编程控制器就能正确有序地工作。

2）用户指令解释程序

任何计算机最终都是根据机器语言来执行的，而机器语言的编制又是非常麻烦的。例如，在可编程序控制器中可以采用梯形图编程。将人们易懂的梯形图程序变为机器能识别的机器语言程序，这就是解释程序的任务。

3）标准程序模块和系统调用程序

这部分是由许多独立的程序块组成的，各自能完成不同的功能，有些完成输入、输出，有些完成特殊运算等。可编程序控制器的各种具体工作都是由这部分程序来完成的。

整个系统监控程序是一个整体，它的质量好坏很大程度上影响可编程序控制器的性能。因为通过改进系统监控程序就可在不增加任何硬设备的条件下改善可编程序控制器的性能。

（2）用户程序

用户程序又称为应用程序，PLC 的用户程序是用户利用 PLC 的编程语言，根据控制要求编制的程序。用户程序线性地存储在系统程序制定的存储区内。在 PLC 的应用中，最重要的是用 PLC 的编程语言来编写用户程序，以实现控制的目的。

用户程序是由系统程序生成的，它包括用户数据结构、用户元件区、用户程序存储区、用户参数、文件存储区等。用户程序结构大致可以分为线性程序、分块程序、结构化程序。

3. PLC 的编程语言

由于 PLC 是专门为工业控制而开发的装置，其主要使用者是广大电气技术人员，为了满足他们的传统习惯和掌握能力，PLC 的主要编程语言采用比计算机语言相对简单、易懂、形象的专用语言。国际电工委员会（IEC）1994 年 5 月公布的 IEC 1131 - 3《可编程序控制器语言标准》详细地说明了句法、语义和下述 5 种编程语言：顺序功能图（Sequential Function Chart）、梯形图(Ladder Diagram)、功能块图(Function Black Diagram)、指令表(Instruction List)、结构文本(Structured Text)。其中,梯形图(LAD)和功能块图(FBD)为图形语言,指令表(IL)和结构文本(ST)为文字语言,顺序功能图是一种结构块控制流程图。此外,ST 系列 PLC 称指令表为语句表(Statement List,简称 STL)。各系列 PLC 的编程语言形式上虽有差别,但在基本结构和功能上都是相同的。PLC 编程语言都具有以下特点:

① 图形式指令结构:指令由不同的图形符号组成,程序用图形方式来表达,使人一目了然,易于理解和记忆。编程系统已把工业控制中常用的、相对独立的各种操作功能对应于相应的图形,编程者只要根据自己的需要直接使用这些图形进行组合(填入适当的代码和参数,如输入、输出点等)即可。在监视 PLC 运行时,也可以图形方式或符号方式显示被监视对象。

对于逻辑操作,都采用类似继电器控制电路的梯形图。对于熟悉逻辑电路的人员来说,用这种语言编程是很方便的。

对于较复杂的算术运算、定时、计数,指令也参照梯形图或逻辑元件图给予表示,编程时也比较方便。

② 明确的参数:图形符号相当于指令的操作码,规定了操作功能;参数则是操作数(由编程者填入)。而 PLC 的变量和常数及其取值范围都有明确规定,且很简单,如 I0.0、I1.0、M1.0、Q0.0、Q1.1 等,使用比较直接、方便。

③ 简化的程序结构:PLC 的程序结构一般很简单,为典型的模块式结构,不同的模块完成不同的功能,逻辑上相当清晰;同时便于程序编制与调试,易于理解整个程序的控制功能与控制顺序,减少软件错误。

④ 简化编译过程:使用汇编语言或高级语言编写程序时,要完成编辑、编译和链接三个过程;而使用 PLC 的编程语言只需要编辑一个过程,其余由系统软件自动完成,整个编辑过程在人机对话下进行,有利于 PLC 的普及应用。

⑤ 增强的调试手段:涉及硬件的系统,无论是汇编语言还是高级语言的程序调试,都是令开发者头疼的事。对 PLC 来说,其程序的调试可使用编程器或计算机,利用专用软件进行编辑调试、诊断及监控等,操作都很简单。有的 PLC 还能实现在线或遥控调试,甚至可一边运行一边修改,功能相当强大。

总之,PLC 的编程语言是面向用户的,简单易学、操作方便,对使用者要求低。最常用的编程语言是梯形图和指令(语句)表。梯形图直观易懂,而指令(语句)表便于实验。若指令(语句)表与梯形图配合就更能互相补充、图文并茂,无论是逻辑操作还是复杂的数据处理操作,都能表达得十分清楚。下面简要介绍梯形图、语句表两种编程语言。

(1) 梯形图

梯形图编程语言是一种图形语言,具有继电器控制电路形象、直观的优点,熟悉继电器控制的工程技术人员很容易掌握,因此把它作为 PLC 的第一编程语言。

下面介绍梯形图的由来。梯形图语言实际就是图形,它来源于继电器控制电路图,那么 PLC 又是如何实现这些功能的呢?PLC 里引入了输入继电器、内部继电器和输出继电器的概念,它们都是计算机寄存器里的一个比特位,只不过驱动方式不同、功能不一样。如果用数字 1 表示按钮、继电器触点的闭合状态和继电器线圈的得电状态,用数字 0 表示按钮、继电器触点的断开状态和继电器线圈的失电状态,则该继电器控制电路就可以用计算机来实现。在 PLC 中,这些按钮的触点和线圈对应的就是寄存器中的存储单元,又称为操作数。PLC 首先采集操作数的状态,然后通过对梯形图的理解对这些操作数进行操作,最后输出操作结果,以达到控制的目的。

一般而言，梯形图程序让 CPU 仿真来自电源的电流通过一系列的站队逻辑条件，根据结果决定逻辑输出的允许条件。逻辑通常被分解成小的容易理解的片，这些片通常被称为"梯级"或网络。

程序一次扫描执行一个网络，按照从左到右、从上到下的顺序进行。一旦 CPU 执行到程序的结尾，就又从上到下重新执行程序。在每一个网络中，指令以列为基础被执行，从第一列开始由上而下、从左到右依次执行，直到本网络的最后一个线圈列。因此为了充分利用存储器容量，使扫描时间尽可能短，用梯形图编程时应限制触点之间的距离，并使网络左上边这部分空白最少。其中，串联触点较多的支路要写在上面，并联支路应写在左边，线圈置于触点的右边。

对于被证明是正确有效的继电器控制逻辑图及电气接线图，都可以建立等价的类似梯形图程序，这是梯形图编程语言被全世界广泛使用的主要原因。

如图 1-11 所示，图（b）是用 PLC 控制的程序梯形图，可完成与图（a）继电器控制的电动机直接启、停（启、保、停）相同的功能。从图中可以看出，梯形图是在传统电器控制系统中常用的接触器、继电器等图形表达符号的基础上演变而来的。PLC 梯形图是通过 PLC 的内部器件如输入、输出、辅助继电器、定时器/计数器等实现控制的，它与继电器控制线路图相似，继承了传统继电器控制逻辑中使用的框架结构、逻辑运算方式和输入/输出形式，具有形象、直观、实用的特点。

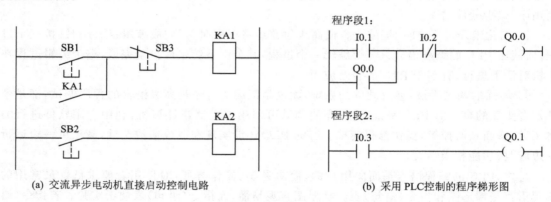

(a) 交流异步电动机直接启动控制电路　　　　　(b) 采用 PLC 控制的程序梯形图

图 1-11　继电器-接触器控制电路与 PLC 梯形图编程

图 1-11 中，图（a）、图（b）的基本表示思想是一致的，但具体表达方式有一定的区别。PLC 的梯形图使用的是内部继电器、定时器/计数器等，都是由软件来实现的，使用方便，修改灵活，是原继电器控制线路硬接线无法比拟的。

在梯形图中，不同的指令用不同的图形符号表示。它包括三种基本形式：触点、线圈和用方框表示的指令（指令框）。

触点代表逻辑输入条件，例如，开关、按钮或者内部条件等。

线圈代表逻辑运算结果，常用来控制指示灯、开关和内部的标志位等。

指令框表示其他一些盒指令。例如，定时器、计数器或者数学运算指令。

在梯形图中，逻辑控制是分段的，程序在同一时间执行一段，按照从上到下的顺序执行，在执行同一段程序中，最左边是主信号流，信号流总是从左向右流动的。

梯形图编程语言的特点是：与电气操作原理图相对应，具有直观性和对应性；与原有继电器控制相一致,电气设计人员易于掌握。

梯形图编程语言与原有的继电器控制的不同点是,梯形图中的能流不是实际意义的电流,内部的继电器也不一定是实际存在的继电器,应用时,需要与原有继电器控制的概念区别对待。

总之,梯形图是使用最多的 PLC 编程语言。因与继电器电路很相似,具有直观易懂的特点,很容易被熟悉继电器控制的技术人员掌握,特别适合于数字量逻辑控制,但不适合于编写大型控制程序。

(2) 语句表

语句表编程语言是与汇编语言类似的一种助记符编程语言,和汇编语言一样由操作码和操作数组成。在无计算机的情况下,适合采用 PLC 手持编程器对用户程序进行编制。同时,语句表编程语言与梯形图编程语言一一对应,在 PLC 编程软件下可以相互转换。

下面是一个简单的用语句表编写的电动机直接启、停(启、保、停)程序,而任何复杂的控制系统都可以用较长的程序来实现。

```
LD. I0.0
O    Q0.0
AN   I0.1
=    Q0.0
```

语句表编程语言的特点是:采用助记符来表示操作功能,容易记忆,便于掌握;在手持编程器的键盘上采用助记符表示,便于操作,可在无计算机的场合进行编程设计;与梯形图有一一对应的关系,其特点与梯形图语言基本一致。

语句表适合经验丰富的程序员使用,可以实现某些梯形图不能实现的功能。

1.3.3　PLC 的工作原理

PLC 在本质上虽然是一台微型计算机,其工作原理与普通计算机类似,但是 PLC 的工作方式却与计算机有很大的不同。计算机一般采用等待输入—响应(运算和处理)—输出的工作方式,如果没有输入,就一直处于等待状态。而 PLC 采用的是周期性循环扫描的工作方式。每一个周期都要按部就班地做完全相同的工作,与是否有输入或输入是否有变化无关。理解和掌握 PLC 的循环扫描工作方式对于学习 PLC 是十分重要的。

1. PLC 的扫描工作方式

PLC 采用循环扫描工作方式。在 PLC 中,用户程序按先后顺序存放,CPU 从第一条指令开始执行程序,直至遇到结束符,然后返回第一条指令,如此周而复始、不断循环,直到停机或从运行(RUN)切换到停止(STOP)工作状态。PLC 这种执行程序的方式被称为循环扫描工作方式,整个扫描工作过程执行一遍所需的时间称为扫描周期。在这种工作方式下,PLC 顺次扫描各输入点的状态,按用户程序进行运算处理,然后顺序向输出点发出相应的控制信号。整个循环扫描工作过程一般包括读输入、执行程序、处理通信请求、执行 CPU 自诊断、写输出五个阶段,如图 1-12 所示。

(1) 输入采样

在可编程序控制器的存储器中,设置了一片区域用来存放输入信号和输出信号的状态,称为输入映像寄存器和输出映像寄存器。

在输入采样阶段,PLC 以扫描方式一次读入所有输入状态和数据,并将它们存入 I/O 映

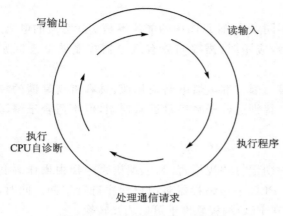

图 1-12　PLC 的扫描工作过程

像区中的相应单元内,外接输入电路闭合时,输入映像寄存器为 1 的状态,梯形图中对应的"┤├"表示接通,"┤/├"表示断开,"┤/├"表示闭合。外接输入电路断开时,输入映像寄存器为 0 的状态,梯形图中对应的"┤├"表示断开,"┤/├"表示闭合,此时,输入映像寄存器被刷新,那些没有被用到的输入映像寄存器位被清零。输入采样结束后,输入映像寄存器与外界隔离,转入用户程序执行和输出刷新阶段。在这两个阶段中,即使输入状态和数据发生变化,I/O 映像区中的相应单元的状态和数据也不会改变,其内容将一直保持到下一扫描周期的输入采样阶段,才会被重新刷新。这样,可以保证在一个循环扫描周期内使用相同的输入信号状态。因此,要注意输入信号的宽度必须大于一个扫描周期,才能保证在任何情况下,该输入均能被读入,否则很可能造成信号的丢失。

(2)程序执行

根据 PLC 梯形图程序扫描原则,PLC 按先上后下的顺序逐句扫描。在扫描每一条梯形图语句时,按先左后右的顺序,总是先扫描梯形图左边的由各触点构成的控制线路,对由触点构成的控制线路进行逻辑运算,然后根据逻辑运算的结果,刷新该输出线圈在 I/O 映像区中对应位的状态或者根据跳转条件是否满足来决定程序的跳转地址。当指令中涉及输入、输出状态时,PLC 就从输入映像寄存器"读入"上一阶段采入的对应输入端子状态,从元件映像寄存器"读入"对应元件("软继电器")的当前状态,然后进行相应的运算,并将运算结果写入相应的映像寄存器中。

在执行用户程序过程中,所需的输入信号的状态均从输入映像寄存器中读取,而不是直接使用现场输入端子的"通/断"状态;每一次运算的结果不是直接送到输出端子立即驱动外部负载,而是将结果先写入输出映像寄存器中,输出映像寄存器中的值可以被后面的读指令所使用。

(3)通信操作

在通信操作阶段,CPU 检查有无通信任务,如果有则调用相应进程,CPU 处理从通信端口接收到的任何信息,完成数据通信任务。

(4)内部处理

内部处理阶段,即 CPU 自检阶段,包括 CPU 自诊断测试和复位监视定时器。

在 CPU 自诊断测试阶段,CPU 检查 PLC 各模块的状态。在 RUN 模式下,还要检查用户程序存储器。若发现异常,立即进行诊断和处理,同时给出故障信号,点亮 CPU 面板上的故障指示灯。若没有故障,当出现致命错误时,CPU 被强制为 STOP 方式,停止执行程序。CPU 自诊断测试将有助于及时发现或提前预报系统的故障,提高系统的可靠性。

监视定时器又称看门狗定时器 WDT(Watch Dog Timer),它是 CPU 内部的一个硬件时钟,是为了监视 PLC 的每次扫描时间而设置的。CPU 运行前设定好规定的扫描时间,每个扫描周期都要监视扫描时间是否超过规定值。这样可以避免由于 PLC 在执行程序的过程中进入死循环,或者由于 PLC 执行非预定的程序造成系统故障,从而导致系统瘫痪。如果程序运行正常,则在每次扫描周期的内部处理阶段对 WDT 进行复位(清零)。如果程序运行失常进入死循环,则 WDT 得不到按时清零而触发超时溢出,CPU 将给出报警信号或停止工作。采用 WDT 技术也是提高系统可靠性的一个有效措施。

(5)输出刷新

输出刷新即写输出阶段。CPU 将存放在输出映像寄存器中所有输出继电器的状态(接通/断开)集中输出到输出锁存器中,并送给物理输出点以驱动外部负载,这才是 PLC 真正的实际输出。输出锁存器的值一直保持到下次刷新输出。

在刷新输出阶段结束后,CPU 进入下一个循环扫描周期。

注意:

① 上述 5 个阶段并不是在每一个扫描周期都要执行一次,一个扫描周期中要执行哪一些阶段取决于 CPU 的工作模式。PLC 有两种基本的工作模式,即运行(RUN)模式和停止(STOP)模式 CPU,处于 STOP 模式时,仅执行内部处理和通信操作两个阶段,不执行用户程序扫描阶段;处于 RUN 模式时,执行所有阶段。

② 如果程序中使用了中断,则中断事件出现,立即执行中断程序,中断程序可以在扫描周期的任意点被执行。

③ 如果程序中使用了立即 I/O 指令,则可以直接存取 I/O 点。用立即 I/O 指令读输入点值时,相应的输入映像寄存器的值未被修改。用立即 I/O 指令写输出点值时,相应的输出映像寄存器的值被修改。

整个扫描工作过程中,PLC 对用户程序的循环扫描有输入采样、程序执行和输出刷新这三个阶段,如图 1-13 所示,图中的序号表示梯形图程序的执行顺序。

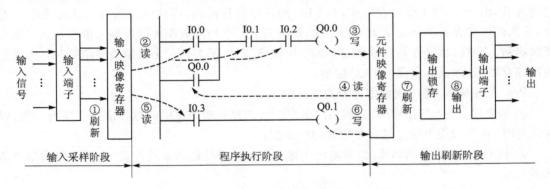

图 1-13 用户程序扫描阶段

由此可见,PLC 的扫描工作方式明显有别于继电器控制系统。继电器控制系统是采用硬接线逻辑的并行工作方式。当某个继电器的线圈通电时,其所有的常开触点和常闭触点无论处在控制线路的哪个位置都会立即动作,从而控制其他线圈的通、断电。而 PLC 的扫描工作方式在执行程序阶段就已经计算出哪些"线圈"应该通电,哪些"线圈"应该断电,但并不马上执行,要等到本次扫描周期最后的输出刷新阶段才按"批处理"(即集中采样输入、集中输出)的方式同时刷新所有的输出。

顺序扫描的工作方式简单直观,简化了程序设计,并为 PLC 的可靠运行提供了非常有力的保证。因为程序的顺序执行将触发看门狗定时器,以监视每一次扫描是否超过了规定的时间,从而避免由于 CPU 内部故障使程序执行进入死循环所造成的影响。

2. PLC 的扫描周期

PLC 每一次循环扫描所用的时间称为扫描周期或工作周期,其扫描周期为

$$T = (读入点时间 \times 输入点数) + (运符速度 \times 程序步数) + $$
$$(输出一点的时间 \times 输出点数) + 通信时间 + 自诊断时间$$

PLC 的扫描周期是一个较为重要的指标,它决定了 PLC 对外部变化的响应时间,直接影响控制信号的实时性和正确性,在 PLC 的一个扫描周期中,读取、输入和刷新输出的时间是固定的,一般只需要 1～2 ms,通信任务的作业时间必须被控制在一定范围内,而程序执行时间则因程序的长度不同而不同,所以扫描周期主要取决于用户程序的长短和扫描速度,一般 PLC 的扫描周期在 10～100 ms 之间。

3. PLC 对输入/输出的处理原则

根据上述的工作特点,可以归纳出 PLC 在输入/输出处理方面必须遵守的一般原则:

① 输入映像寄存器的数据取决于输入端子板上各输入点在上一刷新期间的接通和断开状态。

② 程序执行结果取决于用户所编程序和输入/输出映像寄存器的内容及其他各元件映像寄存器的内容。

③ 输出映像寄存器的数据取决于输出指令的执行结果。

④ 输出锁存器中的数据,由上一次输出刷新期间输出映像寄存器中的数据决定。

⑤ 输出端子的接通和断开状态,由输出锁存器决定。

4. 输入/输出映像寄存器

可编程控制器对输入和输出信号的处理采用了将信号状态暂存在输入/输出映像寄存器中的方式,由 PLC 的工作过程可知,在 PLC 的程序执行阶段,即使输入信号的状态发生了变化,输入映像寄存器的状态值也不会变化,要等到下一个扫描周期的读取输入阶段其状态值才能被刷新。同样,暂存在输出映像寄存器中的输出信号,要等到一个扫描周期结束时集中送给输出锁存器,这才成为实际的 PLC 输出。

PLC 采用输入/输出映像寄存器的优点如下:

① 在 CPU 一个扫描周期内,输入映像寄存器向用户程序提供的过程信号应保持一致,以保证 CPU 在执行用户程序过程中数据的一致性;

② 在 CPU 扫描周期结束时,将输出映像寄存器的最终结果送给外设,避免了输出信号的抖动;

③ 由于输入/输出映像寄存器区位于 CPU 的系统存储区,访问速度比直接访问信号模块要快,缩短了程序执行时间。

5. PLC 的输入/输出滞后

PLC 以循环扫描的方式工作,从 PLC 的输入端信号发生变化到 PLC 输出端对该输入变化做出反应,需要一段时间,这种现象称为 PLC 输入/输出响应滞后。扫描周期越长,滞后现象就越严重。但是 PLC 的扫描周期一般为几十 ms,对于一般的工业设备(状态变化的时间约为数 s 以上)不会影响系统的响应速度。滞后时间的长短与以下因素有关:

① 输入滤波器对信号的延迟作用。PLC 的输入电路中设置了滤波器,并且滤波器的时间常数越大,对输入信号的延迟作用越强。从输入端 ON 到输入滤波器输出所经历的时间为输入 ON 延时。

② 输出继电器的动作延迟。对继电器输出型的 PLC,把从锁存器 ON 到输出触点 ON 所

经历的时间称为输出 ON 延时,一般需十几 ms。

③ PLC 循环扫描工作方式。扫描周期越长,滞后现象越严重。一般扫描周期只有十几 ms,最多几十 ms,在慢速控制系统中可认为输入信号一旦变化就立即能进入输入映像寄存器中。

在实际应用中,这种滞后现象可起到滤波的作用。对慢速控制系统来说,滞后现象反而增强了系统的抗干扰能力。这是因为输入采样阶段仅在输入刷新阶段进行,PLC 在一个工作周期的大部分时间是与外设隔离的,而工业现场的干扰常常是脉冲、短时间的,因此误动作将大大减少。即使在某个扫描周期干扰侵入并造成输出值错误,由于扫描周期时间远远小于执行器的机电时间常数,因此当它还没有来得及使执行器发生错误的动作,下一个扫描周期正确的输出就会将其纠正,使 PLC 的可靠性显著提高。

对于控制时间要求较严格、响应速度要求较快的系统,必须考虑滞后对系统性能的影响,在设计中应采取相应的处理措施,尽量缩短扫描周期,例如选择高速 CPU 提高扫描速度,采用中断方式处理高速的任务,请求选择快速响应模块、高速计数模块等;对于用户来说,要提高编程能力,应尽可能优化程序,例如选择分支或跳转程序等,都可以减少用户程序执行时间。

1.3.4　PLC 的选型方法

PLC 的选择主要应从 PLC 的机型、容量、I/O 模块、电源模块、特殊功能模块、通信联网能力等方面加以综合考虑。

1. PLC 机型的选择

PLC 机型选择的基本原则是在满足功能要求及保证可靠、维护方便的前提下,力争最佳的性能价格比。选择时主要考虑以下几点。

(1) 合理的结构形式

PLC 主要有整体式和模块式两种结构形式。

整体式 PLC 的每一个 I/O 点的平均价格比模块式的便宜,且体积相对较小,一般用于系统工艺过程较为固定的小型控制系统中;而模块式 PLC 的功能扩展灵活方便,在 I/O 点数、输入点数与输出点数的比例、I/O 模块的种类等方面选择余地大,且维修方便,一般用于较复杂的控制系统。

(2) 安装方式的选择

PLC 系统的安装方式分为集中式、远程 I/O 式以及多台 PLC 联网的分布式。

集中式不需要设置驱动远程 I/O 硬件,系统反应快、成本低;远程 I/O 式适用于大型系统,系统的装置分布范围很广,远程 I/O 可以分散安装在现场装置附近,连线短,但需要增设驱动器和远程 I/O 电源;多台 PLC 联网的分布式控制系统适用于多台设备分别独立控制,又要相互联系的场合,可以选用小型 PLC,但必须要附加通信模块。

(3) 相应的功能要求

一般小型(低档)PLC 具有逻辑运算、定时、计数等功能,可满足只需要开关量控制的设备的控制需求。

对于以开关量控制为主、带少量模拟量控制的系统,可选用能带 A/D 和 D/A 转换单元,具有加减算术运算、数据传送功能的增强型低档 PLC。

对于控制较复杂,要求实现 PID 运算、闭环控制、通信联网等功能,可视控制规模的大小及复杂程度,选用中档或高档 PLC。但是中高档 PLC 价格较贵,一般用于大规模过程控制和集散控制系统等场合。

（4）响应速度要求

PLC 是为工业自动化设计的通用控制器，不同档次 PLC 的响应速度一般都能满足其应用范围内的需要。如果要跨范围使用 PLC，或者某些功能或信号有特殊的速度要求，则应该慎重考虑 PLC 的响应速度，可选用具有高速 I/O 处理功能的 PLC，或选用具有快速响应模块和中断输入模块的 PLC 等。

（5）系统可靠性的要求

对于一般系统，PLC 的可靠性均能满足要求。对可靠性要求很高的系统，应考虑是否采用冗余系统或热备用系统。

（6）机型尽量统一

一个适用单位，应尽量做到 PLC 的机型统一。主要考虑到以下三方面问题：

① 其模块可互为备用，便于备品备件的采购和管理。

② 其功能和使用方法类似，有利于技术力量的培训和技术水平的提高。

③ 其外部设备通用，资源可共享，易于联网通信，配上位计算机后易于形成一个多级分布式控制系统。

2．PLC 容量的选择

PLC 的容量包括 I/O 点数和用户存储容量两个方面。

（1）I/O 点数的选择

PLC 平均的 I/O 点数的价格还比较高，因此应该合理选用 PLC 的 I/O 点的数量，在满足总控制要求的前提下力争使用的 I/O 点数最少，但必须留有一定的裕量。

通常 I/O 点数是根据被控对象的输入/输出信号的实际需要，再加上 10％～15％ 的裕量来确定。

（2）存储容量的选择

用户程序所需的存储容量大小不仅与 PLC 系统的功能有关，而且还与功能实现的方法、程序编写水平有关。一个有经验的程序员和一个初学者，在完成同一复杂功能时，其程序量可能相差 25％，所以对于初学者应该在存储容量估算时多留裕量。

一般可按下式估算，再按实际需要留适当的裕量（20％～30％）来选择：

$$存储容量＝开关量 I/O 点总数×10＋模拟量通道数×100$$

3．I/O 模块的选择

一般 I/O 模块的价格占 PLC 价格的一半以上。

（1）开关量输入模块的选择

开关量输入模块是用来接收现场输入设备的开关信号，将信号转换为 PLC 内部能够接收的低电压信号，并实现 PLC 内、外信号的电气隔离。选择时主要应考虑：

① 输入信号的类型及电压等级。开关量输入模块有直流输入、交流输入和交流/直流输入三种类型。选择时主要考虑现场输入信号和周围环境等因素。直流输入模块的延迟时间较短，还可以直接与接近开关、光电开关等电子输入设备连接；交流输入模块可靠性好，适合于在有油雾、粉尘的恶劣环境下使用。

PLC 的开关量输入模块按输入信号的电压大小分类有：直流 5 V、24 V、48 V、60 V 等；交流 110 V、220 V 等。

② 输入接线方式。开关量输入模块主要有汇点式和分组式两种接线方式，如图 1－14 所

示。汇点式的开关量输入模块所有输入点共用一个公共端;而分组式的开关量输入模块是将输入点分成若干组,每一组(几个输入点)有一个公共端,各组之间是分隔开的。

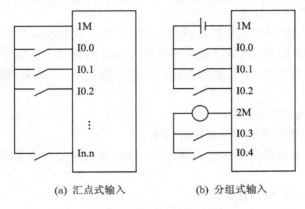

(a) 汇点式输入   (b) 分组式输入

图 1-14　输入的接线方式

③ 注意同时接通的输入点数量。对于选用高密度的输入模块(如 32 点、48 点等),应考虑该模块同时接通的点数一般不要超过输入点数的 60%。

④ 输入门槛电平。为了提高系统的可靠性,必须考虑输入门槛电平的大小。门槛电平越高,抗干扰能力越强,传输距离也越远,具体可参阅 PLC 说明书。

(2) 开关量输出模块的选择

① 输出方式的选择。开关量输出模块有 3 种输出方式:继电器输出、双向晶闸管输出和晶体管输出。

② 输出接线方式的选择。按 PLC 输出接线方式的不同,一般有分组式输出和分隔式输出两种,如图 1-15 所示。

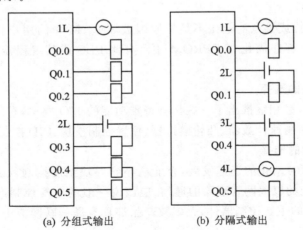

(a) 分组式输出   (b) 分隔式输出

图 1-15　输出的接线方式

③ 驱动能力的选择。输出模块的驱动能力即输出电流必须大于负载的额定电流。

④ 注意同时接通的输出点数量。选择输出模块时,还应考虑能同时接通的输出点数量。同时接通输出的累计电流值必须小于公共端所允许通过的电流值。一般来说,同时接通的点数不要超出同一公共端输出点数的 60%。

⑤ 输出的最大电流与负载类型、环境温度等因素有关。开关量输出模块的技术指标与不

同的负载类型密切相关,特别是输出的最大电流。另外,晶闸管的最大输出电流会随环境温度升高而降低,在实际使用中也应注意。

（3）模拟量 I/O 模块的选择

模拟量 I/O 模块的主要功能是数据转换,并与 PLC 内部总线相连,同时为了安全,也有电气隔离功能。模拟量输入(A/D)模块是将现场由传感器检测而产生的连续的模拟量信号转换成 PLC 内部可接收的数字量;模拟量输出(D/A)模块是将 PLC 内部的数字量信号转换为模拟量信号输出。

典型模拟量 I/O 模块的量程为 $-10\sim+10$ V、$0\sim+10$ V、$4\sim20$ mA 等,可根据实际需要选用,同时还应考虑其分辨率和转换精度等因素。

一些 PLC 制造厂家还提供特殊模拟量输入模块,可用来直接接收低电平信号(如 RTD、热电偶等信号)。

4. 电源模块及其他外设的选择

（1）电源模块的选择

电源模块选择仅对于模块式结构的 PLC 而言,对于整体式 PLC 不存在电源的选择问题。

电源模块的选择主要考虑电源输出额定电流和电源输入电压。电源模块的输出额定电流必须大于 CPU 模块、I/O 模块和其他特殊模块等消耗电流的总和,同时还应考虑今后 I/O 模块的扩展等因素;电源输入电压一般根据现场的实际需要而定。

（2）编程器的选择

对于小型控制系统或不需要在线编程的系统,一般选用价格便宜的简易编程器。对于由中高档 PLC 构成的复杂系统或需要在线编程的 PLC 系统,可以选配功能强、编程方便的智能编程器,但智能编程器价格较贵。如果有现成的个人计算机,也可以选用 PLC 的编程软件,在个人计算机上实现编程器的功能。

（3）写入器的选择

为了防止由于干扰或锥电池电压不足等原因破坏 RAM 中的用户程序,可选用 EPROM 写入器,通过它将用户程序固化在 EPROM 中。有些 PLC 或其编程器本身就具有 EPROM 写入的功能。

5. 特殊功能模块的选择

目前,PLC 制造厂家相继推出了一些具有特殊功能的 I/O 模块,有的还推出了自带 CPU 的智能型 I/O 模块,如高速计数器、凸轮模拟器、位置控制模块、PID 控制模块、通信模块等。

6. 通信联网能力的选择

近年来,随着工厂自动化的迅速发展,企业内小到一块温度控制仪表的 RS－485 串行通信,大到一套制造系统的以太网管理层的通信,应该说一般的电气控制产品都有了通信功能。PLC 作为工厂自动化的主要控制器件,大多数产品都具有通信联网能力。应根据需要选择通信方式。

1.3.5 PLC 与继电器控制系统的区别

1. 从控制方法上看

继电器控制系统控制逻辑采用硬件接线,利用继电器机械触点串联或并联等组合成控制逻辑,其连线多且复杂,体积大,功耗大;系统构成后,想再改变或增加功能较为困难。另外,继电器的触点数量有限,所以继电器控制系统的灵活性和扩展性受到很大限制。而 PLC 采用了计算机技术,其控制逻辑是以程序的方式存放在存储器中,要改变控制逻辑只需要改变程序,因而很容易改变或增加系统功能。系统连线少、体积小、功耗小,而且 PLC 所谓"软继电器"实质上是存储器单元的状态,所以"软继电器"的触点数量是无限的。PLC 系统的灵活性和可扩展性好。

2. 从工作方式上看

在继电器控制电路中,当电源接通时,电路中所有继电器都处于受制约状态,即该吸合的继电器都同时吸合,不该吸合的继电器受某种条件限制而不能吸合,这种工作方式称为并行工作方式。而 PLC 的用户程序是按一定顺序循环执行,所以各软继电器都处于周期性循环扫描接通中,受同一条件制约的各个继电器的动作次序取决于程序扫描顺序,这种工作方式称为串行工作方式。

3. 从控制速度上看

继电器控制系统依靠机械触点的动作以实现控制,工作频率低,机械触点还会出现抖动问题。而 PLC 是通过程序指令控制半导体电路的,速度快,程序指令执行时间在 μs 级,且不会出现触点抖动问题。

4. 从定时和计数控制上看

继电器控制系统采用时间继电器的延时动作进行时间控制,时间继电器的延时时间易受环境和温度变化的影响,定时精度不高;而 PLC 采用半导体集成电路作为定时器,时钟脉冲由晶体振荡器产生,精度高,定时范围宽,用户可根据需要在程序中设定定时值,修改方便,不受环境的影响,且 PLC 具有计数功能,而继电器控制系统一般不具备计数功能。

5. 从可靠性和可维护性上看

由于继电器控制系统使用了大量的机械触点,所以存在机械磨损、电弧烧伤、寿命短、系统的连线多等缺点,可靠性和可维护性都较差。而 PLC 控制系统大量的开关动作由无触点的半导体电路来完成,其寿命长、可靠性高。PLC 还具有自诊断功能,能查出自身的故障,随时显示给操作人员,并能动态地监视控制程序的执行情况,为现场调试和维护提供了方便。

1.4 工作任务

任务 1 理论知识授课

教师讲解 PLC 的基础知识,重点应是 PLC 的硬件结构、编程语言特点、扫描工作原理,使学生理解从传统的电气控制到 PLC 控制的转换过程。

任务 2 记录实训室的 PLC

记录 PLC 的品牌及型号,通过查阅有关资料,进一步了解各品牌种类的 PLC 的主要技术指标及特点、应用范围及未来 PLC 的发展方向,将其填写到表 1-1 中。

针对 PLC 的分类、特点、应用、硬件的结构组成、PLC 的软件构成及各种编程语言的特点、PLC 的工作原理、传统的电气控制与 PLC 控制的区别等内容,教师在上课过程中应让学生进行分组抢答,记下各组成绩,激发学生的学习动力、兴趣。

表 1 - 1　参观工厂、实训室记录表

序　号	品牌及型号	主要技术指标
1		
2		
3		

1.5　知识扩展

1.5.1　PLC 的应用领域

PLC 集三电（电控、电仪、电传）于一体，具有性价比高、可靠性高的特点，已成为自动化的核心设备。PLC 是具备计算机功能的一种通用工业控制装置，其使用量高居首位，成为现代工业自动化的三大技术支柱（PLC、机器人、CAD/CAM）之一。

目前，国内外 PLC 已广泛应用于冶金、石油、化工、建材、机械制造、电力、汽车、轻工、环保及文化娱乐等各行各业，随着其性价比的不断提高，应用领域不断扩大。从应用类型看，PLC 的应用大致可分为以下几个方面。

1. 开关量逻辑控制

利用 PLC 最基本的逻辑运算、定时、计数等功能实现逻辑控制，可以取代传统的继电器控制，用于单机控制、多机群控制、自动生产线控制等，如机床、注塑机、印刷机械、装配生产线、电镀流水线及电梯的控制等。这是 PLC 最基本的应用，也是 PLC 最广泛的应用领域。

2. 运动控制

大多数 PLC 都有拖动步进电动机或伺服电动机的单轴或多轴位置控制模块。这一功能广泛用于各种机械设备，如对各种机床、装配机械、机器人等进行运动控制。

3. 过程控制

大、中型 PLC 都具有多路模拟量 I/O 模块和 PID 控制功能，有的小型 PLC 也具有模拟量输入/输出。所以 PLC 可实现模拟量控制，而且具有 PID 控制功能的 PLC 可构成闭环控制，用于过程控制。这一功能已广泛用于锅炉、反应堆、水处理、酿酒，以及闭环位置控制和速度控制方面。

4. 数据处理

现代的 PLC 都具有数学运算、数据传送、转换、排序和查表等功能，可进行数据的采集、分析和处理，同时可通过通信接口将这些数据传送给其他智能装置（如计算机数值控制（CNC）设备）进行处理。

5. 通信联网

PLC 的通信包括 PLC 与 PLC、PLC 与上位计算机、PLC 与其他智能设备之间的通信，PLC 系统与通用计算机可直接相连或通过通信处理单元、通信转换单元相连构成网络，以实现信息的交换，并可构成"集中管理、分散控制"的多级分布式控制系统，满足工厂自动化（FA）系统发展的需要。

1.5.2　PLC 技术的学习方法

PLC 技术相关课程是一门强调实践的课程，如果不动手，只是看书，是不能学好 PLC 的。

看十遍书,不如动一次手。所以学习 PLC 的过程就是实践、实践、再实践。学习者应边学边做本书全部项目,完成每个项目后的巩固练习,当然课前预习、课后复习也必不可少。

1.6　巩固与提高

1. IEC 对 PLC 的定义是什么?

2. PLC 的主要技术指标有哪些?

3. 可编程控制器有哪些特点? 主要应用在哪些领域?

4. PLC 有哪几种分类方法?

5. 目前,世界上主要有哪些著名的 PLC 品牌?

6. IEC 于 1994 年 5 月公布的 PLC 的编程语言有哪几种?

7. PLC 控制系统与传统的继电器控制系统之间有哪些差异?

8. PLC 输出接口电路的形式有哪几种? 各适用于什么场合?

9. 什么叫扫描工作方式? 什么是扫描周期? 一个扫描周期由哪几个阶段组成? PLC 怎样执行用户程序?

项目 2　S7 - 200 PLC 模块选型与安装

2.1　项目描述

　　S7 - 200 系列 PLC 是德国西门子(SIEMENS)公司生产的一种超小型系列可编程控制器,它能够满足多种自动化控制的需求,其设计紧凑,价格低廉,并且具有良好的可扩展性以及强大的指令功能。本项目主要学习 S7 - 200 系列 PLC 的软、硬件组成和基本功能。

2.2　项目目标

　　通过本项目的学习,使学生对 SIEMENS S7 - 200 PLC 的软、硬件构成有一个初步的认识,掌握 S7 - 200 PLC 的供电方式、I/O 地址分配及 I/O 接线方法,理解 S7 - 200 PLC 的内存结构,掌握其寻址方法,会根据需要对 S7 - 200 系列 PLC 进行模块选型,会进行 S7 - 200 系列 PLC 的接线安装。

2.3　相关知识

2.3.1　SIMATIC S7 系列家族

　　西门子公司生产的可编程序控制器在我国的应用相当广泛,在冶金、化工、印刷生产线等领域都有应用。西门子公司的 S7 系列 PLC 体积小、速度快、标准化,并具有网络通信能力,其功能更强、可靠性更高。产品包括 LOGO!、S7 - 200、S7 - 1200、S7 - 300、S7 - 400、S7 - 1500、工业通信网络、人机界面(HMI)硬件、工业软件等。

1. LOGO!

　　LOGO! 如图 2 - 1 所示,是满足低端 PLC 市场的智能控制器,是继电器的替代方案,其内部集成的丰富功能可以替换很多定时器、继电器、时钟和接触器所实现的功能。其紧凑的模块化设计、丰富的控制功能、简单易学的编程软件等特点可以满足很多小型自动化市场的客户需求。

2. S7 - 200

　　S7 - 200 PLC 是小型化的紧凑型 PLC,如图 2 - 2 所示,具有通信功能和较高的生产力。一致的模块化设计促进了低性能定制产品的创造和可扩展性的解决方案。它

图 2 - 1　LOGO!

适用于各个行业、各种场合中的自动检测、监测及控制等,这也正是 S7 - 200 作为 PLC 技术入

门者的首学产品的原因。

图 2-2　S7-200 PLC

3. S7-1200

新的模块化 SIMATIC S7-1200 控制器是西门子公司新推出产品的核心,如图 2-3 所示,实现了模块化和紧凑型设计;功能强大、可扩展性强、灵活度高的设计,实现了最高标准工业通信的通信接口以及一整套强大的集成技术功能,使该控制器成为完整、全面的自动化解决方案的重要组成部分。其应用范围从取代继电器和接触器,一直延伸到网络中以及分布式结构内的复杂自动化任务。例如,应用的例子包括:贴片系统、传送带系统、电梯和自动扶梯、物料输送设备、金属加工机械、包装机械、印刷机械、纺织机械、混合系统、淡水处理厂、污水处理厂、外置显示器、配电站、室温控制、加热/冷却系统控制、能源管理、消防系统、空调、照明控制、泵控制、安防/门禁系统。Design SIMATIC S7-1200 系列包括以下模块:性能分级的不同型号紧凑型控制器,以及丰富的交/直流控制器。

图 2-3　S7-1200 PLC

4. S7-300

S7-300 PLC 能满足中等性能要求的应用,如图 2-4 所示。S7-300 PLC 采用模块化结构,各种单独的模块之间可进行广泛组合,构成不同要求的系统。S7-300 PLC 具备强大的通信功能,可以通过编程软件 STEP 7 的用户界面提供通信组态功能,这使得组态非常容易、简单;S7-300 PLC 具有多种不同的通信接口,并通过多种通信处理器来连接 AS-1 总线接口和工业以太网总线系统,串行通信处理器用来连接点到点的通信系统;多点接口(MPI)集成在 CPU 中,用于同时连接编程器、PC、人机界面系统及其他 SIMATIC S7/M7/C7 等自动化控制系统。

5. S7 - 400

S7 - 400 PLC 是用于中、高档性能范围的可编程控制器。S7 - 400 PLC 采用模块化无风扇的设计,如图 2 - 5 所示,可靠耐用,同时可以选用多种级别(功能逐步升级)的 CPU,并配有多种通用功能的模板,这使用户能根据需要组合成不同的专用系统。当控制系统规模扩大或升级时,只要适当地增加一些模板,便能使系统升级和充分满足需要。

图 2 - 4   S7 - 300 PLC   图 2 - 5   S7 - 400 PLC

6. S7 - 1500

S7 - 1500 系列是西门子 PLC 中性能最强的一类控制器,如图 2 - 6 所示。它能应用在复杂的自动化控制系统中,实现快速的运算,为复杂控制系统提供解决方案。S7 - 1500 系列的 PLC 性能强大,扩展能力强,具有多种通信连接,能实现复杂的运动控制,并且具有诊断功能。它是目前西门子 PLC 中功能最为强大的控制器。

图 2 - 6   S7 - 1500 PLC

7. 工业通信网络

通信网络是自动化系统的支柱,西门子的全集成自动化网络平台提供了从控制级一直到现场级的一致性通信,"SIMATIC NET"是全部网络系列产品的总称,它们能在工厂的不同部门、不同的自动化站通过不同的级交换数据,有标准的接口并且相互之间完全兼容。

8. 人机界面(HMI)硬件

HMI 硬件配合 PLC 使用,为用户提供数据、图形和事件显示,主要有文本操作面板

TD200（可显示中文）、OP3、OP7、OP17 等；面板图形/文本操作面板 OP27、OP37 等；触摸屏操作面板 TP7、TP27/37、TP170A/B 等；SIMATIC 面板型 PC670 等。个人计算机（PC）也可以作为 HMI 硬件使用。HMI 硬件需要经过软件（如 Protool）组态才能配合 PLC 使用。

9. 工业软件

西门子的工业软件分为三个不同的种类。

（1）编程和工程工具

编程和工程工具包括所有基于 PLC 或 PC 用于编程、组态模拟和维护等控制所需的工具。STEP 7 标准软件包 SIMATIC WinAC 是基于 PC 控制产品的组态编程和维护的项目管理工具，STEP 7－Miroc/WIN32 是在 Windows 平台上运行的 S7－200 PLC 的编程、在线仿真软件。

（2）基于 PC 的控制软件

基于 PC 的控制系统 WInAC 允许使用个人计算机作为可编程控制器（PLC）运行用户的程序，运行在安装了 Windows NT4.0 操作系统的 SIMATIC 工控机或其他任何商用机上。WinAC 提供两种 PLC：一种是软件 PLC，在用户计算机上作为视窗任务运行；另一种是插槽 PLC（在用户计算机上安装一个 PC 卡），它具有硬件 PLC 的全部功能。WinAC 与 SIMATIC S7 系列处理器完全兼容，其编程采用统一的 SIMATIC 编程工具（如 STEP 7），编制的程序既可运行在 WinAC 上，也可运行在 S7 系列处理器上。

（3）人机界面软件

人机界面软件为用户自动化项目提供人机界面（HMI）或 SCADA 系统，支持大范围的平台。人机界面软件有两种，一种是应用于机器级的 Protool，另一种是应用于监控级的 WinCC。

① Protool 适用于 HMI 大部分硬件的组态，从操作员面板到标准 PC 都可以用集成在 STEP 7 中的 Protool 有效地完成组态。Protool/lite 用于文本显示的组态，如 OP3、OP7、OP17、TD17 等。Protool/PrO 用于组态标准 PC 和所有西门子 HMI 产品，Protool/PrO 不只是组态软件，其运行版也用于 Widows 平台的监控系统。

② WinCC 是一个真正开放的、面向监控与数据采集的 SCADA（Supervisory Control and Data Acqusition）软件，可以在任何标准 PC 上运行。WinCC 操作简单，系统可靠性高，与 STEP 7 功能集成，可直接进入 PLC 的硬件故障系统，节省项目开发时间。它的设计适合于广泛的应用，可以连接到已存在的自动化环境中，有大量的通信接口和全面的过程信息和数据处理能力，其最新的 WinCC5.0 支持在办公室通过 IE 浏览器动态监控生产过程。

2.3.2　S7－200 PLC 的硬件系统

本书以 S7－200 PLC 为目标机型，介绍西门子 PLC 的特点，为今后更好地学习和掌握 S7－300/400 打下基础。S7－200 PLC 作为西门子 SIMATIC PLC 家族中的最小成员，以其超小体积、灵活的配置、强大的内置功能，在各个领域得到广泛的应用，已成为目前各种小型控制工程的理想控制器。

1. S7－200 PLC 的硬件配置

S7－200 PLC 的硬件系统构成包括 CPU 模块、扩展模块、编程器、存储卡等，如图 2－7 所示。

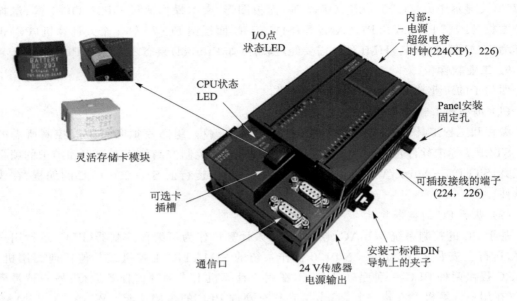

图 2 - 7　S7 - 200 系列 PLC 主机的外形

（1）CPU 模块

S7 - 200 PLC 中可提供 4 种不同的基本型号的 5 种 CPU 供选择使用,是典型的整体式 PLC,输入/输出模块、CPU 模块、电源模块均装在一个机壳内,可以构成一个独立的控制系统,其输入/输出点数分配如表 2 - 1 所列。当系统需要扩展时,可选用需要的扩展模块与基本单元连接。

表 2 - 1　S7 - 200 PLC 的输入/输出点数分配

型　号	输入点数	输出点数	可带扩展模块数
S7 - 200 CPU221	6	4	——
S7 - 200 CPU222	8	6	2 个扩展模块; 78 路数字量 I/O 点或 10 路模拟量 I/O 点
S7 - 200 CPU224	14	10	7 个扩展模块; 168 路数字量 I/O 点或 35 路模拟量 I/O 点
S7 - 200 CPU226	24	16	2 个扩展模块; 248 路数字量 I/O 点或 35 路模拟量 I/O 点
S7 - 200 CPU226XM	24	16	2 个扩展模块; 248 路数字量 I/O 点或 35 路模拟量 I/O 点

S7 - 200 系列 PLC 主机的外形和端子介绍如图 2 - 7 所示,主要由以下几部分组成:

① 输入接线端子,用于连接外部控制信号。在 PLC 底部端子盖下是输入接线端子和为传感器提供的 24 V 直流电源。

② 输出接线端子,用于连接被控设备。在顶部端子盖下的是输出接线端子和 PLC 工作电源。

③ 状态指示灯(LED),显示 CPU 所处的工作状态,分别为 RUN(运行)、STOP(停止)、SF(系统故障),其作用如表 2 - 2 所列。

表 2 - 2　CPU 指示灯状态指示

名　称	状态及作用	
RUN	运行状态(亮)	执行用户程序
STOP	停止状态(亮)	不执行用户程序,可以通过编程装置向 PLC 装载程序或进行系统设置
SF	系统故障(亮)	严重出错或硬件故障

④ 中部右侧前盖内:CPU 工作方式开关 RUN/STOP、模拟调节电位器和扩展 I/O 接口。

⑤ 存储卡(EEPOM 卡)可以存储 CPU 程序。

⑥ 状态指示灯:显示 CPU 的工作方式、本机 I/O 的状态、系统错误状态。

⑦ RS - 485 的串行通信端口:PLC 主机用于实现人机对话、机机对话的通道,实现 PLC 与上位计算机的连接,实现 PLC 与 PLC、编程器、彩色图形显示器、打印机等外部设备的连接。

⑧ 扩展接口:PLC 主机与输入/输出扩展模块的接口,作为扩展系统之用。主机与扩展模块之间由导轨固定,并用扩展电缆连接。

(2) 扩展单元

S7 - 200 PLC 是模块式结构,除 CPU221 外,其他 CPU 模块可以通过配接各种扩展模块来达到扩展功能、扩大控制能力的目的。

1) 输入/输出扩展模块

S7 - 200 PLC 已经集成了一定数字量的 I/O 点,但如果用户需要多于 CPU 单元的 I/O 点时,必须对系统做必要的扩展。CPU221 无 I/O 扩展能力,CPU222 最多可连接 2 个扩展模块(8 路扩展输入)。数字量输入扩展模块为 EM221(8 路扩展输入);数字量输出扩展模块为 EM222(8 路扩展输出);数字量输入和输出的混合扩展模块为 EM223(8 I/O,16 I/O,32 I/O);模拟量输入扩展模块为 EM231,每个 EM231 可扩展 3 路模拟量输入通道,A/D 转换时间为 25 μs,12 位;模拟量输入和输出混合扩展模块为 EM235,每个 EM235 同时扩展 3 路模拟输入通道和 1 路模拟量输出通道,其中 A/D 转换时间为 25 μs,D/A 转换时间为 100 μs,位数均为 12 位。S7 - 200 PLC 输入/输出扩展模块外形如图 2 - 8 所示,主要技术性能如表 2 - 3 所列。

(a) 数字量扩展模块EM221　　　　(b) 模拟量扩展模块EM235

图 2 - 8　输入/输出扩展模块外形

表 2 - 3　S7 - 200 PLC 输入/输出扩展模块的主要技术性能

类　型	数字量扩展模块			模拟量扩展模块		
型号	EM221	EM222	EM223	EM231	EM232	EM235
输入点数	8	无	4/8/16	3	无	3
输出点数	无	8	4/8/16	无	2	1
隔离组点数	8	2	4	无	无	无
输入电压	DC 24 V		DC 24 V			
输出电压		DC 24 V 或 AC 24~230 V	DC 24 V 或 AC 24~230 V			
A/D 转换时间				<250 μs		<250 μs
分辨率				12 bit A/D 转换	电压,12 bit 电流,11 bit	12 bit A/D 转换

2) 热电偶/热电阻扩展模块

热电偶/热电阻模块（EM231）如图 2 - 9 所示,是为 CPU222、CPU224、CPU226 设计的,S7 - 200 PLC 与多种热电偶/热电阻的连接设备有隔离接口。用户通过模块上的 DIP 开关来选择热电偶或热电阻的类型、连接方式、测量单位和开路故障的方向。

图 2 - 9　热电偶/热电阻模块 EM231

3) 通信扩展模块

除了 CPU 集成通信口外,S7 - 200 PLC 还可以通过通信扩展模块连接成更大的网络。S7 - 200 PLC 目前有两种通信扩展模块:Profibus - DP 扩展从站模块 EM277 和以太网接口扩展模块 CP243 - 1,如图 2 - 10 所示。

(a) Profibus-DP扩展从站模块 EM277　　　(b) 以太网接口扩展模块CP243-1

图 2 - 10　通信扩展模块

4) 定位控制模块

在机械工作运行过程中,工作的速度与精度往往存在矛盾,为提高机械效率而提高速度时,停车控制上便出现了问题。所以进行定位控制是十分必要的。举一个简单的例子,电机带动的机械由启动位置返回原位,如以最快的速度返回,由于高速停车惯性大,则在返回原位时偏差必然较大,一般采用先减速再刹车的方式便可保证定位的准确性。

在位置控制系统中常会采用伺服电机和步进电机作为驱动装置,既可采用开环控制,也可采用闭环控制。对于步进电机,我们可以通过调节发送脉冲的速度来改变机械的工作速度。使用 S7 - 200 系列 PLC,提供开环运动控制的三种方法如下:

① 脉宽调制(PWM)——内置于 S7 - 200,用于速度、位置或占空比控制。

② 脉冲串输出(PTO)——内置于 S7 - 200,用于速度和位置控制。

③ EM235 定位控制模块——用于速度和位置控制的附加模块,如图 2 - 11 所示。

下面介绍 S7 - 200 系列的定位控制模块 EM235。

EM235 模块可提供单轴、开环位置控制所需要的功能和性能。

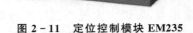

图 2 - 11　定位控制模块 EM235

- 提供高速控制,速度从 20 个脉冲每秒到 200 000 个脉冲每秒。
- 支持急停(S 曲线)或线性的加速减速功能。
- 提供可组态的测量系统,既可以使用工程单位(如英寸或厘米),也可以使用脉冲数。
- 提供可组态的啮合间隙补偿。
- 支持绝对、相对和手动的位控方式。
- 提供连续操作。
- 提供多达 25 组的移动包络,每组最多可有 4 种速度。
- 提供 4 种不同的参考点寻找模式,每种模式都可对起始的寻找方向和最终的接近方向进行选择。
- 提供可拆卸的现场接线端子,便于安装和拆卸。

(3) 编程器

PLC 在正式运行时,不需要编程器。编程器主要用来进行用户程序的编制、存储和管理等,并将用户程序送入 PLC 中,在调试过程中进行监控和故障检测。S7 - 200 PLC 可采用多种编程器,一般可分为简易型和智能型。

简易型编程器是袖珍型的,简单实用,价格低廉,是一种很好的现场编程及监测工具;但其显示功能较差,只能用指令表方式输入,使用不够方便。

智能型编程器采用计算机进行编程操作,将专用的编程软件装入计算机内,可直接采用梯形图语言编程,实现在线监测,非常直观,且功能强大,S7 - 200 PLC 的专用编程软件为 STEP 7 - Micro/WIN32。

(4) 程序存储卡

为了保证程序及重要参数的安全,一般小型 PLC 设有外接 EEPROM 卡盒接口,通过该接口可以将卡盒的内容写入 PLC,也可将 PLC 内的程序及重要参数传到外接 EEPROM 卡盒内作为备份。程序存储卡 EEPROM 有 6ES7291 - 8GC00 - 0XA0 和 6ES7291 - 8GD00 - 0XA0 两种,程序容量分别为 8 KB 和 16 KB。

2. S7 - 200 PLC 的基本功能

S7 - 200 PLC 的基本功能就是监视现场的输入信号,根据用户程序中编制的控制逻辑进行运算,把运算结果作为输出信号去控制现场设备的运行。

在 S7 - 200 系统中,控制逻辑由用户编程实现。用户程序要下载到 S7 - 200 CPU 中执行。S7 - 200 PLC 按照循环扫描的方式,完成包括执行用户程序在内的各项任务。

S7 - 200 PLC 周而复始地执行一系列任务,这些任务每次自始至终地执行一遍,CPU 就经历一个扫描周期。

通常在一个扫描周期内,PLC 顺序执行如下操作:

① 读输入。S7 - 200 PLC 读取物理输入点上的状态并复制到输入过程映像寄存器中。

② 执行用户控制逻辑。从头至尾地执行用户程序。一般情况下,用户程序从输入映像寄存器获得外部控制和状态信号,把运算的结果写到输出映像寄存器中,或者存入到不同的数据保存区中。

③ 处理通信任务。

④ 执行自诊断。S7 - 200 PLC 检查整个系统是否工作正常。

⑤ 写输出。复制输出过程映像寄存器中的特殊存储区,专门用于存放从物理输入/输出点到读取或写到物理输入/输出点的状态。用户程序通过过程映像寄存器访问实际物理输入和输出点,可以大大提高程序执行效率。

3. S7 - 200 PLC 的工作方式

S7 - 200 有两种操作换式:停止模式和运行模式。CPU 前面板上的 LED 状态指示灯显示了当前的操作模式。在停止模式下,"STOP"LED 黄灯亮,S7 - 200 不执行用户程序,只进行内部处理和通信服务。在 RUN 模式下,"RUN"LED 绿灯亮,执行用户程序,实现控制功能。在向 PLC 中写自己的程序时应把 PLC 方式设置为 STOP 方式。

要改变 S7 - 200 CPU 的操作模式,有以下几种方法:

① 使用 S7 - 200 CPU 的模式开关。开关拨到 RUN 时,CPU 运行;开关拨到 STOP 时,CPU 停止;开关拨到 TERM 时,不改变当前操作模式。如果需要 CPU 在上电时自动运行,模式开关必须在 RUN 位置。

② CPU 上的模式开关在 RUN 或 TERM 位置时,可以使用 STEP 7 - Micro/WIN 编程软件改变 CPU 的工作方式,控制 CPU 的运行和停止。

③ 在程序中插入 STOP 指令,可以在条件满足时将 CPU 设置为停止模式。

④ CPU 故障报警时,"故障"LED 红灯亮,自动进入"STOP"模式。

4. S7 - 200 PLC 的工作过程

PLC 工作的全过程可用图 2 - 12 所示的运行框图来表示。PLC 控制器整个运行可分为三部分:

① 上电处理。PLC 控制器上电后对 PLC 系统进行一次初始化工作,包括硬件初始化、I/O 模块配置运行方式检查、停电保持范围设定及其他初始化处理等。

② 扫描过程。PLC 控制器上电处理完成以后进入扫描工作过程。先完成输入处理,其次完成与其他外设的通信处理,再次进行时钟、特殊寄存器更新。当 CPU 处于 STOP 方式时,转入执行自诊断检查。当 CPU 处于 RUN 方式时,还要完成用户程序的执行和输出处理,再转入执行自诊断检查。

③ 出错处理。PLC 每扫描一次,执行一次自诊断检查,确定 PLC 自身的动作是否正常,如 CPU、电池电压、程序存储器、I/O、通信等是否异常或出错,当检查出异常时,面板上的 LED 及异常继电器会接通,在特殊寄存器中会存入出错代码。当出现致命错误时,CPU 被强

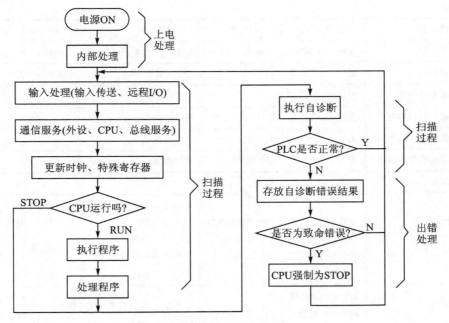

图 2 - 12　S7 - 200 PLC 的工作过程

制为 STOP 方式,所有的扫描停止。

　　当 PLC 处于正常运行时,它将不断重复图 2 - 12 中的扫描过程,不断地循环扫描工作下去。

5. S7 - 200 PLC 的主要技术性能指标

　　在使用 S7 - 200 系列 PLC 之前,需对其主要技术性能进行认真查阅,只有选择了符合要求的产品才能满足既可靠又经济的要求。

　　(1) S7 - 200 系列 PLC 性能指标

　　前面已对 S7 - 200 系列 PLC 基本单元、扩展单元及特殊功能模块等做了介绍,尽管 S7 - 200 系列中,CPU221、CPU222、CPU224、CPU224XP、CPU226 等在外形尺寸上相差不多,但在性能上有较大的差别,其中 CPU224XP、CPU226 子系列,在 S7 - 200 系列 PLC 中功能最强、性能最好。S7 - 200 系列 PLC 主要产品的常用技术指标如表 2 - 4 所列。

表 2 - 4　S7 - 200 系列 PLC 主要产品的常用技术指标

类　别		CPU221	CPU222	CPU224	CPU224XP	CPU226
存储器	运行模式下容量/KB	4		8	12	16
	非运行模式下容量/KB	4		12	16	24
	用户数据容量/KB	2	8	8	10	10
	掉电保持(超级电容)(可选电池)	50 小时/典型值(40 ℃时最少 8 小时),典型值 200 天		100 小时/典型值(40 ℃时最少 70 小时),典型值 200 天	100 小时/典型值(40 ℃时最少 70 小时),典型值 200 天	

类　别		CPU221	CPU222	CPU224	CPU224XP	CPU226
I/O	数字量 I/O	6 输入/4 输出	8 输入/6 输出	14 输入/10 输出	14 输入/10 输出	24 输入/16 输出
	模拟量 I/O	无			2 输入/1 输出	无
	数字量 I/O 映像区	256(128 入/128 出)				
	模拟量 I/O 映像区	无	32(16 入/16 出)	64(32 入/36 出)		
	允许最大的扩展模块	无	2 个模块	7 个模块		
	允许最大的智能模块	无	2 个模块	7 个模块		
	脉冲捕捉输入	6	8	14		24
	高速计数 单相 两相	总共 4 个计数器 4 个 30 kHz 2 个 20 kHz	总共 6 个计数器 6 个 30 kHz 4 个 20 kHz	总共 6 个计数器 4 个 30 kHz 2 个 200 kHz 3 个 20 kHz 1 个 100 kHz		总共 6 个计数器 6 个 30 kHz 4 个 20 kHz
	脉冲输出	2 个 20 kHz(仅限于 DC 输出)		2 个 100 kHz(仅限于 DC 输出)		2 个 20 kHz(仅限于 DC 输出)
常规	定时器	256 定时器;4 定时器(1 ms);16 定时器(10 ms); 236 定时器(100 ms)				
	计数器	256(由超级电容或电池备份)				
	内部存储器位 掉电保存	256(由超级电容或电池备份) 112(存储在 EERPOM)				
	时间中断	2 个 1 ms 分辨率				
	边沿中断	4 个上升沿和/或 4 个下降沿				
	模拟电位器	1 个 8 位分辨		2 个 8 位分辨		
	实时时钟	可选卡件		内置		
	卡件选项	存储器、电池和实时时钟		存储器、电池卡		
	布尔运算执行速度	0.22 μs 每条指令				
集成的通信功能	端口(受限电源)	1 个 RS-485			2 个 RS-485	
	PPI,DP/T 波特率	9.6、19.2、187.5 Kbaud				
	自由口波特率	1.2~115.2 Kbaud				
	每段最大电缆长度	使用隔离的中继器;187.5 Kbaud 可达 1 000 m,38.4 Kbaud 可达 1 200 m;未使用隔离中继器:50 m				
	最大站点数	每段 32 个站,每个网络 126 个站				
	最大主站数	32				
	点到点(PPI 主站模式)	是(NETR/N ETW)				
	MPI 连接	共 4 个,2 个保留(1 个给 PG,1 个给 OP)				

（2）S7-200 系列 PLC 的环境指标

S7-200 系列 PLC 的环境指标要求如表 2-5 所列。

表 2 - 5　S7 - 200 系列 PLC 的环境指标

环境指标	说　明
环境温度	使用温度 0~55 ℃,水平安放;0~45 ℃,垂直安放;储存温度为 -40~70 ℃
环境湿度	使用时相对湿度为 95%(无凝露)
防震性能	JISC 0911 标准,10~57 Hz,0.3 mm(最大 2 N),3 轴方向各 6 次(当用 DIN 导轨安装时为 1 N)
抗冲击性能	JISC 0912 标准,10 N,3 轴方向各 3 次
抗噪声性能	用噪声模拟器产生电压为 1 000 V(峰-峰值)、脉宽为 1 μs、频率为 30~100 Hz 的噪声
绝缘耐压	1 500 V AC,1 min(接地端与其他端子间)
绝缘电阻	5 MΩ 以上(500 V DC 兆欧表测量,接地端与其他端子间)
接地电阻	第三种接地,如接地困难,可以不接
使用环境	无腐蚀气体,无尘埃,无直径小于 12.5 mm 的异物进入

(3) S7 - 200 系列 PLC 的输入技术指标

S7 - 200 系列 PLC 的输入信号的技术要求如表 2 - 6 所列。

表 2 - 6　S7 - 200 系列 PLC 的输入信号的技术要求

输入端项目	CPU221、CPU222、CPU224、CPU226	CPU224XP
输入电压	24 V DC,4 mA 典型值	
最大持续允许电压/V	30,DC	
输入阻抗/ kΩ	2.7	1
输入 ON 电流/mA	2.5	2.5,8(10.3~10.5)
输入 OFF 电流/mA	1	1
输入响应时间/ms	可选择的(0.2~12.8)	
输入信号形式	无电压触点,或 PNP 集电极开路晶体管	
电路隔离	光电隔离 500 V AC,1 min	
输入状态显示	输入 ON 时 LED 灯亮	

(4) S7 - 200 系列 PLC 的输出技术指标

S7 - 200 系列 PLC 的输出信号的技术要求如表 2 - 7 所列。

表 2 - 7　S7 - 200 系列 PLC 的输出信号的技术要求

项　目	24 V DC 输出(CPU221、CPU222、CPU224、CPU226)	24 V DC 输出(CPU224XP)	继电器输出
外部电源	24 V DC		24 V DC 或 250 V AC
最大电阻负载	2A/1 点、8A/4 点、8A/8 点	0.3A/1 点、0.8A/4 点 (1A/1 点　2A/4 点)	0.5A/1 点、0.8A/4 点 (0.1A/1 点、0.4A/4 点) (1 A/1 点、2A/4 点) (0.3A/1 点、1.6A/16 点)
最大感性负载	80 VA	15 VA/AC 100 V 30 VA/AC 200 V	12 W/DC 24 V

项　目	24 V DC 输出(CPU221、CPU222、CPU224、CPU226)	24 V DC 输出(CPU224XP)	继电器输出
最大灯负载	5 W		30 W DC,200 W AC
开路漏电流/μA	10		—
响应时间	ON:2 μs(Q0.0 和 Q0.1) 15 μs(其他) OFF:10 μs(Q0.0 和 Q0.1) 130 μs(其他)	ON:0.5 μs(Q0.0 和 Q0.1) 15 μs(其他) OFF:1.5 μs(Q0.0 和 Q0.1) 130 μs(其他)	10 ms
电路隔离	光电隔离		电阻隔离
输出动作显示	输出 ON 时 LED 亮		

2.3.3　S7-200 PLC 的软件系统

　　PLC 中的每一个输入/输出、内部存储单元、定时器和计数器等都称为软元件。各软元件有其不同的功能,有固定的地址。软元件的数量决定了 PLC 的规模和数据处理能力,每一种 PLC 的软元件都是有限的。编程时,用户只需记住软元件的地址即可。每一个软元件都有一个地址与之相对应,软元件的地址编排采用区域号加区域内编号的方式。

1. 数据格式

　　在计算机中使用的都是二进制数,其最基本的存储单位是位(bit),8 位二进制数组成 1 个字节(Byte)。其中的第 0 位为最低位(LSB),第 7 位为最高位(MSB),如图 2-13 所示。2 个字节(16 位)组成 1 个字(Word),2 个字(32 位)组成 1 个双字(Double Word),如图 2-14 所示。把位、字节、字和双字占用的连续位数称为长度。

　　二进制数的"位"只有 0 和 1 两种取

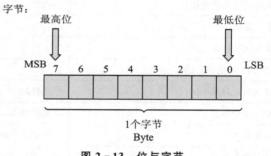

图 2-13　位与字节

值,开关量(或数字量)也只有两种不同的状态,如触点的断开和接通、线圈的失电和得电等。在 S7-200 梯形图中,可用"位"描述它们,如果该位为 1,则表示对应的线圈为得电状态,触点为转换状态(常开触点闭合、常闭触点断开);如果该位为 0,则表示对应线圈触点的状态与前者相反。

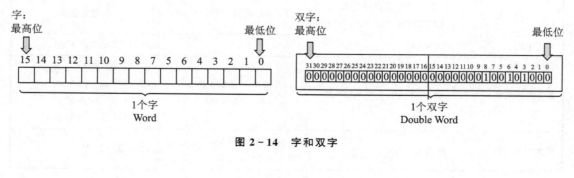

图 2-14　字和双字

2. 数据类型

(1) 数据类型及范围

S7－200 PLC 数据类型可以是布尔型、整型和实型(浮点数)。实数采用 32 位单精度数来表示,其数值有较大的表示范围:正数为＋1.175 495E—38～＋3.402 823E＋38,负数为－1.175 495E—38～－3.402 823E＋38。数据格式和取值范围如表 2－8 所列。

表 2－8　数据格式和取值范围

寻址格式	数据长度(二进制数)	数据类型	取值范围
BOOL(位)	1(位)	布尔数(二进制数)	0、1
BYTE(字节)	8(字节)	无符号整数	0～255 0～FF(H)
WORD(字)	16(字)	无符号整数	0～65 535 0～FFFF(H)
TNT(整数)		有符号整数	－32 768～32 767 8000～7FFF(H)
DWORD(双字)	32(双字)	无符号整数	0～4 294 967 295 0～FFFFFFFF(H)
DINT(双整数)		有符号整数	－2 147 483 648～2 147 483 647 80000000～7FFFFFFF(H)
REAL(实数)		IEEE32 位,单精度浮点数	－3.402 823E＋38～－1.174 549 5E－38(负数) ＋1.174 549 5E－38～3.402 823E＋38(正数)
ASCII	8(字节)/1 个	字符列表	ASCII 字符,汉字内码(每个汉字 2 字节)
STEING(字符串)		字符串	1～254 个 ASCII 字符,汉字内码(每个汉字 2 字节)

(2) 常数及变量

在编程中会用到一些数据,它们保存在数据存储器中,能以位、字节、字和双字的格式进行访问。若这些存储单元的值在系统运行期间一直不变,则把这些存储单元称为常量,否则称为变量。

常数的数据长度可为字节、字和双字,在机器内部的数据都以二进制存储,但常数的书写可以用二进制、十进制、十六进制、ASCII 码或浮点数(实数)等多种形式。几种常数形式如表 2－9 所列。

表 2－9　常数的书写格式

进　制	书写格式	举　例
十进制	进制数值	608
十六进制	16♯十六进制值	16♯6F2A
二进制	2♯二进制值	2♯10010010
ASCII 码	ASCII 码文本	'Stars Shine'
浮点数(实数)	ANSI/IEEE 754－1985 标准	＋1.165 468E－36,－1.165 468E－36

3. S7 - 200 PLC 的 CPU 存储器

S7 - 200 系列 PLC 的数据存储区按存储区存储数据的长短可划分为字节存储器、字存储器和双字存储器三类。字节存储器有 7 个,分别是输入映像寄存器 I、输出映像存储器 Q、变量存储器 V、内部位存储器 M、特殊存储器 SM、顺序控制状态寄存器 S 和局部变量存储器 L;字存储器有 4 个,分别是定时器 T、计数器 C、模拟量输入寄存器 AI 和模拟量输出寄存器 AQ;双字存储器有 2 个,分别是累加器 AC 和高速计数器 HC。

(1) 输入映像寄存器(I 区)

输入映像寄存器(I)是 PLC 接收外部输入的开关量信号的窗口,是 S7 - 200 CPU 为输入端信号状态开辟的一个存储区。它的每一位对应于一个数字量输入节点。在每个扫描周期开始,PLC 依次对各个输入节点采样,并把采样结果送入映像存储器。PLC 在执行用户程序过程中,不再理会输入接点的状态,它所处理的数据为输入映像存储器中的值。

(2) 输出映像存储器(Q 区)

输出映像存储器(Q)是 S7 - 200 CPU 为输出端信号状态开辟的一个存储区,每一位对应于一个数字输出量节点。PLC 在执行用户程序的过程中,并不把输出信号随时送到输出节点,而是送到输出映像存储器,只有到了每个扫描周期的末尾,才将输出映像寄存器的输出信号几乎同时送到各输出节点。

使用映像寄存器的优点:同步地在扫描周期开始采样所有输入点,并在扫描的执行阶段冻结所有输入值;在程序执行完后再从映像寄存器刷新所有输出点,使被控制系统能获得更好的稳定性;存取映像寄存器的速度高于存取 I/O 速度,使程序执行得更快;I/O 点只能以位为单位存取,但映像寄存器则能以位、字节、双字进行存取。因此,映像寄存器提供了更高的灵活性。另外,在控制系统中个别 I/O 点要求实时性较高的情况下,可用直接 I/O 指令直接存取输入/输出点。

(3) 模拟量输入映像区(AI 区)

模拟量输入映像区是 S7 - 200 CPU 为模拟量输入端信号开辟的一个存储区。S7 - 200 PLC 的模拟量输入电路将外部输入的模拟量(如温度、电压)等转换成 1 个字长(16 位)的数字量,存入模拟量输入映像寄存器区域。

模拟量输入映像寄存器用标识符(AI)、数据长度(W)及字节的起始地址表示。AI 编址范围为 AIW0,AIW2,…,AIW62,起始地址定义为偶数字节地址,共有 32 个模拟量输出点,模拟量输入值为制度数据。

(4) 模拟量输出映像区(AQ 区)

模拟量输出映像区是 S7 - 200 CPU 为模拟量输出端信号开辟的一个存储区。S7 - 200 PLC 模拟量输出电路用来将模拟量输出映像寄存器区域的 1 个字长(16 位)数字值转换为模拟电流或电压输出。

模拟量输出映像寄存器用标识符(AQ)、数据长度(W)及字节的起始地址表示。AQ 编址范围为 AQW0,AQW2,…,AQW62,起始地址采用偶数字节地址,共有 32 个模拟量输出点。

(5) 变量存储器(V 区)

PLC 执行程序过程中,会存在一些控制过程的中间结果,这些中间数据也需要用存储器来保存。变量存储器就是根据这个实际的要求设计的。变量存储器是 S7 - 200 CPU 为保存中间变量数据而设立的一个存储区,用 V 表示。

(6) 位存储器区(M 区)

PLC 执行程序过程中,可能会用到一些标志位,这些标志位也需要用存储器来寄存。位存储器就是根据这个要求设计的。位存储器是 S7-200 CPU 为保存标志位数据而建立的一个存储区,用 M 表示。该区虽然叫位存储器,但其中的数据不仅可以是位,还可以是字节、字或双字。

(7) 顺序控制继电器区(S 区)

PLC 执行程序过程中,可能会用到顺序控制。顺序控制继电器就是根据顺序控制的特点和要求设计的。顺序控制继电器区是 S7-200 CPU 为存储顺序控制继电器的数据而建立的一个存储区,用 S 表示。在顺序控制过程中,S 区用于组织步进过程的控制。

(8) 局部存储器区(L 区)

S7-200 PLC 有 64 个字节的局部存储器,地址范围为 LB0.0～LB63.7,其中 60 个字节可以用作暂时存储器或者给子程序传递参数,最后 4 个字节为系统保留字节。

局部存储器和变量存储器很相似,主要区别是变量存储器是全局有效的,而局部存储器是局部有效的。全局是指同一个存储器可以被任何程序存取(如主程序、子程序或中断程序)。存储器区和特定的程序相关联。

(9) 定时器存储器区(T 区)

S7-200 CPU 中的定时器是对内部时钟累计时间增量的设备,用于时间控制。编址范围是 T0～T255(22X)或 T0～T127(21X)。

(10) 计数器存储器区(C 区)

PLC 在工作中,有时不仅需要计时,还可能需要计数功能。计数器就是 PLC 有计数功能的技术设备,主要用来累计输入脉冲数目。S7-200 PLC 中有 16 位预置值和当前值寄存器各一个,以及 1 位状态位,当前寄存器用以累计脉冲个数,计数器当前值大于或等于预置值时,状态为 1。S7-200 CPU 提供有三种类型的寄存器:增计数、减计数、增/减计数。编址范围是 C0～C225(22X)或 C0～C127(21X)。

(11) 高速计数器区(HSC 区)

高速计数器用来累计比 CPU 扫描速率更快的事件。S7-200 PLC 各个高速计数器计数频率高达 300 kHz。

CPU22X 提供了 6 个高速计数器 HC0,HC1,…,HC5(每个计数器最高频率为 30 kHz),用来累计比 CPU 扫描速率更快的事件。高速计数器的当前值为双字长的符号整数。

(12) 累加器区(AC 区)

S7-200 CPU 提供了 4 个 32 位累加器(AC0、AC1、AC2、AC3)。

可以按字节、字或双字来存取累加器数据中的数据。但是,以字节形式读/写累加器中的数据时,只能读/写累加器 32 位数据中的最低 8 位数据。如果是以字的形式读/写累加器中的数据,只能读/写累加器 32 位数据中的低 16 位数据。只有采取双字的形式读/写累加器中的数,才能一次读/写全部 32 位数据。

(13) 特殊存储器区(SM 区)

特殊存储器用于 CPU 与用户之间交换信息,例如,SM 0.0 一直为"1"的状态,SM 0.1 仅在执行用户程序的第一个扫描周期为"1"的状态。SM 0.4 和 SM 0.5 分别提供周期为 1 min 和 1 s 的时钟脉冲。SM 1.0、SM 1.1 和 SM 1.2 分别是零标志、溢出标志和负数标志。

4. S7-200 PLC 的寻址方式

S7-200 CPU 将数字量和模拟量输入/输出点、中间运算数据等信息存储在不同的存储器单元中,每个单元都有地址。S7-200 CPU 使用数据地址访问所有的数据,称为寻址。S7-200 PLC 数据寻址方式有直接寻址和间接寻址。

(1) 直接寻址

在 S7-200 系统中,可以按位、字节、字和双字对存储单元寻址。

① "位"存取方式:位存储单元的地址由字节地址和位地址组成,还需要在一个小数点分隔符后指定位编号,如 I3.2,其中的区域标识符"I"表示输入(Input),字节地址为 3,位地址为 2,如图 2-15 所示。

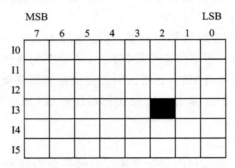

图 2-15 位存储单元的地址组成

② "字节"存取方式:输入字节 VB100(Byte)由 VB100.0～VB100.7 这 8 位组成,如图 2-16 所示。

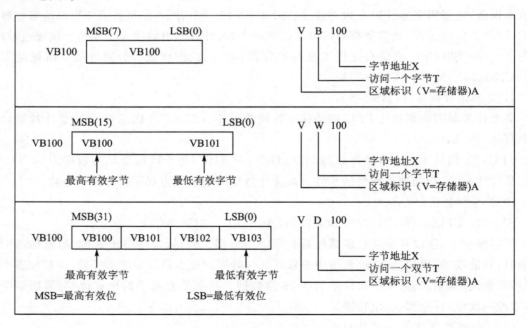

图 2-16 数据的存放

③ "字"存取方式:相邻的两个字节组成一个字,一个字中的两个字节的地址必须连续,且低位字节在一个字中应该是高 8 位,高位字节在一个字中应该是低 8 位。VW100 表示由

VB100 和 VB110 组成的一个字,VW100 中的 V 为区域标识符,W 表示字(Word),100 为起始字节的地址。VW100 中的 VB100 是高 8 位,VB101 是低 8 位,如图 2-16 所示。

④ "双字"存取方式:相邻的四个字节表示一个双字,四个字节的地址必须连续。最低位字节在一个双字中应该是最高 8 位。VD100 表示由 VB100～VB103 组成的双字,V 为区域标识符,D 表示字(Double Word),100 为起始字节的地址。VD100 中的 VB100 是高 8 位,VB103 是最低 8 位,如图 2-16 所示。

(2) 间接寻址

间接寻址方式是指,数据存放在存储器或寄存器中,在指令中只出现所需数据所在单元的内存地址的地址。存储单元地址的地址又称为地址指针。这种间接寻址方式与计算机的间接寻址方式相同。间接寻址在处理内存连续地址中的数据时非常方便,而且可以缩短程序所生成的代码的长度,使编程更加灵活。

指针以双字的形式存储其他存储区的地址,只能用 V 存储器、L 存储器或者累加器寄存器作为指针,要建立一个指针,必须以双字的形式,将需要间接寻址的存储器地址移动到指针中,指针也可以为程序传递参数。

S7-200 允许指针访问以下存储区:I、Q、V、M、S、AI、AQ、SM、T(仅限于当前值)和 C(仅限于当前值),无法用间接寻址的方式访问位地址,也不能访问 HC 或者 L 存储区。

用间接寻址方式存取数据需要做的工作有三种:建立指针、间接存取和修改指针。

1) 建立指针

要使用间接寻址,应该用"&"符号加上要访问的存储区域地址来建立一个指针,指令的输入操作数应该以"&"符号开头,来表明装入的是地址而不是数据。

2) 间接存取

当指令中的操作数是指针时,应该在操作数的前面加"*"表示该操作数为一个指针。

下面两条指令是建立指针和间接存取的应用方法:

第一条指令表示把 VB200 的地址作为数据存入 AC1,VW200、VD200 的地址都用 VB200 的地址来表示。第二条指令是以 AC1 的值为地址找到 VB200、VB201,把它们的值装入 AC0 中,AC1 可存储 32 位二进制数,也就是 4 个字节,这里只用到了低 16 位。建立指针和间接存取的执行过程如图 2-17 所示,V 区中的数据是以十六进制表示的。

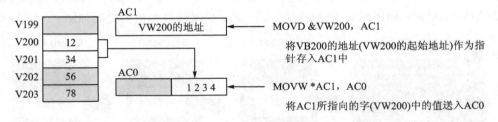

图 2-17 建立指针和间接存取

注意:在 S7-200 PLC 中数据存放是按照数据的高位放在低地址字节单元中的规则进行的。

3) 修改指针

利用加法指令或者递增指令可以修改指针。修改指针的执行过程如图 2-18 所示。

注意:按照所访问的数据长度来使用不同的指令,当访问字节时,使用递增指令使指针加

1;当访问字或者计数器、定时器的当前值时,用加法或者递增指令使指针加 2;当访问双字时,使用加法或者递增指令使指针加 4。

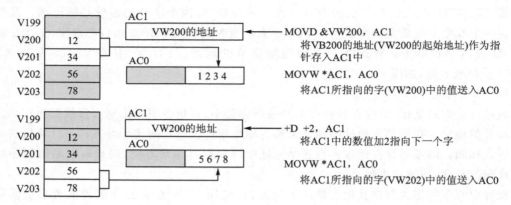

图 2-18 修改指针

2.3.4 S7-200 PLC 的 I/O 地址分配及接线

1. S7-200 PLC 地址分配原则

数字量和模拟量分别编址,数字量输入地址冠以字母"I",数字量输出地址冠以字母"Q",模拟量输入地址冠以字母"AI",模拟量输出地址冠以字母"AQ"。数字量模块的编址以字节为单位,如 IB0、QB1;也可以寻址,如 I0.0、Q0.1。模拟量模块的编址以字为单位(即以双字节为单位),如 AIW0、AQW2。

数字量扩展模块的地址分配是从最靠近 CPU 模块的数字量模块开始,从左到右按字节连续递增,本模块高位实际位数未满 8 位的,未用位不能分配给 I/O 连接的后续模块。

模拟量扩展模块的地址从最靠近 CPU 模块的模拟量模块开始,在本机模拟量地址的基础上从左到右地址按字递增。

例如,CPU224 扩展一个 4 入/4 出数字量混合模块、一个 8 入数字量模块和一个 4 入/1 出的模拟量混合模块共三个扩展模块,则第一个扩展模块输入地址为 I2.0~I2.3,输出地址为 Q2.0~Q2.3,第二个扩展模块输入地址为 I3.0~I3.7;第三个扩展模块输入地址为 AIW0、AIW2、AIW4、AIW6,输出地址为 AQW0。CPU224 扩展模块的地址分配如图 2-19 所示。

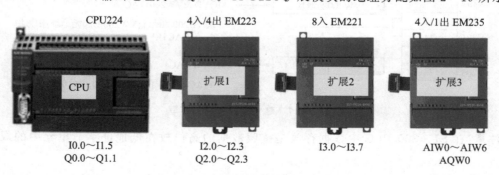

图 2-19 CPU224 扩展模块的地址分配

2. S7-200 PLC 接线

PLC 在工作前必须正确地接入控制系统,与 PLC 连接的主要有 PLC 的电源接线、输入/

输出器件的接线、通信线、接地线。

（1）电源接线

PLC 的供电通常有两种情况：一是直接使用工频交流电，通过交流输入端子连接，对电压的要求比较宽松，100～250 V 均可使用；二是采用外部直流开关电源供电，一般配有直流 24 V 输入端子。采用交流供电的 PLC 机内自带直流 24 V 内部电源，为输入器件供电。

（2）输入器件的连接

PLC 的输入器件主要有开关、按钮及各种传感器，这些都是触点类的器件，在接入 PLC 时，每个触点的两个接头分别连接一个输入点及输入公共端。PLC 的开关量输入接线点都是螺钉接入方式，每一位信号占用一个螺钉，公共端有时是分组隔离的。开关、按钮等器件都是无源器件，PLC 内部电源能为每个输入点大约提供 7 mA 的工作电流，这也就限制了线路的长度。有源传感器在接入时需注意与机内电源的极性配合。模拟量信号的输入需采用专用的模拟量工作单元。

（3）输出器件的连接

PLC 的输出口上连接的器件主要是继电器、接触器、电磁阀的线圈。这些器件均采用 PLC 机外的专用电源供电，PLC 内部不过是提供一组开关触点。接入时，线圈的一端接输出点螺钉，一端经电源接输出公共端。由于输出口连接线圈种类多，所需的电源种类及电压不同，输出口与公共端常分为许多组，而且组间是隔离的。PLC 输出口的电流定额一般为 2 A，大电流的执行器件需配装中间继电器。

（4）通信线的连接

PLC 一般设有专用的通信口，通常为 RS-485 口，与通信口的接线常采用专用的接插件连接。

3. CPU226 的 I/O 接线

下面以 CPU226 为例，具体介绍如何接线。CPU226 的主机有 24 个数字量输入点和 16 个数字量输出点。CPU226 的主机分为 CPU226 CN DC/DC/DC 和 CPU226 CN AC/DC/RELY。

（1）CPU226 CN DC/DC/DC 接线

24 个数字量输入点分为两组：第一组由输入端子 I0.0～I0.7、I1.0～I1.4 共 13 个输入点组成，每个外部输入的开关均由各输入端子接入，使用公共端 1M；第二组由输入端子 I1.5～I1.7、I.20～I2.7 共 11 个输入点组成，各输入端子的接线与第一组类似，公共端为 2M。16 个数字量输出点分为两组，分别以 1L+、2L+ 为公共端，只能以不同电压等级的直流电源为负载供电。PLC 由 24 V 直流供电。CPU226 CN DC/DC/DC 的接线如图 2-20 所示。

（2）CPU226 CN AC/DC/RELY 接线

24 个数字量输入点分组情况与 CPU226 CN DC/DC/DC 相同。16 个数字量输出点分成三组：第一组由输出端子 Q0.0～Q0.3 共 4 个输出点与公共端 1L 组成；第二组由输出端子 Q0.4～Q0.7、Q1.0 共 5 个输出点与公共端 2L 组成；第三组由输出端子 Q1.1～Q1.7 共 7 个输出点与公共端 3L 组成。每个负载的一端与输出点相连，另一端经电源与公共端相连。各组之间可接入不同电压等级、不同电压性质的负载电源。CPU226 CN AC/DC/RELY 的接线如图 2-21 所示。

对于继电器输出方式，既可带直流负载，也可带交流负载。负载的激励源由负载性质确定。输出端子排的右端 N、L1 端子是 CPU 供电电源 AC120/240 V 输入端。该电源电压允许范围为 AC 85～264 V。

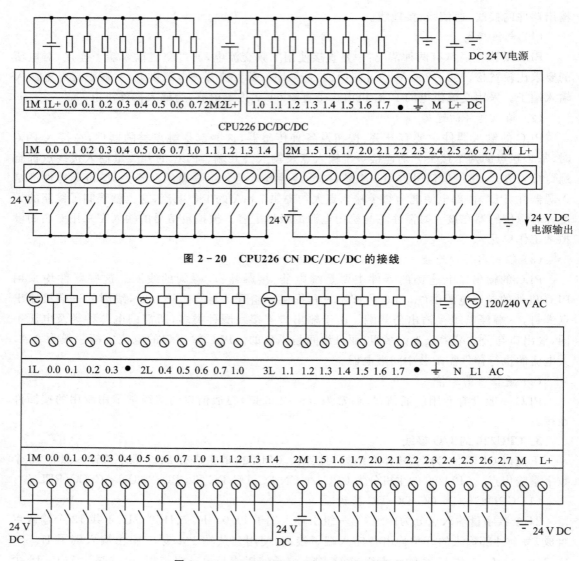

图 2 - 20 CPU226 CN DC/DC/DC 的接线

图 2 - 21 CPU226 CN AC/DC/RELY 的接线

2.4 工作任务

教师通过课件讲解 S7 - 200 PLC 的基础知识,重点是 PLC 的硬件结构系统、软件编程基础。通过实物演示和实际安装连线操作,让学生学会 S7 - 200 系列 PLC 安装接线的应用。

任务 1 S7 - 200 系列 PLC 模块安装和拆卸

1. 任务目标
会安装和拆卸 S7 - 200 CPU 模块。

2. 任务描述
要求元件布置整齐、匀称、合理,固定牢靠,并贴上醒目的文字符号。

3. 任务实施

（1）安装方式

在器件的上方和下方都必须留有至少 25 mm 的空间，以便于正常地散热。前面板与背板之间的距离也应保持至少 75 mm。S7 – 200 既可以安装在控制柜背板上，也可以安装在标准 DIN（Detaches Institutefor Normangee，德国标准化学会）导轨上；既可以水平安装，也可以垂直安装，如图 2 – 22 所示。水平安装时，CPU 在所有扩展模块的左面位置；垂直安装时，CPU 在所有扩展模块的下方位置。垂直安装时允许的最高环境温度要比水平安装时低 10 ℃，因此建议尽量选择水平安装方式。

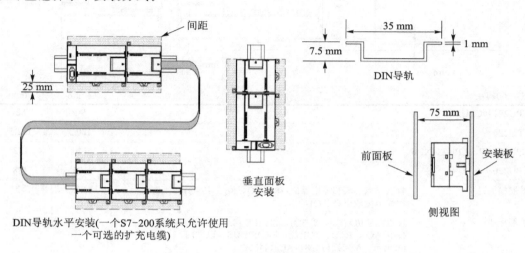

图 2 – 22   S7 – 200 安装方式、方向和间距

S7 – 200 属于低压、逻辑型的设备，安装时应与高电压和电子噪声隔离开，以免受到干扰，影响设备的正常使用。电子器件在高温环境下工作会缩短其无故障时间，因而应尽量把 S7 – 200 PLC 安装在控制柜中温度较低的区域。S7 – 200 设备的设计采用自然对流散热方式，并在 S7 – 200 PLC 的上下方都保留 25 mm 以上的空间，以便于正常地散热，而且前面板与背板之间的距离应在 75 mm 以上。在安装 S7 – 200 PLC 时，应留出足够的接线和连接通信电缆的空间。

（2）安装 CPU 或扩展模块

在安装和拆卸 S7 – 200 PLC 前，应确保 S7 – 200 PLC 的供电电源是切断的，而且与 S7 – 200 PLC 连接的外部设备的电源也是断开的，否则有可能导致严重的人身伤害和设备损坏。

1）面板方式安装

① 按照图 2 – 23 所示的尺寸进行定位、打孔（用 M4 或美国标准 8 号螺钉）。

② 用合适的螺钉将模块固定于背板上。固定孔的螺钉用力要适当，以防固定孔开裂。

③ 如果使用了扩展模块，则将扩展模块的扁平电缆连到其前一模块（CPU 或扩展模块）前盖下面的扩展口中。

2）导轨方式安装

① 将导轨固定在背板上，保持间距 75 mm。

② 打开模块底部的 DIN 夹子，将模块背部卡在 DIN 导轨上。

③ 如果使用了扩展模块，则将扩展模块的扁平电缆连到其前一模块（CPU 或扩展模块）

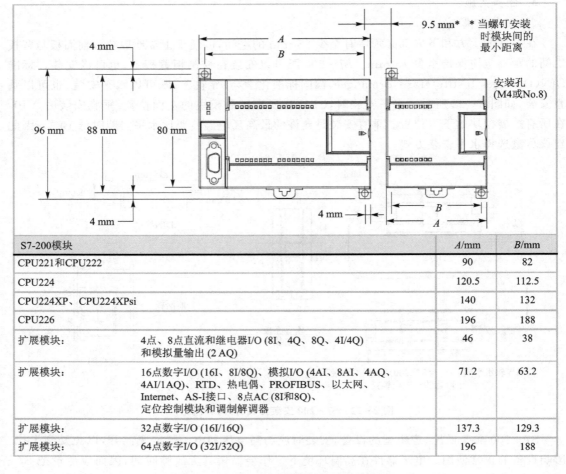

S7-200模块		A/mm	B/mm
CPU221和CPU222		90	82
CPU224		120.5	112.5
CPU224XP、CPU224XPsi		140	132
CPU226		196	188
扩展模块:	4点、8点直流和继电器I/O (8I、4Q、8Q、4I/4Q)和模拟量输出 (2 AQ)	46	38
扩展模块:	16点数字I/O (16I、8I/8Q)、模拟I/O (4AI、8AI、4AQ、4AI/1AQ)、RTD、热电偶、PROFIBUS、以太网、Internet、AS-I接口、8点AC (8I和8Q)、定位控制模块和调制解调器	71.2	63.2
扩展模块:	32点数字I/O (16I/16Q)	137.3	129.3
扩展模块:	64点数字I/O (32I/32Q)	196	188

图 2 - 23   S7 - 200 安装方式、方向和间距

前盖下面的扩展口中。

④ 旋转模块贴近 DIN 导轨,合上 DIN 夹子,把模块固定在导轨上。

(3) 拆卸 CPU 或扩展模块

① 切断连接到所要拆卸的 CPU 或扩展模块上的所有设备的电源。

② 切断并拆除 S7 - 200 的供电电源。

③ 拆除模块上的所有连线和电缆。

④ 如果有其他模块连接到所要拆卸的 CPU 和扩展模块上,则打开前盖,拔掉相邻模块的扁平电缆。

⑤ 拆掉安装螺钉或打开 DIN 夹子。

⑥ 拆下 CPU 或扩展模块。

任务 2   S7 - 200 系列 PLC 模块端子接线

1. 任务目标

会进行 S7 - 200 CPU 模块外部接线端子的接线。

2. 任务描述

按照布线工艺要求,根据图 2-21 进行 CPU226 CN AC/DC/RELY 的布线安装。以线槽方式布线,并符合相应的布线原则和工艺要求。

3. 任务实施

其中,PLC 的输入/输出及电源接线步骤如下。

(1) 输入接线

按照图 2-21,先将 CPU226 的 M1 端与 M 端接在一起并接地线。然后将启动按钮 SB 的一端经端子排接 CPU226 的输入端 I0.0,启动按钮 SB 的另一端经端子排接 CPU226 的 L+端,再对照图 2-21 检查输入接线是否正确。

(2) 输出及电源接线

按照图 2-21,先将 CPU226 模块的接地端子接地。然后将 CPU226 的输出端 Q0.0 接上接触器 KM 的线圈,接触器 KM 的线圈的另一端和 CPU226 的 N 端子接在一起,并经低压断路器 QF 接至端子排上的 AC 220 V 电源 N 端子。接着将 CPU226 的 1L 端子和 L1 端子接在一起,并经空气开关 QF 接 U11 端子。最后再对照图 2-21 仔细检查输出及电源接线是否正确。

(3) 电路断电检查

① 在断电的情况下,按图 2-21 从电源端开始,逐段核对接线及接线端子处是否正确,有无漏接,错接之处。

② 用万用表检查电路的通断情况。

③ 通电试车及故障排除。

在遵守安全规程的前提及指导教师现场监护下,通电试车,按下输入按钮,观察 PLC 上对应的输入信号灯是否点亮。

2.5　知识扩展

2.5.1　PLC 模块接线注意事项

① 所有接线操作都必须在断电时进行。

② 布线要紧固、不反圈、不压绝缘皮、不露铜过长、不损伤导线绝缘或线芯;每个端子都必须穿上规定的号码管,而且编号的文字方向要一致。

③ 本机单元输出给传感器的直流电源可用来为本机单元的直流输入及扩展模块供电(只要不超过传感器的直流电源容量即可),这时可以取消输入点的外部过流保护,因为传感器电源本身具有短路保护功能。另外,传感器供电 M 端子接地可以抑制噪声。

④ 输入接线时,也可以使用外部 24 V 直流电源。但是最好使用稳压电源。这时,DC 24 V 的负极接公共端 1M,输入开关的一端接到 DC 24 V 的正极,输入开关的另一端连接到 CPU 模块输入端子。

⑤ S7-200 PLC 的工作电源有 120 V/230 V 单相交流电源和 24 V 直流电源两种。要根据 CPU 模块上标注的电源供电类型接工作电源,如果把 AC 220 V 电源加给标注了"DC/DC/DC"的 CPU 模块的工作电源端(L+、M 之间),则会烧坏此 CPU 模块。这里因为是 CPU226 (AC/DC/RLY),电源供电类型是 AC 220 V,所以应采用 AC 220 V 电源给 PLC 供电。供电

时,应该用低压断路器(或单开关加熔断器)将电源与 PLC 所有的输入电路和输出(负载)电路隔开,且相线要经过低压断路器(或单开关)。

⑥ I/O 线与动力线、电源线应分开布线,并保持一定的距离,如需在一个线槽中布线时,须使用屏蔽电缆。交流线与直流线、输入线与输出线应分别使用不同的电缆。

⑦ PLC 的接地端必须采用单独的接地装置接地,且接地线应尽量短而粗。

2.5.2 拆卸和安装端子排

为了安装和替换模块方便,大多数的 S7 - 200 模块都有可拆卸的端子排。

1. 端子排的拆卸

① 打开端子排安装位置的上盖板,以便可以接近端子排。

② 把螺丝刀插入端子块中央的槽口中。

③ 如图 2 - 24 所示用力下压并撬出端子排。

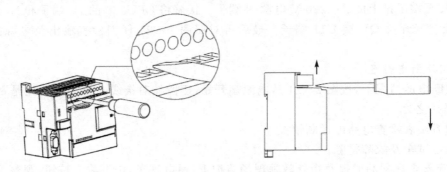

图 2 - 24　拆卸端子排

2. 端子排的重新安装

① 打开端子排的盖板。

② 确保模块上的插针与端子排边缘的小孔对正。

③ 将端子排向下压入模块。确保端子块对准了位置并锁住。

2.6　巩固与提高

1. S7 - 200 PLC 的数据存储器分为哪几类?

2. S7 - 200 CPU 模块的工作模式有哪儿种?要改变工作模式有哪几种方法?

3. S7 - 200 PLC 的寻址方式有哪些?

4. S7 - 200 PLC 的间接寻址是如何操作的?

5. S7 - 200 CPU 模块上标注的 DC/DC/DC 和 AC/DC/RLY,含义分别是什么?

6. 简述 CPU226 CN AC/DC/RELY 的接线方法。

项目 3　PLC 编程软件的使用

3.1　项目描述

用户应用程序编制完成后要下载到 PLC 中才能调试运行,并最终检验程序编制的正确与否。STEP7 – Micro/WIN32 是西门子公司专为 SIMATIC S7 – 200 PLC 研制开发的编程软件。它是基于 Windows 的应用软件,功能强大,既可用于开发用户程序,又可实时监控用户程序的执行状态。

3.2　项目目标

本项目将学习该软件的安装、基本功能,以及如何应用编程软件进行编程、调试和运行监控等内容。

3.3　相关知识

3.3.1　STEP7 – Micro/WIN32 编程软件的基本功能

STEP7 – Micro/WIN32 编程软件的基本功能是协助用户完成应用软件的开发,其主要实现以下功能:

① 在脱机(离线)方式下创建用户程序,修改和编辑原有的用户程序。在脱机方式时,计算机与 PLC 断开连接,此时能完成大部分的基本功能,如编程、编译、调试和系统组态等,但所有的程序和参数都只能存放在计算机的磁盘上。

② 在联机(在线)方式下可以与计算机建立通信关系的 PLC 直接进行各种操作,如上载、下载用户程序和组态数据等。

③ 在编辑程序的过程中进行语法检查,可以避免一些语法错误和数据类型方面的错误。经语法检查后,梯形图中错误处的下方自动加红色波浪线,语句表的错误行前自动画上红色叉,且在错误处加上红色波浪线。

④ 对用户程序进行文档管理、加密处理等。

⑤ 设置 PLC 的工作方式、参数和运行监管等。

3.3.2　STEP7 – Micro/WIN32 编程软件的安装

STEP7 – Micro/WIN32 编程软件可以从西门子公司的网站上下载,也可以用光盘安装,安装步骤如下:

① 双击 STEP7 – Micro/WIN32 的安装程序 setup. exe,则系统自动进入安装向导。

② 在安装向导的帮助下完成软件的安装。软件安装路径可以使用默认的子目录,也可以单击"浏览"按钮,在弹出的对话框中任意选择或新建一个子目录。

③ 在安装过程中,如果出现 PG/PC 接口对话框,可单击"取消"按钮进行下一步。

④ 在安装结束时,会出现下面的选项:

- 是,我现在要重新启动计算机(默认选项);
- 否,我以后再重启计算机。

建议用户选择默认项,单击"完成"按钮,结束安装。

3.3.3   STEP7 - Micro/WIN32 编程软件的主要功能介绍

STEP7 - Micro/WIN32 编程软件界面一般可以分成几个区:标题栏、菜单条(包含 8 个主菜单项)、工具条(快捷按钮)、浏览条(快捷操作窗口)、输出窗口、状态条和用户窗口(可同时或分别打开 5 个用户窗口),其主界面如图 3 - 1 所示。

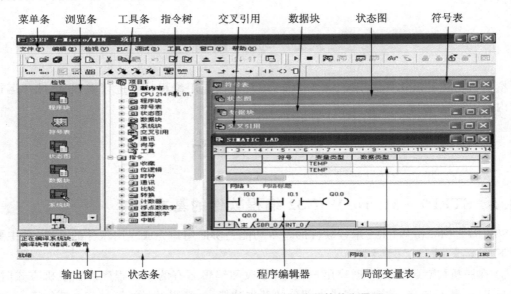

图 3 - 1   STEP7 - Micro/WIN32 编程软件主界面

1. 菜单条

在菜单条中共有 8 个主菜单选项,各主菜单项的功能如下:

① 文件(File)菜单项可完成如新建、打开、关闭、保存文件、导入和导出、上载和下载程序、文件的页面设置、打印预览和打印设置等操作。

② 编辑(Edit)菜单项提供编辑程序用的各种工具,如选择、剪切、复制、粘贴程序块或数据块的操作,以及查找、替换、插入、删除和快速光标定位等功能。

③ 查看(View)菜单项可以设置编程软件的开发环境,如打开和关闭其他辅助窗口(引导窗口、指令树窗口、工具条按钮区),执行浏览条窗口的所有操作项目,选择不同语言编程器(LAD、STL 或 FBD),设置 3 种程序编辑器的风格(如字体、指令盒的大小等)。

④ 菜单项用于实现与 PLC 联机时的操作,如改变 PLC 的工作方式、在线编译、清除程序和数据、查看 PLC 的信息、PLC 的类型选择和通信设置等。

⑤ 调试(Debug)菜单项用于联机调试。

⑥ 工具(Tools)菜单项可以调用复杂指令(如 PD 指令、NETR/NETW 指令),安装文本显示器 TD200,改变用户界面风格(如设置按钮及按钮样式、添加菜单项用"选项"),子菜单可以设置三种程序编辑器的风格(如语言模式、颜色等)。

⑦ 窗口(Windows)菜单项的功能是打开一个或多个窗口,并进行窗口间的切换。可以设置窗口的排放方式(如水平、垂直或层叠)。

⑧ 帮助(Help)菜单项可以方便地检索各种帮助信息,还提供网上查询功能;而且在软件操作过程中,可随时按 F1 键来显示在线帮助。

2. 工具条

将 STEP7–Micro/WIN32 编程软件最常用的操作以按钮形式设定到工具条,提供简便的鼠标操作。可以"查看"菜单中的"工具"选项来显示或隐藏三种按钮:"标准"、"调试"和"指令"。

3. 浏览条

在编程过程中,浏览条提供窗口快速切换的功能,可用"查看"菜单中的"框架"下的"浏览条"选项来选择是否打开浏览条,用指令树窗口或"查看"(View)菜单中的选项也可以实现各编程窗口的切换。

浏览条包含"查看"和"工具"两个选项。"工具"选项包含指令向导、文本显示向导、EM235 控制面板、以太网向导、PID 调节控制面板等,可对指令及相关 PLC 模块的应用进行配置;"查看"下面有以下 8 种组件:

① 程序块(Program Block)由可执行的程序代码和注释组成。程序代码由主程序(OB1)、可选的子程序(SBR0)和中断程序(INT0)组成。

② 符号表(Symbol Table)用来建立自定义符号与直接地址间的对应关系,并可附加注释使得用户可以使用具有实际意义的符号作为编程元件,增加程序的可读性。例如,系统的停止按钮的输入地址是 I0.0,则可以在符号表中将 I0.0 的地址定义为 stop,这样梯形图所有地址为 I0.0 的编程元件都由 stop 代替。当编译后,将程序下载到 PLC 中时,所有的符号地址都将被转换成绝对地址。

③ 状态图(Status Chart)用于联机调试时监视各变量的状态和当前值,也称为状态表,只需要在地址栏中写入变量地址,在数据格式栏中标明变量的类型,就可以在运行时监视这些变量的状态和当前值。

④ 数据块(Data Block)可以对变量寄存器 V 进行初始数据的赋值或修改,并可附加必要的注释。

⑤ 系统块(System Block)主要用于系统组态。系统组态主要包括数字量或模拟量输入滤波、设置脉冲滤波、配置输出表、定义存储器保持范围、设置密码和通信参数等。

⑥ 交叉引用(Cross Reference)可以提供交叉引用信息、字节使用情况和位使用情况信息,使得 PLC 资源的使用情况一目了然。只有在程序编辑完成后,才能看到交叉引用表的内容。在交叉引用表中双击某个操作数时,可以显示含有该操作数的那部分程序。

⑦ 通信(Communications)可用来建立计算机与 PLC 之间的通信连接,以及通信参数的设置和修改。

⑧ 在浏览条中单击"设置 PG/PC 接口"图标,将出现"PG/PC"接口对话框,此时可以安装或删除通信接口,检查各参数设置是否正确,其中波特率的默认值是 9 600。

4. 指令树

指令树提供编程所用到的所有命令和 PLC 指令的快捷操作。可以用查看菜单的"指令树"选项来决定其是否打开。

5. 输出窗口

该窗口用来显示程序编译的结果信息,如各程序块的信息、编译结果有无错误、错误代码和位置等。

6. 状态条

状态条也称为任务栏,用来显示软件执行情况,编辑程序时显示光标所在的网络号、行号和列号,运行程序时显示运行的状态、通信波特率、远程地址等信息。

7. 程序编辑器

可以用梯形图、语句表或功能表图程序编辑器编写和修改用户程序。

8. 局部变量表

每个程序块都对应一个局部变量表,在带参数的子程序调用中,参数的传递就是通过局部变量表进行的。

3.3.4 计算机与 PLC 之间的通信硬件连接

建立个人计算机与 PLC 之间的通信。这是一种单主站通信方式,不需要其他硬件,根据计算机自身所带的接口不同,选用 PC/PPI 电缆连接方式或 USB/PPI 电缆连接方式。

1. PC/PPI 电缆连接方式

若编程计算机具有串行通信端口,则可以使用 PC/PPI 电缆连接 PLC 与编程计算机,如图 3 - 2 所示。插拔电缆时应先将设备断电,否则容易损坏通信端口。

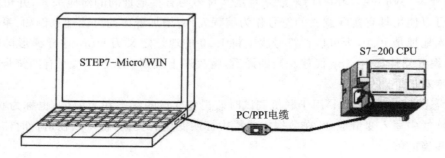

图 3 - 2　PC/PPI 电缆连接编程计算机与 PLC

① 将 PC/PPI 电缆的 PC 端插入计算机的 RS - 232 通信口(串行通信口 COM1)。

② 将 PC/PPI 电缆的 PPI 端插入 PLC 的 RS - 485 通信口(端口 0 或端口 1)。

③ 设置计算机通信参数。启动计算机→右击"我的电脑"图标→"属性"→"硬件"→"设备管理器"→"端口"→"端口属性"→"端口设置"→修改波特率为 9.6 kbps(计算机默认波特率为 9.6 kbps),如图 3 - 3 所示。

④ 设置编程软件通信参数。单击编程软件左侧"通信"图标→"设置 PG/PC 接口"→"PC/PPI 属性"→PPI 传输速率为 9.6 kbps。选择本地连接 COM1。

⑤ 单击编程软件左侧"通信"图标→双击"刷新"图标,出现如图 3 - 4 所示的连接界面。默认编程计算机通信地址为 0,PLC 通信地址为 2,自动识别 PLC 类型为 CPU224,接口为 PC/PPI cable(COM1)。

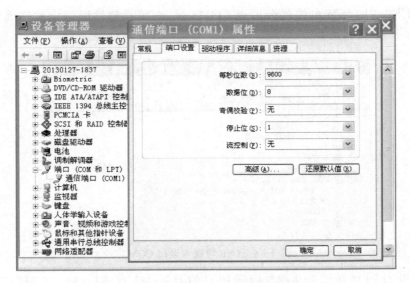

图 3 - 3　PC 端的 RS - 232 通信串口设置

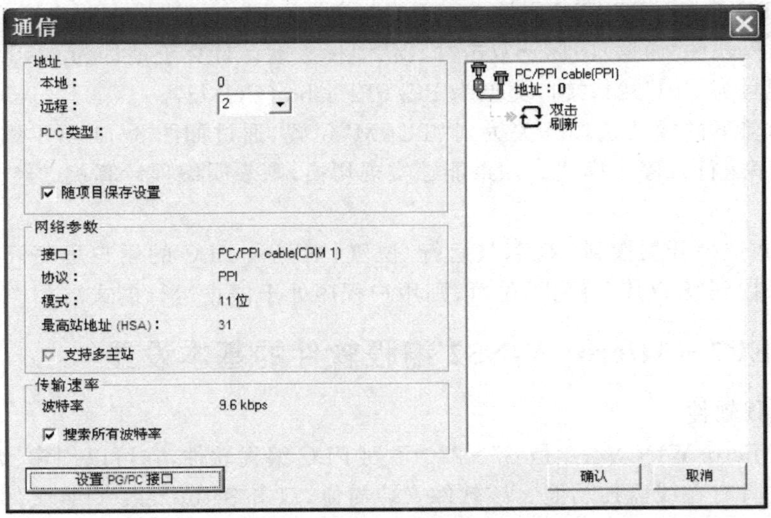

图 3 - 4　PC/PPI 电缆成功连接计算机与 PLC

2. USB/PPI 电缆连接方式

若计算机无串行通信端口,则可以将计算机的 USB 口模拟成串行通信口(通常为 COM3),从而通过 USB/PPI 编程电缆与 PLC 进行通信。

① 将 USB/PPI 电缆的 USB 端插入计算机的 USB 口。Windows 将检测到设备并运行添加新硬件向导,插入 USB/PPI 编程电缆自带的驱动程序光盘并单击"下一步"按钮继续。

如果 Windows 没有提示找到新硬件,则在设备管理器的硬件列表中,展开"通用串行总线控制器",选择带问号的 USB 设备,右击并运行更新驱动程序。

② 驱动程序安装完成后,单击计算机桌面图标"我的电脑"→"属性"→"硬件"→"设备管理器"→"端口"。在"端口(COM 和 LPT)"展开条目中出现"USB to UART Bridge Controller (COM3)",这个 COM3 就是 USB 编程电缆使用的通信口地址,如图 3 - 5 所示。以后每次使

用只要插入 USB/PPI 编程电缆就会出现 COM3 口,在编程软件通信设置中选中 COM3 口即可。

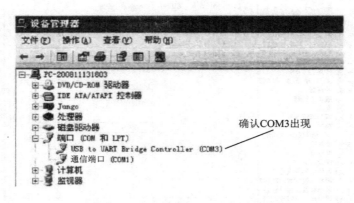

图 3 - 5　USB 转换为串口 COM3

③ 将 USB/PPI 电缆的 PPI 端连接到 PLC 的 RS - 485 通信口(端口 0 或端口 1)上。

④ 设置编程软件通信参数。单击 STEP7 - Micro/WIN V4.0 编程软件左侧"通信"图标→设置 PG/PC 接口→PC/PPI 属性→PPI 传输率 9.6 kbps→选择本地连接 COM3。

⑤ 单击编程软件"通信"图标→双击"刷新"图标。默认计算机地址为 0,PLC 地址为 2,自动识别 PLC 型号为 CPU224,接口类型为 PC/PPI cable(COM3)。

将 PLC 前盖下的模式选择开关拨到"TERM"位置,通过如图 3 - 1 所示编程软件界面快捷按钮切换程序运行或停止模式。如果能够实现切换,则表明编程计算机已经与 PLC 完成通信连接。

如果将模式选择开关拨到"RUN"(运行)位置,则写入 PLC 的用户程序开机时自动处于运行模式;如果拨到"STOP"(停止)位置,则用户程序处于停止运行模式。

3.3.5　STEP7 - Micro/WIN32 编程软件的基本设置

1. 启动编程软件

STEP7 - Micro/WIN V4.0 是 S7 - 200 系列 PLC 编程软件,它可以创建、编辑、下载或上传用户程序,并具有在线监控功能。该软件安装简便,双击 Setup.exe 安装文件即可。当安装成功后首次启动编程软件时,其默认的英文操作界面如图 3 - 6 所示。

2. 将英文操作界面转为中文操作界面

单击编程软件主菜单"Tools"工具)中的"Options"(选项),弹出"Options"对话框,如图 3 - 7 所示。

单击"Options"(选项)对话框中的"General"(常规)项,在"Language"(语言)框中选择"Chinese"(中文),然后单击"OK"按钮。重新启动软件后,即可显示为中文操作界面,如图 3 - 8 所示。操作界面上有主菜单、快捷图标、项目树、指令树和程序编辑区等,操作方法与 Windows 软件类似。

3. 指令集和编辑器的选择

写程序之前,用户必须选择指令集和编辑器。

在 S7 - 200 PLC 中支持的指令集有 SIMATIC 和 IEC 1131 - 3 两种。SIMATIC 是专为 S7 - 200 PLC 设计的,专用性强,采用 SIMATIC 指令编写的程序执行时间短,可以采用 STL

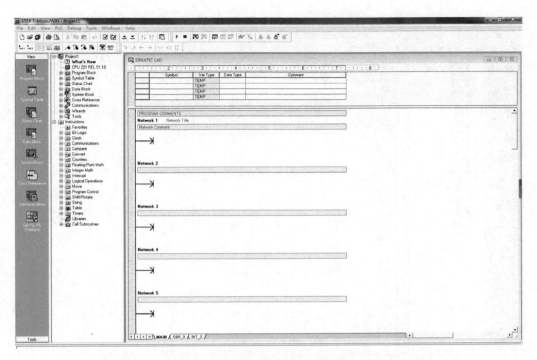

图 3 - 6 STEP7 - Micro/WIN32 编程软件的英文操作界面

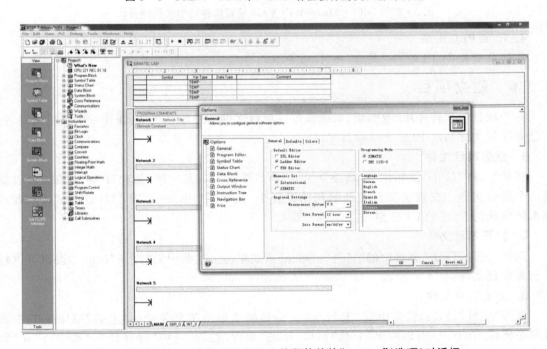

图 3 - 7 STEP7 - Micro/WIN V4.0 编程软件的"Options"(选项)对话框

(语句表)、LAD(梯形图)或 FBD(功能块图)三种编辑器。对"工具"→"选项"菜单中的"常规"进行设置即可,也可通过"查看"菜单完成语句表、梯形图和功能块图三种编程语言(编辑器)之间的任意切换。

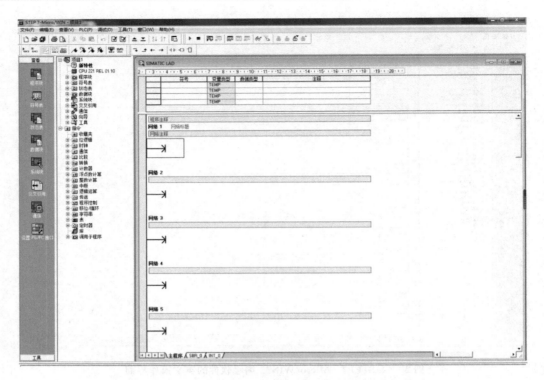

图 3 - 8 STEP7 - Micro/WIN V4.0 编程软件的中文操作界面

4. 设定 PLC 类型

执行菜单命令"PLC"→"类型"→"读取 PLC"。

3.3.6 建立项目

一个项目包含程序块、数据块、系统块等。项目文件的来源有三个:新建一个项目文件、打开已有项目文件和从 PLC 上载项目文件。

1. 新建项目文件

选择"文件"(File)菜单中的"新建"(New)项或单击工具条中的"新建"(New)按钮可以新建一个项目文件。在新建项目文件的初始设置中,文件以"Project(CPU221)"命名,CPU221 是系统默认的 PLC 的 CPU 型号。

2. 打开项目文件

选择"文件"(File)菜单中的"打开"(Open)项或单击工具条中的"打开"(open)按钮可以打开已有项目文件。

3. 上载项目文件

选择"文件"(File)菜单中的"上载"(Upload)项或单击工具条中的"上载"(Upload)按钮或按快捷键 Ctrl+U 可以调出"上载"窗口,单击"选项"按钮,选中"程序块"、"系统块"和"数据块"等所需内容,若通信正常,单击"确定"按钮后,将把保存于 PLC 中的用户程序、用户数据、系统设置等信息复制、粘贴到当前打开的项目中。

3.3.7 编辑项目

在指令树中可见一个项目文件包含七个相关的块(程序块、符号表、状态图、数据块、系统块、交叉索引及通信),其中程序块包含一个主程序(OB1)、一个可选的子程序(SBR-0)和一个中断服务程序(INT-0)。

建立项目之后,可以根据实际需要对项目文件的各个组成部分进行设置和修改。

1. 程序块编辑

主程序是唯一的、必不可少的,在每个扫描周期 PLC 都会执行一次主程序。子程序和中断服务程序可以有 0 个或多个,需要时选择"编辑"菜单中的"插入"→"子程序"或"插入"→"中断程序"项来生成。

双击指令树中当前项目下的程序块,列出所包含的各个程序块,想编辑哪个,就双击哪个进入程序编辑器(显示在屏幕的右方),输入或编辑程序。

进入程序编辑器后,可输入或修改程序。首先单击"查看"菜单的"STL"或"梯形图"或"FBD"选择编程语言。若选择 STL 语言,则用键盘输入指令;若选择梯形图语言,则通过指令树或指令工具按钮输入指令。

下面以梯形图编辑器为例说明编辑过程,语句表与功能块图编辑器的操作类似。

(1) 输入编程元件

梯形图的编程元件(编程元素)主要有线圈、触点、指令盒、标号及连接线。输入方法如下:

① 在指令树窗口中双击要输入的指令,就可在矩形光标处放置一个编程元件。

② 找到工具条上的编程按钮,如图 3-9 所示,单击触点、线圈或指令盒按钮,从弹出的窗口下拉菜单所列出的指令中选择要输入的指令并单击即可。

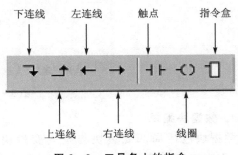

图 3-9　工具条上的指令

(2) 插入和删除

在编辑区右击要进行操作的位置,弹出如图 3-10 所示的下拉菜单,选择"插入"或"删除"选项,弹出子菜单,单击要插入或删除的项,然后进行编辑。也可用菜单"编辑"中相应的"插入"或"编辑"中的"删除"项完成相同的操作。

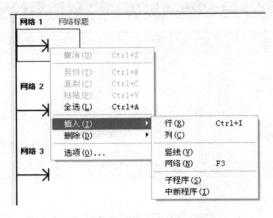

图 3-10　插入与删除

（3）符号表

将梯形图中的直接地址编号用具有实际含义的符号代替。方法：在编程时使用直接地址（如 I0.0），然后打开符号表，编写与直接地址对应的符号（如与 I0.0 对应的符号为 start），编译后由软件自动转换名称。另一种方法是在编程时直接使用符号名称，然后打开符号表，编写与符号对应的直接地址，编译后得到相同的结果。

例如，打开指令树中的"符号表"→"用户定义 1"的符号表，设置 I0.1、I0.2 和 Q0.0 的符号地址为"长动、点动"和"电动机"，符号表如图 3 - 11 所示。双击"主程序（OB1）"标签，执行菜单命令"查看"→"符号寻址"，可以切换在主程序中是否显示符号地址。

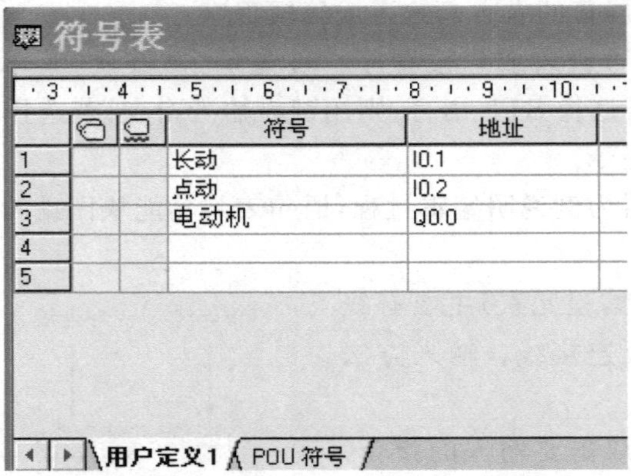

图 3 - 11 符号表

2. 数据块编辑

数据块包括局部变量块与全局变量块。程序中的每个 POU（Program Organizational Unit，程序组织单元）都有 64 KB 存储器组成的局部变量表。局部变量只在它被创建 POU 中有效。全局变量在各 POU 中均有效，但只能在全局变量表中做定义。

（1）局部变量的设置

将光标移到编辑器的程序编辑区的上边缘，向下拖动上边缘，则自动出现局部变量表，此时可为子程序和中断服务程序设置局部变量。可进行如图 3 - 12 所示的局部变量设置。

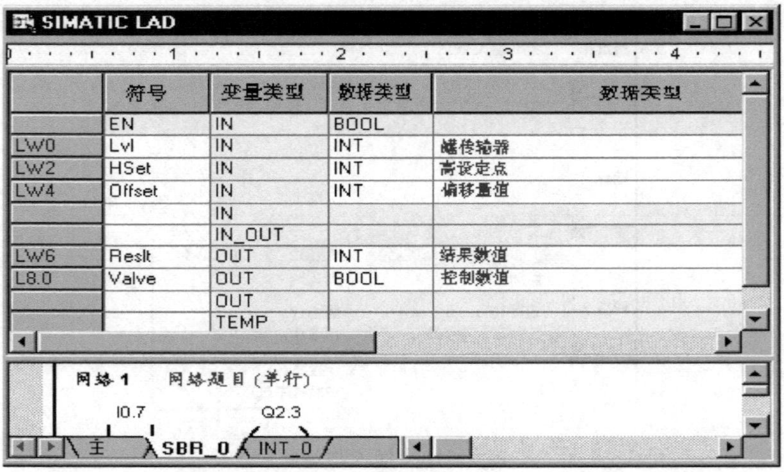

图 3 - 12 局部变量设置

（2）全部变量的设置

数据块仅允许对 V 存储区进行数据初始值或 ASCⅡ字符赋值。可以对 V 存储区的字节（V 或 VB）、字（VW）或双字（VD）赋值。注释（前面带双斜线//）是可选项。

数据块的第一行必须包含一个显性地址赋值（绝对或符号地址），其后的行可包含显性或隐性地址赋值。当在对单个地址键入多个数据值赋值，或键入仅包含数据值的行时，编辑器会自动进行隐性地址赋值。编辑器根据先前的地址分配及数据值大小（字节、字或双字）指定适当的 V 存储区数量。

数据块编辑器是一种自由格式文本编辑器，对特定类型的信息没有规定具体的输入域。键入一行后，按 Enter 键，数据块编辑器自动格式化行（对齐地址列、数据、注释；大写 V 存储区地址标志）并重新显示行。数据块编辑器接受大小写字母，允许使用逗号、制表符或空格作为地址和数据值之间的分隔符。

在完成一赋值行后按 Ctrl＋Enter 组合键，会令地址自动增加至下一个可用地址。

用法：双击"数据块"→"用户定义 1"，进入全局变量表，输入"VB100　5,6,220"分别对 VB0、VB1、VB2 三个字节单元赋值，如图 3-13 所示。

图 3-13　全部变量设置

3. 系统块设置

系统块可用于配置 S7-200 CPU 选项。

使用下列方法之一查看和编辑系统块，设置 CPU 选项。

① 单击浏览条中的"系统块"按钮。

② 选择"查看"→"组件"→"系统块"菜单命令。

③ 打开指令树中的"系统块"文件夹，然后打开配置页。

当项目的 CPU 类型和版本能够支持特定选项时，这些系统块配置选项将被启用。

在下载或上载系统块之前，必须成功地建立 PC（STEP7-Micro/WIN32 的位置）与 CPU 之间的通信，然后即可下载一个修改的系统块，以便为 CPU 提供新系统配置。也可以从 CPU 上载一个现有系统块，以便使 STEP7-Micro/WIN32 项目配置与 CPU 相匹配。

单击系统块树上分支即可修改项目配置。

4. 注　释

PLC 程序的每个 POU 都可以有自己的程序注释，程序中的每个网络又可以有自己的网络标题和网络注释。单击菜单"查看"→"POU 注释"或"查看"→"网络注释"，可打开或关闭相关的注释文本框；若已打开，可在相应文本框外键入所需内容，即可加标题或注释。

5. 程序的编译

程序编辑完成，可用菜单"PLC"中的"编译"项进行离线编译。编译结束后在输出窗口显示程序中的语法错误的数量、各条错误的原因和错误在程序中的位置。双击输出窗口中的某一条错误，程序编辑器中的矩形光标将会移到程序中该错误所在的位置。必须改正程序中的所有错误，编译成功后才能下载程序。

6. 程序的下载和清除

下载之前,PLC 应处于 STOP 方式。单击工具栏上的"停止"按钮,或选择菜单"PLC"中的"停止"项,可以进入 STOP 状态。

为了使下载的程序能正确执行,下载前必须将 PLC 存储器中的原程序清除。清除的方法是:选择菜单"PLC"中的"清除"项,会出现清除对话框,选择"清除全部"即可。

3.3.8　程序的调试与监控

在运行 STEP7-Micro/WIN32 编程设备和 PLC 之间建立通信并向 PLC 下载程序后便可运行程序、收集状态进行监控和调试程序。

1. 选择工作方式

PLC 有运行和停止两种工作方式。在不同工作方式下,PLC 进行调试的操作方法不同。单击工具栏中的"运行"按钮或"停止"按钮可以进入相应的工作方式。

2. 程序状态

（1）启动程序状态

单击"程序状态监控"按钮或用菜单命令"调试"→"开始程序状态监控",在梯形图中显示出各元件的状态。在进入"程序状态"的梯形图中,用彩色块表示位操作数的线圈得电或触点闭合状态。

在菜单命令"工具"→"选项"打开的窗口中,可选择设置梯形图中功能块的大小、显示的方式和彩色块的颜色等。

（2）用程序状态模拟进程条件

① 写入操作数,直接单击操作数,然后右击操作数,并从弹出的菜单中选择"写入"。

② 强制单个操作数,直接右击操作数。

③ 单个操作数取消强制:直接右击操作数。

④ 全部强制数值取消强制:从"调试"工具条单击"全部取消强制"图标。

（3）识别强制图标

① 黄色锁定图标表示显示强制:该数值已经被"明确"或直接强制为当前正在显示的数值。

② 灰色隐去锁定图标表示隐含强制:该数值已经被"隐含"强制,即不对地址进行直接强制,但内存区落入另一个被明确强制的较大区域中。例如,如果 VW0 被显示强制,则 VB0 和 VB1 被隐含强制,因为它们包含在 VW0 中。

③ 半块图标表示部分强制:例如,VB1 被明确强制,则 VB0 被部分强制,因为其中的一个字节 VB1 被强制。

3. 状态表

在将程序下载至 PLC 之后,通过状态表可以监控和调试程序操作。可以建立一个或多个状态表,打开状态表可查看或编辑表的内容。启动状态表监控,就可以采集状态信息。

（1）状态表的两种形式

在控制程序的执行过程中,状态表中的数据动态改变可用两种不同方式查看。

1）表状态

在一表格中显示状态数据:每行能指定一个要监视的 PLC 数据值。可以指定存储区地址、格式、当前值及新值(如果使用写入命令)。

2）趋势图显示

用随时间而变的 PLC 数据绘图来跟踪状态数据,可以对现有的状态表在表格视图和趋势视图之间切换(使用右键快捷菜单)。新的趋势数据也可在趋势视图中直接赋值。

(2) 状态表的操作

① 打开状态表。

单击浏览条的"状态表"按钮或选择"查看"→"组件"→"状态表"菜单命令。

② 状态表的创建和编辑。

增加希望监控的 PLC 数据地址。将所关心的程序数据(操作数)放在"地址"列中,并为"格式"列中的每一个数据选择数据类型,以"建立"一个表。

③ 状态图的启动与监视。

打开状态表并不意味着自动开始查看状态。必须启动状态表监控,才能采集状态信息。

如果 PLC 位于 RUN(运行)模式,则程序在连续扫描的状况下执行。可以启动状态表监控,连续更新状态表数值。还可以使用"单次读取"功能,采集状态表数值的单个"快照"。可以使用以下一种方法启动在状态表中载入 PLC 数据的通信。

(Ⅰ) 要连续采集状态表信息,开启状态表,使用菜单命令"调试"→"状态表监控"(或使用"状态表监控"工具栏按钮。

(Ⅱ) 要获得单个数值的"快照",可使用"单次读取"功能:使用菜单命令"调试"→"单次读取"或使用"单次读取"工具栏按钮。但是,如果已经开启状态表监控,则"单次读取"功能被禁止。

4. 执行有限次扫描

可以指定 PLC 对程序执行有限次数扫描(1～65 535 次扫描),通过指定 PLC 运行的扫描次数,可以监控程序过程变量的改变。第一次扫描时,SM0.1 的数据为 1。

(1) 执行单次扫描

"单次扫描"使 PLC 从 STOP 转变成 RUN,执行单次扫描,然后再转回 STOP,因此与第一次相关的状态信息不会消失。操作步骤如下:

① PLC 必须位于 STOP(停止)模式。如果不在 STOP(停止)模式,则应将 PLC 转换成 STOP(停止)模式。

② 使用菜单命令"调试"→"首次扫描"。

PLC 必须位于 STOP(停止)模式。如果在运行模式,则应将 PLC 转换成 STOP(停止)模式。

• 使用菜单命令"调试"→"多次扫描",出现"执行扫描"对话框。

• 输入所需的扫描次数数值,单击"确定"按钮。

5. 交叉引用

(1) 交叉引用表的作用及分类

有三种形式的交叉引用表:

① "交叉引用"表。当希望了解程序中是否已经使用和在何处使用某一符号名或存储区赋值时,可使用"交叉引用"表。"交叉引用"表识别在程序中使用的全部操作数,并指出 POU、网络或行位置,涉及每次使用的操作数指令上下文。必须编译程序才能查看"交叉引用"表。

② "字节使用"表。允许查看程序中已经使用了哪些存储区地址,可精确至位级别,还可帮助识别重复赋值错误。

③ "位使用"表。在"字节使用"表或"位使用"表中,b 表示已经指定一个存储区位;B 表示

已经指定一个存储区字节；W 表示已经指定一个字（16 位）；D 表示已经指定一个双字（32 位）；X 用于定时器和计数器。

（2）查看交叉引用

可使用下列一种方法查看"交叉引用"窗口。

① 选择菜单命令"查看"→"交叉引用"。

② 单击浏览条中的"交叉引用"按钮。

③ 打开指令树中的"交叉引用"文件夹，然后双击某参考或使用图标。

要访问"交叉引用"表、"字节使用"表或"位使用"表，单击位于"交叉引用"窗口底的适当标签。

3.3.9 项目管理

1. 打 印

（1）打印程序和项目文档的方法

单击"打印"按钮；选择菜单命令"文件"→"打印"；或按 Ctrl+P 组合键。

（2）打印单个项目元件网络和行

例如，仅选择"打印内容/顺序"题目下方的"符号表"复选框及"范围"下方的"用户定义 1"复选框，定义打印范围 6～20；或在符号表中增亮 6～20 行，并选择"打印"。

2. 复制项目

从 STEP7-Micro/WIN32 项目中可以复制：文本或数据域、指令、单个网络、多个相邻的网络、POU 网络、状态图行或列或整个符号表、数据块。

3. 导入文件

从 STEP7-Micro/WIN32 之外导入程序，可使用"导入"命令导入 ASCⅡ文本文件（内 PLC 程序）。"导入"命令不允许导入数据块。打开新的或现有项目，才能使用"文件"→"导入"命令。

4. 导出文件

将程序导出到 STEP7-Micro/WIN32 之外的编辑器，可以使用"导出"命令创建 ASCⅡ文本文件。默认文件扩展名为".aw1"，可以指定任何文件名称。程序只有成功通过编译才执行"导出"操作。"导出"命令不允许导出数据块。打开—个新项目或旧项目，才能使用"导出"功能。

用"导出"命令按下列方法导出现有 POU（主程序、子例行程序和中断例行程序）：

① 如果导出 OB1（主程序、子例行程序和中断例行程序），则所有现有项目 POU 均作为 ASCⅡ文本文件组合和导出。

② 导出子例行程序或中断例行程序，当前打开编辑的单个 POU 作为 ASCⅡ文本文件导出。

3.4 工作任务

任务 利用 STEP7-Micro/WIN32 编辑和运行用户程序

1. 任务目标

知识目标：

① 了解 STEP7 - Micro/WIN32 编程软件的安装过程;

② 掌握 S7 - 200 系列 PLC 与 PC 通信参数的设置。

技能目标:

① 学会程序的输入和编辑方法;

② 初步了解程序调试步骤。

2. 任务描述

使用编程软件编制、编辑、修改、传送、运行程序是使用 PLC 进行电气控制的基础,本任务要求使用 STEP7 - Micro/WIN32 编程软件编辑一段程序下载到 PLC 中,并运行程序。

3. 任务实施

(1) 建立用户项目

打开编程软件后,在中文主界面中单击菜单栏中"文件"→"新建"选项,

创建一个新项目。新建的项目包含程序块、符号表、状态表、数据块、系统块、交叉引用和通信等相关的块。其中,程序块中默认有一个主程序 OB1、一个子程序 SBR0 和一个中断程序 INT0,如图 3 - 14 所示。单击菜单栏中"文件"→"保存"选项,指定文件名和保存路径后,单击"保存"按钮,将文件以项目形式保存。

(2) 选择 PLC 类型和 CPU 版本

图 3 - 14 新建项目

单击菜单栏中"PLC"→"类型"选项,在"PLC 类型"对话框中选择 PLC 类型和 CPU 版本,如图 3 - 15 所示。如果已成功建立通信连接,也可以通过单击"读取 PLC"按钮的方法来读取 PLC 的类型和 CPU 版本号。

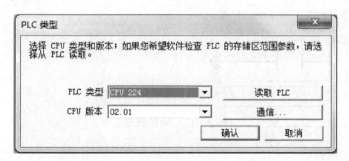

图 3 - 15 选择 PLC 类型和 CPU 版本号

(3) 输入指令

选中主程序 OB1 页面,在梯形图编辑器中可以使用指令树图标或工具栏图标两种输入程序指令的方法进行输入。

① 使用指令树指令图标输入指令。单击指令树中"位逻辑"指令图标,展开位逻辑指令列表,如图 3 - 16 所示。

光标选中"网络 1",在标题行中加入注释、"点动控制程序"。当双击(或拖拽)常开触点图

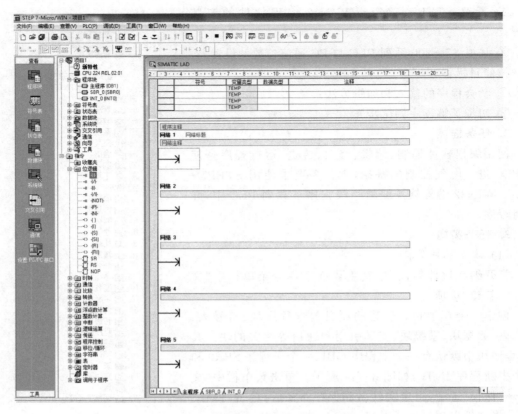

图 3 - 16 展开指令树中位逻辑指令列表

标时,在网络 1 中出现常开触点符号,如图 3 - 17 所示。在地址框中输入地址"I0.5",按 Enter 键,光标自动跳到下一列,如图 3 - 18 所示。

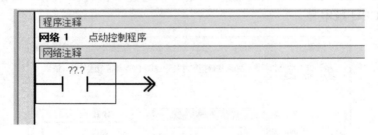

图 3 - 17 编辑触点

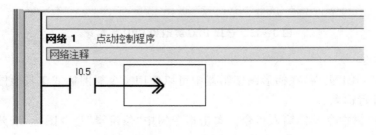

图 3 - 18 输入触点的地址

双击（或拖拽）线圈图标，在地址框中输入地址"Q0.2"，按 Enter 键，程序输入完毕，如图 3-19 所示。

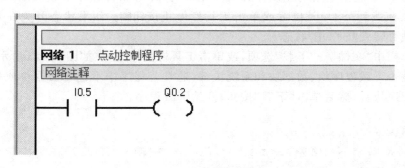

图 3-19 编辑线圈

② 使用工具栏指令图标输入指令。工具栏指令图标如图 3-20 所示。

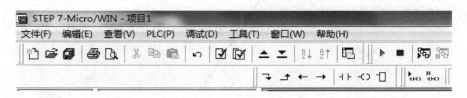

图 3-20 工具栏指令图标

③ 获得指令帮助信息。若想了解指令的使用方法，则可以右击指令树"位逻辑"图标中的触点指令或线圈指令，选择"帮助"选项，即可出现该指令的中文帮助信息。

④ 查看指令表。单击菜单栏中"查看"→"STL"选项，则从梯形图编辑界面自动转为指令表编辑界面，如图 3-21 所示。如果熟悉指令，也可以在指令表编辑界面中编写用户程序。

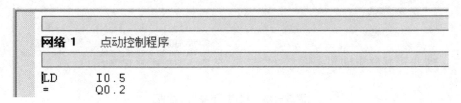

图 3-21 指令表编辑界面

4. 程序编译

用户程序编辑完成后，必须编译成 PLC 能够识别的机器指令才能下载到 PLC 中。单击菜单栏中"PLC"→"编译"选项，开始编译机器指令。编译结束后，在输出窗口中显示结果信息，如图 3-22 所示。纠正编译中出现的所有错误后，程序才算编辑成功。

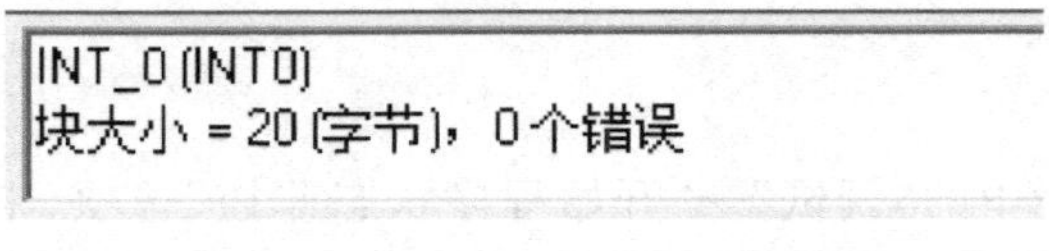

INT_0 (INT0)
块大小 = 20 (字节)，0 个错误

图 3-22 在输出窗口显示编译结果

5. 程序下载

计算机与 PLC 建立了通信连接并且编译无误后,即可以将程序下载到 PLC 中。下载时 PLC 状态开关应拨到"STOP"位置或单击工具栏停止按钮■。如果状态开关在其他位置,则程序会询问是否转到"STOP"状态。

单击菜单栏中"文件"→"下载"选项,或单击工具栏按钮▲,在如图 3 - 23 所示的"下载"对话框中选择是否下载程序块、数据块和系统块等(通常若程序中不包含数据块或更新系统,则只选择下载程序块)。然后单击"下载"按钮,开始下载程序。

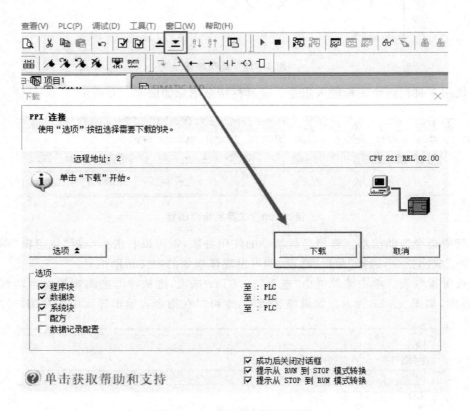

图 3 - 23　程序"下载"对话框

下载是从编程计算机将程序装入 PLC;上传则相反,是将 PLC 中存储的程序上传到编程计算机中。

6. 运行操作

程序下载到 PLC 后,PLC 状态开关拨到"RUN"位置或单击工具栏运行按钮▶,运行用户程序。当按下连接 I0.5 的按钮时,输出端 Q0.2 通电;当松开此按钮时,Q0.2 断电,实现了点动控制功能。

7. 程序监控

单击编程软件菜单栏中的"调试"→"开始程序状态监控"选项,未接通的触点和线圈以灰白色显示,通电的触点和线圈以蓝色块显示,并且出现"ON"字符,如图 3 - 24 所示。

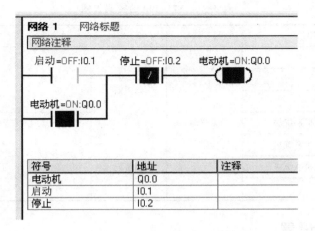

图 3 - 24 程序状态监控图

3.5 知识扩展

3.5.1 密码的作用

如果对 PLC 设置了密码,则只有在正确输入密码后,PLC 才能根据授权级别提供相应的操作功能。单击编程软件左侧项目树中"系统块"的"密码"分支选项,设置密码界面,如图 3 - 25 所示。

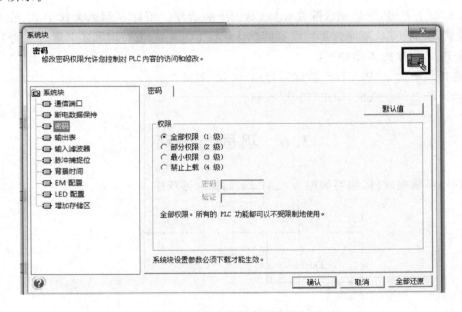

图 3 - 25 设置密码界面

S7 - 200 的密码保护功能提供 4 种密码保护权限的等级,如表 3 - 1 所列。

表 3 - 1　S7 - 200 的密码权限

操作说明	1 级	2 级	3 级	4 级
读/写用户数据	无限制	无限制	无限制	无限制
启动、停止 CPU				
读取、设置系统时钟				
上传程序块、数据块和系统块			要密码	不允许
下载程序块、数据块和系统块		要密码		不能下载系统块
删除程序块、数据块和系统块				不能只删除系统块
监控程序状态				不允许

3.5.2　密码的设置

选择权限级别,输入并验证密码,密码最多 8 位,字母不区分大小写,然后将系统块下载到 CPU 中。

① 所有 21x 和 22x CPU 均支持密码级别 1、2、3,只有 CPU 版本 2.0.1 以后的 22x CPU 能支持密码级别 4。

② S7 - 200 的默认密码级别是级别 1(无限制)。

③ 因为级别 1 允许不受限制的访问,因此,如果将其他密码级别更改成级别 1,也就是等于取消密码保护。

3.5.3　忘记密码的处理

如果忘记了密码,则必须清除存储区,重新下载程序。清除存储区会使 PLC 进入 STOP (停止)模式,并将 PLC 复原为工厂设置的默认值(PLC 地址、波特率和实时时钟除外)。

清除 PLC 程序的步骤如下:

① 选择菜单命令"PLC"→"清除",显示"清除"对话框。

② 选择所有的复选框,单击"确认"按钮。

3.6　巩固与提高

① 利用可编程软件,编写如图 3 - 26 所示的梯形图程序。

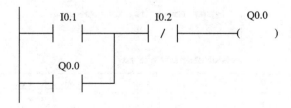

图 3 - 26　电动机长动运行程序

② 利用可编程软件,对图 3 - 26 所示的梯形图程序监控运行。

模块二　PLC 基本指令的运用

S7-200 PLC 的指令丰富,软件功能强,具有 56 条基本的逻辑处理指令、27 条数字运算指令、11 条定时器/计数器指令、4 条时钟指令、84 条其他应用指令,总计指令数多达 182 条。本模块的任务是学习 S7-200 PLC 的基本位逻辑指令、定时器指令、计数器指令等基本指令及其应用,学会使用 PLC 完成电动机简单控制任务,对传统的继电器控制系统,尝试使用 PLC 进行控制设计开发,实现 PLC 的入门,为下一步的进阶提高打好基础。

项目4　位逻辑指令的运用

4.1　项目描述

指令是用户程序中最小的独立单位,由若干条指令顺序排列在一起就构成了用户程序。在使用 PLC 代替传统继电器控制系统时,位逻辑指令是 PLC 常用的基本指令,也是使用频度最高的指令。本项目通过三相异步的基本逻辑控制等程序的编写和调试,使学生掌握位逻辑指令的应用,完成简单电路的 PLC 控制程序设计,完成简单电路的 PLC 控制工作过程分析。

4.2　项目目标

通过本项目的学习,使学生了解西门子 S7-200 PLC 应用指令的表示方法,掌握位逻辑指令的组成和功能,了解应用程序的编写方法。对第一个 PLC 程序进行尝试。体验 PLC 程序继电器电路转换法。

4.3　相关知识

4.3.1　应用指令的表示方法

西门子 S7-200 编程方式只有语句表(STL)梯形图(LD)、功能块图(FBD),由于功能块图使用较少,本项目只讨论语句表和梯形图。

西门子系列有很多应用指令,主要包括位指令、定时器指令、计数器指令、数据传送指令、数据运算指令、程序控制指令、比较指令、通信指令、高速计数指令等。下面将通过相应项目逐一进行学习。

S7-200 系列 PLC 语句表(STL)采用计算机通用的助记符形式来表示应用指令。一般用指令的英文名称或缩写作为助记符。有的应用指令没有操作数,大多数应用指令有 1～3 个操作数。

S7 - 200 系列 PLC 梯形图(LD)指令分为三大类:一是触点;二是线圈;三是指令盒,在工具条中表示。

单击触点类时,在窗口中列出 33 种触点类指令,在列出的触点中有各种形式,每个触点功能在指令树下列出时都有注释,其如何使用在手册中都有讲解,这种归类只便于熟练者使用;同样单击线圈类时,所有线圈类指令都在窗口中列出,共 17 种;单击指令盒时,所有指令盒类指令都在窗口中列出,共 128 种,三类总共 178 条梯形图指令。

应用指令的指令助记符占一个程序步,每一个 16 位操作数和 32 位操作数分别占 2 个和 4 个程序步。例 4 - 1 为分别用梯形图和功能指令编写的数据传送指令。从该例中可见,同一程序可用两种方法编写,PLC 的程序可写成梯形图的形式,从继电接触器控制电路的角度进行理解;可写成语句表的形式,从计算机语言的角度进行理解。当然还有其他形式,本书主要使用以上两种形式。

一般来说,语句表语言更适合于熟悉可编程序控制器和逻辑编程方面有经验的编程人员。用这种语言可以编写出用梯形图或功能框图无法实现的程序。具体选用哪种方法完全凭个人喜爱,特别是有汇编语言基础的人,都喜欢用指令编程,不喜欢用梯形图编程,但两种指令之间完全可以转换,让各种编程的人各取所需,这也是使用 PLC 的一大优点。

例 4 - 1 数据传送指令(见图 4 - 1)。

与图 4 - 1 所示的梯形图对应的语句表程序如下:

LD   I0.0

BMB   VB10,VB20,4

以上程序用梯形图输入时,采用触点输入方法,功能指令只能从指令盒中选择,按 F9 键,弹出指令盒,选择需要的指令即可。

以上程序在指令列表窗口中输入时,直接输入"BMB VB10,VB20,4",操作数之间用逗号分隔开。

例 4 - 1 中程序的功能是:当 I0.1 的常开触点接通时,将 4($n=4$)个数据寄存器 VB10～VB13 中的数据传送到 VB20～VB23 中去。

在例 4 - 1 中可见触点类指令和线圈类指令不太复杂,指令也较少。下面重点讨论指令盒指令,指令盒指令的各部分功能如图 4 - 2 所示。盒的输入端均在左边,输出端均在右边。

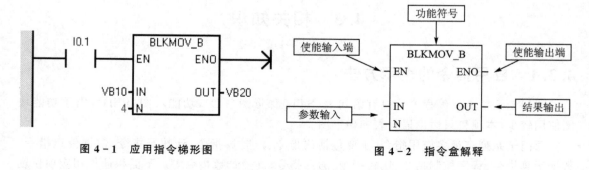

图 4 - 1 应用指令梯形图   图 4 - 2 指令盒解释

在盒指令的有关讲解中有如下一些共同的特点:

① 指令名称:指令名称描述了指令所要完成的功能和所进行的操作。

② EN：输入使能条件。EN（使能输入）是 LAD 和 FBD 中盒的布尔输入，要使盒指令执行，必须使能流到达这个输入。在 STL 中，指令没有 EN 输入，但是要想使 STL 指令执行，堆栈顶部的逻辑值必须是"1"。

③ ENO：ENO 是 LAD 中盒指令的布尔量输出，是一个能流信号。如果盒的 EN 输入有能流并且指令正确执行，则 ENO 输出会将能流传递给下一个元素。如果指令的执行出错，则能流在出错的盒指令处被中断。

STL 中没有对应的 ENO 输出指令，但具有 ENO 输出的 LAD 指令所对应的 STL。指令中有一个 ENO 位，可以通过 AENO 指令访问。可以把 ENO 作为指令成功完成的使能标志位。

提示：EN/ENO 操作数和数据类型并没有在每条指令的操作数表中加以说明，因为这一操作数在所有 LAD 和 FBD 指令中都是一样的。

④ IN：参加指令运算的操作数。对不同的盒指令，存储器中的数据以 BIT、BYTE、INT、WORD、DINT 及指针等各种形式参与运算。

⑤ OUT：将输入操作数的运算结果通过 OUT 输出到存储器中的某一位置，用来修改存储器中的值。一般情况下，OUT 支持允许的所有数据类型，当 OUT 为逻辑值时，也可以作为条件使用。

⑥ 关于指针类型的数据参加运算，只是指明了所允许的指针类型。指针指向的存储所达范围要受到指令所允许的范围的限制，越界会发生错误。

梯形图中有一条提供"能流"的左侧直流电源线，如图 4-4 所示，当 I0.1 接通时，能流流到指令盒的使能输入端 EN(enable in)，指令被执行。如果执行时无错误，则通过使能输出端 ENO(enable output)，将能流传递给下一个元件。将 ENO 作为下一个指令盒的 EN 输入，可以将几个盒指令串联在一行中，只有前一个盒指令被正确执行，后面的盒指令才能被执行。EN 和 ENO 的操作数均为能流，其数据类型为 BOOL（布尔）型。

4.3.2　S7-200 系列 PLC 的编程元件

PLC 梯形图中的某些编程元件沿用了继电器这一名称，如输入继电器、输出继电器、内部辅助继电器等，但是它们不是真实的物理继电器，而是一些存储单元（软继电器），每一个软继电器与 PLC 存储器中映像寄存器的一个存储单元相对应。如果该存储单元的值为 1，则表示梯形图中对应的软继电器的线图"通电"，其常开触点接通、常闭触点断开，称该软继电器处于"ON"状态。如果该存储单元的值为 0，对应软继电器的线圈和触点的状态与上述的相反，则称该软继电器处于"OFF"状态。使用中也常将这些软继电器称为编程元件。在 S7-200 系列 PLC 中的主要编程元件有许多，本任务用到输入继电器、输出继电器两种。

1. 输入继电器 I(I0.0~I15.7)

输入继电器就是 PLC 存储系统中的输入映像寄存器，接收来自现场的控制按钮、行程开关及各种传感器的输入信号。输入继电器在 PLC 的存储系统与外部输入端子（输入点）之间建立起明确对应的连接关系，它的每一个位对应一个数字量输入点。输入继电器的状态由每个扫描周期的输入采样阶段接收到的由现场送来的输入信号的状态（"1"或"0"）确定。

由于 S7-200 系列 PLC 的输入映像寄存器是以字节为单位的寄存器，CPU 一般按"字节，位"的编址方式来读取一个继电器的状态，例如 I1.0 表示第 1 个字节第 0 位。也可以按字节（8 位，用 B 表示）或者按字（2 字节 16 位，用 W 表示）、双字（4 字节 32 位，用 D 表示）来读取相邻一组继电器的状态,例如 IB1 表示 I1.0~I1.7 这八个位,IW1 表示 IB1、IB2 这两个字节,即 I1.0~I2.7 这十六个位。输入继电器不能通过编程的方式改变状态,其触点可以使用无数次。

在输入端子上未接输入器件的输入继电器只能空着,不能挪作他用。

2. 输出继电器 Q(Q0.0~Q15.7)

输出继电器就是 PLC 存储系统中的输出映像寄存器。输出继电器在 PLC 的存储系统与外部输出端子(输出点)之间建立起明确对应的连接关系。S7 - 200 系列 PLC 的输出继电器也是以字节为单位的寄存器,它的每一个位对应一个数字量输出点,与输入继电器一样采用"字节,位"的编址方法。输出继电器的状态完全是由编程的方式决定的,其触点可以使用无数次。输出继电器与其他内部器件的一个显著不同点是,它有且仅有一个实实在在的物理动合触点,用来接通负载。这个动合触点可以是有触点的(继电器输出型),或者是无触点的(晶体管输出型或双向晶闸管输出型)。

输出继电器 Q 的线圈一般不能直接与梯形图的逻辑母线连接,如果某个线圈确实不需要经过任何编程元件触点来控制,则可借助于特殊继电器 SM0.0 的动合触点来控制。

在实际使用中,输入、输出继电器的数量要视具体系统的配置情况而定。

4.3.3 位逻辑指令

位逻辑指令是 PLC 常用的基本指令,位操作指令能够实现基本的位逻辑运算和控制,包括:输入/输出指令、位逻辑运算指令、置位/复位指令、位正/负跳变指令和堆栈指令。位逻辑指令在语句表语言中是指对位存储单元的简单逻辑运算,在梯形图中是指对触点的简单连接和对标准线圈的输出。

指令功能:从存储器得到位逻辑值,参与中间控制运算或从输入映像寄存器中得到被控对象的状态值(I/O 值)和操作台发出的命令等,通过位逻辑运算,来决定用户程序的执行和输出。在梯形图中用触点来描述所使用的开关量的状态,梯形图的每个触点状态为 ON 或 OFF,取决于分配给它的位操作数的状态。如果位操作数是"1",则与其对应的常开触点为 ON,常闭触点为 OFF。如果位操作数是"0",则与其对应的常开触点为 OFF,常闭触点为 ON。触点条件为 ON 时,允许能流通过;触点条件为 OFF 时,不允许能流通过。能流到达才允许相应的指令执行。多个触点的串、并逻辑组合组成了一个梯级。

1. 输入/输出指令

(1)指令使用方法

下面将触点和线圈指令的功能、梯形图表示形式、操作元件以列表的形式加以说明。标准触点与输出指令如表 4 - 1 所列。

1)标准输入(触点)指令

常开触点指令(LD、A 和 O)与常闭触点指令(LDN、AN 和 ON)从存储器或者过程映像寄存器中得到参考值。标准触点指令从存储器中得到参考值。如果数据类型是 I 或 Q,则也可从过程映像寄存器中得到参考值。当位值为 1 时,常开输入(触点)闭合;当位值为 0 时,常闭输入(触点)闭合。在 STL 中,常开触点指令(LD、A 和 O)是将相应地址位的位置存入栈顶;而常闭触点指令(LDN、AN 和 ON)则是将相应地址位的位值取反,再存入栈顶。

LD(Load)与 LDN(Load Not)指令用于与母线相连的接点,此外还可用于分支电路的起点。

表 4 - 1　标准触点与输出指令

名　称	功　能	语句表	梯形图	操作元件
装载	与母线相连常开触点	LD　bit		I、Q、V、M、SM、S、T、C、L 的位逻辑量
取反后装载	与母线相连常闭触点	LDN　bit		I、Q、V、M、SM、S、T、C、L 的位逻辑量
输出	赋值给线圈	＝　bit		Q、V、M、S、L
与	常开触点串联连接	A　bit		I、Q、V、M、SM、S、T、C、L 的位逻辑量
取反后与	常闭触点串联连接	AN　bit		I、Q、V、M、SM、S、T、C、L 的位逻辑量
或	常开触点并联连接	O　bit		I、Q、V、M、SM、S、T、C、L 的位逻辑量
取反后或	常闭触点并联连接	ON　bit		I、Q、V、M、SM、S、T、C、L 的位逻辑量
立即装载	与母线相连常开触点	LDI　bit		I
取反后立即装载	与母线相连常闭触点	LDNI　bit		I
立即输出	赋值给线圈	＝I　bit		Q
立即与	常开触点串联连接	AI　bit		I
取反后立即与	常闭触点串联连接	ANI　bit		I
立即或	常开触点并联连接	OI　bit		I
取反后立即或	常闭触点并联连接	ONI　bit		I

2）输出指令

输出指令"＝(Out)"是线圈的驱动指令，它将新值写入输出点的过程映像寄存器。当输出指令执行时，S7 - 200 将输出过程映像寄存器中的位接通或者断开。在 LAD 和 FBD 中，输出指令用于并行输出，可连续使用多次。

3）立即输入(触点)指令

立即触点并不依赖于 S7 - 200 的扫描周期刷新，它会立即刷新。常开立即触点指令(LDI、AI 和 OI)和常闭立即触点指令(LDNI、ANI 和 ONI)在指令执行时得到物理输入值，但过程映像寄存器并不刷新。当物理输入点状态为 1 时，常开立即触点闭合；当物理输入点状态为 0 时，常闭立即触点闭合。常开立即指令(LDI、AI 和 OI)将物理输入值存入栈顶，而常闭立即指令(LDNI、ANI 和 ONI)将物理输入值取反，再存入栈顶。

4）立即输出指令

当指令执行时，立即输出指令(＝I)将新值同时写到物理输出点和相应的过程映像寄存器中。当立即输出指令执行时，物理输出点立即被置为能流值。在 STL 中，立即指令将栈顶的值立即复制到物理输出点的指定位上。"I"表示立即，当指令执行时，新值会同时被写到物理输出和相应的过程映像寄存器。这一点不同于非立即指令，只把新值写入过程映像寄存器。

(2) 指令说明

1）LD、LDN 和 ＝(Out)指令

① LD(Load)：装载指令，对应梯形图从左侧母线开始，连接动合(常开)触点。

② LDN(Load Not)：装载指令，对应梯形图从左侧母线开始，连接动断(常闭)触点。

③ ＝(Out)：输出指令，也是线圈驱动指令，必须放在梯形图的最右端。

梯形图应用示例如图 4 - 3 所示。

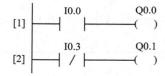

[1] 常用触点I0.0动作闭合，线圈Q0.0通电
[2] 常闭触点I0.3动作断开，线圈Q0.1断电

图 4 - 3　LD、LDN 和 ＝指令梯形图应用示例

LD、LDN 指令操作数为 I、Q、M、T、C、SM、S、V；

"＝"指令的操作数为 M、Q、T、C、SM、S。

LD 与 LDN 指令对应的触点一般与左侧母线相连，在使用堆栈指令时，用来定义与其他电路串并联的电路的起始触点。

"＝"指令不能用于输入继电器，线圈和输出类指令应放在梯形图的最右边。

2）A 和 AN 指令

① A(And)：逻辑"与"操作指令，用于动合(常开)触点的串联。

② AN(And Not)：逻辑"与非"操作指令，用于动断(常闭)触点的串联。

A 和 AN 指令梯形图应用示例如图 4-4 所示。

A AN(And Not)指令用于一个触点的串联，但串联触点的数量不限，这两个指令可连续使用。

A 和 AN 指令的操作数为 I、Q、M、T、C、SM、S、V。

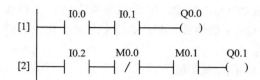

[1] 常开触点I0.0和I0.1都动作闭合后，线圈Q0.0通电。
[2] 常闭触点M0.0不动作，并且常用触点I0.0和M0.1动作闭合后，线圈Q0.1通电。

图 4 - 4　A 和 AN 指令梯形图应用示例

3）O 和 ON 指令

① O(OR)：逻辑"或"操作指令，用于动合（常开）触点的并联。

② ON(OR Not)：逻辑"或非"操作指令，用于动断（常闭）触点的并联。

O 和 ON 指令梯形图应用示例如图 4 - 5 所示。

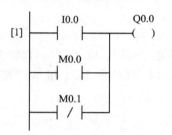

[1] 常开触点I0.0或M0.0动作闭合或者常闭触点M0.1不动作，线圈Q0.0通电。

图 4 - 5　O 和 ON 指令梯形图应用示例

O(OR)、ON(OR Not)是用于一个触点的并联连接指令。

串、并联指令可以用于 I、Q、M、T、C 和 S。

A 或 AN 指令用于单个触点与左边的电路串联，串联触点的个数没有限制。

在执行"＝"指令后，通过接点对其他线圈执行赋值指令，称为连续输出（又称为纵接输出）。例如在图 4 - 7 中，指令"＝ M0.0"之后通过 M0.0 的触点去驱动 Q0.0，为连续输出典型例子。只要按正确的次序设计电路，就可以重复使用连续输出。

O 和 ON 用于单个触点与前面电路的并联，并联触点的左端接到该指令所在的电路块的起始点（LD 点）上，右端与前一条指令对应的触点的右端相连。O 和 ON 指令总是将单个触点并联到它前面已经连接好的电路的两端。

（3）指令仿真及物理意义

1）LD 和＝组合程序

在编辑窗中输入如图 4 - 6 所示的指令。

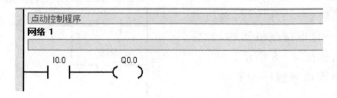

图 4 - 6　LD 和＝指令

将该程序转换后写入 PLC，运行该程序，若在 PLC 的 I0.0 端与地之间接一个按键或开关，则当按下按键时，PLC 的 I0.0 和 Q0.0 的指示灯亮；当松开按键时，指示灯灭。若 Q0.0 端驱动电机，该程序即为点动控制。当选择"在线"→"监视"→"监视模式"进入现场监视模式时，在梯形图显示窗口会观察到：当按动按键时，对应的 I0.0 和 Q0.0 图元符号变色。在列表显示窗口会观察到：当按动按键时，对应的 I0.0 和 Q0.0 的值在 OFF 和 ON 之间变化。这就是实时仿真效果。

当单击"查看"→STL 进入列表显示窗口时，显示的程序如下：

LD I 0.0
=   Q 0.0

由此可见，梯形图和语句表可相互转换，用指令编程还是用梯形图编程由个人爱好而定。为了节省篇幅，下面的程序只记录窗口中的梯形图和指令表。

2）LDN 和＝组合程序

在编辑窗中输入如图 4-7 所示的梯形图指令，该梯形图对应的语句表指令编程如下：

LDN I 0.1
=   Q 0.1

将该程序转换后写入 PLC，运行该程序的结果是：一开始 I0.1 指示灯常亮，若在 PLC 的 I0.1 端与地之间接一个按键或开关，则当按下按键时，PLC 的 I0.1 指示灯亮，Q0.1 指示灯灭；当反复按下、松开按键时，两指示灯交替亮和灭。

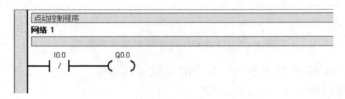

图 4-7 LDN 和＝指令

从上面的两个程序可以看出常开触点和常闭触点在使用上的区别。在继电器中常开触点和常闭触点是分开的两个真实触点，而在 PLC 中真实的触点（端口）只有一个，但是一个触点（端口）可作常开和常闭触点使用。在 PLC 中每个输入继电器 X 都有一个常开触点和一个常闭触点，而每个输出继电器都有一个线圈，以及一个常开触点和一个常闭触点，在编程时可沿用继电器的思维方式，但又要注意这些区别，时刻注意哪些是硬设备，哪些是软设备，以及硬设备和软设备在使用中的区别和联系。

例 4-2 启动保持程序。图 4-7 的程序是点动控制程序，所对应的电路为点动控制电路。当一直按住接于 I0.0 端口上的按键时，电机就一直运转；一松开按键，电机就停止。若要按键后一直保持电机运转，就要用到触点并联指令，如图 4-8 所示。

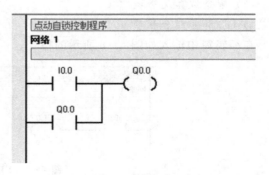

图 4-8 启动保持程序

对应图 4-8 的语句表程序如下：

LD   I0.0
O   Q0.0
=   Q0.0

将该程序转换后写入 PLC，运行该程序时 Q0.0 指示灯不亮。若在 PLC 的 I0.0 端与 24 V 之间接一个按键或开关，则当按下按键时，PLC 的 I0.0 指示灯亮，Q0.0 指示灯亮；当松开按键时,I0.0指示灯灭,Q0.0指示灯保持常亮。这就是自锁功能。

例4-2的物理意义很明显,但Q0.0是软硬件,没有真实的常开触点,这种连接为软连接。

例4-2中停电后Q0.0指示灯灭,当再通电时Q0.0指示灯不亮,即原来状态不能保持,若要停电后仍然能保持停电前的状态,可将保存继电器M0.0设置为断电数据保持,来实现这一功能。掉电后保存M存储区,如果位存储器(MB0~MB13)前14字节中的任何一个被指定为保持,则当S7-200掉电时,这些字节会被保存到永久存储器中。默认情况下,M存储器的前14位是不保持的。

例4-3　停电后启动保持程序。
例4-2中的程序作如图4-9所示的改动,编程时要在系统块中进行掉电保持设置。

输入程序后要对M0.0进行设置,设置时,对应的语句表程序如下:

```
LD    I0.0
O     M0.0
=     M0.0
=     Q0.0
```

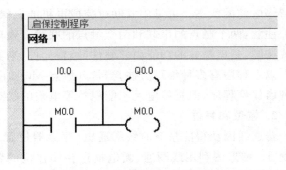

图4-9　停电后启动保持程序

将该程序转换后写入PLC,运行该程序时Q0.0指示灯不亮。当按下接在PLC的I0.0端与24 V之间的按键或开关时,PLC的I0.0指示灯亮,Q0.0指示灯亮;当松开按键或开关时,I0.0指示灯灭,Q0.0指示灯保持常亮。停电后Q0.0指示灯灭,当再通电时Q0.0指示灯亮,即停电后仍然能保持停电前的状态。在上面的程序中若不加第2句就不能实现上述功能,运行后Q0.0常亮,按键不起作用,停电后还能保持Q0.0常亮状态。能够实现停电保持功能的关键是使用了具有记忆保持功能的辅助继电器。

以上程序还不能实现人工停机功能,若要实现人工停机,则常用启保停电路。

例4-4　启保停程序如图4-10所示。

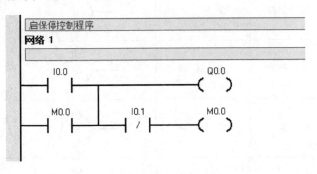

图4-10　启保停程序

对应的语句表程序如下:

```
LD    I0.0
O     M0.0
=     Q0.0
```

```
AN    I0.1
=     M0.0
```

该程序的物理意义是,接于输入端口 I0.0 与 24 V 之间的按键为启动按键,接于输入端口 I0.1 与 24 V 之间的按键为停止按键。将该程序转换后写入 PLC,运行该程序时,Q0.0 指示灯不亮,当按下接在 PLC 的 I0.0 端与 24 V 之间的按键或开关时,PLC 的 I0.0 指示灯亮,Q0.0 指示灯亮;当松开按键或开关时,I0.0 指示灯灭,Q0.0 指示灯保持常亮。当按下接在 PLC I0.1 端与 24 V 之间的按键或开关时,PLC 的 I0.1 指示灯亮,Q0.0 指示灯灭;当松开按键或开关时,I0.1 指示灯灭,Q0.0 指示灯灭,表示输入、输出全无,停止工作。停电后仍然能保持停电前的状态。可见串并联可完成电机的启保停控制功能。

注意:两个触点的串联和两个触点的并联在物理意义上是一样的,都是在触点上的两个开关或按键,是串是并的功能由软硬件(编程元件)来实现。

以上程序有多种编写方法,当常开触点 M0.0 由 Q0.0 取代,去掉 M0.0 输出线圈时,也是一种启保停程序,但是停电后不能保持停电前的状态。

2. 置位和复位

普通线圈获得能量流时线圈通电(存储器位置 1),能量流不能到达时,线圈断电(存储器位置 0),梯形图利用线圈通、断电描述存储器位的置位、复位操作。置位/复位指令是将线圈设计成置位线圈和复位线圈两大部分,将存储器的置位、复位功能分离开来。置位线圈受到脉冲前沿触发时,线圈通电锁存(存储器位置 1);复位线圈受到脉冲前沿触发时,线圈断电锁存(存储器位置 0),下次置位、复位操作信号到来前,线圈状态保持不变(自锁功能)。为了增强指令的功能,置位、复位指令将置位和复位的位数扩展为 N 位。指令格式如表 4 - 2 所列。

(1)指令使用方法

表 4 - 2 列出了常用置位和复位指令。

表 4 - 2   置位和复位指令

名 称	功 能	语句表	梯形图	操作元件
置位	动作保持	S bit N	—(bit S N)	I、Q、V、M、SM、S、T、C、L
立即置位	动作保持	SI bit N	—(bit SI N)	
复位	动作复位	R bit N	—(bit R N)	I、Q、V、M、SM、S、T、C、L
立即复位	动作复位	RI bit N	—(bit RI N)	Q

1)置位和复位

置位即置 1,复位即置 0。置位(S)和复位(R)指令将从指定地址开始的 N 个点置位或者复位。可以一次置位或者复位 1～255 个点。这两条指令在使用时需指明三点:操作性质、开始位和位的数量。N 的取值为 IB、QB、VB、MB、SMB、SB、LB、AC、* VD、* LD、* AC、常数。

当用复位指令时,如果是对定时器 T 位或计数器 C 位进行复位,则定时器位或计时器位被复位,同时,清除定时器或计数器的当前值。

例 4 - 5　置位/复位指令的应用实例,程序运行结果见时序分析。图 4 - 11 的程序说明:如 I0.0[1]常开触点接通,则线圈 Q0.0 通电(置 1)并保持该状态;当 I0.1[2]闭合时,线圈 Q0.0 断电(置 0)并保持该状态。

编程时,置位、复位线圈之间间隔的网络个数可以任意。置位、复位线圈通常成对使用,也可以单独使用或与指令盒配合使用。

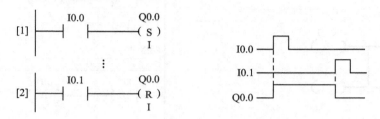

图 4 - 11　置位/复位指令应用程序段

2)立即置位和立即复位

立即置位和立即复位指令将从指定地址开始的 N 个点立即置位或者立即复位。可以一次置位或复位 1~128 个点。"I"表示立即,当指令执行时,新值会同时被写到物理输出和相应的过程映像寄存器。这一点不同于非立即指令,只把新值写入过程映像寄存器。

- SI:置位指令,使操作保持 ON 的指令。
- RI:复位指令,使操作保持 OFF 的指令。
- SI:指令用于 Q,RI 指令可以用于复位 Q。

(2)指令说明

对同一编程元件间,可以多次使用 S 和 R 指令,最后一次执行的指令将决定当前的状态。R 指令可以将数据寄存器 VD 和 VW 的内容复位,R 指令还用来复位定时器、T246~T255 和计数器。

S、R 指令的功能与数字电路中 R - S 触发器的功能相似,S 与 R 指令之间可以插入别的指令。如果它们之间没有别的指令,则后一条指令有效。

在任何情况下,R 指令都优先执行。当计数器处于复位状态时,输入的计数脉冲不起作用。如果不希望计数器和积累定时器具有断电保持功能,可以在用户程序开始运行时用初始化脉冲 SM0.1 将它们复位。

(3)指令仿真及物理意义

例 4 - 6　S/R 指令的应用(启保程序)如图 4 - 12 所示。

对应的语句表如下:

LD　I0.0
O 　M0.0
S 　Q0.0,1
= 　M0.0

例 4 - 5 中 I0.0 一接通,Q0.0 被驱动,保持接通状态,可完成启保功能。置位指令用在一个输入点控制多个输出点时最简便。以上指令只要将现在的 $N=1$ 改成 $N=7$ 就可使 Q0.0～Q0.7 八个输出同时被驱动。用 S/R 指令编写的启保停程序如图 4-13 所示。

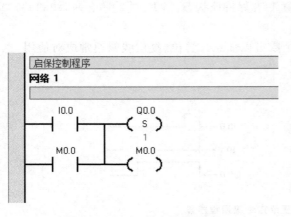

图 4-12　S/R 指令的应用(1)　　　　图 4-13　S/R 指令的应用(2)

对应的语句表如下：

LD　I0.0

O　　M0.0

S　　Q0.0,1

=　　M0.0

LD　I0.1

R　　Q0.0,1

立即 I/O 指令是直接访问物理输入/输出点的,比一般指令访问输入/输出映像寄存器占用 CPU 时间要长,因而不能盲目地使用立即指令,否则,会加长扫描周期时间,反而对系统造成不利影响。

3. 取反及跳变指令

(1) 指令使用方法

表 4-3 列出了取反及跳变指令。

表 4-3　取反及跳变指令

名　称	功　能	语句表	梯形图	操作元件
正跳变触点	上升沿微分输出	EU	―| P |―	无
负跳变触点	下降沿微分输出	ED	―| N |―	无
取反	将栈顶值取反	NOT	―|NOT|―	无

1) 取反(NOT)

取反触点将它左边电路的逻辑运算结果取反,运算结果若为 1 则变为 0,若为 0 则变为 1。

由于运算结果在栈顶,相当于对栈顶值取反。

2）边沿触发指令（EU、ED）

边沿触发是指用边沿触发信号产生一个机器周期的扫描脉冲,通常用作脉冲整形。边沿触发指令分为上升沿触发指令 EU 和下降沿触发指令 ED 两类。

（2）指令说明

正跳变指令 ┤P├ 检测到左边的逻辑运算结果的一次正跳变（触点的左边输入信号由 0 变为 1）,触点接通一个扫描周期。负跳变指令 ┤N├ 检测到左边的逻辑运算结果的一次负跳变（触点的左边输入信号由 1 变为 0,触点接通一个扫描周期。对于正跳变指令,一旦发现有正跳变发生（由 0 到 1）,该栈顶置被置 1,否则置 0。对于负跳变指令,一旦发现有负跳变发生（由 1 到 0）,则该栈顶值被置 1,否则置 0。

边沿触发指令应用示例如图 4-14 所示。

I0.3 的上升沿,触点（EU）产生一个扫描周期的时钟脉冲,驱动输出线圈 Q0.0 通电一个扫描周期。

I0.3 的下降沿,触点（ED）产生一个扫描周期的时钟脉冲,一个扫描周期,时序分析如图 4-14 所示。

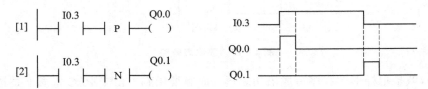

图 4-14　边沿触发指令的应用示例及时序图

对于运行模式下编辑（在 RUN 模式下编辑应用程序）,必须为正跳变指令和负跳变指令输入参数。

取反指令（NOT）改变能流输入的状态（也就是说,它将栈顶值由 0 变为 1,由 1 变为 0）。

（3）指令仿真及物理意义

例 4-7　由一个按键控制启动停止程序,画出 M0.1 和 Q0.0 的波形。

假设图 4-15 中 Q0.0 的初始状态为 OFF,在 I0.0 由 OFF 变为 ON 的第一个上升沿,I0.0 的上升沿检测触点闭合一个扫描周期,但是 Q0.0 的常开触点断开,所以执行完第一行的电路后,M0.1 为 OFF。因为启保停电路中 I0.0 的上升沿触点和 M0.1 的常闭触点均接通,故 Q0.0 的线圈"通电"并保持。从上升沿之后的第二个扫描周期开始,因为 I0.0 的上升沿检测触点一直断开,故 M0.1 一直为 OFF。

在 I0.0 的第二个上升沿,I0.0 的上升沿检测触点和 Q0.0 的常开触点均闭合,所以执行完第一行的电路后,M0.1 为 ON,其常闭触点断开,使 Q0.0 的线圈"断电"。在第二个上升沿之后的第二个扫描周期和以后的扫描周期,I0.0 的上升沿检测触点断开,使 M0.1 变为 OFF,其常闭触点闭合,但是因为启保停电路的启动触点断开,故 Q0.0 一直为 OFF。

在 I0.0 的第三个上升沿,重复第一个上升沿的过程,因此 Q0.0 的状态交替变化,变化的频率是 I0.0 的 1/2。这个电路有分频功能,可以用于用一个按钮控制设备的启动和停止的场合。

4. 逻辑块指令

逻辑块指令又称复杂逻辑指令,没有梯形图形式,只有语句表形式。一般在梯形图程序中

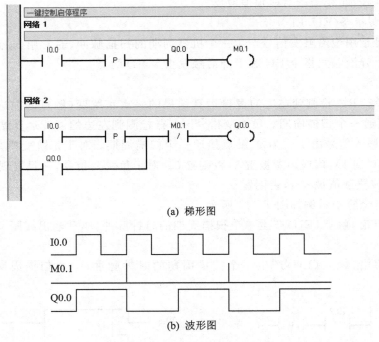

(a) 梯形图

(b) 波形图

图 4 - 15 双稳态电路

体现不出来,但是把梯形图程序写成语句表形式时就要用到。由于 PLC 本质上是按语句表程序的逻辑来运行的,所以有必要理解复杂逻辑指令的特点,掌握其用法。

(1) 指令使用方法

表 4 - 4 列出了栈装载或、栈装载与指令。

表 4 - 4 栈装载或、栈装载与指令

名　称	功　能	语句表	梯形图	操作元件
栈装载或	电路块并联连接	OLD		无
栈装载与	电路块串联连接	ALD		无

(2) 指令说明

1) 栈装载与指令 ALD

ALD,栈装载与指令(与块)。在梯形图中用于将并联电路块(两个以上触点并联连接的电路称为并联电路块)进行串联连接。

栈装载与指令对堆栈中第一层和第二层的值进行逻辑与操作,结果放入栈顶。执行完栈装载与指令之后,栈深度减 1。指令 ALD 的执行如表 4 - 5 所列。栈装载与指令可以解决并联控制电路的分支问题。

表 4 - 5 指令 ALD 的执行

名　称	执行前	执行后	说　明
Stack0	1	0	
Stack1	0	S2	
Stack2	S2	S3	假设执行前,S0＝1,S1＝0,本指令对堆栈中的第一层
Stack3	S3	S4	S0 和第二层 S1 的值进行逻辑与运算,结果放回栈
Stack4	S4	S5	顶,即
Stack5	S5	S6	S0＝S0 * S1＝1 * 0＝0
Stack6	S6	S7	执行完本指令后堆栈串行上移 1 格,深度减 1
Stack7	S7	S8	
Stack8	S8	X	

分支电路并联电路块与前面电路块串联连接时使用 ALD 指令。各并联电路块的起点,使用 LD 或 LDN 指令,ALD 指令也不带操作元件;如需要将多个电路块串联连接,应在每个串联电路块之后使用一个 ALD 指令,用这种方法编程时串联电路块的个数没有限制;若集中使用 ALD 指令,则最多使用 7 次。

2) 栈装载或指令 OLD

OLD,栈装载或指令(或块),串联电路块(两个以上触点串联形成的支路称为串联电路块)的并联连接。OLD 指令不需要地址,它相当于要并联的两块电路右端的一段垂直连线。

栈装载或指令对堆栈中第一层和第二层的值进行逻辑或操作,结果放入栈顶。执行完栈装载或指令之后,栈深度减 1。栈装载或指令可以解决多分支电路的汇合问题。指令 OLD 的执行如表 4 - 6 所列。

表 4 - 6 指令 OLD 的执行

名　称	执行前	执行后	说　明
Stack0	1	0	
Stack1	0	S2	
Stack2	S2	S3	假设执行前,S0＝1,S1＝0,本指令对堆栈中的第一层
Stack3	S3	S4	S0 和第二层 S1 的值进行逻辑或运算,结果放回栈
Stack4	S4	S5	顶,即
Stack5	S5	S6	S0＝S0＋S1＝1＋0＝1
Stack6	S6	S7	执行完本指令后堆栈串行上移 1 格,深度减 1
Stack7	S7	S8	
Stack8	S8	X	

两个以上触点串联连接的电路称为串联电路块。两个串联电路块并联连接时使用 OLD 指令。OLD 指令是一种独立指令,其后不带操作元件号。因此,OLD 指令不表示触点,可以看成电路块之间的一段连接线。如需要将多个电路块并联连接,则应在每个并联电路块之后

使用一个 OLD 指令,用这种方法编程时并联电路块的个数没有限制;也可将所有要并联的电路块依次写出,然后在这些电路块的末尾集中写出 OLD 的指令,但这时 OLD 指令最多使用 7 次。

3) ALD 和 OLD 指令的用法

二者可以分开或集中使用。分开使用时不加限制,集中使用时不能超过 7 次。

4) ALD 和 OLD 指令的特点

二者都是独立操作的指令,无操作数。

例 4-8 两地互锁点动控制程序——电路块的并联编程。

梯形图编程如图 4-16 所示。

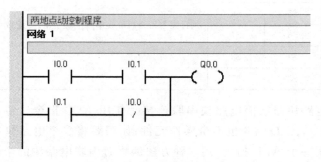

图 4-16 电路块的并联程序

对应的语句表程序如下:

LD I0.0
AN I0.1
LD I0.1
AN I0.0
OLD
=   Q0.0

(3) 栈装载或指令仿真及物理意义

块电路的并联在物理意义上是两地控制,接于该 PLC 输入端口 I0.0、I0.1 与 24 V 之间的按键为启动按键,将该程序转换后写入 PLC,运行该程序时 Q0.0 指示灯常不亮,分别按下接在 PLC 的 I0.0 或 I0.1 端与 24 V 之间的按键或开关时,PLC 的 Q0.0 指示灯亮;当松开任何按键时,Q0.0 指示灯灭。两键互锁,当只有一个按键按下时,Q0.0 指示灯亮。

例 4-9 多地组合点动控制——块的串联编程。

梯形图程序如图 4-17 所示。

对应的语句表程序如下:

LD I0.0
O   I0.1
LD I0.2
O   I0.3
ALD
=   Q0.0

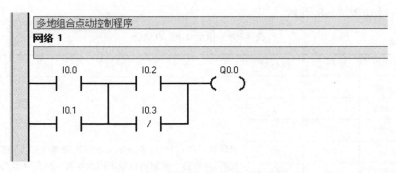

图 4 - 17 块的串并联混合编程

（4）栈装载与指令仿真及物理意义

块电路的串联在物理意义上是多地组合控制，接于该 PLC 输入端口 I0.0、I0.1、I0.2、I0.3 与 24 V 之间的按键为启动按键，将该程序转换后写入 PLC，运行该程序时 Q0.0 指示灯常不亮，只有同时按下接在 PLC 的 I0.0 和 I0.2 或 I0.1 和 I0.3 端与 24 V 之间的按键或开关时，PLC 的 Q0.0 指示灯亮；当松开任何按键时，Q0.0 指示灯灭。

5. 堆栈操作指令

（1）指令使用方法

LPS(Push)、LRD(Read)和 LPP(Pop)指令分别是进栈、读栈和出栈指令，如表 4 - 7 所列。

表 4 - 7 栈操作指令

名 称	功 能	语句表	梯形图	操作元件
进栈	进栈	LPS		无
读栈	读栈	LRD		无
出栈	出栈	LPP		无

没有梯形图形式，只有语句表形式。用编程软件生成梯形图程序后，在转换为指令表程序时，编程软件会自动加入 LPS、LRD 和 LPP 指令。写入指令表程序时，必须由用户来写入 LPS、LRD 和 LPP 指令。

1）逻辑推入栈指令 LPS

LPS，逻辑推入栈指令（分支或主控指令），用于存储电路中有分支处的逻辑运算结果，以便以后处理有线圈的支路时，可以调用该运算结果。

在梯形图中的分支结构中，用于生成一条新的母线，当左侧为主控逻辑块时，第一个完整的逻辑行从此处开始。

注意：使用 LPS 指令时，本指令为分支的开始，以后必须有分支结束指令 LPP，即 LPS 与 LPP 指令必须成对出现。

逻辑推入栈指令复制栈顶的值，并将这个值推入栈，栈底的值被推出并消失。使用一次 LPS 指令，当时的逻辑运算结果压入堆栈的第一层，堆栈中原来的数据依次向下一层推移。

指令 LPS 的执行如表 4-8 所列。

表 4-8　指令 LPS 的执行

名　称	执行前	执行后	说　明
Stack0	1	1	
Stack1	S1	1	
Stack2	S2	S1	
Stack3	S3	S2	假设执行前,S0=1,本指令对堆栈中的第一层 S0 进行
Stack4	S4	S3	复制,并将这个复制值由栈顶压入堆栈。执行完本指令
Stack5	S5	S4	后堆栈串行下移 1 格,深度加 1,原来的栈底 S8 内容将
Stack6	S6	S5	自动丢失
Stack7	S7	S6	
Stack8	S8	S7	

2）逻辑弹出栈指令 LPP

LPP,逻辑弹出栈指令(分支结束或主控复位指令),存储在堆栈最上层的电路中的分支点对应的运算结果,将下一触点连接在该点,并从堆栈中去掉该点的运算结果。

梯形图的分支结构,用于将 LPS 指令生成一条新的母线进行恢复。

注意:使用 LPP 指令时,LPP 必须出现在 LPS 的后面,与 LPS 成对出现。

逻辑弹出栈指令弹出栈顶的值,堆栈的第二个栈值成为新的栈顶值。指令 LPP 的执行如表 4-9 所列。

表 4-9　指令 LPP 的执行

名　称	执行前	执行后	说　明
Stack0	0	1	
Stack1	1	S1	
Stack2	S1	S2	
Stack3	S2	S3	假设执行前,S0=1,S1=1。本指令对堆栈中的第一层
Stack4	S3	S4	S0 弹出,则第二层 S1 的值上升进入栈顶,即 S0=S1=
Stack5	S4	S5	1。执行完本指令后堆栈串行上移 1 格,深度减 1,原来
Stack6	S5	S6	的栈底 S8 内容将生成一个随机值
Stack7	S6	S7	
Stack8	S7	X	

3）逻辑读栈指令 LRD

LRD,逻辑读栈指令。在梯形图中的分支结构中,当左侧为主控逻辑块时,从第二个从逻辑块开始,后面更多的是从逻辑块。

逻辑读栈指令复制堆栈中的第二个值到栈顶。堆栈没有推入栈或者弹出栈操作,但旧的栈顶值被新的复制值取代。LRD 指令读取存储在堆栈最上层的电路中分支点处的运算结果,将下一个触点强制连接在该点。指令 LRD 的执行如表 4-10 所列。

表 4 - 10 指令 LRD 的执行

名　称	执行前	执行后	说　明
Stack0	1	0	
Stack1	0	0	
Stack2	S2	S2	
Stack3	S3	S3	假设执行前,S0＝1,1＝0。本指令对堆栈中的第二层
Stack4	S4	S4	S1 复制,然后将该值放入栈顶,本指令不对堆栈进行压
Stack5	S5	S5	入和弹出操作,即 S0＝S1＝0。执行完本指令后堆栈不
Stack6	S6	S6	串行上移或下移,除栈顶值外,其余部分值不变
Stack7	S7	S7	
Stack8	S8	S8	

（2）指令说明

① 在西门子系列 PLC 中有多个存储器,它们用来存储运算的中间结果,被称为栈存储器。

② 使用一次 LPS 指令,便将此刻的运算结果送入堆栈的第一层,而将原存在第一层的数据移到堆栈的下一层。

③ 使用 LPP 指令时,堆栈中各层的数据向上移动一层,最上层的数据被读出,同时该数据就从堆栈内最上层消失。

④ LRD 指令用来读出最上层的最新的数据,此时堆栈内的数据不移动。

⑤ LPS、LRD 和 LPP 指令都是独立指令,即不带操作数的指令。

⑥ LPS 和 LPP 必须成对使用,连续使用不能超过 11 次。

（3）指令仿真及物理意义

在对分支多面输出电路编程时,可应用这组指令。它们用于多输出电路。

串联和并联指令用来描述单个触点与其他触点或触点组成的电路的连接关系。

例 4 - 10 和例 4 - 11 分别给出了使用一层栈和使用多层栈的例子。每一条 LPS 指令都必须有一条对应的 LPP 指令,处理最后一条支路时必须使用 LPP 指令,而不是 LRD 指令。

在一块独立电路中,用进栈指令同时保存在堆栈中的运算结果不能超过 11 个。

用编程软件生成梯形图程序后,如果将图 4 - 19 转换为指令表程序,则编程软件会自动加入 LPS、LRD 和 LPP 指令。写入指令表程序时,必须由用户来写入 LPS、LRD 和 LPP 指令。

例 4 - 10 图 4 - 18 为启保停控制程序（一层堆栈应用程序）。

对应的语句表程序如下:

LD　I0.0
O　　M0.0
LPS
AN　I0.1
＝　　M0.0
LPP
＝　　Q0.0

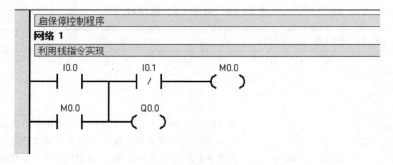

图 4 - 18 启保停控制程序

该题与例 4 - 4 在功能上一样，只是编程方法改动一下，就成了一层堆栈程序。

例 4 - 11 图 4 - 19 为多层堆栈电路应用。

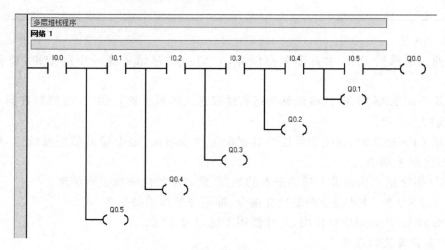

图 4 - 19 多层堆栈梯形图

对应的语句表程序如下：

LD　I0.0

LPS

A　I0.1

LPS

A　I0.2

LPS

A　I0.3

LPS

A　I0.4

LPS

A　I0.5

=　Q0.0

LPP

=　Q0.1

```
LPP
=    Q0.2
LPP
=    Q0.3
LPP
=    Q0.4
LPP
=    Q0.5
```

　　该题是多层堆栈的最好实例,它的功能最好理解,6层结构,当接在PLC的I0.0~I0.5端与24 V之间的6个按键或开关同时接通时,PLC输出端Q0.0~Q0.5的6个指示灯全亮;当松开I0.0按键时,所有指示灯全灭。按键从I0.0顺次按下时,指示灯从Q0.0顺次点亮。

6. RS、SR 双稳态触发指令

　　RS触发器和SR触发器都具有置位与复位的双重功能。RS触发器是复位优先,当置位(S)和复位(R)同时为真时,输出为假。SR触发器是置位优先触发器,当置位(S)和复位(R)同时为真时,输出为真。如图4-20(a)所示为RS、SR双稳态触发指令应用梯形图。其时序图如图4-20(b)所示。从时序图中可以看出,RS触发器是复位优先,而SR触发器是置位优先。

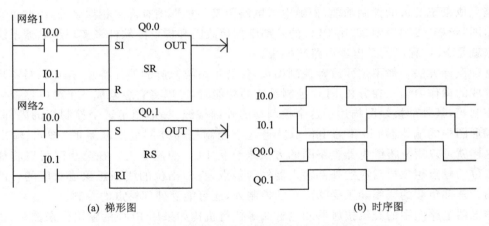

(a) 梯形图　　　　　　　　　　(b) 时序图

图 4-20　RS、SR 双稳态触发指令应用梯形图和时序图

7. 其他指令

　　① NOP(Non Processing)为空操作指令。使该步序做空操作。执行完清除用户存储器的操作后,用户存储器的内容全部变为空操作指令。

　　在程序中先插入一些空操作指令,改动或追加程序时,可以减少程序号的改变口。注意,当LD、LDI、ANB、ORB等指令换成NOP指令时,电路构成将有较大变化,执行清屏操作后,全部指令都变成NOP。

　　② END(End)为结束指令,将强制结束当前的扫描执行过程。若不写ENO指令,将从用户程序存储器的第一步执行到最后一步;将END指令放在程序结束处,只执行第一步至END这一步之间的程序,使用END指令可以缩短扫描周期。

　　在调试程序时可以将END指令插在各段程序之后,从第一段开始分段调试,调试好以后必须删去程序中间的END指令,这种方法对程序的查错也很有用处。插入END指令时应注

意是否会影响被调试的那部分程序的完整性。

4.3.4　辅助继电器 M

在逻辑运算中,经常需要用到辅助继电器。辅助继电器的功能与传统的继电器控制线路中的中间继电器相同。辅助继电器与外部没有任何联系,不可能直接驱动任何负载。每个辅助继电器对应着数据存储区的一个基本单元,它可以由所有的编程元件的触点(当然包括它自己的触点)来驱动。它的状态同样可以无限制地使用。借助于辅助继电器,可在输入、输出之间建立复杂的逻辑关系和连锁关系,以满足不同的控制要求。在 S7-200 系列 PLC 中,有时也称辅助继电器为位存储区的内部标志位,所以辅助继电器一般以位为单位使用,采用"字节,位"的编址方式,每一个位相当于一个中间继电器,S7-200 系列 PLC PU22X 的辅助继电器的数量为 256 个。辅助继电器也可以字节、字、双字为单位,作存储数据用。

4.3.5　PLC 程序的继电器电路转换法

PLC 程序设计常用的方法主要有继电器控制电路转换为梯形图法、经验设计法、顺序控制设计法等。下面介绍 PLC 程序的继电器电路转换法。

梯形图与继电器电路图极为相似,如果用 PLC 改造继电器控制系统,则根据继电器电路图设计梯形图是一条捷径。这是因为原有的继电器控制系统经过长期的使用和考验,已经被证明能完成系统要求的控制功能,而继电器电路图又与梯形图有许多相似之处,因此可将继电器电路图"翻译"成梯形图,即用 PLC 的外部硬件接线图和梯形图软件来实现继电器系统的功能。这就是 PLC 程序的继电器电路转换法。

这种设计方法一般不需要改动控制面板,保持了系统原有的外部特性,操作人员不用改变长期养成的操作习惯。在分析 PLC 控制系统的功能时,可以将它想象成一个继电器控制系统中的控制箱,其外部接线图描述了这个控制箱的外部接线,梯形图是这个控制箱的内部"线路图",梯形图中的输入位(I)和输出位(Q)是这个控制箱与外部世界联系的"输入、输出继电器",这样就可以用分析继电器电路图的方法来分析 PLC 控制系统。在分析时可以将梯形图中输入位的触点想象成对应的外部输入器件的触点,将输出位的线圈想象成对应的外部负载的线圈。外部负载的线圈除了受梯形图的控制外,还可能受外部触点的控制。

继电器电路图中的交流接触器和电磁阀等执行机构如果用 PLC 的输出位来控制,则它们的线圈接在 PLC 的输出端。按钮、控制开关、限位开关、光电开关等用来给 PLC 提供控制命令和反馈信号,它们的触点接在 PLC 的输入端。继电器电路图中的中间继电器和时间继电器的功能用 PLC 内部的存储器位(M)和定时器(T)来完成,它们与 PLC 的输入位、输出位无关。

1. 继电器电路图转换为功能相同的 PLC 的外部接线图和梯形图的步骤

① 了解和熟悉被控设备的工艺过程和机械的动作情况。

② 确定 PLC 的输入信号和输出负载,画出 PLC 外部接线图。

③ 确定与继电器电路图的中间继电器、时间继电器对应的梯形图中的存储器位和定时器的地址。

④ 根据上述对应关系,在继电器电路图的基础上改画出梯形图。

⑤ 优化梯形图。

2. 根据继电器电路图设计 PLC 外部接线图和梯形图时应注意的问题

（1）正确确定 PLC 的输入信号和输出负载

热继电器 FR 的触点可以放在输入回路，如果是需要手动复位的热继电器，它的常闭触点也可以放在输出回路，与对应的接触器的线圈串联。时间继电器 KT 的功能用 PLC 内部定时器实现，它们的线圈不应在输出回路中出现。

（2）输入触点类型的选择

应尽可能用常开触点提供输入信号，但有的信号使用常闭触点可能更可靠一些。如果使用极限开关的常开触点来防止机械设备冲出限定的区域，常开触点接触不好时起不到保护作用，使用常闭触点则更安全一些。

（3）硬件互锁电路

例如，将电动机的正转、反转接触器的常闭触点串接在对方的线圈回路内。

（4）梯形图结构的选择

在梯形图中，为了简化电路和分离各线圈的控制电路，可以在梯形图中增加类似"中间继电器"的存储位。将继电器电路图"翻译"成梯形图后，进一步将梯形图加以优化或简化。

（5）应考虑 PLC 的工作特点

继电器电路可以并行工作，而 PLC 的 CPU 是串行工作，即 CPU 同时只能处理 1 条指令，而且 PLC 在处理指令时有先后次序。

（6）时间继电器瞬动触点的处理

时间继电器的瞬动触点在时间继电器的线圈通电的瞬间动作，它们的触点符号上无表示延时的圆弧。PLC 的定时器触点虽然与普通触点的符号相同，但它们是延时动作的。

在梯形图中，可以在时间继电器对应的定时器功能块的两端并联存储器位 M 的线圈，用 M 的触点模拟时间继电器的瞬动触点。

（7）尽量减少 PLC 的输入信号和输出信号

减少输入信号和输出信号的点数是降低硬件费用的主要措施。如具有手动复位功能的热继电器的常闭触点可采用与继电器电路相同的方法，将它放在 PLC 输出回路，与相应接触器的线圈串联，而不是将它们作为 PLC 的输入信号，这样可节约 PLC 的一个输入点。

（8）梯形图的优化设计

① 在触点的串联电路中，单个触点应放在右边。

② 在触点的并联电路中，单个触点应放在下面。

③ 在线圈的并联电路中，单个线圈应放在线圈与触点串联电路的上面。

（9）外部负载的额定电压

PLC 的继电器输出模块和双向晶闸管输出模块只能驱动额定电压 AC 220 V 的负载，如原有的交流接触器线圈电压为 380 V，则应将线圈换成 220 V 的，或设置外部中间继电器。

4.3.6　程序设计的经验设计法

在 PLC 发展的初期，人们沿用设计继电器-接触器电路图的方法来设计梯形图程序，即在已有的一些典型梯形图的基础上，根据被控对象对控制的要求，不断地修改和完善梯形图。有时需要多次反复地调试和修改梯形图，不断地增加中间编程元件和触点，最后才能得到一个较为满意的结果。这种方法没有普遍的规律可循，设计所用的时间、设计的质量与编程者的经验有很大的关系，所以有人把这种设计方法称为经验设计法。它可以用于逻辑关系较简单的梯形图程序设计。

用经验设计法设计 PLC 程序时大致可以按下面几步来进行：

① 分析控制要求,确定输入、输出设备,绘制电气原理图;

② 引入典型单元梯形图程序;

③ 修改、完善程序,以满足控制要求。

经验设计法对于一些简单的程序设计是比较有效的,可以快速地完成程序设计。但是由于这种方法主要是依靠设计人员的经验进行设计,所以对设计人员的要求也就比较高,特别是要求设计者有一定的实践经验,对工业控制系统和工业上常用的各种典型环节比较熟悉。经验设计法没有规律可遵循,具有很大的探索性和随意性,往往需经多次反复修改和完善才能符合设计要求,所以设计的结果往往不很规范,且因人而异。

4.4　工作任务

任务 1　三相异步电动机的点动与长动控制

1. 任务目标

（1）知识目标

① 掌握 S7-200 系列 PLC 的输入继电器和输出继电器的应用;

② 掌握 LO、LON、OUT 指令的含义。

（2）技能目标

① 掌握三相异步电动机点动和连续运行的硬件电路的连接;

② 学会三相异步电动机点动和连续运行程序的编写及程序录入。

2. 任务描述

在工业现场,点动与连续单向运行、正反转双向运行是电动机运行控制中最基本的控制环节,是构成机电控制电路的基本单元。图 4-21 所示为三相异步电动机点动运行控制电路,SB 为启动按钮,KM 为交流接触器。启动时,合上 QS,引入三相电源。按下 SB,KM 线圈得电,主触头闭合,电动机 M 接通电源直接启动运行;松开 SB,KM 线圈断电释放,KM 常开主触头释放,三相电源断开,电动机 M 停止运行。

图 4-22 所示为三相异步电动机连续运行控制电路。启动时,合上 QS,引入三相电源。按下 SB2,交流接触器 KM 线圈得电,主触头闭合,电动机接通电源直接启动。同时,与 SB2 并联的 KM 常开辅助触头闭合,使接触器 KM 线圈有两条路通电。这样即使手松开 SB2,接触器 KM 线圈仍可通过自己的辅助触头继续通电,保持电动机的连续运行。按下 SB1,KM 失电,电动机 M 停止运行。

任务要求用 PLC 来实现如图 4-21 所示的三相异步电动机点动运行控制电路和如图 4-22 所示的三相异步电动机连续运行控制电路。

3. 任务实施

（1）任务分析

点动与连续运行的主电路相同,若用 PLC 替代控制电路部分,只需将按钮控制信号送入 PLC 输入端,将接触器线圈作为被控装置接到 PLC 的输出端,然后对 PLC 编制控制程序即可。

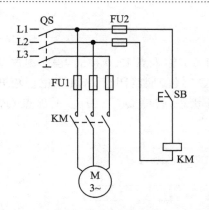

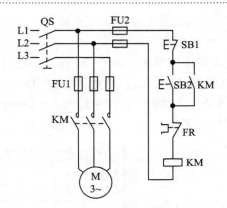

图 4 - 21　三相异步电动机点动运行控制电路　　图 4 - 22　三相异步电动机连续运行控制电路

（2）PLC 的 I/O 地址分配

对点动来说，一个按钮和一个接触器，需要一个输入端子和一个输出端子，连续运行的两个按钮和一个接触器则需要两个输入端子和一个输出端子，此时 PLC 的 I/O 地址分配表如表 4 - 11 所列。复杂系统可能有几十上百个甚至更多的现场控制信号和被控设备，每一个元件都需要分配一个固定编号的 I/O 端子与其相连接。

表 4 - 11　三相异步电动机连续运行控制系统 PLC 的 I/O 地址分配表

点动控制				长动控制			
输　入		输　出		输　入		输　出	
启动 SB	I0.0	KM	Q0.0	停止 SB1	I0.1	KM	Q0.0
				启动 SB2	I0.2		

（3）PLC 的选型

根据 I/O 资源的配置，系统共有两个开关量输入信号、两个开关址输出信号。考虑 I/O 资源利用率及 PLC 的性价比要求，选用西门子 S7 - 200 系列 CPU221 AC/DC/RLY 型 PLC。

（4）系统电气原理图

与继电器接触器控制系统相比，PLC 控制系统的硬件要简单得多。控制信号与被控设备之间的逻辑关系都在程序中实现。根据 I/O 地址分配表画出的电路原理图如图 4 - 23 所示。

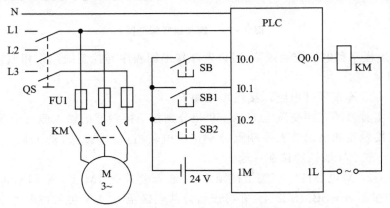

图 4 - 23　三相异步电动机连续运行控制系统电气原理图

97

（5）梯形图程序设计和系统调试

1）点动程序

点动程序梯形图如图 4-24 所示。按下启动按钮 SB，输入点 I0.0 接通，程序中的动合触点 I0.0 闭合，线圈 Q0.0 得电，输出点 Q0.0 对应的 KM 线圈回路闭合，KM 得电。松开按钮 SB，输入点 I0.0 断开，程序中的触点 I0.0 复位为断开状态，线圈 Q0.0 失电，输出点 Q0.0 对应的 KM 也断电。

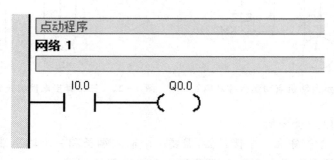

图 4-24　点动程序梯形图

2）连续运行程序

连续运行梯形图如图 4-25 所示。按下启动按钮 SB2，输入点 I0.2 接通，程序中的动合触点 I0.2 闭合，且 I0.1 的动断触点处在闭合状态，线圈 Q0.0 得电，输出点 Q0.0 对应的 KM 线圈回路闭合，KM 得电，同时动合触点 Q0.0 闭合。松开按钮 SB2，输入点 I0.2 断开，程序中的触点 I0.2 复位为断开状态，线圈 Q0.0 在触点 Q0.0 闭合的作用下仍然处于得电状态，即实现连续运行。按下停止按钮 SB1，输入点 I0.1 接通，程序中的动断触点 I0.1 断开，线圈 Q0.0 断电，输出点 Q0.0 对应的 KM 也断电。

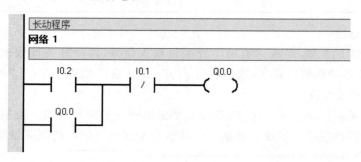

图 4-25　连续运行梯形图

对比梯形图程序和电气控制线路，可以发现梯形图程序与控制线路很相似。

3）系统调试

① 按图 4-23 连接硬件电路。接线步骤如下：

步骤 1：将实验台的三相交流电 U、V、W 相分别接至接触器的输入侧三个端点上。

步骤 2：将接触器的输出侧三个端点分别接至电动机（星形接法）的 U1、V1、W1 相上，并将电动机的另外三个接线柱短接在一起。

步骤 3：将 +24 V 电源的"+"端子接至 PLC 输入公共端 1M 上，将 PLC 的输入点 I0.0、I0.1、I0.2 分别接至 SB、SB1、SB2 上，并将按钮公共端接至 +24 V 电源的"-"端子。

步骤 4：将电源的零线 N 接至 PLC 的输出公共端 1L 上，将 PLC 输出点 Q0.0 接至接触器的线圈一端,将接触器线圈另外一端接至电源 U 相上。

步骤 5:连接好 PLC 到计算机的数据线(PC/PPI 或 USB/PPI)。

步骤 6:打开 PLC 的 24 V 电源。

② 应用 Micro/WIN 软件将点动程序下载到 PLC 中并运行,按动按钮 SB 观察电动机运行情况是否与设计要求相符。

步骤 1:打开 Micro/WIN 软件,新建项目并另存为"点动.MWP"。

步骤 2:将点动程序录入 Micro/WIN 软件的主程序。

步骤 3:单击编译按钮。

步骤 4:当窗口下方出现"总错误数目:0"之后,单击下载按钮,之后出现的对话框都单击"是"按钮。

步骤 5:合上主电路电源开关(按钮)。

步骤 6:按动按钮 SB,观察电动机运行情况是否符合要求,如不符,则修改使之达到要求。

③ 应用 Micro/WIN 软件将连续运行程序下载到 PLC 中并运行,分别按动 SB1、SB2 观察电动机运行情况是否与设计要求相符。

步骤 1:打开 Micro/WIN 软件,新建项目并另存为"连续运行.MWP"。

步骤 2:将连续运行程序录入 Micro/WIN 软件的主程序。

步骤 3:单击编译按钮。

步骤 4:当窗口下方出现"总错误数目:0"之后,单击下载按钮,之后出现的对话框都单击"是"按钮。

步骤 5:合上主电路电源开关(按钮)。

步骤 6:按动按钮 SB1、SB2,观察电动机运行情况是否符合设计要求,如不符,则修改使之达到设计要求。

任务 2 三相异步电动机的正反转控制

1. 任务目标

(1) 知识目标

① 掌握 A、AN、O、ON 指令的含义;

② 了解 ALO、OLD 指令的含义。

(2) 技能目标

① 掌握三相异步电动机正反转运行的硬件电路的连接;

② 能用经验设计法设计、调试三相异步电动机正反转运行程序。

2. 任务描述

三相交流异步电动机的正反转控制是电动机控制的基本环节之一,通过电动机的正反转控制可以控制生产机械的前后、左右、上下等的往复运动,从而控制生产机械的基本运动方式,如电梯的上升和下降,机床主轴的前进和后退,工作台的前后、左右、上下移动等都是电动机正反转运行的结果。掌握使用 PLC 控制三相交流异步电动机的正反转是本课程最基本的要求之一,对以后的学习和工作都具有非常重要的意义。图 4-26 所示为三相异步电动机正反转运行电路。启动时,合上 QS,按下正转按钮 SB2,KM1 线圈得电,其常开触点闭合,电动机正转并实现自锁。当需要反转时,按下反转按钮 SB3,KM1 线圈断电,KM2 线圈得电自锁,电动机反转。按钮 SB1 为总停止按钮。

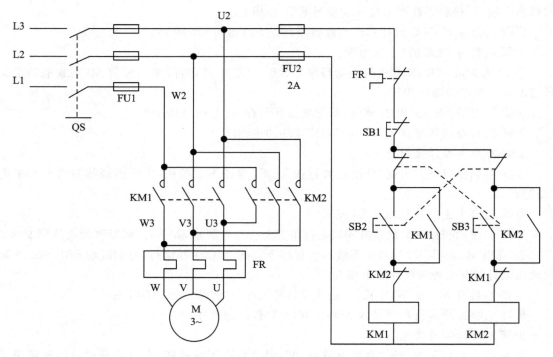

图 4-26   三相异步电动机正反转运行电路

3. 任务实施

（1）任务分析

三相异步电动机要实现正转和反转，只需在主电路中用两个交流接触器接通不同相序的电源即可。两个接触器的线圈由 PLC 来驱动，正转启动、反转启动及停止按钮与两个线圈的逻辑关系则由程序实现。

（2）PLC 的 I/O 地址分配

由上述控制要求可知，PLC 需要三个输入信号、两个输出信号，三相异步电动机正反转控制系统 PLC 的 I/O 地址分配如表 4-12 所列。

表 4-12   三相异步电动机正反转控制系统 PLC 的 I/O 地址分配表

输　入			输　出		
元件符号	地　址	作　用	元件符号	地　址	作　用
按钮 SB1	I0.0	正转启动	KM1	Q0.0	正转接触器
按钮 SB2	I0.1	反转启动	KM2	Q0.1	反转接触器
按钮 SB3	I0.2	停止			

（3）PLC 的选型

根据 I/O 资源的配置，系统共有三个开关量输入信号、两个开关量输出信号。考虑 I/O 资源利用率及 PLC 的性价比要求，选用西门子 S7-200 系列 CPU221 型 PLC。

（4）系统电气原理图

与继电接触控制系统相比，PLC 控制系统的硬件要简单得多，且控制信号与被控设备之间的逻辑关系都在程序中实现。根据 I/O 地址分配表画出的电气原理图如图 4-27 所示。为了防止正反转电路两个接触器同时接通而造成短路,对硬件进行了电气互锁设置。

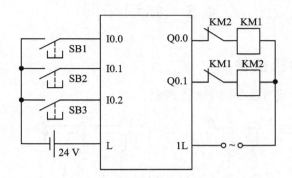

图 4-27　三相异步电动机控制系统电气原理图

(5)程序设计和调试

采用经验设计法,即根据控制要求或系统工作过程逐步设计并完善梯形图,得到三相异步电动机正反转控制梯形图,如图 4-28 所示,此梯形图有正反直接切换功能,符合题意。

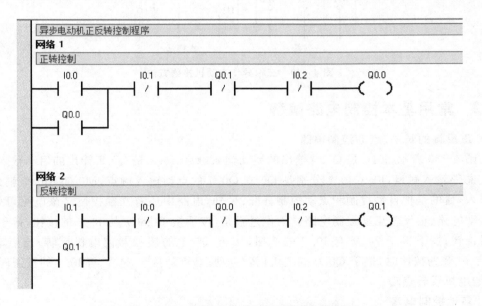

图 4-28　三相异步电动机正反转控制梯形图

在设计 PLC 梯形图时,要注意执行触点通断的实际情况。如图 4-28 所示,设电动机正转运行时按下反转启动按钮,PLC 内的常闭触点使正转输出继电器 Q0.0(KM1)断开,常开触点使反转输出继电器 Q0.1(KM2)接通。然而 PLC 内 Q0.0 的断开与 Q0.1 的接通是同时(或几乎同时)完成的。若 PLC 外电路无互锁触点 KM1 与 KM2,就会使正转接触器断开,其触点间电弧未熄灭时,反转接触器已接通,可能导致电源相间瞬时短路。为避免这种情况,在梯形图编程中,可以用两个定时器(T37 和 T38)来实现正转和反转切换的延时(后续章节介绍)或正转和反转接触器的常闭触点在 PLC 外部组成互锁电路(见图 4-29)。二者均可解决电源相间瞬时短路问题。

4.5 知识拓展

4.5.1 三相电动机接法

三相异步电动机接线方法如图 4-29 所示。

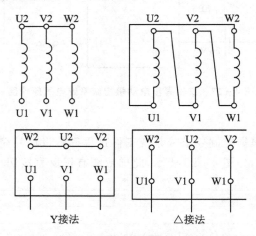

图 4-29 三相异步电动机接线方法

4.5.2 常用基本控制电路编程

1. 正反转的长动、点动控制电路

如图 4-30 所示,I0.0 是 Q0.0 输出的启动输入触点,I0.2 是 Q0.1 输出的启动输入触点,I0.1 是总停输入触点,I0.3、I0.4 分别是 Q0.0、Q0.1 的点动输入触点,M0.2、M0.1 辅助继电器的引入,目的是把自锁控制和点动控制分开;另外,电路中还有互锁控制。该电路可作为正反转启动电路、正反转点动控制电路。工作过程是:按下接于 24 V 与 I0.0 的按钮,接于 Q0.0 的电机正转;按下接于 24 V 与 I0.2 的按钮,接于 Q0.1 的接触器使电机反转;当点动接于 24 V 与 I0.3 的按钮时,接于 Q0.0 的电机正转点动;当点动接于 24 V 与 I0.4 的按钮时,接于 Q0.1 的电机反转点动。

2. 多地控制电路

如图 4-31 所示,对于同一个控制对象,可以用同样的控制方式在不同地点实现控制。I0.0~I0.3 等组成多点启动输入,I1.0~I1.2 等组成停止输入,用自保持 SET 指令可省略自锁电路。

3. 顺序控制电路

在图 4-32 中,Q0.0 启动后 Q0.1 才能启动输出,Q0.0、Q0.1 都启动后,Q0.2 才能启动输出。依次类推,可组成多路的顺序控制输出电路。

4.5.3 梯形图编程注意事项

1. 确定各元件的编号,分配 I/O 地址

利用梯形图编程,首先必须确定所使用的编程元件编号,PLC 是按编号来区别操作元件

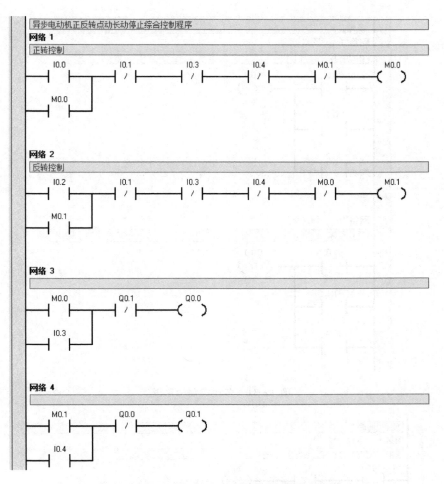

图 4 - 30 正反转的长动、点动控制梯形图

的。我们选用 CPU224 型号的 PLC,其内部元件的地址编号需要列在表格内。使用时一定要明确,每个元件在同一时刻决不能担任几个角色。一般来说,配置好的 PLC,其输入点数与控制对象的输入信号数总是相应的,输出点数与输出的控制回路数也是相应的(如果有模拟量,则模拟量的路数与实际的也要相当),故 I/O 的分配实际上是把 PLC 的入、出点号分给实际的 I/O 电路,编程时按点号建立逻辑或控制关系,接线时按点号"对号入座"进行接线。CPU224 系列的 I/O 地址分配及一些其他的内存分配可以参考西门子系列的编程手册。

2. 梯形图的编程规则

① 每个继电器的线圈和它的触点均用同一编号,每个元件的触点使用时没有数量限制。

② 在一个程序中,同一编号的线圈如果使用两次,则称为双线圈输出,它很容易引起误操作,应尽量避免。

"能流"(Power Flow)是 PLC 梯形图中的一个重要概念,但仅是概念上的"能流"。它的基本思想是,假设左母线为电源的火线,右母线为电源的零线,如果有"能流"从左至右流向线圈,则线圈被激励(ON);如没有"能流"通过,线圈未被激励(OFF),不动作。

"能流"可以通过被激励(ON)的常开触点和未被激励(OFF)的常闭触点自左向右流动,"能流"任何时刻都不会自右向左流动。层次的改变只能从上向下。

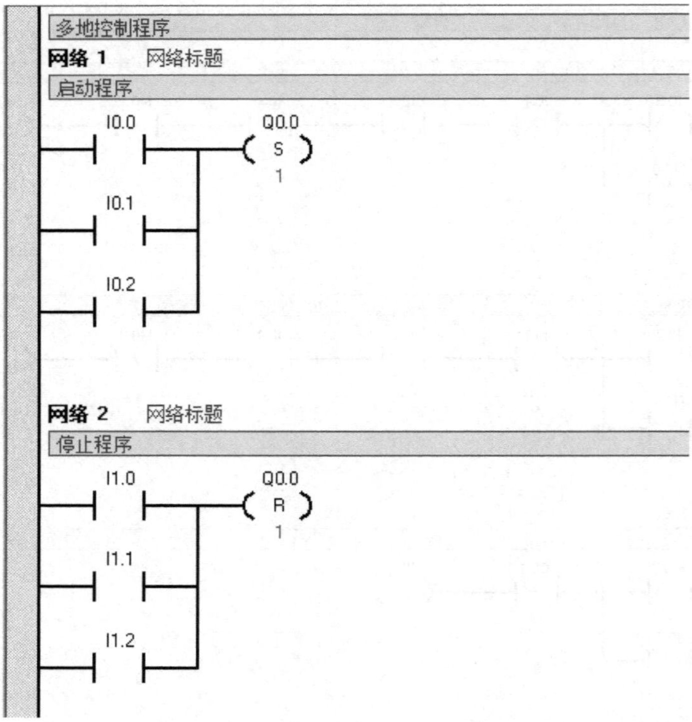

图 4 - 31　多地控制梯形图

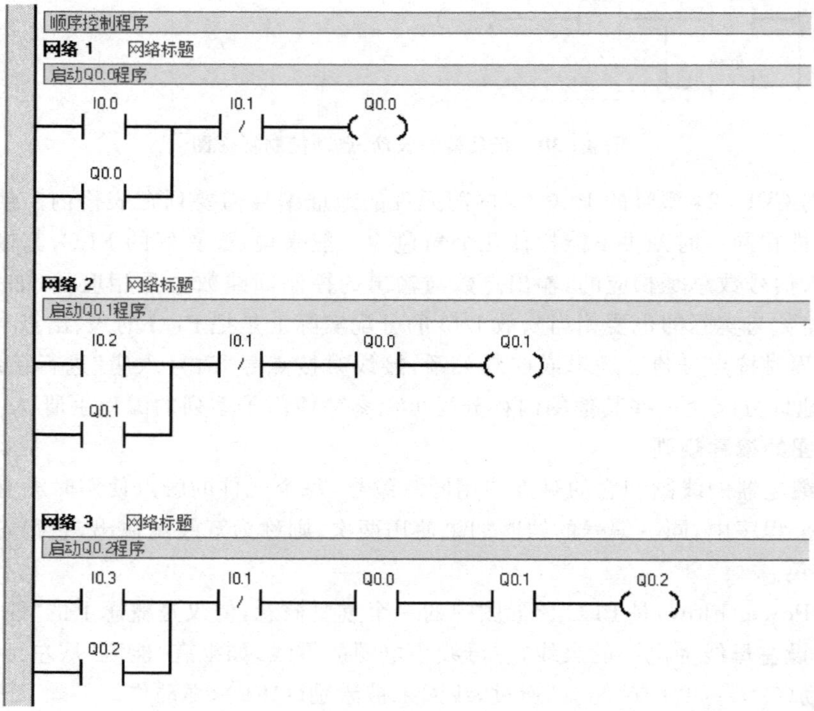

图 4 - 32　顺序控制梯形图

注意：引入"能流"的概念，仅是用于理解梯形图的各输出点的动作，实际上并不存在这种"能流"。

③ 在设计并联电路时，应将单个触点的支路放在下面；设计串联电路时，应将单个触点放在右边，否则将多使用一条指令。建议在有线圈的并联电路中将单个线圈放在上面。

④ 输出类元件（例如＝、S、R 和大多数应用指令）应放在梯形图的最右边，它们不能直接与左侧母线相连。有的指令（例如 END 和 MCR 指令）不能用触点驱动，必须直接与左侧母线或临时母线相连。

3. 梯形图的特点及设计规则

梯形图与继电器控制电路图在结构形式、元件符号及逻辑控制功能方面是类似的，但梯形图也有自己的特点及设计规则。

（1）梯形图的特点

① 梯形图按自上而下、从左到右的顺序排列。每个继电器线圈为一个逻辑行（网络），即一层阶梯。每一逻辑行开始于母线，然后是触点的连接，最后终止于继电器线圈。母线与线圈之间一定要有触点，而线圈后面不能有任何触点。

② 在梯形图中，存储器中的一个位即一个软继电器。当存储器状态位的值为 1 时，表示该继电器线圈得电，其常开触点闭合、常闭触点断开。

③ 梯形图两端并非实际电源的两端，而是"概念电流"。概念电流只能从左到右流动。

④ 在梯形图中，某个编号的继电器线圈只能出现一次，而继电器触点可无限次使用。如果同一继电器的线圈使用两次，则 PLC 将视这种情况为存在语法错误，绝对不允许。

⑤ 在梯形图中，前面所有继电器线圈都作为一个逻辑执行结果，立刻被后面的逻辑操作利用。

⑥ 梯形图中的输入继电器没有线圈，只有触点，其他继电器既有线圈，又有触点。

（2）梯形图编程的设计规则

① 触点不能接在线圈的右边，如图 4-33 所示；线圈也不能直接与左母线相连，必须要通过触点连接，如图 4-34 所示。

(a) 不正确　　　　　　　　　　　　　　(b) 正确

图 4-33　触点不能接在线圈的右边

(a) 不正确　　　　　　　　　　　　　　(b) 正确

图 4-34　线圈不能直接与左母线相连

② 在每一个逻辑行上，当几条支路并联时，串联触点多的应安排在上，如图 4-35(a)所示；几条支路串联时，并联触点多的应安排在左边，如图 4-35(b)所示。这样可以减少编程指令。

③ 梯形图中的触点应画在水平支路上，不应画在垂直支路上，如图 4-36 所示。

④ 遇到不可编程的梯形图时，可根据信号单向自左至右、自上而下流动的原则对原梯形

图重新进行编排,以便于正确应用 PLC 基本指令来编程,如图 4 - 37 所示。

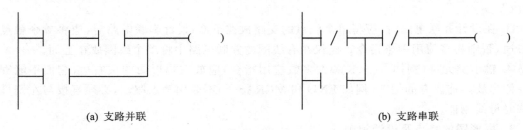

(a) 支路并联　　　　　　　　　　　　　　(b) 支路串联

图 4 - 35　支路并联与串联时的接法

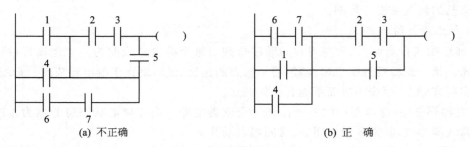

(a) 不正确　　　　　　　　　　　　　　(b) 正　确

图 4 - 36　触点应画在水平支路上

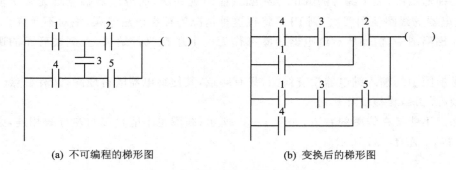

(a) 不可编程的梯形图　　　　　　　　　　(b) 变换后的梯形图

图 4 - 37　不可编程梯形图的处理方法

⑤ 双线圈输出不可用。如果在同一程序中同一元件的线圈使用两次或多次,则称之为双线圈输出,这时前面的输出无效,只有最后一次有效,如图 4 - 38 所示。一般不应出现双线圈输出。

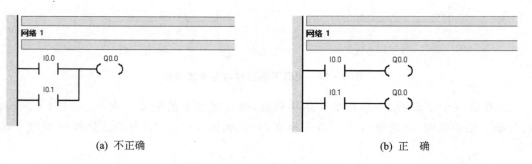

(a) 不正确　　　　　　　　　　　　　　(b) 正　确

图 4 - 38　双线圈输出不可用

（3）输入信号的最高频率问题

输入信号的状态是在 PLC 输入处理时间内被检测的。如果输入信号的接通时间或断开时间过窄，有可能检测不到。也就是说，PLC 输入信号的接通时间或断开时间，必须比 PLC 的扫描周期长。考虑输入滤波器的响应延迟为 100 ms，扫描周期为 10 ms，则输入的接通时间或断开时间至少为 20 ms。因此，要求输入脉冲的频率低于 $1\,000\,Hz/(20 + 20) = 25\,Hz$。不过，用 PLC 的功能指令可以处理较高频率的信号。

4.6　巩固与提高

1. 利用 PLC 控制电动机，使其既能点动，又能实现连续运行。

2. 楼上、楼下各有一只开关（SB1、SB2）用于共同控制一盏照明灯（HL1）。要求两只开关均可对灯的状态（亮或灭）进行控制。试用 PLC 来实现上述控制要求。

3. 在某一控制系统中，SB0 为总停止按钮，SB1、SB2 分别为电动机 M1、M2 的启动按钮，电动机 M2 只有在电动机 M1 启动后才能启动，且 M2 启动后 M1 仍然工作，试用 PLC 实现这一控制功能。

4. 某一控制系统要求满足如图 4 - 39 所示的时序图。请根据要求画出其梯形图。

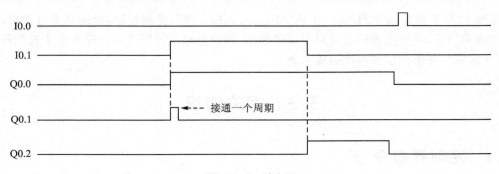

图 4 - 39　时序图

项目 5 定时器指令的运用

5.1 项目描述

定时器是 PLC 中最常用的编程元件之一,掌握它的工作原理对 PLC 的程序设计非常重要,它在实际应用中用来进行时间控制。本项目通过异步电动机的 Y/△降压启动控制、异步电动机的延时正反转控制、两台电动机的顺序启动逆序停止控制这三个最常用电动机控制应用,使读者掌握定时器指令的应用,正确使用定时器指令编写控制程序,完成较为复杂的 PLC 控制程序设计。

5.2 项目目标

掌握 PLC 定时器指令的用法,正确使用定时器指令编写控制程序,通过异步电动机的 Y/△降压启动控制、异步电动机的延时正反转控制、两台电动机的顺序启动逆序停止控制等设计方法,完成较为复杂梯形图程序的输入调试。

5.3 相关知识

5.3.1 定时器指令

定时器是 PLC 中最常用的编程元件之一,定时器使用时都要有一个 16 位的设定值、16 位的当前值,其作用为:在满足一定的控制条件下,从当前值开始按一定的时间单位进行增加计数,当定时器的当前值达到程序的设定值时,定时器发生动作,以满足定时的需要。

1. 定时器的种类

西门子 S7-200 系列 PLC 共有 256 个定时器,有三种类型:通电延时定时器(TON)、断电延时定时器(TOF)和有记忆的通电延时定时器(TONR),如表 5-1 所列。

表 5-1 定时器指令表

名 称	功 能	语句表	梯形图
定时器(TON)	接通延时定时器	TON TXX,PT	IN TON PT ??? ms
定时器(TOF)	断开延时定时器	TOF TXX,PT	IN TOF PT ??? ms

续表 5 – 1

名　称	功　能	语句表	梯形图
定时器(TONR)	有记忆接通延时定时器	TONR　TXX,PT	IN　TONR PT　　???ms

2.定时器的分辨率

S7 – 200 系列 PLC 定时器的分辨率共有三个精度等级:1 ms、10 m s 和 100 m s。定时器的分辨率与定时器的编号如表 5 – 2 所列,如果使用 V4.0 版的编程软件,输入定时器编号后,在定时器方框的右下角内会显示定时器的分辨率。定时时间等于设定值与分辨率的乘积。

表 5 – 2　S7 – 200 系列 PLC 定时器的编号与分辨率

名　称	分辨率/ms	定时最大值/s	定时器编号
定时器(TONR)	1	32.767	T0,T64
	10	327.67	T1～T4,T65～T68
	100	3 276.7	T5～T31,T69～T95
定时器(TON/TOF)	1	32.767	T32,T96
	10	327.67	T33～T36,T97～T100
	100	3 276.7	T37～T63,T101～T255

定时器的分辨率(时基)决定了每个时间间隔的长短。例如,一个以 10 ms 为时基的延时接通定时器,在使能位接通后以 10 ms 的时间间隔计数,10 ms 的定时器计数值为 50 代表 500 ms。SIMATIC 定时器有三种分辨率,即 1 ms、10 ms 和 100 ms(见表 5 – 2)。定时器编号决定了定时器的分辨率。

提示:为确保时间间隔的最小值,预置值必须比它大 1。例如,为确保最小时间间隔 2 100 ms,要将 100 ms 定时器的预置值 PV 设为 22。

3.定时器的工作原理

(1)通电延时定时器(TON)

当使能端(IN)输入有效时,定时器开始计时,当前值从 0 开始递增,当大于或等于设定值(PT)时,定时器输出状态位置 1,梯形图中该位的动合触点闭合,动断触点断开;当使能端输入无效(断开)时,定时器复位(当前值清零,输出状态位置 0)。参数说明如表 5 – 3 所列。

表 5 – 3　通电延时定时器的使用参数说明

梯形图	参　数	数据类型	说　明	存储区
IN　TON PT　　???ms	TXX	WORD	表示要启动的定时器号	T32,T96,T33～T36,T97～T100,T37～T63,T101～T255
	PT	INT	定时器的设定值	IW,QW,MW,VW,LW,TW,SW,SMW,AIW,T,C,AC,常数,* VD,* LD,* AC
	IN	BOOL	使能	I,Q,V,M,S,T,C,L,能流

例 5 – 1　试分析如图 5-1 所示的梯形图及时序图。

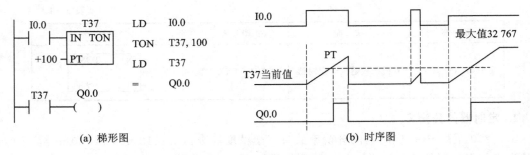

(a) 梯形图　　　　　　　　　　　　　(b) 时序图

图 5-1　通电延时定时器的使用

当输入点 I0.0 接通,即使能端(ON)输入有效时,定时器 T37 开始计时,当前值从 0 开始递增,计时到设定值 PT(此处为 10 s)时,T37 状态位置 1,其常开触点 T37 接通,驱动输出点 Q0.0 输出,其后当前值仍增加,但不影响状态位。当前值最大为 32 767。当输入点 I0.0 断开时,使能端无效,T37 复位,当前值清零,状态位也清零,即恢复原始状态。若输入点 I0.0 接通时间未到设定值就断开,则 T37 立即复位,输出点 Q0.0 不会有输出。

(2) 断电延时定时器(TOF)

当使能端有效时,定时器输出状态位置 1,当前值清零;当使能端断开时,开始计时,当前值递增;当达到设定值时,定时器复位置 0,停止计时,当前值保持。TOF 的使用参数说明与 TON 相同,具体如表 5-3 所列。

例 5-2　试分析如图 5-2 所示的梯形图及时序图。

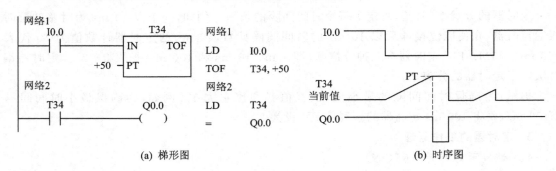

(a) 梯形图　　　　　　　　　　　　　(b) 时序图

图 5-2　断电延时定时器的使用

断电延时型定时器用在输入断开一段时间后才断开输出的场合。使能端(IN)输入有效(即 I0.0 接通)时,定时器 T34 输出状态位立即置 1,当前值复位为 0。使能端(ON)I0.0 断开时,定时器开始计时,当前值从 0 开始递增,当前值达到设定值 0.5 s 时,定时器状态位复位为 0 并停止计时,当前值保持。

如果输入断开的时间小于预定时间 0.5 s,则定时器 T34 仍保持接通。使能端(IN)再接通时,定时器 T34 当前值仍设为 0。

(3) 有记忆的通电延时定时器(TONR)

当使能端有效时,定时器开始计时,当前值递增,当前值大于或等于设定值时,输出状态位置 1;当使能端无效时,当前值能够记忆,使能端再次接通有效时,在原记忆值的基础上递增计时。定时器当前值的清零可通过复位指令实现,当复位线圈有效时,定时器当前值清零,输出状态位置 0。有记忆的通电延时定时器的使用参数说明如表 5-4 所列。

表 5 - 4   有记忆的通电延时定时器的使用参数说明

梯形图	参　数	数据类型	说　明	存储区
	TXX	WORD	表示要启动的定时器号	T0,T64,T65~T68,T5~T31,T69~T95,
	PT	INT	定时器的设定值	IW,QW,MW,VW,LW,TW,SW,SMW,AIW,T,C,AC,常数, * VD, * LD, * AC
	IN	BOOL	使能	I,Q,V,M,S,T,C,L,能流

例 5 - 3   试分析如图 5-3 所示的梯形图及时序图。

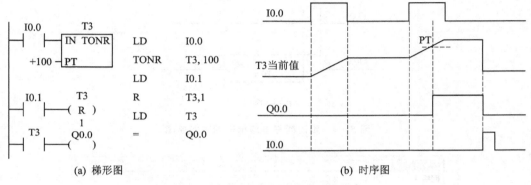

(a) 梯形图　　　　　　　　　　　　　　(b) 时序图

图 5 - 3   有记忆的通电延时定时器的使用

使能端(IN)输入有效时(I0.0 接通),定时器 T3 开始计时,当前值递增,当前值大于或等于设定值 1 s 时,输出状态位置"1";当使能端输入无效(I0.0 断开)时,当前值保持(记忆),使能端(IN)再次接通有效时,在原记忆值的基础上递增计时。当 I0.1 接通时,复位定时器 T3,定时器当前值清零,输出状态位置 0。

4. 分辨率对定时器的影响

对于 1 ms 分辨率的定时器来说,定时器位和当前值的更新不与扫描周期同步。对大于 1 ms 的程序扫描周期,定时器位和当前值在一次扫描内刷新多次。

对于 10 ms 分辨率的定时器来说,定时器位和当前值在每个程序扫描周期的开始刷新。定时器位和当前值在整个扫描周期过程中为常数。在每个扫描周期的开始会将一个扫描累计的时间间隔加到定时器当前值上。

对于 100 ms 分辨率的定时器来说,定时器位和当前值在指令执行时刷新。因此,为了使定时器保持正确的定时值,要确保在一个程序扫描周期中,只执行一次 100 ms 定时器指令。

提示:为了确保在每一次定时器达到预设位时,自复位定时器的输出都能接通一个程序扫描周期,用一个常闭触点来代替定时器位作为定时器的使能输入。

5.3.2   时间控制典型应用程序

1. 延时断开定时器

如图 5-4 所示,Q0.0 在 I0.0 断开延时 10 s 后才关断。

2. 振荡电路

在图 5-5 中,改变定时器 T37、T38 的 PT 值,可改变 Q0.0 输出振荡周期。

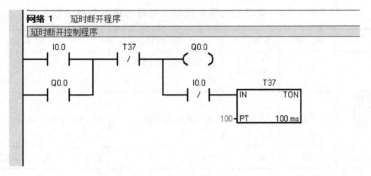

(a) 梯形图

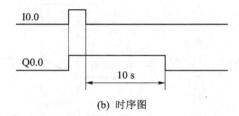

(b) 时序图

图 5-4　延时断开电路梯形图和时序图

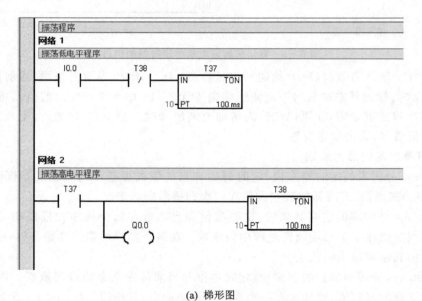

(a) 梯形图

(b) 时序图

图 5-5　振荡电路梯形图和时序图

3. 定时步进电路

在图 5-6 中,当 I0.0 合上时,Q0.0 输出 10 s 后 Q0.1 有输出,Q0.0 输出 20 s 后停止输出。Q0.1 输出 10 s 后 Q0.2 有输出,Q0.1 输出 30 s 后停止工作。Q0.2 输出 50 s 后停止工作。I0.1 为总停输入触点。

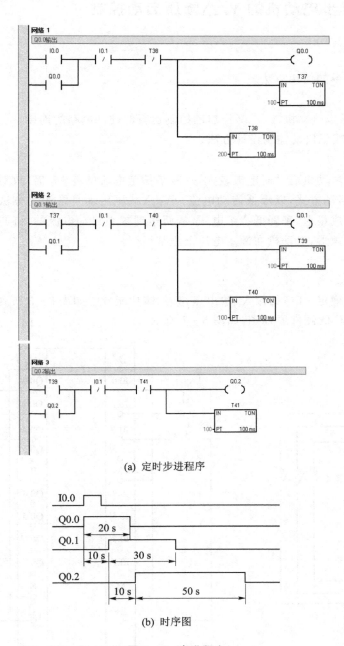

(a) 定时步进程序

(b) 时序图

图 5-6　步进程序

5.4 工作任务

任务1 异步电动机的 Y/△ 降压启动控制

1. 任务目标

（1）知识目标

掌握定时器指令的使用方法。

（2）技能目标

① 掌握三相异步电动机 Y/△ 降压启动控制运行的硬件电路的连接；

② 掌握 Y/△ 减压启动控制设计方法。

2. 任务描述

三相交流异步电动机启动时电流较大，一般是额定电流的 5～7 倍，故对于功率较大的电动机，应采用减压启动方式，以降低启动电流。Y/△ 减压启动是常用的方法之一。电动机启动时将三相绕组接成星形，来降低绕组电压，从而达到减小启动电流的目的，启动结束后将三相定子绕组接成三角形，电动机在额定电压下正常运行。

3. 任务实施

（1）硬件电路设计

根据控制要求确定 PLC 的输入/输出点，其具体功能分配如表 5-5 所列。根据表 5.5 和控制要求，设计 PLC 的硬件原理图，如图 5-7 所示。

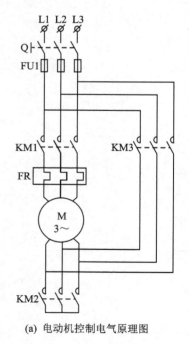

(a) 电动机控制电气原理图

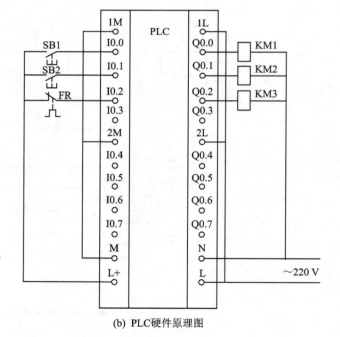

(b) PLC硬件原理图

图 5-7 三相异步电动机 Y-△ 降压启动原理图

表 5-5 三相异步电动机 Y/△降压启动的 I/O 分配表

输入信号			输出信号		
元件符号	地 址	作 用	元件符号	地 址	作 用
按钮 SB1	I0.0	启动按钮	KM1	Q0.0	电源接触器
按钮 SB2	I0.1	停止按钮	KM2	Q0.1	星形接触器
热继电器 FR	I0.2	热继电器	KM3	Q0.3	三角形接触器

（2）编程思想

采用时间控制原则，实现三相异步电动机 Y/△降压启动控制。启动时将电动机定子绕组接成星形，当星形启动运行后经一段时间的延时，自动将绕组换为三角形接法正常运行。

（3）梯形图设计

根据控制要求设计的控制梯形图如图 5-8 所示。

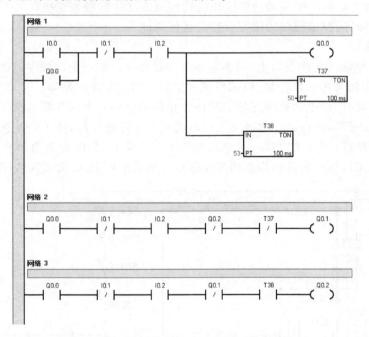

图 5-8 三相异步电动机 Y-△降压启动梯形图

（4）程序控制过程

启动按钮 SB1 接通时，输入信号 I0.0 有效为 ON，使输出信号 Q0.0 为 ON 并自锁，同时控制输出信号 Q0.1 为 ON，接触器 KM1 和 KM2 通电，电动机星形启动。同时定时器 T37 和 T38 开始定时，定时器 T37 定时 5 s 后，其常闭接点将输出信号 Q0.1 复位，接触器 KM2 断电，电动机绕组断开星形接法，再过 0.3 s 定时器 T38 定时时间到，其常开接点将输出信号 Q0.2 角接接触器 KM3 通电，电动机绕组接成三角形接法，电动机角接运行。

停止时，按下停止按钮 SB2，输入信号 I0.1 有效为 ON，使输出信号 Q0.0、Q0.1 和 Q0.2 复位，接触器 KM1、KM2 和 KM3 断电，电动机停止运行。

当电动机过载时，热继电器常闭触点断开，输入指示信号 I0.2 为 OFF，使输出信号 Q0.0、Q0.1 和 Q0.2 复位，接触器 KM1、KM2 和 KM3 断电，电动机自动停止运行，达到过载保护的目的。

（5）编程体会

为了保证 Y -△转换过程的可靠进行，本实例预留出接触器的换接时间，但为了提高可靠性，在硬件上 KM2 与 KM3 线圈回路应增加互锁，防止接触器 KM2 线圈断电，但接触器 KM2 还未可靠复位，接触器 KM3 就吸合而引起短路事故，应引起注意。

任务 2　两台电动机的顺序启动逆序停止控制

1. 任务目标

（1）知识目标

① 掌握定时器指令、辅助继电器（M）的含义及作用；

② 掌握两台电动机顺序启动逆序停止运行控制程序的编写。

（2）技能目标

① 掌握两台电动机顺序启动逆序停止运行控制的硬件电路的连接；

② 学会简单时间控制程序的编写、录入、运行调试。

2. 任务描述

在多电动机驱动的生产设备上，很多时候都需要电动机按一定的顺序启动、按一定的次序停止，例如多段传送带的启停控制、机床机械加工和冷却的顺序控制等。

图 5 - 9 所示为两台电动机顺序启动逆序停止控制电路。本任务要求按下启动按钮 SB2，第一台电动机 M1 开始运行，5 s 之后第二台电动机 M2 开始运行；接下停止按钮 SB3，第二台电动机 M2 停止运行，10 s 之后第一台电动机 M1 停止运行；SB1 为紧急停止按钮，当出现故障时，只要按下 SB1，两台电动机均立即停止运行。现要求用 PLC 来实现该控制要求。

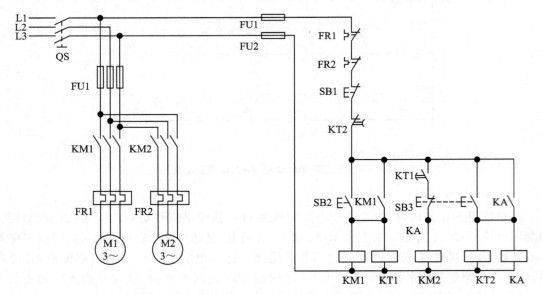

图 5 - 9　两台电动机顺序启动逆序停止控制电路

3. 任务实施

（1）任务分析

要实现两台电动机的顺序控制，需在主电路中用两个交流接触器分别控制两台电动机。

两个接触器的线圈由 PLC 来控制,而 PLC 又由启动和停止按钮发送指令来控制。启动停止按钮与两个线圈的逻辑关系则由程序实现。

（2）PLC 的 I/O 地址分配

由任务分析可知需要两个输入信号、两个输出信号。两台电动机顺序启动逆序停止运行控制系统 PLC 的 I/O 地址分配情况如表 5 - 6 所列。

表 5 - 6 两台电动机顺序启动逆序停止运行控制系统 PLC 的 I/O 地址分配表

输入信号			输出信号		
元件符号	地 址	作 用	元件符号	地 址	作 用
按钮 SB1	I0.0	启动按钮	交流接触器 KM1	Q0.0	电源接触器
按钮 SB2	I0.1	停止按钮	交流接触器 KM2	Q0.1	星形接触器
定时器 T37	T37	启动时间间隔计时	内部辅助继电器 M0.0	M0.0	保证 T38 计时完成
定时器 T38	T38	停止时间间隔计时			

（3）PLC 的选型

根据 I/O 资源的配置,系统共有两个开关量输入信号、两个开关量输出信号。考虑 I/O 资源利用率及 PLC 的性价比要求,选用西门子 S7 - 200 系列 CPU 221 AC/DC/RLY 型 PLC。

（4）系统电气原理图

两台电动机顺序启动逆序停止运行控制系统的电气原理图如图 5 - 10 所示。

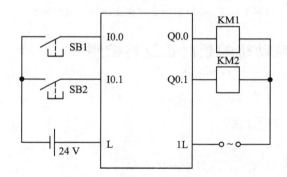

图 5 - 10 两台电动机顺序启动逆序停止运行控制系统的电气原理图

（5）用经验设计法设计梯形图程序

利用经验设计法,在已有的典型梯形图的基础上,根据被控对象对控制的要求,不断地修改和完善梯形图,得到如图 5 - 11 所示的梯形图。

按下启动按钮 SB1,I0.0 接通,Q0.0 得电自锁,第一台电动机启动,同时 T37 计时;计时时间到,T37 启动 Q0.1 并自锁,第二台电动机启动。按下停止按钮 SB2,I0.1 接通,Q0.1 失电,第二台电动机停止运转,同时借助内部辅助继电器 M0.0,利用 T38 进行计时,时间到,T38 动断触点断开第一台电动机和 T38 定时器线圈。

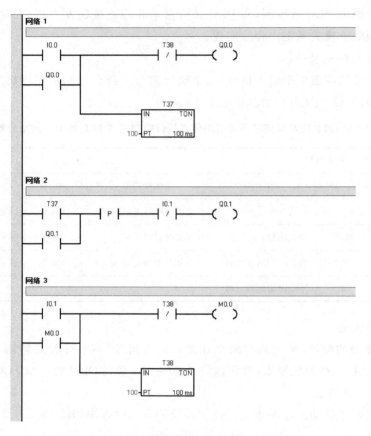

图 5 - 11　顺序启动逆序停止运行控制梯形图

任务 3　异步电动机的延时正反转控制

1. 任务目标

（1）知识目标

掌握定时器指令的使用方法。

（2）技能目标

逐步优化，完成较为复杂梯形图程序的输入编写。

2. 任务描述

三相异步电动机的正反转控制任务描述。

3. 任务实施

电动机正反转控制是最基本的控制。下面从简单的控制入手，逐步编出最完善的控制程序。

（1）正反转启保停控制

编程时，用接于 I0.0 输入端点和 24 V 之间的按钮作为正转按钮，用接于 I0.1 输入端点和 24 V 之间的按钮作为反转按钮，用接于 I0.2 输入端点和 24 V 之间的按钮作为停止按钮，用输出端口 Q0.0 接正转控制继电器，用输出端口 Q0.1 接反转控制继电器，根据前面所讲的启保停控制程序，可写出如图 5 - 12 所示的程序。

以上程序运行后就可进行正反转控制，注意在切换时一定要使电动机停止后再切换，不然

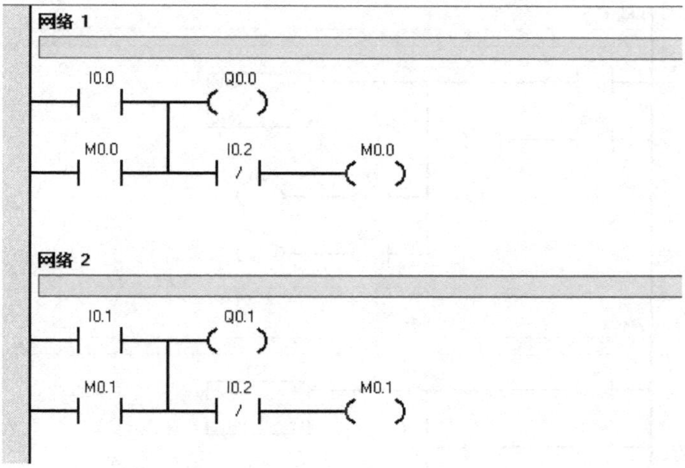

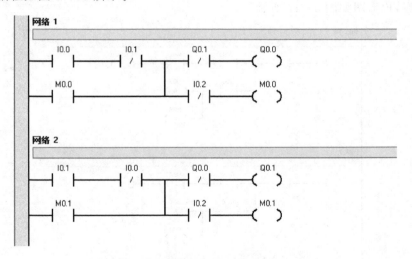

图 5 - 12　正反转启保停控制

会烧毁电动机。

　　在实际的控制中为了控制的稳定可靠和防止误操作,以上控制程序还应对输入端的按钮和输出端的继电器进行互锁。

　　(2) 带互锁的正反转启保停控制

　　梯形图编程如图 5 - 13 所示。

图 5 - 13　带互锁的正反转启保停控制

　　程序中 I0.0、I0.1 常闭触点作为输入按钮的互锁,Q0.0、Q0.1 的常闭触点作为输出端的互锁,M0.0 是接于 I0.0 的按钮自锁和断电保持,M0.1 是接于 I0.1 的按钮自锁和断电保持。在实际电机控制中,只有互锁还不能解决电机从正转切换到反转或从反转切换到正转时因时间太短产生的大电流问题,所以一定要加以延时。

　　(3) 带互锁的延时切换正反转启保停控制

　　梯形图程序如图 5 - 14 所示。

　　以上是按下正转或反转按钮时延时 3 s 再切换的程序,特别是在没有电动机运行时也要

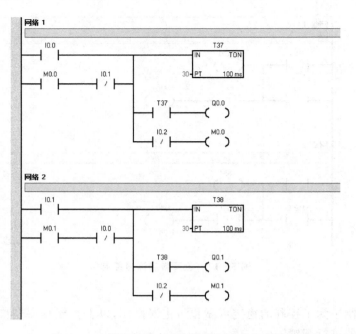

图 5-14　带互锁的延时切换正反转启保停控制

延时,这对于实际控制来说还是不理想。下面是初始启动时不延时,只有在运行后状态切换时才延时的程序,梯形图如图 5-15 所示。

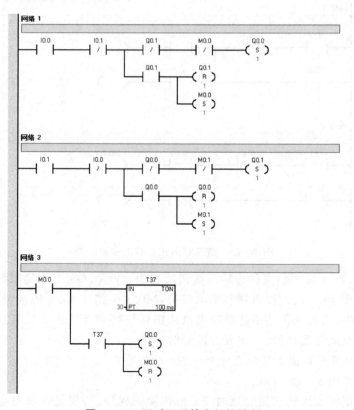

图 5-15　延时正反转启保停控制

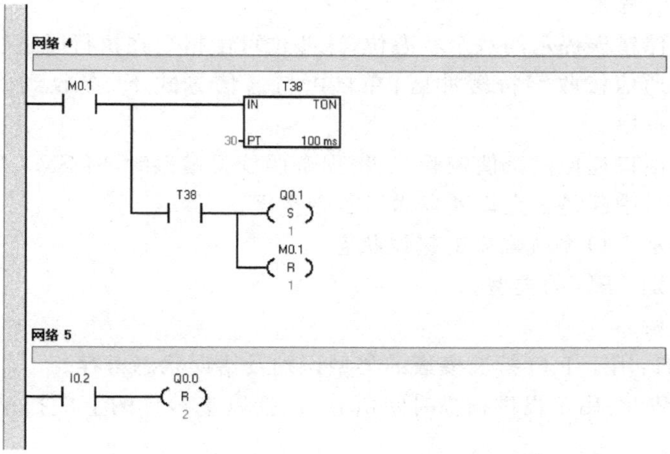

图 5-15　延时正反转启保停控制(续)

网络 1 完成正转按钮按下后判断工作状态的任务,网络 2 完成反转按钮按下后判断工作状态的任务。工作过程是:当接于 I0.0 输入端点到 24 V 之间的正转按钮按下时,如果电动机不在运行状态则直接开始正转,如果电动机在反转状态则停止反转后延时 3 s 再进行正反转切换。用接于 I0.1 输入端点和 24 V 之间的按钮作为反转按钮,控制过程类似。

5.5　知识拓展

特殊标志位存储器 SM

PLC 中还有若干个特殊标志位存储器。特殊标志位存储器可提供状态和控制功能,用来在 CPU 和用户程序之间交换信息。特殊标志位存储器能以位、字节、字或双字为单位来存取。

特殊标志位存储器用来存储系统的状态变量及有关的控制参数和信息。

特殊标志位存储器 SM 的只读字节 SMB0 为状态位,在每个扫描周期结束时,由 CPU 更新这些位。各状态位的定义如下:

SM0.0:运行监视位,当 PLC 运行时状态位 SM0.0 始终为"1",当 PLC 运行时可以利用其触点驱动输出继电器。

SM0.1:初始化脉冲位,仅在执行用户程序的第一个扫描周期时为"1"状态,可以用于初始化程序。

SM0.2:当 RAM 中保存的数据丢失时,SM0.2 接通一个扫描周期。

SM0.3:当 PLC 上电进入运行状态时,SM0.3 接通一个扫描周期。

SM0.4:分时钟脉冲位,占空比为 50%,周期为 1 min 的脉冲串。

SM0.5:秒时钟脉冲位,占空比为 50%,周期为 1 s 的脉冲串。

SM0.6:扫描时钟位,一个扫描周期为接通状态,下一个扫描周期为断开状态,交替循环。

SM0.7:用于指示 CPU 上 MODE 开关的位置,0=TERM,1=RUN,通常用来在 RUN 状

态下启动自由口通信方式。

SMB1：用于存储错误提示的八个状态位，这些位可由指令在执行时进行置位或复位。

SMB2：自由口通信接收字符缓冲区，在自由口通信方式下，接收到的每个字符都放在 SMB2，便于梯形图存取。

SMB3：用于自由口通信的奇偶校验，当出现奇偶校验错误时，将 SM3.0 位置"1"。

SMB4：用于表示中断是否允许和发送口是否空闲。

SMB5：用于表示 I/O 系统发生的错误状态。

SMB6：用于识别 CPU 的类型。

SMB7：功能保留。

SMB8～SMB21：用于 I/O 扩展模板的类型识别及错误状态寄存。

SMW22～SMW26：用于提供扫描时间信息，包括以毫秒计的上次扫描时间、最短扫描时间及最长扫描时间。

SMB28 和 SMB29：分别对应模拟电位器 0 和 1 的当前值，数值范围为 0～255。

SMB30 和 SMB130：分别为自由口 0 和 1 的通信控制寄存器。

SMB31 和 SMW32：用于永久存储器（EEPROM）写控制。

SMB34 和 SMB35：用于存储定时中断间隔时间。

SMB36～SMB65：用于监视和控制高速计数器 HSC0、HSC1、HSC2 的操作。

SMB66～SMB85：用于监视和控制脉冲输出（PTO）和脉冲宽度调制（PWM）功能。

SMB86～SMB94 和 SMB186～SMB194：用于控制和读出接收信息指令的状态。

SMB98 和 SMB99：用于表示有关扩展模板总线的错误。

SMB131～SMB165：用于监视和控制高速计数器 HSC3、HSC4、HSCS 的操作。

SMB166～SMB179：用于显示包络表的数值、包络表的地址和变址存储器在表中的首地址。

SMB200～SMB549：用于表示智能模板的状态信息。

对某些特殊标志位存储器的具体使用情况将结合对应的功能指令一并介绍。

5.6　巩固与提高

1. PLC 控制三台交流异步电动机 M1、M2 和 M3 顺序启动，按下启动按钮 SB1 后第一台电动机 M1 启动运行，5 s 后第二台电动机 M2 启动运行，第二台电动机 M2 运行 8 s 后第三台电动机 M3 启动运行，完成相关工作后按下停止按钮 SB2，三台电动机一起停止。设计出梯形图，调试程序，直至实现功能。

2. 设计一个节日礼花弹引爆程序。礼花弹用电阻点火引爆器引爆，为了实现自动引爆，以减轻工作人员频繁操作的负担，保证安全，提高动作的准确性，现采用 PLC 控制，要求编制以下两种控制程序：

（1）1～12 个礼花弹，每个引爆间隔为 0.1 s；13～24 个礼花弹，每个引爆间隔为 0.2 s。

（2）1～6 个礼花弹，引爆间隔为 0.1 s，引爆完后停 10 s；接着 7～12 个礼花弹引爆，间隔 0.1 s，引爆完后又停 10 s；接着 13～18 个礼花弹引爆，间隔 0.1 s，引爆完后再停 10 s；接着 19～24 个礼花弹引爆，间隔 0.1 s，引爆用一个引爆启动开关控制。

3. 洗手间小便池在有人使用时，光电开关使 I0.0 为 ON，冲水控制系统在使用者使用 3 s 后令 Q0.0 为 ON，冲水 2 s。设计出梯形图程序。

项目6 计数器指令的运用

6.1 项目描述

　　计数器用于累计输入脉冲的个数,在实际应用中用来对设备进行计数或完成复杂的逻辑控制任务。S7-200系列PLC有增计数(CTU)、增/减计数(CTUD)、减计数(CTD)等3类计数指令。本项目通过利用定时器和计数器组成长延时的控制、利用计数器实现单按钮控制信号灯通断的应用、利用计数器实现单开关控制不同的负载,自动往返小车控制等4个经典的工程任务,使读者掌握计数器指令的应用,正确使用计数器指令编写控制程序,完成较为复杂的PLC控制程序设计。

6.2 项目目标

　　掌握PLC计数器指令的用法,正确使用计数器指令编写定时器和计数器组成长延时的控制,利用计数器实现单按钮控制信号灯通断的应用,利用计数器实现单开关控制不同的负载、自动往返小车控制等程序,完成较为复杂的梯形图程序的输入调试。

6.3 相关知识

6.3.1 计数器指令

　　计数器用来累计输入脉冲的数量。S7-200系列PLC的普通计数器有三种类型,即加计数器、减计数器和增/减计数器,共计256个,可根据实际编程需要,对某个计数器的类型进行定义,编号为C0~C255。不能重复使用同一个计数器的线圈编号,即每个计数器的编号只能使用一次。每个计数器都有一个16位的当前值寄存器和一个状态位,最大计数值为32 767。计数器指令见表6-1,操作数见表6-2。

表6-1 计数器指令

名　称	功　能	语句表	梯形图
增计数器(CTU)	从当前计数值开始时递增计数	CTU　CXX,PV	???? ─┤CU　　CTU├ ─┤R ????─┤PV

名　称	功　能	语句表	梯形图
减计数器(CTD)	从当前计数值开始时递减计数	CTD CXX,PV	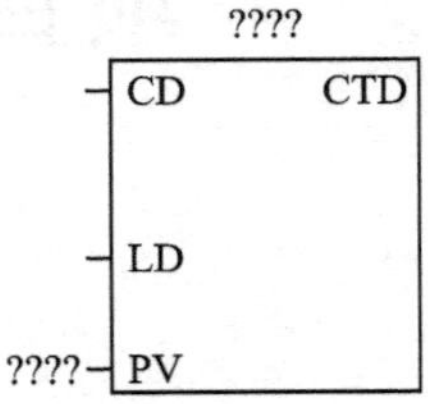 ???? CD　CTD LD ???? — PV
增/减计数器(CTUD)	有加和减两个输入端,可分别做递增计数和递减计数	CTUD CXX,PV	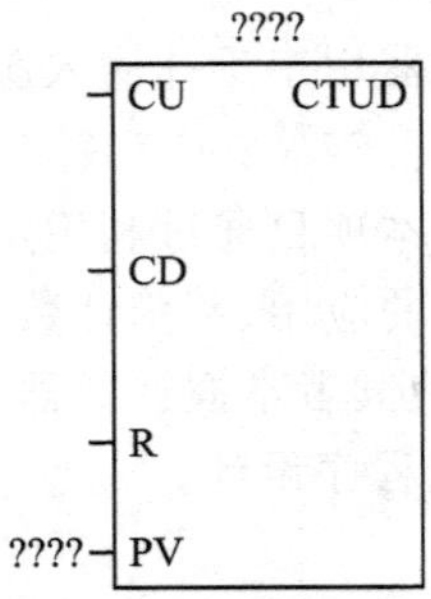 ???? CU　CTUD CD R ???? — PV

表 6 - 2　SIMATIC 计数器指令的有效操作数

输入/输出	数据类型	操作数
CXX	WORD	常数(C0~C255)
CU、CD、LD、R	BOOL	I、Q、V、M、SM、S、T、C、L、能流
PV	INT	IW、QW、VW、MW、SMW、SW、LW、T、C、AC、AIW、* VD、* LD、* AC、常数

1. 增计数器

增计数指令(CTU)从当前计数值开始,在每一个(CU)输入状态从低到高时递增计数。当 CXX 的当前值大于或等于预置值 PV 时,计数器位 CXX 置位。当复位端(R)接通或者执行复位指令后,计数器被复位。当它达到最大值(32 767)后,计数器停止计数。

首次扫描增计数器时,其状态位为 OFF,当前值为 0。在梯形图中,增计数器以功能框的形式编程,指令名称为 CTU。它有三个输入端:PV 端、CU 端和 R 端。PV 端为设定值输入端。CU 端为计数脉冲的输入端,在每一个(CU)输入状态从低到高时递增计数,计数器计数 1 次,当前值加 1。当 CXX 的当前值大于或等于预置值 PV 时,计数器位 CXX 置位。R 端为复位脉冲的输入端,当 R 端为 ON 时,计数器复位,使计数器状态位为 OFF,当前值为 0。当它达到最大值(32 767)后,计数器停止计数。

增计数器使用的梯形图及指令表如图 6 - 1 所示。当 I0.0 第三次接通时,Q0.0 输出。

2. 减计数器

减计数指令(CTD)从当前计数值开始,在每一个(CD)输入状态的低到高时递减计数。当 CXX 的当前值等于 0 时,计数器位 CXX 置位。当装载输入端(LD)接通时,计数器位被复位,并将计数器的当前值设为预置值 PV。当计数值到 0 时,计数器停止计数,计数器位 CXX 接通。

首次扫描减计数器时,其状态位为 OFF,其当前值为设定值。在梯形图中,减计数器以功

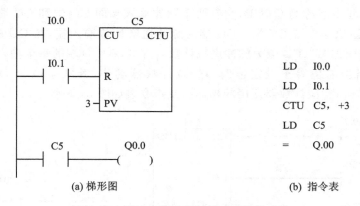

(a) 梯形图　　　　　　　　(b) 指令表

图 6-1　增计数器使用的梯形图及指令表

能框的形式编程,指令名称为 CTD。它有三个输入端:PV 端、CD 端和 R 端。PV 端为设定值输入端。CD 端为计数脉冲的输入端,在每个输入脉冲的上升沿,计数器计数 1 次,当前值寄存器减 1。当前值寄存器减到 0 时,计数器停止计数,计数器的当前值保持为 0,计数器位 CXX 接通,状态位为 ON。当装载输入端(LD)接通时,计数器位被复位,并将计数器的当前值设为预置值 PV,使计数器状态位为 OFF。

在指令表中,减计数器的指令格式为:CTD　C XX(计数器号),PV。

减计数器使用的梯形图及指令表如图 6-2 所示。当 I0.0 第三次接通时,Q0.0 输出。

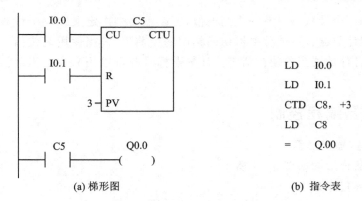

(a) 梯形图　　　　　　　　(b) 指令表

图 6-2　减计数器使用的梯形图及指令表

3. 增/减计数器

增/减计数器指令(CTUD)在每一个增计数器输入(CU)由低到高时增计数,在每一个减计数输入(CD)由低到高时减计数。计数器的当前值 CXX 保存当前计数值。在每一次计数器执行时,预置值 PV 与当前值作比较。

当达到最大值(32 767)时,在增计数输入处的下一个上升沿导致当前计数值变为最小值(-32 768)。当达到最小值(-32 768)时,在减计数输入处的下一个上升沿导致当前计数值变为最小值(32 767)。

当 CXX 的当前值大于或等于预置值 PV 时,计数器位 CXX 置位;否则,计数器位关断。当复位端(R)接通或者执行复位指令后,计数器被复位。

增/减计数器首次扫描时,其状态位为 OFF,当前值为 0。在梯形图中,增/减计数器以功能框的形式编程,指令名称为 CTUD,它有两个脉冲输入端即 CU 端和 CD 端、一个复位输入端 R 端和一个设定值输入端 PV 端。CU 端为脉冲递增计数输入端,在 CU 端的每个输入脉冲的上升沿,当前值加"1";CD 端为脉冲递减计数输入端,在 CD 端的每个输入脉冲的上升沿,当前值减"1"。当当前值等于设定值时,增/减计数器动作,其状态位为 ON,计数范围为 -32 768~32 767。增/减计数器使用的梯形图及指令表如图 6-3 所示。

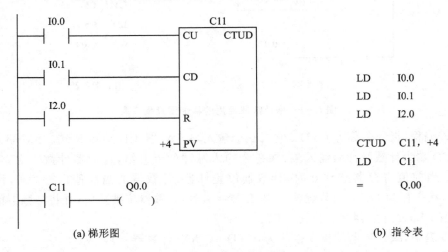

(a) 梯形图　　　　　　　　　　　　　(b) 指令表

图 6-3　增/减计数器使用的梯形图及指令表

提示:由于每一个计数器只有一个当前值,所以不要多次定义同一个计数器(具有相同标号的增计数器、减计数器、增/减计数器访问相同的当前值)。当使用复位指令复位计数器时,计数器位复位并且计数器当前值被清零。计数器标号既可以用来表示当前值,又可以用来表示计数器位。

6.3.2　计数器编程控制

1. 自复位计数器梯形图

自复位计数器梯形图如图 6-4 所示。

对应的语句表程序如下:

LD　　I0.0

LD　　C4

CTU　C4,8

程序运行后,通过程序状态监控可见,当按下接于 I0.0 输入端点和 24 V 之间的按钮时数字加"1",当达到设定值 8(最大值为 9 999)后计数器的常开触点闭合,常闭触点断开,使计数器复位。

2. 外部按钮复位计数器梯形图

外部按钮复位计数器梯形图如图 6-5 所示。

对应的语句表程序如下:

LD　　I0.0

LD　　I0.1

CTU　C4,8

程序运行后,通过程序状态监控可见,当按下接于 I0.1 输入端点和 24 V 之间的按钮时,数字加"1";当达到设定值 8(最大值为 9 999)后,数字不复位,计数器继续加"1"计数;到了设定值后,计数器的常开触点闭合,常闭触点断开。只有在按下接于 I0.1 输入端点和 24 V 之间的按钮时数字才复位。

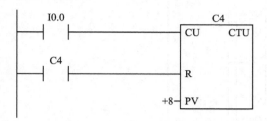

图 6 - 4　自复位计数器梯形图

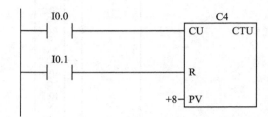

图 6 - 5　外部按钮复位计数器梯形图

6.4　工作任务

任务 1　利用定时器和计数器组成长延时的控制

1. 任务目标

(1) 知识目标

掌握定时器指令的使用方法。

(2) 技能目标

掌握用定时器和计数器组成实现长时间的定时控制。

2. 任务描述

S7 - 200 PLC 中的定时器最长定时时间为 32 767.7 s,但在一些实际应用中,往往需要几小时甚至更长时间的定时控制,这就需要利用定时器和计数器指令编制程序来完成该任务。

利用定时器和计数器组成长延时电路,定时器定时 100 s,计数器设定计数 50 次,组成 5 000 s 的长延时电路。

3. 任务实施

(1) 硬件电路设计

根据控制要求确定的 PLC 输入/输出点及设计的 PLC 的硬件原理图如图 6 - 6 所示。

(2) 编程思想

对于最大定时范围为 3 276.7 s 的定时器来说,当定时范围超过其允许值时,也可以将定时器结合计数器使用,可以达到长延时的目的。

(3) 梯形图设计

根据控制要求设计出控制梯形图,如图 6 - 7 所示。

(4) 程序执行过程

当按钮 SB1 接通时,输入信号 I0.0 有效,即 I0.0 为 ON,使 M0.0 为 ON 并自锁,定时器 T37 开始工作;定时 100 s 后,定时器完成定时,其常闭接点断开,在下一个扫描周期将定时器 T37 的工作条件断开,其常开接点产生一个扫描周期脉冲,作为计数器的脉冲输入端。

当定时器定时时间达到后,计数器 C0 的当前值加"1",如此往复,当 C0 计数器的当前值

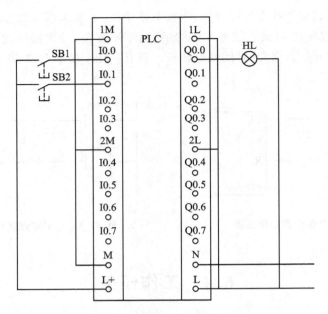

图 6-6　长延时电路的电路图

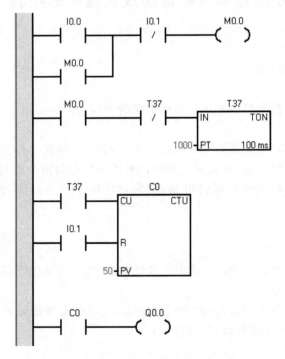

图 6-7　长延时梯形图

为"50"时,即延时 5 000 s。当 C0 计数器的当前值等于预设值"50"时,其工作位为 ON,使输出信号 Q0.0 为 ON,控制指示灯 HL 点亮。

当按钮 SB2 接通时,输入信号 I0.1 有效,即 I0.1 为 ON,断开定时器 T37 的工作条件,并将计数器 C0 复位,输出信号 Q0.0 断开,控制指示灯 HL 熄灭。

（5）编程体会

本实例应用工程实际中，可将计数器的复位端增加上电复位信号，以确保计数器的计数值从"0"开始计数，也就保证了定时器定时的准确性。

任务 2　利用计数器实现单按钮控制信号灯的通断

1. 任务目标

（1）知识目标

掌握计数器指令的使用方法。

（2）技能目标

掌握单按钮控制设备的启动/停止操作技能。

2. 任务描述

在大多数电气设备的控制中，启动操作和停止操作通常是通过 2 只按钮分别控制的。当 1 台 PLC 控制多个这种具有启动/停止操作的设备时，势必占用很多输入点。有时为了节省输入点，通过软件编程实现用单按钮启动/停止控制。

利用一个按钮来控制指示灯的通断，第一次按下指示灯点亮，第二次按下指示灯熄灭，如此循环。

3. 任务实施

（1）硬件电路设计

根据控制要求确定 PLC 的输入/输出点，其具体功能分配如表 6-3 所列。根据表 6-3 和控制要求，设计 PLC 的硬件原理图，如图 6-8 所示。其中 M 为 PLC 输入信号的公共端，N 为输出信号的公共端。

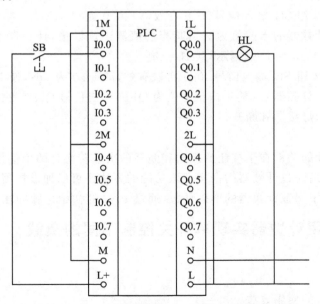

图 6-8　利用计数器实现单按钮控制信号灯通断的电路图

（2）编程思想

在本实例的程序设计中，对于由一个控制按钮控制同一个负载的通断，可通过计数器指令将按钮的接通和断开的次数转换为两个信号分别控制同一个负载的启动和停止信号，控制同一个信号的通断。

表 6 - 3　利用计数器实现单按钮控制信号灯通断的 I/O 分配表

输入信号			输出信号		
输入地址	代　号	功　能	输出地址	代　号	功　能
I0.0	SB	控制按钮	Q0.0	HL	指示灯

（3）梯形图设计

根据控制要求设计出控制梯形图，如图 6 - 9 所示。

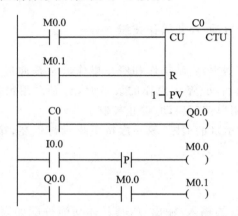

图 6 - 9　利用计数器实现单按钮控制信号灯通断的梯形图

（4）程序执行过程

① 第一次按下按钮 SB，输入信号 I0.0 有效，即 I0.0 为 ON，M0.0 导通一个扫描周期，C0 计数器计数加"1"，计数器的当前值为"1"，其当前值等于预设值，计数器 C0 的工作状态位为 ON，控制输出信号 Q0.0 为 ON，指示灯 HL 点亮。

② 第二次按下按钮 SB，输入信号 I0.0 再次有效，即 I0.0 为 ON，使 M0.1 导通一个扫描周期，将计数器复位，计数器 C0 的工作状态位为 OFF，输出信号 Q0.0 复位，指示灯 HL 熄灭。实现单按钮控制指示灯接通和断开。

（5）编程体会

本实例程序设计的关键在于按钮的接通和断开的次数转换为两个信号分别控制同一个负载的启动和停止信号；通过计数器指令实现该功能的方法还可以加以扩展，对同一按钮赋予更多的功能。同时，为了保证计数器的准确计数，通过 PLC 的初始化脉冲在其上电时将其复位。

任务 3　利用计数器实现单开关控制不同的负载

1. 任务目标

（1）知识目标

掌握计数器指令的使用方法。

（2）技能目标

掌握单按钮控制两个不同负载的启动/停止操作的技能。

2. 任务描述

单开关控制两个不同负载的通断。当开关第一次接通时，第一个信号灯亮；当开关由接通拨到断开位置时,第一个信号灯灭,第二个信号灯亮;当开关再次接通时两个信号灯都熄灭。

3. 任务实施

(1) 硬件电路设计

根据控制要求列出所用的输入/输出点,并为其分配了相应的地址,其 I/O 分配表如表 6-4 所列。根据表 6-4 和控制要求,设计 PLC 的硬件原理图,如图 6-10 所示。

表 6-4　利用计数器实现单开关控制不同的负载 I/O 分配表

输入信号			输出信号		
输入地址	代　号	功　能	输出地址	代　号	功　能
I0.0	SA	控制开关	Q0.0	HL1	指示灯 1
			Q0.1	HL2	指示灯 2

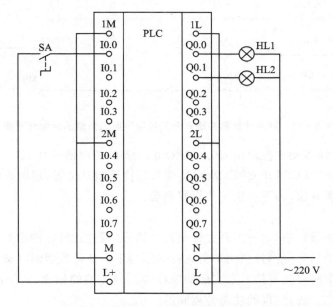

图 6-10　利用计数器实现单开关控制不同负载的 PLC 硬件原理图

(2) 编程思想

对于由一个开关控制两个信号灯的通断的要求来说,给该开关赋予了多个功能可以通过边沿脉冲指令和记录开关通断的次数来区分其功能,以达到分别控制灯通断的目的。

(3) 控制程序的设计

根据控制要求设计的控制梯形图,如图 6-11 所示。

(4) 程序的执行过程

① 当开关 SA 接通时,输入信号 I0.0 有效,即 I0.0 为 ON,使输出信号 Q0.0 为 ON 并自锁,控制信号灯 HL1 点亮,同时计数器 C0 加"1"。

② 当开关由接通状态断开时,输入信号 I0.0 断开,即 I0.0 为 OFF,下降沿脉冲指令使输出信号 Q0.1 为 ON 并自锁,控制信号灯 HL2 点亮;同时辅助继电器 M0.0 为 ON,使输出 Q0.0 断开,控制信号灯 HL1 熄灭。

③ 当开关再次由断开状态接通时,计数器 C0 的当前值又加"1",计数器的当前值等于预

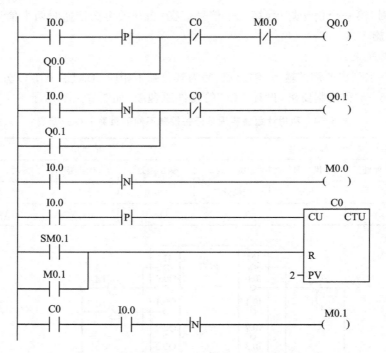

图 6-11 利用计数器实现单开关控制不同的负载的控制梯形图

设值,其相应的常闭接点动作使输出 Q0.0 和 Q0.1 断开,控制信号灯 HL1 和 HL2 熄灭。

④ 计数器 C0 动作后,当开关第二次由接通状态拨至断开位置,辅助继电器 M0.1 为 ON,其常开接点将计数器复位,为下一次工作做好准备。

(5) 编程体会

在本实例的程序设计中,由一个开关控制两个信号,通过边沿脉冲指令将开关的接通和断开的状态转换为两个信号分别控制两个负载;同时,为了保证计数器的准确计数,通过 PLC 的初始化脉冲在其上电时将其复位。本实例的编程与其他实例的相比,对于同一控制要求给读者提供了不同的编程方法,实现的功能是相同的。

任务 4　自动往返小车控制

1. 任务目标

(1) 知识目标

① 掌握 PLC 基本指令的使用;

② 掌握计数器指令的含义及其使用。

(2) 技能目标

① 掌握自动往返送料小车的硬件电路的连接;

② 学会自动往返送料小车运行程序的编写及调试。

2. 任务描述

自动送料小车控制系统是用于物料输送的流水线设备,主要是用于煤粉、砂石等材料的运输。如图 6-12 所示,有一搅拌系统,每搅拌一罐,需要 5 小车砂石,只需按下启动按钮,小车自动运送 5 次砂石并倒入罐内。设小车在初始时到停在右边,右限位开关 SQ2(I0.3)接通。

按下启动按钮 SB1(I0.0)后开始装料,10 s 后小车自动向左运动碰到左限位开关 SQ1(I0.2)时,开始卸料,10 s 后小车自动右行;碰到限位开关 SQ2 时开始装料,进入下一个动作周期,5 个周期后返回停在右边,等待下一次按下启动按钮。

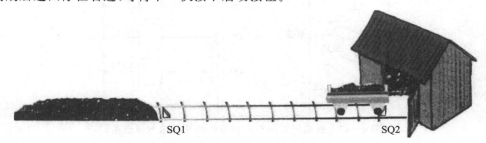

图 6 - 12　自动送料小车控制系统示意图

如果按下停止按钮 SB2(I0.1),不管小车处在什么状态,都先执行完一个周期,然后返回起始位,停止运动。

3. 任务实施

(1) 任务分析

在自动送料小车控制系统中,由两个交流接触器控制一台电动机正反转,实现小车往返行驶,一个电磁阀控制小车装料,一个电磁阀控制小车卸料。两个接触器和电磁阀的线圈由 PLC 来控制,而 PLC 又由启动和停止按钮发送指令来控制。启动、停止按钮及限位开关与 4 个线圈的逻辑关系由程序实现。

(2) PLC 的 I/O 地址分配

由任务分析可知,该自动送料小车控制系统有 4 个输入信号、4 个输出信号。自动送料小车控制系统 PLC 的 I/O 地址分配情况如表 6 - 5 所列。

表 6 - 5　自动送料小车控制系统 PLC 的 I/O 地址分配表

输入信号			输出信号		
符　号	地　址	名　称	符　号	地　址	名　称
SB1	I0.0	启动按钮	KM1	Q0.0	控制 KM1 线圈(左行)
SB2	I0.1	停止按钮	KM2	Q0.1	控制 KM2 线圈(右行)
SQ1	I0.2	左限位开关	KM3	Q0.2	控制 KM3 线圈(卸料)
SQ2	I0.3	右限位开关	KM4	Q0.3	控制 KM4 线圈(装料)

(3) PLC 的选型

根据 I/O 资源的配置,系统共有 4 个开关输入信号、4 个开关输出信号。考虑 I/O 资源利用率及 PLC 的性价比要求,选用西门子公司的 S7 - 200 系列 CPU222 AC/DC/RL Y 型 PLC。

(4) 系统电气原理图

自动送料小车控制系统的外部电气原理图如图 6 - 13 所示,其中左行接触器 KM1 和右行接触器 KM2 上分别串接电气互锁触点。

(5) 用经验设计法设计梯形图程序

采用经验设计法,得出送料小车自动往返 5 次后停止的控制梯形图,如图 6 - 14 所示。

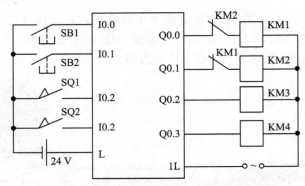

图 6 - 13 自动送料小车控制系统的外部电气原理图

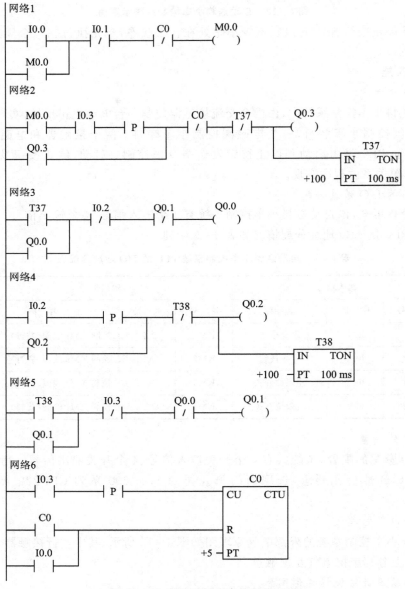

图 6 - 14 自动送料小车控制梯形图

按下启动按钮时,M0.0 得电自锁,Q0.3 得电自锁,开始装料,同时 T37 计时,10 s 停止装料,并使 Q0.0 得电自锁,启动电动机并使其正转,小车左行,用 Q0.1 的动断触点与右行互锁。小车碰到左限位开关 SQ1 后停止左行,Q0.2 得电自锁,开始卸料,同时 T38 计时,10 s 后停止卸料,Q0.1 得电自锁,电动机反转,小车右行,用 Q0.0 的动断触点与左行互锁。小车右行碰到右限位开关 SQ2 后停止右行,开始装料,计数器 C0 加"1",表示完成了一个周期,开始第二个周期的运行。计数器计数值等于 5 时,计数器动作,C0 的动断触点断开,即 M0.0 断开,系统停止运行,动合触点闭合,即复位计数器 C0,等待下次启动。

按下停止按钮 SB2(I0.1),M0.0 断开,不管小车处在什么状态,都先执行完一个周期,然后返回起始位置,停止运动。

6.5 巩固与提高

1. 分析扩展计数器实现

如前所述,一个计数器最大数值为 32 767,在实际应用中,如果计数范围超过该值,就需要对计数器的计数范围进行扩展,图 6-15 为计数器扩展梯形图。在图中,计数信号为 I0.0,它作为 C20 的计数端输入信号,每个上升沿使 C20 计数 1 次,C20 的常开触点作为计数器 C21 的计数输入信号,C20 计数到 1 000 时,使计数器 CZ21 计数 1 次;C21 的常开触点作为计数器 C22 的计数输入信号,C21 计数到 100 时,使计数器 C22 计数 1 次。这样当 C 总 = 1 000 × 100 × 2 = 200 000 时,即当 I0.0 的上升沿脉冲数到 200 000 时,Q0.0 才被置位。

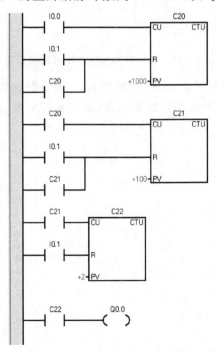

图 6-15 计数器扩展梯形图

2. 分析用计数器实现顺序控制编程

用计数器减 1 计数的原理,可对被控对象实现顺序启停控制。用计数器实现顺序控制的梯形图如图 6 - 16 所示。当 I0.0 第 1 次闭合时 Q0.0 接通；第二次闭合时 Q0.1 接通；第三次闭合时 Q0.2 接通；第四次闭合时 Q0.3 接通，同时将计数器复位，又开始了下一轮计数。如此往复，实现了顺序控制。这里 I0.0 既可以是手动开关，也可以是内部定时时钟，后者可实现自动循环控制。程序中还使用了比较指令，只有当计数值等于比较常数时相应的输出才接通。所以每一个输出只接通一拍，且当下一输出接通时上一输出即断开。

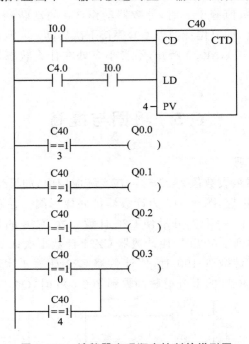

图 6 - 16　计数器实现顺序控制的梯形图

利用减 1 计数器 C40 进行计数，由控制触点 I0.0 闭合的次数驱动计数器计数，结合比较指令，将计数器的计数过程中间值与给定值比较，确定被控对象在不同计数点上的启停，从而实现控制各输出接通的顺序。

模块三　PLC功能指令的运用

对于复杂的控制系统,只懂基本指令的编程还不够,还有很多的功能指令和功能模块可以运用。

PLC的功能指令或称应用指令,是指指令系统中满足特殊控制要求的那些指令。

S7-200系列可编程控制器功能指令依据功能不同可分为数据处理类、程序控制类、特种功能类及外部设备类。由于功能指令主要解决的是数据处理任务,其中数据处理指令种类多、数量大、使用频繁,又可分为传送比较、四则及逻辑运算、移位、编解码等细目。

程序控制指令主要用于程序的结构及流程,含子程序、中断、跳转及循环等指令。外部设备指令含一般的输入/输出口设备及专用外部设备两大类。专用外部设备指和主机配接的功能单元及专用通信单元等。特种功能指令指机器的一些特殊功能,如高速计数器或模仿一些专用机械或专用电气设备功能的指令等。

本模块学习S7-200 PLC的比较指令、传送指令、数学运算指令、程序控制指令等指令及其应用,学会使用PLC完成较复杂的任务。

项目7　比较指令的运用

7.1　项目描述

在实际的控制过程中,可能需要对两个操作数进行比较,比较条件成立时完成某种操作,从而实现某种控制。比如初始化程序中,在VW10中存放着数据100,从模拟量输入AIW0中采集现场数据。当AIW0中数值小于或等于VW10中数值时Q0.0输出;当AIW0中数值大于VW10中数值时Q0.1输出。如何操作呢? 这就要用到数据比较指令。

7.2　项目目标

本项目利用比较指令实现顺序控制,利用比较指令来监视定时器当前值,控制两个经典的工程任务,使读者掌握比较指令的应用,正确使用比较指令编写控制程序,完成PLC控制程序的设计。

7.3　相关知识

比较指令

比较指令共有78条助记符指令、26个梯形图指令,主要分为字节、整数、双字整数、实数和字符串 5 类。触点型比较指令相当于一个触点,执行时比较源操作数[N1]和[N2],满足比较条件则触点闭合,并不对存储器中的具体单元进行操作。对梯形图指令来说,就是接通或切断能流;对语句表语言来说,就是根据条件对栈顶实施置 1 或置 0 的操作。源操作数可以取所有的数据类型。以 LD 开始的触点型比较指令接在左侧母线上,以 A 开始的触点型比较指令相当于串联触点,以 O 开始的触点型比较指令相当于并联触点。各种触点型比较指令的助记符和意义见表 7-1,表中 xx 代表运算符。表 7-2 为比较触点说明。

表 7 - 1　比较触点功能

触点类型	字节比较	整数比较	双字整数比较	实数比较	字符串比较
装载比较触点	LDBxx N1,N2	LDWxx N1,N2	LDDxx N1,N2	LDRxx N1,N2	LDSxx N1,N2
串联比较触点	ABxx N1,N2	AWxx N1,N2	ADxx N1,N2	ARxx N1,N2	ASxx N1,N2
并联比较触点	OBxx N1,N2	OWxx N1,N2	ODxx N1,N2	ORxx N1,N2	OSxx N1,N2

表 7 - 2　比较触点说明

STL	说　明
LD□xx N1,N2	比较触点起始母线
LD A□xx N1,N2	比较触点的"与"
LD O□xx N1,N2	比较触点的"或"

1. 数值比较

比较指令用于比较两个数值,其运算符为

N1 == N2　　N1 >= N2　　N1 <= N2

N1 > N2　　N1 < N2　　　N1 <> N2

字节比较操作是无符号的。

整数比较操作是有符号的。

双字比较操作是有符号的。

实数比较操作是有符号的。

2. 字符串比较

字符串比较指令比较两个字符串的 ASCII 码字符,其运算符为

IN1==IN2　　　IN1<>IN2

当比较结果为真时,比较指令使触点闭合(LAD)。

对于 LAD,当比较结果为真时,比较指令使触点闭合(LAD)。在 STL 中,比较为真时,1 位于堆栈顶端,指令执行载入、AND(与)或 OR(或)操作。当使片 IEC 比较指令时,可以使用各种数据类型作为输入。但是,两个输入的数据类型必须一致。

7.4　工作任务

任务 1　利用比较指令实现顺序控制

1. 任务目标

（1）知识目标

掌握比较指令的使用方法。

（2）技能目标

掌握通过计数器与比较指令的结合，将计数器的当前值作为条件，实现对被控对象在不同的时间点的启动顺序控制技能。

2. 任务描述

将计数器的计数过程中间值与给定值进行比较，确定被控对象在不同计数点上的启停，从而实现控制各输出接通的顺序。

根据按钮按下的次数，依次点亮指示灯。当按钮 SB1 被按下 4 次时，4 个指示灯顺序点亮；当按钮 SB2 被按下时，4 个指示灯同时熄灭。

3. 任务实施

（1）硬件电路设计

根据控制要求列出所用的输入/输出点，并为其分配了相应的地址，其 I/O 分配表如表 7-3 所列。

表 7-3　使用计数器实现顺序控制的 I/O 分配表

输入信号			输出信号		
输入地址	代　号	功　能	输出地址	代　号	功　能
I0.0	SB1	控制按钮	Q0.0	EL1	指示灯 1
I0.1	SB2	停止按钮	Q0.1	EL2	指示灯 2
			Q0.2	EL3	指示灯 3
			Q0.3	EL4	指示灯 4

根据表 7-3 和控制要求，设计 PLC 的硬件原理图，如图 7-1 所示。其中 COM1 为 PLC 输入信号的公共端，COM2 为输出信号的公共端。

（2）编程思想

通过计数器记录按钮的通断次数，然后再根据计数器记录的当前值，利用接点比较指令判断指示灯是否输出。

（3）控制程序的设计

根据控制要求设计出控制梯形图，如图 7-2 所示。

（4）程序执行过程

① 按下按钮 SB1 时，输入信号 I0.0 有效，增计数器 C0 的当前计数值加"1"。按钮第一次按下时，计数器从当前值加"1"，再利用大于或等于字比较指令，当计数器的当前值大于或等于"1"时，输出信号 Q0.0 为 ON，控制指示灯 EL1 点亮。再次按下按钮 SB1 时，输入信号 I0.0

有效,增计数器 C0 的当前计数值再加"1",计数器从当前值加"1"变为加"2",再利用大于或等于字比较指令,当计数器的当前值大于或等于"2"时,输出信号 Q0.1 为 ON,控制指示灯 EL2 点亮。以此类推,当按钮 SB1 依次按下时,信号灯 EL3 和 EL4 被依次点亮。

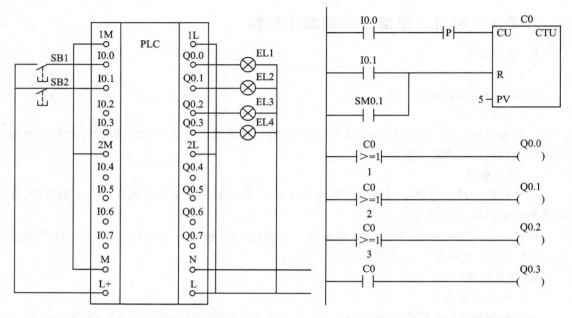

图 7-1　PLC 的硬件原理图　　　　图 7-2　控制梯形图

② 当按下按钮 SB2 时,输入信号 I0.1 有效,计数器 C0 被复位,其当前值变为 0,大于或等于字比较指令的条件不再满足,输出信号全部复位变为 OFF,使指示灯全部熄灭。

(5) 编程体会

本实例应用于工程实际中时,除了应将计数器的复位端增加上电复位信号,以确保计数器的计数准确外,还应考虑按钮的防抖问题。本程序通过计数器与比较指令的结合,将计数器的当前值作为条件,确定被控对象在不同的时间点的启动顺序。

任务 2　利用比较指令来监视定时器当前值的控制

1. 任务目标

(1) 知识目标

掌握比较指令的使用方法。

(2) 技能目标

掌握一种监视定时器工作的方法技能。

2. 任务描述

利用比较指令来监视 TIM 的当前值,对于定时 30 s 的定时器 T37,定时 10 s 控制一个信号输出,定时 20 s 再控制一个信号输出,定时 30 s 后再有一个信号输出。

3. 任务实施

(1) 硬件电路设计

根据控制要求列出所用的输入/输出点,并为其分配相应的地址,其 I/O 分配表如表 7-4

所列。

表 7 - 4　监视定时器 TIM 的当前值程序 I/O 分配表

输入信号			输出信号		
输入地址	代　号	功　能	输出地址	代　号	功　能
I0.0	SA	定时器工作开关	Q0.0	HL1	定时 10 s 指示灯
			Q0.1	HL2	定时 20 s 指示灯
			Q0.2	HL3	定时 30 s 指示灯

根据表 7 - 4 和控制要求,设计 PLC 的硬件原理图,如图 7 - 3 所示。

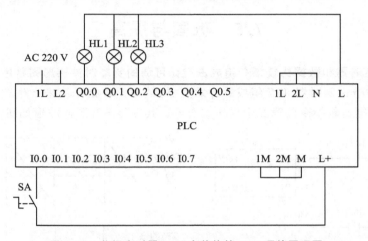

图 7 - 3　监视定时器 TIM 当前值的 PLC 硬件原理图

（2）编程思想

定时器 T37 工作时其当前值以 0.1 s 的速率加"1",利用两个字比较指令来监视其当前值,第一个接点比较指令与常数 100 进行比较,当其当前值大于或等于 100 时,定时器 T37 定时 10 s;第二个字比较指令与常数 200 进行比较,当其当前值大于或等于 200 时,定时器定时 20 s,30 s 后定时器 T37 动作。

（3）控制程序的设计

根据控制要求设计的控制梯形图如图 7 - 4 所示。

（4）程序的执行过程

当开关 SA 接通时,输入信号 I0.0 有效,定时器 T37 开始定时,其当前值以 0.1 s 的速率加

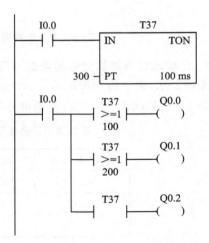

图 7 - 4　监视定时器 TIM 当前值的梯形图

1,利用字比较指令来监视其当前值,第一个字比较指令与常数"100"进行比较,当其当前值大于或等于 100 时,字比较指令条件满足,其后的逻辑运算结果为 1,即定时器 T37 定时 10 s,将输出信号 Q0.0 接通,控制指示灯 HL1 点亮;第二个字比较指令与常数"200"进行比较,当其

当前值大于或等于 200 时,字比较指令条件满足,其后的逻辑运算结果为 1,即定时器 T37 定时 20 s,将输出信号 Q0.1 接通,控制指示灯 HL2 点亮;定时器 T37 定时 30 s 后其对应的接点动作,将输出信号 Q0.2 接通,控制指示灯 HL3 点亮。当开关 SA 断开时,输入信号 I0.0 为 OFF,定时器 T37 复位,其当前值变为"0",两个字比较指令条件均不满足,断开输出信号,使指示灯熄灭。

（5）编程体会

在本实例的程序设计中,利用两个字比较指令来监视定时器的当前值,利用字比较指令的结果可直接控制输出信号,编程也比较简单,本实例提供监视定时器工作的一种方法;另外还应注意,定时器的预设值是以字的数据类型存储的,应采用对应的字比较指令。

7.5　巩固与提高

1. 分析用定时器和数据比较指令组成占空比可调的脉冲时钟梯形图程序

M0.0 和 100 ms 定时器 T37 组成脉冲发生器,数据比较指令用来产生宽度可调的方波,脉宽的调整由数据比较指令的第二个操作数实现。其梯形图和脉冲波形如图 7-5 所示。

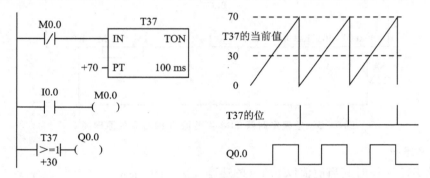

图 7-5　占空比可调的脉冲发生器的梯形图和脉冲波形图

2. 分析三台电动机分时启动控制应用梯形图程序

控制要求:按下启动按钮后,三台电动机每隔 2 s 分别依次启动;按下停止按钮,三台电动机每隔 2 s 后依次停止。三台电动机分时启动控制的 I/O 地址分配如表 7-5 所列。

表 7-5　三台电动机分时启动控制的 I/O 地址分配

输入 PLC 地址	说　明	输出 PLC 地址	说　明
I0.0	启动按钮	Q0.0	电动机 1
I0.1	停止按钮	Q0.1	电动机 2
		Q0.2	电动机 3

根据控制要求,利用比较指令,编写出三台电动机分时启动控制应用梯形图程序,如图 7-6 所示。

3. 编写仓库库存位余量显示控制程序

控制要求:某仓库库存位总数为 1 000,仓库库存位余量数值存储单元为 VW10,当入库 1 件货物时库存位余量 VW10 减 1,出库 1 件货物时库存位余量 VW10 加 1,当库存位余量＜

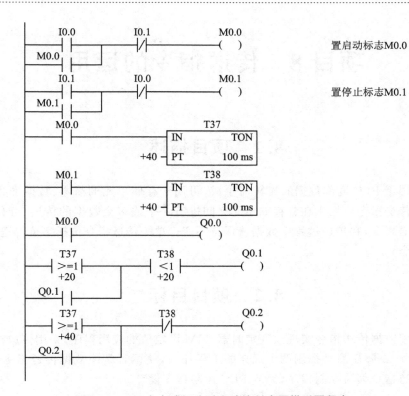

置启动标志M0.0

置停止标志M0.1

图 7 - 6　三台电动机分时启动控制应用梯形图程序

100 时,进口处绿灯亮,出口处红灯亮,表示库存紧张,需进货,限制出货;当 100＜库库存位余量≤500 时,进口处绿灯亮,出口处白灯亮,表示库存紧张,需进货,但可正常出货;当 500＜库存位余量≤900 时,表示库存量正常,进口处绿灯亮,出口处红灯亮;当 900＜仓库库存位余量≤1 000 时,进口处红灯亮,出口处绿灯亮,表示库存充足,出货正常,限制进货。

项目 8　传送指令的运用

8.1　项目描述

传送指令用于 PLC 内部数据的流转与生成,可用于存储单元的清零、数据准备及初始化等场合。数据传送指令可用来在各存储单元之间进行一个或多个数据的传送,可分为单一传送指令和块传送指令,在传送过程中数据值保持不变。单一传送指令包括字节传送、双字传送和实数传送指令。

8.2　项目目标

本项目利用数据传送指令实现改变定时器 TIM 设定值的应用程序,采用传送指令实现三相异步电动机 Y/△降压启动控制两个经典的工程任务,使读者掌握数据传送指令的应用,正确使用数据传送指令编写控制程序,完成 PLC 控制程序设计。

8.3　相关知识

8.3.1　字节、字、双字或者实数传送指令

1. 语句表传送指令

传送指令分字节、字、双字或者实数传送指令,字节传送(MOVB)、字传送(MOVW)、双字传送(MOVD)和实数传送指令在不改变原值的情况下将 IN 中的值传送到 OUT。使用双字传送指令可以创建一个指针。对于 IEC 传送指令,输入和输出的数据类型可以不同,但数据长度必须相同。

2. 梯形图传送指令

传送指令的梯形图如表 8-1 所列。

表 8-1　梯形图传送指令

LAD	MOV_B EN ENO ????—IN OUT—????	MOV_W EN ENO ????—IN OUT—????	MOV_DW EN ENO ????—IN OUT—????	MOV_R EN ENO ????—IN OUT—????
STL	MOVB IN,OUT			
类型	字节	字,整数	双字,双整数	实数
功能	使能输入有效时,即 EN=1 时,将一个输入 IN 的字节、字/整数、双字/双整数或实数送到 OUT 指定的存储器输出。在传送过程中不改变数据的大小。传送后,输入存储器 IN 中的内容不变			

3. 标志位与 ENO

使 ENO＝0 的错误条件:0006(间接寻址)。

4. 操作数

操作数如表 8－2 所列。

表 8－2　传送指令的有效操作数

输入/输出	数据类型	操作数
IN	BYTE	IB、QB、VB、MB、SMB、SB、LB、AC、＊VD、＊LD、＊AC,常数
	WORD、INT	IW、QW、VW、MW、SMW、SW、T、C、LW、AC、AIW＊VD、＊LD、＊AC,常数
	DWORD、DINT、REAL	ID、QD、VD、MD、SMD、SD、LD、HC、&VB、&IB、&QB、&MB、&SB、&T、&C、&SMB、&AIW、&AQW、AC、＊VD、＊LD、＊AC,常数
OUT	BYTE	IB、QB、VB、MB、SMB、SB、LB、AC、＊VD、＊LD、＊AC
	WORD、INT	IW、QW、VW、MW、SMW、SW、T、C、LW、AC、AQW、＊VD、＊LD、＊AC
	DWORD、DINT、REAL	ID、QD、VD、MD、SMD、SD、AC、＊VD、＊LD、＊AC

8.3.2　字节立即传送读和写

1. 语句表指令

字节立即传送指令允许在物理 I/O 和存储器之间立即传送一个字节数据。

字节立即读(BIR)指令读物理输入(IN),并将结果存入内存地址(OUT),但过程映像寄存器并不刷新。

字节立即写指令(BIW)从内存地址(IN)中读取数据,写入物理输出(OUT),同时刷新相应的过程映像区。

2. 梯形图

字节立即传送指令的梯形图如图 8－1 所示。

3. 标志位与 ENO

使 ENO＝0 的错误条件:

① 0006(间接寻址);

② 不能访问扩展模块。

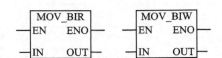

图 8－1　字节立即传送指令梯形图

4. 操作数

操作数如表 8－3 和表 8－4 所列。

表 8－3　字节立即读指令的有效操作数

输入/输出	数据类型	操作数
IN	BYTE	IB、＊VD、＊LD、＊AC
OUT	BYTE	IB、QB、VB、MB、SMB、SB、LB、AC、＊VD、＊LD、＊AC

表 8－4　字节立即写指令的有效操作数

输入/输出	数据类型	操作数
IN	BYTE	IB、QB、VB、MB、SMB、SB、LB、AC、＊VD、＊LD、＊AC,常数
OUT	BYTE	QB、＊VD、＊LD、＊AC

8.3.3 块传送指令

1. 表指令

块传送指令分字节、字、双字的块传送三种方式。

字节块传送（BMB）、字块传送（BMW）和双字块传送（BMD）指令传送指定数量的数据到一个新的存储区，数据的起始地址为 IN，数据长度为 N 字节、字或者双字，新块的起始地址为 OUT。N 的范围从 $1 \sim 255$。

2. 梯形图

块传送指令的梯形图如图 8 - 2 所示。

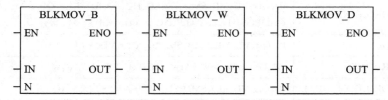

图 8 - 2　块传送指令的梯形图

3. 标志位与 ENO

使 ENO＝0 的错误条件：

① 0006（间接寻址）；

② 0091（操作数超出范围）。

4. 操作数

操作数如表 8 - 5 所列。

表 8 - 5　块传送指令的有效操作数

输入/输出	数据类型	操作数
IN	BYTE	IB、QB、VB、MB、SMB、SB、LB、＊VD、＊LD、＊AC
	WORD、INT	IW、QW、VW、MW、SMW、SW、T、C、LW、AIW、＊VD、＊LD、＊AC
	DWORD、DINT	ID、QD、VD、MD、SMD、SD、LD、＊VD、＊LD、＊AC
OUT	BYTE	IB、QB、VB、MB、SMB、SB、LB、＊VD、＊LD、＊AC
	WORD、INT	IW、QW、VW、MW、SMW、SW、T、C、LW、AC、AQW、＊VD、＊LD、＊AC
	DWORD、DINT	ID、QD、VD、MD、SMD、SD、LD、＊VD、＊LD、＊AC
N	BYTE	IB、QB、VB、MB、SMB、SB、LB、AC、常数＊VD、＊LD、＊AC

8.4　工作任务

任务 1　改变定时器 TIM 设定值的应用程序

1. 任务目标

（1）知识目标

掌握数据传送指令的使用方法。

（2）技能目标

使用 MOV 字传送指令改变定时器的设定值，实现定时器根据工程不同情况需要改变定时器的设定值。

2. 任务描述

使用 MOV 指令改变 TIM 的设定值。当开关 SA1 按下时，TIM 被设定为 10 s 定时；当开关 SA2 按下时，定时器设定为 20 s；当 SA1 和 SA2 同时按下时，TIM 不工作。

3. 任务实施

（1）硬件电路设计

根据控制要求列出所用的输入/输出点，并为其分配相应的地址，其 I/O 分配表如表 8－6 所列。

表 8－6　改变定时器 TIM 设定值的 I/O 分配表

输入信号			输出信号		
输入地址	代　号	功　能	输出地址	代　号	功　能
I0.0	SA1	定时 5 s 开关	Q0.0	HL1	定时 5 s 指示灯
I0.1	SA1	定时 10 s 开关	Q0.1	HL2	定时 10 s 指示灯

根据表 8－6 和控制要求，设计 PLC 的硬件原理图，如图 8－3 所示，其中 L1、L2 为交流电 220 V 零线，L 为火线。

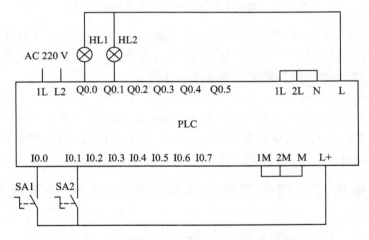

图 8－3　改变定时器 TIM 设定值的 PLC 硬件原理图

（2）编程思想

在本设计中使用 MOV 字传送指令改变定时器的设定值，将定时器的设定值设为寄存器 MW0，通过 MOV 字传送指令将不同的设定值传送到寄存器 MW0 中。

（3）控制程序的设计

根据控制要求设计的控制梯形图如图 8－4 所示。

（4）程序的执行过程

当 SA1 接通时，输入信号 I0.0 有效，通过字传送指令将"100"存入寄存器 MW0 中，而寄存器 MW0 中内容为定时器 T37 预设值，即将 T37 预设值设定为 10 s；当 SA2 接通时，输入信号 I0.1 有效，通过字传送指令将"200"存入寄存器 MW0 中，即将 T37 预设值设定为 20 s。当

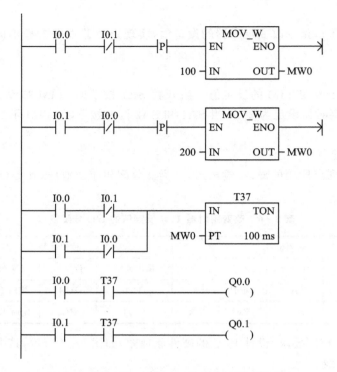

图 8-4　改变定时器 TIM 设定值的梯形图程序

SA1 接通时,输入信号 I0.0 有效,经过 10 s 之后,输出 Q0.0 变为 ON,控制指示灯 HL1 点亮;当 SA2 接通时,输入信号 I0.1 有效,经过 20 s 之后,输出 Q0.1 变为 ON,控制指示灯 HL2 点亮;如果 SA1 和 SA2 同时接通,则定时器 T37 不工作。

（5）编程体会

本实例提供了一种通过外部控制信号改变内部定时器的设定值的方法,在实际工程应用中会很方便地改变某个工艺过程的定时时间,也可以扩展到控制多个时间参数的情况,采用几个开关量的组合实现。

任务 2　采用传送指令实现三相异步电动机 Y/△降压启动控制

1. 任务目标

（1）知识目标

掌握数据传送指令的使用方法。

（2）技能目标

使用 MOV 字传送指令,传送指令输出控制字,实现多个输出点的同步控制。

2. 任务描述

按下启动按钮 SB1,电动机绕组星形连接启动运行,经过一定时间自动换接三角形连接运行;按下按钮 SB2,电动机停止运行。

3. 任务实施

（1）硬件电路设计

根据控制要求列出所用的输入/输出点,并为其分配相应的地址,其 I/O 分配表如表 8-7

所列。

表 8 - 7　三相异步电动机 Y/△降压启动控制的 I/O 分配表

输入信号			输出信号		
输入地址	代　号	功　能	输出地址	代　号	功　能
I0.0	SB1	电动机启动按钮	Q0.0	KM1	电源接连接触器
I0.1	SB2	电动机停止按钮	Q0.1	KM2	星形接连接触器
I0.2	FR	长期过载保护	Q0.2	KM3	三角形接连接触器

根据表 8 - 7 和控制要求,设计三相异步电动机 Y/△降压启动控制电气原理图,如图 8 - 5 所示。

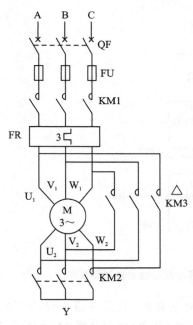

(a) 电动机控制电气原理图

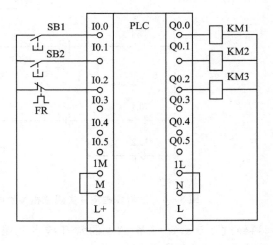

(b) PLC硬件原理图

图 8 - 5　三相异步电动机 Y/△降压启动控制的电气原理图

(2) 编程思想

采用时间控制原则,实现三相异步电动机 Y/△降压启动控制。启动时将电动机定子绕组接成星形,当星形启动运行后经一段时间的延时自动将绕组换为三角形接法正常运行。

(3) 控制程序的设计

根据控制要求设计的控制梯形图如图 8 - 6 所示。

(4) 程序的执行过程

按下 SB1 启动,输入信号 I0.0 有效,由第一个传送指令输出控制字"3"使输出信号 Q0.0 和 Q0.1 为 ON,控制接触器 KM1 和 KM2 的线圈通电,电动机 M 星形启动运行;同时定时器 T33 和 T34 也开始工作,经过 3 s 的延时,定时器 T33 的常开接点使第二个传送指令有效,由传送指令输出控制字"1"使输出信号 Q0.0 为 ON,此时电动机绕组断开,电动机靠惯性继续旋

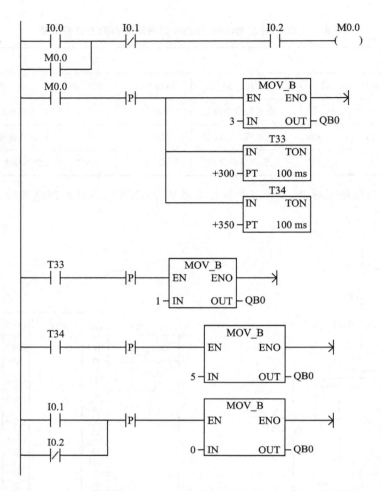

图 8 - 6　采用传送指令实现三相异步电动机 Y/△降压启动控制梯形图程序

转;再经过 0.5 s,定时器 T34 的常开接点使第三个传送指令有效,由传送指令输出控制字"5",使输出信号 Q0.0 和 Q0.2 为 ON,使接触器 KM1 和 KM3 通电,将电动机 M 绕组接成三角形接法后正常运行。

按下按钮 SB2,输入信号 I0.1 有效为 ON,使第四个传送指令有效,由传送指令输出控制字"0"使输出信号 Q0.0 和 Q0.2 为 OFF,使接触器 KM1 和 KM3 断电,控制接触器线圈 KM1、KM2 或 KM3 断电,电动机停止运行。

当电动机过载时,热继电器 FR 的常闭接点断开,输入信号 I0.2 为 OFF,使第四个传送指令有效,由传送指令输出控制字"0",使输出信号 Q0.0 和 Q0.2 为 OFF,使接触器 KM1 和 KM3 断电,控制接触器线圈 KM1、KM2 或 KM3 断电,电动机停止运行,达到过载保护的目的。

（5）编程体会

本实例为了保证 Y/△转换过程的可靠进行,在转换过程中定时器 T33 定时 3.0 s、T34 定时 3.5 s,预留出 Y/△换接的时间,使输出信号 Q0.2 在输出信号 Q0.1 断开 0.5 s 后才有效。但还是建议读者在硬件电路中增加互锁环节,以避免短路事故的发生。

8.5　巩固与提高

分析计数器、定时器当前值的传送程序

在图 8 - 7 所示的程序中,当 I0.0 接通的那个扫描周期把计数器 C0 的当前值传送到 VW10 中,在 I0.1 接通的每一个扫描周期把定时器 T32 的当前值传送到 VW12 中。由于 C0 和 T32 的当前值是 16 位,所以要求使用 16 位指令。注意连续执行型与脉冲执行型指令实现功能的区别。

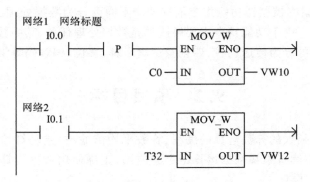

图 8 - 7　计数器、定时器当前值的传送

项目9　数学运算指令的运用

9.1　项目描述

S7－200系列可编程控制器功能指令依据功能不同可分为数据处理类、程序控制类、特种功能类及外部设备类。由于功能指令主要解决的是数据处理任务,其中数据处理指令种类多、数量大、使用频繁,又可分为传送比较、四则及逻辑运算、移位、编解码等细目。

9.2　项目目标

本项目通过三角函数的算数运算的编程、算数平均值滤波、跑马灯控制、艺术灯光控制四个经典的工程任务,使读者掌握数据运算指令的应用,正确使用数据运算指令编写控制程序,完成 PLC 控制程序的设计。

9.3　相关知识

9.3.1　数学运算指令

1. 加、减、乘、除法指令

(1)语句表指令

加、减、乘、除法指令分整数指令、双整数指令和实数指令三种。

整数加法(＋I)或者整数减法(－I)指令是将两个16位整数相加或者相减,产生一个16位结果;双整数加法(＋D)或者双整数减法(－D)指令是将两个32位整数相加或者相减,产生一个32位结果。

整数乘法(＊I)或者整数除法(/I)指令,将两个16位整数相乘或者相除,产生一个16位结果(对于除法,余数不被保留);双整数乘法(＊D)或者双整数除法(/D)指令,将两个32位整数相乘或者相除,产生一个32位结果(对于除法,余数不被保留)。

除了以上指令外,还有整数加法(ADD_I)、双整数加法(ADD_DI)、实数加法(ADD_R)、整数减法(SUB_I)、双整数减法(SUB_DI)、实数减法(SUB_R)、整数乘法(MUL_L)、双整数乘法(MUL_DI)、整数乘法产生双整数(MUL)、整数除法(DIV_I)、双整数除法(DIV_DI)、带余数的整数除法(DIV)等指令,它们的功能这里不再赘述。

(2)梯形图

梯形图如图 9－1 所示。

(3)标志位和 ENO

SM1.1 表示溢出错误和非法值。如果 SM1.1 置位,则 SM1.0 和 SM1.2 的状态不再有效

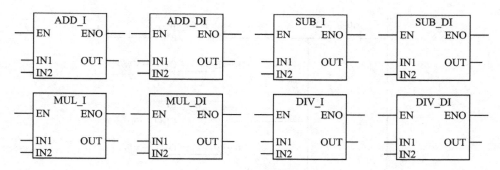

图 9-1　整数计算梯形图

而且原始输入操作数不会发生变化。如果 SM1.1 和 SM1.3 没有置位,那么数字运算产生一个有效的结果,同时 SM1.0 和 SM1.2 有效。在除法运算中,如果 SM1.3 置位,则其他数学运算标志位不会发生变化。

使 ENO=0 的错误条件:

① SM1.1(溢出);

② SM1.3(被 0 除);

③ 0006(间接寻址)。

受影响的特殊存储器位:

① SM1.0(结果为 0);

② SM1.1(溢出,运算过程中,产生非法数值或者输入参数非法);

③ SM1.2(结果为负);

④ SM1.3(被 0 除)。

(4) 操作数

操作数如表 9-1 所列。

表 9-1　加、减、乘、除指令的有效操作数

输入/输出	数据类型	操作数
IN1、IN2	INT	IW、QW、VW、MW、SMW、SW、T、C、LW、AC、AIW、＊VD、＊LD、＊AC、常数
	DINT	ID、QD、VD、MD、SMD、SD、LD、AC、HC、＊VD、＊LD、＊AC、常数
	REAL	ID、QD、VD、MD、SMD、SD、LD、AC、＊VD、＊LD、＊AC、常数
OUT	INT	IW、QW、VW、MW、SMW、SW、T、C、LW、AC、＊VD、＊LD、＊AC
	DINT、REAL	ID、QD、VD、MD、SMD、SD、LD、AC、＊VD、＊LD、＊AC

例 9-1　当 I0.0 触点接通时,常数 10 送到 VWB0,常数 20 送到 VWB2,ADDC 加法指令完成加法运算。输入与如图 9-2 所示程序对应的语句表程序如下:

LD　　　　I0.0

MOVW　　10,VW0

MOVW　　20,VW2

MOVW　　VW2,VW4

＋I　　　　VW0,VW4

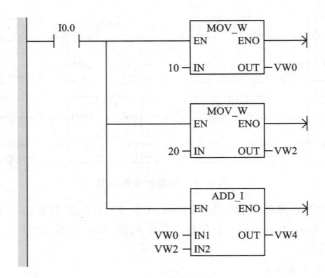

图 9 - 2　加法应用指令

2. 整数乘法产生双整数和余数的整数除法

(1) 语句表指令

整数乘法产生双整数指令(MUL),将两个 16 位整数相乘,得到 32 位结果。在 STL 的 MUL 指令中,OUT 的低 16 位被用作一个乘数。

带余数的整数除法指令(DIV),将两个 16 位整数相除,得到 32 位结果。其中 16 位为余数(高 16 位字中),另外 16 位为商(低 16 位字中)。在 STL 的 DIV 指令中,OUT 的低 16 位被用作除数。

(2) 梯形图

梯形图如图 9 - 3 所示。

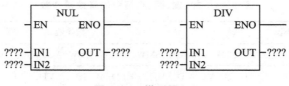

图 9 - 3　梯形图(1)

(3) 标志位和 ENO

对于在本页中介绍的两条指令,特殊存储器(SM)标志位表示错误和非法值。如果在除法指令执行时,则 SM1.3(被 0 除)置位,其他数字运算标志位不会发生变化;否则,当数字运算完成时,所有支持的数字运符状态位都包含有效状态。

使 ENO=0 的错误条件:

① SM1.1(溢出);

② SM1.3(被 0 除);

③ 0006(间接寻址)。

受影响的特殊存储器位:

① SM1.0(结果为 0);

② SM1.1(溢出);

③ SM1.2(结果为负);

④ SM1.3(被 0 除)。

(4) 操作数

操作数如表 9-2 所列。

表 9-2　整数乘法产生双整数和带余数的整数除法指令的有效操作数

输入/输出	数据类型	操作数
IN1,IN2	INT	IW、QW、VW、MW、SMW、SW、T、C、LW、AC、AIW、＊VD、＊LD、＊AC、常数
OUT	DINT	ID、QD、VD、MD、SMD、SD、LD、AC、＊VD、＊LD、＊AC

3. 递增和递减指令

(1) 语句表指令

递增或者递减指令将输入 IN 加 1 或者减 1,并将结果存放在 OUT 中。字节递增(INCB)和字节递减(DECB)操作是无符号的。字递增(INCW)和字递减(DECW)操作是有符号的。双字递增(INCD)和双字递减(DECD)操作是有符号的。

(2) 梯形图

梯形图如图 9-4 所示。

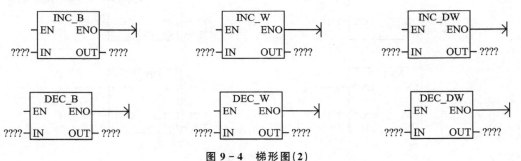

图 9-4　梯形图(2)

(3) 标志位和 ENO

使 ENO=0 的错误条件:

① SM1.1(溢出);

② 0006(间接寻址)。

受影响的特殊存储器位:

① SM1.0(结果为 0);

② SM1.1(溢出);

③ SM1.2(结果为负)。

(4) 操作数

操作数如表 9-3 所列。

表 9-3　递增和递减指令的有效操作数

输入/输出	数据类型	操作数
IN	BYTE	IB、QB、VB、MB、SMB、SB、LB、AC、＊VD、＊LD、＊AC、常数
	INT	IW、QW、VW、MW、SMW、SW、LW、T、C、AC、AIW、＊VD、＊LD、＊AC、常数
	DINT	ID、QD、VD、MD、SMD、SD、LD、AC、HC、＊VD、＊LD、＊AC、常数

输入/输出	数据类型	操作数
OUT	BYTE	IB,QB,VB,MB,SMB,SB,LB,AC、* VD、* LD、* AC
	INT	IW,QW,VW,MW,SMW,SW,T,C,LW,AC、* VD、* LD、* AC
	DINT	ID,QD,VD,MD,SMD,SD,LD,AC、* VD、* LD、* AC

4. 浮点数运算指令

(1) 语句表指令

实数加法(+R)和实数减法(-R)指令,将两个 32 位实数相加或相减,产生一个 32 位实数结果;实数乘法(* R)或实数除法(/R)指令,将两个 32 位实数相乘或相除,产生一个 32 位实数结果。实数加法和实数减法用 ADD_R 和 SUB_R 表示,实数乘法和实数除法用 MUL_R 和 DIV_R 表示。

(2) 梯形图

梯形图如图 9-5 所示。

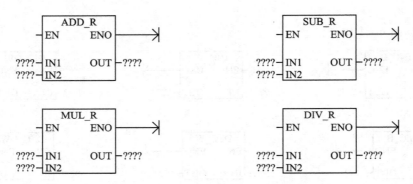

图 9-5　梯形图(3)

(3) 标志位和 ENO

对于本页中介绍的两条指令,特殊存储器(SM)标志位表示错误和非法值。如果在除法指令执行时 SM1.3(被 0 除)置位,则其他数字运算标志位不会发生变化;否则,当数字运算完成时,所有支持的数字运算状态位都包含有效状态。

使 ENO=0 的错误条件:

① SM1.1(溢出);

② SM1.3(被 0 除);

③ 0006(间接寻址)。

受影响的特殊存储器位:

① SM1.0(结果为 0);

② SM1.1(溢出);

③ SM1.2(结果为负);

④ SM1.3(被 0 除)。

(4) 操作数

操作数如表 9-4 所列。

表 9 - 4　实数有效操作数

输入/输出	数据类型	操作数
IN1、IN2	INT	IW、QW、VW、MW、SMW、SW、T、C、LW、AC、AIW、＊VD、＊LD、＊AC、常数
OUT	DINT	ID、QD、VD、MD、SMD、SD、LD、AC、＊VD、＊LD、＊AC

5. 数学功能指令

正弦(SIN)、余弦(COS)和正切(TAN)指令计算角度值 IN 的三角函数值,并将结果存放在 OUT 中。输入角度值是弧度值,要将角度从度数变为弧度,可以使用 MUL_R(＊R)指令。

自然对数指令(LN)计算输入值 IN 的自然对数,并将结果存放到 OUT 中。自然指数指令(EXP)计算输入值 IN 的自然指数值,并将结果存放到 OUT 中。要从自然对数计算出以 10 为底的对数值,可以使用除法指令,将自然对数值除以 2.302 585(接近 10 的自然对数)即可。

要计算任意实数的任意实数次方,包括分数形式的指数,需要将自然对数指令和自然指数指令结合在一起使用。例如:要计算 X 的 Y 次方,使用以下公式:

$$EXP(Y ＊ LN(X))$$

平方根指令(SQRT)计算实数(IN)的平方根,并将结果存放到 OUT 中。

如果要求其他次数的方根值,则

5 的立方＝ EXP(3 ＊ LN(5))＝ 125;

125 的立方根＝ EXP((1/3) ＊ LN(125)) ＝ 5;

5 的立方的平方根＝ EXP(3/2 ＊ LN(5))＝11. 180 34。

(1) 语句表指令

语句表指令含正弦(SIN)指令、余弦(COS)指令、正切(TAN)指令、自然对数指令(LN)、自然指数指令(EXP)、平方根指令(SQRT)。

(2) 梯形图

梯形图如图 9 - 6 所示。

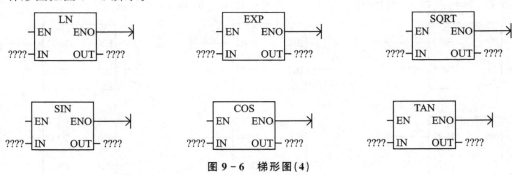

图 9 - 6　梯形图(4)

(3) 数学功能指令的 SM 位和 ENO

对于本节中描述的所有指令,SM1.1 用来表示溢出错误或者非法的数值。如果 SM1.1 置位,则 SM1.0 和 SM1.2 的状态不再有效而且原始输入操作数不会发生变化。如果 SM1.1 没有置位,那么数字运算产生一个有效的结果,同时 SM1.0 和 SM1.2 状态有效。

使 ENO＝0 的错误条件:

① SM1.1(溢出);

② 0006(间接寻址)。

受影响的特殊存储器位：

① SM1.0(结果为 0)；

② SM1.1(溢出)；

③ SM1.2(结果为负)。

(4) 操作数

操作数如表 9-5 所列。

表 9-5　数学功能指令的有效操作数

输入/输出	数据类型	操作数
IN	REAL	ID、QD、VD、MD、SMD、SD、LD、AC、＊VD、＊LD、＊AC、常数
OUT	REAL	ID、QD、VD、MD、SMD、SD、LD、AC、＊VD、＊LD、＊AC

9.3.2　逻辑运算指令

1. 逻辑操作指令

(1) 取反指令

字节取反(INVB)、字取反(INVW)和双字取反(INVD)指令将输入 IN 取反的结果存入 OUT 中。取反指令如图 9.7 所示。

图 9-7　取反指令

(2) 字节与、字与和双字与

字节与(ANDB)、字与(ANDW)和双字与(ANDD)指令将输入值 IN1 和 IN2 的相应位进行与操作，将结果存入 OUT 中。字节与、字与和双字与如图 9-8 所示。

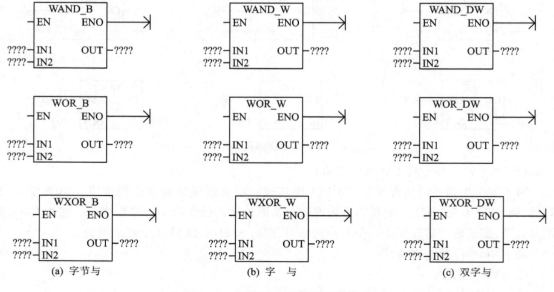

(a) 字节与　　　　　　　(b) 字　与　　　　　　　(c) 双字与

图 9-8　字节与、字与和双字与指令

（3）字节或、字或和双字或

字节或（ORB）指令、字或（ORW）和双字或（ORD）指令将两个输入值 IN1 和 IN2 的相应位进行或操作，将结果存入 OUT 中。

（4）字节异或、字节或和双字异或

字节异或（ROB）、字节异或（ORW）和双字异或（ORD）指令将两个输入值 IN1 和 IN2 的相应位进行异或操作，将结果存入 OUT 中。

图 9-9 为与、或和异或指令示例。

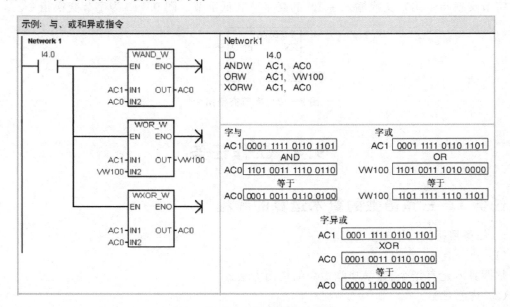

图 9-9　与、或和异或指令示例

2. 移位和循环指令

（1）右移和左移指令

移位指令将输入值 IN 右移或左移 N 位，并将结果装载到输出 OUT 中。

移位指令对移出的位自动补零。如果位数 N 大于或等于最大允许值（对于字节操作为 8，对于字操作为 16，对于双字操作为 32），那么移位操作的次数为最大允许值。如果移位次数大于 0，则溢出标志位（SM1.1）上就是最近移出的位值。如果移位操作的结果为 0，则零存储器位（SM1.0）置位。图 9-10 为字节左移、右移指令。

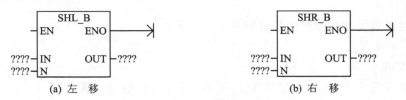

图 9-10　字节左移、右移指令

（2）循环左移和循环右移指令

循环移位指令将输入值 IN 循环左移或者循环右移 N 位，并将输出结果装载到 OUT 中。循环移位是圆形的。图 9-11 为字节循环左移和循环右移指令。

图 9 - 11　字节循环左移和循环右移指令

（3）字节交换指令

字节交换指令用来交换输入字 IN 的高字节和低字节。图 9-12 为字节交换指令。

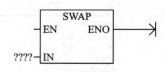

图 9 - 12　字节交换指令

9.4　工作任务

任务 1　三角函数的算术运算的编程

1. 任务目标

（1）知识目标

掌握算术运算指令、数学功能指令的使用方法。

（2）技能目标

掌握三角函数的算术运算的编程。

2. 任务描述

求 45°正弦值和 30°余弦值之和。

3. 任务实施

（1）编程思想

① 将 45°转换为弧度：(3.141 59/180)×45，再求其正弦值；

② 将 30°转换为弧度：(3.141 59/180)×30，再求其余弦值；

③ 将二者的结果相加即可。

（2）梯形图设计

根据控制要求设计的控制梯形图如图 9-13 所示。

（3）控制的执行过程

1）求正弦值

按下采样按钮 SB1 时，输入信号 I0.0 有效，通过除法指令计算弧度：(3.141 59/180)，存入累加器 AC1 中，再通过乘法指令计算 45°所对应的弧度值，存入累加器 AC1 中，再次通过正弦指令求其正弦值，并将结果存入累加器 AC0 中；最后通过传送指令将计算的正弦值存入双字寄存器 VD0 中。

2）求余弦值

按下采样按钮 SB2 时，输入信号 I0.1 有效，通过除法指令计算弧度：(3.141 59/180)，存

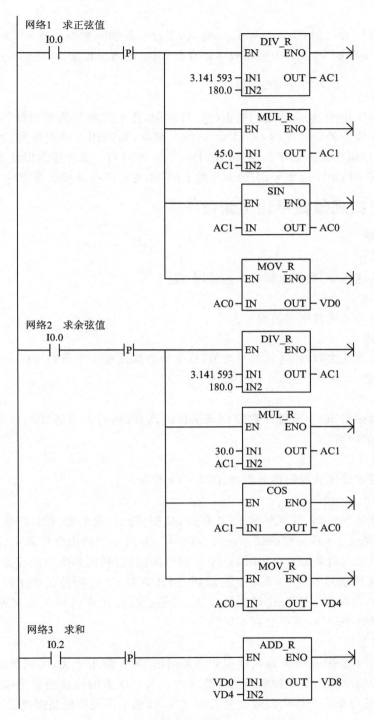

图 9 - 13　三角函数算术运算的控制梯形图

入累加器 AC1 中,再通过乘法指令计算 30°所对应的弧度值,存入累加器 AC1 中,再次通过正弦指令求其正弦值,并将结果存入累加器 AC0 中;最后通过传送指令将计算的正弦值存入双字寄存器 VD4 中。

3) 求 和

按下采样按钮 SB3 时,输入信号 I0.2 有效,通过实数加法指令计算 45°正弦值和 30°余弦值之和,将双字寄存器 VD0 的内容与双字寄存器 VD4 的内容相加,并将结果存入双字寄存器 VD8 中。

(4) 编程体会

在实际工程应用中,经常会遇到数据的计算问题,算数计算分为整数计算和浮点计算,根据需要选择。本实例的计算需将 45°和 30°转换为弧度,而采用了浮点计算,其存储的数据为实数,所采用的存储单元为双字的寄存器 VD0、VD4 和 VD8,读者应加以注意;另外,还应注意 S7 - 200 PLC 的 CPU 的型号,有的型号的 CPU 不支持正弦值和余弦值的计算。

任务 2   实现算数平均值滤波

1. 任务目标

(1) 知识目标

掌握数据传送指令、数据运算指令的使用方法。

(2) 技能目标

掌握算数平均值滤波程序的编写。

2. 任务描述

要求连续采集 5 次数据,计算其平均值,这 5 个数据通过 5 个周期进行采样。

3. 任务实施

(1) 编程思想

将采样的数据相加,并通过计数器记录采样的次数,然后再将累加的结果除以采样的次数,计算出平均值即可。

(2) 梯形图设计

根据控制要求设计的控制梯形图,如图 9 - 14 所示。

(3) 控制的执行过程

按下采样按钮 SB1 时,输入信号 I0.0 有效,采样开始。定时器 T37 开始定时,设定的采样周期为 1 s。经过 1 s 后采样的结果存入 VW0 中,并通过加法指令将其存储到 VW2 中,每采样一次计数器的当前值加"1";定时器 T0 定时时间到后,利用其本身的接点将其复位,定时器 T37 复位后又重新开始定时,重复上述过程;当计数器 C0 的当前值等于预设值时,其对应的工作位为 ON,寄存器 VW10 中已累加 5 次,再通过除法指令将寄存器 VW10 中的内容除以"5",计算出算数平均值,并存储到 VW20 中。

(4) 编程体会

在实际工程应用中,经常会遇到数据的采集问题,为了防止干扰,可以通过程序进行数据滤波。算数平均值滤波法是一种常用的滤波方法。求平均值的滤波的程序编写简单,可根据不同采集对象,适当提高采样周期或改变采样次数,以满足不同的控制需要。

任务 3   跑马灯控制

1. 任务目标

(1) 知识目标

掌握数据传送指令、定时器指令、循环左移指令的使用方法。

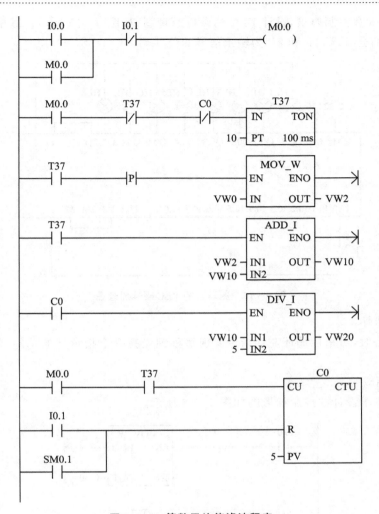

图 9 - 14　算数平均值滤波程序

（2）技能目标

掌握定时循环控制的技能。

2. 任务描述

① 控制多个指示灯。

② 当开关闭合时，每秒钟点亮一个指示灯，依次点亮，并不断循环。

3. 任务实施

（1）硬件电路设计

根据控制要求列出所用的输入/输出点，并为其分配相应的地址，其 I/O 分配表如表 9 - 6 所列。

表 9 - 6　跑马灯控制 I/O 分配表

输入信号			输出信号		
输入地址	代　号	功　能	输入地址	代　号	功　能
I0.0	SA	工作开关	Q0.0～Q0.7	HL1～HL8	指示灯

　　根据表 9-6 和控制要求,设计 PLC 的硬件原理图,如图 9-15 所示。其中 1M 和 2M 为 PLC 输入信号的公共端,1L 和 2L 为输出信号的公共端。

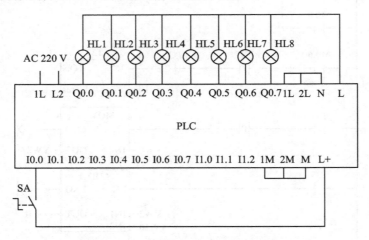

图 9-15　跑马灯的 PLC 硬件原理图

　　(2) 编程思想

　　当开关闭合时,可采用循环左移指令实现每秒钟点亮一个指示灯的功能,依次点亮,并不断循环。

　　(3) 梯形图设计

　　根据控制要求设计的控制梯形图如图 9-16 所示。

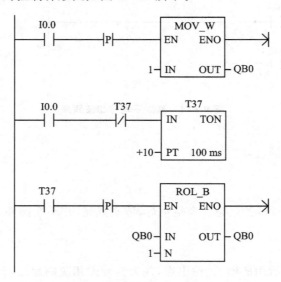

图 9-16　跑马灯的控制梯形图

　　(4) 控制的执行过程

　　当开关 SA 接通时,输入信号 I0.0 有效,将常数"1"传送到 QB0,即将 QB0 字节的 Q0.0 位置为"1",指示灯的第一位点亮。在秒脉冲的作用下,控制循环左移指令工作,指示灯按顺序 EL1~EL8 依次点亮(间隔 1 s),当移动到最高位 Q0.7 时,将其状态移位给最低位 Q0.0 进行循环移位。

（5）编程体会

在使用传送指令时，为了保证循环左移指令能够正确移位，使用上升沿脉冲指令，使 MOVE 指令当其条件满足时只传送一次；在本程序编写过程中，通过使用循环左移指令实现对移位位数的控制。对于此类程序的编写，要求读者对 PLC 的指令系统比较熟悉，充分利用 PLC 的功能指令简化程序。

任务 4　艺术灯光控制

1. 任务目标

（1）知识目标

掌握循环左移和循环右移指令的使用方法。

（2）技能目标

掌握使用循环左移指令对移位位数的控制，掌握循环条件切换的技能。

2. 任务描述

① 艺术灯光控制的示意图如图 9 - 17 所示。当系统工作时，LED 指示灯依次循环显示 1→2→3→…→ 8→1、2→3、4→5、6→ 7、8→1、2、3、4→5、6、7、8→1、2、3、4、5、6、7、8→1 → 2→…，模拟当前艺术灯光的"水流"状态。

② 系统停止工作时，LED 指示灯停止显示。

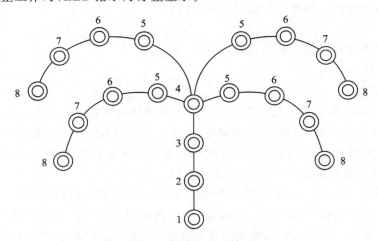

图 9 - 17　艺术灯光控制示意图

3. 任务实施

（1）硬件电路设计

根据控制要求列出所用的输入/输出点，并为其分配了相应的地址，其 I/O 分配表如表 9 - 7 所列。

表 9 - 7　艺术灯光 I/O 分配表

输入信号			输出信号		
输入地址	代　号	功　能	输出地址	代　号	功　能
I0.0	SB1	启动按钮	Q0.0～Q0.7	HL1～HL7	指示灯
I0.1	SB2	停止按钮			

根据表 9－7 和控制要求,设计的 PLC 硬件原理图如图 9－18 所示。

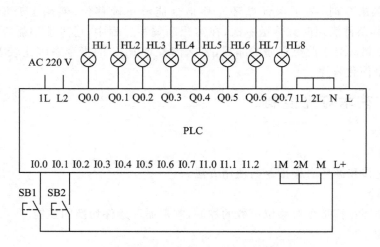

图 9－18　艺术灯光控制 PLC 硬件原理图

（2）编程思想

艺术灯光的控制可采用循环左移和循环右移指令实现,对于不同的变化规律可采用传送指令将循环左移和循环右移指令的数据赋予初值。

（3）梯形图设计

根据控制要求设计控制梯形图,如图 9－19 所示。

（4）控制的执行过程

1）启动艺术灯光

启动时按下启动 SB1,输入信号 I0.0 有效,内部辅助继电器 M0.0 为 ON,通过传送指令将常数♯0001 存入输出字节 QB0 中,即将字节 QB0 的最低位 Q0.0 位置为"1",艺术灯光的第一位点亮。在秒脉冲 SM0.5 的作用下,控制循环左移指令工作,使输出 Q0.0～Q0.7 依次为 ON,控制艺术灯光按顺序 VD1～VD8 依次点亮。

当移动到最高位 Q0.7 时,接通辅助继电器 M10.0 并自锁,通过传送指令将♯03 存入字节 QB0 中,即将字节 QB0 中的 Q0.0 位和 Q0.1 位同时置为"1",艺术灯光的第一位和第二位点亮。在秒脉冲 SM0.5 的作用下,控制循环左移指令工作,每次移动 2 位,艺术灯光按控制顺序每次点亮 2 个彩灯的方式进行。

按每次点亮 2 个彩灯的顺序,移动到最高位 Q0.7 时,接通辅助继电器 M10.1 并自锁,通过传送指令将♯0F 存入字节 QB0 中,即将字节 QB0 中的 Q0.0～Q0.3 位同时置为"1",艺术灯光的第一、二、三、四位同时点亮。在秒脉冲 SM0.5 的作用下,控制循环左移指令工作,每次移动 4 位,艺术灯光按控制顺序每次点亮 4 个彩灯的方式进行。

按每次点亮 4 个彩灯的顺序,移动到最高位 Q0.7 时,接通辅助继电器 M10.2 并自锁,通过传送指令将♯FF 存入字节 QB0 中,即将字节 QB0 中的 Q0.0～Q0.7 位同时置为"1",艺术灯光全部点亮。采用比较指令,将♯FF 和 QB0 内数据进行比较,如果相等,接通定时器 T37,1 s 后接通辅助继电器 M10.3,再通过传送指令又将♯01 重新存入输出字节 QB0 中,即将输出字节 QB0 通道的 Q0.0 位置为"1",艺术灯光的第一位点亮。在秒脉冲 SM0.5 的作用下,控制循环左移指令工作,重复上述工程进行循环。

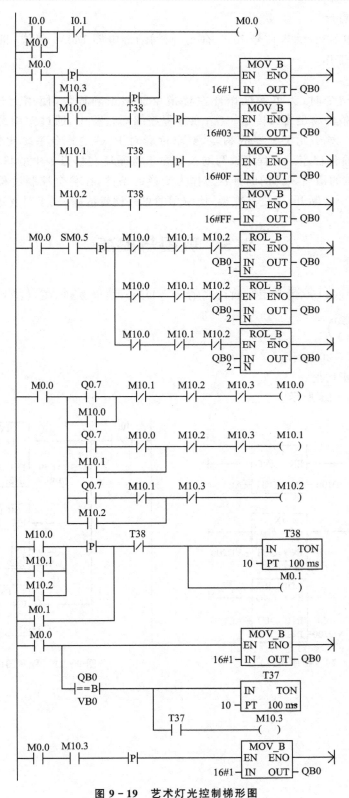

图 9－19　艺术灯光控制梯形图

2）停止流动彩灯

按下停止按钮 SB2，输入信号 I0.0 有效，使辅助继电器 M0.0 复位，将所有输出信号断开，艺术灯光停止工作。

（5）编程体会

在使用传送指令时，为了保证循环左移指令能够正确移位，使用上升沿脉冲指令，使 MOVB 指令当其条件满足时只传送一次；在本程序编写过程中，通过使用循环左移指令对移位位数进行控制。对于此类程序的编写，要求读者对 PLC 的指令系统比较熟悉，充分利用 PLC 的功能指令简化程序。本程序编写的关键在于将循环左移指令中的移位数据进行变换，本实例将检测移位的最后一位的断开状态作为变换的条件，在整个控制过程中不管是何种方式移位，只要最后一位断开，就进行变换，使编程的思路比较清晰，便于对程序的理解。

9.5　巩固与提高

1. 求以 10 为底、150 的常用对数，150 存于 VD100，结果放到 AC1 $\left(\text{应用对数的换底公式求解 } \lg 150 = \dfrac{\ln 150}{\ln 10}\right)$。

程序图如图 9-20 所示。

2. 求 650 的正切值。

程序图如图 9-21 所示。

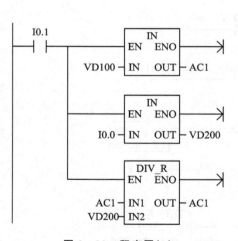

图 9-20　程序图 (1)

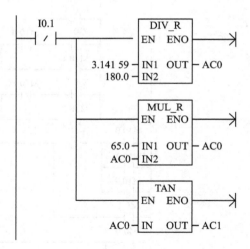

图 9-21　程序图 (2)

项目 10　程序控制指令的运用

10.1　项目描述

程序控制指令主要用于程序的结构及流程,含子程序、中断、跳转及循环等指令,主要用于程序执行流程的控制。对一个扫描周期而言,跳转指令可以使程序出现跨越以实现程序段的选择。子程序指令可调用某段子程序。循环指令可多次重复执行指定的程序段。中断指令则用于中断信号引起的子程序调用。程序控制类指令可以影响程序执行的流向及内容,对合理安排程序的结构、提高程序功能以及实现某些技巧性运算,具有重要的意义。

10.2　项目目标

本项目通过多台电动机启动方式的控制、利用外部中断控制电动机的启停、利用定时器中断产生方波信号、利用定时中断读取模拟量的数据、温度的标度变换的编程五个经典的工程任务,使读者掌握跳转、中断、子程序等程序控制指令的应用,正确使用程序控制指令编写控制程序,完成 PLC 控制程序设计。

10.3　相关知识

10.3.1　跳转指令

1. 语句表指令

跳转到标号指令(JMP)执行程序内标号 N 指定的程序分支。标号指令标记跳转目的地的位置 N。可以在主程序、子程序或者中断服务程序中使用跳转指令。跳转和与之相应的标号指令必须位于同一段程序代码(无论是主程序、子程序还是中断服务程序)。

不能从主程序跳到子程序或中断程序,同样不能从子程序或中断程序跳出。可以在 SCR 程序段中使用跳转指令,但相应的标号指令必须也在同一个 SCR 段中。

2. 梯形图

跳转指令的梯形图如图 10-1 所示。

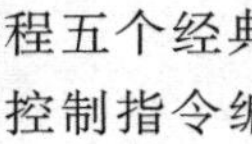

```
      ????
   ——( JMP )
```

图 10-1　跳转指令的梯形图

3. 操作数

操作数如表 10-1 所列。

表 10-1　跳转指令的有效操作数

输入/输出	数据类型	操作数
N	WORD	常数(0~255)

4. 跳转指令的编程方法

跳转指令的梯形图编程如图 10 - 2 所示。

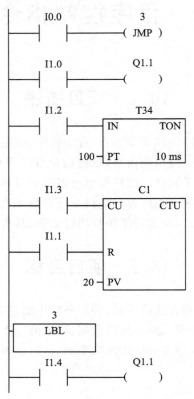

图 10 - 2 跳转指令的梯形图编程

10.3.2 子程序调用与子程序返回指令

1. 语句表指令

子程序调用指令(CALL)将程序控制权交给子程序 SBR_N。调用子程序时可以带参数,也可以不带参数。子程序执行完成后,控制权返回到调用子程序指令的下一条指令。子程序条件返回指令(CRET)根据它前面的逻辑决定是否终止子程序。

要添加一个子程序可以选择:Edit→Insert→Subroutine 菜单命令。

2. 梯形图

子程序调用指令的梯形图如图 10 - 3 所示。

3. 标志位 SM 和 ENO

使 ENO=0 的错误条件:

① 0008(超过子程序嵌套最大限制);

② 0006(间接寻址)。

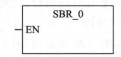

图 10 - 3 子程序调用指令的梯形图

在主程序中,可以嵌套调用子程序(在子程序中调用子程序),最多嵌套 8 层。在中断服务程序中不能嵌套调用子程序。

在被中断服务程序调用的子程序中不能再出现子程序调用。不禁止递归调用(子程序调用自己),但是当使用带子程序的递归调用时应慎重。

4. 操作数

操作数如表 10 - 2 所列。

表 10 - 2　子程序指令的有效操作数

输入/输出	数据类型	操作数
SBR - N	WORD	常数对于 CPU221、CPU222、CPU224:0~63 常数对于 CPU224XP 和 CPU226:0~127
IN	BOOL	V、I、Q、M、SM、S、T、C、L、能流
	BYTE	IB、QB、VB、MB、SMB、SB、LB、AC、* VD、* LD、* AC1、常数
	INT	IW、QW、VW、MW、SMW、SW、LW、T、C、AC、AIW、* VD、* LD、* AC1、常数
	DINT	ID、QD、VD、MD、SMD、SD、LD、AC、HC、 * VD、* LD、* AC1、&VB、&IB、&QB、&MB、&T、&C、&SB、&AI、&AQ、 &SMB、常数
	STRING	* VD、* LD、* AC1、常数
OUT	BOOL	V、I、Q、M、SM、S、T、C、L
	BYTE	IB、QB、VB、MB、SMB、SB、LB、AC、* VD、* LD、* AC1、常数
	INT	IW、QW、VW、MW、SMW、SW、LW、T、C、AC、AQW、* VD、* LD、* AC1
	DINT	ID、QD、VD、MD、SMD、SD、LD、AC、* VD、* LD、* AC1

在图 10 - 4 中的 I0.0 的上升沿调用子程序 0,程序将跳到子程序 0 所在的网络。

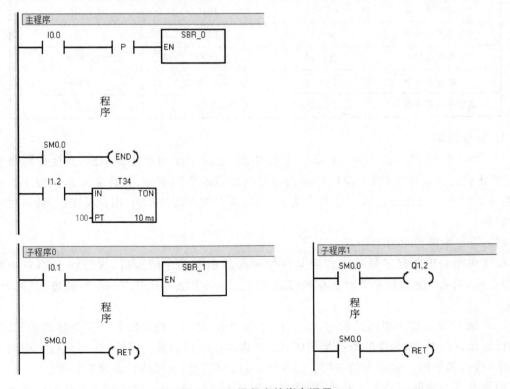

图 10 - 4　子程序的嵌套调用

① 子程序应放在 END（主程序结束）指令之后，同一编号只能出现一次，不同位置的 CALL 指令可以调用同一编号的子程序。

② 在子程序中调用子程序称为嵌套调用，最多可以嵌套 8 级。在执行图 10 - 4 中的程序 0 时，如果 I0.1 为 ON，则 CALL SBR_1 指令被执行，程序跳到子程序 1，嵌套执行子程序 1。执行第二条 CRET 指令后，返回子程序 0 中 CALL SBR_1 指令的下一条指令，执行第一条 CRET 指令后返回主程序中 CALL SBR_0 指令的下一条指令。在中断服务程序中调用的子程序不能再调用别的子程序。

停止调用子程序时，线圈在子程序内的位元件状态保持不变。如果在停止调用时子程序中定时器正在工作，则 100 ms 定时器将停止定时，它们的当前值将被冻结，重新调用时继续工作；但 1 ms 定时器和 10 ms 定时器如果在驱动后停止调用，则将会继续工作，定时时间到时，定时器位变为 ON，并且可以在子程序外起作用。

10.3.3　与中断有关的指令

1. 中断指令要素

指令的助记符、操作数如表 10 - 3 所列。

表 10 - 3　子程序指令要素

指令名称	助记符	语句表	操作数
中断返回指令	RETI	CRET1	无
允许中断指令	ENI	EN1	无
禁止中断指令	DISI	DISI	无
中断连接指令	ATCH	ATCH INT,EVNT	EVNT,INT(0~127)
中断分离指令	DTCH	DTCH　EVNT	EVNT
清除中断事件指令	CLR - EVNT	CEVNT　EVNT	EVNT

2. 指令说明

S7 - 200 系列 PLC 的中断事件包括 I/O 中断、定时中断和通信口中断，发生中断事件时 CPU 停止执行当前的工作，立即执行预先写好的相应的中断程序，执行完后返回被中断的地方，继续执行正常的任务。这一过程不受 PLC 扫描工作方式的影响，因此使 PLC 能迅速响应中断事件。

（1）用于中断的中断程序号

用于中断的中断程序号用来指明某一中断源的中断程序的入口，执行到 RETI（中断返回）指令时，返回中断事件出现时正在执行的程序。每个中断事件对应一个中断号，如表 10 - 4 所列。

PLC 通常处于禁止中断的状态，指令 ENI 和 DISI 之间的程序段为允许中断的区间，当程序执行到该区间时，如果中断源产生中断，CPU 将停止执行当前的程序，转去执行相应的中断子程序，执行到中断子程序中的 REIT 指令时，返回原断点，继续执行原来的程序。

如果有多个中断信号依次发出，则优先级按发生的先后顺序，发生越早的优先级越高。若同时发生多个中断信号，则中断指针号小的优先。

表 10 - 4　中断事件

事件号	中断描述	CPU221、CPU222	CPU224	CPU224XP CPU226
0	上升沿,I0.0	Y	Y	Y
1	下降沿,I0.0	Y	Y	Y
2	上升沿,I0.1	Y	Y	Y
3	下降沿,I0.1	Y	Y	Y
4	上升沿,I0.2	Y	Y	Y
5	下降沿,I0.2	Y	Y	Y
6	上升沿,I0.3	Y	Y	Y
7	下降沿,I0.3	Y	Y	Y
8	端口 0;接收字符	Y	Y	Y
9	端口 0;发送完成	Y	Y	Y
10	定时中断 0　SMB34	Y	Y	Y
11	定时中断 1　SMB35	Y	Y	Y
12	HSC0　　CV=PV （当前值=预置值）	Y	Y	Y
13	HSC1　　CV=PV （当前值=预置值）		Y	Y
14	HSC1 输入方向改变		Y	Y
15	HSC1 外部复位		Y	Y
16	HSC2　　CV=PV （当前值=预置值）		Y	Y
17	HSC2 输入方向改变		Y	Y
18	HSC2 外部复位		Y	Y
19	PTO 0 完成中断		Y	Y
20	PTO 1 完成中断	Y	Y	Y
21	定时器 T32 CT=PT 中断	Y	Y	Y

（2）中断允许指令与中断禁止指令

中断允许指令 ENI(Enable Interrupt)：全局地允许所有被连接的中断事件。

禁止中断指令 DISI(Disable Interrupt)：全局地禁止处理所有中断事件。不允许处理中断服务程序,但中断事件仍会排队等候,直到 ENI 指令允许中断。

中断条件返回指令 CRRTI(Conditional Return form Interrupt)：根据控制它的逻辑条件,从中断服务程序中返回。编程软件会自动为中断服务程序添加无条件返回指令。

（3）中断连接指令与中断分离指令

中断连接指令 ATCH(Attach Interrupt)：将中断事件 EVNT 与相应的中断服务程序号 INT 联系起来,并使能该中断(见图 10 - 5)。

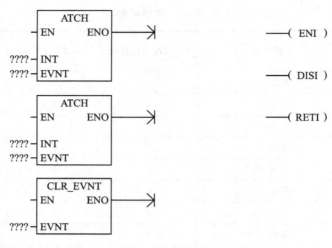

图 10 - 5　中断指令

中断分离指令 DTCH(Detach Interrupt)：将中断事件 EVNT 与相应的中断服务程序号 INT 的联系切断，并禁止该中断。

消除中断事件指令 CEVNT(Clear Event)：从中断队列中消除所有中断。使用此指令从中断事件队列中消除不需要的中断事件，如果用于清除虚假的中断，首先应分离事件；否则在执行该指令之后，新的事件将被增加到队列中。

启动一个中断程序之前，应在中断事件与该事件发生时希望执行的中断服务程序之间建立一种联系。中断连接指令 ATCH 就用于指定中断事件所要调用的程序段。

多个中断事件可调用同一个中断程序，但是一个中断事件不能同时调用多个中断程序。在中断发生和返回时，系统保存和恢复逻辑堆栈、累加寄存器以及指示累加器和指令操作状态的特殊存储器标志位(SM)。这避免了进入中断程序或从中断程序返回对主用户程序造成破坏。在中断子程序中不能使用 DISI、ENI、HDEF、LSCR 和 END 指令。

10.3.4　有关跳转的其他指令

1. 条件结束指令

条件结束指令(END)：无操作数，根据前面的逻辑关系终止当前的扫描周期。可以在主程序中使用条件结束指令。子程序和中断程序中不能使用该命令。

2. 停止指令

停止指令(STOP)：导致 CPU 从 RUN 到 STOP 模式，从而可以立即终止程序的执行。

如果 STOP 指令在中断程序中执行，那么该中断立即终止，并且忽略所有挂起的中断，继续扫描程序的剩余部分。完成当前周期的剩余动作，包括主用户程序的执行，并在当前扫描的最后，完成从 RUN 到 STOP 模式的转变。梯形图如图 10 - 6 所示。

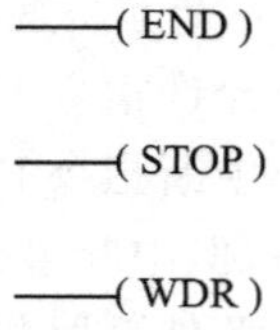

———(END)

———(STOP)

———(WDR)

图 10 - 6　条件结束、停止
指令、看门狗指令

10.3.5　看门狗复位指令

看门狗复位指令 WDR(Watch Dog Reset)：无操作数。

看门狗复位指令又称看门狗,在 S7 - 200 CPU 程序系统中允许看门狗定时器被重新触发(复位),这样可以增加此扫描所允许的时间。如果强烈的外部干扰使 PLC 偏离正常的程序执行路线,则看门狗定时器不再被复位,定时时间到时,PLC 将停止运行。看门狗定时器定时时间的默认值为 500 ms。

当 PLC 的特殊 I/O 模块和通信模块的个数较多时,PLC 进入 RUN 模式时对这些模块的缓冲存储器的初始化时间较长,可能导致看门狗定时器动作。带数字量输出的扩展模块也有一个监控定时器,每次使用看门狗复位指令,应该对每个扩展模块的某一个输出字节使用一个立即写指令(BJW)来复位每个模块的看门狗。

如果 FOR - NEXT 循环程序的执行时间过长,可能超过监控定时器的定时时间,可以将WDR 指令插入到循环程序中,而且在终止本次扫描之前,下列操作过程将被禁止:

- 通信(自由端口方式除外);
- I/O 更新(立即 I/O 除外);
- 强制更新;
- SM 位更新(SM0、SM5～SM29 不能被更新);
- 运行时间诊断;
- 由于扫描时间会超过 25 s,故 10 ms 和 100 ms 定时器将不会正确累计时间;
- 在中断程序中的 STOP 指令;
- 带数字量输出的扩展模块也包含一个看门狗定时器,如果模块没有被 S7 - 200 写,则此看门狗定时器将关断输出。在扩展的扫描时间内,对每个带数字量模块进行立即写操作,以保持正确的输出。

10.3.6　For - Next 循环指令

1. 语句表指令

For 和 Next 指令可以描述需重复进行一定次数的循环体。每条 For 指令必须对应一条Next 指令。For - Next 循环嵌套(一个 For - Next 循环在另一个 For - Next 循环之内)深度可达 8 层。For - Next 指令执行 For 指令和 Next 指令之间的指令。必须指定计数值或者当前循环次数 INDX、初始值(INIT)和终止值(FINAL)。

Next 指令标志着 For 循环的结束,无操作数。循环可以嵌套 8 层。操作数如表 10 - 5所列。

表 10 - 5　FOR - Next 指令的有效操作数

输入/输出	数据类型	操作数
INDX	INT	IW、QW、VW、MW、SMW、SW、T、C、LW、AC、* VD、* LD、* AC
INIT、FINAL	INT	IW、QW、VW、MW、SMW、SW、T、C、LW、AIW、AC、* VD、* AC、常数

如果允许 For - Next 循环,除非在循环内部修改了终值,循环体就一直循环执行直到循环结束。在 For - Next 循环执行的过程中可以修改这些值;当循环再次允许时,它把初始值复制到 INDX 中(当前循环次数);当下一次允许时,For - Next 指令复位它自己。

For 与 Next 之间的程序被反复执行,执行次数由 For 指令的 INDX 操作数设定。执行完后,执行 Next 后面的指令。

For 与 Next 指令总是成对使用的,For 指令应放在 Next 的前面,如果没有满足上述条件,或 Next 指令放在 END 指令的后面,都会出错。如果执行 For - Next 的时间太长,应注意扫描周期是否会超过监控定时器的设定时间。

例如,给定初值(TNIT)为 1,终值(FINAL)为 10,那么随着当前计数值(INDX)从 1 增加到 10,For 与 Next 之间的指令被执行 10 次(1,2,3,…,10)。如果初值大于终值,那么循环体不被执行。每执行一次循环体,当前计数值增加 1,并且将其结果同终值作比较,如果大于终值,则终止循环。

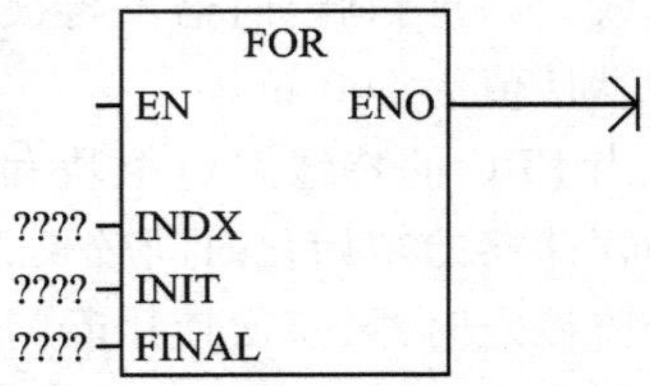

图 10 - 7   FOR 指令梯形图

2. 梯形图

语句表指令的梯形图如图 10 - 7 所示。

3. 标志位 SM 和 ENO

使 ENO＝0 的错误条件:0006(间接寻址)。

10.4   工作任务

任务 1   多台电动机启动方式的控制

1. 任务目标

(1) 知识目标

掌握跳转指令。

(2) 技能目标

采用跳转指令 JMP 和跳转结束指令 LBL 选择操作模式。

2. 任务描述

(1) 手动操作方式

三台电动机分别实现启停控制。

(2) 自动操作方式

按下启动按钮,三台电动机每隔 5 s 依次启动;按下停止按钮,三台电动机同时停止。

3. 任务实施

(1) 硬件电路设计

根据控制要求确定 PLC 的输入/输出点,其具体功能分配如表 10 - 6 所列。根据表 10 - 6 和控制要求,设计 PLC 的硬件原理图,如图 10 - 8 所示。其中 M 为 PLC 输入信号的公共端,N 为输出信号的公共端。

表 10 - 6   多台电动机启停方式控制的 I/O 分配表

输入信号			输出信号		
输入地址	代　号	功　能	输出地址	代　号	功　能
I0.0	SA	方式选择开关	Q0.0	KM1	电动机 M1 接触器
I0.1	SB1	自动启动按钮	Q0.1	KM2	电动机 M2 接触器
I0.2	SB2	自动停止按钮	Q0.2	KM3	电动机 M3 接触器

输入信号			输出信号		
输入地址	代　号	功　能	输出地址	代　号	功　能
I0.3	SB3	M1 启动按钮			
I0.4	SB4	M1 停止按钮			
I0.5	SB5	M2 启动按钮			
I0.6	SB6	M2 停止按钮			
I0.7	SB7	M3 启动按钮			
I1.0	SB8	M3 停止按钮			

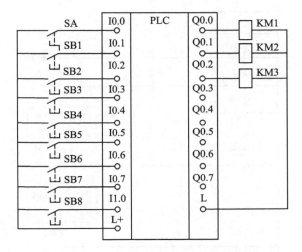

图 10 - 8　多台电动机启停方式控制电路图

（2）编程思想

本实例可采用跳转指令 JMP 和跳转结束指令 LBL 选择操作模式,利用跳转指令的程序结构即可以满足控制要求。

（3）梯形图设计

根据控制要求设计出控制梯形图,如图 10 - 9 所示。

（4）程序执行过程

1）手动操作方式

将操作模式开关旋至断开位置,使输入信号 I0.0 无效即 I0.0 为 OFF,执行 JMP1 和 LBL1 之间的程序,实现三台电动机分别启停控制。此时输入信号 I0.0 的常闭接点为 ON,不执行 JMP2 和 LBL2 之间的程序。

按下电动机 M1 启动按钮 SB3,输入信号 I0.3 有效即 I0.3 为 ON,控制输出信号 Q0.0 为 ON,接触器 KM1 通电,电动机 M1 启动;按下电动机 M1 停止按钮 SB4,输入信号 I0.4 有效即 I0.4 为 ON,控制输出信号 Q0.0 为 OFF,接触器 KM1 断电,电动机 M1 停止运行。

2）自动操作方式

将操作模式开关旋至接通位置,使输入信号 I0.0 有效,此时输入信号 I0.0 的常闭接点为 OFF,执行 JMP2 和 LBL2 之间的程序,实现三台电动机的自动控制。此时输入信号 I0.0 的

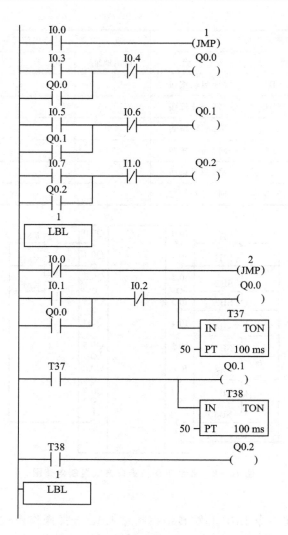

图 10-9　多台电动机启停方式控制梯形图

常开接点为 ON,不执行 JMP1 和 LBL1 之间的程序。

按下启动按钮,三台电动机每隔 5 s 依次启动;按下停止按钮,三台电动机同时停止。

按下自动启动按钮 SB1,输入信号 I0.1 有效,即 I0.1 为 ON,控制输出信号 Q0.0 为 ON,接触器 KM1 通电,电动机 M1 启动;同时定时器 T37 开始定时,5 s 后其常开接点动作控制输出信号 Q0.1 为 ON,接触器 KM2 通电,电动机 M2 又启动运行;同时定时器 T38 又开始定时,5 s 后其常开接点动作控制输出信号 Q0.2 为 ON,接触器 KM3 通电,电动机 M3 又启动运行。按下自动停止按钮 SB2,输入信号 I0.2 有效,即 I0.2 为 ON,控制输出信号 Q0.0、Q0.1 和 Q0.2 同时为 OFF,接触器 KM1、KM2 和 KM3 断电,三台电动机都停止运行。

（5）编程体会

在本实例的编程中,必须强调,跳转指令及编号必须同在主程序内或在同一子程序内和同一中断程序内,不可由主程序跳转到中断服务程序或子程序,也不可由中断服务程序或子程序跳转到主程序;另外,当跳转指令条件满足时跳转,不执行跳转指令及编号之间的程序。

任务 2　利用外部中断控制电动机的启停

1. 任务目标

（1）知识目标

掌握中断指令的使用方法。

（2）技能目标

采用外部输入端口作为中断源，应用中断程序实现对负载的控制。

2. 任务描述

在 I0.0 的上升沿通过中断使电动机立即启动，在 I0.1 的下降沿通过中断使电动机立即停止。

3. 任务实施

（1）硬件电路设计

根据控制要求列出所用的输入/输出点，并为其分配相应的地址，其 I/O 分配表如表 10 - 7 所列。

表 10 - 7　利用外部中断控制电动机启停的 I/O 分配表

输入信号			输出信号		
输入地址	代　号	功　能	输出地址	代　号	功　能
I0.0	SB1	启动按钮	Q0.0	KM	接触器
I0.1	SB2	停止按钮			

根据表 10 - 7 和控制要求，设计 PLC 的硬件原理图，如图 10 - 10 所示。

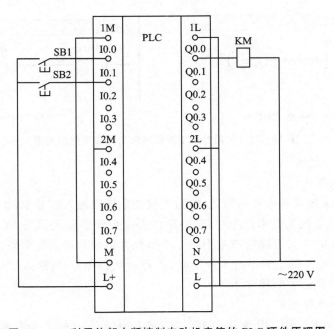

图 10 - 10　利用外部中断控制电动机启停的 PLC 硬件原理图

（2）编程思想

本实例采用中断连接指令（Attach Interrupt），确立中断模式为输入/输出（I/O）中断，并将中断事件号 EVNT 与中断服务程序号 INT 建立联系，并允许该中断事件。中断程序的构成：中断程序标号、中断程序指令和无条件返回指令。运行程序第一次扫描时进行初始化，输入信号 I0.0 的上升沿响应 0 号中断程序，其对应的中断事件号为 0；输入信号 I0.0 的下降沿响应 1 号中断程序，其对应的中断事件号为 3。

（3）控制程序的设计

根据控制要求设计的控制梯形图如图 10-11 所示。

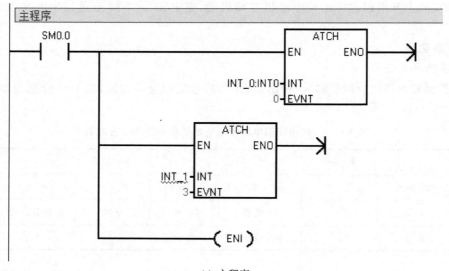

(a) 主程序

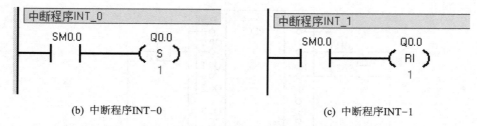

(b) 中断程序INT-0

(c) 中断程序INT-1

图 10-11　利用外部中断控制电动机启停的梯形图

（4）程序的执行过程

1）主程序的执行过程

运行程序第一次扫描时进行初始化，中断连接指令确定输入信号 I0.0 为中断源的中断程序 0，中断事件为 I0.0 的上升沿产生中断；中断连接指令确定输入信号 I0.1 为中断源的中断程序 1，中断事件为 I0.1 的下降沿产生中断。中断允许指令允许全局中断，等待外部输入端子产生中断信号。当 I0.0 的上升沿产生中断时，执行中断程序 0；当输入信号 I0.1 由接通状态转换为断开状态时，执行中断程序 1。

2）中断程序的执行过程

当按下按钮 SB1 时，输入信号 I0.0 有效，在输入信号 I0.0 的上升沿响应中断程序 INT-0，将输出信号 Q0.0 置位为"1"，控制接触器 KM 通电，电动机启动运行。

当按下按钮 SB2 时,输入信号 I0.1 有效,在输入信号 I0.1 由接通到断开的下降沿响应中断程序 INT - 1,将输出信号 Q0.0 复位为"0",控制接触器 KM 断电,电动机停止运行。

(5)编程体会

本实例为设计应用中断程序实现对负载的控制,并采用外部输入端口作为中断源。应用中断程序首先应熟悉中断源和中断事件等参数的基本设置;其次应用中断控制时应在编程软件进行设置,在"编辑"菜单下的"插入"项中选择"中断",则自动生成一个新的中断程序编号,进入该中断程序的编辑区,在此即可编写中断程序。采用中断程序的编写能够使程序模块化,提高 CPU 的利用率,缩短程序执行时间。值得注意的是,在应用多个中断源时,应考虑其优先级的问题,中断优先级由高到低的次序是:通信中断、输入/输出中断、时基中断。每种中断源中的不同中断事件又有不同的优先级,本实例的两个中断源 I0.0 的优先级高于 I0.1 的优先级。

任务 3   利用定时器中断产生方波信号

1. 任务目标

(1)知识目标

掌握中断指令的使用方法、中断模式、中断事件。

(2)技能目标

掌握定时器中断的工作模式,产生方波。

2. 任务描述

在输入信号 I0.0 有效时,利用定时器中断产生占空比为 1:1、周期为 2 s 的方波信号。

3. 任务实施

(1)硬件电路设计

根据控制要求列出所用的输入/输出点,并为其分配相应的地址,其 I/O 分配表如表 10 - 8 所列。

表 10 - 8   利用定时器中断产生方波信号的 I/O 分配表

输入信号			输出信号		
输入地址	代 号	功 能	输出地址	代 号	功 能
I0.0	SA	工作开关	Q0.0	LED	发光二极管

(2)编程思想

本实例利用定时器中断的工作模式,产生方波。利用中断连接指令(Attach Interrupt),确立中断模式为定时中断,将中断事件号 EVNT 与中断服务程序号 INT 建立联系,并允许该中断事件。定时器 T32 中断程序 0 对应的中断事件号为"21"。

(3)控制程序的设计

根据控制要求设计的控制梯形图如图 10 - 12 所示。

(4)程序的执行过程

1)主程序的执行过程

运行程序的第一扫描时进行初始化,设定定时器 T32 中断对应的中断事件号为"21"。中断允许指令允许全局中断,等待外部输入端的中断信号。当定时器 T32 定时 1 s,定时器的定时时间达到 1 000 ms 时,响应中断程序;同时使内部继电器 M0.0 有效,又重新使定时器 T32

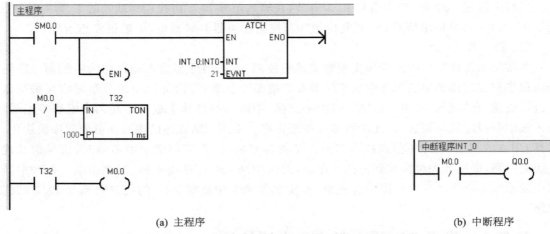

(a) 主程序   (b) 中断程序

图 10 - 12 利用定时器中断产生方波信号的梯形图

开始定时。

2）中断程序的执行过程

当定时器 T32 定时 1 s 后，响应中断程序输出信号 Q0.0 有效，定时器 T32 又开始重新定时，定时 1 s 后再次响应中断程序使输出信号 Q0.0 断开，这样每隔 1 s 执行一次中断程序，即在输出端 Q0.0 产生周期为 2 的方波。

（5）编程体会

本实例采用定时器中断程序的方法实现，首先确定中断源以及中断源所对应的中断事件号，其次再利用中断连接指令（Attach Interrupt）确立中断模式。中断程序能够使程序模块化，提高 CPU 的利用率，缩短程序的执行时间，同时提高程序的可读性。值得注意的是，对于定时器中断，需采用固定的定时器产生定时中断。

任务 4　利用定时中断读取模拟量的数据

1. 任务目标

（1）知识目标

掌握中断指令、时基中断模式。

（2）技能目标

掌握利用定时中断的工作模式，利用定时中断读取模拟地址的数据。

2. 任务描述

利用定时中断读取模拟地址的数据，要求每隔 50 ms 读取一次 AIW0 的数值，并存入变量寄存器 VW100 中。

3. 任务实施

（1）硬件电路设计

根据控制要求列出所用的输入/输出点并为其分配相应的地址，其 I/O 分配表如表 10 - 9 所列。

（2）编程思想

本实例利用定时中断的工作模式，利用定时中断读取模拟地址的数据，要求每隔 50 ms 读取一次 AIW0 的数值，并存入变量寄存器 VW100 中。

表 10 - 9　利用定时中断读取模拟地址的数据的 I/O 分配表

输入信号			输出信号		
输入地址	代　号	功　能	输出地址	代　号	功　能
I0.0	SA	控制开关			

　　利用中断连接指令(Attach Interrupt),确立中断模式为时基中断,并将中断事件号时基中断中的定时中断 0 对应的 EVNT 中断事件号设为"10",将读取周期时间 50 ms 写入相应的 SMB34 特殊的存储单元中,并允许该中断事件。

　　(3) 控制程序的设计

　　根据控制要求设计的控制梯形图如图 10 - 13 所示。

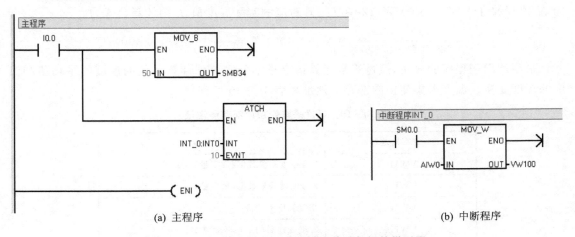

(a) 主程序　　　　　　　　　　　　　　　(b) 中断程序

图 10 - 13　利用定时中断读取模拟地址数据的梯形图

　　(4) 程序的执行过程

　　1) 主程序的执行过程

　　当输入信号 I0.0 有效时进行初始化,设定定时中断 0 的时间间隔,将周期时间 50 ms 写入 SMB34 特殊的存储单元中;中断连接指令将中断程序设定为定时中断 0;定时中断 0 对应的中断事件号为"10"。中断允许指令允许全局中断,等待外部输入端的中断信号。

　　2) 中断程序的执行过程

　　当主程序中的输入信号 I0.0 有效时,等待响应定时中断程序,响应定时中断程序通过字传送指令,读取模拟地址 AIW0 的数据,并存入变量寄存器 VW100 中。

　　(5) 编程体会

　　本实例提供一种工业应用中读取现场模拟量的方法。可根据控制要求和实际需求改变采样周期,具有一般的推广性。采用中断程序的编写,首先确定中断源以及中断源所对应中断的事件号,再利用中断连接指令(Attach Interrupt),确立中断模式。

任务 5　温度的标度变换的编程

1. 任务目标

　　(1) 知识目标

　　掌握测量数据的 A/D 标度转换方法、子程序调用指令。

（2）技能目标

掌握调用子程序的方法。

2．任务描述

温度信号经温度传感器和变送器转换成 4～20 mA 的电流信号，送入模拟量输入模块。PLC 采用定时中断定时 30 s,通过模拟量输入通道读取温度的检测值,再计算平均值作为实际温度值。

3．任务实施

（1）编程思想

温度变送器输出的 4～20 mA 模拟量（对应 0～50 ℃）,对应于数字量为 6 400～32 000,即 0～50 ℃对应于数字量 6 400～32 000。当读取 EM231 的通道数据为数字量 N（本实例设为 N 值存放在 VW110 或 VW112 中）时,其对应的实际温度值 T 的计算公式为

$$T = \frac{50 - 0}{32\ 000 - 6\ 400} \times (N - 6\ 400)\ ℃ = \frac{1}{512} \times (N - 6\ 400)\ ℃$$

采用调用子程序的方法,通过算数运算指令根据公式分别计算采集的温度的平均值和温度的标度变换。温度采集变换内部存储地址如表 10 - 10 所列。

表 10 - 10　温度采集变换内部存储地址

V 寄存器地址	存放数据
VW110	1 号温度采集数据（数字量）
VW112	2 号温度采集数据（数字量）
VW114	采集温度平均值
VW116	标度变换后的平均温度值
VW210	1 号温度采集标度变换后的平均温度值
VW214	2 号温度采集标度变换后的平均温度值

（2）控制程序的设计

根据控制要求设计的控制梯形图如图 10 - 14 所示。

（3）程序的执行过程

1）主程序

如图 10 - 14(a)所示,运行程序第一次扫描时进行初始化,设定定时中断 0 的时间间隔,将周期时间 200 ms 写入 SMB34 特殊的存储单元中;中断连接指令将中断程序设定为定时中断 0;定时中断 0 对应的中断事件号为"10"。中断允许指令允许全局中断,调用子程序 SBR0 和 SBR1,计算温度平均值并进行标度变换。

2）中断程序的执行过程

如图 10 - 14(b)所示,利用定时中断每隔 200 ms 使寄存器 VB10 加"1",当 VB10 中的内容等于 150 时,读取模拟量 AIW0 和 AIW2 的数据,并存入变量寄存器 VW110 和 VW120 中,读取一次数据,同时将寄存器 VB10 清零。

3）计算温度平均值子程序 SBR0 的执行工程

如图 10 - 14(c)所示,通过 I_DI 指令将读取 VW110 和 VW120 中的模拟址数据,调整为双整数存入 AC0 和 AC1 中;通过 ADD_DI 指令将 AC0 与 AC1 中的数据相加,然后通过 DIV_

DI 指令将 AC1 中的数据再除以 2 并存入累加器 AC1 中;通过 DI_I 指令将累加器 AC1 中的数据转化为整数,存入寄存器 VW114 中,VW114 中存储的是计算出的温度的平均值。

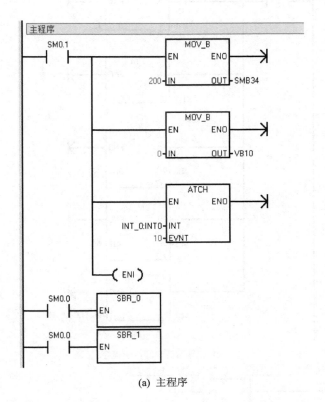

(a) 主程序

(b) 定时中断程序INT-0

图 10 - 14　温度标度变换控制梯形图

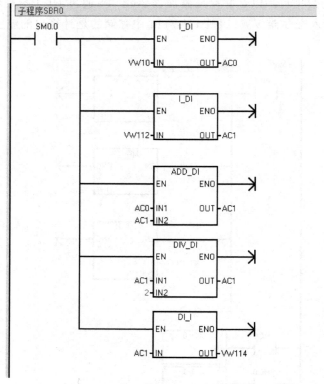

(c) 计算温度平均值子程序

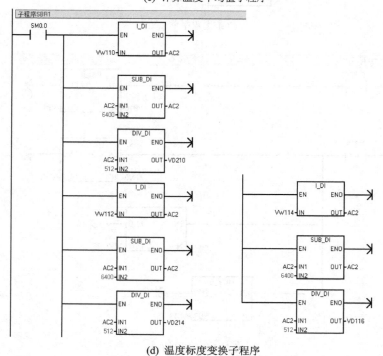

(d) 温度标度变换子程序

图 10 - 14　温度标度变换控制梯形图(续)

4）温度变换子程序 SBR1 的执行工程

如图 10 - 14（d）所示，根据公式 $T=\left[(N-6\,400)/512\right]$ ℃，通过 I - DI 指令，将读取 VW110 中的模拟量数据转化为双整数存入 AC2 中；再通过 SUB - DI 指令，将 AC2 中的数据减去 6 400 并存入 AC2 中；再通过 DIV_ID 指令，将 AC2 中的数据除以 512 存入寄存器 VD214 中，将读取的模拟量转化为温度存入相应的寄存器中。读取的第二路的数据的转换过程与第一路相同，读者可自行分析。

（4）编程体会

在实际工程应用中，经常会遇到被测量数据的标度转换问题，如温度、流量、压力等，本实例给出了一种常用的温度的标度变换的方法供读者参考。在计算公式中的 N 为读取的模拟量的相应的数字量，在计算时应把其读取的数据转换为双字。

10.5　巩固与提高

中断是计算机在实时处理和实时控制中不可缺少的一项技术，应用十分广泛。所谓中断，是当控制系统执行正常程序时，系统中出现了某些急需处理的异常情况或特殊请求，这时系统暂时中断现行程序，转去对随机发生的紧迫事件进行处理（执行中断服务程序），当该事件处理完毕后，系统自动回到原来被中断的程序继续执行。

中断事件的发生具有随机性，中断在 PLC 应用系统中的人机联系、实时处理、通信处理和网络状况非常重要。与中断相关的操作有：中断服务和中断控制。

1. 中断源

中断源是中断事件向 PLC 发出中断请求的来源。S7 - 200 CPU 最多可有 34 个中断源，每个中断源都分配一个编号用于识别，称为中断事件号。这些中断源大致分为三大类：通信中断、I/O 中断和时基中断。

（1）通信中断

PLC 的自由通信模式下，通信口的状态可由程序来控制。用户可以通过编程来设置通信协议、波特率和奇偶校验等参数。

（2）I/O 中断

I/O 中断包括外部输入中断、高速计数器中断和脉冲串输出中断。外部输入中断是系统利用 I0.0～I0.3 的上升或下降沿产生中断。这些输入点可被用作连接某些一旦发生必须引起注意的外部事件；高速计数器中断可以响应当前值等于预设值、计数方向改变、计数器外部复位等事件所引起的中断；脉冲串输出中断可以用来响应给定数量的脉冲输出完成所引起的中断。

（3）时基中断

时基中断包括定时中断和定时器中断。定时中断可用来支持一个周期性的活动。周期时间以 1 ms 为单位，周期设定时间为 5～255 ms。对于定时中断 0，把周期时间值写入 SMB34；对定时中断 1，把周期时间值写入 SMB35。每当达到定时时间值，相关定时器溢出，执行中断处理程序。定时中断可以用来以固定的时间间隔作为采样周期，对模拟量输入进行采样，也可以用来执行一个 PID 控制回路。

（4）定时器中断

定时器中断就是利用定时器来对一个指定的时间段产生中断。这类中断只能使用 1 ms

通电和断电延时定时器 T32 和 T96。当所用的当前值等于预设值时,在主机正常的定时刷新中,执行中断程序。

2. 中断优先级

在 PLC 应用系统中通常有多个中断源。当多个中断源同时向 CPU 申请中断时,要求 CPU 能将全部中断源按中断性质和处理的轻重缓急进行排队,并给予优先权。给中断源指定处理的次序就是给中断源确定中断优先级。

SIEMENS 公司 CPU 规定的中断优先级由高到低依次是:通信中断、I/O 中断、定时中断。每类中断的不同中断事件又有不同的优先权。详细内容请查阅 SIEMENS 公司的有关技术规定。

3. 中断控制

经过中断判优后,将优先级最高的中断请求送给 CPU,CPU 响应中断后自动保存逻辑堆栈、累加器和某些特殊标志寄存器位,即保护现场。中断处理完成后,又自动恢复这些单元保存起来的数据,即恢复现场。

4. 中断程序

中断程序亦称中断服务程序,是用户为处理中断事件而事先编制的程序,编程时可以用中断程序入口处的中断程序号来识别每一个中断程序。中断服务程序由中断程序号开始,以无条件返回指令结束。在中断程序中,用户亦可根据前面的逻辑条件使用条件返回指令,返回主程序。

中断服务程序中禁止使用以下指令:DISI、ENI、CALL、HDEF、FOR/NEXT、LSCR、SCRE、SCRT、END。

中断技术在 PLC 的人机联系、实时处理、通信处理和网络中占有重要地位。中断指令的运用,大大增强了 PLC 对可检测的和可预知的突发事件的处理能力。

模块四　PLC 综合运用

按照机电一体化专业高素质、高技能应用型人才培养目标和职业岗位技能的要求,学生应在学会阅读分析常用电气与 PLC 控制电路图,即能看懂常用典型设备电气与 PLC 控制电路图,把前人所进行的 PLC 控制改造或创新设计的智慧精华和经验总结继承下来的基础上,继续提高,能够设计常用典型设备 PLC 控制的电路图,包括对传统电气控制的 PLC 改造设计、新设备的 PLC 控制创新设计。

项目 11　PLC 在步进电动机控制系统中的运用

11.1　项目描述

步进电动机作为执行元件,是机电一体化的关键产品之一,它广泛用于数控机床、工业机器人、医疗器械等阀门控制的机电产品中。通过控制脉冲个数可以很方便地控制步进电动机转过的角位移,且步进电动机的误差不累积,可以达到准确定位的目的。通过控制频率可以很方便地改变步进电动机的转速和加速度,达到任意调速的目的,因此步进电动机可以广泛地应用于各种开环控制系统。

11.2　项目目标

在本项目中我们将循序渐进地完成对步进电动机的认识、控制,对高速脉冲输出指令的认识,步进电动机驱动器的使用,步进电动机正反转控制等内容的学习。

11.3　相关知识

11.3.1　步进电动机的工作原理

常见的三相反应式步进电动机结构示意图如图 11-1 所示。电动机的定子上有 6 个等间距的磁极 A、C′、B、A′、C、B′,相对的两个磁极形成一相(A - A′、B - B′、C - C′),相邻的两个磁极之间夹角为 60°。电动机的转子上共有 40 个矩形小齿均匀地分布在圆周上,所以每个齿的齿距为 $\frac{360°}{40}=9°$。定子每个磁极的极弧上也有 5 个小齿,且定子和转子的齿宽和齿距都相同。由于定子和转子的小齿数目分别是 30 和 40,其比值是一个分数,所以会产生所谓的错齿现象。

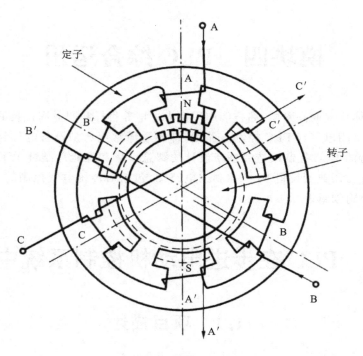

定子

转子

图 11 - 1　三相步进电动机结构示意图

若 A 相磁极小齿和转子的小齿对齐,如图 11 - 1 所示,那么 B 相和 C 相磁极的齿就会分别和转子齿相错 1/3 的齿距,即 3°。因此,B、C 磁极下的磁阻比 A 磁极下的磁阻大。若给 B 相绕组通电,B 相绕组将产生定子磁场,其磁力线会穿越 B 相磁极,并力图按磁阻最小的路径闭合,这就使转子受到反应转矩(磁阻转矩)的作用而转动,直到 B 磁极上的齿与转子齿对齐为止。此时转子恰好转过 3°,而 A、C 磁极下的齿又分别与转子齿错开 1/3 齿距。接着停止对 B 相绕组通电,而改为给 C 相绕组通电;同理,受反应转矩的作用,转子将顺时针再转过 3°。以此类推,当三相绕组按 A—B—C—A 的顺序循环通电时,转子会顺时针以每个通电脉冲转动 3°的规律步进式转动起来。若改变通电顺序,按 A—C—B—A 的顺序循环通电,则转子就逆时针以每个通电脉冲转动 3°的规律转动。因为每一瞬间只有一相绕组通电,并且按三种通电状态循环通电,故称这种运行方式为单三拍运行。单三拍运行时的步距角为 3°。

三相步进电动机还有其他两种运行方式,分别是双三拍运行,即按 AB—BC—CA—AB 的顺序循环通电的运行方式,以及单、双六拍运行,即按 A—AB—B—BC—C—CA—A 的顺序循环通电的运行方式。六拍运行时的步距角将减小一半。

控制步进电动机的三相定子绕组的得电与失电顺序,就可以改变步进电动机的步距角及转向;控制步进电动机的三相定子绕组的得电与失电时间,就可以改变步进电动机的转速。

11.3.2　高速脉冲输出指令

高速脉冲由 PLC 的指定输出端(Q0.0 或 Q0.1)输出,用于驱动负载实现精确控制。脉冲输出指令(PLS)的功能为:使能有效时,检查用于脉冲输出(Q0.0 或 Q0.1)的特殊存储器位,然后执行特殊存储器位定义的脉冲操作,指令格式如表 11 - 1 所列。

表 11 - 1　PLS 指令格式

梯形图	指令表	操作数及数据类型	功　能
PLS EN　　ENO Q0.X	PLS　Q	Q:常量(0 或 1); 数据类型:字节	产生一个高速脉冲串或者 一个脉冲调制波

1. 脉冲输出方式

（1）PTO 方式

采用 PTO 方式（见图 11 - 2(a)）时,PLC 可按指定的脉冲数和指定的周期提供方波（50%占空比）输出。PTO 脉冲可为单脉冲串或多脉冲串。在 PTO 方式下可指定脉冲数和周期（以微秒或毫秒为单位递增）,周期范围为 10~65 535 μs 或 2~65 535 ms,脉冲计数范围为 1~4 294 967 295 个。

（2）PWM 方式

在 PWM 方式下,PLC 提供可变占空比的固定周期输出,如图 11 - 2(b)所示。可以 μs 或 ms 为单位指定周期和脉宽,周期范围为 10~65 535 μs 或 2~65 535 ms,脉宽时间范围为 0~ 65 535 μs 或 0~65 535 ms。

(a) PTO方式　　　　　　　　(b) PWM方式

图 11 - 2　高速脉冲输出方式

2. 位置控制向导使用步骤

初学者大多感觉利用 PLC 的高速输出点对步进电动机进行运动控制比较麻烦,特别是控制字不容易理解。利用编程软件中的位置控制向导,则很容易编写程序。下面将具体介绍这种方法。

① 激活位置控制向导。在 Micro/WIN 软件命令菜单中选择"工具→位置控制向导",将弹出如图 11 - 3 所示的位置控制向导启动界面,在此界面中选择配置 S7 - 200 系列 PLC 内置 PTO/PWM 操作。

② 单击"下一步"按钮,将弹出如图 11 - 4 所示的"指定一个脉冲发生器"界面。S7 - 200 系列 PLC 内部有两个脉冲发生器（Q0.0 和 Q0.1）可供选用,在本任务中选用 Q0.0。

③ 单击"下一步"按钮,将弹出如图 11 - 5 所示的模式选择界面,在此界面中可选择 Q0.0 为脉冲串输出（PTO）或脉冲宽度调制（PWM）配置脉冲发生器。PTO 脉冲为线性脉冲串,PTO 方式主要用于步进或伺服控制;PWM 脉冲为脉宽调制信号,PWM 方式可用于固态继电器控制等。对于本任务,应该选择"线性脉冲串输出（PTO）"。

④ 单击"下一步"按钮,将弹出如图 11 - 6 所示的指定电动机速度的界面。其中 MAX_SPEED 是应用中操作速度的最大值,它应在电动机力矩能力的范围内。驱动负载所需的力矩由摩擦力、惯性以及加速/减速时间决定。位置控制向导根据指定的 MAX_SPEED,计算并显

示位控模块所能控制的最低速度。由于启动/停止速度在每次运动指令执行时至少会产生一次,所以启动/停止速度的周期应小于加速/减速时间。

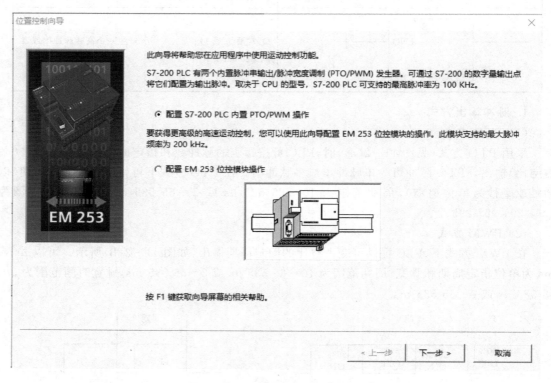

图 11 - 3 位置控制向导启动界面

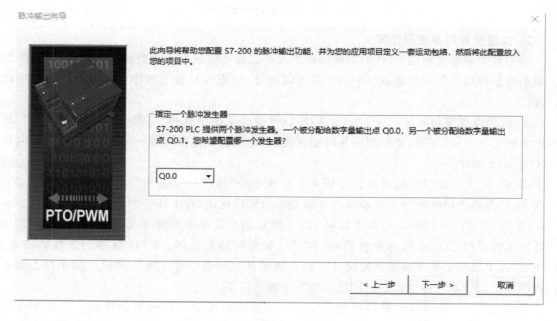

图 11 - 4 "指定一个脉冲发生器"界面

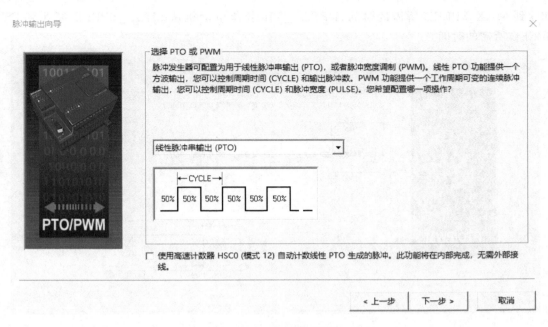

图 11 - 5　模式选择界面

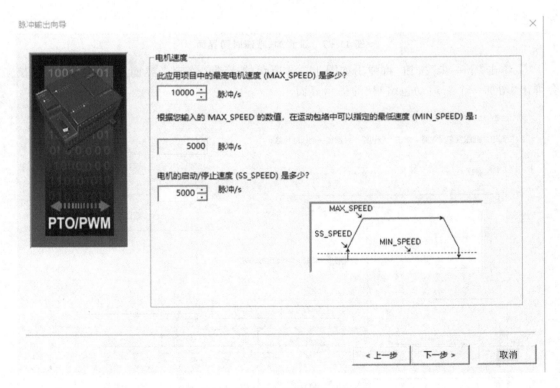

图 11 - 6　指定电动机速度界面

⑤ 单击"下一步"按钮,将弹出如图 11 - 7 所示的设置加、减速时间的界面。加速时间和减速时间的缺省值都是 1 s。通常电动机可在小于 1 s 的时间内工作。应该以 ms 为单位进行时间设定。图 11 - 7 中,ACCEL_TIME 表示电动机从 SS_SPEED(电动机的启动/停止速度)

加速到 MAX_SPEED 所需的时间,DECEL_TIME 指电动机从 MAX _SPEED 减速到 SS_SPEED 所需的时间。

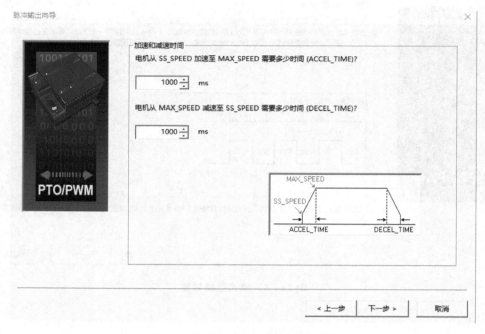

图 11 - 7　设置加、减速时间界面

⑥ 单击"下一步"按钮,将弹出如图 11 - 8 所示的运动包络定义界面。单击"新包络"按钮会弹出"增加一个新运动包络吗"的提示界面。

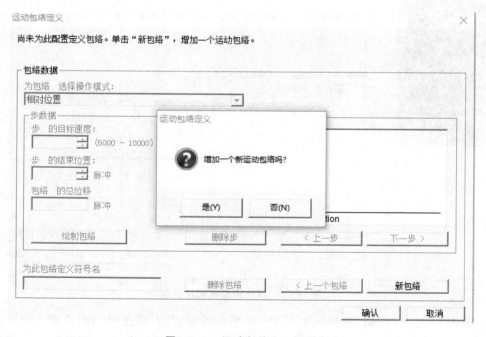

图 11 - 8　运动包络定义界面

　　一个包络是一个预先定义的移动的描述，它包括一个或多个速度，影响着从起点到终点的移动。即使不定义包络，也可以使用 PTO 模块，位置控制向导提供了相关指令以用于移动控制而无需运行一个包络。一个包络由多段组成，每段包含一个由零到目标速度的加速/减速过程和以目标速度匀速运行的一串固定数量的脉冲。如果是单段运动控制或者是多段运动控制过程中的最后一段，还应该包含一个由目标速度到停止的减速过程。PTO 模块支持最多 25 个包络。

　　⑦ 单击"是"按钮，将弹出如图 11-9 所示的设置第 0 个包络界面，操作模式有两个选项："相对位置"和"单速连续旋转"。"相对位置"指根据设定的脉冲数量及脉冲频率执行定位控制；"单速连续旋转"指以指定的脉冲频率连续不断地输出脉冲，直到停止命令接通。每个包络内可设定最多 29 个步，调用此包络时，这些步是自动连续执行的。本任务中操作模式选择"相对位置"，目标速度和结束位置可设置为 50 000，单击"绘制包络"按钮，即可生成包络线。

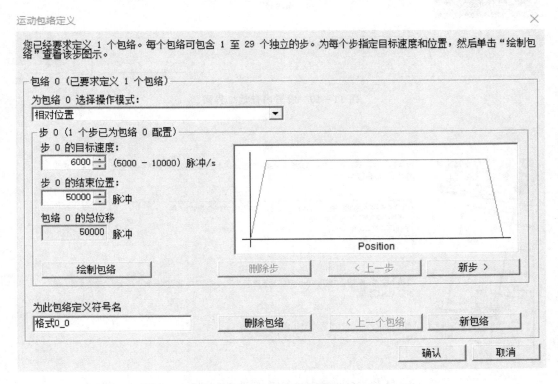

图 11-9　设置第 0 个包络界面

　　⑧ 单击"确认"按钮，将弹出如图 11-10 所示的设置内存地址界面，位置控制向导在 V 内存中以受保护的数据块形式生成 PTO 轮廓模板，在编写程序时不能使用这些已经占用的地址，此地址段可以由系统推荐，也可以人为分配。

　　⑨ 单击"下一步"按钮，将弹出如图 11-11 所示的生成项目组件提示界面，最后单击"完成"按钮可生成子程序。每个位置指令都带有前缀"PTOx"，其中 x 是通道号（x＝0 代表 Q0.0，x＝1 代表 Q0.1），这些子程序就是向导中设置的参数。至此，位置控制向导的设置工作已经完成，接下来就是在编程时使用这些生成的子程序。

3. 位置控制向导生成的子程序简介

　　① PTOx_CTRL 子程序（使能脉冲输出的控制子程序）的作用是启动和初始化用于步进

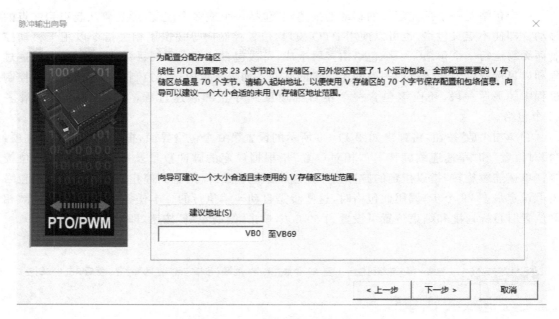

图 11 - 10　设置内存地址界面

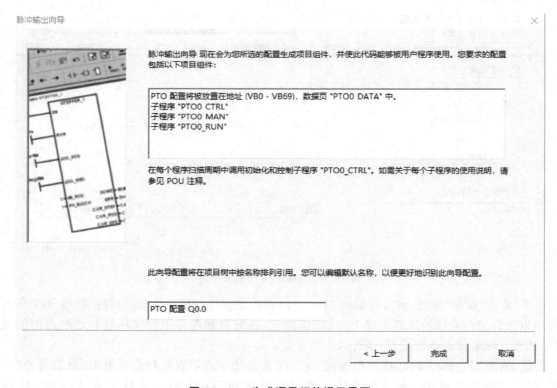

图 11 - 11　生成项目组件提示界面

电动机或伺服电动机的 PTO 脉冲。在程序中仅能使用该子程序一次,并保证每个扫描周期该子程序都被执行。一般使用 SM0.0 作为 EN 端的输入。PTOx_CTRL 子程序的参数含义如表 11 - 2 所列。

表 11 – 2　PTOx_CTRL 子程序的参数含义

子程序	参数含义	参数的数据类型
PTO0_CTRL EN I_STOP D_STOP 　　　Done 　　　Error 　　　C_Pos	EN:使能端	BOOL
	I_STOP(立即 STOP):当输入为低电平时,PTO 模块正常工作。当输入变为高电平时,PTO 模块立即终止脉冲输出	BOOL
	D_STOP(减速 STOP):当输入为低电平时,PTO 模块正常工作。当输入变为高电平时,PTO 模块产生一个脉冲串将电动机减速到停止	BOOL
	Done:当 Done 位为高电平时,表明 CPU 已经执行完子程序	BOOL
	Error:出错时返回错误代码	BYTE
	C_Pos:如果位置控制向导的 HSC 计数器功能已启用,则 C_Pos 包含用脉冲数目表示的模块,否则 C_Pos 参数始终为零	DINT

②　PTOx_RUN 子程序(自动运行时需要调用的子程序)用于运行在向导中生成的包络,以预定的速度输出确定个数的脉冲,也可以通过 PTOx_CTRL 程序随时中止脉冲输出(减速或立即中止)。PTOx_RUN 子程序的参数含义如表 11 – 3 所列。

表 11 – 3　PTOx_RUN 子程序的参数含义

子程序	参数含义	参数的数据类型
PTO0_RUN EN START Profile　　Done Abort　　Error 　　C_Profile 　　C_Step 　　C_Pos	EN:使能端	BOOL
	START:接通 START 端以初始化包络的形式执行。对于每次扫描,当 START 端 PTO 模块当前未激活时,PTOx_RUN 子程序指令会激活 PTO 模块。要保证该命令只发一次,使用边沿检测指令以脉冲触发使 START 端接通	BOOL
	Profile:此运动包络指定的编号或符号名	BYTE
	Abort:此端口接通时,命令位置控制模块停止运行当前的包络并减速,直至电动机停下	BOOL
	Done:当 Done 位为高电平时,表明 CPU 已经执行完子程序	BOOL
	Error:出错时返回错误代码	BYTE
	C_Profile:位置控制模块当前执行的包络	BYTE
	C_Step:目前正在执行的包络步骤	BYTE
	C_Pos:如果位置控制向导的 HSC 计数器功能已启用,则 C_Pos 包含用脉冲数目表示的模块,否则 C_Pos 参数始终为零	DINT

③　PTOx_MAN 子程序(手动运行时需要调用的子程序)用于将 PTO 模块置为手动模

式,可以控制 PTO 模块以某一频率输出脉冲,并且可以通过 PTOx_CTRL 子程序随时中止输出脉冲(减速或立即中止),速度在启动/停止速度到指定的最大速度之间。在启用 PTOx_MAN 程序时,不应执行 PTOx_RUN 子程序。PTOx_MAN 子程序的参数含义如表 11 - 4 所列。

表 11 - 4 PTOx_MAN 子程序的参数含义

子程序	参数含义	参数的数据类型
	EN:使能端	BOOL
PTO0_MAN EN RUN Speed Error C_Pos	RUN:运行/停止参数端,命令 PTO 加速至指定速度(Speed 参数)	BOOL
	Speed:当 RUN 端口已启用时,Speed 参数决定了电动机运行速度。速度是一个用每秒脉冲数计算的值,可以在电动机运行过程中更改此参数	DINT
	Error:出错时返回错误代码	BYTE
	C_Pos:如果位置控制向导的 HSC 计数器功能已启用,则 C_Pos 包含用脉冲数目表示的模块,否则 C_Pos 参数始终为零	DINT

11.4 工作任务

任务 1 用 PLC 直接控制步进电动机

1. 任务目标

(1)知识目标

① 理解步进电动机的工作原理;

② 掌握用 PLC 直接控制步进电动机的方法。

(2)技能目标

① 正确使用比较指令编写步进电动机的控制程序;

② 掌握用 PLC 直接控制步进电动机的硬件连线方法。

2. 任务描述

用西门子 S7 - 200 系列 PLC 直接控制一台额定电压为 24 V 的三相步进电动机连续运行。当按下启动按钮时,步进电动机每秒转半个步距角,一直连续运行;当按下停止按钮时,步进电动机停止转动。

3. 任务实施

(1)任务分析

根据三相步进电动机的原理可知,要达到任务要求,只要按下启动按钮,则对步进电动机按如下方式通电:步进电动机定子磁极 A 相绕组通电,1 s 后 A 相绕组和 B 相绕组同时通电,1 s 后 B 相绕组通电(同时 A 相绕组失电);再过 1 s,B 相绕组和 C 相绕组同时通电,1 s 后 C 相绕组通电(同时 B 相绕组失电);再过 1 s,C 相绕组和 A 相绕组同时通电,1 s 后 A 相绕组通电(同时 C 相绕组失电)……,依次循环进行,时间间隔均为 1 s。按通电的先后顺序列举出的定子磁极的工作情况为 A—AB—B—BC—C—CA—A。

按以上步骤执行到最后一步,然后返回到第一步,重复以上的过程,直到按下停止按钮,所有磁极全部失电,步进电动机停止工作。

所以可编程让 PLC 输出三路脉冲,分别送往步进电动机的三相绕组,送脉冲的顺序为 A—AB—B—BC—C—CA—A,时间间隔为 1 s。根据绕组导通的时序,可以应用数值比较指令来实现这个控制要求。

(2) PLC 的 I/O 地址分配

根据任务要求,对 PLC 直接控制电动机系统进行 PLC 的 I/O 地址分配,如表 11 - 5 所列。

表 11 - 5　PLC 直接控制电动机系统 PLC 的 I/O 地址分配表

输入信号			输出信号		
输入地址	对应元件	功　能	输出地址	对应元件	功　能
I0.0	SB1	启动按钮	Q0.0	定子绕组 A	脉冲输出
I0.1	SB2	停止按钮	Q0.1	定子绕组 B	脉冲输出
			Q0.2	定子绕组 C	脉冲输出

(3) PLC 的选型

根据 I/O 资源的配置,系统共有两个开关量输入信号、三个开关量输出信号。考虑 I/O 资源利用率、以后升级的预留量及 PLC 的性价比要求,选用西门子 S7 - 200 系列 CPU221 型 PLC,为了满足步进电动机的快速运行要求,选择晶体管输出型的 PLC,即 DC/DC/DC 型 PLC。

(4) 电气原理图

PLC 直接控制步进电动机系统的电气原理图如图 11 - 12 所示。

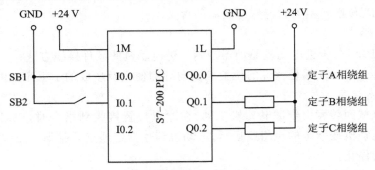

图 11 - 12　PLC 直接控制步进电动机系统的电气原理图

(5) 梯形图程序设计和系统调试

采用比较指令设计的梯形图如图 11 - 13 所示。M0.0 作为总控制状态位,控制脉冲发生指令是否启动。一旦启动,采用比较指令即可以得到各相的脉冲信号。

(6) 系统调试

① 按图 11 - 12 接好线,连接好 PLC 到计算机的数据线 PC/PPI 或 USB/PPI,打开 PLC 的 24 V 电源。

② 应用 Micro/WIN 软件将程序下载到 PLC 中并运行,按动按钮 SB1、SB2,观察步进电

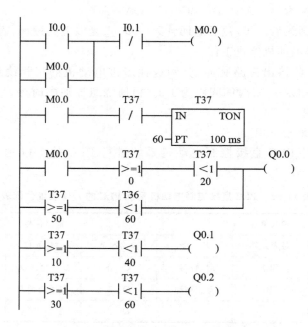

图 11 - 13 采用比较指令设计的梯形图

动机的运行情况是否与设计要求相符。

任务 2 用 PLC 与步进电动机驱动器控制步进电动机

1. 任务目标

（1）知识目标

① 掌握 S7 - 200 系列 PLC 高速脉冲输出指令的应用；

② 掌握与 PLS 指令相关的特殊存储器的含义。

（2）技能目标

① 掌握用 PLC 与步进电动机驱动器控制步进电动机的硬件接线方法；

② 掌握 Micro/WIN 编程软件的位置控制向导的使用及生成的子程序的使用方法。

2. 任务描述

某设备的机械回转臂由步进电动机驱动,在原点位置接收到指令时,PLC 利用高速脉冲输出控制步进电动机按指定的包络线运行,电动机到达指定地点后碰到一限位开关,按指定速度返回到原点后停止。

西门子 S7 - 200 系列 CPU22X 型 PLC 有高速脉冲输出功能,输出脉冲频率可达 20 kHz。脉冲输出有两种方式:PTO(脉冲串输出)方式,输出一个频率可调、占空比为 50% 的脉冲;PWM(脉冲宽度调制)方式,输出占空比可调的脉冲。高速脉冲输出功能可用于对电动机进行速度控制、位置控制,同时可控制变频器实现电动机调速。指定包络线即指定了电动机的运行速度和时间,从而可实现运动装置的位置控制。

原点检测由一光电开关完成,终点检测由机械式限位开关完成。利用 Micro/WIN 软件位置控制向导中的脉冲输出向导,生成步进电动机位置控制所需的子程序,然后在主程序中调用该子程序,实现上述要求的控制功能。

3．任务实施

（1）任务分析

当机械回转臂在原点时，启动后调用运行包络子程序，电动机按设定的包络线运动，到指定位置后碰行程开关；然后调用手动模式子程序，机械回转臂返回到原点后停止。

（2）PLC 的 I/O 地址分配

根据任务要求，对步进电动机位置控制系统进行 PLC 的 I/O 地址分配，如表 11-6 所列。

表 11-6　步进电动机位置控制系统 PLC 的 I/O 地址分配表

输入信号			输出信号		
输入地址	对应元件	功　能	输出地址	对应元件	功　能
I0.0	SB1	启动按钮	Q0.0	PLS+	脉冲输出给步进控制器
I0.1	SB2	停止按钮	Q0.1	DIR+	脉冲方向控制
I0.2	SB2	停止按钮			
I0.3	SB2	停止按钮			

（3）PLC 的选型

根据 I/O 资源的配置，系统共有 4 个开关量输入信号、2 个开关量输出信号。考虑 I/O 资源利用率、以后升级的预留量及 PLC 的性价比要求，选用西门子 S7-200 系列 CPU221 型 PLC。为了满足高速脉冲输出要求，选择晶体管输出型的 PLC，即 DC/DC/DC 型 PLC。

（4）系统电气原理图

在对步进电动机进行控制时，常常会采用步进电动机驱动器来实现控制。该步进电动机位置控制系统电气原理图如图 11-14 所示。步进电动机驱动器采用超大规模的硬件集成电路，具有高度的抗干扰性以及快速响应性，不易出现死机或丢步现象。使用步进电动机驱动器控制步进电动机，可以不考虑各相的时序问题（由驱动器处理），只需考虑输出脉冲的频率，以及步进电动机的方向即可，PLC 的控制程序也简单得多。

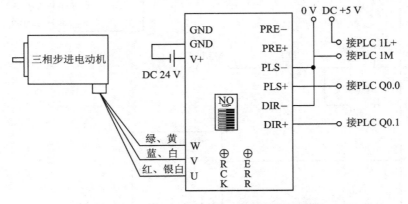

图 11-14　步进电动机位置控制系统电气原理图

本任务中选用的步进电动机的型号为 3S57Q-04079，步进驱动器的型号为 3DM458。该驱动器的输入信号有三个：STEP、DIR 和 FREE。

STEP：脉冲信号，与 TTL 电平兼容，内部光耦导通时触发。

DIR：方向信号，通过电平的高低变化控制电动机运行方向。

FREE：脱机信号，内部光耦导通时，驱动器将切断电动机电流，使电动机轴处于可自由旋转状态，当不需要此功能时，可悬空。

（5）梯形图程序设计

根据前文所述位置控制向导的使用步骤，生成三个子程序，具体的调用方法如图 11 - 15 所示。

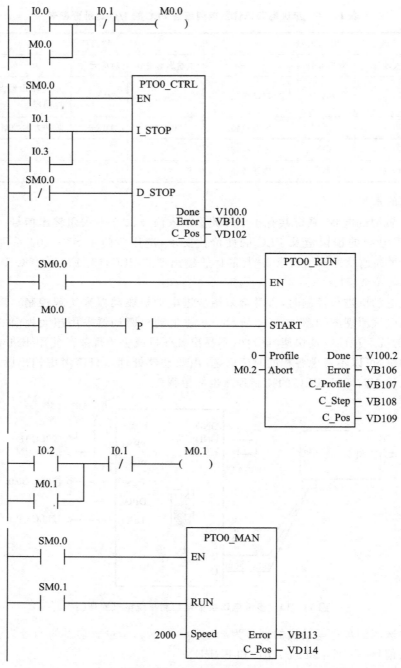

图 11 - 15　采用位置控制向导生成的子程序设计的梯形图

注意：

① 位置控制向导生成上述运动控制子程序时已占用 VB0～VB69 的 70 个字节的存储区，后续编程时应注意避开这些存储区域。

② 本程序由位置控制向导生成的运动包络编号为 0，共有三个步骤。

（6）系统调试

① 接线步骤如下：

步骤 1：将＋24 V 电源的"＋"端子接至 PLC 输入公共端 1M 上，PLC 的 I0.0、I0.1、I0.2、I0.3 端分别接至按钮 SB1、SB2、S83、SB4 上，并将按钮公共端接至＋24 V 电源的"－"端子上。

步骤 2：将＋5 V 电源的"＋"端子接至 PLC 的输出公共端 1M 上，将 PLC 输出端 Q0.0、Q0.1 接至步进电动机驱动器的 PLS＋、DIR＋端上。

步骤 3：将＋5 V 电源的"－"端子接至步进电动机驱动器的 PLS－端和 DIR－端上。

步骤 4：将＋24 V 电源的"＋"端子接至步进电动机驱动器的 V＋端上，并将＋24 V 电源的"－"端接至步进电动机驱动器的 GND 端上。

步骤 5：将步进电动机的绿、黄引出线接至步进电动机驱动器的 W 端上；将步进电动机的蓝、白引出线接至步进电机驱动器的 V 端上；将步进电动机的红、银白引出线接至步进电动机驱动器的 U 端上。

步骤 6：连接好 PLC 到计算机的数据线 PC/PPI 或 USB/PPI。

步骤 7：打开 PLC 的 24 V 电源和步进电动机驱动器的 5 V 电源。

② 应用 Micro/WIN 软件将程序下载到 PLC 中并运行，分别按动按钮 SB1、SB2、SB3、SB4，观察步进电动机运行情况是否与设计要求相符。

注意：

① 位置控制向导生成上述运动控制子程序时已占用 VB0～VB69 的 70 个字节的存储区，后续编程时应注意避开这些存储区域。

② 本程序由位置控制向导生成的运动包络编号为 0，共有三个步骤。

11.5 知识拓展

11.5.1 步进电动机的分类

步进电动机是一种将电脉冲转化为角位移的执行机构。步进电动机分为永磁式、反应式和混合式三种。

① 永磁式步进电动机转矩和体积较小，步距角一般为 7.5°或 15°，动态性能好，输出力矩较大。

② 反应式步进电动机可实现大转矩输出，步距角一般为 1.5°，结构简单，成本低，但噪声和振动都很大。

③ 混合式步进电动机混合了永磁式和反应式步进电动机的优点，力矩大，动态性能好，步距角小，精度高，但结构相对来说复杂，这种步进电动机的应用最为广泛。

11.5.2 步进电动机的正反转控制

用 PLC 直接控制步进电动机时，可使用 PLC 产生控制步进电动机所需要的各种时序的脉冲。

步进电动机的正反转控制有以下三种方式。

① 三相单二拍控制方式:正向为 A—B—C—A,反向为 A—C—B—A。

② 三相双三拍控制方式:正向为 AB—BC—CA—AB,反向为 AC—CB—BA—AC。

③ 三相六拍控制方式:正向为 A—AB—B—BC—C—CA—A,反向为 A—AC—C—CB—B—BA—A。

具体编程时,可根据步进电动机的工作方式,以及所要求的频率(步进电动机的速度),画出 A、B、C 各相的时序图,并使用 PLC 产生各种时序的脉冲。

本任务中要求步进电动机工作在三相六拍控制方式下,每拍通电时间为 1 s。可画出正向工作时序图,如图 11 - 16 所示。

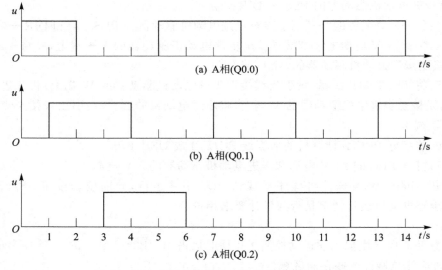

图 11 - 16　步进电动机三相六拍正向工作时序图

11.5.3　与脉冲输出指令相关的特殊存储器

与脉冲输出指令对应的控制字和状态字的特殊存储器如表 11 - 7 所列。

表 11 - 7　与脉冲输出指令相关的控制字和状态字特殊存储器

	Q0.0	Q0.1	说　明
状态字 特殊 存储器	SM66.4	SM76.4	PTO 包络由于增量计算错误异常终止(0:无错误;1:异常终止)
	SM66.5	SM76.5	PTO 包络由于用户命令异常终止(0:无错误;1:异常终止)
	SM66.6	SM76.6	PTO 流水线溢出(0:无溢出;1:溢出)
	SM66.7	SM76.7	PTO 空闲(0:运行中;1:PTO 空闲)
控制字 特殊 存储器	SM67.0	SM77.0	PTO/PWM 刷新周期值(0:不刷新;1:刷新)
	SM67.1	SM77.1	PWM 刷新脉冲宽度值(0:不刷新;1:刷新)
	SM67.2	SM77.2	PWM 刷新脉冲计数值(0:不刷新;1:刷新)
	SM67.3	SM77.3	PTO/PWM 时基选择(0:1 μs;1:ms)
	SM67.4	SM77.4	PWM 更新方法(0:异步更新;1:同步更新)
	SM67.5	SM77.5	PTO 操作(0:单段操作;1:多段操作)
	SM67.6	SM77.6	PTO/PWM 模式选择(0:选择 PTO;1:选择 PWM)
	SM67.7	SM77.7	PTO/PWM 允许(0:禁止;1:允许)

	Q0.0	Q0.1	说　明
其他 存储器	SMW68	SMW78	PTO/PWM 周期时间值(范围 2~65 535)
	SMW70	SMW70	PWM 脉冲宽度值(范围 0~65 535)
	SMW72	SMW72	PTO 脉冲计数值(范围 0~4 294 967 295)
	SMW166	SMW176	段号(仅用于多段 PTO 操作)多段流水线 PTO 当前运行中的段的编号
	SMW168	SMW178	包络表起始位置,用距离 VO 的字节偏移量表示(仅用于多段 PTO 操作)
	SMW170	SMW180	线性包络状态字节
	SMB171	SMB181	线性包络结果寄存器
	SMB172	SMB182	手动模式频率寄存器

11.5.4　利用中断指令扩展系统的功能

扩展功能:利用位置控制向导所绘制的包络线控制步进电动机的运动,当包络完成时输出 Q1.0。

编程思路:当 PTO 操作完成时调用中断程序,使 Q1.0 接通。PTO 操作完成的中断事件号为 19。用中断调用指令 ATCH 将中断事件 19 与中断程序 INT0 连接起来,并全局开中断。主程序和中断程序如图 11 - 17 所示。

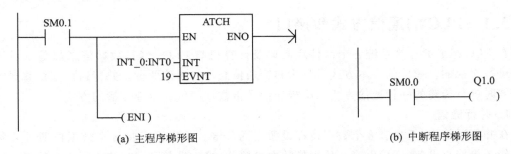

(a) 主程序梯形图　　　　　　　　　　(b) 中断程序梯形图

图 11 - 17　步进电动机控制系统扩展功能的主程序和中断程序梯形图

11.6　巩固与提高

1. 在任务 1 的基础上,添加正转按钮、反转按钮、快速按钮、慢速按钮,使步进电动机实现相应运动,编写并调试程序。

2. 某设备上的机械手由步进电动机驱动,系统通电时机械手在 500 Hz 的脉冲频率下返回原点。当按下启动按钮后机械手移到一号库位取料并在 600 Hz 的脉冲频率下送料到二号库位,最后再返回到原点。试画出控制系统电气原理图并编制程序。

3. 某设备上有两套步进驱动系统,要求:按下启动按钮时,步进电动机首先驱动设备横向复位,当靠近横向接近开关时横向运动停止,然后步进电动机驱动设备纵向复位;当靠近纵向接近开关时纵向运动停止,复位完成。试画出控制系统电气原理图并编制程序。

项目 12   PLC 之间的 PPI 网络通信系统

12.1   项目描述

随着工业生产规模的不断扩大,对生产管理的信息化、集成化的需求不断提高,PLC 控制系统也逐步从单机分散型控制系统向多机协同的网络化控制系统发展,这就要求 PLC 系统具有灵活的通信能力。

12.2   项目目标

在本项目中,我们将学习 S7 – 200 系列 PLC 的 PPI 通信系统等相关知识,以掌握 S7 – 200 系列 PLC 的通信基本知识和通信组网的基本技能。

12.3   相关知识

12.3.1   PLC 的通信方式和接口

在 PLC 组成的控制系统各个部件之间以及计算机与 PLC 之间,数据信息都是以通信的方式进行交换的。通信的基本方式可分为并行通信与串行通信两种。并行通信是指数据的各个位同时进行传输的一种通信方式。串行通信是指数据一位一位地传输的方式。

1. 并行通信

在并行通信中,至少有 8 个数据位在设备之间传输。发送设备将 8 个数据位通过 8 条数据线传送给接收设备,还可以有 1 位用作数据检验位,接收设备可同时接收到这些数据。在计算机内部的数据通信通常都以并行方式进行,并且把并行的数据传送线称作总线,如并行传送 8 位数据就叫作 8 位总线,并行传送 16 位数据就叫作 16 位总线。由于计算机内部处理的都是并行数据,在进行串行传输之前,必须将并行数据转换成串行数据;在接收端要将串行数据转换成并行数据。数据转换通常以字节为单位进行,用移位寄存器来完成。并行通信的数据传输速度快,但是传输线多,一般用于近距离传输。

2. 串行通信

串行通信方式是在一根数据传输线上,每次传送一位二进制数据,一位接一位地传输。串行传输的速度要慢得多,但由于串行传输节省了大批通信设备和通信线路,在技术上更适合远距离通信。因此,计算机网络普遍采用串行传输方式。

（1）串行通信的类型

在串行通信中,数据的发送和接收要以相同的传输速率同步进行,否则可能造成数据错位使通信发生错误。为了避免接收到错误信息,需要使发送过程和接收过程同步。按照同步的方式不同,串行通信可以分为两种类型:异步通信和同步通信。

异步通信的发送方和接收方独立地产生时钟,但定期同步。采用的数据格式是由一组不定"位数"的数组组成的,第一位为起始位,宽度为 1,低电平;接着是 7～8 位的数据位;之后是 1～2 位停止位;有时还有 1 位奇偶校验位。异步通信的数据格式如图 12－1 所示。

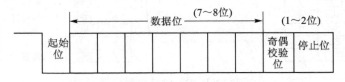

图 12－1　异步通信数据格式

同步通信接收端时钟完全由发送方时钟控制,严格同步。所用的数据格式没有起始位、停止位,一次传送的字符个数可变。在传送前,先按照一定的格式将各种信息装配成一个包,该包包括供接收方识别用的一个或两个同步字符,其后紧跟着要传送的 n 个字符,再后就是两个校验字符。接收方接到信号后,进行译码,分辨出数据信号及其时钟信号,然后再依据时钟给定时刻采集数据。

（2）串行通信的连接方式

按照数据在线路上的流向,串行数据通信可分为单工、半双工与全双工三种方式,如图 12－2 所示。

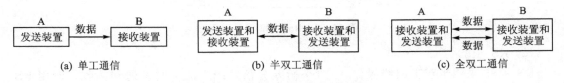

图 12－2　串行通信的连接方式

单工方式:只允许数据按照一个固定方向传送,通信两点中的一点为接收端,另一点为发送端,并且信号传输的方向不能更改。

半双工方式:信息可在两个方向上传送,但在某特定时刻接收和发送是确定的。在半双工通信方式中,信号可以双向传送,但必须交替进行,一个时间只能向一个方向传送。

全双工方式:可作双向通信,两端可同时作发送端、接收端,即能同时在两个方向上进行通信,有两个信道,数据同时在两个方向传输,它相当于把两个相反方向的单工通信组合起来。

单工通信或半双工通信只需要一条信道,而全双工通信需要两条信道(每个方向各一条),但是全双工通信的传输效率最高。

3. 传输速率

传输速率(又称波特率)的单位是波特,其符号为 bit/s 或 bps。在对 PLC 的通信进行设置时,必须设置通信的波特率。例如 S7－200 之间通信速率一般为 9.6 kbps;采用自由通信方式时,即用户自定义通信协议(如 ASCII 协议),数据传输速率最高为 38.4 kbps;S7－300 的 MPI 接口进行通信时,默认的传输速率为 187.5 kbps。

4. 串行通信接口

（1）RS－232C 接口

RS－232C 接口广泛地用于计算机与终端或外设之间的近距离通信。最大通信距离为 15 m,最高传输速率为 20 kbps,只能进行一对一的通信。RS－232C 接口的信号连接如图 12－3 所示。RS－232C 采用共地传送方式,容易引起共模干扰。

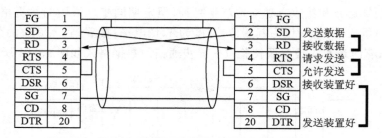

图 12-3   RS-232 信号连接

（2）RS-422

RS-422 全接口采用双工操作,两对平衡差分信号线分别用于发送和接收,可以抵消共模信号。在最大传输速率(10 Mbps)时,允许的最大通信距离为 12 m。在传输速率为 100 kbps 时,最大通信距离为 1 200 m,一台驱动器可以连接 10 台接收器。RS-422 广泛地用于计算机与终端或外设之间的远距离通信,其信号连接示意图如图 12-4 所示。

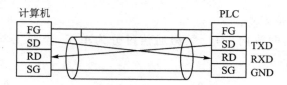

图 12-4   RS-422 信号连接

（3）RS-485

RS-485 采用半双工四线操作,一对平衡差分信号线不能同时发送和接收。使用 RS-485 接口和双绞线可以组成串行通信网络,构成分布式系统。新的接口器件已允许连接多达 128 个站。其信号连接示意图如图 12-5 所示,各端子名称如表 12-1 所列。

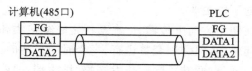

图 12-5   RS-485 信号连接

表 12-1   RS-485 串行接口各端子名称

端 子	名 称	端口 0/端口 1
1	屏蔽	机壳地
2	24 V 返回	逻辑地
3	RS-485 信号 B	RS-485 信号 B
4	发送申请	RST(TTL)
5	5 V 返回	逻辑地
6	+5 V	+5 V,100 Ω 串联电阻
7	+24 V	+24 V
8	RS-485 信号 A	RS-485 信号 A
9	不用	10 位协议选择(输入)
连接器外壳	屏蔽	屏蔽

12.3.2   S7 - 200 PLC 的 PPI 通信

1. S7 - 200 PLC 的 PPI 通信协议

西门子 S7 - 200 CPU 支持多种通信协议,根据所使用的机型,网络可以支持一个或多个协议,如点到点(Point - to - Point)接口协议(PPI)、多点接口协议(MPI)、自由通信接口协议、现场总线协议(PROFIBUS)和工业以太网协议。如图 12 - 6 所示为 S7 - 200 PPI 网络示意图。

PPI 协议是一种主从协议,主站器件发送请求到从站器件,从站器件响应这个请求。从站器件不发信息,只是等待主站的请求做出响应。主站靠一个由 PPI 协议管理的共享连接来与从站通信。PPI 并不限制与任意一个从站通信的主站数量,但是在一个网络中,主站的个数不能超过 32。

PPI 协议用于 S7 - 200 系列 PLC 与编程计算机之间、S7 - 200 系列 PLC 之间、S7 - 200 系列 PLC 与 HMI 之间的通信。Micro/WIN 软件与 S7 - 200 系列 PLC 的通信也是通过 PPI 协议实现的。采用 PPI 协议,对 PLC 进行编程时可以使用网络读/写指令来读/写其他设备中的数据。S7 - 200 系列 PLC 的 PPI 网络通信是建立在 RS - 485 网络的硬件基础上的,因此其连接属性和需要的网络硬件设备与其他的 RS - 485 网络是一致的。

如果在用户程序中使能 PPI 主站模式,S7 - 200 CPU 在运行模式下可以作主站。在使能 PPI 主站模式之后,可以使用网络读/写指令来读/写另外一个 S7 - 200。当 S7 - 200 作 PPI 主站时,它仍然可以作为从站响应其他主站的请求。

2. S7 - 200 PLC 通信部件

S7 - 200 PLC 通信的有关部件包括通信端口、PC/PPI 电缆、通信卡等。

(1)通信端口

S7 - 200 的 RS - 485 串行通信接口外形如图 12 - 7 所示。

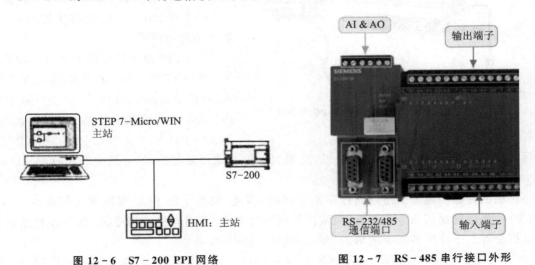

图 12 - 6   S7 - 200 PPI 网络   图 12 - 7   RS - 485 串行接口外形

(2)PC/PPI 电缆

PC/PPI 电缆为多主站电缆,一般用 PLC 与计算机通信,这是一种低成本的通信方式。根据与计算机接口方式的不同,PC/PPI 电缆有两种不同的形式,分别是 RS - 232/PPI 多主站电缆和 USB/PPI 多主站电缆。

　　USB/PPI 多台主站电缆是一种即插即用设备,支持波特率在 187.5 kbps 以下的通信,将 PPI 电缆设为接口并选用 PPI 协议,然后在计算机接连标签下设置 USB 端口即可。但不能同时将多根 USB/PPI 多主站电缆连接到计算机上。

　　RS-232/PPI 多主站电缆带有 8 个 DIP 开关,其中 2 个是用来配置电缆的。如果将电缆连到计算机上,则需选择 PPI 模式(开关 5=1)和本地操作(开关 6=0);如果将电缆连在调制解调器上,则需选择 PPI 模式(开关 5=1)和远程操作(开关 6=1)。

　　在计算机接连标签下设置 RS-232 端口,在 PPI 标签下,选站地址和网络波特率即可。RS-232/PPI 多主站电缆外形和尺寸如图 12-8 所示。

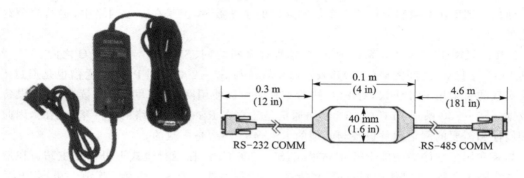

图 12-8　RS-232/PPI 多主站电缆

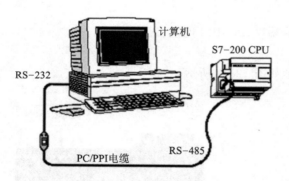

图 12-9　通过 PC /PPI 电缆连接 PC 与 PLC

　　计算机与 PLC 之间通过 PC/PPI 连接如图 12-9 所示。将 PC/PPI 电缆有 "PC" 的 RS-232 端连接到计算机的 RS-232 通信接口,标有 "PPI" 的 RS-485 端连接到 CPU 模块的通信端口,拧紧两边螺钉即可。

　　PC/PPI 电缆的通信设置方法如下:

　　在 STEP7-Micro/WIN 编程软件中选择 "Communicatiaons",双击 "Set PG/PC face"。在设置 PG/PC 接口界面(见图 12-10)中,双击 "PC/PPI cable(PPI)"

图标,打开 PC/PPI 电缆属性设置窗口(见图 12-11),选择通信速率(一般为 9.6 kbps)。

　　3. S7-200 PLC 的通信指令

　　网络的通信功能是通过通信程序来实现的,因此,就要了解 PLC 提供的通信指令。S7-200 PLC 提供的通信指令主要有:网络读与网络写指令、发送与接收指令、获取与设置通信口地址指令等。下面对各指令的格式、要求和用法分别予以介绍。

　　① 网络读与网络写指令 NETR(Network Read)/NETW(Network Write)。网络读与网络写指令格式如图 12-12 所示。

　　• TBL:缓冲区首址,操作数为字节。

　　• PORT:操作端口,CPU 226 为 0 或 1,其他机型只能为 0。

图 12-10 "设置 PG/PC 接口"对话框

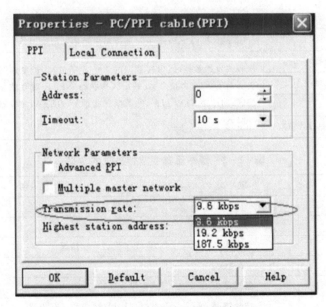

图 12-11 属性设置对话框

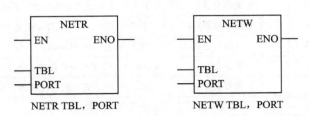

图 12-12 网络读/网络写指令 NETR/NETW

网络读 NETR 指令是通过端口（PORT）接收远程设备的数据并保存在表（TBL）中，如表 12 - 2 所列。从远方站点最多可读取 16 字节的信息。

网络写 NETW 指令是通过端口（PORT）向远程设备写入在（TBL）中的数据。向远方站点最多可写入 16 字节的信息。

在程序中可以写任意多 NETR/NETW 指令，但在任意时刻最多只能有 8 个 NETR 指令或 8 个 NETW 指令、4 个 NETR 指令和 4 个 NETW 指令，或者 2 个 NETR 指令和 6 个 NETW 指令有效。

TBL 表的参数定义如表 12 - 2 所列。其中字节 0 的各标志位及错误码（4 位）的含义如表 12 - 3 所列。

表 12 - 2　TBL 表的参数定义

地　址	定义与说明				
字节 0	D	A	E	0	错误码
字节 1	远程站点的地址（被访问的 PLC 地址）				
字节 2	指向远程站点的数据区指针（双字）（指向远程 PLC 存储区中的数据的间接指针）				
字节 3					
字节 4					
字节 5					
字节 6	数据长度（1～16 字节）（远程站点被访问的字节数）				
字节 7	数据字节 0	接收或发送数据区；保存数据的 1～16 字节，其长度在"数据长度"字节中定义。对于 NETR 指令，此数据区指执行 NETR 后存放从远程站点读取的数据区；对于 NETW 指令，此数据区指执行 NETW 前发送给远程站点的数据存储区			
字节 8	数据字节 1				
⋮	⋮				
VB122	数据字节 15				

表 12 - 3　缓冲区首字节标志位的含义

标志位		定　义	说　明
D		操作已完成	0＝未完成，1＝功能完成
A		激活（操作已排队）	0＝未激活，1＝激活
E		错误	0＝无错误，1＝有错误
4 位错误代码	0	无错误	
	1	超时错误	远程站点无响应
	2	接收错误	有奇偶错误，帧或校验和出错
	3	离线错误	重复的站地址或无效的硬件引起冲突
	4	排队溢出错误	多于 8 条的 NETR/NETW 指令被激活
	5	违反通信协议	没有在 SMB30 中允许 PPI，就试图使用 NETW 指令
	6	非法参数	NETR/NETW 表中包含非法或无效的参数值
	7	没有资源	远界站点忙（正在进行上传或下载操作）
	8	第七层错误	违反应用协议
	9	信息错误	错误的数据地址或错误的数据长度

② 发送与接收指令 XMT(Transmit)/RCV(Receive)。发送与接收指令如图 12-13 所示。

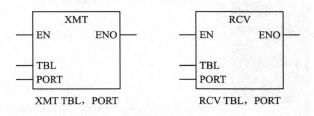

图 12-13 发送与接收指令

发送指令 XMT 启动自由端口模式下数据缓冲区(TBL)的数据发送,通过指定的通信端口(PORT),发送存储在数据缓冲区中的信息。

XMT 指令可以方便地发送 1~255 个字符,如果有中断程序连接到发送结束事件上,在发送完缓冲区的最后一个字符时,端口 0 会产生中断事件 9,端口 1 会产生中断事件 26。

可以监视发送完成状态位 SM4.5 和 SM4.6 的变化,而不是用中断进行发送。

TBL 指定的发送缓冲区的格式如图 12-14 所示,起始字符和结束字符是可选项。第一个字节"字符数"是要发送的字节数,它本身并不发送出去。

字符数	起始字符	数据区	结束字

图 12-14 TBL 数据缓冲区格式

如果将字符数设置为 0,然后执行 XMT 指令,则以当前的波特率在线路上产生一个 16 位的间断(break)条件。发送间断和发送任何其他信息一样,采用相同的处理方式。完成间断时产生一个 XMT 中断,SM4.5 或 SM4.6 反映 XMT 的当前状态。

4. S7-200 系列 PLC 之间的 PPI 通信实现方式

S7-200 系列 PLC 之间的 PPI 通信,只需在主站编写网络读/写指令,而在从站不需编程,只需处理数据缓冲区即可。

S7-200 系列 PLC 之间的 PPI 通信有两种实现方式:

① 利用 PPI 向导实现;

② 使用网络读/写指令,编程实现。

(1) 利用向导实现 PPI 通信

在 Micro/WIN 主界面中双击指令树向导下面的"NETR/NETW"项就可以打开 PPI 向导。

第 1 步需要设置网络读/写操作项数,例如,要读取从站 VB0~VB10 和 VB100~VB200 两块数据,就可以将网络读/写操作项数设置为 2,最多可以设置 24 项读/写操作,如图 12-15 所示。

第 2 步是设置 PLC 的通信端口,以及给向导完成后生成的子程序命名,一般按默认就可以,如图 12-16 所示。

第 3 步是设置读/写操作相关内容,包括每一项操作是读还是写,一次读或者写多少个字节(最多一项可以读或者写 16 个字节),以及从站 PLC 的地址、本地和远程的读/写首地址(尾

图 12 - 15 配置网络读/写操作项数

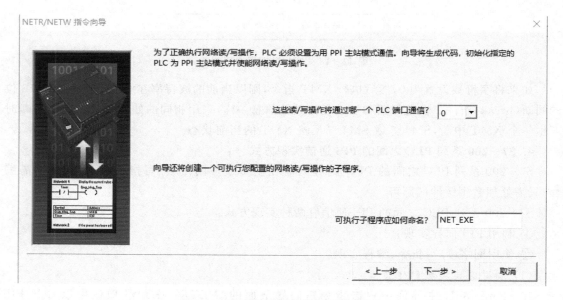

图 12 - 16 通信端口选择与子程序命名

地址自动生成),设置过程如图 12 - 17 所示。

设置完一项后单击"下一项操作"按钮,直到所有项均设置完为止。每一项的从站地址可以不一样,根据具体情况确定。读和写可以通过箭头来区分,箭头向左表示读,箭头向右表示写。所有项配置完成以后单击"下一步"按钮,为配置分配存储区,一般按默认地址就可以,如图 12 - 18 所示。

再单击"下一步"按钮,进入最后一步,即使用向导生成子程序和参数表名称,最后生成的子程序名称如图 12 - 19 所示。必须用 SM0.0 来控制 NET_EXE 的使能端 EN,以确保子程序

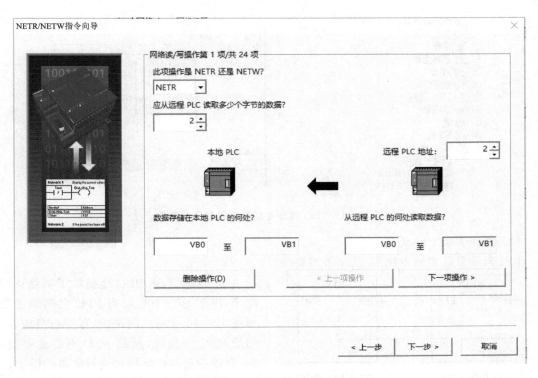

图 12 - 17   读/写操作设置

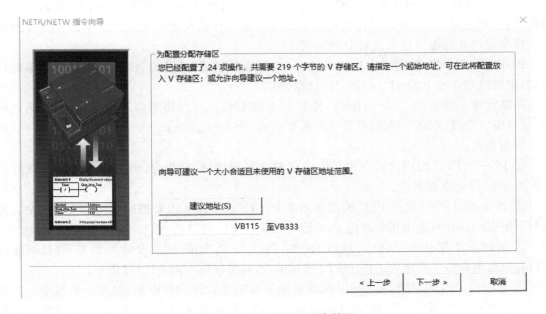

图 12 - 18   为配置分配存储区

能正常运行;Timeout 为 0 时不启动延时检测,为 1～65 535 时表示超时延时时间为 1～
65 535,单位为 s,如果发生通信故障的时间超出此延时时间,则报出错;Cycle 为周期参数,每
次所有网络操作完成时,NET_EXE 子程序都将 Cycle 端状态置 1(一个扫描周期);Error 为错
误参数,其值为 0 时表示无错误,其值为 1 时表示有错误。

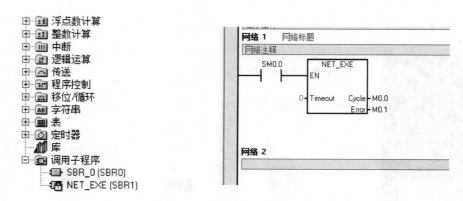

图 12 - 19　PPI 向导生成的子程序及其调用

（2）编程实现 PPI 通信

PPI 向导只在主站中使用，从站不需要向导。

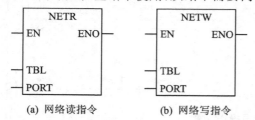

(a) 网络读指令　　(b) 网络写指令

图 12 - 20　网络读/写指令

S7 - 200 系列 PLC 还提供了网络读/写指令，用于 S7 - 200 系列 PLC 之间的通信，如图 12 - 20 所示。网络读/写指令只能在主站的 PLC 中执行，从站 PLC 不必做通信编程，只需准备通信数据和进行简单的设置。

网络读指令如图 12 - 20(a) 所示，当 EN 端接通时，执行网络通信读命令，初始化通信操作，通过指定端口（PORT）从远程设备上读取数据并存储在数据表（TBL）中。NETR 指令一次最多可以从远程站点上读取 16 个字节。

PORT 端用于指定通信端口，如果只有一个通信端口，那么其值为 0。当有两个通信端口时，其值可以是 0 或 1，分别对应使用的通信端口。

网络写指令如图 12 - 20(b) 所示，当 EN 端接通时，执行网络通信写命令，初始化通信操作，通过指定端口（PORT）向远程设备发送数据表（TBL）中的数据。

使用说明：

① 同一个 PLC 的用户程序中可以有任意多条网络读/写指令，但同一时刻最多只能有 8 条网络读/写指令被激活。

② 在由西门子 S7 系列 PLC 构成的网络中，S7 - 200 系列 PLC 被默认为 PPI 的从站。要执行网络读/写指令，必须用程序把 PLC 设置为采用 PPI 主站模式。

③ 通过设置 SMB30（端口 0）或 SMB130（端口 1）低两位，使其取值为 2，将 PLC 的通信端口 0 或通信端口 1 设定为工作于 PPI 主站模式，就可以执行网络读/写指令。

④ 在一个 PPI 网络中，与一个从站通信的主站的个数并没有限制，但是一个网络中主站的个数应最少为 1，最多不超过 32 个。主站既可以读/写从站数据，也可以读/写其他主站数据，也就是说，S7 - 200 系列 PLC 作为主站时，仍然可以作为从站响应其他主站的数据请求。一个主站 PLC 可以读/写网络中的任何其他 PLC 的数据。

网络读/写指令可以传递 V 存储区、M 存储区、I/Q 存储区的数据。设定数据地址时，使用间接寻址方式将地址信息写入缓冲区的相应位置，地址信息中包含了存储区名称和数据的类型。

1) TBL 表的参数设置

TBL 表用于存储数据缓冲区的首地址，操作数为字节。TBL 表的参数定义如表 12－4 所列。

表 12－4　TBL 表的参数定义

字节偏移量	名　称	描　述							
0	状态字节	D	A	E	0	E1	E2	E3	E4
1	远程地址	被访问的 PLC 从站地址							
2～5	指向远程站数据区的指针	指向远程 PLC 存储区数据的间接指针（双字）							
6	数据长度	远程站上被访问数据区的字节数（1～16）							
7	数据字节 0	接收或发送数据区，保存数据的 1～16 个字节，其长度在数据长度中定义							
22	数据字节 15								

表 12－4 中状态字节各位的含义如下：

D 位：操作完成位，为 0 表示未完成，为 1 表示已完成。

A 位：操作激活位，为 0 表示无效，为 1 表示有效。

E 位：错误信息位，为 0 表示无错误，为 1 表示有错误。

E1～E4 位：错误码位，如执行读/写指令后 E 位为 1，则由这 4 位返回一个错误码。

2) 网络读/写指令编程的一般步骤

步骤如下：

① 规划本地和远程通信站的数据缓冲区；

② 写控制字 SMB30（或 SMB130），将通信口设置为 PPI 主站，只有主站才需要设置；

③ 装入远程站（从站）地址，即将从站地址装入缓冲区；

④ 装入远程站（从站）相应的数据缓冲区（要读入的或者要写出的）地址，SMB30（或 SMB130）控制字各位含义如图 12－21 所示。

MSB 7	0						LSB
p	p	d	b	b	b	m	m
SMB30＝端口 0，SMB130＝端口 1							
pp：校验选择； 00＝不校验，01＝偶校验，10＝不校验，11＝奇校验							
d：每个字符的数据位； 0＝每个字符 8 位，1＝每个字符 7 位							
bbb：自由口波特率； 000＝38 400 bps，001＝19 200 bps，010＝9 600 bps，011＝4 800 bps， 100＝2 400 bps，110＝115.2 kbps，111＝57.6 kbps							
mm：协议选择 00＝PPI/从站模式，01＝自由口模式，10＝PPI/主站模式， 11＝保留（缺省设置位 PPI/主站模式）							

图 12－21　SMB30（或 SMB130）控制字各位含义

⑤ 装入数据字节数。

⑥ 执行网络读/写（NETR/NETW）指令。

PPI 网络地址可以在主界面中顺次单击菜单"系统块"→"通信端口"设置；也可以通过指令 GET_ADDR 读取或利用指令 SET_ADDR 设置。

5. 通信指令应用实例

要求：通过检测一些特殊存储器的状态来获知 XMT 指令的执行情况，认识通信指令 XMT 的使用方法。

通过子程序对自由口通信进行初始化设置。其通信协议设置为：自由通信口模式，波特率为 9 600 bps，无奇偶校验，每字符 8 位。然后定时器定时 1.5 s，时间到后 PLC 开始发送数据，同时输出口 Q0.5 置 1，当数据发送完后发生中断事件 9，这样就会执行中断程序，使得输出口 Q0.5 产生周期为 1 的方波信号，同时中断程序与中断事件分离。

如果在 Q0.5 的输出端接上灯泡，当发现灯泡点亮时，代表 PLC 开始发送数据；当发送完成后，灯泡就会开始闪烁。

编写检测 XMT 指令发送数据程序，如图 12 - 22 所示。

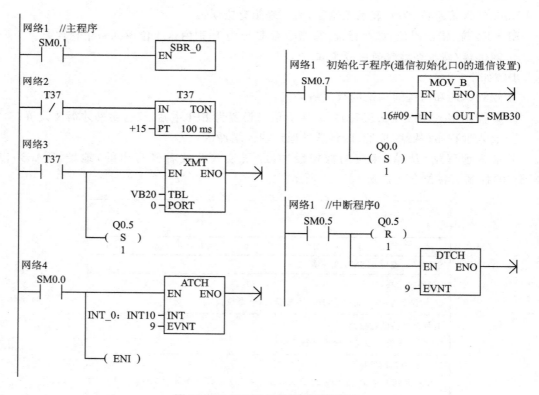

图 12 - 22　XMT 指令发送数据程序

从程序图中可以看出，将通信完成的中断事件与状态标志相连接，即可对通信指令 SMT 的执行状态进行显示。实际应用中可通过类似的方法，将 XMT 的执行状态通过中断事件与其他操作相连接，达到相应的控制目的。

12.4　工作任务

任务 1　S7 - 200 系列 PLC 之间的 PPI 通信系统

1. 任务目标

（1）知识目标

① 了解通信的基本知识；

② 掌握网络读/写指令的使用。

（2）技能目标

① 会构建两台 S7 - 200 系列 PLC 之间的通信网络；

② 会设置 PPI 通信参数。

2. 任务描述

使用 PPI 通信协议实现两台 S7 - 200 系列 PLC 之间的通信。两个 PLC 站分别设置为 2 号和 3 号站，其中 2 号站为主站，3 号站为从站，然后用 2 号站的 IB0 控制 3 号站的 QB0，用 3 号站的 IB0 控制 2 号站的 QB0。图 12 - 23 是通信系统的网络配置图。

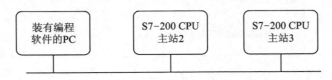

图 12 - 23　S7 - 200 CPU 之间的 PPI 通信网络

3. 任务实施

（1）任务分析

要在两台 S7 - 200 系列 PLC 之间进行通信，主要应该做好两方面的工作：建立物理连接和通信协议。物理连接使用网络连接器和 PROFIBUS 电缆实现，通信协议使用 PPI 协议实现。

通信协议主要是对两台 PLC 进行通信参数的设置。系统通信实现过程如下：分别用 PC/PPI 电缆连接各 PLC，打开 Micro/WIN 编程软件。在主界面中单击"通信"标签，双击其子项"通信端口"，打开"通信端口"设置界面，如图 12 - 24 所示。对 2 号站进行设置时，将端口 0 的 PLC 地址设置为 2，选择波特率为 9.6 kbps，然后把设置好的参数下载到 CPU 中。用同样的方法对 3 号站进行设置，将端口 0 的 PLC 地址设置为 3，选择波特率为 9.6 kbps。

（2）程序设计

通信程序是通过网络读/写指令完成的，其中 3 号站是从站，不需要进行通信程序的编写。只需将通过编译的程序下载到 2 号站中，并把两台 PLC 的工作模式开关置于 RUN 位置，分别改变两台 PLC 的输入信号状态，来观察通信结果。表 12 - 5 是网络读/写缓冲区的地址定义。图 12 - 25 是 2 号站的通信梯形图。

（3）系统调试

① 物理连接，用 PROFIBUS 电缆将网络连接器的两个 A 端和两个 B 端分别连接在一起，检查电路的正确性，确保无误。

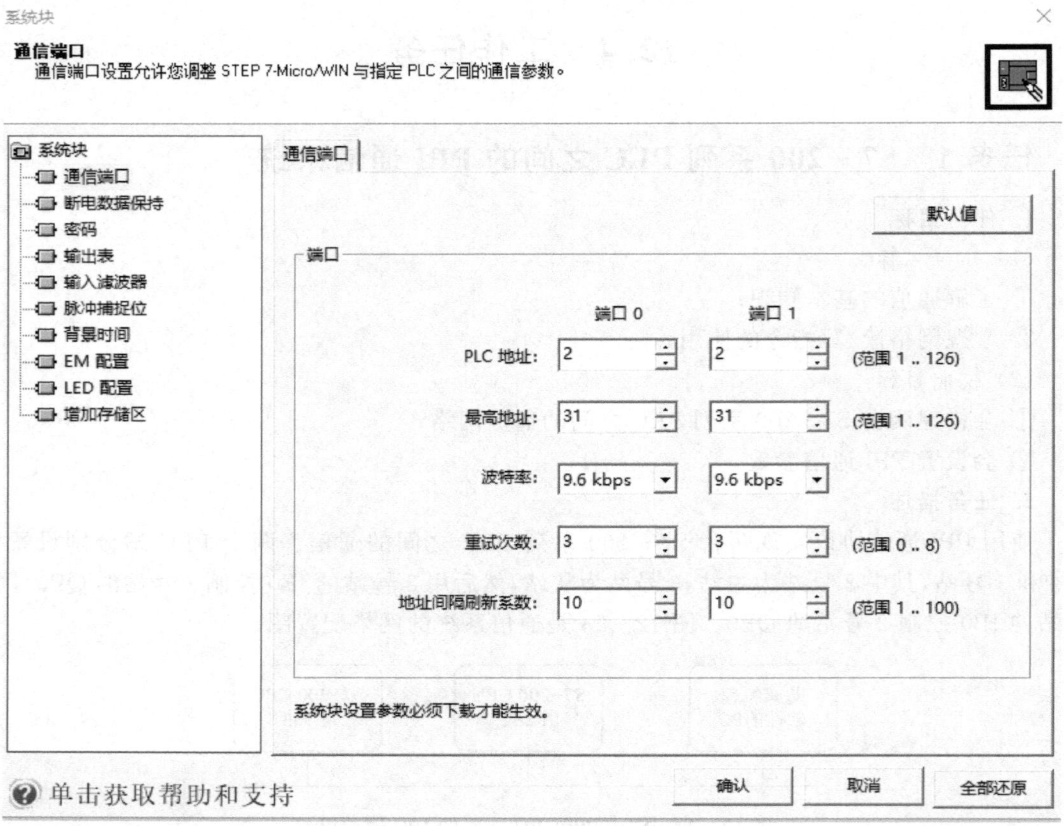

系统块 ✕

通信端口
通信端口设置允许您调整 STEP 7-Micro/WIN 与指定 PLC 之间的通信参数。

系统块	通信端口

		端口 0	端口 1	
PLC 地址:		2	2	(范围 1 .. 126)
最高地址:		31	31	(范围 1 .. 126)
波特率:		9.6 kbps	9.6 kbps	
重试次数:		3	3	(范围 0 .. 8)
地址间隔刷新系数:		10	10	(范围 1 .. 100)

系统块列表:
- 通信端口
- 断电数据保持
- 密码
- 输出表
- 输入滤波器
- 脉冲捕捉位
- 背景时间
- EM 配置
- LED 配置
- 增加存储区

默认值

系统块设置参数必须下载才能生效。

❓ 单击获取帮助和支持

确认	取消	全部还原

图 12 - 24 "通信端口"设置界面

表 12 - 5 网络读/写缓冲区的地址定义

网络读指令数据缓冲区（接收）		网络写指令数据缓冲区（发送）	
地　址	数据内容	地　址	数据内容
VB100	指令执行状态字节	VB110	指令执行状态字节
VB101	3,读远程站的地址	VB111	3,写远程站的地址
VB102	&.IB0 远程站数据区首地址	VB112	&.QB0 远程站数据区首地址
VB106	1,读的数据长度	VB116	1,写的数据长度
VB107	数据字节	VB117	数据字节

② 进行通信参数的设置,并分别将设置的参数下载到两台 PLC 中。

③ 输入如图 12 - 25 所示的梯形图,将梯形图下载到主站(从站不需编程),并进行程序调试,检查其是否满足控制要求。

任务 2　采用 PPI 通信实现主站监控从站

1. 任务目标

(1) 知识目标

① 掌握传送指令的方法;

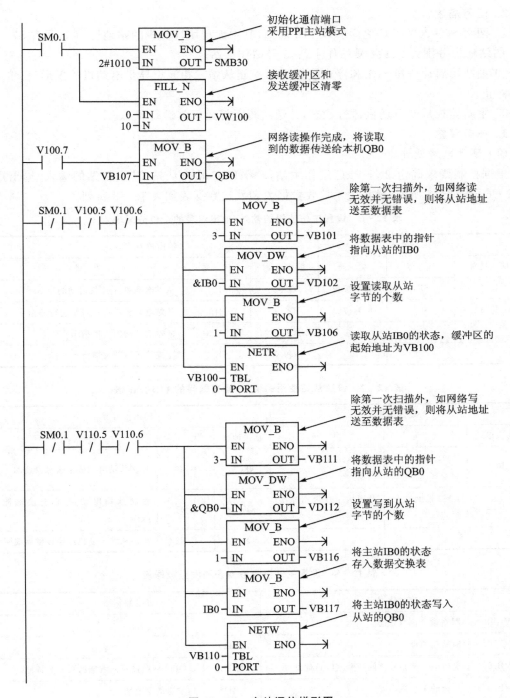

图 12-25　主站通信梯形图

② 掌握网络读/写指令的使用。

（2）技能目标

① 掌握主站、从站的设定；

② 掌握采用 PPI 通信实现主站监控从站。

2. 任务描述

① 两台 S7-200 PLC 之间实现 PPI 通信,其中编程用计算机的站地址为 0,两台 S7-200 PLC 的站地址分别为 2、3;2 号站作主站,3 号站作从站。

② 主站用启动按钮 SB1 和停止按钮 SB2 控制从站三相笼型异步电动机的星形-三角形启动和停止。

③ 主站监视从站电动机运行状态,并通过指示灯显示其运行状态。

3. 任务实施

(1) 硬件电路设计

根据控制要求确定 2 号 PLC 站作主站,3 号 PLC 站作从站,其主从站的输入/输出点如表 12-6、表 12-7 所列,设置主站接收数据表和发送数据表如表 12-8 所列。

表 12-6　设置主站使用的输入/输出信号的 I/O 分配表

输入信号			输出信号		
输入地址	代　号	功　能	输出地址	代　　号	功　　能
I0.0	SB1	控制按钮	Q0.0	HL1	从站电动机 Y 连接启动的指示
I0.1	SB2	控制按钮	Q0.1	HL2	从站电动机△连接正常运行的指示
			Q0.2	HL3	Y 连接启动的反馈指示
			Q0.3	HL4	△连接运行的反馈指示

表 12-7　设置从站使用的输入/输出信号的 I/O 分配表

输入信号			输出信号		
输入地址	代　号	功　能	输出地址	代号	功　　能
I0.0	KM1 辅助常开触点接	监视从站是否 Y 连接启动	Q0.0	KM0	控制从站电动机主接触器线圈
I0.1	KM2 辅助常开触点接	监视从站是否△连接起动	Q0.1	KM1	控制从站电动机 Y 连接触器线圈
			Q0.2	KM2	控制从站电动机△连接触器线圈

表 12-8　设置主站接收数据表和发送数据表

接收数据表		发送数据表	
VB100	网络指令执行状态	VB110	
VB101	3,从站地址	VB111	
VB102	&MB10,从站被访问的数据区首地址	VB112	&QB0,从站被写入数据的数据区首地址
VB106	1,读的字节数	VB116	1,发送的字节数
VB107	接收的从站数据	VB117	MB20,主站发送给从站的数据

(2) 编程思想

本实例的设计应用网络读/写指令实现 S7-200 PLC 之间的 PPI 联网通信,网络读/写指令在主站的 PLC 程序中执行,从站的 PLC 只需准备通信的数据。PLC 使用特殊存储器 SMB30(对端口 0)和 SMB130(对端口 1)选择通信口的通信协议等。

　　特殊存储器 SMB30 和 SMB130 的最低两位 mm 用来选择通信口的通信协议,当选择 mm＝10 时,定义 PPI 通信的 PLC 为主站模式;当选择 mm＝00 时,定义 PPI 通信的 PLC 为从站模式。只有定义 PPI 通信中为主站模式 PLC,才允许 PLC 执行 NETR 和 NETW 指令。

　　本实例的程序设计包括主站控制程序和从站控制程序。主站通信程序主要由初始化程序和控制程序组成。初始化程序完成通信协议选择、接收数据表和发送数据表参数的初始化设置;控制程序循环执行网络读指令和网络写指令,根据读取的数据控制输出,再将启动、停止信号等组成控制从站的命令字写入到相应存储单元。从站的控制程序首先设置本机为 PPI 通信中的从机,再读取主站的数据单元,并将从机的通信数据写入相应的数据单元。

　　(3) 控制程序的设计

　　根据控制要求设计的通信主站控制梯形图如图 12 - 26 所示,PPI 通信从站控制梯形图如图 12 - 27 所示。

　　(4) 程序的执行过程

　　1) 主站程序的执行过程

　　首次扫描 SM0.1 接通一个扫描周期时,将"2"传送到特殊寄存器 SMB30 中,定义站地址为 2 的 S7 - 200 PLC 作为主站。

　　NETR 网络初始化:将"3"传送到变量寄存器 VB101 中,定义从站的地址;将变量"&.MB10"传送到变量寄存器 VD102 中,定义从站被访问的数据区首地址;将"1"传送到变量寄存器 VB106 中,定义读取一个字节的数据。

　　NETW 网络初始化:将"3"传送到变量寄存器 VB111 中,定义从站的地址;将变量"&.QB0"传送到变量寄存器 VD112 中,定义从站被写入的数据区首地址;将"1"传送到变量寄存器 VB116 中,定义读取一个字节的数据。

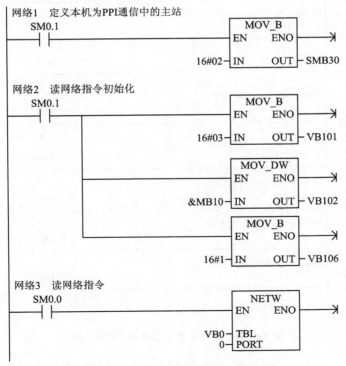

图 12 - 26　PPI 通信主站控制梯形图

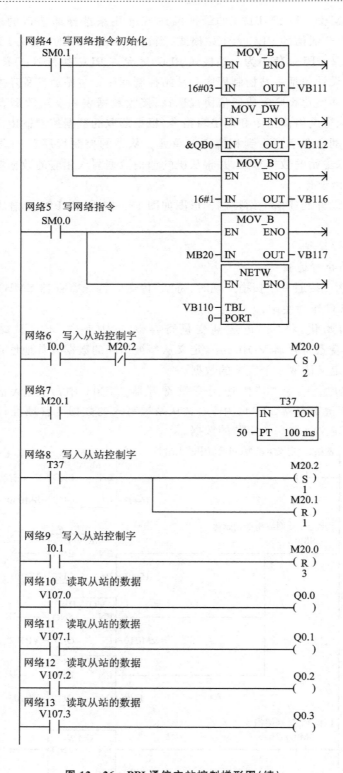

图 12 - 26　PPI 通信主站控制梯形图(续)

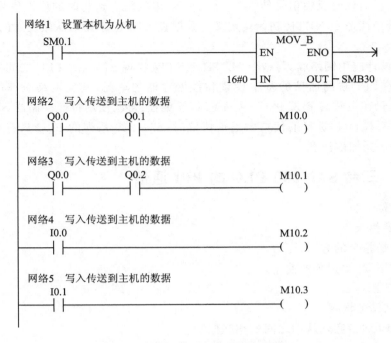

图 12-27　PPI 通信从站控制梯形图

网络读命令 NETR：通过指定的通信端口"0"，读取远程设备 3 号 PLC 从站的数据，即从网络读命令 NETR 初始化定义的数据表 VB107（接收的从站数据电动机运行状态）开始的存储单元中的数据。

网络写 NETW 命令：通过指定的通信端口"0"，向远程设备 3 号 PLC 从站写入数据，即写入网络写 NETW 命令初始化定义的数据表 VB117 中开始的存储单元中的数据。将寄存器 MB20 中的数据传送到寄存器 VB117 中，即主站发送给从站的数据（控制电动机 Y/△启动的命令字）。

电动机 Y 启动和△运行的显示，执行网络读命令 NETR 后，从 VB107 读取从站的数据，其中 V107.0 为电动机 Y 启动的状态，V107.1 为电动机△运行的状态，V107.2 为电动机 Y 启动的反馈信息，V107.3 为电动机△运行的反馈信息，分别控制输出信号 Q0.0～Q0.3，显示电动机 Y 启动和△运行的状态。

从站电动机 Y 启动和△运行的命令：当输入信号 I0.0 有效时，将 M20.0 和 M20.1 置位，确定电动机 Y 启动的命令；经过 6 s 的定时，将 M20.1、M20.2 置位，确定电动机△运行的命令；当输入信号 I0.1 有效时，将 M20.0、M20.1 和 M20.2 复位，确定电动机停止的命令。当执行网络写 NETW 命令时，将 MB20 的数据传送到从站的 QB0 中。

2）从站程序的执行过程

首次扫描时，SM0.1 接通一个扫描周期，将"0"传送到特殊寄存器 SMB30 中，定义站地址为 3 的 S7-200 PLC 作为从站。

接收主站发来的数据（存储在 MB20 的命令字），并将写入的数据传送给数据区首地址 QB0，直接控制从站的输出字节 QB0，实现电动机 Y 启动和△运行。从站将电动机 Y 启动和电动机△运行状态存入 MB10 中，即电动机 Y 启动时 M10.0 为 ON，电动机△运行时 M10.1

为 ON,电动机 Y 启动时反馈信号使 M10.2 为 ON,电动机△运行时的反馈信号使 M10.3 为 ON。主站从网络读命令 NETR 初始化定义的数据表 VB107 中读取从站发送的数据。

（5）编程体会

本实例的设计应用网络读/写指令 NETR/NETW 实现 S7 - 200 PLC 之间的 PPI 联网通信,首先应熟悉 PPI 联网通信的基本设置和数据存储的单元;其次网络读/写指令 NETR/NETW 的编程只在主站的 PLC 进行,从站 PLC 需编程;再次使用特殊存储器 SMB30（对端口 0）和 SMB130（对端口 1）选择通信口的通信协议时,S7 - 200 系列的 PLC 只有 CPU226 能选择端口 1,这一点要加以注意。

任务3 三台 S7 - 200 PLC 的 PPI 通信

1. 任务目标

（1）知识目标

① 掌握传送指令的方法;

② 掌握网络读/写指令的使用。

（2）技能目标

① 主站、从站的设定;

② 采用 PPI 通信实现从站之间的相互控制。

2. 任务描述

通过三台 S7 - 200 PLC 的 PPI 通信,进一步说明 PPI 通信的使用过程。

三台 S7 - 200 PLC 通过 PORT0 口进行通信,甲机为主站（站号为 2）,乙机和丙机为从站（乙机站号为 3,丙机站号为 4）。在控制功能上实现乙机的 I0.0 启动丙机的电动机 Y -△启动器,乙机 I0.1 停止丙机的电动机转动;丙机的 I0.0 启动乙机的电动机 Y -△启动器,丙机 I0.1 停止乙机的电动机转动。PPI 通信程序是由甲机完成的。网络系统图如图 12 - 28 所示,乙机和丙机的 I/O 分配如表 12 - 9 所列。

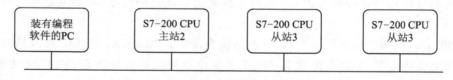

图 12 - 28 网络系统图

表 12 - 9 乙机和丙机的 I/O 分配

乙机（从站,站号位 3）		丙机（从站,站号位 4）	
地 址	功 能	地 址	功 能
I0.0	启动丙机电动机	I0.0	启动乙机电动机
I0.1	停止丙机电动机	I0.1	停止乙机电动机
Q0.0	Y	Q0.0	Y
Q0.1	△	Q0.1	△
Q0.2	主继电器	Q0.2	主继电器

3. 任务实施

本任务中的端口设置及网络连接与上一案例完全相同。

PPI 通信程序在主站上完成(甲机),如图 12 - 29 所示,两个从站分别完成各自的 Y - △ 启动,乙机程序如图 12 - 30 所示,丙机程序如图 12 - 31 所示。

PPI 的通信程序在主站完成,从站只是完成各自的功能程序,并被动地接受主站的管理。

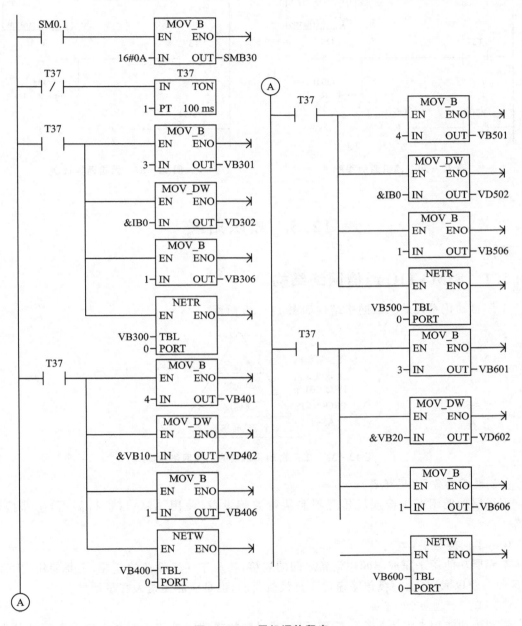

图 12 - 29　甲机通信程序

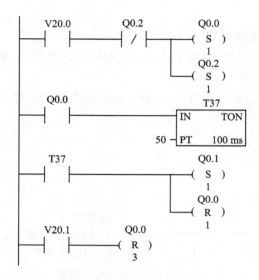

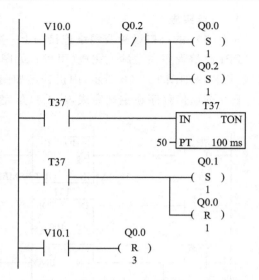

图 12 - 30　乙机通信程序　　　　　　　　　图 12 - 31　丙机通信程序

12.5　知识拓展

12.5.1　SIMATIC 通信网络结构

工厂自动化系统的三级网络结构如图 12 - 32 所示。

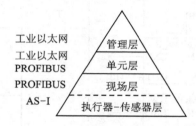

图 12 - 32　工厂自动化系统的三级网络结构

（1）现场设备层（现场层）

现场层功能用来连接现场传感器和执行器等设备，使用 AS - I（执行器-传感器接口）网络。

（2）车间监控层（单元层）

单元层功能用来完成车间主设备之间的连接，实现车间级设备的监控，主要使用 PROFI-BUS 和工业以太网，这一级传输速度不是最重要的，但是应能传送大容量信息。

（3）工厂管理层（管理层）

管理层功能用来汇集各车间管理子网、通过网桥或路由器等连接的厂区骨干网的信息子工厂管理层，主要使用工业以太网，即 TCP/IP 通信协议标准。

SIMATIC 通信网络包括编程器 PC/PG、人机界面、控制器（S7 - 200/300 /400 /1200/1500 等）、传感器和执行器等现场设备，如图 12 - 33 所示。

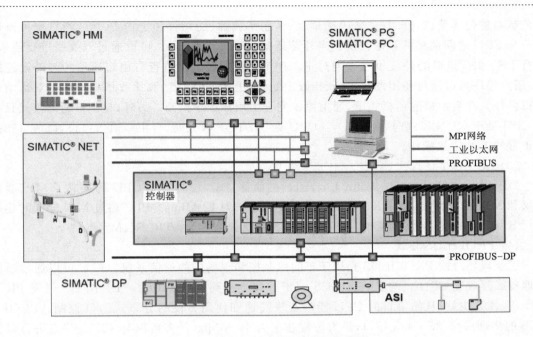

图 12 - 33 SIMATIC 通信网络示意图

12.5.2 S7 系列 PLC 的通信协议

西门子 S7 系列 PLC 支持多种通信协议,根据所使用的机型,网络可以支持一个或多个协议,如点到点(Point - to - Point)接口协议(PPI)、多点接口协议(MPI)、自由口通信协议、工业现场总线协议(PROFIBUS)和工业以太网协议。

(1) PPI 协议

PPI 协议是一种主从协议,主站器件发送请求到从站器件,从站器件响应这个请求。从站器件不发信息,只是等待主站的请求做出响应。主站靠一个由 PPI 协议管理的共享连接来与从站通信。PPI 并不限制与任意一个从站通信的主站数量,但是在一个网络中,主站的个数不能超过 32。如图 12 - 34 所示为 S7 - 200 PPI 网络示意图。

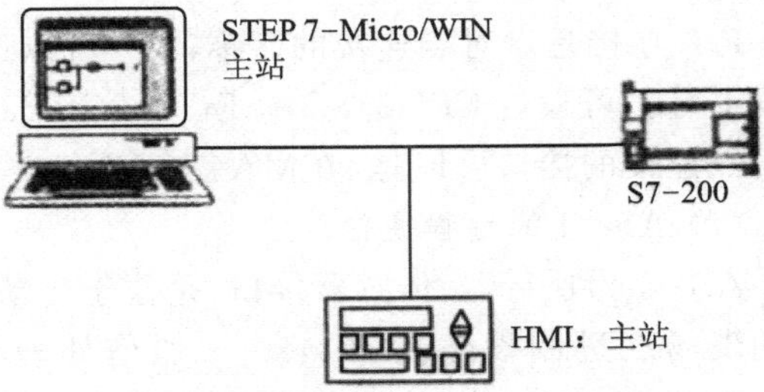

图 12 - 34 PPI 网络示意图

如果在用户程序中使能 PPI 主站模式,则 S7 - 200 CPU 在运行模式下可以作主站。在使能 PPI 主站模式之后,可以使用网络读/写指令来读/写另外一个 S7 - 200。当 S7 - 200 作 PPI 主站时,它仍然可以作为从站响应其他主站的请求。

(2) 自由口通信协议(Freeport Mode)

该方式是 S7 - 200 PLC 的一个很有特色的功能。S7 - 200 PLC 的自由通信,即用户自定义通信协议(如 ASCII 协议),数据传输速率最高为 38.4 kbps。

自由口通信协议的应用,使可通信的范围大大增加,控制系统配置更加灵活、方便。应用此种方式,使 S7 - 200 PLC 可以使用任何公开的通信协议,并能与具有串口的外设智能设备和控制器进行通信,如打印机、条码阅读器、调制解调器、变频器和上位 PC 等,当然也可以用于两个 CPU 之间简单的数据交换。当外设具有 RS-485 接口时,可以通过双绞线进行连接;具有 RS-232 接口的外设也可以通过 PC/PPI 电缆连接起来进行自由口通信。与外设连接后,用户程序可以通过使用发送中断、接收中断、发送指令(XMT)和接收指令(RCV)对通信口进行操作。在自由口通信模式下,通信协议完全由用户程序控制。另外,自由口通信模式只有在 CPU 处于 RUN 模式时才允许。当 CPU 处于 STOP 模式时,自由口通信停止,通信口转换成正常的 PPI 协议操作。

(3)MPI 通信协议

MPI 是多点接口(Multi Point Interface)的简称。S7-300/400 CPU 都集成了 MPI 通信协议和 MPI 的物理层 RS-485 接口。最大传输速率为 12 Mbps。PLC 通过 MPI 能同时连接运行 STEP 7 的编程器、计算机、人机界面(HMI)及其他 SIMATIC S7、M7 和 C7。

(4)PROFIBUS 协议

工业现场总线 PROFIBUS 是用于车间级监控和现场层的通信系统。PLC 可以通过通信处理器或集成在 CPU 上的 PROFIBUS-DP 接口连接到 PROFIBUS-DP 网上。带有 PROFIBUS-DP 主站/从站接口的 CPU 能够实现高速和使用方便的分布式 I/O 控制。PROFIBUS 的物理层是 RS-485 接口,最大传输速率为 12 Mbps,最多可以与 127 个节点进行数据交换。网络中可以串接中继器,用光纤通信距离可达 90 km,可以通过 CP342/343 通信处理器将 S7-300 与 PROFIBUS-DP 或工业以太网系统相连。

(5)工业以太网协议

工业以太网用于工厂管理层和单元层的通信系统。用于对时间要求不太严格,需要传送大量数据的场合。西门子的工业以太网的传输速率为 10 Mbps/100 Mbps,最多可以达到 1 024 个网络节点,网络的最大范围为 150 km。西门子 S7 通过 PROFIBUS 协议或工业以太网 ISO 协议,利用 S7 的通信服务进行数据交换。

(6)PtP 连接

PtP 连接是点对点连接的简称,PtP 可以连接两台 S7-PLC,以及计算机、打印机和条码阅读器等。可通过 CPU313C-2PtP 和 CPU314C-2PtP 集成的通信接口建立点对点连接。点对点连接的接口可以是 20 MA(TTY)、RS-232C、RS-422 和 RS-485。

(7)AS-I 的过程通信

AS-I 为执行器-传感器接口,是位于自动控制系统最底层的网络,用来连接有 AS-I 接口的现场二进制设备。CP342-2 通信处理器是用于 S7-300 和分布式 I/O ET200M 的 AS-I 主站。AS-I 主站最多可以连接 64 个数字量或 31 个模拟量 AS-I 从站。通过 AS-I 接口,每个 CP 最多可访问 248 个数字量输入口和 184 个数字量输出口。

12.6 巩固与提高

1. 试比较 RS-232 接口和 RS-485 接口的区别。

2. S7-200 系列 PLC 的通信方式有哪几种?比较它们的不同点。

3. 两台 S7-200 系列 PLC 通信时,PLC 运行后,甲机 PLC 的 Q0.0~Q0.7 对应的指示灯每隔 1 s 依次点亮,接着乙机 PLC 的 Q0.0~Q0.7 对应的指示灯每隔 1 s 依次点亮,然后不断循环。试设计出梯形图并调试程序,直至实现要求的功能。

项目 13　PLC 在交流桥式起重机控制中的运用

13.1　项目描述

桥式起重机是仓储部门常用的起重设备,具有完善的机械构造及复杂的电气控制系统。PLC 及变频器的出现为桥式起重机的电气控制提供了许多新的思路和方法。

13.2　项目目标

在本项目中,我们将在学习交流桥式起重机传统控制电路的基础上,提出使用原转子串电阻调速加 PLC 模拟凸轮控制器及变频调速加 PLC 控制变频器两套交流桥式起重机电气控制的设想并加以实践,以掌握基于 PLC 的变频控制的桥式起重机电气改造设计技能。

13.3　相关知识

13.3.1　桥式起重机控制需求

桥式起重机是仓储部门常用的起重设备,由可整体前后移动的横梁(大车)、左右移动的小车和固定在小车上可上下移动的主副吊钩组成。工作时,主钩或副钩将工件吊起,通过横梁和小车的移动将工件搬到另外一个地方,再将工件放下。

15 t/3 t 交流桥式起重机的外观如图 13-1 所示。

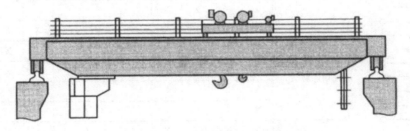

图 13-1　15 t/3 t 交流桥式起重机外观图

交流桥式起重机以主钩/副钩的起重吨位标示规格,以主钩吨位在 20 t 以下的多见。传统交流桥式起重机使用起重用绕线式交流异步电动机拖动,其中横梁的移动使用 2 台相同的电动机,小车的移动使用 1 台电动机,主钩和副钩各使用 1 台电动机。5 台电动机均采用了转子串电阻调速方式,以增大启动转矩,减小启动电流。

从控制的角度来说,交流桥式起重机的 5 台电动机均需正反转。为了节省造价,简化控制电路,传统桥式起重机的 2 台大车电动机、1 台小车电动机和 1 台副钩电动机均采用凸轮控制器进行控制。主钩电动机由于动作复杂,工作条件恶劣,工作频率较高,电机容量较大,常采用主令控制器配合继电接触器屏组成的控制电路进行控制。

13.3.2 桥式起重机的控制要求及继电接触器控制电路

使用继电接触器构成的交流桥式起重机主电路及控制电路如图 13 - 2 所示。图 13 - 2(a) 为主电路,图 13 - 2(b) 为控制电路。控制电路上半部分为起重机的电源控制电路,主要为零位及限位保护。下半部分为主钩主令控制器与接触器的工作电路。使用凸轮控制器的各台电动机,由于凸轮控制器触点上流过的即是电动机的工作电流,故没有类似图 13 - 2(b) 下半部分的电路。从图 13 - 2(a) 中可见,交流 380 V 电源经闸刀开关 QS1,经 1 号及 2 号线进入如图 13 - 2(b) 所示的电源控制电路。需要开动起重机时,如横梁栏杆已关好,则其安全开关 SQ1、SQ2 接通,驾驶室舱口已关闭,SQ3 接通,将横梁凸轮控制器 QM1、小车凸轮控制器 QM2 及副钩凸轮控制器 QM3 置零位,按图 13 - 2(b) 中启动按钮 SB1,接触器 KM1 得电吸合,电动机主回路和主钩控制回路均得电(QS3 接通)。由于其后的操作各部分电路在动作上相对较为独立,故下面分别进行分析。

1. 横梁移动控制

横梁移动靠安装在横梁两端的电动机 M1 和 M2 拖动。主回路中,M1 和 M2 并联,M1 和 M2 转子所串电阻相同,其动作过程也完全同步。M1 和 M2 由同一台凸轮控制器 QM1 控制。QM1 共有 17 对触点,分别控制电动机的正反转、M1 及 M2 转子电阻的分级切除、左右限位控制和电源启动控制。其分合表如表 13 - 1 所列。

表 13 - 1　横梁凸轮控制器 QM1 触头分合表

凸轮控制器	触头	向 前					0 位	向 后				
		5	4	3	2	1		1	2	3	4	5
								X	X	X	X	X
	正反转触头	X	X	X	X	X						
								X	X	X	X	X
		X	X	X	X	X						
		X	X	X	X					X	X	X	X
	M1 转子电阻 切除触头	X	X	X							X	X	X
		X	X									X	X
		X											X
		X											X
		X	X	X	X					X	X	X	X
	M1 转子电阻 切除触头	X	X	X							X	X	X
		X	X									X	X
		X											X
		X											X
	后向限位						X	X	X	X	X	X
	前向限位	X	X	X	X	X	X					
	电源启动						X					

注:X—触头闭合。

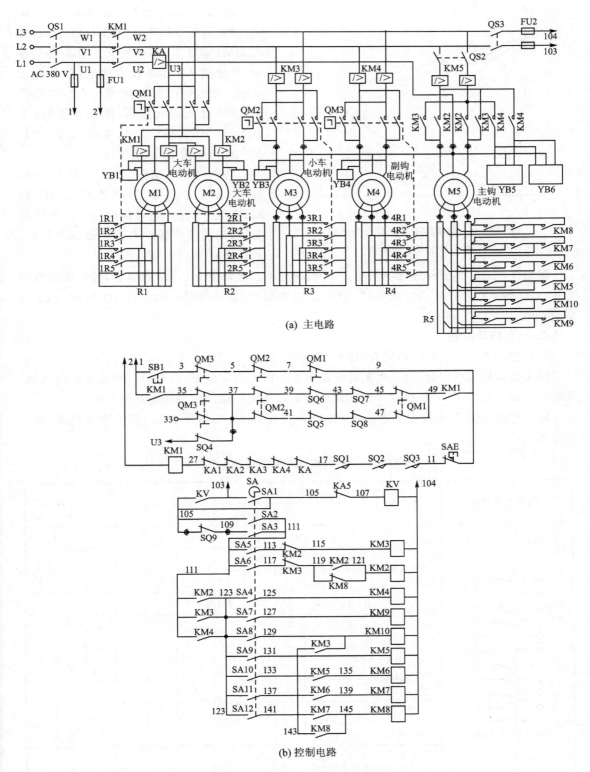

(a) 主电路

(b) 控制电路

图 13 - 2　交流桥式起重机电气原理图

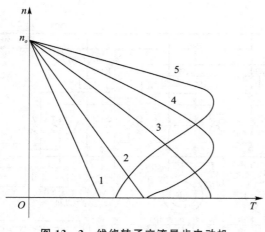

图 13 - 3　线绕转子交流异步电动机转子串电阻机械特性

由 QM1 的分合表可知,QM1 分为向前 5 挡、向后 5 挡和 0 位挡共 11 个挡位。当 QM1 位于 0 位时,所有主触头均不导通,电动机 M1、M2 没有加电,处于停止状态。当 QM1 位于"向前位"时,电动机 M1、M2 接入正向电源,电动机正转;当 QM1 位于"向后位"时,电动机 M1、M2 接入反向电源,电动机反转。

向前 1～5 位时,触头 1R1～1R5、2R1～2R5 依次导通,逐次切去 M1 和 M2 的转子电阻,电动机的机械特性逐渐变硬,相同的负载转矩下转速逐渐升高,其特性如图 13-3 所示。

向后 1～5 位时,动作过程与向前 1～5 位时相同。电动机 M1、M2 通电运转时,电磁抱闸 YB1、YB2 得电打开;M1、M2 失电时,YB1、YB2 抱紧,起制动作用。YB1 与 M1 同步,YB2 与 M2 同步。

2. 小车移动控制

小车左右移动由凸轮控制器 QM2 控制。

同横梁前后移动控制相似,向左时电动机 M3 接入正向电源,向右时 M3 接入反向电源。凸轮控制器分别置于 1～5 挡时,M3 的转子电阻被依次切除,M3 的转速逐渐升高。

电磁抱闸 YB3 得电情况与电动机 M3 同步。表 13 - 2 所列为小车凸轮控制器 QM2 触头分合表。

表 13 - 2　小车凸轮控制器 QM2 触头分合表

凸轮控制器 QM2	触头	向左					0 位	向右				
		5	4	3	2	1		1	2	3	4	5
	正反转触头							X	X	X	X	X
		X	X	X	X	X						
								X	X	X	X	X
	转子电阻切除触头	X	X	X	X				X	X	X	X
		X	X	X						X	X	X
		X	X								X	X
		X										X
		X										X
	右向限位						X	X	X	X	X	X
	左向限位	X	X	X	X	X	X					
	电源启动						X					

注:X—触头闭合。

3. 副钩动作控制

副钩的上下移动由凸轮控制器 QM3 控制。QM3 的分合表如表 13-3 所列。

表 13-3　副钩凸轮控制器 QM3 分合表

凸轮控制器 QM3	触头	向下					0 位	向上				
		5	4	3	2	1		1	2	3	4	5
	正反转触头							X	X	X	X	X
		X	X	X	X	X						
									X	X	X	X
	转子电阻切除触头	X	X	X	X	X				X	X	X
		X	X	X							X	X
		X	X								X	X
		X										
		X										X
	限位						X					
		X	X	X	X	X	X					
	电源启动						X					

注：X—触头闭合。

与小车的移动控制相同,4 对触头控制电动机 M4 的转向,5 对触头逐级切除转子回路中所串的电阻。转子回路中所串的电阻阻值越小,电动机的机械特性就越硬,但不同阻值的机械特性所对应的最大转矩 T_m 保持不变。电磁抱闸 YB1 的得电情况与电动机 M4 同步。

4. 主钩动作控制

主钩控制采用了主令控制器 SA。其触头分合表如表 13-4 所列。

图 13-2(a)中主钩电动机 M5 的转子回路共串有 7 级电阻。其中 2 级为反接电阻,4 级为启动和调速电阻,1 级为常串电阻,用以软化机械特性。主令控制器打在 0 位时,SA1 触头导通,欠电压继电器 KV 得电吸合并自保持,向主钩控制电路提供电源。当电压过低时,KV 动作,切断电源。

提升位共分 1~6 挡。SA 打向提升位时,触头 SA3、SA4、SA6 和 SA7 闭合。其中 SA3 经主钩限位开关为控制电路提供电源,SA6 闭合使正转接触器 KM2 得电吸合,主钩电动机 M5 正向旋转,SA4 闭合使接触器 KM4 得电吸合、电磁抱闸 YB5、YB6 打开;SA7 闭合使接触器 KM9 得电吸合,M5 转子电路中 7 级电阻切除 1 级。当 SA 打向 2 挡时,触头 SA8 闭合,接触器 KM10 得电吸合,再次切除一级转子电阻。SA 打向 3 挡时,SA9 闭合,接触器 KM5 得电吸合,第 3 次切除转子电阻。当 SA 打向 4 挡时,触头 SA10 闭合,接触器 KM6 得电吸合,第 4 次切除转子电阻。SA 打向 5 挡时,触头 SA11 闭合,接触器 KM7 得电吸合,第 5 次切除转子电阻。SA 打向 6 挡时,触头 SA12 闭合,接触器 KM8 得电吸合,第 6 次切除转子电阻。转子电阻在不停的切除过程中,机械特性越来越硬,转速越来越高。

主钩的下降也分为 6 个挡位,0、1、2 挡为制动挡位,此时电动机 M5 工作于反向制动状态,即 M5 接入正向电源,但由于负载的作用,使电动机反转;3、4、5 挡为强力下降挡位,M5 接入反向电源,在下拉负载的作用下,M5 的转速将超过同步转速,运行于再生发电状态。强力下降时,主令控制器 SA 的触头 SA2 闭合,SA3 断开,切除主钩限位开关 SQ9,各挡位时电动机 M5 的机械特性如图 13-4 所示。

表 13-4　主钩主令控制器 SA 触头分合表

SA 触头	接触器	功 能	向 下						0 位	向 上				
			强 力			制 动								
			5	4	3	2	1	0		1	2	3	4	5
SA1		电源启动							X					
SA2		强力	X	X	X									
SA3		限位				X	X	X		X	X	X	X	X
SA4	KM4	抱闸	X	X	X	X	X			X	X	X	X	X
SA5	KM3	反转下降	X	X	X									
SA6	KM2	正转上升				X	X	X		X	X	X	X	X
SA7	KM9	1 级	X	X	X		X	X		X	X	X	X	X
SA8	KM10	2 级	X	X	X			X			X	X	X	X
SA9	KM5	3 级	X	X								X	X	X
SA10	KM6	4 级	X										X	X
SA11	KM7	5 级	X											X
SA12	KM8	6 级	X	○	○									X
	KV	欠电压	X	X	X	X	X	X	X	X	X	X	X	X

注:X—触头闭合;○—0 位时触头闭合。

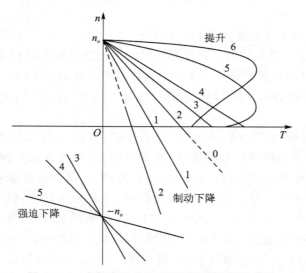

图 13-4　主钩电动机在不同挡位时的机械特性

制动 0 位时,电动机 M5 接入正向电源,但由于 SA4 没有闭合,抱闸接触器 KM4 不能吸合,电磁抱闸处于制动状态,因此 M5 不能转动,此时其转子中串有 5 级电阻,产生较大的提升转矩。

制动 1 位时,电动机 M5 接入正向电源,SA4 闭合,接触器 KM4 吸合,电磁抱闸打开,同时 SA8 断开,KM10 断电释放,M5 转子串入的电阻为 6 级。由于机械特性很软,重物将以一定的速度下放。

制动 2 位时,电动机 M5 接入正向电源;同时 SA7 断开,KM9 断电释放,电动机 M5 转子回路串入所有电阻。由于机械特性很软,所以重物将以较高的速度下放。制动 1 位和制动 2 位的重物过轻时,都有可能使主钩上升。

强力 3 位时,SA6 断开,SA5 闭合,电动机 M5 接入反向电源,使得在较轻的负载下主钩也能够下放。当负载较重且由于 SA7 和 SA8 闭合,接触器 KM9 和 KM10 得电吸合,M5 转子回路串 5 级电阻,电动机将运行于再生制动状态。

强力 4 位时,M5 接入反向电源。SA9 闭合,接触器 KM5 得电吸合,M5 转子回路串 4 级电阻运行于再生制动状态。特性较硬,可以带较重的负载。

强力 5 位时,M5 接入反向电源,SA10、SA11、SA12 闭合,接触器 KM6、KM7、KM8 得电吸合,M5 转子回路串 1 级电阻运行于再生制动状态。机械特性很硬,吊钩可以带很重的负载下放,下放的速度又不很高。此时即使打向强力 4 位和 3 位,由于图 13-2(b)中线号 129、143 和 145 自保持,接触器 KM8 始终闭合,M5 仍运行于强力 5 挡,避免负载较重时,打至 4、3 位时下放速度过高。

SA 从“强力”转向“制动”时,为了保证转子回路电阻全部串入后再转入正向运转,以免冲击电流过大,图 13-2(b)电路中只有在反转接触器 KM3 和电阻切除接触器 KM8 断电释放后,正转接触器 KM2 才能得电吸合。

抱闸接触器 KM4、转子电阻切除接触器 KM5～KM10 的电源只在电动机 M5 正转或反转时接通,因此在图 13-2(b)中 111 号线和 123 号线之间并联了 KM2、KM3 的动合触点。为了避免制动 2 位向强力 3 位切换时,正转接触器 KM2 和反转接触器 KM3 同时释放的瞬间,抱闸接触器 KM4 存在瞬间断电,对下放机构产生冲击,所以在 KM2、KM3 的动合触点上又并接了 KM4 的动合触点。

5. 限位与保护

动作的限位与保护由电源控制电路组成,前面已经说过,只有在凸轮控制器 QM1、QM2、QM3 处于 0 位,横梁栏杆行程开关 SQ1、SQ2 闭合,舱口安全开关 SQ3 闭合时,按下电源按钮 SB1,接触器 KM1 才可能吸合,电路才能供电。当 KM1 接通后,KM1 的两处动合触点与起重机的各种限位开关串联后的电路块并在 SB1 与 QM 三触点的两端,形成 KM1 的自锁。

如果限位电路没有动作,则电源电路将自保持。限位动作的种类有:

① 副钩限位保护。图 13-2(b)中,KM1 自保持后,副钩限位行程开关 SQ4 经接点 U3 接入自保持电路。一旦副钩上升到极限位置,SQ4 触头断开,所有电源将被切断,起到保护作用。此时,将 QM3 打到 0 位,重新启动电源,由于 37 号线和 35 号线之间所接的 QM3 的触头在向下状态时导通,所以可以完成将副钩下放而解除限位开关的动作。

② 横梁的限位保护。图 13-2(b)中,QM1 打向 0 位时,按下电源启动按钮 SB1,为起重机接通电源并实现自保持。当 QM1 打到向前位置时,49 号线和 47 号线导通,49 号线和 45 号线不导通,此时,电源电路依靠向前限位开关 SQ8 自保持;当 QM1 打到向后位置时,49 号线和 47 线不导通,49 号线和 45 号线导通,此时,电源电路依靠后向限位开关 SQ7 自保持。只要 SQ7 或 SQ8 动作,电源就会被切断,实现保护功能。此时,只需将 QM1 打到 0 位,重新启动电源,再操纵横梁反向移动即可。

③ 小车的限位保护。图 13-2(b)中,QM2 打向 0 位时,按下电源启动按钮 SB1,起重机接通电源并自保持。当 QM2 打到向左位置时,37 号线和 41 号线导通,37 号线和 39 号线不导通,此时,电源电路依靠左向限位开关 SQ5 自保持;当 QM2 打到向右位置时,37 号线和 41 号线不导通。37 号线和 39 号线导通,此时,电源电路依靠向右限位开关 SQ6 自保持。只要 SQ5 或 SQ6 动作,电源就会被切断,实现了保护功能。此时,只需将 QM2 打向 0 位,重新启动电源,再操纵小车反向移动即可。

15 t/3 t 桥式起重机电气元件表如表 13-5 所列。

表 13 - 5 15 t/3t 桥式起重机电气元件表

序 号	符 号	名 称	型 号	规 格
1	FU1	电源控制电路熔断器	RL1 - 5A	
2	FU2	主钩控制电路熔断器	PM1 - 15/10	
3	KA	总回路过电流继电器	JL4 - 150/1	
4	KA1	横梁电动机过电流继电器	JL4 - 15	
5	KA2	横梁电动机过电流继电器	JL4 - 15	
6	KA3	小车电动机过电流继电器	JL4 - 15	
7	KA4	副钩电动机过电流继电器	JL4 - 40	
8	KA5	主钩电动机过电流继电器	JL4 - 150	
9	KM1	总电源接触器	CJ2 - 300/3	线圈 AC 380 V
10	KM2	主钩电动机正转接触器	CJ2 - 150/3	线圈 AC 380 V
11	KM3	主钩电动机反转接触器	CJ2 - 150/3	线圈 AC 380 V
12	KM4	电磁抱闸接触器	CJ2 - 75/2	线圈 AC 380 V
13	KM5~KM8	调速电阻切除接触器	CJ2 - 75/3	线圈 AC 380 V
14	KM9、KM10	反接电阻切除接触器	CJ2 - 75/3	线圈 AC 380 V
15	KV	欠电压继电器	JT4 - 10P	
16	M1	横梁电动机	JZR22 - 6	9.5 kW,928 r/min
17	M2	横梁电动机	JZR22 - 6	9.5 kW,928 r/min
18	M3	小车电动机	JZR12 - 6	4.2 kW,855 r/min
19	M4	副钩电动机	JZR41 - 8	13.2 kW,708 r/min
20	M5	主钩电动机	JZR63 - 10	72 kW,572 r/min
21	QM1	横梁凸轮控制器	KTJl - 50/5	
22	QM2	小车凸轮控制器	KTJl - 50/1	
23	QM3	副钩凸轮控制器	KTJl - 50/1	
24	QS1	总电源隔离开关	HD - 9 - 400/3	
25	QS2	主钩电动机刀开关	HD10 - 4	
26	QS3	主钩控制电路刀开关	HD - 2	
27	R1	横梁电动机转子总电阻	4K1 - 22 - 6/1	
28	R2	横梁电动机转子总电阻	4K1 - 22 - 6/1	
29	R3	小车电动机转子总电阻	2K1 - 12 - 6/1	
30	R4	副钩电动机转子总电阻	2K1 - 41 - 8/2	
31	R5	主钩电动机转子总电阻	4P5 - 63 - 10/9	
32	SA	主钩主令控制器	LK1 - 12	
33	SAE	紧急开关	A - 3161	
34	SB1	总电源启动按钮	LA - 1Z - 11	
35	SQ1、2	横梁栏杆安全开关	LX2 - 111	

序　号	符　号	名　　称	型　号	规　格
36	SQ3	舱口安全开关	LX2-11H	
37	SQ4	副钩限位开关	LK4-31	
38	SQ5	小车左向限开关	LK4-11	
39	SQ6	小车右向限位开关	LK4-11	
40	SQ7	大车后向限位开关	LK4-11	
41	SQ8	大车前向限位开关	LK4-11	
42	SQ9	主钩限位开关	LK4-31	
43	YB1	横梁制动电磁抱闸	MZD1-200	单相 AC 380 V
44	YB2	横梁制动电磁抱闸	MZD1-200	单相 AC 380 V
45	YB3	小车制动电磁抱闸	MZD1-200	单相 AC 380 V
46	YB4	副钩制动电磁抱闸	MZD1-300	单相 AC 380 V
47	YB5	主钩制动电磁抱闸	MZS1-45H	三相 AC 380 V
48	YB6	主钩制动电磁抱闸	MZS1-45H	三相 AC 380 V

13.3.3　变频器的使用

1. 变频器的操作方式

在将变频器接入电路工作前,要根据通用变频器的实际应用修订变频器的功能码。功能码一般有数十至数百条,涉及调速操作端口指定、系统保护等各个方面。功能码在出厂时已按默认值存储。修订是为了使变频器的性能与实际工作任务更加匹配。变频器与外界交换信息的接口很多,除了主电路的输入与输出接线端外,控制电路还设有很多输入、输出端子,另有通信接口及一个操作面板,功能码的修订一般通过操作面板来完成。变频器的输出频率控制有以下几种方式。

(1) 操作面板控制方式

这是通过操作面板上的按钮手动设置输出频率的一种操作方式。它具体又有两种操作方法,一种是按动面板上的频率上升或频率下降按钮来调节输出频率,另一种是通过直接设定频率数值调节输出频率。

(2) 输入端子数字量频率选择控制方式

变频器常设有多段频率选择功能。各段频率值通过功能码设定,频率段的选择通过外部端子选择,如图 13-5 中的 DIN1、DIN2、DIN3 三个端子,通过这些端子的不同组合可以选择多种速度,而它们的接通可通过机外设备如开关实现,或通过 PLC 控制实现。

(3) 外输入端子模拟量频率选择控制方式

为方便与输出量为模拟电流或电压的调节器、控制器连接,变频器还设定了模拟量输入端。如图 13-6 中 AIN+、AIN-端为电压或电流输入端;当 3、4 端接电压输入时,输入电压为 0~10 V;当 3、4 端接电流输入时,输入电流为 0~20 mA,即在 3、4 端之间接一个 500 Ω 的电阻即可。当接在这些端口上的电流或电压在一定范围内平滑变化时,变频器的输出频率在一定范围内平滑变化。

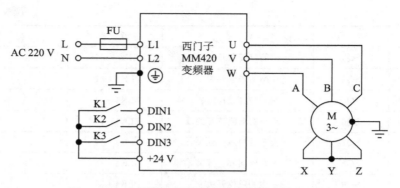

图 13 - 5　变频器外部数字量信号控制电气原理图

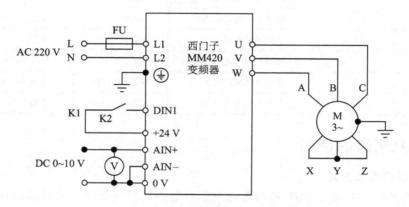

图 13 - 6　变频器外部模拟量控制电气原理图

（4）通信数字量控制方式

为了方便与网络连接，变频器一般都设有网络接口，都可以通过通信方式接收频率控制指令，不少变频器生产厂家还为自己的变频器设计了与 PLC 通信的专用协议。

2. 基本操作面板的认知与操作

西门子 MM420 变频器的操作面板如图 13 - 7 所示，该面板上各按钮的功能如表 13 - 6 所列。

图 13 - 7　西门子 MM420 变频器操作面板

表 13 - 6 西门子 MM120 变频器操作面板功能说明

显示/键图标	功　能	功能说明
r0000	状态显示	LCD 显示变频器当前的设定值
(I)	启动变频器	按此键将启动变频器。按缺省值运行时此键被封锁,为了使此键的操作有效,应设定 P0700＝1
(0)	停止变频器	OFF1:按此键,变频器将按选定的斜坡下降速率减速停车。按缺省值运行时此键被封锁,为了允许此键操作,应设定 P0700＝1。 OFF2:按此键两次(或一次,但时间较长)电动机将在惯性作用下自由停车。 此功能总是使能的
(↻)	改变电动机的转动方向	按此键可以改变电动机的转动方向,电动机的反向转动用负号(一)表示或用闪烁的小数点表示。按缺省值运行时此键被封锁,为了使此键的操作有效,应设定 P0700＝1
(jog)	电动机点动	在变频器无输出的情况下按此键,将使电动机启动,并按预先设定的点动频率运行。释放此键时,变频器停车。如果电动机正在运行,按此键将不起作用
(Fn)	功能	浏览辅助信息:变频器运行过程中,在显示任何一个参数时按下此键并保持 2 s 不动,将显示以下参数值(在变频器运行中,从任何一个参数开始: (1) 直流回路电压(用 d 表示,单位:V); (2) 输出电流(A); (3) 输出频率(Hz); (4) 输出电压(用 O 表示,单位:V); (5) 由 P0005 选定的数值(如果 P0005 选择显示上述参数中的任何一个(3,4 或 5),这里将不再显示)。 连续多次按下此键,将轮流显示以上参数。 跳转:在显示任何一个参数(r XXXX 或 P XXXX)时短时间按下此键,将立即跳转到 r0000,如果需要的话,可以接着修改其他的参数。跳转到 r0000 后,按此键将返同原来的显示点。 故障确认:在出现故障或报警的情况下,按下此键可以对故障或报警进行确认
(P)	访问参数	按此键即可访问参数
(▲)	增大数值	按此键即可增大面板上显示的参数值
(▼)	减小数值	按此键即可减小面板上显示的参数值

利用基本操作面板可更改参数值。

① 改变参数 P0004 的值：用基本操作面板更改参数 P0004 的值的操作步骤如表 13-7 所列。

表 13-7　更改参数 P0004 的值的操作步骤

序　号	操作步骤	显示的结果
1	按 P 键访问参数	r0000
2	按 ▲ 键直到显示出 P0004	P0004
3	按 P 键进入参数数值访问级	0
4	按 ▲ 或 ▼ 键达到所需要的数值	3
5	按 P 键确认并存储参数的数值	P0004
6	按 ▼ 键直到显示出 P0004	r0000
7	按 P 键返回标准的变频器显示（由用户定义）	

② 改变参数值中的一个数字：为了快速修改参数值，可以一个个地单独修改显示出的每个数字，操作步骤如下：

a. 按 Fn 键（功能键），最右边的一个数字闪烁。

b. 按上 ▲、下 ▼ 键，修改在闪烁的数字的值。

c. 再按 Fn 键（功能键），与已改动的数字相邻的下一个数字闪烁。

d. 执行步骤 a~c，直到显示出所要求的数值为止。

e. 按 P 键（参数键），退出参数值访问级。

3. 变频器快速调试

P0010 的参数过滤功能和 P0003 选择用户访问级别的功能在调试时是十分重要的，由此可以选定一组允许进行快速调试的参数，电动机的设定参数和斜坡函数的设定参数都包括在内。在快速调试的各个步骤都完成以后，应选定 P3900。如果将它置为 1，则系统将执行必要的电动机参数的计算，并使其他所有的参数（P0010＝1 不包括在内）恢复为缺省设置值。只有在快速调试方式下才进行这一操作。快速调试的流程图如图 13-8 所示。

注：① 与电动机有关的参数，请参看电动机的铭牌；② 表示该参数有更详细的设定值表。

4. 变频器复位为工厂的缺省设定值

为了把变频器的全部参数复位为工厂的缺省设定值，应设定 P0010＝30，设定 P0970＝1。

P0010　开始快速调试
0：准备运行；
1：快速调试；
30：工厂的缺省设置值

说明：在电动机投入运行之前，P0010必须回零。但是，如果调试结束后选定P3900=1，那么，P0010回零的操作是自动进行的

P0100　选择工作地区是欧洲/北美
0：功率单位为kW，f的缺省值为50 Hz；
1：功率单位为hp，f的缺省值为60 Hz；
2：功率单位为kW，f的缺省值为60 Hz

说明：P0100的设定值0和1应该用DIP开关来更改，使其设定的值固定不变

P0304　设置电动机的额定电压[1]
10～2 000 V

说明：根据铭牌键入的电动机额定电压(V)

P0305　设置电动机的额定电流[1]
0～2倍变频器额定电流(A)

说明：根据铭牌键入的电动机额定电流(A)

P0307　设置电动机的额定功率[1]
0～2 000 kW

说明：根据铭牌键入的电动机额定功率(kW)
如果P0100=1，则功率单位应是hp

P0310　设置电动机的额定频率[1]
12～650 Hz

说明：根据铭牌键入的电动机额定频率(Hz)

P0311　设置电动机的额定频率[1]
0～40 000 r/min

说明：根据铭牌键入的电动机额定速度(r/min)

P0700　选择命令源[2]
接通/断开/反转(on/off/reverse)
0：工厂设置值
1：基本操作面板(BOP)；
2：输入端子/数字输入

P1000　选择频率设定值[2]
0：无频率设定值
1：用BOP控制频率的升降
2：模拟设定值

P1080　设置电动机最小频率
本参数设定电动机的最小频率(0～650 Hz)，达到这一频率时电动机的运行速度将与频率的设定值无关

P1082　设置电动机最大频率
本参数设定电动机的最大频率(0～650 Hz)，达到这一频率时电动机的运行速度将与频率的设定值无关

P1120　设置斜坡上升时间
0～650 s

说明：电动机从静止停车加速到最大电动机频率所需的时间

P1121　设置斜坡下降时间
0～650 s

说明：电动机从其最大频率减到静止停车所需的时间

P3900　结束快速调试
0：结束快速调试，不进行电动机计算或复位为工厂缺省设置值；
1：结束快速调试，进行电动机计算和复位为工厂缺省设置值(推荐的方式)；
2：结束快速调试，进行电动机计算和I/O复位；
3：结束快速调试，进行电动机计算，但不进行I/O复位

① 与电动机有关的参数，请参看电动机的铭牌。
② 该参数包含更详细的设定值表，可用于特定的应用场合，请参看参考手册和操作说明书。

图 13 - 8　西门子 MM420 变频器快速调试流程图

13.4　工作任务

任务1　采用 PLC 实现凸轮控制器控制逻辑的桥式起重机控制电路

1. 任务目标

（1）知识目标

掌握控制方案的优化。

（2）技能目标

① 分析传统的桥式起重机控制电路图；

② 模拟凸轮控制器的实现。

2. 任务描述

相关知识中讨论的是以继电接触器为基础的桥式起重机电路，这是个十分成熟的电路，在计算机没有应用到工业设备之前，以凸轮控制器实现大车、小车及副钩的操作，以主令控制器加继电器屏实现主钩的操作控制的确是科学的，并体现了工程的经济性。几十年来，凸轮控制器及主令控制器双方向多挡位的操作方式在起重设备中几乎形成了固定的模式。

但凸轮控制器操作中同时切换的触点毕竟太多，且切换的又多是电动机主电路的触点，为了切换大容量电流，触点都制造得厚重，这就为操作带来了阻力，增大了劳动强度。另一方面，凸轮控制器中有形的触点在频繁的切换中很容易出故障，给维修带来不便。那么能不能不用凸轮控制器而设法实现凸轮控制器在起重机各电动机主辅电路的逻辑连接关系呢？回答是肯定的，PLC 能轻松地模拟各类电器的逻辑功能。以大车的控制为例，试采用 PLC 实现凸轮控制器控制逻辑的桥式起重机控制进行改造设计。

3. 任务实施

为了用 PLC 模拟凸轮控制器 QM1，首先重读一下 13.1 节中的表 13 - 1。对于 PLC 来说，实现这样一张表时输入设备还是必要的，这可以是一个具有 11 个挡位、每一挡只有一个触点的主令控制器。表 13 - 8 给出了这样一个主令控制器的开合表，并为各挡位接通的触点安排了 PLC 的输入口。为了解决大电流切换的需要，PLC 的输出必须连接接触器及继电器。它们是代替表 13 - 1 中凸轮控制器的各组触点的，只是这些触点在换用接触器后可以做得精简些，其中，向前、向后的四组触点可以用正转与反转两只接触器代替，切除两台电动机转子电阻的 10 个触点可以用 5 只接触器代替。这样就得到了用 PLC 实现模拟凸轮控制器的最终开合表，如表 13 - 9 所列。在该表中 PLC 的输出口及输出口上连接的接触器编号已做了安排。

表 13 - 8　具有 11 挡位，每挡只一个触点的主令控制器开合表

输入口	挡　位	向　前					0　位	向　后				
		5	4	3	2	1	0	1	2	3	4	5
I0.5	前5	X										
I0.4	前4		X									
I0.3	前3			X								
I0.2	前2				X							

输入口	挡位	向前					0位	向后				
		5	4	3	2	1	0	1	2	3	4	5
I0.1	前1					X						
I0.0	0位						X					
I1.1	后1							X				
I1.2	后2								X			
I1.3	后3									X		
I1.4	后4										X	
I1.5	后5											X

注:X—触头闭合。

表 13-9　经精简后的模拟凸轮控制器开合表

功用	向前					0位	向后					辅助继电器	输出	接触器
	5	4	3	2	1	0	1	2	3	4	5			
正转接触器控制	X	X	X	X	X							M10.1	Q1.0	KM6
反转接触器控制							X	X	X	X	X	M10.0	Q1.1	KM7
切转子电阻1	X	X	X	X				X	X	X	X	M13.7	Q0.1	KM1
切转子电阻2	X	X	X						X	X	X	M13.6	Q0.2	KM2
切转子电阻3	X	X								X	X	M13.5	Q0.3	KM3
切转子电阻4	X										X	M13.4	Q0.4	KM4
切转子电阻5	X										X	M13.3	Q0.5	KM5
后向限位							X	X	X	X	X	M13.2	Q0.6	KA1
前向限位	X	X	X	X	X							M13.1	Q0.7	KA2
电源启动						X						M10.1	Q0.0	KA3

注:X—触头闭合。

　　下面就是编一段程序实现输入口 I0.0~I0.5 及 I1.1~I1.5 对输出口 Q0.0~Q0.7 及 Q1.0~Q1.1 的控制,程序的指令表如表 13-10 所列。编程的基本思想是用送数的方式,将输出口的控制状态要求送到一个数据存储器,再转而由数据存储器控制输出口。例如,根据表 13-8 所列的向前第 4 挡,由表 13-9 知,接通 I0.4 的输出要求如图 13-9 所示,这时需传送到 MW10 中的数字正好为十进制数 738。

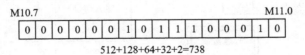

512+128+64+32+2=738

图 13-9　向前第 4 挡时输出控制字

　　以上方案的缺点是占用输入口太多,下面的方案使用图 13-10 所示的一个三挡位的主令开关及两只升降速按钮作为操作器件,使用 PLC 及接触器模拟凸轮控制器工作。三挡位的主令控制器的开合表如表 13－11 所列。主令控制器保留了凸轮控制器向前、向后操作时的机械互锁，且符合起重机操作工人的传统操作习惯。使用这些操作器件时的梯形图如图 13－11 所示。其实现的控制要求主要有：

① 在按动接于 I0.1 或 I0.2 的按钮时，使切除电阻挡位存储器 VB100 中存储的数字在 1～5 间依顺序变化，以控制串入电动机转子中的电阻数量。这是使用加 1 及减 1 指令实现的，在 VB100 中的数值不小于 5 时可加操作，大于零时可减操作。

② 电动机的方向控制由主令控制器实现，手柄置向前位时，I0.4 接通，正转接触器工作；手柄置向后位时，I0.5 工作，反转接触器工作。由正转到反转，或由反转到正转都必须经过零位，手柄在零位表示已关断正在运行的接触器，准备接通下一个接触器，同时手柄在零位时将切除电阻挡位，存储器清零。

表 13－10　模拟凸轮控制器程序指令表

指　　令			
NETWORK 1	NETWORK 7	NETWORK 13	NETWORK 19
LD　　SM0.1	LD　　I0.5	LD　　M10.1	LD　　M11.3
M(OVW　+0,MW10	MOVW　+762,MW10	=　　Q1.0	=　　Q0.5
NETWORK 2	NETWORK 8	NETWORK 14	NETWORK 20
LD　　I0.0	LD　　I1.1	LD　　M10.0	LD　　M11.2
MOVW　+7,MW10	MOVW　+260,MW10	=　　Q1.1	=　　Q0.6
NETWORK 3	NETWORK 9	NETWORK 15	NETWORK 21
LD　　I0.1	LD　　I1.2	LD　　M11.7	LD　　M11.1
MOVW　+514,MW10	MOVW　+388,MW10	=　　Q0.1	=　　Q0.7
NETWORK 4	NETWORK 10	NETWORK 16	NETWORK 22
LD　　I0.2	LD　　I1.3	LD　　M11.6	LD　　M11.0
MOW　+642,MW10	MOVW　+452,MW10	=　　Q0.2	=　　Q0.0
NETWORK 5	NETWORK 11	NETWORK 17	
LD　　I0.3	LD　　I1.4	LD　　M11.5	
MOVW　+706,MW10	MOVW　+484,MW10	=　　Q0.3	
NETWORK 6	NETWORK 12	NETWORK 18	
LD　　I0.4	LD　　I1.5	LD　　M11.4	
MOVW　+738, MW10	MOVW　+508, MW10	=　　Q0.4	

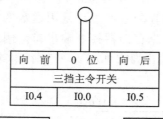

向　前	0　位	向　后
三挡主令开关		
I0.4	I0.0	I0.5

降速按钮	升速按钮
增大 电阻 I0.1	减小 电阻 I0.2

图 13－10　三挡主令开关及增减电阻按钮示意图

表 13－11　三挡主令开关开合表

输入端口	向　前	0　位	向　后
I0.4	X		
I0.0		X	
I0.5			X

注：X—触头闭合。

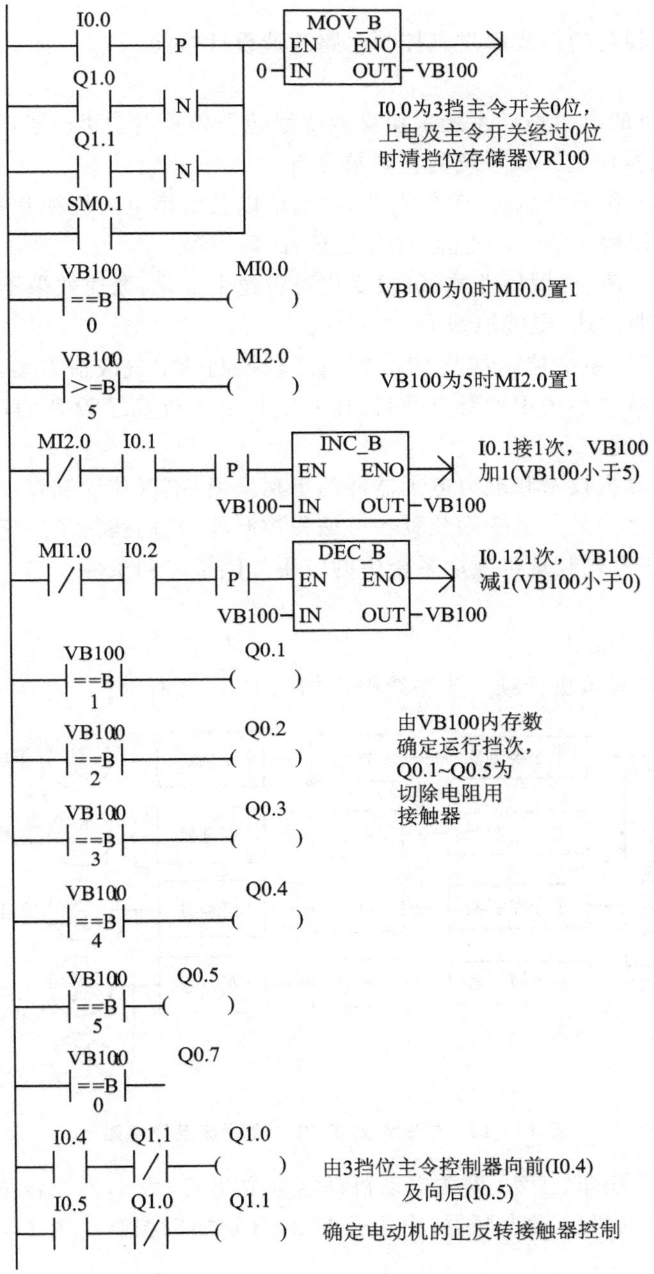

图 13-11　模拟凸轮控制器梯形图

以上两点功能与原来使用凸轮控制器操作时各物理量变化的情况非常相似。

任务 2　采用 PLC 及变频器的桥式起重机控制电路

1．任务目标

（1）知识目标

掌握变频器的频率控制。

（2）技能目标

采用 PLC 及变频器的桥式起重机控制电路改造设计技能。

2．任务描述

传统桥式起重机的电力拖动系统采用交流绕线转子异步电动机转子串电阻的方法启动和调速，采用继电接触器控制。该系统的主要缺点有：

① 桥式起重机工作环境恶劣，工作繁忙，电动机以及所串电阻烧损和断裂故障时有发生。

② 继电接触器控制系统可靠性差，操作复杂，故障率高。

③ 转子串电阻调速，机械特性软，负载变化时转速也变化，调速效果不理想。

④ 所串电阻长期发热，电能浪费大，效率低。

任务 1 中提出了用主令控制器及 PLC 模拟凸轮控制的电气改造方案，可以降低起重机操作人员的劳动强度，减少系统中的触点数目，在一定程度上提高了设备的可靠性，但没有从根本上解决以上这些问题。

近年来，随着计算机技术和电力电子器件的迅猛发展，电气传动和自动控制领域也日新月异。其中，具有代表性的是交流变频装置和可编程控制器，它们获得了广泛的应用，为 PLC 控制的变频调速技术在桥式起重机拖动系统中的应用提供了有利条件。

3．任务实施

（1）系统硬件构成设计

PLC 控制的桥式起重机变频调速系统框图如图 13 - 12 所示。

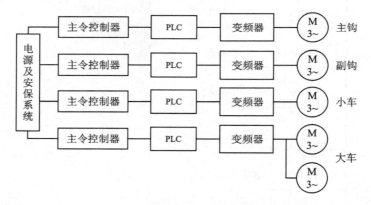

图 13 - 12　桥式起重机 PLC 变频器系统框图

桥式起重机大车、小车、主钩、副钩电动机都需独立运行，大车为 2 台电动机同步拖动，所以整个系统有 5 台电动机、4 台变频器，由 4 台 PLC 分别加以控制。图 13 - 12 中各部件的功能及实现方法如下：

1）主令控制器

大车、小车、主钩、副钩各设一台主令控制器分别操作，可使用本章 13.2 节中如表 13.8 所列的主令控制器，也可使用如图 13 - 10 所示的三挡主令控制器配合两只按钮的方案。主令控制器的作用仍是将调速及电动机转向命令输送给系统。

2）变频器

变频器为电动机提供频率可调节的交流电源，是实现电动机速度调节的关键设备。大车、小车是普通反抗性负载，可以配用普通型或高功能变频器；而主钩及副钩是位能性负载，应配用可实现四象限运行的矢量控制型变频器。从变频器工作频率的控制来看，可以采用变频器模拟量电压控制端加接电位器的方式,这样电动机的转速是无级调节的。但这样的方案与传统的起重机操作方式相差较远。考虑到转速平滑调节对起重机来说并不必要,可采用变频器机外开关多段速度选择方式实现速度控制,这和选取主令控制器作为操作器件是配套的。采用变频器后,电动机的正反转控制也变得简单了,不再需要使用接触器交换电源的相序,只要操作变频器的相序控制端口就可以了。

起重机变频器,特别是主钩及副钩变频器,需配用制动电阻。起重机放下重物时,由于重力的作用,电动机将处于再生制动状态,拖动系统的动能要反馈到变频器直流电路中,使直流电压不断上升,甚至达到危险的地步。因此,必须将再生到直流电路里的能量消耗掉,使直流电压保持在允许的范围内。制动电阻就是用来消耗这部分能量的。

3）电源及安保系统

通过 13.1 节的讨论不难知道,起重机的保护中有一个重要的手段就是电源控制,当出现任何意外时,首先是断开起重机的电源接触器 KM1,这时起重机各环节的电磁抱闸动作产生制动作用,保障设备及人员的人身安全。这套机制在采用变频器之后仍将保留。电路形式与图 13－2(b)中电源控制电路类似。

4）电动机

采用变频器的交流起重机的各电动机,可以使用专用的变频调速起重电动机,也可以用起重机原有的绕线转子电动机,将转子绕组短接即可。

5）可编程控制器

可编程控制器完成系统逻辑控制部分,含接受主令控制器送来的操作信号、对变频器的控制及系统的安全保护,是系统的核心。现仍以大车为例说明 PLC 的接线及工作过程。

大车 PLC 及变频器的接线示意图如图 13－13 所示。图中,起重机的启动按钮、紧急停车

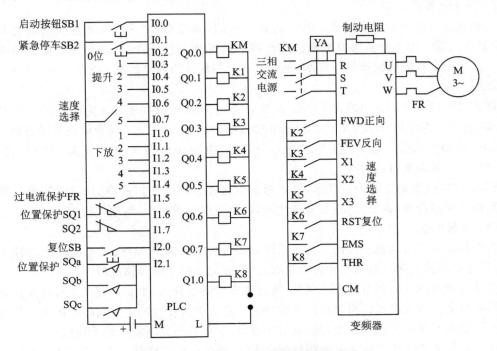

图 13－13　大车 PLC 及变频器接线示意图

按钮、主令控制器的 11 个挡位的接点，以及系统安保用各种限位设备都接在 PLC 的输入口上。输出口上接的是许多小型继电器。它们是用来控制变频器的输出相序及频率的，其中 K1 控制变频器的正向相序端，K2 控制变频器的反向相序端，当 K1 及 K2 中其一接通时，变频器输出一定相序的电源；当二者都接通或都不接通时，变频器中止电源的输出。K3、K4、K5 所连接的 X1、X2、X3 为变频器的多段频率选择端，利用这三个端子的组合，可有 7 种速度选择，具体的速度值可通过变频器的功能码设定，本例中只用了其中的 5 挡速度。X1、X2、X3 的组合与速度挡位的关系如表 13-12 所列。

表 13-12   变频器多端频率选择端子状态表

速度挡位	0	1	2	3	4	5	6	7
X1	0	1	0	1	0	1	0	1
X2	0	0	1	1	0	0	1	1
X3	0	0	0	0	1	1	1	1

（2）系统的软件设计

PLC 程序的编制以实现 PLC 在系统中的任务为目标，编制好的梯形图如图 13-14 所示，其基本功能如下：

1）系统的安全保护

梯形图的前 4 个支路完成系统的安全保护。其中过载为过电流继电器动作，紧急停车为应急控制开关，复位为故障排除后重新工作时的复位按钮。起重机的安保主要体现在电源控制上，其一是只有所有的操作开关均位于 0 位时才能接通系统的总电源，其二是系统所有的安全位置保护、应急保护都通过总电源实现控制。

2）对变频器的控制

对变频器的控制有两个方面。其一为相序控制，通过 Q0.1 及 Q0.2 连接的继电器 K1、K2 控制变频器的相序控制端口实现。结合梯形图可知，决定转向的正是主令控制器的各个触点。其二为变频器的输出频率控制，是通过主令控制器的触点控制 Q0.3、Q0.4、Q0.5 的组合实现的。

例如，针对表 13-12 中的速度挡位 3，变频器的 X1、X2 应接通，X3 应断开。从图 13-13 中可知，速度 3 挡时 I0.5 及 I1.2 接通，因而梯形图中有 I0.5 及 I1.2 动合触点并联控制 M10.0 及 M10.0 接通时 Q0.3、Q0.4 接通的内容。梯形图中 M10.0 及 M10.1 是为了进行挡位信号的综合引入的辅助继电器。

利用 PLC 控制的变频调速技术，桥式起重机拖动系统的各挡速度、加速时间都可根据现场情况由变频器设置，调整方便；负载变化时，各挡速度基本不变，调速性能好。

（3）编程体会

本书只以大车电动机的控制分析了系统的硬件构成和软件设计，其他电动机的控制原理相同，只是电动机工作状态和工作过程稍有区别，在此基础上略作修改即可。

桥式起重机电气控制电路并不复杂，特点是安全要求较高，主要体现在通过电源控制完成的安保电路上。桥式起重机采用凸轮控制器为操作控制装置时的主要问题是操作人员的劳动强度大。桥式起重机主电路采用切除电阻调速时，主要问题是电能的浪费较突出。

本项目任务 1 采用三挡主令控制器配合 PLC 程序模拟实现凸轮控制器功能，在设计上是新颖的，程序中用送数方式实现凸轮控制器的开合表具有一定的创造性。该方案既保留了起

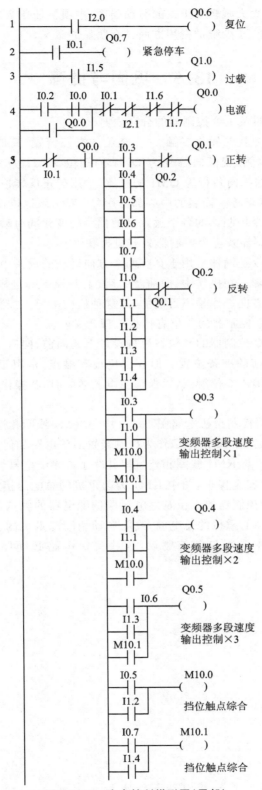

图 13 - 14　大车控制梯形图（局部）

重机操作的传统模式,又大大减轻了工人的劳动强度,本项目任务 2 采用变频器调速代替转子电阻的切除,在节能、安全、减少维护费用方面具有明显的意义。

13.5 巩固与提高

1. 怎样读凸轮控制器及主令控制器的分合表?

答:凸轮控制器及主令控制器是多触点、多挡位的操控装置,其挡位及触点状态用分合表表示。以本章表 13-1 为例,表横向各列为 QM1 的挡位,QM1 分为向前 5 挡、向后 5 挡和 0 位挡共 11 个挡位。表的纵向各行为 QM1 的触点,含用于正反转控制的触点、用于转子电阻切换控制的触点及限位触点等。而表的中心部分用"X"表示该挡位该触点接通。读开合表时要明确,凸轮控制器及主令控制器的各个触点是随挡位的变化同时动作的。

2. 为什么说凸轮控制器及主令控制器具有机械联锁?

答:凸轮控制器及主令控制器常用于具有两个方向运动的设备中,如起重机中大车的向前及向后,主钩的上升及下降。在操作中,向前及向后、上升及下降是操作控制器手柄向两个方向动作,由于同时向两个方向操作是不可能的,故这种机构决定了控制器具有机械联锁。

3. 凸轮控制器及主令控制器的 0 位有什么工程意义?

答:凸轮控制器及主令控制器的 0 位在机构设计上是向前、向后,或上升、下降位的中间位置,意为没有动作或动作前的准备位置。但 0 位仍设有触点,常用于安保电路。以起重机为例,起重机安保电路中须串入 0 位触点,以保障主电源通电时,各操作电器都位于 0 位,防止意外动作发生。

4. 本项目继电接触器控制桥机电路图 13-2 中与 KM1 线圈相连且串并联了许多继电器触点的电路的功能是什么? 在采用 PLC 作为控制装置后该电路如何处理?

答:本项目图 13-2 中与 KM1 线圈相连且串并联了许多继电器触点的电路为起重机的电源电路。其功能的实质是安全保护,图中 KM1 为起重机的总电源接触器,串并联的触点为各限位装置、安全开关、凸轮控制器的 0 位及过电流保护继电器的触点,其工程意义为存在或出现不安全因素时,不能接通起重机的总电源,或能自动切断起重机的总电源,用断电的方式实现起重机的安全保护。在采用 PIC 控制后,这些安保电路必须保留,并控制总电源接触器 KM1。

项目 14 PLC 在消防恒压供水控制系统中的运用

14.1 项目描述

随着科技的发展,用 PLC 和变频器来实现恒压供水技术已得到广泛应用。变频器恒压供水系统能自动维持恒定压力,并根据压力流量信号自动启动备用泵,无级调整水压力。变频器恒压供水具有高效节能、压力稳定、运行可靠、操作简单、安装方便、占地少、噪声低、无污染、投资低、效益高等优点。

14.2 项目目标

在本项目中,我们首先学习变频器和 PLC 的模拟量输入、输出的使用,PID 控制原理;然后完成恒压供水系统的整体设计。

14.3 相关知识

14.3.1 模拟量输入、输出

1. 模拟量输入寄存器(AIW)/模拟量输出寄存器(AQW)

PLC 处理模拟量的过程是,模拟量信号经模/数(A/D)转换后变成数字量存储在模拟量输入寄存器中,通过 PLC 处理后将要转换成模拟量的数字量写入模拟量输出寄存器,再经数/模(D/A)转换后将数字量转换成模拟量输出。PLC 对这两种寄存器的处理方式不同,对模拟量输入寄存器只能做读取操作,而对模拟量输出寄存器只能做写入操作。

由于 PLC 处理的是数字量,其数据长度是 16 位,因此要以偶数号字节进行编址,从而存取这些数据。

2. 模拟量输入

因为 CPU 处理不了模拟量,必须将模拟量转换成数字量之后才能处理,所以模拟量输入模块的作用就是将模拟量转换成对应的数字量后送给 PLC 的 CPU。模拟量按信号类型分为电压信号(电压大小为 $-10\sim10$ V)和电流信号(电流大小为 $0\sim20$ mA),经过模/数转换后数字量为 $-32\,000\sim32\,000$,或者 $0\sim32\,000$。例如一个 $0\sim10$ V 的电压信号,接入模拟量模块后,模拟量将被转换成数字量 $0\sim32\,000$。模拟量数据转换格式有单极性和双极性之分。所谓单极性是指转换后的数值只有正值或 0,没有负值,对应的数字量就是 $0\sim32\,000$;所谓双极性,是指转换后的数值可以是正值,也可以是负值,对应的数字量是 $-32\,000\sim32\,000$。不同的模拟量模块,它们的数据转换格式可能会不同。有的只有单极性格式,例如 S7 - 200 系列 CPU224XP 型 PLC 上集成的模拟量输入模块数据转换格式是单极性的,不能设置成双极性的。有的模拟量输入模块的数据转换格式可以根据其上面的拨码开关进行设置。数据转换格

式不同,数据转换的精度也不同。一般单极性数据转换的精度为 12 位,双极性数据转换的精度为 11 位,加 1 位符号位。

3. 模拟量输出

模拟量输出模块输出的信号类型和数据转换格式与模拟量输入模块的一样,不同之处是模拟量输出模块的作用是将数字量经过数/模转换后输出模拟量,其输出也分为电压信号(电压大小为−10~10 V)和电流信号(电流大小为 0~20 mA)。

4. 模拟量精度

一个模拟量数值在 PLC 内是以一个字(16 位)的形式存放在内存空间的。精度的位数代表此模拟量数值的有效数据位,其余为非有效位。符号位总是在最高位(0 表示正值),非有效位总是在低位,且被置为 0。例如 EM231 模拟量模块单极性数据精度为 12 位,双极性数据精度为 11 位,如图 14-1 所示。对于单极性数据,16 位包括 1 位符号位、12 位有效数据位、3 位非有效数据位;对于双极性数据,16 位包括 1 位符号位、11 位有效数据位、4 位非有效数据位。

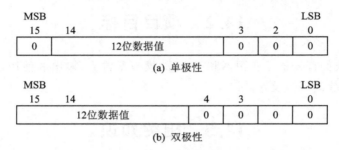

图 14-1　EM231 模拟量模块单、双极性数据格式

非有效位决定了数据字的最小变化单位。如有 3 位非有效位,则模拟量每变化一个单位,数据字以 8(2³)为最小单位变化。如有 4 位非有效位,则模拟量每变化一个单位,数据字以 16(2⁴)为最小单位变化。

在西门子官方提供的 S7-200 系列 PLC 模块选型样本中,已经给出了换算后的最小变化单位。如 EM231 模块,选择 0~10 V 信号输入,精度为 12 位,所以数据字以 8 为最小单位变化,故分辨率=(8×10/32 000)V=2.5 mV,即此设置下模块能识别的最小电压变化量是 2.5 mV。

EM231 模块上有 3 个拨码开关,不同的设置对应不同的极性和电压或电流范围,如表 14-1 所列。

表 14-1　EM231 模块量程选择

类　型	SW1	SW2	SW3	满量程输入	分辨率
单极性	ON	OFF	ON	0~10 V	2.5 mV
		ON	OFF	0~5 V	1.25 mV
				0~20 mA	2.5 μA
双极性	OFF	OFF	ON	−5~5 V	2.5 mV
		ON	OFF	−2.5~2.5 V	1.25 mV

西门子 S7-200 系列 PLC 几种常见的普通模拟量模块如表 14-2 所列。除了普通的模拟量输入之外,还有两种特殊的模拟量输入,一种是热电阻模拟量输入,另一种是热电偶模拟

量输入,其详细参数请参考西门子官网的 S7-200 系列 PLC 模块选型样本,在此不再赘述。

模拟量输入和输出地址可以通过编程软件 Micro/WIN SP9 下拉菜单 PLC 的信息菜单项查看,无须自行定义,由于模拟量输入和输出地址是 16 位,所以其地址后面的编号都是偶数,如 AIW0、AIW2、AQW0、AQW2 等。

表 14-2 西门子 S7-200 系列 PLC 常见的普通模拟量模块

订货号	扩展模块	尺寸/mm	输 入	输 出	功耗/W
ES7 231-0HC22-OXA8	EM231 模拟量输入,4 路输入	71.2×80×60	4	—	2
ES7 231-0HF22-OXA8	EM231 模拟量输入,8 路输入	71.2×80×60	8	—	2
ES7 232-0HB22-OXA8	EM232 模拟量输出,2 路输出	71.2×80×60	—	2	2
ES7 232-0HD22-OXA0	EM232 模拟量输出,4 路输出	71.2×80×60	—	4	2
ES7 235-0KD22-OXA8	EM235 模拟量组合,4 路输入,1 路输出	71.2×80×60	4	1	2

5. 模拟量输入、输出与工程量的对应关系

模拟量在 PLC 内部是一个在 $-32\,000 \sim 32\,000$ 之间的数,如果把这个数字量与工程量(模拟量)关系对应起来,则需要用下面的公式进行换算。

$$Ov = \left[(Osh - Osl) \times \frac{Lv - Lsl}{Lsh - Lsl} \right] + Osl$$

式中　Ov——换算结果;

Lv——换算对象;

Osh——换算结果的高限;

Osl——换算结果的低限;

Lsh——换算对象的高限;

Lsl——换算对象的低限。

它们之间的关系如图 14-2 所示。

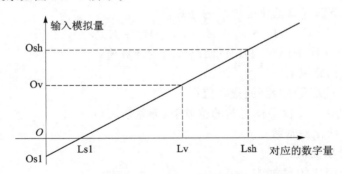

图 14-2 模拟量输入、输出与工程量的对应关系

例 14-1 一个模拟量输入电流为 $4 \sim 20$ mA,则对应的数字量为 $6\,400 \sim 32\,000$。当数字量为 $20\,000$ 时,对应的模拟量电流为多少?

解 由题意知,换算对象 $Lv = 20\,000$,换算结果的高限 $Osh = 20$,换算结果的低限 $Osl = 4$,换算对象的高限 $Lsh = 32\,000$,换算对象的低限 $Lsl = 6\,400$。

换算结果为

$$Ov = [(20-4) \times (20\ 000-6\ 400)/(32\ 000-6\ 400)+4] mA = 12.5\ mA$$

工程量与数字量之间的关系在数学上表现为直线方程,该直线即为坐标系中由(6 400,4)和(32 000,20)两点确定的一条直线,直线上任一点对应工程量和相应的数字量。

14.3.2　PID 控制

PID 控制指闭环控制系统的比例-积分-微分控制,PID 控制器根据设定值(给定值)与被控对象的实际值(反馈值)的差值,按照 PID 算法计算出输出值,根据此值控制执行机构去影响被控对象的变化。PID 控制原理框图如图 14-3 所示。S7-200 系列 PLC 能够进行 PID 控制,最多可以支持 8 个 PID 控制回路(8 个 PID 指令功能块)。

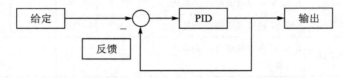

图 14-3　PID 控制原理框图

1. PID 算法

(1) 基本的 PID 算法

基本的 PID 算法如下:

$$M(t) = K_c \cdot e + K_i \cdot \int_0^t e\,dt + \text{Initial} + K_d \cdot \frac{de}{dt} \qquad (14-1)$$

式中　K_c——PID 回路增益;

　　　　K_i——积分增益;

　　　　K_d——微分增益;

　　　　e——PID 回路偏差(给定值与过程变量之差);

　　　　Initial——PID 回路输出的初始值。

由于式(14-1)是模拟量公式,而 CPU 是不能直接处理模拟量的,所以必须将上面的公式进行离散化处理。下面是离散化处理后的公式:

$$M_n = K_c \cdot e_n + K_i \cdot e_n + M_x + K_d(e_n - e_{n-1})$$

式中　M_n——在第 n 次采样时刻,PID 回路输出的计算值;

　　　　K_c——PID 回路增益;

　　　　e_n——在第 n 次采样时刻的偏差值;

　　　　e_{n-1}——在第 $n-1$ 次采样时刻的偏差值(偏差前项);

　　　　K_i——积分项比例常数;

　　　　M_x——积分项前值;

　　　　K_d——微分项比例常数。

2. PID 控制中的主要参数

① 采样时间 T_s:计算机必须按照一定的时间间隔对反馈进行采样,才能进行 PID 控制的相关计算。采样时间就是对反馈进行采样的间隔。短于采样时间间隔的信号变化是不能被测量到的。过短的采样时间没有必要,过长的采样时间显然不能满足扰动变化比较快或者速度响应要求高的场合。

② 增益 P:增益与偏差(给定值与反馈值的差值)的乘积作为控制器输出中的比例部分。

过大的增益会造成反馈的振荡。

③ 积分时间 T_i：偏差值恒定时，积分时间决定了控制器输出的变化速率。积分时间越短，偏差得到修正越快。积分时间过短有可能造成系统不稳定。积分时间相当于在阶跃给定下，增益为 1 的时候，输出的变化量与偏差值相等所需要的时间。如果将积分时间设为最大值，则相当于没有积分作用。

④ 微分时间 T_d：偏差值发生变化时，微分作用将增加一个尖峰信号到输出端，随着时间流逝，峰值减小。微分时间越长，输出的变化越大。微分会使控制对扰动的敏感度增加，即偏差的变化率越大，微分控制作用越强。微分相当于对反馈变化趋势的预测性调整，如果将微分时间设置为 0，则微分就不起作用。

3. PID 控制回路参数表

在工业生产过程控制中，模拟信号的 PID 调节是常见的一种控制方法。运行 PID 控制指令，PLC 将根据参数表中的输入测量值、控制设定值及 PID 参数进行 PID 运算，求得输出控制值。参数表中有 9 个参数，全部为 32 位的实数，共占用 36 个字节。PID 控制回路的参数表如表 14-3 所列。

表 14-3　PID 控制回路的参数表

地址偏移量	参　数	数据格式	参数类型	说　明
0	过程变量当前值 PV_n	双字，实数	输入	必须在 0.0～1.0 范围内
4	给定值 SP_n	双字，实数	输入	必须在 0.0～1.0 范围内
8	输出值 M_n	双字，实数	输入/输出	在 0.0～1.0 范围内
12	增益 K_c	双字，实数	输入	比例系数，可为正数或负数
16	采样时间 T_s	双字，实数	输入	以 s 为单位，必须为正数
20	积分时间 T_i	双字，实数	输入	以 min 为单位，必须为正数
24	微分时间 T_d	双字，实数	输入	以 min 为单位，必须为正数
28	上一次的积分值 M_x	双字，实数	输入/输出	在 0.0～1.0 范围内（根据 PID 运算结果更新）
32	上一次过程变量 PV_{n-1}	双字，实数	输入/输出	最近一次 PID 运算值

4. 典型的 PID 算法

典型的 PID 算法包括三项：比例项、积分项和微分项，即

$$输出＝比例项＋积分项＋微分项$$

PLC 在周期性地采样并离散化后进行 PID 运算，算法如下：

$$M_n = K_c \cdot (SP_n - PV_n) + K_c \cdot \frac{T_s}{T_i} \cdot (SP_n - PV_n) + M_x + K_c \cdot \frac{T_d}{T_s} \cdot (PV_{n-1} - PV_n)$$

$$(14-2)$$

式（14-2）中各参数的含义已在表 14.3 中描述。

比例项 $K_c \cdot (SP_n - PV_n)$：能及时地产生与偏差（$SP_n - PV_n$）成正比的调节作用，比例系数 K_c 越大，比例调节作用越强，系统的稳态精度越高，但 K_c 过大会使系统的输出量振荡加剧，稳定性降低。

积分项 $K_c \cdot \frac{T_s}{T_i} \cdot (SP_n - PV_n) + M_x$：与偏差有关，只要偏差不为 0，PID 控制的输出就会

因积分作用而不断变化,直到偏差消失,系统处于稳定状态,所以积分的作用是消除稳态误差,提高控制精度;但积分动作缓慢,会给系统的动态特性带来不良影响,很少单独使用。从式(14-2)中可以看出:T_i 增大,积分作用将减弱,消除稳态误差的速度也将减慢。

微分项 $K_c \cdot \dfrac{T_d}{T_s} \cdot (PV_{n-1} - PV_n)$:根据误差变化的速度(即误差的微分)进行调节,具有超前性和预测性。当 T_d 增大时,超调量将减小,动态性能将得到改善;如 T_d 过大,系统输出量在接近稳态时可能上升缓慢。

5. PID 指令

在 S7-200 系列 PLC 中,PID 功能是通过 PID 指令功能块实现的。通过定时(按照采样时间)执行 PID 功能块,按照 PID 运算规律,根据当时的给定、反馈、比例-积分-微分数据,可计算出控制量。

PID 指令功能块通过一个 PID 回路参数表交换数据,这个表在 V 数据存储区中开辟,长度为 36 个字节,因此每个 PID 指令功能块在调用时都需要指定两个要素:PID 控制回路号和控制回路参数表的起始地址(以 VB 表示)。

PID 可以控制温度、压力等多种对象,它们各自都是由工程量表示的,因此需要有一种通用的数据表示方法,以使这些工程量数据能被 PID 功能块识别。S7-200 系列 PLC 中,PID 指令功能块使用工程量数据与调节范围上、下限值之比的百分数抽象地表示被控对象的数值大小。

PID 指令功能块只接收 0.0~1.0 之间的实数(实际上就是百分数)作为反馈、给定与控制输出的有效数值,如果直接使用 PID 指令功能块编程,必须保证数据在这个范围之内,否则会出错。

PID 指令功能块的作用是:使能有效时,使 PID 功能块根据回路参数表(TBL)中的输入测量值、控制设定值及 PID 参数进行 PID 计算。PID 指令功能块格式如表 14-4 所列。

表 14-4 PID 指令功能块格式

梯形图	指令表	说　明
PID EN ENO TBL LOOP	PID TBL,LOOP	TBL:参数表起始地址 VB; 数据类型:字节。 LOOP:回路号,常量(0~7); 数据类型:字节

说明:

① 程序中可使用 8 条 PID 指令,分别编号 0~7,不能重复使用,即 PID 指令在同一个项目中最多使用 8 次。

② ENO=0 的错误条件:0006(间接寻址错误),SM1.1(溢出,参数表起始地址或指令中指定的 PID 回路指令号码操作数超出范围)。

③ PID 指令不对参数表输入值进行超出范围检查。必须保证过程变址和给定值积分项前值和过程变址前值在 0.0~1.0 之间。

6. S7-200 系列 PLC 实现 PID 控制的方式

S7-200 系列 PLC 可以用三种方式实现 PID 控制,三种方式的特点如表 14-5 所列。

表 14-5　PID 控制实现方式

方　　式	控制回路数	PID 调节面板	PID 自整定
利用 PID 向导实现	8	软件支持	软件支持
利用 PID 指令实现	8	通过 HMI 趋势控件实现	软件不支持
自己编程实现	可多于 8 路,由 CPU 运算能力决定	通过 HMI 趋势控件实现	软件不支持

7. PID 控制回路选项

在很多控制系统中,有时只采用一种或两种控制回路。例如,可能只需要比例控制回路或比例和积分控制回路。通过设置常址参数值选择所需的控制回路。

① 如果不需要积分回路(即在 PID 计算中无"I"),则应将积分时间 T_i 设为无限大。由于积分项 M_x 有初始值,即便没有积分运算,积分项的数值也可能不为 0。

② 如果不需要微分运算(即在 PID 计算中无"D"),则应将微分时间 T_d 设定为 0.0。

③ 如果不需要比例运算(即在 PID 计算中无"P"),但需要 I 或 ID 控制,则应将增益 K_c 的值设定为 0.0。因为 K_c 是计算积分和微分项公式中的系数,将循环增益值设为 0.0 会使在积分和微分项计算中使用的循环增益值为 1.0。

8. 回路输入量的转换和标准化

每个回路的给定值和过程变量都是实际数值,其大小、范围和工程单位可能不同。在 PLC 进行 PID 控制之前,必须将其转换成标准化浮点数。步骤如下:

① 将实际数值从 16 位整数转换成 32 位浮点数或实数。

② 利用下式将实数转换成 0.0~1.0 之间的标准化数值:

$$实际数值的标准化数值 = \frac{实际数值的非标准化数值或原始实数}{取值范围} + 偏移量$$

取值范围 = 最大可能数值 - 最小可能数值 = 32 000(单极数值)或 64 000(双极数值),偏移量对单极性格式的数值取 0.0,对双极性格式的数值取 0.5。

9. PID 回路输出数据转换

程序执行后,PID 回路输出的 0.0~1.0 之间的标准化实数,必须被转换成 16 位成比例的整数,才能驱动模拟输出。PID 回路输出数据转换公式为

PID 回路输出成比例整数 = (PID 回路输出标准化实数 - 偏移量) × 取值范围

10. PID 参数整定

PID 控制涉及 4 个重要参数,即采样时间 T_s、增益 K_c、积分时间 T_i、微分时间 T_d,其中采样时间比较好设置,主要根据被控量的变化快慢来设置,比如温度控制中,由于温度变化比较慢,一般将采样时间 T_s 以 s 为单位来进行设定,如将采样时间 T_s 设为 1 s、2 s、5 s 等;而在速度控制系统中,由于速度变化比较快,一般将采样时间 T_s 以 ms 为单位来设定,如将采样时间 T_s 设为 100 ms、200 ms 等。对于西门子 S7-200 系列 PLC,如果采用 PID 向导设定采样时间,则最小采样时间为 100 ms;如果需要更短的采样时间,就必须自己编写 PID 算法程序。至于增益 K_c、积分时间 T_i、微分时间 T_d 这三个量,可以用下面的口诀来整定:

参数整定找最佳,从小到大顺序查。

先是比例后积分,最后再把微分加。

曲线振荡很频繁,比例度盘要放大。

曲线漂浮绕大弯,比例度盘往小扳。

曲线偏离回复慢,积分时间往下降。

曲线波动周期长,积分时间再加长。

曲线振荡频率快,先把微分降下来。

动差大来波动慢,微分时间应加长。

理想曲线两个波,前高后低四比一。

一看二调多分析,调节质量不会低。

在实际调试中只能先大致设定一个经验值,然后再根据调节效果修改。

对于温度系统:K_c＝20％～60％,T_i＝3～10 min,T_d＝0.5～3 min。

对于流量系统:K_c＝40％～100％,T_i＝0.1～1 min。

对于压力系统:K_c＝30％～70％,T_i＝0.4～3 min。

对于液位系统:K_c＝20％～80％,T_i＝1～5 min。

工程上,常用实验法来整定 PID 参数,先比例,再积分,最后微分。整定步骤如下:

① 整定比例。将比例作用由小变到大,观察各次响应,直至得到反应快、超调小的响应曲线。

② 整定积分。若在比例控制作用下稳态误差不能满足要求,则需要加入积分控制。

先将步骤①中选择的比例系数减小到原来的 50％～80％,再将积分时间置于一个较大值,观察响应曲线。然后减小积分时间,以加大积分作用(积分时间越短,积分作用越强),并相应调整比例系数,反复试凑至得到较满意的响应。

③ 整定微分。若经过步骤①、②实现 PI 控制,则只能消除稳态误差;如果动态过程不能令人满意,则应加入微分,构成 PID 控制。

微分时间从零逐渐增加,同时改变比例系数和积分时间,反复试凑,直至获得满意的控制效果为止。

14.4 工作任务

任务 1 用 PLC 模拟量模块控制三相异步电动机的转速

1. 任务目标

(1) 知识目标

① 了解西门子 S7-200 系列 PLC 的模拟量输入、输出模块种类;

② 理解模拟量输入、输出模块相关参数。

(2) 技能目标

① 初步掌握变频器参数设定的方法,能完成变频器的基本调试;

② 掌握西门子 S7-200 系列 PLC 的模拟量输入、输出模块与基本模块之间的硬件电路连接;

③ 能应用西门子 S7-200 系列 PLC 的模拟量输入、输出模块完成变频调速控制系统的设计。

2. 任务描述

西门子 S7-200 系列 PLC 以开关钮为输入、输出的较多,但以诸如压力、温度、流量、转速等的模拟量为输入、输出时则涉及 PLC 的特殊功能模块。

本任务以 PLC 控制变频器为例,通过 PLC 的模拟量控制变频器的输出频率,从而达到控制电动机速度的目的,并且通过电流互感器(4～20 mA)接入 PLC 模拟量输入的第一个通道即 AIW0,来检测电动机是否过载。具体要求如下:

① 按下启动按钮,变频器启动,指示灯亮;再次按下按钮,变频器停止,指示灯灭。

② 变频器的运行频率给定电压(0～10 V)通过 PLC 模拟量输出模块提供。

③ 电动机运行过程中如果机械部分碰到限位开关,则电动机即停止。

④ 电动机回路电流通过电流互感器(4～20 mA)接入 PLC 模拟量输入,当 PLC 检测到电流大于 15 mA 的时间达到 10 s 时,判定电动机过载,电动机停止运行。

⑤ 需要记录电动机启动次数和累计运行时间。

⑥ 系统有急停功能。

3. 任务实施

(1) 任务分析

本任务既涉及数字量的输入和输出,又涉及模拟量的输入。数字量控制中的主要难点是如何通过一个输入端既控制电动机启动,又控制电动机停止;模拟量控制中,主要难点是模拟量的线路连接和工程量与数字量之间的对应关系。

(2) PLC 的 I/O 地址分配

对于一个按钮控制变频器启停的情况,需要一个输入端和一个输出端控制变频器启停,一个输出端控制指示灯,电流检测需要模拟量输入 AIW0,变频器频率控制需要模拟量输出 AQW0。三相异步电动机转速控制系统 PLC 的 I/O 地址分配情况如表 14 - 6 所列。

表 14 - 6　三相异步电动机转速控制系统 PLC 的 I/O 地址分配表

数字量				模拟量			
输　入		输　出		输　入		输　出	
启/停按钮	I0.0	变频器控制	Q0.7	电流检测	AIW0	变频器频率控制	AQW0
限位开关	I0.1	指示灯	Q1.0				
急停按钮	I0.2						

(3) PLC 的选型

根据 I/O 资源的配置,系统共有三个开关量输入信号、两个开关量输出信号、一个模拟量输入信号、一个模拟量输出信号。考虑到 I/O 资源利用率及 PLC 的性价比要求,选用西门子 S7 - 200 系列 CPU224 XP 型 PLC,其带有两路模拟量输入、一路模拟量输出。

(4) 变频器参数设置

变频器参数设置如表 14 - 7 所列。

表 14 - 7　变频器参数设置

序　号	变频器参数	出厂值	设定值	功能说明
1	P10	0	30	为恢复为出厂默认值做准备
2	P0970	0	1	恢复为出厂默认值
3	P0010	0	1	进入快速调试
4	P0003	1	2	用户访问等级为扩展级

序　号	变频器参数	出厂值	设定值	功能说明
5	P0304	230	380	电动机的额定电压(380 V)
6	P0305	3.25	0.35	电动机的额定电流(根据实际情况调整)
7	P0307	0.75	0.06	电动机的额定功率(根据实际情况调整)
8	P0310	50.00	50.00	电动机的额定频率(50 Hz)
9	P0311	0	1 430	电动机的额定转速(根据实际情况调整)
10	P0700	2	2	选择命令源(由端子排输入)
11	P1000	2	2	模拟量输入
12	P1080	0	0	电动机的最小频率(0 Hz)
13	P1082	50	50.00	电动机的最大频率(50 Hz)
14	P1120	10	10	斜坡上升时间(10 s)
15	P1121	10	10	斜坡下降时间(10 s)
16	P3900	0	1	结束快速调试

注：① 设置参数前先将变频器参数复位为工厂的缺省设定值；

　　② 设定 P0003＝2，允许访问扩展参数；

　　③ 设定电动机参数时先设定 P0010＝1(快速调试)，P3900＝1(结束快速调试)，P0010(自动恢复
　　　为 0)。

(5) 系统电气原理图

根据 I/O 地址分配表画出三相异步电动机转速控制系统的电气原理图，如图 14 - 4 所示。

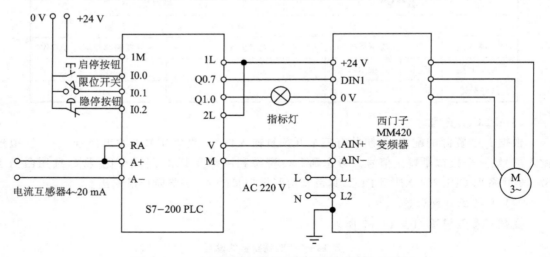

图 14 - 4　三相异步电动机转速控制系统的电气原理图

(6) 梯形图设计和系统调试

1) 梯形图设计

用 PLC 模拟量模块控制变频器输出频率的梯形图如图 14 - 5 所示。

2) 系统调试

变频器参数按照表 14 - 7 进行设置即可，需要注意的是，有关电动机的参数需要根据实际

电动机铭牌上的参数输入,否则会使电动机在运行过程中发热或者使电动机不运行,从而有可能造成设备损坏。变频器详细使用情况请参考相关资料。

本任务使用的 PLC 模拟量模块是 EM235,将 EM235 下侧的拨码开关的 SW1 和 SW6 通道调至 ON 位置,其他的调至 OFF 位置,这样就将 EM235 的输入数据转换格式设置为单极性格式,电压范围为 0~5 V 或电流范围为 0~20 mA。在硬件连接时,应将模拟量输入信号的A－端与变频器的 AIN－端连接在一起,否则,当电流互感器调整到 14 mA 左右时,变频器就会停止工作。如果没有电流互感器,可以使用直流可调电流源代替。24 V 电源可以使用变频器自带的 24 V 电源,也可以使用 PLC 自带的 24 V 电源。注意,如果是 PLC 自带的 24 V 电源,应将 PLC 上的 24 V 的 GND 端和变频器上 GND 端短接,否则变频器将不工作。

以下对图 14-5 所示的各网络予以分析。

网络 1 中使用的 WXOR_B 上是异或指令。当 Q0.7 为 OFF 状态,即 Q0.7＝0 时,如果 WXOR_B 前面的条件满足,则 Q0.7 与 1 进行异或运算,结果 Q0.7＝1,其他位都与 0 异或,所以其他位输出结果不变;相反,当 Q0.7 为 ON 状态,即 Q0.7＝1 时,如果 WXOR_B 前面的条件满足,则 Q0.7 与 1 进行异或运算,结果 Q0.7＝0,其他位都与 0 异或,所以其他位输出结果不变。这样通过一个按钮既能控制变频器启动,也能控制其停止,需要注意的是,WXOR_B前面的条件需要用到上升沿指令。在硬件电路中,急停按钮使用的是常闭开关,在网络 1 和网络 6 中分别使用常开和常闭触点,以达到急停的目的。

网络 3 的作用是,当碰到限位开关或电流值大于 15.0 mA 时,变频器停止运行。

网络 4 的作用是统计变频器启动次数,可以通过 Micro/WIN 软件查看。

网络 5 的作用是统计累计运行时间,当 PLC 运行时,在 1 min 之内,SM0.4 前 30 s 为接通状态,后 30 s 为断开状态,从而达到统计累计运行时间的目的。运行时间以 min 为单位,如果想以 h 或 d 为单位,可以修改程序实现。

网络 7 的作用是将模拟量输入的数值 6 400~32 000 转换成 4.0~20.0 的浮点数,此段程序利用了公式:

$$Ov=[(Osh-Osl)\times(Lv-Lsl)/(Lsh-Lsl]+Osl$$

式中,Lv 是采样得到的模拟量值对应的数值,Lsl＝6 400,Lsh＝32 000,Osl＝4.0,Osh＝20.0;Ov 为输出的浮点数,范围为 4.0~20.0。网络 7 中,LW0、LD2 和 LD6 是 PLC 的临时变量。

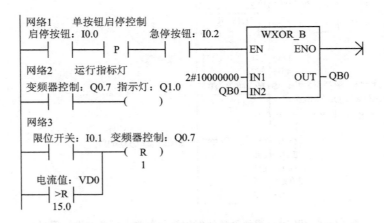

图 14-5　用 PLC 模拟量模块控制变频器输出频率的梯形图

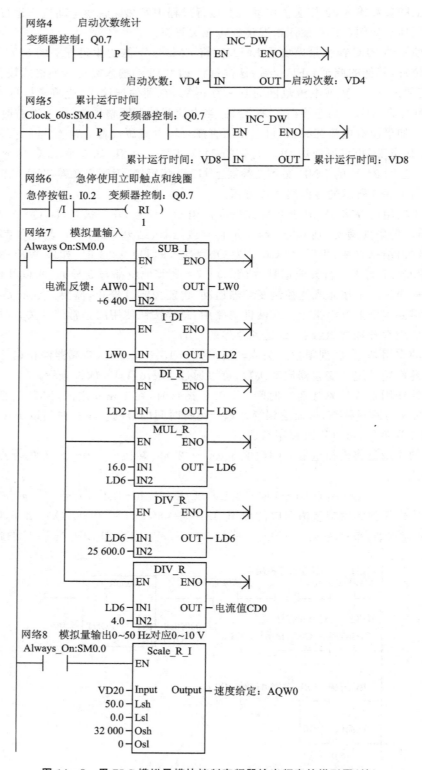

图 14-5 用 PLC 模拟量模块控制变频器输出频率的梯形图(续)

　　网络 8 的作用也是利用上面的公式,将 0.0～50.0 的频率值转换成 0～32 000 的数值,通过将模拟量输出到变频器的模拟量输入端,以控制变频器的频率,只不过网络 8 利用的是子程序,并且是用库来实现的(关于库的使用将在知识拓展中介绍)。注意,VD20 的值要事先设置好,可以通过 Micro/WIN 软件在状态表监控中设置,也可以通过数据块设置。

任务 2　恒压供水控制系统的整体设计

1. 任务目标

(1) 知识目标

① 理解 PID 控制原理;

② 了解 PLC 实现 PID 控制的方法及其优缺点。

(2) 技能目标

① 会利用 PID 向导实现 PLC 的 PID 控制;

② 不用 PID 指令,能自行设计 PID 控制程序。

2. 任务描述

设计一个恒压供水控制系统,如图 14-6 所示,控制要求如下:

① 共有两台水泵,要求一台运行、一台备用,自动运行时水泵累计运行 100 h 切换 1 次,手动时不切换;

② 两台水泵分别由电动机 M1、M2 拖动,由主流接触器 KM1 和 KM2 控制;

③ 切换后启动和断电后重启时连续报警 5 s,运行异常时可自动切换到备用泵并报警;

④ 水压在 0～1 MPa 之间。可通过外部 0～10 V 模拟量输入调节水压。

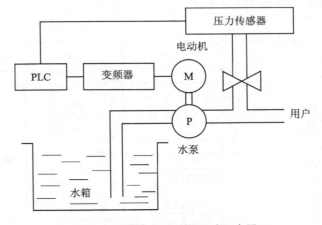

图 14-6　恒压供水控制系统示意图

3. 任务实施

(1) 任务分析

　　在恒压供水控制系统中,通常让水泵和电动机轮换工作,在单一变频器的多泵组站中,与变频器相连的水泵也是轮流工作的。变频器在运行中达到最高频率时,增加一台工频泵投入运行,PLC 则是泵组管理的执行设备。恒压供水中的变频器常采用模拟量控制方式,这就需要采用具有模拟量输入/输出模块的 PLC 或可以扩展模拟量模块的 PLC。由水压传感器送来的模拟量信号输入 PLC 或模拟量模块输入端,而输出端送出经设定值与反馈值比较并经 PID 处理后的模拟量控制信号,变频器依据此信号的变化改变其输出频率。所设计系统除了泵组的运行管理功能外,还需要有逻辑控制功能,如手动、自动操作转换,泵站状态指示等功能。

（2）PLC 的 I/O 地址分配表

根据任务要求,此恒压供水控制系统 PLC 的 I/O 地址分配情况如表 14-8 所列。

表 14-8　恒压供水控制系统 PLC 的 I/O 地址分配表

数字量				模拟量			
输　入		输　出		输　入		输　出	
自动启动按钮	I0.0	KM1	Q0.0	电流检测	AIW0	变频器频率控制	AQW0
手动 1 泵按钮	I0.1	KM2	Q0.1	模拟量给定	AIW2		
手动 2 泵按钮	I0.2	报警器	Q1.0				
停止按钮	I0.3	变频器启动	Q1.1				
清除报警	I0.4						
过压保护	I0.5						

（3）PLC 的选型

根据 I/O 资源的配置,系统共有 6 个开关量输入信号、4 个开关量输出信号、2 个模拟量输入信号、1 个模拟量输出信号。考虑到 I/O 资源利用率及 PLC 的性价比要求,选用西门子 S7-200 系列 CPU222CN 型 PLC。模拟量模块采用输入、输出混合模块 EM235。

（4）系统电气原理图

在本系统中,变频器通过 EM235 模拟输出模块调节电动机转速。根据 I/O 分配表,恒压供水控制系统电气原理图如图 14-7 所示。

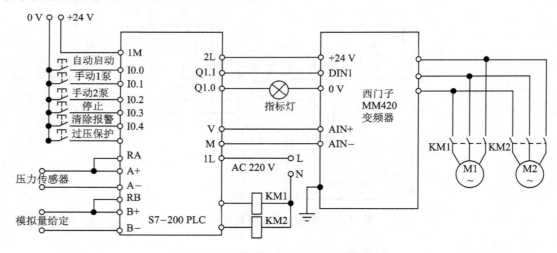

图 14-7　恒压供水控制系统电气原理图

（5）变频器参数

变频器参数设置同任务 1,此处从略。

（6）梯形图设计和系统调试

恒压供水控制系统的 PID 控制回路参数如表 14-9 所列。

本任务的程序由主程序、子程序、中断程序构成。主程序用来调用初始化子程序,子程序用来建立 PID 回路初始参数表和设置中断。由于需定时采样,所以采用定时中断(中断事件号为 10),设置周期时间和采样时间相同(0.3 s),并写入 SMB34。中断程序用于执行 PID 运算,本例标准化时采用单极性参数格式(取值范围为 0~32 000)。

表 14 - 9　恒压供水控制系统的 PID 控制回路参数表

地址偏移量	参　数	说　明
VD100	过程变量当前值 PV_n	压力检测计提供的模拟量经模/数转换后的标准化数值
VD104	给定值 SP_n	可调
VD108	输出值 M_n	PID 回路的输出值(标准化数值)
VD112	增益 K_c	其值为 0.7
VD116	采样时间 T_s	其值为 0.3
VD120	积分时间 T_i	其值为 10
VD124	微分时间 T_d	其值为 5
VD128	上一次的积分值 M_x	根据 PID 运算结果更新
VD132	上一次过程变量 PV_{n-1}	最近一次 PID 运算值

1) PID 程序设计

本任务中 PID 程序设计采用 PID 向导实现,步骤如下:

① 打开向导,选择回路号,如图 14 - 8 所示。PID 共有 8 个回路号,任选 1 个即可。

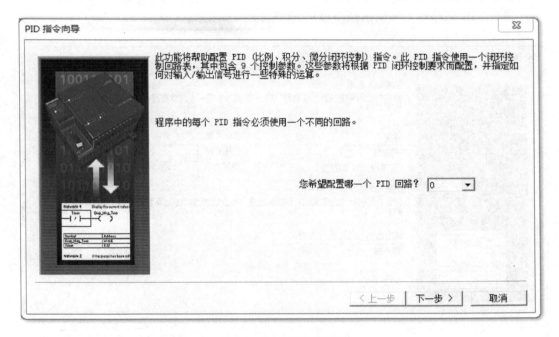

图 14 - 8　选择 PID 回路

② 设置比例增益、积分时间、微分时间、采样时间、给定值范围,如图 14 - 9 所示。由于以 MPa 为单位时水压可调范围很小,因此将 0~1 MPa 改为 0~1 000 kPa,以 kPa 为单位,这样水压可调范围更宽。如果将水压给定值设定为 0~100,则表示给定值为 0~100%,即 0~1.0。给定值也可以为工程量,如本任务就设定为 0~1 000.0。

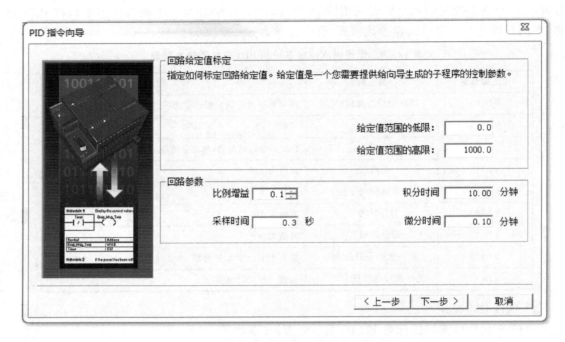

图 14 - 9　PID 回路给定值和回路参数设定

③ 进行 PID 回路输入和输出选项设定,如图 14 - 10 所示。

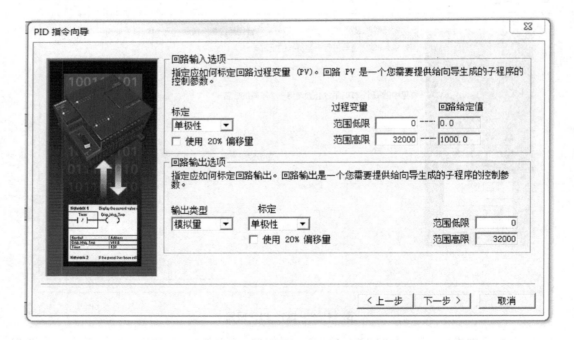

图 14 - 10　PID 回路输入和输出选项设定

④ 为配置分配存储区,如图 14 - 11 所示。

⑤ 生成子程序,如图 14 - 12 所示。

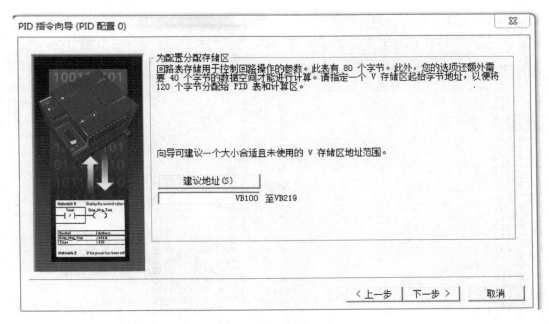

图 14 - 11　分配存储区

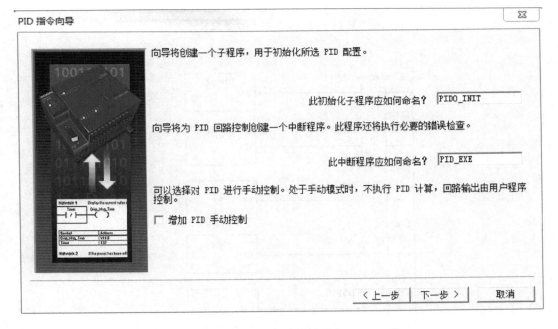

图 14 - 12　生成子程序

　　PID 程序设计完成之后形成一个 PID 初始化程序、一个中断服务子程序和一个参数表。参数表如图 14 - 13 所示。

　　本任务采用结构化设计,使程序更容易阅读和分析。源程序梯形图如图 14 - 14~图 14 - 17 所示。

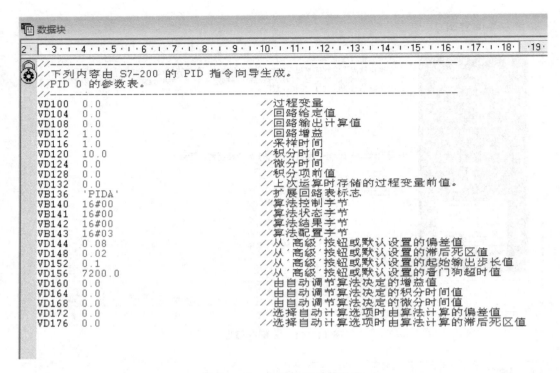

图 14－13　生成的 PID 参数表

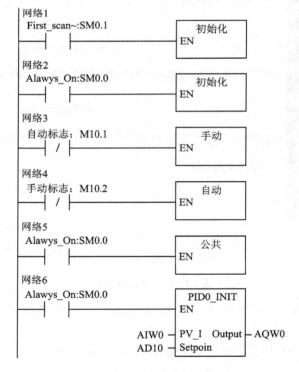

图 14－14　主程序梯形图

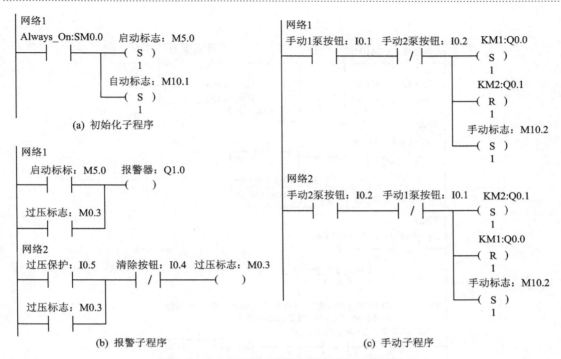

图 14-15　初始化、报警和手动子程序梯形图

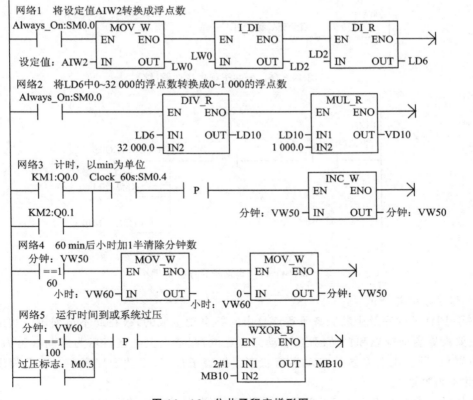

图 14-16　公共子程序梯形图

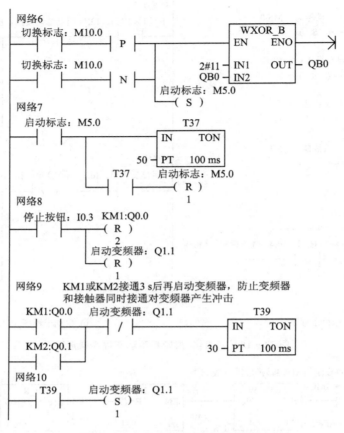

图 14 - 16　公共子程序梯形图(续)

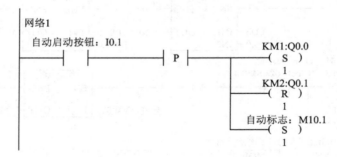

图 14 - 17　自动子程序梯形图

2) 程序分析与调试

由于 PID 子程序及中断服务子程序是由向导自动生成的,故在此不再列出。初始化子程序中主要设置启动标志和自动标志,启动标志置位,即系统上电运行后为启动报警做准备;自动标志置位,即上电后系统为自动运行状态。报警子程序、手动子程序和自动子程序比较简单,在此不再赘述。

公共子程序的网络 1 用于将设定的水位值(即模拟量对应的数值 0～32 000)由 INT 型数据转换成对应的浮点数。

网络 2 用于将 0～3 200.0 的浮点数转换成 0～1 000.0 的浮点数。

网络 3 和网络 4 用于系统运行后的累计计时,VW50 中存放分钟数,VW60 中存放小时数。

网络 5 的功能是当运行到 100 h 或系统过压时自动将切换标志 M10.0 取反。

网络 6 的功能是当切换标志变化时,使 Q0.0 和 Q0.1 切换,并置位启动标志,以便在完成切换后为报警 5 s 做准备。

网络 7 的功能是定时 5 s 后复位启动标志。网络 8 的功能是在按下停止按钮后,复位 KM1 和 KM2,并且复位变频器启动 Q1.1。网络 9 和网络 10 的功能是在 KM1 或 KM2 接通 3 s 后再启动变频器,这样可以减少对变频器的冲击。

应用 PID 指令代替本任务中 PID 向导完成 PID 程序设计。PID 指令编写程序步骤如下:

① 设计一个 PID 初始化程序,包括设定给定值SP_n、增益 K_c、采样时间 T_s、积分时间 T_i、微分时间 T_d,并且允许定时中断。

② 在主程序中调用 PID 初始化程序。

③ 设计定时中断程序。

各程序如图 14 - 18～图 14 - 20 所示。

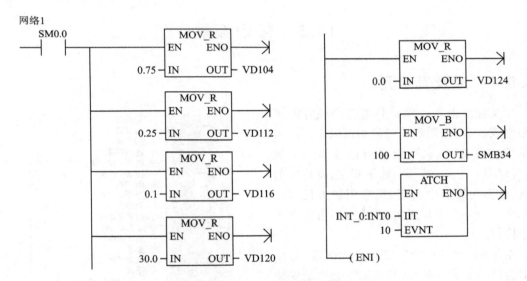

图 14 - 18   PID 初始化程序梯形图

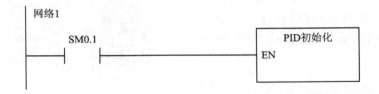

图 14 - 19   PID 主程序梯形图

其中增益、积分时间、微分时间和采样时间可以根据实际情况进行调整。请自行分析每条指令的作用。

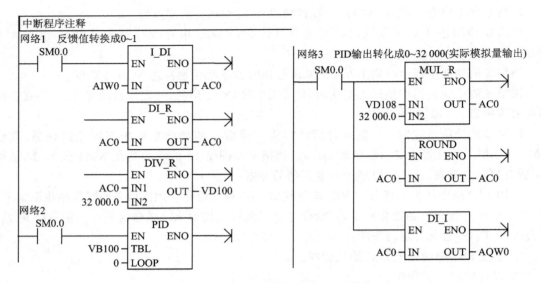

图 14-20　PID 中断服务程序梯形图

14.5　知识拓展

14.5.1　库及其应用

库又称库指令。库是利用已经编好的子程序生成的,可在需要的时候加以调用。库可以是系统自带的,也可以是自己编写的。例如,可以写一个加、减、乘、除子程序,做成库的形式,在不同项目中使用,且应用较方便。一个库可以由一个子程序构成,也可以由多个子程序构成。

在 Micro/WIN 软件安装完成以后,有些版本会自动安装一些库,有些则不会自动安装库。库在 Micro/WIN 软件的指令列表中的倒数第二项,如图 14-21 所示。当需要时,调用库中的子程序即可,与调用普通子程序一样,只要将对应的图标拖进 Micro/WIN 软件编程区域即可。

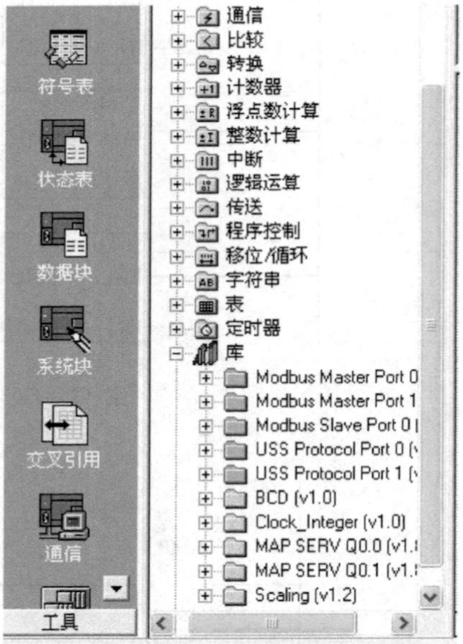

图 14-21　库

14.5.2　添加和删除库

右击库的图标,在弹出的快捷菜单中单击"添加/删除库(R)",然后单击"添加"按钮,在弹出的对话框中选择需要添加的库,保存并确认,这样库就添加好了。库的后缀名为.mwl,如图 14-22 所示。

图 14 - 22　添加/删除库

14.5.3　新建库与库调用

　　首先将需要新建的库的子程序(可为多个)写好,然后在库图标上右击新建库,如图 14 - 23 所示。注意:需要为准备生成库的子程序中用到的每一个变量定义符号。

　　选择新建库后,在弹出的"新建库"对话框中选择想要生成库的子程序,选择"添加(A)", 如图 14 - 24 所示。

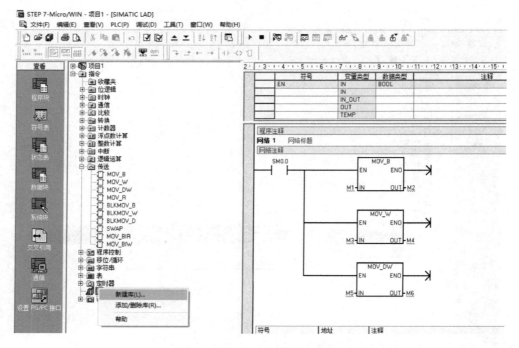

图 14 - 23   单击库图标新建库

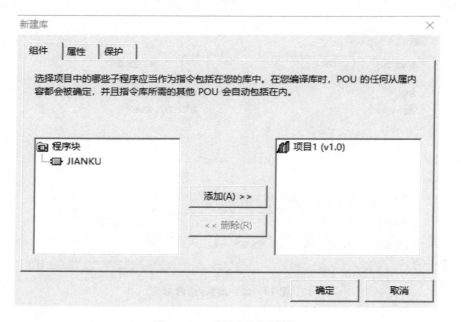

图 14 - 24   "新建库"对话框

"新建库"对话框的左边会列出程序块下的所有子程序,选中需要建库的子程序,将它们添加到右边,然后点击"属性"标签,如图 14 - 25 所示,输入库名并单击"浏览",选择库保存的路径;可以选择默认路径,也可以选择其他路径。在"属性"标签页下面可设置库的版本号。"保护"标签页用于设置密码,如果设置了密码,当需要查看库的源程序时,就需要输入正确的密码,否则无法看到源程序。

图 14-25　保存新建库

注意:在建立库时,必须为每一个 V 存储区定义一个符号名,否则建库将不成功;在调用库中的子程序时,要建立库存储区,右击指令树中的程序块,选择库存储区,在弹出的"库存储区分配"对话框中选择建议地址即可,如图 12-26 所示。

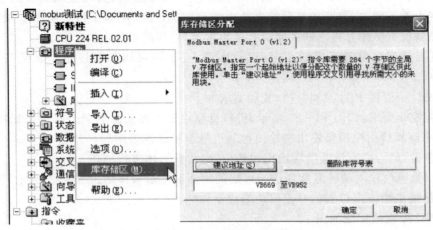

图 14-26　库存储区分配

在主界面单击"编译"按钮,系统会自动为库的子程序分配实际地址。当然,如果在建库时没有用到 V 存储区,在调用库时就不用分配 V 存储区。

14.5.4 注意事项

① 待生成库的程序中使用的 V 存储区要连续,以免造成空间浪费,例如本例新建的库中总共使用了 14 个 V 存储区,然而在建库时使用的 V 存储区没有连续,造成在调用库程序时系统分配了 104 个 V 存储区,造成了空间的浪费。

② 对于待生成库的程序变量,使用 V 存储区时一定要为该存储区定义符号,否则建库将失败;如果使用的是局部变量存储区,即 L 存储区,则无须为其定义符号。

③ 分配的库存储区地址不要与现有的程序地址重复,可选择"建议地址"让软件自动分配。后来的程序所使用的变量地址也不要与库存储区地址重复。

④ 并非对所有的库程序都要分配库内存,没有用到 V 存储区的库程序不需分配库内存。

14.6 巩固与提高

1. 使用西门子 MM420 变频器,设计一个电动机正反转控制系统。

2. 查找其他型号的西门子变频器,比较它们的功能各有什么特点。

3. 简述变频器给定频率、上/下限频率、跳变频率的设置方法。

4. 模拟量输入模块和模拟量输出模块的作用分别是什么?

5. 与 S7 - 200 系列 PLC 配套的模拟量输入模块有哪几个?

6. 如果要将 EM231 模拟量模块数据转换格式设为单极性格式(0~20 mA),三个拨码开关应该怎么设置?

7. 某频率变送器的址程为 45~55 Hz,输出信号为 DC 0~10 V 电压信号,模拟量输入的 0~10 V 电压量被转换为 0~32 000 的整数。在 I0.0 的上升沿,根据 AIW0 中模/数转换后的数据 N,用整数运算指令计算出以 0.01 Hz 为单位的频率值。当频率大于 52 Hz 或小于 48 Hz 时,通过 Q0.0 发出报警信号。试编写相应程序。

8. 需要对某热水箱的水位和水温进行控制,要求如下:当水箱中的水位低于下警戒水位时,打开进水阀给水箱加水;当水箱中的水位高于上警戒水位时,关闭进水阀。当水箱中的水温低于设定温度下限时,打开加热器给水箱中的水加热;当水温高于设定温度上限时,停止加热。在加热器没有工作且进水阀关闭时打开出水阀,以便向外供水。

水箱的上警戒水位和下警戒水位,以及水温上、下限可以任意设定。试编写 PLC 控制程序。

9. 试设计一温度 PID 控制系统,控制要求如下:

① 总体控制要求:如图 14 - 27 所示,模拟量模块输入端从温度变送器端采集物体温度信号,经过程序运算后由模拟量输出端输出控制信号至驱动端控制加热器。

② 程序运行后,模拟量输出端输出加热信号,对受热体进行加热。

③ 模拟量模块输入端将温度变送端采集的物体温度信号作为过程变量,经程序 PID 运算后,由模拟量输出端输出控制信号至驱动端控制加热器。

温度 PID 控制流程图如图 12 - 28 所示。

温度 PID 控制系统的 PLC 电气原理图如图 14 - 29 所示。PLC 模拟地址输入端子 A +

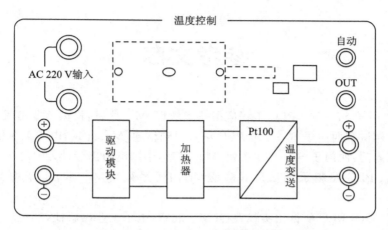

图 14-27　温度 PID 控制系统面板图

接温度变送器"+"端,PLC 模拟量输入端子 A－接温度变送器"－"端;PLC 模拟量输出端子 V 接驱动模块"+"端,PLC 模拟量输出端子 M 接驱动模块"－"端。

　　按照电气原理图完成 PLC 与模块之间的接线,认真检查,确保正确无误。自己编写控制程序并进行编译,有错误时根据提示信息修改,直至无误。打开 PLC 主机电源开关,下载程序至 PLC 中,下载完毕后将 PLC 的"RUN/STOP"开关拨至"RUN"位置。程序运行后,模拟量输出端输出加热信号,驱动加热器,对受热体进行加热,查看模块温度是否符合控制要求。

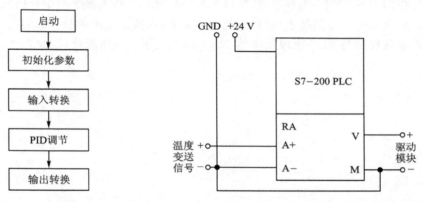

图 14-28　温度 PID 控制流程图　　图 14-29　温度 PID 控制系统的 PLC 电气原理图

参考文献

[1] 姜建芳. 西门子 S7-200 PLC 工程应用技术教程[M]. 北京:机械工业出版社,2013.

[2] 赵景波. 实例讲解西门子 S7-200 PLC 从入门到精通[M]. 北京:电子工业出版社,2016.

[3] 陈洁. 快速入门:西门子 S7-200 系列[M]. 北京:中国电力出版社,2015.

[4] 廖世海,等. PLC 控制系统项目式教程(西门子系列)[M]. 武汉:华中科技大学出版社,2016.

[5] 孙康岭. S7-200 PLC 项目化实践教程[M]. 北京:电子工业出版社,2014.

[6] 张志田,刘德玉,徐钦. 西门子 S7-200 PLC 项目教程[M]. 南京:南京大学出版社,2014.

[7] 张越,等. 一步一步教你 PLC 编程[M]. 北京:中国电力出版社,2013.

[8] 公利滨. 图解西门子 PLC 编程 108 例[M]. 北京:中国电力出版社,2013.

[9] 丁金婷. PLC 技术与应用[M]. 北京:北京大学出版社,2013.

[10] 吕炳文,等. PLC 应用技术(西门子)[M]. 北京:机械工业出版社,2012.

[11] 张运刚,等. PLC 职业技能培训:西门子 S7-200 系列[M]. 北京:人民邮电出版社,2010.

[12] 李方园. PLC 控制技术(西门子 S7-200)[M]. 北京:电子工业出版社,2010.

[13] 周四六. 西门子 S7-200 系列 PLC 项目教程[M]. 北京:外语教学与研究出版社,2011.

[14] 张明金. 电机与电气控制技术项目教程[M]. 北京:机械工业出版社,2015.

[15] 李道霖. 电气控制与 PLC 原理及应用[M]. 北京:电子工业出版社,2004.